72.–

Günther Ludwig

Einführung in die Grundlagen der Theoretischen Physik

Band 1: Raum, Zeit, Mechanik

2., durchgesehene und erweiterte Auflage

Vieweg

Verlagsredaktion: *Alfred Schubert*

1978

Umschlaggestaltung: Peter Steinthal, Detmold
Satz: H. Becker, Bad Soden / Ts.
Druck: E. Hunold, Braunschweig
Buchbinder: W. Langelüddecke, Braunschweig
Printed in Germany

ISBN 3 528 1**9181**3

Vorwort

Für die vorliegende zweite Auflage seien zunächst einige Sätze aus dem Vorwort der ersten Auflage wiederholt:

»Ich möchte mit diesem Buch dem Studenten und gerade auch dem Anfänger eine Darstellung präsentieren, die ihn nicht einlullend zu einem guten Funktionär der Physik macht, sondern ihn gleich mit aller Nüchternheit und Fragwürdigkeit auf ein Reiseunternehmen mitnimmt, für dessen Ausgang er jede Verantwortung selbst mit übernehmen möchte.

Da alle vier Bände eine Einheit darstellen, sind bewußt die Kapitel durch alle vier Bände durchnumeriert worden«.

Viele Stellen konnten in der zweiten Auflage auf Grund von zahlreichen Hinweisen verbessert oder korrigiert werden. Es ist unmöglich, hier alle aufzuzählen, die der Aufforderung im Vorwort der ersten Auflage nachgekommen sind und auf Druckfehler und schwer verständliche Stellen aufmerksam gemacht haben. Daher sei allen zusammen herzlich gedankt. Doch möchte ich noch besonders danken: Herrn Dr. *Heil* für die Entdeckung eines prinzipiellen Fehlers in VI, § 2.2 der ersten Auflage (der schon durch ein Errata in Band 2 korrigiert wurde); und Herrn Prof. *Ehlers* für Hinweise auf eine große Zahl verbesserungswürdiger Punkte.

Neben den erwähnten Einzelverbesserungen erfolgte eine wesentliche Änderung gegenüber der ersten Ausgabe nur in Kapitel III, um die dortigen Probleme begrifflich klarer herauszuarbeiten.

Fast gleichzeitig mit der zweiten Auflage des ersten Bandes konnte das Manuskript zum vierten Band abgeschlossen werden; deshalb möchte ich dem Verlag für das Entgegenkommen danken, eine so neuartige Darstellung herausgebracht zu haben.

Dem in der ersten Auflage ausgesprochenen Dank an Herrn Dr. *Kanthack* für die sorgfältige Durchsicht des Manuskripts möchte ich hier den Dank an Herrn *Darachschani* für das Lesen der Korrekturen der zweiten Auflage und Herrn *Gerstberger* für die Herstellung des Stichwortverzeichnisses hinzufügen.

Marburg im Oktober 1977 *G. Ludwig*

Einige Hinweise für den Leser

Ich nehme an, daß gerade viele Anfänger auf dem Gebiet der theoretischen Physik dieses Buch lesen werden; daher ist es wohl kaum zu erwarten, daß sie schon geübt sind, wie man mit wissenschaftlichen Darstellungen am besten umgeht. So sei es gestattet, einige Vorbemerkungen als Ratschläge zu geben, auch wenn diese für andere versiertere Leser als zu banal empfunden werden.

Als erstes muß dringend vor einem schwerwiegenden Irrtum gewarnt werden, daß es nämlich möglich sei, beim ersten schrittweisen Verfolgen einer Vorlesungsreihe oder einer schriftlich niedergelegten Darstellung sofort zum vollen Verständnis des vorgelegten Stoffes zu gelangen. Durch manche Darlegungen über didaktische Fragen kann der falsche Eindruck erweckt werden, als ob tatsächlich ein schrittweises Verständnis möglich wäre, wenn man nur eine didaktisch geeignete Form der Lehrmethode wählen würde. Tatsächlich aber ist das »Verstehen« ein *Wachstumsprozeß*, der *nie* (!) abgeschlossen ist. Wer sich »fertig« fühlt, ist offensichtlich am Wesentlichen des Verständnisses vorbeigegangen. Wer dagegen »bekannte« Dinge immer wieder als fragwürdig und unklar empfindet, ist auf dem richtigen Wege. Und so hoffe ich, daß mancher Anfänger sogar einmal über das *hinauswachsen* wird, was in diesem Buch (in mehreren Bänden) dargestellt ist.

Wenn das Verstehen aber ein geistiger Wachstumsprozeß ist, so ist es klar, daß es für Anfänger so gut wie unmöglich ist, das Buch Schritt für Schritt zu lesen und dabei auch nur das Wesentliche zu verstehen. Es wäre geradezu unnatürlich, wenn man sofort alles der Reihe nach verstehen könnte. Daher muß man dieses wie jedes wissenschaftliche Buch »erarbeiten«, d. h. in mehreren Anläufen zum Verständnis des Stoffes vordringen. Hierzu werde ich in jedem der Bände einige Ratschläge geben.

Da sich dieses Buch als Hauptziel gesteckt hat, ein möglichst gutes Verständnis zu vermitteln, ist es besonders geeignet für alle, die einmal selbst in der Lehre (z. B. an höheren Schulen) Physik vermitteln wollen; denn ohne eigenes Verständnis nützen auch die besten pädagogischen Fähigkeiten nichts; ja es besteht sogar die große Gefahr, falsche Vorstellungen bei den Schülern zu erwecken, wenn man etwas selber nicht verstanden hat. Natürlich nützt das eigene Verständnis nichts, wenn man kein Gefühl dafür hat, mit welchen

Schwierigkeiten der Schüler zu kämpfen hat, was aber richtig deutlich nur in der Aussprache zwischen Lehrer und Schüler werden kann.

Es wäre sicherlich zu viel verlangt, daß ein Lehramtskandidat das hier in diesem Band Vorgetragene alles zum Examen »beherrscht«. Ein zukünftiger verantwortungsbewußter Lehrer sollte aber nicht zufrieden sein, das Examen mit einem Minimum an Verständnis bestanden zu haben, um dann als lästigen Job die Unterrichtsstunden in der höheren Schule hinter sich zu bringen. Wenn er aber sein Studium vernünftig abgeschlossen hat, so sollte es ihm nicht schwer fallen, immer wieder, z. B. an Hand dieses Buches über diese oder jene Frage *selbständig nachzudenken,* wenn er merkt, daß ihm dieses oder jenes doch »fragwürdig« erscheint, das beste Zeichen, daß er sich zu einem guten Lehrer entwickelt.

Er wird in den folgenden Bänden alle *grundlegenden* Fragen der theoretischen Physik in mathematisch möglichst einfacher Form behandelt finden. Um das Ziel der möglichst klaren Herausarbeitung der physikalischen Problemstellungen zu erreichen, konnte die mathematische Technik des Beweisens nur skizzenhaft angedeutet werden. Ich hoffe aber, daß gerade dadurch auch die eigentliche und entscheidend wichtige Bedeutung der Mathematik für die Physik klarer wird, da man sich nicht so leicht in den zwar *notwendigen,* aber doch für das physikalische Verständnis nicht so entscheidenden mathematischen Einzelschritten zu verlieren braucht. So wird am Anfang von Kapitel V noch etwas genauer hervorgehoben, was Axiome, was Sätze, was Definitionen, was Beweise sind; dann aber gehen wir allmählich zu der »üblichen« Darstellung über, in der Sätze und Beweise nur kurz angedeutet werden, um den Aufbau des Ganzen klarer hervortreten zu lassen.

Auch für den reinen Praktiker der theoretischen Physik sollte es nicht schädlich sein, wenn er einmal an Hand dieser Bände etwas mehr über einige der grundlegenderen Probleme nachgedacht hat, auch wenn daraus nicht immer gleich die »Berechnung eines neuen Phänomens« folgt. So manche falsche Arbeit in den Fachzeitschriften wäre nie geschrieben, geschweige denn mit Nachdruck verteidigt worden, wenn alle Fachvertreter der theoretischen Physik an den Universitäten in der weiten Welt wirklich so genau verstehen würden, womit sie handwerklich in manchmal vielleicht sogar jongleurartiger Raffinesse umzugehen gewöhnt sind.

Ich wäre daher ein wenig traurig, wenn die vorliegenden Bände *allgemeine* Zustimmung finden würden. Gerade auch teilweise Ablehnung würde mir zeigen, daß es mir gelungen ist, auf wichtige Probleme den Finger zu legen. Ich meine dabei *nicht* die Ablehnung dieser oder jener Ansicht, die über noch nicht endgültig gelöste Probleme in diesem Buch vertreten wird, sondern ich meine die Ablehnung des ganzen Konzepts, das manchem sicherlich viel zu »geisteswissenschaftlich« die Frage nach der Struktur der Welt stellt.

Der Praktiker wird daher mancherlei vermissen, was nach seiner Meinung zum »unbedingten« Wissen eines Physikstudenten gehören sollte. Ich glaube aber sicher, daß es für jeden, der dieses Buch verstanden hat, eine Kleinigkeit ist, sich auf irgend einem Spezialgebiet zusätzliche Fertigkeiten zu erwerben *und* diese richtig im Zusammenhang der Physik als ganzer zu sehen. Wer das verstanden hat, was in diesem und den folgenden Bänden niedergelegt ist, sollte jedes mündliche Examen in theoretischer Physik mit Auszeichnung bestehen, denn sein *Spezialwissen* und seinen eigenen Ideenreichtum kann er ja in Diplom- oder Doktorarbeit dokumentieren.

Wie schon eben erwähnt, werden viele grundlegende Fragen der theoretischen Physik angeschnitten werden, über die es heute noch nicht möglich ist, ein einheitlich anerkanntes Urteil zu fällen. Es ist selbstverständlich, daß in einer so kleinen Einführung in die theoretische Physik nicht das Für und Wider aller Ansichten über solche Grundlagenfragen nebeneinander dargestellt werden kann. Es wird wenigstens versucht werden, hier und da auf die Existenz anderer Auffassungen hinzuweisen; aber auf keinen Fall soll der Leser die hier vertretenen Auffassungen autoritär übernehmen, denn dann wäre der ganze Sinn dieser Darstellung verfehlt. Vielmehr soll er zum eigenen Denken angeregt werden und selber *anfangen,* eine eigene Auffassung zu entwickeln, ein Prozeß, der nie abgeschlossen ist, wenn er es ernst damit meint.

Wen die mathematischen Einzelheiten oder die Auseinandersetzung verschiedener Meinungen über Grundlagenfragen der theoretischen Physik interessieren, muß auf Spezialliteratur verwiesen werden, die er wahrscheinlich erst mit einigem Erfolg wird lesen können, wenn er sich z. B. mit Hilfe dieses Buches eine Basis erarbeitet hat. Die Quantenmechanik (die im dritten Band dieses Buches entwickelt werden wird) war für die Grundlagenfragen der Physik von ähnlicher Bedeutung wie die Mengenlehre für die Grundlagenfragen der Mathematik. Daher hat es der Verfasser dieses vorliegenden Buches unternommen, die Grundlagen der Quantenmechanik in einer ausführlichen und auch mathematisch möglichst korrekten Weise darzustellen [2]. Wer also tiefer in diesen Fragenkomplex eindringen will und die Muße dazu findet, sei auf dieses Buch und andere Bücher mit ähnlicher Absicht [4] verwiesen.

Zum Schluß noch einige formale Hinweise: Die Kapitel sind laufend über alle Bände hinweg mit römischen Zahlen numeriert. Verweise enthalten daher nur die Kapitelnummer (und keine Bandnummer!). Bei Verweisen innerhalb des selben Kapitels werden nur die §-Nummern angegeben. Ebenso bedeutet z. B. VI (5.4.2) die Formel (5.4.2) aus Kapitel VI, wobei wieder die drei Ziffern anzeigen, daß es sich um die Formel 2 aus § 5.4 (Unterparagraph 4 von § 5) handelt. (5.4.2) bedeutet dagegen die Formel (5.4.2) des gerade vorliegenden Kapitels. A II bedeutet Anhang II.

In jedem Band ist hinten ein kurzes Literaturverzeichnis angefügt, das aber *nicht* den Sinn hat, eine Übersicht über weitere Literatur des behandelten Gebietes zu geben; denn dies wäre der Fülle der Literatur wegen praktisch unmöglich. Es werden daher *nur* Literaturstellen angegeben, auf die im Text des Buches hingewiesen wird, weil der Leser vielleicht dort einen in diesem Buch nicht gebrachten oder nur skizzierten Beweis findet oder dort eine angeschnittene Frage ausführlicher behandelt wird. Die Literaturhinweise, die kurz in der Form [...] mit einer Zahl zwischen den eckigen Klammern gegeben werden, sind also nur für denjenigen gedacht, der an einer intensiveren Beschäftigung mit dieser oder jener schon in diesem Buch angeschnittenen Frage interessiert ist; *allen* interessanten Fragen ausführlicher nachzugehen, reicht kein Studium, ja das Leben eines Menschen nicht aus. Einmal muß der Leser *selber* entscheiden, wohin sein Weg führen soll.

Ratschläge für Anfänger beim Lesen des vorliegenden Bandes

Wie oben erwähnt, hat es wenig Sinn zu versuchen, *alles* Schritt für Schritt zu verstehen. Es wird daher geraten, in diesem ersten Band zunächst den Abschnitt »Zur Einführung« und dann die Kapitel I, II und V zu lesen, d. h. zu erarbeiten. Dabei dürfen eventuelle Hinweise auf frühere Kapitel, z. B. Kapitel III nicht stören.

Auch in Kapitel II können zunächst einige wenige §§ ausgelassen werden: Z. B. könnten dem Leser in Kapitel II zunächst die §§ 7, 8, 9 zu abstrakt erscheinen; sie sind aber andererseits eine erste Vorbereitung auf dem Wege, die Spezielle und Allgemeine Relativitätstheorie gar nicht so absonderlich zu finden, wie das oft von manchen empfunden wird. Wem aber sogar das ganze Kapitel II zunächst zu unmotiviert erscheint, kann auch dieses Kapitel auslassen und mit V, § 2 beginnen!

Das Zentrum der klassischen Mechanik ist die (axiomatische) Grundlegung in V, § 3.4. Hier muß dem Leser zum ersten Male aufleuchten, wie man auf intuitiven Ratewegen zu der grundlegenden Formulierung einer Theorie kommt, um diese dann deduktiv auszubauen, d. h. weiter und weiter anzuwenden. Wenn er das verstanden hat, spielt es keine Rolle, ob er beim ersten Anlauf in V, § 3.6 bei der Auswertung der Bedingung II b scheitert oder ebenso den zweiten Teil von V, § 3.7 ab Gleichung (3.7a) zunächst überschlagen und V, § 3.8 ganz auslassen muß.

Für die meisten Anfänger wird es sich *nicht* empfehlen, Kapitel III zu lesen. Dieses Kapitel III ist für alle diejenigen gedacht, die wenigstens schon ein Stück theoretische Physik verstanden haben und nun anfangen darüber *zu reflektieren,* was man da so eigentlich tut und wieso man dabei so anmaßend ist, zu meinen, etwas von der Welt erkannt zu haben.

Die meisten werden daher das Kapitel III erst dann richtig verstehen können, wenn sie alle Bände dieses Buches durchgearbeitet haben und nun noch einmal das ganze Panorama vor ihrem geistigen Auge vorbeigleiten lassen.

Aber einmal abgesehen von diesem letzten Schritt in der Erarbeitung eines Verständnisses, möchte ich gerade dem Anfänger gleich von Anfang an noch folgenden dringenden Rat geben. Hat er in irgendeinem § nur die Rechnungen Schritt für Schritt verfolgen können, so hat er »eigentlich« noch gar nichts verstanden. Er hat sich vielleicht nur in derselben Situation befunden wie ein kleines Kind, das an der Hand der Eltern, den Kopf nach unten gesenkt, um jeden Stein und jede Stufe genau sehen zu können, einen Weg zurückgelegt hat und doch *nichts* gesehen hat, wo man vorbei gekommen ist und wohin man gegangen ist. War das »Laufen« selbst tatsächlich zunächst schon so schwierig, daß es alle Aufmerksamkeit beanspruchte, so muß der Leser schleunigst den Weg noch mehrmals laufen, bis er deutlich Weg und Ziel erkennt. Aber Weg und Ziel nur vor Augen zu haben und trotzdem das Ziel nicht erreichen zu können, weil man beim Laufen auf die Nase fällt, ist auch kein Vergnügen; um hier ein wenig helfen zu können, sind diesem Band einige Anhänge angefügt, mit deren Hilfe der Anfänger diese oder jene Lücke in den mathematischen Vorkenntnissen (wenigstens provisorisch) ausgleichen kann.

Erst wenn man Kapitel II und V voll beherrscht, kann man sich weiter an Kapitel VI wagen. Hier kann man seine Kräfte erproben; nicht alles wird einem gleich gelingen. An den einzelnen Stellen wird man Hinweise finden, welchen § man erst einmal übergehen kann. Aber sogar die ganzen Kapitel VI und VII kann man versuchsweise überschlagen, wenn man sich neugierig dem weiteren Gebiet der Elektrodynamik in Kapitel VIII zuwenden will. Auch das kann ein erster guter Ansatz sein, um etwas mehr davon zu verstehen, was Kraftfelder bedeuten. Dann wieder von vorne begonnen, kann einem auch die Mechanik in neuem Licht erscheinen.

Das Verständnis von Kapitel VII ist erst entscheidend, wenn man in IX zur Speziellen Relativitätstheorie voranschreitet.

Am Problem von Raum und Zeit kann der Anfänger am allerdeutlichsten erfahren, daß es das Wesen der Physik ist, keine endgültigen Lösungen eines Problems zu liefern, sondern immer weiter fortzuschreiten in Umfang und Tiefe der Erkenntnis der Struktur der Welt.

Inhalt

Zur Einführung

Man kann das Thema dieses Buches (in allen vier Bänden) in einer einzigen Frage zusammenfassen:

Was ist eigentlich theoretische Physik?

Wenn wir so an den Anfang und als Zusammenfassung unserer Ausführungen eine Frage gestellt haben, so ist es klar, daß wir nicht eine Antwort durch die Formulierung eines Satzes geben wollen. Wir wollen vielmehr versuchen, dem Leser Reisebegleiter auf einem Wege zu sein, auf dem er *erleben kann,* was theoretische Physik ist. Und wenn dieses Buch zu diesem Erlebnis beitragen kann, so hat es sein Ziel erreicht.

Was ist ein Hammer? Dies erfährt man sicherlich am besten, wenn man lernt, mit einem Hammer zu arbeiten, d. h. wenn man weiß, wozu man ihn gebrauchen kann. Auch die theoretische Physik ist zu etwas brauchbar; und wir setzen vom Leser voraus, daß er sich schon an einigen *einfachsten Übungen mit dem Handwerkszeug der theoretischen Physik erprobt hat.*

Vielfach mag es nun scheinen, daß sich Sinn und Aufgabe der theoretischen Physik in dem erschöpfen, was man mit ihr anfangen kann; und wer *nur* darauf aus ist, die theoretische Physik als notwendiges Hilfsmittel für andere Ziele zu benutzen, oder wer sie gar als notwendiges *Übel* ansieht, um technische Probleme zu lösen, der kann dieses Buch aus der Hand legen, weil er vieles für ihn »Unnützes« finden wird. Es gibt da »rationellere« Methoden als sie dieses Buch bieten kann, um *nur* die Anwendung der theoretischen Physik als Handwerkszeug zu trainieren.

Es ist aber das Eigentümliche der theoretischen Physik, daß sie primär nicht zum Gebrauch und *Verbrauch* gedacht ist, sondern zu etwas anderem: Sie entspringt dem uralten Drang des Menschen, seine Welt, in der er lebt, zu verstehen, oder sie wenigstens durchschaubarer zu machen. In diesem Sinn ähnelt die theoretische Physik mehr einem Kunstwerk, das versucht, etwas von der Welt klarer werden zu lassen. So ist die theoretische Physik sowohl *Kunstwerk wie Werkzeug.*

Wie nun die theoretische Physik als Kunstwerk Klarheit schaffen kann, dies möchte dieses Buch dem Leser in einer kleinen *Exkursion* zeigen; einer nur *kleinen* Exkursion, da wir mit einem so kleinen Buch nur das Interesse wecken können, wenn wir nicht beim Leser zu tiefe mathematische und physikalische Kenntnisse voraussetzen wollen; denn schon die *genaue* und *konsequente* Ausarbeitung des kleinsten Problems würde eine tiefe Kenntnis mathematischer Methoden erfordern.

Das Buch möchte also beim Leser das Verlangen wecken, vielleicht doch einmal die Mühe aufzuwenden, um diesen oder jenen mehr oder weniger hohen Gipfel der theoretischen Physik einmal selbst zu besteigen.

Wenn wir auch vom Leser ein *bißchen Übung im Umgang* mit der theoretischen Physik voraussetzen, so erwarten wir gerade *nicht,* daß ihm alles klar ist, daß er keine Fragen mehr hat. Vielmehr hoffen wir, daß er spürt, wie unklar sogar Dinge sind, *mit* denen er schon umzugehen gewöhnt ist. Trotz abgelegter Examina kann man so manchen Physiker in arge Verlegenheit bringen, wenn man ihn fragt, was eine elektrische Ladung, was eine magnetische Feldstärke, was ein Elektron sei.

Es wäre wieder eine den Umfang des Buches sprengende Aufgabe, wollte man auch nur für *alle wichtigen* Begriffe eine klare Herleitung bringen. Doch wollen wir zeigen, wie man Schritt für Schritt (manchmal von intuitiven Vorstellungen angeregt) zu klaren Begriffen kommen kann. Weil wir das aber möglichst einfach, d. h. in einer dem Leser nicht zu ungewohnten Weise tun wollen, werden wir *keinen neuartigen* Weg durch die theoretische Physik (obwohl ein solcher neuartiger Weg sehr reizvoll wäre, wie wir das durch Hinweise an einigen Stellen andeuten werden) sondern alte Pfade von der Mechanik und Elektrodynamik zur Quantenmechanik einschlagen. Ich hoffe, daß trotzdem der an Klarheit interessierte Leser, der bisher nur Zeit fand, über alle Hürden hinwegzustolpern, in einigen Augenblicken der *Muße* an Hand dieses Buches manche für ihn neue Ausblicke finden wird.

So soll dieses Buch ein *kleiner Reiseführer* sein nicht für einen Geschäftsreisenden, der das notwendige Pensum auf schnellstem Wege hinter sich zu bringen versucht, sondern für jemanden, dem neue Ausblicke vom Wegrand her Wert genug sind, um sie in Muße zu betrachten und in sich aufzunehmen; ich hoffe, daß er wenigstens mit den allernotwendigsten Reiseutensilien wie grundlegenden Kenntnissen der Mathematik und der *elementarsten praktischen* Methoden der theoretischen Physik ausgerüstet ist, damit die Reise nicht dadurch zu beschwerlich wird, daß er beim kleinsten Stein im Weg schon stolpert.

I. Was theoretische Physik nicht ist

Es erleichtert immer das Gepäck, wenn man unnötigen Ballast schon vor der Reise herauswirft. Zu solchem Ballast in bezug auf unsere Reise gehören falsche Vorstellungen über das, was man von der theoretischen Physik erhofft. Solche falschen Hoffnungen können einem geradezu das Verständnis verbauen, weil sie den Geist auf etwas anderes ausrichten, wohin der eigentliche Weg *nicht* führt. Wie häufig kommt so etwas bei Anfängern in der Mathematik vor, die z. B. versuchen, sich bei der Zahl i mit $i^2 = -1$ etwas »vorzustellen«. Es wirkt dann für einen solchen Anfänger wie die Erlösung von einer schweren Last, wenn er erfährt, daß er sich dabei gar *nichts weiter vorstellen soll* außer dem, was eben durch das Spiel der Rechenregeln mit komplexen Zahlen festgelegt wurde.

Sicher entspringt die theoretische Physik dem Drang des Menschen nach Verstehen. Wie man aber versucht, etwas zu verstehen, dafür gibt es viele Wege und Ziele. Wir können hier nicht untersuchen, welche Wege gangbar und welche Ziele erreichbar sind. Nur *einen Weg* wollen wir beschreiten, den der theoretischen Physik.

Wir können noch nicht einmal alle anderen Wege auch nur kurz schildern, die im Laufe der Geschichte die Menschen mehr oder weniger intensiv eingeschlagen haben, angefangen von der Deutung des Naturgeschehens als Walten von Geistern und Dämonen bis zu den philosophischen Versuchen, das Wesen der Dinge zu erkennen. Es wird wohl niemand unter den Lesern sein, der meint, die theoretische Physik würde eine Geister-Erklärung physikalischer Vorgänge darstellen. Und doch gibt es eine ganze Reihe anderer Erwartungen gegenüber der theoretischen Physik, die diese *nicht erfüllen kann*. Von diesen wollen wir gleich einige über Bord werfen.

Jeder weiß z. B., daß Gegenstände herunterfallen, und es gibt viele, die von der theoretischen Physik erhoffen zu erfahren, *warum* dies so in der Natur ist, oder sein müßte. Aber gerade mit der Frage, warum das so ist, beschäftigt sich die Physik *nicht*. Statt dessen erfährt man genauere Einzelheiten über die Struktur der Fallprozesse, der Wurfparabeln, der Bahnen von Satelliten und sogar der Bahnen der Planeten und Monde. Man erfährt, wie alle diese Vorgänge ein und demselben Ordnungsprinzip unterworfen sind, das man als *Newton*sche Mechanik und *Newton*sches Gravitationsgesetz zu bezeichnen pflegt.

Die Frage nach dem Warum bleibt offen und wird als physikalische Frage gar nicht erst gestellt. Wenn manchmal das Wort »warum« in der Physik gebraucht wird, meint man daher etwas ganz anderes: Die Frage, »warum fliegt dieser Stein in einer Wurfparabel«, heißt als physikalische Frage: Wie ist dieser Einzelprozeß in das Ordnungsprinzip einzuordnen.

Ein anderes Vorurteil ist das: die Physik erklärt den Zustand der Welt in der Zukunft aus dem Zustand in der Gegenwart (und Vergangenheit); die Physik behandelt die Aufgabe, *Voraussagen* zu machen. Auch dieses Problem behandelt die Physik *nicht*; daß Techniker die Physik *benutzen*, um Apparate zu bauen, die sich in der Zukunft in gewünschter Weise verhalten sollen, ist etwas anderes als die Physik selbst.

Wenn ein Raumschiff vom Mond zurückkehrt und an einer bestimmten Stelle in die Atmosphäre eintauchen soll, so nutzen die Techniker die Kenntnisse der Physik aus. Der Gegenstand der Physik ist nicht die Frage der Techniker nach dem Verlauf der Bahn in der Zukunft, sondern die Bahn als *ganze*. Die Frage der Physik richtet sich auf die Struktur der Bahn und ihre Einordnung in ein allgemeines Strukturprinzip.

Genauso wenig, wie es eine Frage der Physik ist, wie man Menschen töten kann, obwohl (leider) Kenntnisse der Physik auch hierfür ausgenutzt werden können, genauso wenig ist die Frage nach Voraussagen eine Frage der Physik. Daher ist auch jeder Einwand gegen die Physik wegen der Gefahren des Mißbrauchs der Physik genauso dumm wie jener in früheren Zeiten gehörte Einwand gegen die Bildung des Menschen überhaupt, der Bildung ablehnt, damit die Menschen nicht Gefahr laufen, in die Hölle zu kommen; denn tatsächlich werden große Verbrechen erst durch höhere Bildung möglich. Wie überall im Leben, kommt alles darauf an, *was* man mit Hilfe der erworbenen *Fähigkeiten* macht. Keine physikalischen Erkenntnisse sind schon an sich gefährlich oder ungefährlich; erst das, was der Mensch mit ihnen anfängt, kann sowohl zum Schaden wie zum Nutzen sein; und in diesem Sinne sind *alle* wissenschaftlichen Erkenntnisse gefährlich. Es ist ein Märchen, daß ein Physiker eine Entdeckung mit in sein Grab nahm, weil sie zu gefährlich war. Es hätte auch wenig genützt, da bald darauf ein anderer dieselbe Entdeckung gemacht hätte. Die sehr wichtigen durch die Physik gestellten soziologischen Probleme liegen eben auf *einer anderen Ebene*, als daß man sie einfach durch Bewertungen physikalischer Erkenntnisse als gefährlich und ungefährlich lösen könnte. Wir werden am Ende dieses Buches (im letzten Band) auf die *echten* soziologischen Probleme zurückkommen.

Ein drittes Vorurteil ist dies: Die theoretische Physik klärt die Ursachen für einen Vorgang auf; die theoretische Physik ist eine Kausalanalyse der Naturvorgänge. Manche Ausdrucksweisen der Physik scheinen dieses Vorurteil zu stützen: wie z. B. die folgende: Die Ursache dafür, daß ein Stein herunterfällt, ist die Anziehungskraft der Erde auf den Stein. Dazu ist folgendes zu sagen:

Erstens kommen solche Aussagen nur in volkstümlichen bzw. veranschaulichenden Beschreibungen der Physik oder aber – ernst zu nehmen – bei philosophischen Deutungsversuchen vor. Zweitens besagt die Aussage: »Die Ursache dafür, daß der Stein herunterfällt, ist die Anziehungskraft der Erde auf den Stein«, *physikalisch* gar nichts; denn »Stein fällt herunter« und »Erde zieht Stein an« sind nur verschiedene Aussage*formen* desselben Inhalts. Die obige »Ursacheerklärung« ist nicht tiefsinniger als die bekannte bei Molière: Ein Medikament heilt, weil in ihm eine heilende Kraft ist.

Wir werden sehen, daß ein Ursache-Wirkungszusammenhang von der Physik nicht aufgeklärt wird, daß ein solcher Zusammenhang nicht als Gegenstand der physikalischen Analyse vorkommt, womit aber weder geleugnet wird, daß in einem *vorphysikalischen Bereich* ein solcher Kausalzusammenhang vorausgesetzt wird, um überhaupt von in der Natur vorliegenden objektiven Tatsachen sprechen zu können, noch untersagt wird, philosophisch die Frage nach Ursache-Wirkung *nach der Physik* wieder aufzunehmen.

Ein viertes Vorurteil ist das folgende: Die theoretische Physik schließt nach logischen Methoden aus vorliegenden Erfahrungen auf andere Erfahrungen. Eng damit hängt folgender Irrtum zusammen: Eine physikalische Theorie ist ein System, das aus Erfahrungen deduziert werden kann. Tatsache ist vielmehr, keine wirklich bedeutungsvolle Theorie ist aus Erfahrungen deduzierbar! Diese Tatsache mag zunächst ein Schock sein – aber ein sehr heilsamer Schock. Diese Tatsache scheint den Traum von der »Exaktheit« der Naturwissenschaften, insbesondere der Physik zunichte zu machen, da ja *keine Garantie* besteht, daß das aus einer Theorie Deduzierte wirklich in der Natur so sein muß, wenn die Theorie eben nicht aus Erfahrungen deduziert werden kann.

Was aber ist dann theoretische Physik wirklich?

II. Raum und Zeit als physikalische Strukturen

Wir beginnen unsere Reise durch die Physik, wie es üblich ist, mit der Betrachtung des räumlichen Nebeneinanders der Dinge und des zeitlichen Nacheinanders von Vorgängen. Was aber meinen wir mit dem räumlichen Nebeneinander und dem zeitlichen Nacheinander in der Physik?

§ 1 Die *Euklid*ische Geometrie als übliches Hilfsmittel zur Beschreibung des Raumes

Wir setzen nun voraus, daß dem Leser die mathematische Theorie eines dreidimensionalen *Euklid*ischen Raumes bekannt ist; insbesondere, daß er »geübt« in der Vektorrechnung ist. Es ist didaktisch durchaus gerechtfertigt, wenn man in den meisten Lehrbüchern für theoretische Physik, ohne darüber zu reflektieren, die Bedeutung und Anwendbarkeit dieser Mathematik für die Physik, z.B. für die Mechanik der Massenpunkte voraussetzt. Man setzt voraus, daß man in der Experimentalphysik und im »Praktikum« gelernt hat, wie »Ortsvermessungen« durchgeführt werden können. Auch wir wollen voraussetzen, daß der Leser diese »übliche Anwendung« der mathematischen *Euklid*ischen Geometrie auf die Physik kennt, aber uns doch fragen, *was* man da eigentlich tut, wenn man die *Euklid*ische Geometrie auf die Physik *anwendet*.

Daß unsere Frage *nicht* trivial ist, zeigen die verschiedenen Lösungsversuche (von denen derjenige von *Kant* am bekanntesten geworden ist) und die tiefen und teilweise erbitterten Widerstände, die der *Einstein*schen »sogenannten« Allgemeinen Relativitätstheorie entgegengebracht wurden. Daher erwarte ich auch nicht, daß die folgenden Darlegungen von allen Lesern sofort mit Zustimmung aufgenommen werden; denn diese Darlegungen werden für manche eine Enttäuschung sein – und hoffentlich eine Ent-täuschung im ursprünglichen Sinn des Wortes.

Die »*Euklid*ische Geometrie« ist eine mathematische Theorie, die auf Axiomen aufgebaut ist. Wir werden später (III, § 3) etwas genauer darüber nachdenken, was eine mathematische Theorie ist; im Augenblick aber mag es genügen, wenn der Leser weiß, daß man die *Euklid*ische Geometrie – als eine von vielen mathematischen Theorien – auf Axiomen aufbaut, wobei die Wahl des Axiomensystems insofern noch einer gewissen Willkür unterliegt, als man verschiedene Axiomensysteme gegeneinander austauschen kann, *wenn* nur der »Gesamtkomplex von Aussagen«, d. h. von ableitbaren Sätzen + Axiomen, derselbe bleibt.

Entscheidend für unsere Überlegungen ist, daß also in einer mathematischen Theorie nicht *alles* »bewiesen« wird, sondern daß die bewiesenen Sätze nur Deduktionen aus den vorher aufgestellten Axiomen sind. Woher aber kommen diese Axiome?

Es ist selbstverständlich, daß wir in einem so kleinen Buch keine Übersicht über die historische Entwicklung der Gedankengänge zu den verschiedenen Versuchen der Beantwortung dieser Frage geben können. Es ist auch nicht möglich, die verschiedensten philosophischen Lösungsversuche zu würdigen. Wir können *nur* diejenigen *Teil*schritte zur Beantwortung der Frage schildern, die für das Verständnis der Physik *wesentlich* sind, ja die ein Verständnis der Entwicklung der Allgemeinen Relativitätstheorie überhaupt erst möglich machen.

Es ist eine weit verbreitete, mit mehr oder weniger Recht auf *Kant* zurückgeführte Meinung, daß die Axiome der euklidischen Geometrie als »wahr« *erkannt* werden können, daß man sie als »wahr« anerkennen muß unabhängig von aller Erfahrung im Umgang mit den Gegenständen unserer Umwelt. Aufgrund unserer Erfahrungen über die Entwicklung des menschlichen Denkens müssen wir solchen Vorstellungen sehr skeptisch gegenüber stehen: Es kann sein, daß es sich bei den Axiomen der euklidischen Geometrie ausschließlich um Aussagen handelt, die uns schon im jugendlichen Alter *suggeriert* wurden und die durch *lange Gewöhnung* schließlich als »selbstverständlich« und »plausibel« empfunden werden.

Um diese letzte Möglichkeit zu verdeutlichen, sei es mir gestattet, von einem persönlichen Erlebnis aus meiner Jugendzeit zu berichten:

Da mich dieses Erlebnis irgendwie beunruhigte, kann ich mich heute noch an den Ort erinnern, an dem ich an einem Tisch saß, Bogen Papier vor mir liegend und einen Bleistift in der Hand, und eine Frage stellte, auf die ich *keine* befriedigende Antwort erhielt. Ich war etwa 12 Jahre alt und war fasziniert von der

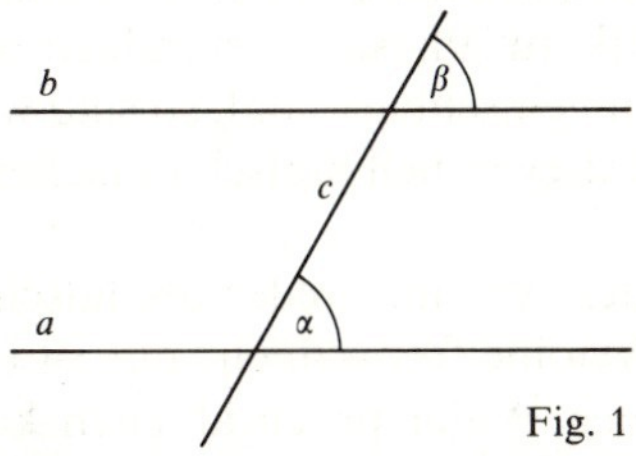

Fig. 1

Methode, in der Geometrie etwas »beweisen« zu können. Ich stellte die Frage (siehe Figur 1): Wieso sind die beiden Winkel α und β gleich, wenn a und b zwei parallele Geraden und c eine dritte Gerade ist?

Leider gab man mir damals nicht die Antwort, daß man das nicht beweisen kann, sondern versuchte mich mit Argumenten zu überzeugen, die aber meine Unsicherheit nur vergrößerten. Schließlich gab ich mir selber einen Stoß, indem ich mir sagte, wenn ich »größer« sein werde, werde ich sicher dahinter kommen. Das stimmte ja schließlich auch; wenn auch die »Aufklärung« anders als erwartet erfolgte.

Die obige Frage nach der Gleichheit der Winkel α und β bedeutet aber nichts anderes, als daß ich als Kind eigentlich nicht »a priori« einsehen konnte, warum es eigentlich nur *eine* sogenannte Parallele zu a geben könne, die dann die Gerade c mit demselben Winkel $\beta = \alpha$ schneidet wie a.

Die spätere »Aufklärung« und geradezu »*Erlösung*« aus dieser Ungewißheit bestand darin, daß man die Axiome einer mathematischen Theorie, also z. B. der *Euklid*ischen Geometrie, *nicht* einzusehen braucht, daß man sie gar nicht einsehen, d. h. als irgendwie »wahr an sich« bezeichnen *kann*.

Als weiteren Hinweis dafür, wie fragwürdig alle Versuche sind, mathematische Axiome als »einsehbar wahr« zu deklarieren, soll noch ein weiteres mir glaubwürdig erzähltes Erlebnis mit einem vierjährigen Jungen berichtet werden: Der Junge hatte das Zählen gelernt und war ganz fasziniert davon, immer weiter und weiter größere Zahlen wie hundert, tausend usw. bilden zu können. Plötzlich kam die beunruhigende Frage: Wenn man immer wieder 1 dazufügt, geht das immer so weiter? Warum diese beunruhigende, zweifelnde Frage, wenn es »selbstverständlich« wäre, daß dies »immer so weiter geht«. Warum »quälte« es ihn, daß es immer so weiter gehen soll, wenn das doch das Natürlichste sein soll? Es ist eben *nicht* »selbstverständlich«, wenn wir durch einen Schritt mathematischer Idealisierung und axiomatischer Postulierung das System der sogenannten »natürlichen« Zahlen erhalten, die vielleicht gerade nur deshalb als »natürlich« bezeichnet wurden, um (in einer früheren Epoche) in einem Akt psychischer Verdrängung das Unbehagen darüber zu beseitigen, daß die natürlichen Zahlen doch gar nicht so natürlich sind.

Ich habe versucht, durch die Schilderung dieser Erlebnisse den Leser aus seiner vermeintlichen Sicherheit herauszureißen, damit er das »Setzen« der Axiome in der Mathematik in dem Licht sehen kann, aus dem heraus die Anwendung von Mathematik auf Physik verständlich wird.

Wenn die Axiome nicht »einsehbar« sind, so sind wir nicht sicher, ob wir das Setzen von Axiomen nicht eventuell »falsch« machen. Was soll dabei heißen: »falsch machen«?

Wenn die Aussagen der Axiome weder als falsch noch richtig erkennbar sind, so darf man also Axiome frei wählen; nur ist es sinnlos, solche Axiome zu wählen, daß man einen Widerspruch ableiten kann. *Jede* »widerspruchsfreie« mathematische Theorie ist dagegen erlaubt und kann niemals als »falsch« bezeichnet werden. Es war klar, daß die Mathematiker versuchten, die *Widerspruchsfreiheit* ihrer Theorien zu *beweisen;* denn *nur* so konnte man sicher sein, daß man sich nicht mit falschen oder – besser gesagt – unbrauchbaren Theorien beschäftigt.

Hier ereignete sich nun die zweite Enttäuschung: Man konnte nachweisen (siehe z.B. [1]), daß es unmöglich ist, die Widerspruchsfreiheit einer Theorie zu beweisen.

Wie aber können wir dann *sicher* sein, daß irgendeine mathematische Theorie (auch solche bekannten Theorien wie die Theorie der Zahlen und die Analysis oder die *Euklid*ische Geometrie) widerspruchsfrei ist? Antwort: Überhaupt nicht. Und es ist auch in der historischen Entwicklung der Mathematik geschehen (z.B. bei der Entwicklung der Mengenlehre), daß Widersprüche auftraten. Aber es gelang dann, die Axiome so abzuändern, daß man die aufgetretenen Widersprüche vermeiden und doch die »entscheidend wichtigen« Sätze weiterhin ableiten konnte. So ist also die Mathematik keine Wissenschaft *absoluter* Sicherheit, sondern eine Wissenschaft auf *Hoffnung* hin: Wir *hoffen*, daß die jeweils aufgestellten Axiome nicht zu Widersprüchen führen; und sollten doch einmal Widersprüche auftreten, so *hoffen* wir, daß es gelingt, diese Widersprüche durch »geringfügige« Änderungen an den Axiomen zu beseitigen. (Es gibt eine Reihe von Versuchen – z.B. den Intuitionismus –, dieser Situation der »Ungewißheit« aus dem Wege zu gehen; aber keiner dieser Versuche ist in der Lage, die großen und wichtigen Theorien der Mathematik in *vollem* Umfange zu begründen. Vielleicht hatte schon *Kant* eine Vorahnung, daß das »Beweisen« allein nicht genügt, um die Mathematik *fest* zu fundieren; daher der Versuch, die Axiome selbst als in irgendeiner Weise »erkennbar« zu begründen; leider aber müssen wir heute zugeben, daß die Axiome, z.B. der *Euklid*ischen Geometrie, nicht als richtig erkannt werden können, denn man kann sie abändern und Nicht-*Euklid*ische Geometrien entwickeln.)

Wenn wir uns nun klar gemacht haben, daß die Axiome einer mathematischen Theorie in irgendeiner Weise »frei« gesetzt werden, so bedeutet dies nun *nicht*, daß wir keine Motive haben, gerade dieses oder jenes Axiomensystem aufzustellen. Diese Motive sind aber gerade so vielgestaltig und teilweise so unbewußt, daß es gar nicht möglich ist, sie restlos aufzuhellen. Für die theoretische Physik ist es wichtig zu merken, daß *auch* physikalische Erfahrungen unter diesen Motiven eine wichtige Rolle spielen können; das soll aber *nicht* heißen (was gleich schon hier bemerkt sei, obwohl wir darauf in diesem ganzen Buch immer wieder und wieder stoßen werden), daß die Axiome irgendwie aus der Erfahrung, z.B. aus Experimenten *deduziert* werden; eine Deduktion einer physikalischen Theorie aus Erfahrung ist unmöglich; so auch die Deduktion der *Euklid*ischen Geometrie aus den Erfahrungen im Umgang mit den uns umgebenden Gegenständen.

Da wir hier nicht die Absicht haben, eine »schöne« mathematische Entwicklung der euklidischen Geometrie zu geben, sondern die Kenntnis der *Euklid*ischen Geometrie beim Leser voraussetzen, sei als Axiomensystem ein solches ausgewählt, daß – wie ich hoffe – dem Leser zunächst als *möglichst nahe bei der Physik* erscheint; doch sei nochmals betont, daß zunächst *nur* von mathematischen Objekten und Relationen die Rede ist!

Gegeben ist (als Basis der mathematischen Theorie) eine Menge X, die Raum genannt wird. Die Elemente von X mögen Punkte genannt werden. Dann sei noch eine von je zwei Punkten (d.h. auf der Produktmenge $X \times X$ definierte) abhängige reelle positive Funktion $d(x, y)$ definiert. Wir setzen als Axiom (den dreidimensionalen Pythagoräischen Lehrsatz) an: Es ist möglich, jedem Punkt x bijektiv* drei reelle Zahlen ξ_1, ξ_2, ξ_3 (sogenannte Koordinaten) so zuzuordnen, daß

$$d(x, y) = \sqrt{(\xi_1 - \eta_1)^2 + (\xi_2 - \eta_2)^2 + (\xi_3 - \eta_3)^2} \tag{1.1}$$

ist, wobei (ξ_1, ξ_2, ξ_3) dem Punkt x und (η_1, η_2, η_3) dem Punkt y entsprechen.

Es ist bekannt, daß dadurch die dreidimensionale *Euklid*ische Geometrie in ihrer »analytischen Form« festgelegt ist.

Was aber haben die eben aufgestellten Axiome mit Physik zu tun?

§ 2 Der physikalische Abstand

Es soll im Folgenden in keiner Weise bestritten werden, daß nicht schon überall unsere ganz normale an der Erfahrung gebildete Vorstellung über die Gegenstände aus unserer Umgebung eingeht und die Möglichkeit benutzt wird, die Gegenstände zu handhaben. Im Gegenteil setzen wir schon voraus, wie wir in und mit unserer Umgebung leben. Dazu aber ist es nicht notwendig, daß wir schon jemals einen Längenmaßstab in der Hand gehabt und mit ihm »gemessen« hätten. Die sogenannte »Längenmessung« ist aber der Ausgangspunkt der ersten hier darzustellenden physikalischen Theorie.

Damit keine irrigen Vorstellungen zurückbleiben, betonen wir nochmals, daß die oben kurz in ihrer analytischen Form axiomatisch formulierte *Euklid*ische Geometrie als mathematische Theorie eine »freie« Setzung ist. Der oben eingeführte »Abstand« $d(x, y)$ bedarf keiner Begründung, weder einer sogenannten »anschaulichen« noch einer »physikalischen«. Die mathematische

* bijektiv heißt: jedem x ist eindeutig ein Tripel (ξ_1, ξ_2, ξ_3) so zugeordnet, daß auch umgekehrt jedem Tripel (ξ_1, ξ_2, ξ_3) genau *ein* Punkt x entspricht.

Theorie »*Euklid*ische Geometrie« existiert für sich, *unabhängig* von allen eventuell möglichen Anwendungen. Dies heißt nicht, daß nicht bei den psychologischen Motiven, die zu der obigen Wahl der Axiome geführt haben, *auch* physikalische Anwendungsmöglichkeiten (aber eben nicht nur!) eine Rolle gespielt haben können.

Der in (1.1) aufgeschriebene Abstand $d(x, y)$ hat zunächst von der Mathematik her *keine irgendwie geartete physikalische Bedeutung,* d. h. er hat zunächst überhaupt nichts zu tun mit irgendwelchen mit Maßstäben gemessenen Abständen.

Wir haben nun schon als Kinder angefangen zu lernen, wie man »Längenmessungen« durchführen kann; und wir haben schließlich beim Studium der Experimentalphysik *viele* Möglichkeiten kennengelernt, Abstände zu messen, wobei jeweils kritisch diskutiert wurde, wie die verschiedenen Meßmethoden verglichen werden können und welche »besser« als eine andere ist. Es ist nicht möglich, in einem so kleinen Buch alles das zu wiederholen, was wir schon einmal über Längenmessungen erfahren haben. Wichtig für uns daran ist es, daß schon ein fast unübersehbarer Komplex von *Erfahrungen* und *theoretischen* (zwar oft nicht exakt formulierten) *Vorstellungen* eingeht, bis wir dazu kommen, von dem gemessenen »Abstand zwischen zwei Stellen« zu sprechen.

Wenn wir aber nicht in unklaren Vorstellungen verharren wollen, müssen wir hier doch zweierlei tun:

1. Um nicht den unübersehbaren Komplex von Erfahrungen und Vorstellungen bei der Grundlegung der Längenmeßmethoden als unentwirrtes Knäuel zu belassen, müssen wir versuchen, in einer möglichst einfachen Form die Grundprinzipien des Längenmessens kurz zu schildern.
2. Wir müssen versuchen zu formulieren, *wie* man eine mathematische Theorie (die zunächst nichts mit der Erfahrung zu tun hat) auf reale Erfahrungen anwenden kann.

Wir wollen versuchen, in diesem § kurz den ersten Punkt zu schildern.

Dabei begegnen wir sehr ernsten Schwierigkeiten: Wenn wir uns irgendeine der vielen Längenmeßmethoden vor Augen halten, so merken wir schnell, daß wir bei jeder dieser Methoden eine ganze Menge nicht nur von Erfahrungen, sondern eigentlich schon von physikalischen Gesetzen, d.h. von theoretischen Vorstellungen hineinstecken. Ja es scheint so, daß wir eigentlich schon so tun, als ob der physikalische Abstand definiert sei, bevor wir daran gehen, ihn zu messen; und wenn wir dann versuchen, eine Definition zu geben, so müssen wir auf die Messung zurückgehen: Man scheint hoffnungslos in eine Art Zirkel verwickelt zu werden.

Diese Sachlage hat auch zu den verschiedensten Vorstellungen und Lösungsversuchen Anlaß gegeben, die wir hier nicht alle schildern können. Diese Sachlage aber bedingt es, daß wir hier in diesem Buch *nicht* mit einer methodisch befriedigenden Einführung des physikalischen Abstandsbegriffes beginnen können. Diese Sachlage ist auch der Grund dafür, daß man eben in den meisten »Lehrbüchern« der theoretischen Physik das physikalische Raum-Zeit-Problem zu Beginn überhaupt nicht behandelt, wobei dann leicht der Eindruck entsteht, daß die sogenannte *Newton*sche Raum-Zeit-Theorie »selbstverständlich« sei und es gar kein physikalisches Raum-Zeit-Problem gäbe.

Wenn wir nun statt dessen mit einer methodisch durchaus *nicht befriedigenden* Einführung des Begriffes eines physikalischen Abstandes beginnen, so könnte man uns den Vorwurf machen, warum wir nicht gleich mit den »richtigen« physikalischen Begriffen beginnen. Dazu ist zweierlei zu sagen: Erstens würde jeder Versuch, gleich zu Anfang eine möglichst gute Raum-Zeit-Theorie aufzubauen, für den noch nicht tief in die theoretische Physik eingeweihten Leser unverständlich bleiben. Zweitens ist es gerade eine der typischen Strukturen der theoretischen Physik, daß es *die richtige* Theorie nicht gibt, sondern daß jede Theorie durch sich selbst Kritik hervorruft, die darauf drängt, eine noch bessere Theorie zu suchen. Es ist eben in der theoretischen Physik unmöglich, etwas gleich so gut zu machen, daß es keiner Verbesserung mehr bedarf. So gehört es eben mit zum Erleben der theoretischen Physik, wenn wir jetzt daran gehen, zunächst eine durchaus methodisch nicht gerade sehr schöne Theorie von Raum und Zeit zu entwickeln; gerade so aber werden wir das echte physikalische Problem von Raum und Zeit besser erkennen. Wir werden sehen, wie keine der »verbesserten« Raum-Zeit-Theorien den vorhergehenden Theorien widerspricht, sondern wie umgekehrt die vorhergehenden Theorien als Teilaspekte der späteren, besseren erhalten, und damit aufgehoben bleiben.

Nach diesen Vorbemerkungen wagen wir nun den *ersten* Versuch einer Schilderung dessen, was uns zur Einführung des Begriffes eines physikalischen Abstandes führt.

Die Basis für die Möglichkeit einer physikalischen Raumvermessung ist ein *Gerüst*. Ein solches Gerüst können die Wände des Zimmers sein, in dem ich mich befinde; es können aber auch markierte Ausgangspunkte zur Erdvermessung sein; ja es können auch – z.B. für die Astronomie – sehr künstlich konstruierte Bezugspunkte sein. Um aber das »Prinzip« zu verstehen, genügt es, bei solchen Beispielen wie dem des Zimmers zu bleiben, denn wir wollen zunächst nicht untersuchen, wieso man die von den Astronomen benutzten Bezugspunkte »so« benutzen *darf* wie z.B. die Wände eines Zimmers (siehe dazu auch V, § 2.6).

Wenn wir von einem *Gerüst* als Basis einer physikalischen Raumvermessung sprachen, so ist mit »Gerüst« *nicht eine quantitative* Bezeichnung gemeint. Das Wort »Gerüst«, soll vielmehr nur etwas Qualitatives bezeichnen: Das Gerüst soll es uns ermöglichen, »Stellen« physikalisch zu *fixieren*. Z.B. können wir im Zimmer zwei Fäden so spannen, daß sie sich kreuzen. Durch die Stelle, wo die beiden Fäden sich kreuzen, ist dann eben eine Raumstelle im Zimmer physikalisch ausgezeichnet, d.h. fixiert.

Eine solche Stelle ist kein mathematischer Punkt. Ein Punkt aus dem euklidischen Raum X ist eben *nur* »Element von X« und nichts weiter; und X ist eben nur »eine Menge« und nichts weiter. Eine physikalisch fixierte Stelle ist eine *relativ zu einem bestimmten* Gerüst fixierte Stelle; sie ist keine Raumstelle an sich. Eine physikalisch fixierte Stelle ist niemals ganz scharf definiert: Die beiden oben erwähnten Fäden, die durch ihr sich Kreuzen eine Stelle markieren, sind beide von *endlicher* Ausdehnung und haben auch eine nicht absolut scharf definierbare Oberfläche; und doch kann man jedem vorweisen, was wir mit der durch die beiden Fäden markierten Stelle meinen, nur darf man nicht in den Irrtum verfallen, über diese »physikalische« Stelle so zu reden, als ob sie ein mathematischer Punkt wäre.

Ein kritischer Einwand gegen den von uns eingeführten Begriff des Gerüstes und der fixierten Stelle wäre in der Weise denkbar, daß man versuchen würde, »Kriterien« zu suchen, mit Hilfe deren es möglich ist, zu entscheiden, ob ein Gerüst vorliegt. Man könnte dann meinen, daß man als ein solches Kriterium unbewußt benutzt, daß in einem Gerüst alle fixierten Stellen einen festen, bleibenden Abstand behalten; und so hätten wir eigentlich schon den Begriff des Abstandes vorausgesetzt. Gerade aber solche »quantitativen Kriterien« meinen wir nicht, wie wir schon oben betonten, wenn wir von Gerüsten gesprochen haben; wir meinen eben damit eine nur *qualitative* Beschreibung von Sachverhalten aus unserer Umgebung, die es uns eben ermöglicht, in der folgenden Weise mit Gegenständen innerhalb eines solchen Gerüstes zu *operieren:*

Es besteht nun die Möglichkeit, zwischen zwei physikalischen Stellen (die beide relativ zum *selben* Gerüst fixiert sind) eine reale Beziehung (eine *Realrelation*) herzustellen, die wir Abstandsmessung nennen. Wir werden gleich sehen, daß es sich dabei eigentlich nicht um die Beziehung zwischen zwei Stellen, sondern um Beziehungen zwischen zwei Paaren von Stellen handelt (wobei jedes Paar für sich sogar in je einem – nicht notwendig demselben – Gerüst fixiert ist).

Wir sagen im Folgenden kurz, daß ein Gegenstand relativ zu dem zugrundegelegten Gerüst *ruht*, wenn die am Gegenstand markierbaren Stellen auch relativ zum Gerüst fixierbare Stellen sind.

Das Grundprinzip einer Abstandsmessung besteht im Bilden von Ketten aus ruhenden »gleich« geformten Gliedern zwischen zwei fixierten Stellen.

Wir müssen jetzt erklären, was wir unter »gleich« geformten Gliedern, was unter Kette verstehen. Unter einem Glied einer Kette verstehen wir irgendeinen ausgedehnten Gegenstand. Unter einer Kette verstehen wir eine solche Reihe von Gliedern, die man so numerieren kann von 1 bis n, so daß das ν-te und $(\nu + 1)$-te Glied aneinanderstoßen. Unter einer Kette zwischen zwei fixierten Stellen verstehen wir eine solche Kette, deren erstes Glied die eine und deren letztes Glied die andere fixierte Stelle enthält.

Es bleibt also nur noch zu sagen, was wir unter *gleich* geformten Gliedern verstehen: Hierbei geht schon eine große Menge von Tatsachen über das Verhalten von Gegenständen ein. Um es möglichst anschaulich zu machen, betrachten wir ein Beispiel für die Herstellung von *gleich* geformten Gliedern: Wir denken uns eine Stanzmaschine, die aus Blechen in bestimmter Weise immer wieder und wieder mit derselben Schablone Stücke herausstanzt. Alle diese herausgestanzten Blechstücke »passen« in die Form der Schablone und werden deshalb kurz als *gleich* geformt bezeichnet.

Hierbei ergeben sich ernsthafte Schwierigkeiten: Nehmen wir an, daß die »Form« (die Schablone) aus einer bestimmten Stahllegierung ist und die »Bleche« aus einem weichen Plastikmaterial. Stellen wir nun ein längliches Kettenglied waagerecht her, so daß es in die Form der Schablone paßt, und drehen jetzt Schablone und das Kettenglied in eine senkrechte Lage, so paßt das Kettenglied nicht mehr in die Form der Schablone. Wir pflegen dies so zu »erklären«: Durch die Schwerkraft werden das Kettenglied und die Schablonen-Form *verschieden* deformiert. Ob diese »Erklärung« brauchbar und in welcher Näherung brauchbar ist, kann man aber so lange noch nicht erkennen, wie noch keine Abstandsdefinition eingeführt ist, mit Hilfe der man eine »Deformation« erklären könnte.

Unsere Vorsicht in der Erwähnung dieser Schwierigkeit ist keine Spielerei, wie sich später (X) aufgrund der Allgemeinen Relativitätstheorie herausstellen wird.

Nun gibt es allerdings solche »Gerüste« (z.B. ein ohne Antrieb fliegendes Raumschiff), in denen die eben erwähnte Schwierigkeit *nicht* auftritt: Die Herstellung von ruhenden Kettengliedern in einem solchen Gerüst erweist sich als unabhängig von Lage, Richtung und in beschränktem Umfang auch vom Material; d.h. ein an irgendeiner Stelle in irgendeiner Richtung aus irgendeinem Material hergestelltes (ruhendes) Kettenglied paßt immer in die Form der Schablone, *wohin* man auch beide bringt, in welche Richtung man auch beide überführt. Man nennt ein solches »Gerüst«, in dem die eben geschilderte Lage-Richtungs-Material-Unabhängigkeit erfüllt ist, ein *Inertialsystem*.

Wir hatten eben kurz angedeutet, daß die Materialunabhängigkeit nur in »beschränktem« Umfang gilt. Es gibt Materialien, die leicht zerreißen und zu zerteilen sind. Welche Schwierigkeiten bereitet die Handhabung von Wasser in einem Raumschiff! Unversehens hat sich eine Wassermenge in viele Tropfen zerlegt und ist nicht wieder zusammenzubringen. Dagegen gibt es eben andere Materialien wie Eisen, Gold, Holz usw. die nur unter stärkerer Einwirkung zerteilbar sind. Sie sind verwendbar zur Herstellung von Kettengliedern in Inertialsystemen.

Das Zimmer, in dem wir sitzen, ist also kein Inertialsystem; dagegen ist ein Raumschiff – wie eben erwähnt – ein solches Inertialsystem. Zum Glück aber (d. h. zum Glück für die allgemeine Brauchbarkeit eines physikalischen Abstandsbegriffes) erweist sich unser Zimmer als ein *näherungsweises* Inertialsystem im folgenden Sinn: Wenn man besonders *weiche* Materialien zur Herstellung von Kettengliedern *ausschließt,* so ist »praktisch« nichts zu merken von der Tatsache, daß ein waagerecht hergestelltes Kettenglied nicht mehr genau in die Form paßt, wenn man beide in eine senkrechte Lage dreht. Man hat nun versucht, diese Tatsache durch eine »Extrapolation« zu einer »exakten« Methode der Definition eines Abstandes auch in Nicht-Inertialsystemen zu machen, in dem man den Begriff des absolut starren Materials (das es natürlich nicht wirklich gibt) einführte. Dieses »gedachte« absolut starre Material könnte dann dazu benutzt werden, Kettenglieder »in Gedanken« herzustellen und damit »in Gedanken« in derselben Weise einen Abstandsbegriff einzuführen, wie wir das weiter unten in Inertialsystemen gleich tun werden. Man erkennt sofort, daß eine solche Methode des Arbeitens mit gedachten, aber nicht existierenden Gegenständen unübersehbare Gefahren in sich birgt, was auch für diesen Fall durch die Spezielle Relativitätstheorie explizit gezeigt wurde (IX, § 5.1 und IX, § 7.2), da diese Theorie die Nichtexistenz solcher absolut starren Materialien beweist. Es bleibt an dieser Idee der starren Materialien genau nur soviel brauchbar, wie wir es schon oben erwähnten: Bestimmte Nicht-Inertialsysteme wie z.B. das Zimmer, in dem ich sitze, können »näherungsweise« in bezug auf Längenmessungen so wie Inertialsysteme behandelt werden, wenn man bei der Auswahl des Materials allzu weiche Materialien ausschließt. Daß dies aber nicht beliebig gut gehen kann, erhellt sofort aus der Tatsache, daß man irgendein materielles »Gerüst« und alles was in ihm »ruht« durch eine sehr große Beschleunigung »zerstören« kann, so daß jeder Versuch der Einführung einer Abstandsmessung in einem solchen stark beschleunigten System fehlschlägt! (Siehe auch IX, § 7.2.)

Eine weitere Schwierigkeit der Herstellung gleich geformter Kettenglieder (auch in Inertialsystemen) kann dadurch entstehen, daß sich die Kettenglieder durch sogenannte Temperaturänderungen verformen. Da wir aber nicht wissen, was Temperaturänderungen sind, können wir nur von qualitativen Feststellungen ausgehen, um solche sogenannten Verformungen zu verhindern. Deshalb sei auf folgende anschauliche Möglichkeit hingewiesen: Bei der Herstellung der Kettenglieder verwenden wir neben einheitlichen Materialien auch noch (zur Kontrolle) Bimetalle. Ein so aus zwei Metallen hergestelltes Kettenglied paßt nur unter bestimmten Umständen (eben bei derselben Temperatur; siehe XIV, § 1.3) wieder in die Schablone. Ja, man könnte sogar bei der »Produktion« von Kettengliedern an jedem Kettenglied ein »Thermometer« mit einer *einzigen* (!) markierten Skalenstelle anbringen, das jede Temperaturänderung anzeigen würde. Zur Feststellung von Temperatur*änderungen* braucht man nur qualitative Feststellung von Koinzidenzen und keine Längenmessung (als Vortheorie im Sinne von III, §§ 1, 2 und 4).

Nach diesen kritischen Bemerkungen zur Herstellung *gleich* geformter Kettenglieder können wir nun daran gehen, einen *physikalischen* Abstand zu definieren, d. h. einen Sachverhalt zwischen den vorhandenen Gegenständen aufzuweisen, dem der mathematische durch die Funktion $d(x, y)$ nach (1.1) eingeführte Sachverhalt *zugeordnet* wird.

Wir betrachten zunächst *nur Ketten aus gleich geformten* Kettengliedern zwischen verschiedenen fixierten Stellen. Als Länge einer Kette zwischen zwei fixierten Stellen bezeichnen wir die Zahl der Kettenglieder. Wir versuchen nun, zwei fixierte Stellen durch eine möglichst kurze Kette zu verbinden. Die kleinste Zahl von Kettengliedern, die ausreicht, um die beiden fixierten Stellen zu verbinden, bezeichnen wir kurz als »Kettenabstand«. Bezeichnen wir kurz die beiden gerade betrachteten, physikalisch fixierten Stellen mit a und b und die Form der mit einem bestimmten Verfahren hergestellten Kettenglieder mit f, so können wir den Kettenabstand von a und b bei Benutzung von Kettengliedern der Form f symbolisch mit $\Delta(a, b; \mathfrak{f})$ bezeichnen. $\Delta(a, b; \mathfrak{f})$ ist also eine ganze Zahl. (a, b, f sind keine mathematischen Größen, da a, b, f nicht Elemente irgendeiner Menge sind; a, b sind nur kurze *Namen* für *ganz bestimmte* fixierte Stellen und f ein kurzer Name für eine tatsächlich hergestellte bestimmte Form von Kettengliedern. Daß es nahe liegt, schon hier zu einem mathematischen Bild überzugehen, soll nicht bestritten werden; im Gegenteil ist diese Tatsache mit ein Antrieb dafür, das Raumproblem in einer neuen, verbesserten Form in IV wieder aufzunehmen.)

Die Erfahrung zeigt nun Folgendes: Das Verhältnis zweier Kettenabstände $\Delta(a, b; \mathfrak{f})/\Delta(c, d; \mathfrak{f})$ (bei derselben Form f) wird »praktisch« von der Form f unabhängig, wenn die Kettenglieder *sehr klein* werden, d. h. wenn die Zahlen $\Delta(a, b; \mathfrak{f})$ und $\Delta(c, d; \mathfrak{f})$ sehr groß werden. In physikalischer Näherung ist es daher möglich, eine Größe $\lambda(a, b; c, d)$ einzuführen, die gleich dem Verhältnis $\Delta(a, b; \mathfrak{f})/\Delta(c, d; \mathfrak{f})$ für kleine Kettenglieder ist. Es zeigt sich nun in der Erfahrung, daß $\lambda(\cdot\cdot\cdot)$ die Relation $\lambda(a_1, a_2; d_1, d_2) = \lambda(a_1, a_2; b_1, b_2) \cdot \cdot \lambda(b_1, b_2; d_1, d_2)$ erfüllt, so daß durch $\lambda(a, b; c, d)$ eine bis auf einen willkürlichen Faktor α eindeutig bestimmte Größe $\delta(a, b)$ mit

$$(2.1) \qquad \lambda(a, b; c, d) = \frac{\delta(a, b)}{\delta(c, d)}$$

gegeben ist ($\delta(a, b)$ und $\delta'(a, b) = \alpha\,\delta(a, b)$ erfüllen also dieselbe Relation; und jedes $\delta'(a, b)$, das ebenfalls die Relation (2.1) erfüllt, hat die Form $\delta'(a, b) = \alpha\,\delta(a, b)$ mit einer von a, b unabhängigen Zahl α).

$\delta(a, b)$ ist also eine nach physikalischer Methode herstellbare, d. h. kurz, meßbare Zahl, die der *physikalische Abstand* zwischen den beiden fixierten Stellen a und b genannt wird.

$\delta(a, b)$ ist erst dann festgelegt, wenn man den willkürlichen Faktor α festgelegt hat, d.h. wenn man den Zahlenwert $\delta(a_0, b_0)$ für irgendein bestimmtes Paar a_0, b_0 von Stellen (willkürlich!) festgesetzt hat.

Es sei schon hier betont, was wir allgemein noch genauer im nächsten § 3 diskutieren werden, daß das geschilderte »Messen« nicht zu einer eindeutigen Zahl $\delta(a, b)$ führt, da das Verhältnis $\Delta(a, b; f)/\Delta(c, d; f)$ eben nur »annähernd« unabhängig von f für kleine Kettenglieder wird.

§ 3 Vergleich der physikalischen Abstände in verschiedenen Inertialsystemen

Die in (2.1) dargestellte Beziehung erweist sich nicht nur als brauchbar, wenn die Paare a, b und c, d im *selben* Inertialsystem (oder »Fast-Inertialsystem« wie z. B. das Zimmer, in dem ich sitze) liegen, sondern auch dann, wenn a, b fixierte Stellen in *einem* System und c, d fixierte Stellen in einem *anderen* System sind. Man braucht nur die Maschine für das Herstellen der Kettenglieder einschließlich des Bimetall-Kontrollgliedes in das andere Inertialsystem (oder Fastinertialsystem) herüber zu transportieren. So kann man mit Kettengliedern *derselben* Form f in zwei verschiedenen Inertialsystemen operieren. Deshalb ist es auch möglich, für alle Abstandsmessungen dasselbe »Bezugspaar« a_0, b_0 aus einem *einzigen* Inertialsystem zur Festlegung des noch willkürlichen Faktors in $\delta(a, b)$ für Paare von Stellen a, b aus jedem Inertial- oder Fastinertialsystem zu verwenden.

Genau das wird getan, wenn man z. B. ein solches Bezugspaar a_0, b_0 durch die Enden des sogenannten »Normalmeters« in Paris durch Verabredung festlegt. Man kann auch andere, leichter »reproduzierbare«, d. h. von einem Inertialsystem in ein anderes übertragbare, Bezugspaare verabreden.

Die Zahlenwerte des experimentell »ablesbaren« Abstandes $\delta(a, b)$ hängen natürlich von der Wahl des Bezugspaares a_0, b_0 ab, wenn man $\delta(a_0, b_0) = 1$ festsetzt, wie es üblich ist. Um sich immer wieder daran zu erinnern, daß der experimentell bestimmte Zahlenwert $\delta(a, b)$ von der willkürlichen Wahl des Paares a_0, b_0 und der Festsetzung $\delta(a_0, b_0) = 1$ abhängt, pflegt man zu sagen, daß $\delta(a, b)$ eine »Dimension« hat.

Es ist nun viel hineingeheimnist worden in die Bedeutung dessen, was eine »physikalische Größe« und was eine »Dimension« ist. Man liest Worte wie »Grundgröße«, abgeleitete Größen, Dimensionsanalyse, ja sogar von »Fehlern« bei der Einführung der *Zahl* der Grundgrößen usw. Wenn man manche Bücher der Physik durchgeht, so fühlt man sich in einem undurchdringbaren Urwalddickicht von »Größen« und »Dimensionen« zu befinden und zu verstricken. In Wirklichkeit aber handelt es sich dabei um eine *begrifflich* sehr einfache Tatsache, wenn man nur vermeidet, mit den Worten »Größe«, »Grundgröße« usw. irgendwelche »tiefsinnigen« Vorstellungen zu verknüpfen, von denen auch überhaupt keine Rede bei der Definition dieser Größen ist. Dies heißt natürlich nicht, daß man sich nicht *nachträglich* philosophische Gedanken machen kann, wieso die Welt so gebaut ist, daß es möglich ist, die entsprechende Größe, in unserem Fall den Abstand, einzuführen. Wenn man aber schon *vor* jeder philosophischen Reflexion den Begriff z. B. des physikalischen Abstandes mystifiziert, so ist auch die *nachträgliche* philosophische Reflexion in Frage gestellt.

Die Einführung der mit einer Dimension behafteten Größe $\delta(a, b)$ statt $\lambda(a, b; c, d)$ hat ihre Ursache in der in (2.1) dargestellten Relation: es ist eben sowohl theoretisch wie experimentell *praktischer*, $\delta(a, b)$ statt $\lambda(a, b; c, d)$ zu benutzen, weil man durch die Benutzung von $\delta(a, b)$ schon die Gültigkeit der Relation (2.1) »erschlagen« hat, d. h. nicht mehr ununterbrochen in allen Formeln zu berücksichtigen hat. Der Nachteil ist, daß die Zahlenwerte einer mit Dimension behafteten Größe *keine* unmittelbare physikalische Bedeutung haben, so wie der Zahlenwert von $\delta(a, b)$ keine unmittelbare physikalische Bedeutung hat. Nur sogenannte »dimensionslose« Zahlenwerte (wie wir das später noch genauer sehen werden) haben eine physikalische Bedeutung; so z.B. die Verhältnisse $\delta(a, b)/\delta(c, d) = \lambda(a, b; c, d)$.

Um Mißverständnisse möglichst zu vermeiden, wollen wir überhaupt gar nicht erst einen *allgemeinen* Begriff wie »physikalische Größe« einführen, denn wenn man einen solchen Begriff einführt, erhebt sich intuitiv die Frage, ob dieser oder jener in der Natur vorgefundene Sachverhalt eine physikalische Größe sei oder nicht; eine unnötige Frage, die *nichts* zum Verständnis der Physik beiträgt, da sie ausschließlich davon abhängt, wie dieser oder jener Verfasser den Begriff physikalische Größe definiert, oder wohl oft richtiger ausgedrückt – zu definieren versucht.

Wir haben aufgrund des geschilderten Umgangs mit Gegenständen unserer Umgebung den Begriff des »physikalischen Abstandes« eingeführt und gezeigt, wie man aus einem experimentellen Sachverhalt einen Zahlenwert $\delta(a, b)$ für den Abstand der beiden Stellen a und b ablesen kann. Außer dem Umgang mit ganzen Zahlen haben wir dabei keine Mathematik benutzt. Die ganzen Zahlen dienten nur zum Abzählen von Kettengliedern. $\delta(a, b)$ ist dann als »Verhältnis« von ganzen Zahlen, kurz als »rationale« Zahl definiert.

Dabei könnte es *scheinen*, daß wir an einer Stelle einen mathematischen Grenzprozeß benutzt haben, als wir sagten, daß sich $\Delta(a, b; \mathrm{f})/\Delta(c, d; \mathrm{f})$ als praktisch von f unabhängig erweist, wenn die Kettenglieder genügend klein sind. Es ist hier aber eben *kein* (!) mathematischer Grenzprozeß gemeint, sondern wirklich nur das, was gesagt wurde: Für physikalisch *herstellbare* kleine Kettenglieder wird approximativ $\Delta(a, b; \mathrm{f})/\Delta(c, d; \mathrm{f})$ nicht mehr von f abhängig; daß dies nur approximativ richtig ist, kann nicht dadurch hinweggeschwindelt werden, daß man gedanklich zu »beliebig« kleinen Kettengliedern übergeht. $\lambda(a, b; c, d)$ ist eben *kein* (!) genau bestimmter Zahlenwert.

Dies mag enttäuschend sein, ist aber sehr wichtig zum Verständnis der Physik. Daß $\lambda(a, b; c, d)$ kein genau bestimmter Zahlenwert ist, wird meist dadurch zum Ausdruck gebracht, daß man bei Angabe des Zahlenwertes $\lambda(a, b; c, d)$ eben nicht nur eine Zahl λ angibt, sondern $\lambda \pm \varepsilon$ schreibt, wobei ε die sogenannte »Ungenauigkeit« des Zahlenwertes λ angibt. Das Wort Ungenauigkeit kann leicht zu dem Irrtum verführen, als ob es »an sich« eine genauere Zahl $\lambda(a, b; c, d)$ »gäbe«, die durch $\lambda \pm \varepsilon$ nur ungenau angegeben wird; der richtige, an sich existierende Zahlenwert $\lambda(a, b; c, d)$ sei eben gerade der Limes von $\Delta(a, b; \mathfrak{f})/\Delta(c, d; \mathfrak{f})$ für *beliebig* kleine Kettenglieder. Tatsächlich aber ist es so, daß es in der Natur gar nicht *beliebig* kleine Kettenglieder gibt, nur daß wir im Augenblick noch nicht angeben können, mit wie kleinen Gliedern die angegebene Methode der Abstandsmessung noch gut geht, d. h. tatsächlich so durchführbar ist, wie wir sie oben geschildert haben.

Wir halten also fest, daß jede Angabe einer Zahl $\lambda(a, b; c, d)$ immer mit einer *endlichen* »Ungenauigkeit« $\pm\varepsilon$ behaftet ist. Damit ist aber auch sofort die Angabe jeder Zahl für $\delta(a, b)$, das man ja als $\delta(a, b) = \lambda(a, b; a_0, b_0)$ schreiben kann, mit einer *endlichen* Ungenauigkeit behaftet.

§ 4 Das mathematische Bild eines physikalischen Raumes

Wir kommen jetzt zu einem sehr wichtigen Schritt, über den viele falsche Vorstellungen verbreitet sind: Die Abbildung physikalischer Strukturen durch mathematische Strukturen.

In den vorigen §§ haben wir physikalische Situationen betrachtet, die wir als in einem Inertialsystem (bzw. Fast-Inertialsystem) fixierte *Stellen* und durch physikalische *Abstände* $\delta(a, b)$ zwischen zwei Stellen a und b beschrieben haben.

Es ist nun bekannt, daß man die Stellen durch mathematische Punkte der in § 1 angegebenen *Euklid*ischen Geometrie, d. h. durch Elemente der dort mit X bezeichneten Menge darzustellen pflegt und irgendwie $\delta(a, b)$ als approximative Messung von $d(a, b)$ (mit $d(a, b)$ nach § 1) auffaßt. Aber mit der eben angedeuteten unklaren Vorstellung wollen wir uns nicht zufrieden geben. Was geschieht tatsächlich, wenn wir jetzt plötzlich die euklidische Geometrie auf die physikalischen Situationen von Stellen und Abständen *anwenden?* Was bedeutet dieses Wort: *anwenden?*

Wenn wir das Problem der Anwendung sauber darstellen wollen, ergibt sich zunächst folgende ernste Schwierigkeit:

Auf der einen Seite haben wir eine mathematische Theorie, die unabhängig von aller Physik eben als reine Mathematik definiert ist, nämlich eine Menge X und eine reelle Funktion $d(x_1, x_2)$ über $X \times X$, die den in § 1 angegebenen

Axiomen genügt. Auf der anderen Seite haben wir einige mit realen physikalischen Hilfsmitteln fixierte Stellen und einige rationale Zahlen $\delta(a_i, b_i)$, die nach einem relativ komplizierten Verfahren für einige wenige (!) Paare a_i, b_i von fixierten Stellen gewonnen wurden. Ein Element $x \in X$ ist also zunächst etwas anderes als eine physikalisch fixierte Stelle. Wir können also nicht vorschnell X als die Menge der physikalischen Stellen bezeichnen. Daß eine Identifikation der Elemente von X mit den physikalischen Stellen nicht möglich ist, wird besonders deutlich, wenn man folgende Tatsachen berücksichtigt: Ein Punkt $x \in X$ ist im Sinne des Abstandes $d(x_1, x_2)$ unausgedehnt. Eine physikalisch fixierte Stelle hat im Sinne des Abstandes $\delta(a, b)$ immer noch eine (wenn auch vielleicht sehr kleine) Ausdehnung, denn sonst wäre es eben keine physikalisch fixierte Stelle, sondern überhaupt *nichts*; und ein $\delta(a, b)$ zwischen zwei nichts ist nach dem in § 2 beschriebenen Verfahren *nicht* zu gewinnen.

Es ist nun aber ein sehr verbreitetes und schon uraltes Hilfsmittel menschlichen Erkennens, über eine Sache durch eine andere etwas einzusehen: Eine Photographie sagt uns etwas über den photographierten Gegenstand; ein Gleichnis sagt uns etwas über den durch das Gleichnis dargestellten Sachverhalt. Wir sagen kurz, daß wir Bilder als Hilfsmittel des Erkennens benutzen. Um aber Bilder benutzen zu können, muß man angeben, in welcher Beziehung das Bild eben Bild ist; und die Beziehung zwischen Bild und Gegenstand kann von sehr verschiedener Form sein, wie wir dies oben durch die beiden Beispiele einer »Photographie« und eines »Gleichnisses« angedeutet haben.

Ist die Bildbeziehung nicht klar, so können leicht Fehler gemacht werden:

a) Beispiel Photographie: Wenn wir eine Photographie vergrößern, um kleinere Einzelheiten über die Struktur des photographierten Gegenstandes zu erkennen, so entdecken wir auf der Photographie die sogenannten geschwärzten Silberkörner. Es wäre aber ein Fehler, wenn wir aus der »körnigen« Struktur der Photographie etwas über die Struktur des photographierten Gegenstandes folgern würden.

b) Die im Altertum sehr gebräuchliche bildhafte Ausdrucksweise (beispielsweise die Benutzung von Zahlen als Symbolen, d. h. Bilder für andere Sachverhalte) ist uns heute oft fast unzugänglich, wenn wir nicht den Schlüssel zur Deutung finden; und es sind dann später, besonders noch im 17. Jahrhundert, in Überfülle Fehler über Fehler gemacht worden durch vollkommenes Mißverständnis dessen, was die Verfasser *ursprünglich* sagen wollten. Beispielsweise veröffentlichte 1644 (nicht etwa ein unbedeutender Laie, sondern) ein bekannter Wissenschaftler der damaligen Zeit, *J. Lightfood,* der Gräzist an der Universität Cambridge war, eine Schrift, in der er das Alter der Welt aus Zahlen im Alten Testament auf das Jahr 3928 v. Chr. »berechnete«, ein vollkommenes Mißverständnis der Verfasser des Alten Testaments.

Warum wir solche Fehler erwähnen? Weil Fehler derselben Art durch Fehlinterpretation eines Bildes (z. B. im Falle der *Euklid*ischen Geometrie als Bild physikalischer Räume) wiederholt wurden und – wie ich glaube – noch heutzutage nicht ausgestorben sind. Es wäre deshalb überheblich, über die Fehler früherer Generationen zu lachen. Fehler in der Entwicklung menschlichen Erkennens sind wohl unvermeidlich; aber es wäre schon sehr schön, wenn wir aus Fehlern *lernen* würden. Genau das wollen wir wenigstens versuchen.

Wenn also die mathematische Theorie der *Euklid*ischen Geometrie als *Bild* für die physikalischen Sachverhalte von in Inertialsystemen (bzw. Fast-Inertialsystemen) fixierten Stellen und nach den in § 2 geschilderten Verfahren gewonnenen physikalischen Abständen $\delta(a, b)$ benutzt werden soll, so müssen wir genauer die Bildbeziehungen angeben.

Wenn wir jetzt diese Bildbeziehungen schildern, so versuchen wir nur eine genauere Formulierung für das zu finden, was man mehr intuitiv eigentlich immer bei der Anwendung der euklidischen Geometrie auf die Physik tut.

Der erste Schritt zur Herstellung von Bildbeziehungen besteht in dem, was wir kurz *Zeichensetzung* nennen: Wirklich fixierte Stellen in einem Inertialsystem versehen wir mit Zeichen $a, b, c \ldots$ usw. Das Zeichen a ist also ein Zeichen für eine bestimmte, wirklich fixierte Stelle in einem ganz bestimmten Inertialsystem; z. B. für die oben erwähnte Kreuzung zweier gespannter Fäden. Zeichen für irgendwelche »gedachten« oder »hypothetischen« Stellen treten also nicht auf. Es können immer nur endlich viele Zeichen (wenn auch noch so viele) auftreten, da wir als Menschen immer nur endlich viele fixierte Stellen *angeben*, d.h. eben mit einem Zeichen versehen können. Zwei verschiedene Stellen sollen natürlich auch zwei verschiedene Zeichen bekommen.

Was hat man denn aber durch diese Zeichensetzungen gewonnen? Es ist dies der erste Schritt einer Abbildungsbeziehung: An die Stelle der real aufweisbaren Sachverhalte wie der fixierten Stellen treten Zeichen, d.h. bildhafte Ersatzelemente. Daß wir Buchstaben als Zeichen benutzen, ist reine Verabredung; öfter werden wir auch Buchstaben mit Indizes wie $a_1, a_2, \ldots, b_1, b_2, \ldots$ oder ähnliche »Bezeichnungen« benutzen. Natürlich kann man irgendwelche wiedererkennbaren Zeichen benutzen, z.B. auch chinesische Schriftzeichen, wenn es jemandem Spaß macht.

Zeichen verschiedenster Art können aber auch in der Mathematik benutzt werden, denn für die Mathematik ist *nur* wichtig, daß die Zeichen wiedererkennbar sind, wobei jede weitere eventuelle Beziehung dieser Zeichen (wie z. B. daß ein Zeichen ein lateinischer Buchstabe ist, oder daß irgendein Zeichen in einem anderen, vielleicht physikalischen Zusammenhang etwas bestimmtes »bedeutet«) für die Mathematik *ohne jede* Bedeutung ist. Wir können also dieselben Zeichen $a, b, c \ldots$ für physikalisch fixierte Stellen benutzen, als auch als Zeichen in *irgend*einer mathematischen Theorie.

Wie notwendig oft die Zeichensetzung ist, um überhaupt einem anderen etwas mitteilen zu können, zeigt schon die Darstellung in § 2, wo wir – ohne es explizit zu betonen – schon Zeichen a, b, c, d für bestimmte fixierte Stellen benutzten, was so natürlich geschah, daß dieser Schritt der Zeichensetzung dem Leser vermutlich dort in § 2 gar nicht so recht zum Bewußtsein gekommen ist.

Der zweite Schritt zur endgültigen Herstellung der Bildbeziehungen zwischen mathematischer Theorie und physikalischen Sachverhalten besteht in einer Art »Übersetzung«: In einem Inertialsystem seien z. B. zwei Stellen fixiert und mit den Zeichen a und b versehen; außerdem sei nach den Methoden aus § 2 eine Zahl $4{,}51 \pm 0{,}01$ (z. B. in »Metern«) für $\delta(a, b)$ bestimmt worden. Wir müssen nun versuchen, diese eben geschilderten Tatsachen in die Sprache der mathematischen Theorie, genannt Euklidische Geometrie, zu *übersetzen*, d. h. als sinnvolle mathematische Relationen aufzuschreiben.

Gehen wir also den eben in normaler Alltagssprache (wenn auch schon durch die Einführung der Abkürzung $\delta(a, b)$ in *sehr* abgekürzter Weise) beschriebenen Sachverhalt durch.

Zunächst ist von einem Inertialsystem die Rede. Da es in der Physik viele Inertialsysteme gibt, müssen wir im mathematischen Bild noch nach einer Ausdrucksmöglichkeit für diese Vielfalt suchen, die eben nicht durch *eine* Menge X wiedergegeben werden kann. Wir führen daher in der mathematischen Theorie noch eine sogenannte Indexmenge Λ ein und eine Mengenreihe X_λ mit $\lambda \in \Lambda$.

Für jedes X_λ sei dann eine Funktion $d(x, y)$ definiert, die (1.1) genügt. In $d(x, y)$ sind also x und y immer aus demselben X_λ! Wir *verabreden* nun, daß für alle Inertialsysteme entsprechend § 3 zur Bestimmung der Zahlenwerte $\delta(a, b)$ *dieselbe* Einheit, d. h. dasselbe Beziehungspaar a_0, b_0 aus einem der Inertialsysteme zu wählen ist. Wenn wir so durch Einführung der Mengenreihe X_λ unsere mathematische Theorie erweitert haben, müssen wir auch die Zeichensetzung im physikalischen Bereich erweitern: Wir geben jedem wirklich explizit physikalisch vorgewiesenen Inertialsystem ein Zeichen $\alpha, \beta \ldots$ usw. a, b seien also die Zeichen für zwei Stellen, die in dem mit dem Zeichen α versehenen Inertialsystem fixiert sind.

In normaler Alltagssprache ausgedrückt haben wir also folgenden Sachverhalt: In dem mit dem Zeichen α versehenen Inertialsystem sind zwei Stellen fixiert, die mit den Zeichen a bzw. b versehen sind. Dies soll nun in folgender Weise in die mathematische Sprache der mathematischen Theorie übersetzt werden: »Das Inertialsystem mit dem Zeichen α« wird hingeschrieben in der mathematischen Form:

$$\alpha \in \Lambda . \tag{4.1}$$

»Zwei im Inertialsystem α fixierte Stellen mit Zeichen a, b« wird hingeschrieben in der mathematischen Form:

(4.2) $a \in X_\alpha$ und $b \in X_\alpha$.

»Das Meßergebnis 4,51 ± 0,01 für $\delta(a, b)$« wird hingeschrieben in der mathematischen Form:

(4.3) $4{,}50 \leq d(a, b) \leq 4{,}52$.

Die mathematischen Relationen (4.1) (4.2) (4.3) zusammengenommen sind also die »Übersetzung« der oben in Alltagssprache ausgedrückten Aussage: »In einem Inertialsystem, das mit dem Zeichen α versehen wurde, sind zwei Stellen fixiert, die mit den Zeichen a und b versehen wurden; nach den Methoden aus § 2 wurde eine Zahl 4,51 ± 0,01 für $\delta(a, b)$ bestimmt«.

Die Regeln, wie ein physikalischer Sachverhalt in der Sprache der mathematischen Theorie auszudrücken ist, nennen wir kurz die *Abbildungsprinzipien*. Die Abbildungsprinzipien sind nur eine genauere Formulierung dessen, was man üblicherweise als die *Interpretation* einer Theorie bezeichnet.

Warum haben wir uns diese Mühe gegeben, so ausführlich das zu schildern, was man doch auch »viel einfacher« hätte haben können, indem man die Menge X_α mit der Menge »aller« physikalischen Stellen im Inertialsystem α identifiziert hätte und $d(x, y)$ als den »wirklichen« Abstand zweier solcher Stellen eingeführt hätte, den man eben nach den Methoden aus § 2 näherungsweise messen kann? Bei oberflächlicher Betrachtungsweise scheinen wir kaum etwas anderes als das eben Geschilderte getan zu haben. Dies ist aber nicht so!

Die Bezeichnung von X_α als Menge »aller« physikalischen Stellen und $d(x, y)$ als »wirklichen« Abstand verleitet eben leicht zu »Fehlern«, wie wir sie oben im Anschluß an die Beispiele a) der *Photographie* und b) der *Gleichnisse* diskutiert haben. Die von uns genauer geschilderte Methode erlaubt es uns, die auch historisch beim physikalischen Raumproblem gemachten Fehler aufzuklären und damit zu vermeiden!

Bevor wir das tun können, müssen wir die Bedeutung der hier genauer dargestellten Methode des Setzens von Zeichen und der Übersetzung von Erfahrung in mathematische Relationen noch besser herausarbeiten. Wenn wir zu der mathematischen Theorie experimentelle Erfahrungen in der Form von (4.1) bis (4.3) hinzufügen, so nennen wir das einen Test der Theorie durch Experimente. Natürlich ist mit den allein in (4.1), (4.2) und (4.3) aufgeschriebenen Relationen für ein einziges Paar a, b von Stellen nichts anzufangen. Es muß also eine größere Fülle von »Testmaterial« für viele Paare von Stellen, dargestellt durch eine große Reihe von Relationen der Form (4.1) bis (4.3) vorliegen, um nicht triviale Folgerungen aus einem Test zu ziehen. Wir brauchen wohl kaum hinzuschreiben, wie für mehrere Paare von Stellen die statt (4.1) bis (4.3) aufzuschreibenden Relationen aussehen, da dies sofort einleuchtet. Wir bringen deshalb statt des allgemeinen Falles ein *Testbeispiel* (siehe Fig. 2):

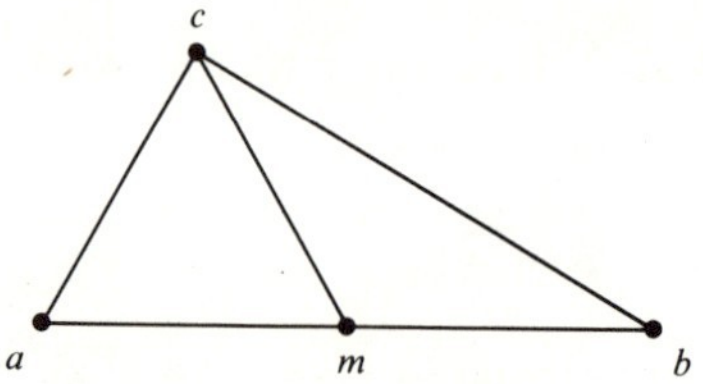

Fig. 2

Vier fixierte Stellen in einem Inertialsystem seien gegeben. Da wir nur ein Inertialsystem betrachten, lassen wir den Index α weg, so wie wir das auch in Zukunft oft tun werden; nur wenn mehrere Inertialsysteme zusammen betrachtet werden, werden wir sie durch Indizes oder andere Zeichen unterscheiden. Die (4.2) entsprechenden Relationen lauten also:

(4.4) $$a \in X, \; b \in X, \; c \in X, \; m \in X.$$

Statt die Intervalle der Ungenauigkeit wie in (4.3) genau anzugeben, schreiben wir kurz für (4.3) $d(a, b) \sim 4{,}51$, wobei das Zeichen $\sim$ andeuten soll, daß es sich eben nicht um eine exakte Gleichung handelt.

Wir wollen nun in unserem Testbeispiel keine Zahlen für die physikalisch gemessenen Abstände explizit angeben, sondern durch griechische Buchstaben symbolisch ersetzen. Die statt (4.3) aufzuschreibenden Relationen mögen lauten:

(4.5) $$\begin{aligned} &d(a, b) \sim \gamma, \quad d(a, c) \sim \beta, \quad d(c, b) \sim \alpha, \\ &d(a, m) \sim \gamma/2, \; d(m, b) \sim \gamma/2, \; d(m, c) \sim \gamma/2. \end{aligned}$$

Wenn wir die Relationen (4.4) und (4.5) zu den Axiomen der *Euklid*ischen Geometrie hinzunehmen, erhalten wir einen *Widerspruch*, wenn nicht

(4.6) $$\alpha^2 + \beta^2 \sim \gamma^2$$

ist. Wenn also nicht für das Dreieck a, b, c innerhalb der Meßungenauigkeiten der Pythagoräische Satz nach (4.6) erfüllt ist, steht der Test im Widerspruch zur Theorie. Die Theorie hätte sich als *unbrauchbar* erwiesen.

Tatsache ist aber, daß für nicht zu große Abstände (z. B. innerhalb unseres Zimmers) bisher bei einer Überfülle von Erfahrungen keine Widersprüche zwischen Theorie und Erfahrungen entdeckt werden konnten.

Es ist aber für das Verständnis der theoretischen Physik wesentlich, sich einmal vorzustellen, wir wären tatsächlich bei dem oben geschilderten und durch (4.4) und (4.5) niedergeschriebenen Test auf einen Widerspruch mit der Theorie der *Euklid*ischen Geometrie gestoßen.

Man kann dann die Meinung finden: Ein Widerspruch der Formeln (4.4) (4.5) zum Pythagoräischen Lehrsatz würde nur zeigen, *daß die Meßmethode zur Bestimmung der Abstände* $d(a, b)$, $d(a, c)$ usw. *falsch war*, da sie nicht die *an sich existierenden richtigen Abstände* (die im Einklang mit der Euklidischen Geometrie stehen *müssen*) zu messen gestattet. Eine solche Auffassung ist ein *absolutes Mißverständnis* jeder Physik überhaupt.

Es geht dabei gar nicht darum, ob jemand aufgrund irgendwelcher philosophischer Überlegungen zu dem Glauben kommt, daß es *an sich* einen *Euklid*ischen Raum in der Natur *gibt*, d.h. daß es *an sich einen Euklidischen Abstand* gibt. Diese Frage, ob es *an sich* einen *Euklid*ischen Abstand im Raum gibt, geht die Physik ebenso wenig an wie die Frage, ob es Engel im Himmel gibt. Alle solche Spekulationen mit Glaubensmeinungen sind eben ohne jede Konsequenz für die Aussagen, die die Physik macht, d. h. ohne jede Konsequenz für physikalische Theorien. Mir persönlich scheint es sogar vernünftiger, an Engel zu glauben als an einen an sich existierenden *Euklid*ischen Raum, in dem sich die physikalischen Vorgänge abspielen.

Wir müssen also festhalten, daß in der Physik nicht durch Vergleich an irgendeinem an sich Seiendem festgestellt werden kann, ob eine Meßmethode »richtig« ist; sondern umgekehrt ist die Meßmethode nur daran zu prüfen, ob sie *in sich selbst* konsistent ist, d.h. ob die benutzten physikalischen Vorgänge tatsächlich so sind, wie sie bei der Verwendung während des Messens vorausgesetzt wurden. Ganz in diesem Sinne haben wir in § 2 diskutiert, daß eine Abstandsmessung nach der in § 2 geschilderten Methode nur sinnvoll (d.h. konsistent möglich) ist, wenn man »gleiche« Kettenglieder machen kann, d.h. wenn man sich in einem Inertial- (oder wenigstens Fast-Inertial-)System befindet.

Die Definition des physikalischen Abstandes durch Angabe der Methode, wie er zu messen ist, wird häufig als die »operative« Methode bezeichnet; und doch benutzt die theoretische Physik eben nicht *nur* diese operative, allein auf Erfahrungen gegründete Methode. Empirische Tatsachen und Abbildungsprinzipien erlauben eben maximal *nur* das Hinschreiben von »Testrelationen« der Form (4.1) (4.2) (4.3), so wie wir das in dem obigen Beispiel durch Hinschreiben der Relationen (4.4) (4.5) getan haben. Eine Deduktion der *Euklid*ischen Geometrie ist aber aus solchen Relationen der Form (4.1) bis (4.3) nicht möglich!

Es gibt nun viele Versuche, die unternommen wurden, die Lücke von den Testrelationen zu den Axiomen der *Euklid*ischen Geometrie zu überbrücken. Man könnte viele Bücher mit der Schilderung dieser Versuche füllen; und trotzdem blieben sie alle unbefriedigend, was nicht heißen soll, daß sie unnütz waren, um das wirklich dahinter steckende Problem zu beleuchten. Da sich aber die theoretische Physik tatsächlich so gut wie überhaupt nicht um solche nachträglichen Begründungsversuche für den Ansatz einer mathematischen Theorie kümmert, wollen auch wir hier nicht auf alle diese mißlungenen Versuche eingehen. Es genügt für uns festzuhalten, daß es keinen deduktiven Weg von den empirischen Tatsachen zu der in einer physikalischen Theorie benutzten mathematischen Theorie gibt.

In unserem hier betrachteten Spezialfall heißt das: Es gibt *keinen deduktiven* Weg, um aus der Erfahrung die *Euklid*ische Geometrie herzuleiten. In diesem Sinne ist der Ansatz der mathematischen *Euklid*ischen Geometrie eine »freie Setzung«, deren innere Widerspruchsfreiheit *weder* aus der Erfahrung *noch* aus irgendeiner Anschauung a priori hergeleitet werden kann, wie wir dies schon in § 1 betont haben.

Die Setzung der *Euklid*ischen Geometrie geschieht eben intuitiv, wobei die verschiedensten – teilweise gar nicht psychologisch voll aufzuhellenden – »Gründe« eine Rolle spielen können. (Wie oft kamen Forschern »plötzlich« gerade im Zustand psychischer Entspannung die »richtigen Ideen« für den »Ansatz einer Theorie«!). Diese intuitive Schöpfung einer mathematischen Theorie als Basis für eine physikalische Theorie geschieht natürlich nicht ohne jede Erfahrung. Eine empirisch gefundene Beziehung der Form (4.6) kann mit ein Hinweis sein zur Aufstellung der *Euklid*ischen Geometrie. Aber die Erfindung der mathematischen Punkte wie des bis ins Unendliche gehenden mathematischen Raumes sind mathematische Idealisierungen, die empirisch durch rein gar nichts nahegelegt werden; aber auch nicht durch irgendeine Anschauung a priori, da es weder anschaulich erkennbar ist, was immer kleinere und kleinere noch was beliebig große Abstände bedeuten sollen.

Gegen die in § 2 geschilderte Methode der Längenmessung werden sicherlich schon manche Leser eingewandt haben, daß Längenmessungen in der Praxis doch gerade oft so durchgeführt werden, daß man zur endgültigen Berechnung des Abstandes zweier Stellen die *Euklid*ische Geometrie schon *voraussetzt*. Dies ist richtig, aber kein Einwand. Diese *erweiterten* Meßmethoden *mit* Benutzung der Theorie sind vielmehr schon ein weiterer Prozeß der theoretischen Physik, der die von § 1 bis § 4 geschilderten Methoden voraussetzt; ohne die in § 1 bis § 4 dargestellte Theorie der physikalischen Räume von Inertialsystemen (bzw. Fast-Inertialsystemen) werden die »erweiterten« Meßmethoden sinnlos. Im nächsten § wollen wir diesen weiteren Prozeß der theoretischen Physik schildern, nicht nur, um erweiterte Abstands-Meßmethoden zu begründen.

§ 5 Die physikalische Wirklichkeit von Stellen und Abständen

Wenn wir auch oben die Auffassung, daß X die Menge »aller« physikalischen Stellen und $d(x, y)$ der »wirkliche« Abstand zweier solcher Stellen ist, als zu unklar zunächst zur Seite geschoben haben, um klar herauszuarbeiten, wie mathematische Theorie (hier die *Euklid*ische Geometrie) einerseits und Erfahrung (d.h. die in mathematischer Form (4.1) bis (4.3) als Test aufgeschriebenen Relationen) andererseits aufeinander zu beziehen sind, so sind wir doch irgendwie der Meinung, daß auch dann X mit dem Abstand $d(x, y)$ etwas von der wirklichen Struktur der wirklichen Welt beschreibt, wenn wir auch nicht alles *beobachtet*, d.h. in Testrelationen aufgeschrieben haben. Wir müssen jetzt versuchen, diesen Vorstellungen von einer auch nicht beobachteten physikalischen Wirklichkeit einen genaueren Sinn zu geben, der es uns erlaubt, die üblichen Fehler zu vermeiden, die sich leicht aus einer nur vagen Vorstellung von X als Menge der physikalischen Stellen und $d(x, y)$ als physikalischem Abstand ergeben können. Gleichzeitig werden wir so in die Lage versetzt, allen erweiterten Abstands-Meßmethoden einen genaueren Sinn zu geben.

Wir werden wieder nur anhand von Beispielen aufzeigen, was wir unter der physikalischen Wirklichkeit von nicht fixierten Stellen und unter der physikalischen Wirklichkeit von nicht gemessenen Abständen verstehen wollen, erst im nächsten Kapitel III werden wir versuchen, eine allgemeinere Fassung für solche Ausdrucksformen zu finden.

(1) Das einfachste Beispiel ist folgendes: Wir haben zwei Stellen fixiert und mit den Zeichen a und b versehen, aber noch keinen Abstand $\delta(a, b)$ gemessen. Trotzdem sind wir der Meinung, daß die beiden Stellen einen Abstand haben, d.h. in einer realen Beziehung zueinander stehen, die wir mit Hilfe der in § 2 dargestellten Methode messen können. Was soll diese Vorstellung bedeuten? Wann ist es erlaubt, von einem »physikalisch wirklichen« Abstand zu sprechen, auch wenn er nicht gemessen würde?

Zwei Sachverhalte α) und β) müssen vorliegen, um einer solchen Aussage einen Sinn zu geben:

α) Wenn wir nach (4.2) den realen Sachverhalt der fixierten Stellen a und b aufschreiben, so treten zur *Euklid*ischen Geometrie folgende Relationen hinzu:

(5.1) $$a \in X, \; b \in X;$$

(wir betrachten wieder nur *ein* Inertialsystem und lassen den Index von X fort.) Aus der *Euklid*ischen Geometrie und den Relationen (5.1) folgt dann (sehr trivial) der Satz: »Es gibt eine und nur eine reelle Zahl δ mit $\delta = d(a, b)$.«

β) Die physikalische Theorie der Raumvermessung, die durch die mathematische Theorie der *Euklid*ischen Geometrie *und* die Abbildungsprinzipien aus § 4 dargestellt wird, hat sich in dem Sinne *bewährt*, als (wenigstens für nicht zu große und nicht zu kleine Abstandsbereiche) keine Widersprüche mit der Erfahrung entdeckt wurden noch irgendwelche *prinzipiellen* Schwierigkeiten beobachtet werden konnten, die die Abstandsmeßmethoden aus § 2 unmöglich machen würden.

α) ist ein allein mathematisch aus der *Euklid*ischen Geometrie plus den Testrelationen zu beweisender Satz; β) ist eine *Beurteilung* der *physikalischen* Theorie, die nicht rein logisch aus den Erfahrungen mit der Theorie folgt, sondern im echten Sinn eine Beurteilung ist, d. h. eine aufgrund des Umganges mit der Theorie gewonnene Überzeugung, daß die Theorie in einem beschränkten Erfahrungsbereich die Struktur der Welt »richtig« beschreibt.

α) und β) fassen wir nun in folgender abgekürzten Redeweise zusammen: »Die beiden real fixierten Stellen a und b haben physikalisch wirklich einen Abstand;« auch wenn dieser noch nicht gemessen ist.

(2) Als weiteres Beispiel betrachten wir einen Fall, wo wir eine Aussage über die physikalisch wirkliche Existenz einer Stelle machen, obwohl wir diese gar nicht fixiert haben: Fixiert seien drei Stellen a, b, c und eine vierte d außerhalb der Ebene des Dreiecks a, b, c. Durch d ist eine Raumhälfte vom Dreieck aus ausgezeichnet, in der d liegt; wir sagen kurz (vom Dreieck aus) die d-Hälfte. Weiterhin seien die Abstände $\delta(a, b)$, $\delta(a, c)$ und $\delta(b, c)$ gemessen worden. Als Relation α) läßt sich dann aus den entsprechend (4.2) (4.3) aufgeschriebenen Relationen und der *Euklid*ischen Geometrie leicht der Satz herleiten: »Es gibt ein und nur ein x in der d-Hälfte mit $d(a, x)=\gamma_1$, $d(b, x)=\gamma_2$ und $d(c, x)=\gamma_3$«; dabei sind $\gamma_1, \gamma_2, \gamma_3$ drei geeignet fest vorgegebene reelle Zahlen. β) bleibt wie oben beschrieben.

α) und β) fassen wir wieder kurz zusammen: »Es gibt eine physikalisch wirkliche Stelle x mit den vorgegebenen Abständen $\gamma_1, \gamma_2, \gamma_3$, von a, b, c.«

(3) Das letzte Beispiel soll einen Fall beschreiben, wo man den Abstand einer fixierten Stelle von zwei anderen b und c »berechnet«, ohne diese Abstände direkt zu messen (siehe Fig. 3). Dazu erinnern wir uns, daß eine Gerade durch die kürzeste Verbindung zweier Punkte definiert ist und daß nach physikalischer Erfahrung Lichtstrahlen sich als experimentell herstellbare Geraden sehr bewährt haben. Wenn wir dann (z. B. mit Hilfe eines Theodoliten) eine Gerade von b nach a und von c nach a bestimmt haben und auf diesen Geraden die Stellen d_1 und d_4 (z. B. im Theodoliten an einem Winkelmeßkreis) fixiert haben, ebenso auf der Geraden von b nach c die beiden Stellen d_2 und d_3 und wenn wir außerdem noch die Abstände $\delta(b, c)$, $\delta(b, d_2)$, $\delta(c, d_3)$, $\delta(b, d_1)$, $\delta(c, d_4)$, $\delta(d_2, d_1)$, $\delta(d_3, d_4)$ gemessen haben, so können wir – wie man sagt – die Ab-

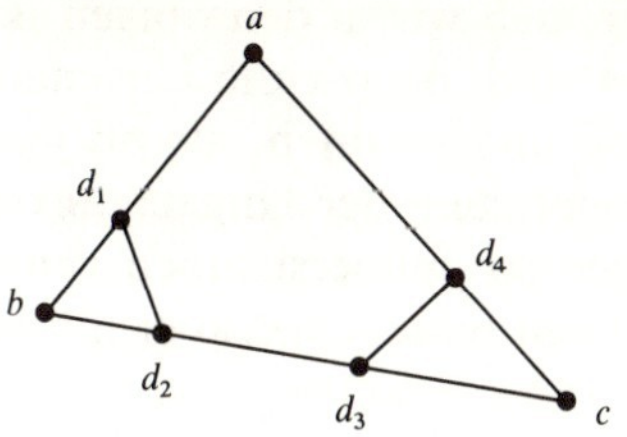

Fig. 3

stände $\delta(b, a)$ und $\delta(c, a)$ ausrechnen. Dies ist aber nur eine abgekürzte Redewendung für die beiden folgenden Tatsachen α) und β):

α) ist folgender aus der *Euklid*ischen Geometrie *und* den aufgeschriebenen Meßergebnissen herleitbare Satz: »$d(a, b) = \delta_1$ und $d(a, c) = \delta_2$« mit zwei *bestimmten* reellen Zahlen δ_1 und δ_2, die aus den Meßergebnissen nach bekannten Methoden berechnet werden.

β) ist dieselbe Tatsache, die schon im Beispiel 1 mit β) bezeichnet wurde.

Wir sagen dann auch kurz, daß die Abstände $d(a, b)$ und $d(a, c)$ »indirekt« gemessen wurden.

Man könnte die Beispiele bis ins Uferlose vermehren.

Es ist nun eine bekannte Methode, die Anwendung einer Theorie immer weiter und weiter zu treiben, auch dann, wenn die Anwendbarkeit nicht mehr sicher ist: Im Falle der Raumvermessung wird diese Methode ebenfalls (besonders in der Astronomie) geübt. Man benutzt auch dann die »indirekten« Meßmethoden (z.B. in der Art des obigen Beispiels 3), wenn die Voraussetzung β) nicht mehr »sicher« ist, d.h. man benutzt die Theorie auch dann weiter, wenn man auch erwarten muß, eventuell auf Widersprüche zu stoßen. Und es kommt auch immer wieder vor, daß man auf Widersprüche stößt. *Entscheidend* bleibt also die immer wieder neue Kontrolle, ob Erfahrungen in irgendeiner Weise zu Widersprüchen mit der Theorie führen, wenn man den Anwendungsbereich der Theorie experimentell vergrößert. Damit sind wir nun nahe an die Frage herangekommen, was man aus einer Theorie folgern darf, und was nicht. Wieder soll dies am Beispiel der hier geschilderten Raumtheorie gezeigt werden, da wir so auf sehr wichtige, häufig gemachte Fehler aufmerksam werden, die man unbedingt vermeiden muß, wenn man sich nicht das Verständnis der Methode »Theoretische Physik« verbauen will.

Betrachten wir das Beispiel 2 und denken wir uns (z.B. in Metern) die Zahlen $\gamma_1, \gamma_2, \gamma_3$ größer als $10^{(10^{10})}$ gewählt; gibt es dann wirklich die Stelle x? Oder denken wir an Abstände kleiner als $10^{-(10^{10})}$ (in Metern); gibt es solche Abstände wirklich? Um bei solchen Fragen keine Fehler zu machen, müssen wir noch einmal genauer auf die Beziehung zwischen mathematischem Bild und experimentellen Tatsachen, d.h. auf die Abbildungsbeziehungen eingehen.

Zunächst bemerken wir, daß wir in den obigen Beispielen eigentlich nicht ganz korrekt vorgegangen sind, da wir die Ungenauigkeiten der Messungen nicht berücksichtigt haben und so taten, als ob jede Messung $\delta(a, b)$ usw. genau wäre. Die Berücksichtigung der Ungenauigkeiten hätte aber die oben geschilderten Überlegungen so unübersichtlich gemacht, daß man vielleicht das Wesentliche nicht erkannt hätte. Jetzt aber müssen wir etwas sorgfältiger vorgehen.

Zweitens haben wir uns oben unter dem Punkt β) aus dem Beispiel 1 nicht genauer darüber Gedanken gemacht, was die kurz eingefügten Worte »wenigstens für nicht zu große und nicht zu kleine Abstandsbereiche« eigentlich besagen.

Fangen wir mit der Frage nach den »großen« Abständen an. Das *Bild* der *Euklid*ischen Geometrie kennt beliebig große Abstände, d.h. es gibt von irgendwelchen Raumpunkten ausgehend immer neue Raumpunkte zu jedem noch so großen Abstand von den Ausgangspunkten. Gibt diese Eigenschaft des Bildes irgendeine Eigenschaft des wirklichen physikalischen Raumes wieder? Haben wir nicht in den obigen Beispielen (insbesondere Beispiel 2) gerade so getan, als ob es richtig wäre, diese Eigenschaft des Bildes als eine Eigenschaft anzusehen, die dem wirklichen Raum entspricht?

Aber sehen wir uns daraufhin noch einmal das Beispiel 2 an: Was gab uns die Gewißheit, daß aus der mathematischen Existenz des Elementes x mit den geforderten Eigenschaften auch die wirkliche Existenz folgt? Es war die Beurteilung β), die den Grund lieferte. Aufgrund dieser Beurteilung β) ist zu erwarten, daß es im Prinzip möglich sein müßte, die x entsprechende Stelle zu fixieren; denn *wäre dies nicht möglich*, so hätte man gezeigt, daß die Theorie nicht in der Lage ist, etwas über diese physikalische Unmöglichkeit auszusagen, d.h. man müßte nach einer neuen besseren Theorie suchen. Überzeugt davon, daß es möglich ist, die x entsprechende Stelle zu fixieren, kann man aber nur in dem Bereich sein, der annähernd experimentell zugänglich ist. Experimentell zugänglich sind aber immer nur *endlich* viele Stellen. Eine Aussage über die Unendlichkeit des wirklichen Raumes ist also als physikalische Aussage sinnlos; denn hätten wir eine mathematische Theorie gewählt, in der es nur endliche Abstände gibt, d.h. einen endlich ausgedehnten Bildraum, so hätte man diese Bildtheorie genauso gut als Bild der Erfahrungen benutzen können wie die *Euklid*ische Geometrie des unendlich ausgedehnten Raumes. Die unendliche Ausdehnung des Euklidischen Raumes ist eine mathematische *Idealisierung*, eine sehr *praktische* Idealisierung, die aber durch absolut gar kein Erfahrungsargument begründet ist.

Wir befinden uns daher in bezug auf die Idealisierung des unendlich ausgedehnten Raumes in genau derselben Situation wie jemand, der im weiten Meer auf einer kleinen Insel lebt und zunächst die Idealisierung einführt, daß es bis ins »Unendliche« nur Wasser um seine Insel herum gibt. Entweder gelingt es ihm, durch Beobachtungen festzustellen, daß seine Idealisierung eben nur eine Idealisierung war, d.h. mit gewissen Beobachtungen in Widerspruch steht; oder aber er kann gar nichts (d.h. auf physikalischer Basis gar nichts) darüber ausmachen, ob es immer nur Wasser gibt oder nicht.

Ebenso steht es mit der Frage nach der Unendlichkeit des Raumes: Entweder gelingt es uns, experimentell die *Endlichkeit* des Raumes *nachzuweisen*, oder wir müssen diese Frage als unentscheidbar stehen lassen. Ob jemand meint, *philosophische* Argumente für die Unendlichkeit des realen Raumes zu haben, bleibt davon unberührt. Ich habe niemals solche philosophischen Argumente für eine Unendlichkeit des Raumes verstehen können; im Gegenteil scheint jede philosophische Argumentation eher eine Endlichkeit des Raumes, d.h. der Welt nahezulegen. Wie dem auch sei; wenn einmal die Erfahrungen die Endlichkeit des Raumes zeigen würden, so muß eben der Philosoph, der vorher meinte, die Unendlichkeit beweisen zu können, zusehen, wo die Fehler seiner Argumentation steckten.

Wir haben damit gesehen, daß der Schluß von der Unendlichkeit des *Euklid*ischen Bildraumes auf die Unendlichkeit eines physikalischen Raumes derselbe Fehler ist, als ob man bei einer Photographie aus der Silberkornstruktur auf eine körnige Struktur des photographierten Gegenstandes zurückschließen wollte. Und doch ist historisch dieser Fehlschluß auf die Unendlichkeit des Raumes immer wieder und wieder durchgeführt worden.

Ein ganz ähnlicher Fehlschluß ist für beliebig kleine Abstände durchgeführt worden: man folgerte aus der Tatsache, daß die Punkte von X ein sogenanntes (dreidimensionales) Kontinuum bilden, daß auch der wirkliche Raum ein Kontinuum sei, d.h. in immer feinere und beliebig kleine (im Sinne des Abstandes) Raumgebiete aufgeteilt werden könnte. Es leuchtet jetzt eigentlich aufgrund der *endlichen* Ungenauigkeit *jeder* Abstandsmessung sofort ein, daß bei einem solchen Schluß ebenfalls der Fehler begangen wird, von einer idealisiert eingeführten Bildeigenschaft unerlaubterweise auf eine Eigenschaft des abgebildeten Sachverhalts zu schließen.

Das Kontinuum und damit die Einführung beliebiger reeller Zahlen als mögliche Abstände zweier Punkte ist eben eine Idealisierung. Man könnte also z.B. als Bild der fixierten Stellen auch mit einer abzählbaren, in X dichten Teilmenge von X auskommen; aber es ist eben dann mathematisch sehr bequem, diesen abzählbaren Raum zu dem ganzen X zu vervollständigen. Solche mathematischen Vervollständigungen sind also bequeme Idealisierungen ohne jede physikalische Bedeutung.

Eine genauere Reflexion über alle diese Zusammenhänge zwischen mathematischer Bildtheorie und dem abgebildeten »Wirklichkeitsbereich« werden wir in III durchführen, so daß hier diese mehr anschaulichen Argumente genügen mögen. Auf jeden Fall sind wir gewarnt, nicht vorschnell Fehlschlüsse durchzuführen, und erkennen auch schon die Richtung der in III genauer durchzuführenden Analyse des allgemeinen Problems, die es dann systematischer gestattet, Fehlschlußmöglichkeiten auszuschalten.

Am Schluß dieses § müssen wir noch auf eine Fehlermöglichkeit hinweisen, die allerdings aufgrund unserer Darstellung des Problems gar nicht mehr auftreten sollte: Von einem *einzigen* physikalischen Raum kann bisher nicht gesprochen werden, sondern nur von *verschiedenen physikalischen Räumen*, den Inertial- und Fast-Inertialsystemen. Erst später (VI, § 1 und VII) werden wir den Zusammenhang zwischen verschiedenen solchen Räumen klären können, was aber nicht zu einem einzigen physikalischen Raum führt (siehe dazu auch die Fortführung dieses Problems in der Allgemeinen Relativitätstheorie, X).

Im Augenblick müssen wir z.B. den Raum eines relativ zur Erde festen Gerüstes und den Raum des Gerüstes eines über diese Erde hinwegfahrenden Eisenbahnwagens als zwei verschiedene physikalische Räume betrachten mit Bildern X_{λ_1} und X_{λ_2} (mit $\lambda_1 \neq \lambda_2$).

§ 6 Die physikalische Zeit in einem Inertialsystem

Neben dem Vermessen des Raumes lernt man als erstes in der Physik auch das Zeitmessen. Was aber ist das, was hier als physikalische und meßbare Zeit bezeichnet wird? Ebenso tief wie bei den Raumvorstellungen sind auch bei der Zeitvorstellung Vorurteile eingewurzelt, die es unsagbar erschweren, wenn nicht gar unmöglich machen können, einen Zugang zu dem Begriff der physikalischen Zeit zu finden. Tatsächlich wird uns das Problem der Zeit auf unserer *ganzen* Reise durch die theoretische Physik bis zum Schluß verfolgen. Daher können wir hier zunächst nur wieder wie beim Raumproblem einen ersten, sehr vorläufigen und methodisch noch recht unbefriedigenden theoretischen Entwurf kurz darstellen, der laufend verbessert werden muß.

Um die schlimmsten Vorurteile auszuräumen, müssen wir damit beginnen zu sagen, was die physikalische Zeit *nicht* ist.

Die physikalische Zeit ist *nicht* unser Zeiterlebnis. Es wird in vielen älteren (oder auch manchmal neueren?) Darstellungen von einführenden Lehrbüchern für Physik der Fehler gemacht, physikalische Begriffe an Sinneswahrnehmungen und Erlebnisse anzuknüpfen; so z.B. den Kraftgebriff mit der Muskel*anstrengung*, den Temperaturbegriff mit den Warm-Kalt-*Empfindungen* und den Zeitbegriff mit dem Zeit*erlebnis* zu verknüpfen. Man meint vielleicht, dadurch den »Anfängern« die Physik näher bringen zu können, d.h. einen didaktisch schönen Zugang zur Physik gefunden zu haben. In Wirklichkeit aber *erschwert* man nur durch solche Verbindungen den Zugang zum Verständnis der Physik, da man *falsche* Vorstellungen anregt. Daß wir solche falschen Verbindungen zwischen physikalischen Begriffen und Sinneswahrnehmungen, wie Erlebnissen und Empfindungen ablehnen, heißt natürlich *nicht*, daß wir die Sinneswahrnehmungen oder *besser* die uns durch Sinneswahrnehmungen und komplizierte psychische Prozesse unmittelbar gegebenen Sachverhalte als Basis der Physik ablehnen. Im Gegenteil haben wir bei der Einführung des Begriffs der fixierten Stellen und des physikalischen Abstandes viele solche unmittelbar gegebenen Sachverhalte vorausgesetzt. Der Begriff des Abstandes wurde aber damit noch lange nicht selber zu einem unmittelbar gegebenen Sachverhalt; im Gegenteil, ein Abstand war erst nach einem schon relativ komplizierten Verfahren zu *messen*. Ebenso ist die physikalische Zeit nicht die unmittelbar erlebte Zeit, sondern ein erst durch ein ebenfalls relativ kompliziertes Meßverfahren definierter Begriff.

Die physikalische Zeit ist aber ebenfalls (d. h. genauso wie der physikalische Raum) *nichts* durch irgendeine Anschauung a priori Vorgegebenes, eine Art Rahmen, in dem sich die einzelnen feststellbaren Vorgänge vollziehen. Mögen auch einige Leute philosophische Gründe für eine solche Anschauungsform vorbringen; mir ist es nie möglich gewesen, einen Zeitablauf zu denken, der vor oder neben jeder tatsächlichen Veränderung in der Welt gedacht wird. Zumindest aber ist die physikalische Zeit *kein* solcher *unabhängig* von den wirklichen Veränderungen *vor*gegebener Begriff.

Die physikalische Zeit ist aber auch *keine ontologische Zeit*. In der Ontologie versucht man, den Unterschied zwischen dem, was jeweils *ist*, was schon *war* und was erst *sein wird* zu verstehen. So meint man, daß Sein und Zeit eng miteinander verknüpft sind. Genau das aber will der physikalische Zeitbegriff *nicht*. Es sei schon jetzt vorweggenommen, daß es in der ganzen bisherigen Physik keinen Begriff gibt, der es gestattet zwischen dem zu unterscheiden, was erst sein wird und dem was schon gewesen ist. Dies bedeutet nicht, daß es – wie wir später sehen werden – unmöglich ist, eine Zeit*richtung* physikalisch auszuzeichnen, z. B. durch die Richtung vom noch unverbrannten zum verbrannten Streichholz. Es bedeutet aber, daß in der Physik nirgends so etwas wie der Begriff Vergangenheit oder Gegenwart oder Zukunft auftritt. Die einzige Stelle, wo überhaupt so etwas wie Vergangenheit eine Rolle spielt (obwohl dies auch dort niemals als Begriff erscheint, d. h. in irgendeiner mathematischen Form »aufgeschrieben« wird), ist die Stelle, wo vorgegebene Erfahrungen als Test in mathematischer Sprache niedergeschrieben werden. Wir wissen eben (außerhalb und vor jeder Physik), daß *wir* nur solche Erfahrungstatsachen mathematisch aufschreiben können, die *für uns* gewesen sind. Es ist aber dies nicht eine Struktur der physikalischen Theorie, sondern eine Struktur *unseres* menschlichen *Handelns* beim *Durchführen* einer Theorie. Die physikalische Zeit ist aber etwas aus der physikalischen Theorie selbst.

Die physikalische Zeit ist ganz ähnlich wie der Raum durch zwei Begriffe charakterisiert: der Zeitstelle und des zeitlichen Abstandes.

Als wir den Begriff einer fixierten Stelle einführten, gingen wir von der Voraussetzung aus, daß wir ein *Gerüst* haben, von dem aus eine solche Fixierung möglich ist. Das Wort »Gerüst« war dabei ganz anschaulich gemeint und durch Vorweisen und Zeigen zu erklären, so wie man eben auf eine Katze zeigt, wenn man erklären will, was man mit Katze meint. Jetzt können wir etwas deutlicher dasselbe noch einmal negativ ausdrücken: Ein Gerüst ist etwas, was sich *nicht verändert*.

Was es heißt, daß sich etwas *verändert,* können wir ebenfalls nicht erst erklären, sondern durch Vorzeigen von Veränderungen (wie z.B. das Abbrennen eines Streichholzes) deutlich machen. Daß hierbei ein großer Komplex verschiedener Dinge wie unser persönliches Zeiterleben, unsere Sinneswahrnehmungen usw. eine Rolle spielen, wird nicht geleugnet, sondern ist vielmehr echte Voraussetzung aller Naturwissenschaften. Aber gerade deswegen darf man eben nicht den erst nach einigen »Manipulationen« zu gewinnenden physikalischen Zeitbegriff mit unserem Zeiterlebnis verwechseln. Auch wenn z.B. die Physik den Begriff der Farbe (Farbe als das von uns Erlebte gemeint, das z.B. ein Farbenblinder nicht erlebt) nicht kennt, sondern nur Frequenzen von elektromagnetischen Wellen, so wird deswegen noch lange nicht geleugnet, daß es das Farberlebnis gibt und daß wir jede experimentelle Apparatur farbig wahrnehmen. Ohne unsere auch immer schon *zeitlich-erlebten* Wahrnehmungen ist es überhaupt nicht möglich, Physik zu machen; aber trotzdem kommt dieses Zeiterleben in der Physik selbst nicht vor.

Wenn wir vorzeigen wollen, was wir mit Veränderung meinen, so weisen wir auf Gegenstände hin, die als solche wiedererkennbar sind und eben doch in verschiedener Form auftreten; so z.B. können wir eine Uhr als gerade diese bestimmte Uhr immer wieder erkennen, auch wenn der Zeiger an verschiedenen Stellen steht, d.h. die Uhr sich *verändert* hat.

Die Koinzidenz der Spitze des Zeigers der Uhr mit einer Marke auf der Teilung der Uhr ist ein Beispiel für das, was man *Ereignis* zu nennen pflegt. Auch der Begriff des Ereignisses ist etwas, was vorgewiesen werden muß. Bei der Betrachtung des räumlichen Nebeneinanders hatten wir den Begriff der »Stelle« eingeführt; auch dabei konnten wir nur anschaulich schildern, was wir damit meinen, d. h. wir konnten auch den Begriff der Stelle nur vorweisen. So wie eine fixierte Stelle ein angebbarer, möglichst wenig ausgedehnter Gegenstand war, so soll ein »Ereignis« eine angebbare, aber möglichst wenig ausgedehnte Veränderung sein, so wie z. B. die Koinzidenz der Spitze des Zeigers der Uhr mit einer Marke auf der Teilung der Uhr.

Man hat Versuche zur Grundlegung der Physik unternommen, die als Basis nur Koinzidenzen zulassen wollten. Wir wollen aber hier, ganz entsprechend der wirklich praktizierten Physik, außer Koinzidenzen auch andere bezeichenbare Ereignisse zulassen wie z. B. das Aufleuchten einer kleinen (d. h. räumlich wenig ausgedehnten) Lampe oder chemische Ereignisse wie z. B. das Aufzischen eines Streichholzkopfes beim Anzünden des Streichholzes.

Ein Blitz ist nicht als *ein* Ereignis aufzufassen, da sich dieser Vorgang über einen weit ausgedehnten Teil des Raumes erstreckt. Das Einschlagen des Blitzes in die Spitze eines Blitzableiters kann als ein weiteres Beispiel eines Ereignisses dienen. Genauso wenig wie es vollkommen unausgedehnte physikalische Stellen gibt, genauso wenig gibt es vollkommen unausgedehnte physikalische Ereignisse.

Als Ereignis bezeichnen wir also einen möglichst wenig ausgedehnten Ausschnitt aus einem Veränderungskomplex. Dies ist keine exakte Defintion; dieser Satz soll nur kurz zusammenfassen, was wir vorweisen, wenn wir jemandem ein Ereignis zeigen.

In bezug auf ein vorgegebenes starres Gerüst kann man nun jedem Ereignis eine fixierte Stelle zuordnen, die man den Ort nennt, *wo* das Ereignis stattgefunden hat. Daneben kann man dann noch angeben, *was* an dieser Stelle stattgefunden hat, d. h. den Ausschnitt aus einer Veränderung bezeichnen, der das Ereignis charakterisiert. In dem obigen Beispiel mit der Uhr kann die Uhr Teil eines Gerüstes sein, d. h. Markierungen an der Uhr können als fixierte Stellen dienen. So kann das oben geschilderte Ereignis der Koinzidenz angegeben werden durch die fixierte Stelle als die gerade in Betracht gezogene Markierung auf der Teilung der Uhr und durch denjenigen Ausschnitt aus der veränderlichen Zeigerstellung, den wir als Koinzidenz der Zeigerspitze mit der Marke bezeichnet haben.

Jedem Ereignis A kann aber nicht nur in bezug auf ein einziges Gerüst eine fixierte Stelle a zugeordnet werden, die wir den Ort a des Ereignisses A relativ zu dem betrachteten Gerüst nannten, sondern ein und demselben Ereignis A können relativ zu *verschiedenen* Gerüsten verschiedene Orte $a, a', \ldots$ zugeordnet werden. Wir werden auf diese Möglichkeit später zurückkommen müssen.

Entscheidend für das Folgende ist der Begriff des *zeitlichen Abstandes* zweier Ereignisse. Die Einführung des Begriffs des zeitlichen Abstandes geschieht in vieler Hinsicht analog zu der Einführung des Begriffs des räumlichen Abstandes $\delta(a, b)$ zwischen zwei fixierten Stellen a und b. Wir können uns deshalb an einigen Stellen kürzer fassen als in § 2.

Vorgegeben seien zwei Ereignisse A und B, wobei A an der fixierten Stelle a, B an der fixierten Stelle b stattfinden möge (beide Stellen a, b seien im selben Gerüst fixiert). Zur Einführung des Begriffs des zeitlichen Abstandes von A und B sind zwei Schritte notwendig:

1. Es wird ein Hilfsereignis C an der Stelle b physikalisch hergestellt, so daß in einem *noch zu definierenden* Sinn C als *gleichzeitig* mit A bezeichnet wird.

2. Ein zeitlicher Abstand von *C* zu *B* wird mit Hilfe einer am Ort *b* ruhenden »Uhr« gemessen.

Wir beginnen mit dem zweiten Schritt, d. h. der Einführung eines Begriffs des zeitlichen Abstandes für zwei Ereignisse *C* und *B* am *selben* Ort (in bezug auf ein Gerüst).

Die Einführung dieses Begriffs läuft nun ganz parallel zur Einführung des räumlichen Abstandes in § 2. Man konstruiert zunächst *zeitliche Ketten.* Als zeitliches Kettenglied bezeichnet man einen Prozeß, d.h. eine wohldefinierte Veränderung (nicht Ereignis!). Ein solches Kettenglied kann z. B. eine Schwingung der Unruhe in einer Armbanduhr sein. Eine Kette wird dann gebildet aus *gleichen* Kettengliedern, die sich »zeitlich berühren«, oder – wie man einfach zu sagen pflegt – die sich aneinanderreihen. Wieder muß klar gestellt werden, was man unter *gleichen* Kettengliedern verstehen will. Als gleich bezeichnet man zwei Prozesse, die unter denselben Bedingungen in derselben wiedererkennbaren Form ablaufen; so sind eben in diesem Sinn je zwei Schwingungen der Unruhe der Armbanduhr gleich. Sicher ist dieser Begriff des *gleich*-Seins schon relativ kompliziert und bedarf in der Praxis vieler *Kontrollen.* Es zeigt sich aber, daß es eben realiter möglich ist, mit genügend vielen Kontrollversuchen zu einem sinnvollen Begriff gleicher Prozesse zu kommen; sinnvoll heißt dabei, daß es in ähnlicher Weise möglich ist, Prozesse als gleich zu definieren *unabhängig von der speziellen Art des Vorgangs,* so wie es bei den räumlichen Kettengliedern in einem Inertialsystem (bzw. Fast-Inertialsystem) möglich war, gleiche Kettenglieder *unabhängig vom Material* zu definieren. Es zeigt sich nämlich, daß zwei nebeneinander ablaufende Prozesse, wobei z. B. der eine mechanisch (z. B. die oben erwähnte Schwingung der Unruhe) und der andere elektrisch (z. B. eine Schwingung eines elektrischen Schwingungskreises) ist, die mit demselben Ereignis starten und mit demselben Ereignis enden, dies *immer wieder* tun (d. h. bei gleichem Start niemals mit verschiedenen Ereignissen enden), *ganz* gleich wo innerhalb irgendeines Inertialsystems (oder Fast-Inertialsystems) diese beiden Prozesse wiederholt werden! Wir mußten auch bei der Definition *gleicher* Prozesse diese auf Prozesse innerhalb eines Inertialsystems einschränken, da man wieder leicht Prozesse angeben kann, die eben *in* Nichtinertialsystemen nicht mehr gleich ablaufen: Ist z. B. die Unruhe einer Uhr nicht ganz ausgewuchtet, so braucht die Schwingung dieser Unruhe in unserem Zimmer mit einer Schwingung eines elektrischen Schwingungskreises nicht mehr übereinzustimmen, obwohl dies in einem frei fliegenden Raumschiff der Fall war. Man kann nun aber bei Fast-Inertialsystemen leicht beeinflußbare Prozesse von kaum beeinflußbaren absondern (ähnlich wie man bei den räumlichen Kettengliedern weiches Material von hartem absondern konnte) und so näherungsweise auch in Fast-Inertialsystemen zu einer Messung zeitlicher Abstände kommen.

Wir sagen, daß man eine Kette von gleichen Prozessen zwischen den beiden

Ereignissen C und B (am selben Ort in dem betrachteten Gerüst) konstruiert hat, wenn das Ereignis C mit einem Ereignis aus dem Prozeß des ersten und B mit einem Ereignis aus dem Prozeß des letzten Kettengliedes zusammenfällt. Mit $T(C, B)$ sei die Zahl der Kettenglieder einer solchen Kette bezeichnet.

Wir betrachten jetzt zwei Ereignispaare C_1, B_1 und C_2, B_2, wobei C_1, B_1 an einem Ort und C_2, B_2 ebenfalls an einem Ort (natürlich nicht notwendig an demselben Ort wie C_1, B_1) stattfinden. Wir benutzen jetzt für die Herstellung einer Kette zwischen C_1, B_1 einerseits und einer Kette zwischen C_2, B_2 andererseits dieselben Kettenglieder und definieren dann:

$$\mu(C_1, B_1; C_2, B_2) = \frac{T(C_1, B_1)}{T(C_2, B_2)}.$$

Es zeigt sich nun ähnlich wie bei räumlichen Ketten, daß für sehr kleine Kettenglieder, d. h. für große Zahlen $T(C_1, B_1)$ und $T(C_2, B_2)$ der Quotient $\mu(C_1, B_1; C_2, B_2)$ in physikalischer Approximation einen von den Kettengliedern unabhängigen Wert annimmt. Außerdem erweist sich in der Erfahrung immer folgende Relation für $\mu(\cdot\cdot\cdot)$ als erfüllt:

$$\mu(C_1, B_1; C_3, B_3) = \mu(C_1, B_1; C_2, B_2)\,\mu(C_2 B_2; C_3, B_3).$$

Es gibt daher eine bis auf einen Zahlenfaktor α eindeutig bestimmte Größe $\tau(C, B)$ mit

$$\mu(C_1, B_1; C_2, B_2) = \frac{\tau(C_1, B_1)}{\tau(C_2, B_2)}. \tag{6.1}$$

Man kann nun wieder irgendeine »Einheit« festlegen, indem man für zwei ausgewählte C_0, B_0 $\tau(C_0, B_0) = 1$ setzt und so die Zahlen $\tau(C, B)$ eindeutig festlegt. Man nennt dann $\tau(C, B)$ den zeitlichen Abstand von C und B.

Jetzt müssen wir uns dem ersten Schritt zuwenden, der Konstruktion des Hilfsereignisses C, das zu A in einem erst noch zu definierenden Sinn gleichzeitig sein soll. A und C finden an den verschiedenen Orten a und b statt.

Es ist bekannt, daß man historisch zunächst über diese Frage nicht sehr viel nachgedacht hat, d. h. nicht darüber nachgedacht hat, ob so etwas überhaupt in sinnvoller, d. h. von Materialien und Prozessen unabhängiger Weise physikalisch durchführbar ist.

Unser Problem der Definition der Gleichzeitigkeit zweier Ereignisse an verschiedenen Orten ist auch als Problem der *Synchronisierung* von Uhren an verschiedenen Raumstellen bekannt. Wir wissen nach den obigen Überlegungen über *gleiche* Kettenglieder, daß gleich gebaute Uhren – wenigstens in Inertialsystemen und in guter Näherung auch in Fast-Inertialsystemen – an allen Raumstellen auch immer gleich laufen. Dies war ja der Grund, daß die Größe $\mu(C_1, B_1; C_2, B_2)$ und damit $\tau(C, B)$ überhaupt definiert werden konnte. Die zeitlichen Abstände $\tau(C, B)$ von Ereignispaaren C, B an jeweils einem Ort können aber gemessen werden, ohne daß die an den verschiedenen Orten benutzten Uhren in irgendeiner Weise *synchron* laufen, d. h. ohne daß man definiert hat, wann an *allen* Uhren innerhalb eines Inertialsystems z. B. Null-Uhr sein *soll*.

Zunächst schien (in der historischen Entwicklung der Physik) das Synchronisierungsproblem sehr einfach: Man nehme eine Uhr, und gehe bei allen anderen Uhren vorbei und stelle diese dann nach der mitgeführten Uhr. Das ist auch tatsächlich für viele Zwecke eine durchaus brauchbare Synchronisierung, die wir ja auch oft in unserem täglichen Leben benutzen.

Gewitzt durch spätere Erfahrungen befinden wir uns nicht mehr in der Situation früherer Generationen, die sich vielleicht mit einer solchen Erklärung zufrieden geben konnten. Deshalb sollen schon hier an dieser Stelle die prinzipiellen Fragen diskutiert werden, die bei einer Synchronisation von Uhren auftreten können.

Bleiben wir zunächst bei der eben skizzierten Methode des Transports. Der Transport einer Uhr von einer Raumstelle zu vielen anderen kann im allgemeinen nur so erfolgen, daß die Uhr selbst *nicht* mehr ein Inertialsystem bildet, so daß also die oben beschriebenen Schwierigkeiten eintreten können. Außerdem ist die Synchronisation nur dann sinnvoll durchzuführen, wenn folgender Tatbestand erfüllt ist: Kehrt man mit der transportierten Uhr zu einer schon einmal synchronisierten Uhr zurück, so laufen die beiden Uhren (die transportierte und die vorher synchronisierte) immer noch synchron. Dies ist nicht selbstverständlich; im Gegenteil wissen wir heute, daß bei *sehr* feiner und genauer Beobachtung feststellbar ist, daß dies nicht ganz stimmt (siehe IX, § 5.4). Tatsächlich ist aber bei nicht extrem feinen Meßgenauigkeiten von $\tau(\ldots)$ keine Veränderung der Synchronisierung festzustellen, so daß das eben skizzierte Verfahren der Synchronisation durch Uhrentransport möglich ist.

Wir werden später (IX, § 5.3) noch ein anderes Synchronisierungsverfahren mit Hilfe der Signalübermittlung durch elektromagnetische Wellen (z. B. Licht) kennenlernen und dann noch genauer über die Voraussetzungen sprechen müssen, unter denen eine solche Synchronisierung möglich ist.

Ist also ein Synchronisierungsverfahren für ein Inertialsystem angegeben, so ist also das zu A an der Stelle a »gleichzeitige« Ereignis C an der Stelle b definiert. Als zeitlichen Abstand $\tau(A, B)$ von A zu B definieren wir dann $\tau(A, B) = \tau(C, B)$. Hätten wir ein zu B an der Stelle a gleichzeitiges Ereignis D zu Hilfe genommen, so ist $\tau(A, D) = \tau(C, B)$ wie sich aus den oben diskutierten Voraussetzungen ergibt, die für eine sinnvolle Synchronisation erfüllt sein müssen. Daher kann man auch $\tau(A, B) = \tau(A, D)$ setzen. $\tau(A, B)$ ist so *in bezug* auf ein Inertial- oder Fastinertialsystem definiert.

Wir haben oben indirekt die Tatsache erwähnt, daß die Relation (6.1) auch für Paare C_1, B_1 und C_2, B_2 aus zwei verschiedenen Inertialsystemen gilt. Dazu braucht man nur Uhren »gleicher Bauart« in den beiden Inertialsystemen zu benutzen. Die Tatsache, daß die Paare C_1, B_1 und C_2, B_2 nicht im selben Inertialsystem zu liegen brauchen, bedeutet, daß man zeitliche Abstände für alle Inertialsysteme in *derselben* Einheit (siehe oben, wo $\tau(C_0, B_0)=1$ gesetzt wurde) messen kann. Es ist deshalb aber noch lange nicht selbstverständlich, daß man Uhren in verschiedenen Inertialsystemen bzw. Fast-Inertialsystemen synchronisieren kann. Wir werden auf dieses Problem noch öfter zurückkommen (VI, § 11; VII, § 2; IX, § 5.2) und deshalb seine Diskussion auf später verschieben.

§ 7 Das mathematische Bild von Raum und Zeit

Wir haben schon in § 1 bis 5 die *Euklid*ische Geometrie als Bild des Raumes kennengelernt. Wir ergänzen dieses Bild, in dem wir das mathematische System erweitern. X_λ sei wie bisher die (léger ausgedrückt!) Menge der Raumstellen in dem durch den Index λ charakterisierten Inertialsystem bzw. Fast-Inertialsystem. In X_λ sind, wie in § 1 bis 5 erläutert, Abstände $d(x, y)$ definiert.

Wir führen nun eine weitere Menge Y ein, deren Elemente als Bilder der Ereignisse dienen sollen und die deshalb kurz (nach den kritischen Überlegungen beim Raumproblem dürfen wir jetzt wohl léger sagen) »Menge der Ereignisse« genannt wird. Wir hatten nun in der Erfahrung gesehen, daß man einem Ereignis A relativ zu einem starren Gerüst eine fixierte Stelle a zuordnen kann, in dem Sinne, daß A an der Stelle a stattfand. Wir führen deshalb im mathematischen Bild für *jedes* λ eine Funktion f_λ ein, die Y auf X_λ abbildet; für ein $y \in Y$ nennen wir kurz $x = f_\lambda(y)$ (mit $x \in X_\lambda$) den Ort des Ereignisses y im Bezugssystem λ. Die mathematische Funktion f_λ dient also als Bild für die reale Beziehung, an welcher fixierten Stelle x im starren Gerüst λ das Ereignis y stattfand.

Jetzt brauchen wir noch eine neue, den zeitlichen Abstand $\tau_\lambda(A, B)$ zweier Ereignisse beschreibende mathematische Struktur; dabei ist $\tau_\lambda(A, B)$ im Inertialsystem λ nach § 6 definiert. Die Kettenkonstruktion in § 6, d.h. das »Laufen einer Uhr« an einer festen Stelle im Inertialsystem zeigt, daß man die Ereignisse $A, B, C, \ldots$ an einer Stelle mit einem »laufenden« Index $t_\lambda(A)$, $t_\lambda(B)$, $t_\lambda(C), \ldots$ so kennzeichnen kann, daß $\tau_\lambda(A, B) = |t_\lambda(A) - t_\lambda(B)|$ wird. Diese laufende Indizierung ist nichts anderes als die Möglichkeit, die Ereignisse an einer Stelle total zu ordnen durch

$$A < B \quad \text{für} \quad t_\lambda(A) < t_\lambda(B).$$

Durch dic in § 6 geschilderte Synchronisierung kann man diese eine Indizierung auf alle Ereignisse eines Inertialsystems übertragen. So wird die Einführung folgender mathematischen Struktur nahegelegt:

Jedem Bezugssystem λ wird eine reelle Funktion $t_\lambda(y)$ über Y zugeordnet, die Y auf die ganze reelle Zahlengerade abbildet. Als mathematisches Bild des im System λ gemessenen zeitlichen Abstandes zweier Ereignisse dient der Ausdruck $|t_\lambda(y_1) - t_\lambda(y_2)|$ für zwei Elemente y_1, y_2 aus Y in ähnlicher Weise, wie die reelle Funktion $d(x_1, x_2)$ als Bild des räumlichen Abstandes dient. Man nennt t_λ die *Zeitskala* im Bezugssystem λ.

Durch die beiden Funktionen f_λ und t_λ ist eine Abbildung von Y in die Menge $X_\lambda \times \mathbf{R}$ (mit $\mathbf{R}$ als Menge der reellen Zahlen)* gegeben: $y \to (f_\lambda(y), t_\lambda(y))$. Wir fordern nun (als Axiom im mathematischen Bild!), daß diese Zuordnung *bijektiv* ist, d. h.: jedem y aus Y ist nicht nur eindeutig ein Paar $(x, t) \in X_\lambda \times \mathbf{R}$ mit $x = f_\lambda(y)$, $t = t_\lambda(y)$ zugeordnet, sondern auch jedem Paar (x, t) mit x aus X und t als reeller Zahl entspricht ein und nur ein y aus Y mit $x = f_\lambda(y)$, $t = t_\lambda(y)$. Durch diese Forderung haben wir im mathematischen Bild ausgedrückt, daß wir unter einem Ereignis eben nicht mehr verstehen, als daß es stattgefunden hat und eine möglichst geringe Ausdehnung hat, ohne aber dabei in den Begriff des Ereignisses irgendetwas mit davon hineinzunehmen, von *welcher Art* das Ereignis war: z. B. ob es eine Koinzidenz, ein elektrischer Vorgang, eine chemische Reaktion oder etwas anderes war.

Aufgrund der ausführlichen Darstellung der Abbildungsprinzipien für Raumvermessungsergebnisse in § 4 können wir uns jetzt kurz fassen, wenn wir noch zusätzlich zu Raumvermessungsergebnissen auch Zeitvermessungsergebnisse in mathematischer »Sprache« aufschreiben:

Liegen z. B. zwei Ereignisse A und B vor und sind die beiden Raumstellen a von A und b von B in einem mit λ bezeichneten Inertial- oder Fast-Inertialsystem fixiert worden, so hat man $A \in Y$, $B \in Y$ und $a = f_\lambda(A)$, $b = f_\lambda(B)$ aufzuschreiben. Ist der Abstand von a, b zu $4{,}32 \pm 0{,}01$ und der zeitliche Abstand $\tau(A, B)$ zu $8{,}74 \pm 0{,}02$ gemessen worden, so sind die weiteren Relationen

$$4{,}31 \leq d(a, b) \leq 4{,}33 \quad \text{und}$$

$$8{,}72 \leq |t_\lambda(A) - t_\lambda(B)| \leq 8{,}76$$

aufzuschreiben.

Dies möge genügen, um anzudeuten, wie das oben aufgestellte mathematische System als Bild von physikalischen Raum-Zeit-Vermessungen zu benutzen ist.

* Wie in diesem Buch immer, bezeichnet $A \times B$ die »Produktmenge« der beiden Mengen A, B, d. h. die Menge aller Paare (a, b) mit $a \in A$, $b \in B$.

Die oben eingeführte *bijektive* Zuordnung $y \leftrightarrow (x, t)$ mit $x = f_\lambda(y), t = t_\lambda(y)$ wirft ein ganz eigenartiges Problem auf: Für zwei verschiedene Inertial- oder Fast-Inertialsysteme λ_1, λ_2 ist durch

$$(f_{\lambda_1}(y), t_{\lambda_1}(y)) \leftrightarrow y \leftrightarrow (f_{\lambda_2}(y), t_{\lambda_2}(y))$$

eine bijektive Abbildung von $(X_{\lambda_1} \times \mathbf{R}) \rightarrow (X_{\lambda_2} \times \mathbf{R})$ definiert

$$(x' \in X_{\lambda_2}, t' \in \mathbf{R}; x \in X_{\lambda_1}, t \in \mathbf{R}):$$

$$x' = \phi_{\lambda_2\lambda_1}(x, t), t' = \varphi_{\lambda_2\lambda_1}(x, t)$$

mit $f_{\lambda_2}(y) = \phi_{\lambda_2\lambda_1}(f_{\lambda_1}(y), t_{\lambda_1}(y))$ und $t_{\lambda_2}(y) = \varphi_{\lambda_2\lambda_1}(f_{\lambda_1}(y), t_{\lambda_1}(y))$.
Aus dem Diagramm

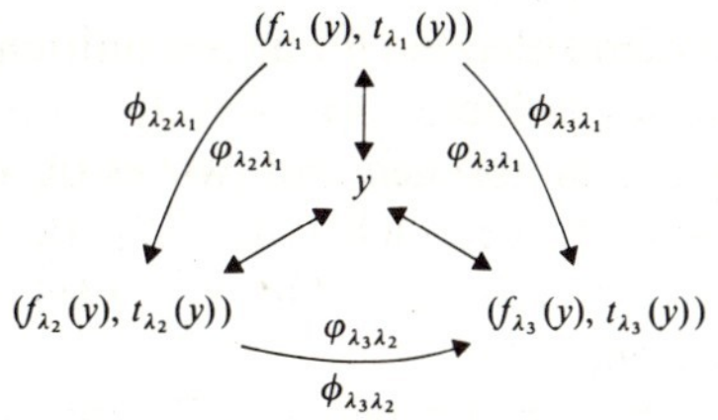

folgt leicht (wenn man über y in der Mitte des Diagramms läuft), daß die Abbildung von λ_1 auf λ_3 auch so gewonnen werden kann, daß man erst λ_1 auf λ_2 und dann λ_2 auf λ_3 abbildet; es gilt also

$$\phi_{\lambda_3\lambda_1}(x, t) = \phi_{\lambda_3\lambda_2}(\phi_{\lambda_2\lambda_1}(x), \varphi_{\lambda_2\lambda_1}(t)),$$

$$\varphi_{\lambda_3\lambda_1}(x, t) = \varphi_{\lambda_3\lambda_2}(\phi_{\lambda_2\lambda_1}(x), \varphi_{\lambda_2\lambda_1}(t)).$$

Ebenso folgt, daß die Umkehrabbildung von $\phi_{\lambda_2\lambda_1}, \varphi_{\lambda_2\lambda_1}$ durch $\phi_{\lambda_1\lambda_2}, \varphi_{\lambda_1\lambda_2}$ gegeben ist.

Dieses eben angeschnittene Problem der Bestimmung der Abbildungen $\phi_{\lambda\lambda'}, \varphi_{\lambda\lambda'}$ heißt das *Relativitätsproblem* und wird uns im Laufe unseres Weges durch die theoretische Physik noch mehrfach beschäftigen. Wir werden ihm das nächste Mal in VI, § 1 begegnen und dort einen ersten Lösungsversuch angeben. Eine verbesserte Lösung werden wir in IX, § 5.3 angeben

Die allgemeinen Diskussionen aus § 5 über die Bedeutung des mathematischen Bildes könnten hier in kaum abzuwandelnder Form wiederholt werden; wir tun dies aber nicht, da *keine neuartigen* Gesichtspunkte durch die zusätzliche Einführung eines zeitlichen Abstandes hinzukommen. Nur eine einzige

Tatsache, der wir bei der Diskussion über den Raum begegneten, sei hier in äquivalenter Form für die Zeit wiederholt:

Jede Behauptung, daß die Zeit t_λ auch in der physikalischen Wirklichkeit von $-\infty$ bis $+\infty$ läuft, ist eine Fehlinterpretation des Bildes, indem man in unerlaubter und nicht gerechtfertigter Weise eine Struktur des Bildes für das Bild einer physikalisch wirklichen Struktur hält. Ebenso läßt sich aus dem Bild eines kontinuierlichen Parameters t_λ *nichts* über die physikalische Wirklichkeit beliebig kleiner Zeitintervalle aussagen.

§ 8 Einige grundlegende mathematische Methoden zur Beschreibung der Raum-Zeit-Struktur

Wenn wir zunächst von dem zuletzt in § 7 angeschnittenen Problem der Kennzeichnung eines Ereignisses y durch Orte $x = f_\lambda(y)$ und Zeiten $t = t_\lambda(y)$ in *verschiedenen* Bezugssystemen absehen und (wie es durch lange Teile der Darstellung in diesem Buch oft geschieht) nur *ein* Bezugssystem betrachten, können wir ein Ereignis y durch einen Ort $x = f(y)$ und eine Zeit $t = t(y)$ vollständig charakterisieren.

In der analytischen Form der Geometrie in X kann ein Element $x \in X$ durch drei rechtwinklige Koordinaten x_1, x_2, x_3 angegeben werden. Diese drei Koordinaten hängen in bekannter Weise (siehe AI (1)) von der Wahl des Koordinatensystems ab. Für viele Zwecke hat sich nun die Methode der Vektorrechnung als besonders geeignet erwiesen. Wir setzen vom Leser die Kenntnis der elementaren Vektorrechnung voraus und haben im Anhang AI nur die wichtigsten Formeln ohne Beweise zusammengefaßt, schon um die hier verwendete Bezeichnungsweise klar zu stellen.

Die Vektorrechnung einschließlich der Definition des inneren Produktes zweier Vektoren benutzt die *Euklid*ische Geometrie als Basis, ja ist eigentlich nichts anderes als eine bestimmte Darstellungsform dieser *Euklid*ischen Geometrie.

Den Ort x charakterisiert man häufig in der Darstellungsform der Vektorrechnung durch den »Ortsvektor« $\mathbf{r}$ vom Nullpunkt des Koordinatensystems zum Ort x. Der Ortsvektor hat als seine drei Komponenten die Koordinaten x_1, x_2, x_3 des Ortes x. Statt $x = f(y)$ schreibt man dann für den Ort des Ereignisses y: $\mathbf{r}(y)$ als Abkürzung von $x = (x_1, x_2, x_3) = f(y)$. Ein Ereignis y ist dann in dem betrachteten Inertial- oder Fast-Inertialsystemen durch das Paar $\mathbf{r}(y)$, $t(y)$ bijektiv charakterisiert; daher kommt es häufig vor (wenn keine Verwechslungen möglich sind), von einem Paar $\mathbf{r}$, t direkt als Ereignis zu sprechen. (Wenn aber mehrere solche Orts-Zeit-Paare in *verschiedenen*

Inertialsystemen für *dasselbe* Ereignis vorkommen, kann es leicht zu Verwirrungen kommen, wenn man statt $\mathbf{r}(y)$, $t(y)$ nur $\mathbf{r}$, t schreibt. Bleiben wir aber zunächst bei einem einzigen Bezugssystem!).

Liegen zwei Ereignisse $\mathbf{r}_1$, t_1 und $\mathbf{r}_2$, t_2 vor, so können wir den räumlichen Abstand der beiden Ereignisse (der – um es nochmals zu betonen – nur relativ zu dem betrachteten Bezugssystem definiert ist!) auch in der Form $|\mathbf{r}_1 - \mathbf{r}_2|$ schreiben, wobei wir mit $|\mathbf{a}|$ die Länge des Vektors $\mathbf{a}$ bezeichnen: $|\mathbf{a}| = (\mathbf{a} \cdot \mathbf{a})^{1/2}$ (siehe AI (3)). Der zeitliche Abstand (ebenfalls nur relativ zu dem betrachteten Bezugssystem definiert!) der beiden Ereignisse ist also $|t_1 - t_2|$.

Hat man für den Raum X zwei verschiedene rechtwinklige Koordinatensysteme eingeführt, d.h. zwei bijektive Zuordnungen für die Punkte $x \in X$ (x und $\tilde{x}$ als zwei Punkte aus X):

$$x \begin{matrix} \nearrow (x_1, x_2, x_3) \\ \searrow (x'_1, x'_2, x'_3) \end{matrix} \Bigg\} \text{ mit } d(x, \tilde{x}) =$$

$$(8.1) \qquad = \sqrt{(x_1 - \tilde{x}_1)^2 + (x_2 - \tilde{x}_2)^2 + (x_3 - \tilde{x}_3)^2}$$
$$= \sqrt{(x'_1 - \tilde{x}'_1)^2 + (x'_2 - \tilde{x}'_2)^2 + (x'_3 - \tilde{x}'_3)^2},$$

so ist der Zusammenhang zwischen den gestrichenen und ungestrichenen Koordinaten (wie dies in der analytischen Geometrie bewiesen wird; siehe auch AI (1)) durch

$$(8.2) \qquad x'_i = \sum_{k=1}^{3} a_{ik} x_k + b_i, \; i = 1, 2, 3$$

mit Konstanten (d.h. nicht von den x_k abhängigen Größen) a_{ik}, b_k gegeben, wobei die Matrix A der a_{ik} die Beziehung $\mathsf{A}' = \mathsf{A}^{-1}$ erfüllt (A' die zu A transponierte Matrix, d.h. A' ist die Matrix, die aus A durch Vertauschen von Zeilen und Spalten entsteht); und für jede Transformation (8.2) mit $\mathsf{A}' = \mathsf{A}^{-1}$ gilt (8.1). Die Linearität der Transformationsformel (8.2) ist also eine Folge der »Invarianz« (8.1) des Abstandes $d(x, \tilde{x})$.

§ 9 Kritik an der geschilderten Methode der Einführung der *Newton*schen Raum-Zeit-Struktur

Die eben gegebene Schilderung der Einführung von Raum und Zeit ist wesentlich ausführlicher, als es etwa *Newton* tat. Die Schriften von *Newton* zeigen aber, daß er sich der *Setzungen* wohl bewußt war. Wir haben heute nur den Vorteil, gewitzt durch spätere Erfahrungen, besser aufmerksam machen zu können auf die Fülle der in der Welt gültigen Strukturen, die es überhaupt *erst ermöglichen*, die geschilderten Begriffe von Raum und Zeit einzuführen. Allzuoft hielt man alle diese Strukturen für selbstverständlich oder gar notwendigerweise gültig.

Wenn wir nun aber heutzutage sehen, welche Fülle von physikalischen Strukturen schon als erfüllt vorausgesetzt und angewandt werden muß, um zu solchen Begriffen wie räumlicher Abstand und zeitlicher Abstand zu gelangen, stellt sich automatisch die Frage, wie können wir genau die Übersicht behalten, was gebraucht wird, wie und wozu es gebraucht wird. Damit aber kommen wir zu einer Kritik der Methode, mit der wir die »Grundbegriffe« für die *Newton*sche Raum-Zeit-Struktur eingeführt haben.

Für die Raumstruktur brauchten wir drei »*Grund*begriffe«: Inertialsystem, fixierte Stellen, Abstand. Sind aber diese Begriffe wirklich so *grund*legend? Doch wohl nicht, da wir zu ihrer Einführung schon eine große Menge von physikalischen Strukturen benutzen mußten:

Der erste Ausgangspunkt für die Möglichkeit, einen physikalischen Raumbegriff einzuführen, war die Existenz von »Gerüsten«, die dann später unter weiteren Bedingungen Inertialsysteme genannt wurden. Dieser Begriff war so primär, daß wir – wenigstens *zunächst* – keine Möglichkeit sehen, ihn auf eine noch grundlegendere Struktur zurückzuführen. Wir werden später (X.) sehen, daß der Begriff der Inertialsysteme nur bis zu einer gewissen, zwar sehr guten, heutzutage abschätzbaren Näherung benutzt werden kann.

Der zweite Begriff der fixierten *Stellen* ist als Basisbegriff zumindest sehr unschön, da man bei jeder real fixierten Stelle eigentlich immer noch einen *Teil* dieser Stelle absondern kann, obwohl man als Bild die nicht mehr teilbaren Punkte aus X benutzt. Es läge daher näher, endliche real angebbare Raumstücke (und nicht die schon in irgendeiner Weise idealisiert gedachten Stellen) wie z.B. das durch einen im Zimmer stehenden Tisch bestimmte Raumstück als Ausgangselemente zu benutzen.

Der dritte Begriff, der des Abstandes, ist, wie wir das in § 2 gesehen haben, schon so komplex, daß man ihn eigentlich überhaupt nicht als *Grund*begriff benutzen sollte. Man sollte vielmehr versuchen, alle diejenigen Strukturen, die zur Einführung des Abstandsbegriffes notwendig waren, schon in einem mathematischen Bild darzustellen, um dann daraus den Abstandsbegriff als abgeleiteten Begriff (in III werden wir sehen, was wir unter einem abgeleiteten Begriff verstehen; und in der Mechanik, Kapitel V, werden uns viele solcher abgeleiteten Begriffe wie z.B. Geschwindigkeit, Beschleunigung, Energie begegnen) zu gewinnen.

Alle diese Fragen werden kurz das Raumproblem genannt; und in IV wollen wir uns diesem noch einmal zuwenden, obwohl wir eine Lösung im Rahmen dieses Buches wegen der großen mathematischen Schwierigkeiten nicht darstellen können.

Auf die Grundlegung des physikalischen Zeitbegriffes können wir dieselbe Kritik übertragen: Der Begriff des Ereignisses ist schon zu idealisiert; stattdessen sollte man von endlichen Veränderungsbereichen ausgehen. Und der Begriff des zeitlichen Abstandes ist nach § 7 viel zu komplex, um als Grundbegriff zu dienen. In VII und dann in der Speziellen und Allgemeinen Relativitätstheorie (IX und X) werden wir einen *neuen* Zugang zu der Frage der physikalischen Zeitstruktur finden, der nicht die Existenz von »Uhren«, d.h. von zeitlichen Ketten voraussetzt.

III. Das Verhältnis von Mathematik und Physik

Im vorigen Kapitel sind wir immer wieder auf das Problem gestoßen, wie eine physikalische Theorie durch Benutzung eines mathematischen Bildes die Struktur eines Teiles der Welt zu beschreiben versucht; und das ganze Buch hindurch wird uns diese Methode begegnen, da wir zeigen wollen, was *theoretische* Physik ist. Trotzdem sei aber dem Leser empfohlen, zunächst dieses und das nächste Kapitel zu überschlagen, damit er nicht durch die hier sehr abstrakt vorgetragenen Überlegungen abgeschreckt wird. Wenn wir nur rein didaktische Gesichtspunkte hätten gelten lassen, so müßte man dieses Kapitel ans Ende des Buches setzen, da es noch einmal die allgemeinen Prinzipien der theoretischen Physik zusammenfaßt. Wenn man aber Gesichtspunkte der systematischen Entwicklung gelten läßt, so sollte man dieses Kapitel an den Anfang des Buches setzen. Wir haben uns entschieden, es hier einzufügen. Mir scheint es für den Leser am einfachsten, wenn er das Buch zweimal liest, und beim ersten Lesen die Kapitel III und IV überschlägt.

Es ist aber andererseits im Rahmen dieses Buches trotz der schon vielleicht zu abstrakten Darstellung nicht möglich, eine mathematisch genaue Darstellung in den §§ dieses dritten Kapitels durchzuführen. Wir müssen uns darauf beschränken, die mathematischen Sachverhalte nur kurz anzudeuten, um dann – ebenfalls nur anschaulich beschreibend – ihre physikalische Bedeutung zu diskutieren. Wer über alle diese Dinge etwas genauer nachlesen und nachdenken möchte, sei auf die Ausführungen in Kapitel II aus [2] und in [9] verwiesen. Dort werden auch besonders die Anwendungen dieser Betrachtungen auf die Grundlagenfragen der Quantenmechanik eingehend diskutiert, worauf wir in diesem vorliegenden Buch ebenfalls nur kurz (siehe XIII und XVI) werden hinweisen können. Die Grundlegung einer physikalischen Theorie, wie sie in [2] für die Quantenmechanik durchgeführt wird, auch auf andere Theorien der Physik auszudehnen, ist eine Aufgabe, die noch auf ihre Durchführung wartet, zu der auch dieses Buch hier anregen und aneifern will.

§ 1 Die drei Hauptteile einer physikalischen Theorie

Die Methode der theoretischen Physik besteht in der Anwendung der Mathematik auf die Wirklichkeit, wie wir das schon in Kapitel II am Beispiel von Raum und Zeit und in den nächsten Kapiteln an vielen Beispielen sehen werden.

Eine physikalische Theorie (im Folgenden kurz 𝔓𝔗 genannt) bestimmen wir deshalb durch die Angabe der drei Teile: einer mathematischen Theorie (kurz mit 𝔐𝔗 bezeichnet), eines Wirklichkeitsbereiches (kurz mit 𝔚 bezeichnet) und einer Anwendungsvorschrift (kurz mit (–) bezeichnet). Abgekürzt ist also 𝔓𝔗 gleich: 𝔐𝔗 (–) 𝔚.

Wir wollen nun in den nächsten §§ diese drei Teile in ihrer allgemeinen Struktur näher schildern, wobei uns die Betrachtungen des vorigen Kapitels II als veranschaulichendes Beispiel dienen können.

Einen schon in Kapitel II am Beispiel der *Euklid*ischen Geometrie herausgearbeiteten Gesichtspunkt, der entscheidend für das Verständnis einer 𝔓𝔗 ist, müssen wir hier gleich zu Beginn betonen: Die Mathematik (d.h. eine 𝔐𝔗) darf nicht mit ihrer Anwendung verwechselt werden, da sonst die besondere Problematik der Anwendung gar nicht klar formuliert werden kann. Dies bedeutet, daß man den Teil 𝔐𝔗 *vollkommen für sich allein bestimmen* muß, so wie dies die Mathematik schon immer tut. Dies bedeutet, daß der Teil 𝔐𝔗 *nicht aus* irgendwelchen *Erfahrungen deduziert* wird. Dies bedeutet aber nicht, daß eine spezielle 𝔐𝔗 nicht *durch die Physik angeregt* werden kann. Ja, es ist durchaus im Gegenteil so, daß viele 𝔐𝔗's ihre Existenz gerade dem Umgang des Menschen mit der Wirklichkeit verdanken; so entstand z. B. die *Euklid*ische Geometrie aus dem Problem der Vermessung von Feldern (obwohl sie natürlich – wie wir dies im vorigen Kapitel sahen – nicht aus dieser Vermessung deduziert werden kann), die Infinitesimalrechnung aus dem Problem der Beschreibung von Bewegungen, wie wir dies später in V, § 2 sehen werden. Trotz dieser Anwendungen kann man aber eine 𝔐𝔗 nur dann erfassen, wenn man erst einmal von allen möglichen Anwendungen absieht. Eine 𝔐𝔗 ist dann bestimmt durch die Spielregeln des Beweisens und eine Reihe von Axiomen, was wir in § 3 noch etwas näher schildern werden, soweit dies zum Verständnis des Anwendungsproblems notwendig ist.

Die beiden anderen Teile 𝔚 und (–) können nicht mehr ganz unabhängig von 𝔐𝔗 bestimmt werden, was für die Anwendungsvorschriften (–) sofort einleuchtet. 𝔚 aber muß in irgendeiner Weise wenigstens als Teil etwas enthalten, was nicht durch 𝔐𝔗 und (–) erfaßt werden kann. 𝔚 wird daher (unter anderem) mitbestimmt sein durch die Angabe eines Bereiches realer Gegebenheiten, gegeben schon vor jeder Verbindung (–) von 𝔚 mit 𝔐𝔗. Wir wollen diesen Bereich realer Gegebenheiten kurz den Grundbereich 𝔊 von 𝔚 nennen. Im Beispiel des in II geschilderten physikalischen Raumes gehören alle *fixierten*

Stellen (*keine gedachten* Stellen!) und alle *gemessenen* Abstände zum Grundbereich $\mathfrak{G}$. Wir hatten dann in II, § 5 auch andere nicht fixierte Stellen und nicht gemessene Abstände als wirklich bezeichnet, die (was aber erst näher in § 9 begründet werden kann!) zum Wirklichkeitsbereich $\mathfrak{W}$ zu rechnen sind.

Die theoretische Physik ist nicht *eine* einzige $\mathfrak{PT}$, sondern besteht aus vielen verschiedenen $\mathfrak{PT}$'s. So kann es vorkommen, daß die realen Gegebenheiten eines Grundbereiches $\mathfrak{G}_1$ einer $\mathfrak{PT}_1$ erst aufgrund einer anderen Theorie $\mathfrak{PT}_2$ bestimmbar, d.h. wirklich »gegeben« sind; so ist z.B. der Grundbereich der Elektrodynamik (siehe VIII) erst bestimmbar, wenn schon die Mechanik vorausgesetzt wird. Wir nennen dann $\mathfrak{PT}_2$ eine *Vortheorie* zu $\mathfrak{PT}_1$; die Mechanik ist also eine Vortheorie zur Elektrodynamik. Und die in II geschilderte Theorie von Raum und Zeit ist eine Vortheorie zur *Newton*schen Mechanik (siehe V, § 1).

$\mathfrak{W}$ selber ist, wie wir dies später in § 9 sehen werden, erst durch die Angabe von (–), $\mathfrak{MT}$ und $\mathfrak{G}$, d.h. innerhalb von $\mathfrak{PT}$ als ganzer bestimmt. In II, § 5 haben wir schon ein Beispiel vorweggenommen, wie man »Sachverhalte« aus $\mathfrak{W}$ bestimmen kann. Um aber das Verhältnis von $\mathfrak{G}$ zu $\mathfrak{W}$ zu veranschaulichen, sei kurz auf ein weiteres Beispiel, eine »biologische« Theorie aus der Paläozoologie hingewiesen: Die Dinosaurier gehören mit zum Wirklichkeitsbereich $\mathfrak{W}$ dieser biologischen Theorie, aber nicht zu $\mathfrak{G}$. Zu $\mathfrak{G}$ dagegen (und damit auch zu $\mathfrak{W}$) gehören z.B. versteinerte Knochen und Abdrücke. Genau wie in diesem Beispiel wird über den vorliegenden Grundbereich $\mathfrak{G}$ nicht vom Standpunkt der gerade betrachteten Theorie aus diskutiert (in unserem Beispiel: Knochen und Abdrücke und ihre chemischen und physikalischen Eigenschaften sind vorgegeben), er wird für die betrachtete Theorie vielmehr als gegeben hingenommen. $\mathfrak{W}$ aber (wozu in unserem Beispiel auch die Dinosaurier gehören) gewinnt erst seine Gestalt im Zusammenhang mit der ganzen Theorie.

Für die Angabe von (–) wird wie in $\mathfrak{MT}$ die axiomatische Methode verwandt werden; so stellen z.B. die Relationen II (4.1) bis (4.3) innerhalb des mathematischen Apparates Axiome dar. Es darf also im Folgenden nicht verwundern, wenn innerhalb einer $\mathfrak{PT}$ Axiome auftreten, die keine Bedeutung innerhalb von $\mathfrak{MT}$ *allein* haben.

§ 2 Der Grundbereich realer Gegebenheiten

Wir wenden uns nun noch einmal genauer dem Grundbereich $\mathfrak{G}$ der »realen Gegebenheiten« zu. Während in einer mathematischen Theorie – wie wir dies noch in § 3 sehen werden – die »Objekte« und »Relationen« keine unmittelbar vorweg gegebene Bedeutung haben, sondern erst durch die »Axiome« implizit zu dem werden, als was man sie dann bezeichnet, ist es im Teil 𝔊 von 𝔚 gerade umgekehrt. Während z.B. ein »Punkt« als Element der Menge *X* aus II, § 1 und eine »Gerade« als kürzeste Verbindungslinie zweier Punkte in *X nicht a priori* ihrer Bedeutung nach bekannt sind, so daß man aus ihrer Bedeutung die Axiome ablesen könnte, sondern vielmehr erst *a posteriori* durch die aufgestellten Axiome (z.B. die in II, § 1 für die *Euklid*ische Geometrie skizzierten Axiome) einen Inhalt bekommen (eben per definitionem als die Objekte, die diesen Axiomen genügen), ist es in 𝔊 gerade umgekehrt: Relativ zu der gerade betrachteten 𝔓𝔗 ist der Grundbereich 𝔊 von 𝔚 a priori gegeben. Etwas vorweg Gegebenes wird nicht erst implizit definiert, es kann nur vorgezeigt werden.

Dieses »Vorzeigen« ist nicht nur so gemeint, daß man unmittelbar feststellbare Vorgänge vorführt, sondern auch Tatsachen demonstriert, die als solche erst durch physikalische Theorien (aber natürlich *nicht* durch die gerade zu untersuchende 𝔓𝔗!) definiert sind. So kann z.B. ein elektrischer Strom in einem Leiter für eine 𝔓𝔗 als »vorgezeigte« Tatsache gelten, d.h. ein Stück des Grundbereiches dieser 𝔓𝔗 sein, obwohl es erst durch die Elektrodynamik (VIII, § 1.6, 2.1 und 3.1) möglich ist, von Strömen als gegebenen Tatsachen zu sprechen. Die betrachtete 𝔓𝔗, in der ein solcher Strom zum Grundbereich 𝔊 gehört, kann natürlich *nicht* die Elektrodynamik sein, sondern eine 𝔓𝔗 (z.B. die Quantenmechanik), die auf die eben geschilderte Art die Elektrodynamik *voraussetzt*. Will man dagegen als 𝔓𝔗 gerade die Elektrodynamik betrachten, so gehört ein »Strom« *nicht* zum Grundbereich 𝔊 von 𝔓𝔗 (d.h. nicht zum Grundbereich der Elektrodynamik); andere »vorweisbare« Tatsachen, wie Kräfte (durch die Mechanik definiert) gehören dann zum Grundbereich 𝔊; ein Strom in einem Leiter wird dann erst durch 𝔓𝔗 (d.h. durch die Elektrodynamik) zu einem Stück von 𝔚 (d.h. zu einem Stück des Wirklichkeitsbereiches der Elektrodynamik).

Ähnlich ist es bei der Thermodynamik als 𝔓𝔗 (siehe XIV). Zum Grundbereich gehören z.B. Druck und Volumen eines Gases (Volumen nach der Vortheorie aus II, Druck als Kraftwirkung nach der Mechanik als Vortheorie) aber *nicht* die Temperatur. Die Temperatur gehört zum Wirklichkeitsbereich der Thermodynamik auf der Basis eben dieser Theorie selbst (siehe XIV, § 1.3).

Wir halten also noch einmal fest, was wir schon in § 1 kurz betonten: In die Bestimmung des Grundbereiches 𝔊 einer 𝔓𝔗 können schon andere Theorien eingehen, die wir kurz »Vortheorien« zu 𝔓𝔗 nannten.

Um falsche Vorstellungen zu vermeiden, sei auch noch Folgendes betont: Der Grundbereich 𝔊 von 𝔚 besteht *nicht* aus irgendwelchen Aussagen über physikalische Vorgänge, sondern aus den vorgegebenen Vorgängen selbst. Genauso wie ein Text eines Buches vorliegt, so stellt 𝔊 einen Bereich von realen Sachverhalten dar. Wegen der Ähnlichkeit mit dem Text eines Buches sollen konkret vorliegende Teilstücke von 𝔊 in den folgenden Teilen des Buches kurz *Realtexte* genannt werden. So gehören z. B. ein konkret gegebenes Gerüst (wie wir dies in II, § 2 geschildert haben) und konkret fixierte Stellen (z. B. die Kreuzungsstelle zweier gespannter Fäden; siehe II, § 2) und eine konkret durchgeführte Abstandsmessung (d. h. der gefundene Zahlenwert; siehe II, § 2) zu einem vorliegenden Realtext aus dem Grundbereich der in II geschilderten physikalischen Raumtheorie. Wie aber oben erwähnt, gehört zum »Lesen des Realtextes« eventuell auch die Kenntnis der »Vortheorien«.

Genauso wenig, wie man sich bei der Untersuchung eines Buchtextes erst mit dem Problem des Lesenlernens beschäftigt, genauso wenig beschäftigt sich eine 𝔓𝔗 mit dem Problem des Erkennens des Realtextes. Er liegt vielmehr *vom Standpunkt der gerade betrachteten* 𝔓𝔗 aus als gegeben vor.

Wie bei jeder menschlichen Tätigkeit, so können auch beim Erkennen des Realtextes Irrtümer vorkommen. Irrtümer dieser Art möglichst auszuschalten, ist *nicht* die Aufgabe der gerade betrachteten 𝔓𝔗, sondern eine Sache des Erkennens von unmittelbar gegebenen Tatsachen *und* eine Sache der *Vortheorien* von 𝔓𝔗. Die Anerkennung eines Realtextes einer 𝔓𝔗 als »richtig« ist also nicht die Sache der 𝔓𝔗 selbst, sondern muß vorher, d. h. a priori relativ zu 𝔓𝔗 geschehen. Das bedeutet natürlich nicht, daß die 𝔓𝔗 nicht *Hinweise* geben könnte, dieses oder jenes Realtextstück noch einmal auf seine *Richtigkeit* hin zu *prüfen*. Hätte man z. B. als Realtextstück für die Mechanik eine Satellitenbahn vermessen, die vollkommen verschieden von einer Ellipse ist (siehe V, § 2.6), so würde die Mechanik zusammen mit dem Massen-Anziehungsgesetz als 𝔓𝔗 einen *Hinweis* geben, dieses Realtextstück noch einmal zu überprüfen (z. B. Kontrolle der Vermessung dieser Satellitenbahn). Würde aber das Realtextstück der Überprüfung standhalten, so hätte man eben ein Realtextstück, das der 𝔓𝔗 widerspricht (siehe dazu auch § 4). Kämen viele solche »widersprüchlichen« Realtextstücke vor, so müßte man die 𝔓𝔗 verwerfen, treten nur sehr wenige solche »widersprüchlichen« Realtextstücke auf, so kann man die 𝔓𝔗 als in gewissen Grenzen brauchbar beibehalten.

Ein »erkannter« Realtext als Basis physikalischer Theorien bereitet psychologisch oft Schwierigkeiten, da man eine so »exakte« Naturwissenschaft wie die Physik auf dem »schwankenden« Boden eines nicht »wissenschaftlich gesicherten« Erkenntnisprozesses des Realtextes gegründet sieht. Es stellt sich ein Bedürfnis nach »Kriterien« ein, aufgrund derer ein Realtext anzuerkennen ist. Kann man sich nicht getäuscht haben, wenn man den Realtext, daß »soeben ein Stein von dem Dach dort drüben heruntergefallen ist« als richtig anerkennt?

Auf diese Einwände gegen den »schwankenden« Boden ist an erster Stelle zunächst hart zu antworten, daß Physik gerade so gemacht wurde und gemacht wird trotz der obigen Einwände, eben in dem *Glauben*, daß der Boden trägt. Es ist historisch interessant, daß gerade gegen diesen »Boden«, auf den sich auch Galilei stützte, von den extremen »Traditionalisten« der damaligen Zeit angegangen wurde. Auch sie wollten einen »festen« Boden und meinten, diesen auch für naturwissenschaftliche Aussagen in einer von ihnen fehlinterpretierten Offenbarungsschrift gefunden zu haben.

Weil aber auch heutzutage die Einwände gegen den vermeintlich »schwankenden« Boden »erkannter« Realtexte nicht verstummen, lassen wir es nicht bei der obigen harten Antwort bewenden, daß Physik eben so gemacht wird im Glauben an die Tragfähigkeit des Bodens. Wir wollen daher versuchen, gleich an dieser Stelle ein wenig zu schildern, wie dieser Boden einer 𝔓𝔗 und allgemein der Boden der ganzen sich entwickelnden Physik strukturiert ist.

Wir sagten eben, daß in den Realtext einer speziellen 𝔓𝔗 schon andere physikalische Theorien als Vortheorien eingehen können. Damit stellt sich von selbst die folgende Aufgabe: Die verschiedenen 𝔓𝔗's sind in ihrem Zusammenhang so aufzubauen, daß alle 𝔓𝔗's gemeinsam auf möglichst einfache »unmittelbar« (d. h. ohne alle 𝔓𝔗's) gegebene Realtextstücke aufgebaut werden können. Als diese unmittelbar gegebenen Realtextstücke bleiben dann nur solche, die von uns in unserem alltäglichen Verhalten, d. h. ohne jede Reflexion oder gar philosophische Untersuchung, als Tatsachen anerkannt werden, wie ein Stuhl der im Zimmer steht, eine Tasse Kaffee auf dem Tisch, ein Stein, der eine Fensterscheibe zertrümmert hat. Tatsächlich ist das genau der Aufbau der Physik, auch wenn dieser Prozeß des Aufbaues bisher nicht in allen Einzelheiten konsequent und sauber durchgeführt wurde. Die Möglichkeit, bestimmte Tatsachen und Vorgänge »unmittelbar«, d. h. ohne jede 𝔓𝔗 erkennen zu können, ist die überall zu bemerkende Basis aller Experimente; z. B. wird im Experiment der Stand eines Zählwerkes als eine nicht mehr weiter zu analysierende Tatsache hingenommen. Keine wissenschaftlichen oder gar physikalischen Kriterien werden benutzt, um solche Tatsachen als sicher hinstellen zu können.

Es ist eben ganz entscheidend, daß die Frage nach der Berechtigung, solche unmittelbar gegebenen Tatsachen als reale Tatsachen hinzustellen, von der Physik *weder gestellt noch beantwortet* wird. Gerade durch die Ausschaltung dieser Frage ist Physik als Physik möglich. Die somit nicht physikalische Frage nach der Erkenntnis solcher unmittelbar gegebenen Tatsachen ist keine Frage nach Kriterien, sondern eine Frage nach einem komplizierten physikalischen, physiologischen, psychologischen und geistigen Prozeß, über den wir uns selber gar nicht genau Rechenschaft geben können, wie z. B. bei der Behauptung, daß heute nachmittag ein Hase über unseren Spazierweg gehüpft ist. Wir können unsere Sicherheit weder auf die Aussagen anderer Menschen (die auf unserem Spazierweg nicht dabei waren) noch auf Photographien (die wir nicht gemacht haben) noch sonst irgendwelche »Kriterien« stützen.

Eine sehr interessante und auch physikalisch sinnvolle Frage stellt sich allerdings: Ist der Ausgangspunkt der, wie eben geschildert, für die ganze Physik vorgegebenen Tatsachen mit dieser daraus entwickelten Physik konsistent?

Was wir unter diesem Konsistenzproblem genauer verstehen, werden wir in Kapitel XVII näher erläutern.

Dazu gehört dann auch eine Kritik des Bereiches ursprünglicher Gegebenheiten. Es kann sein, daß man eventuell zu Anfang unkritisch mit zu unmittelbaren Tatsachen hinzugenommene Feststellungen wieder als solche streicht, und sich mit einem kleineren Bereich unmittelbarer Tatsachen begnügt. So wurden z.B. Sonne, Mond und Sterne zunächst als genauso unmittelbar gegebene Tatsachen wie Steine und Bäume angesehen und als Leuchten an einem Himmelsgewölbe »erlebt«, dann aber ging man kritischer vor und stützte sich nur auf indirekte Aussagen über die Sterne, d.h. auf Aussagen auf dem Umweg über eine Theorie, die Theorie der Vermessung mit Maßstab und Fernrohr, d.h. die einer einfachen geometrischen Optik.

Alle Kritik und Einschränkung ändert nichts an der prinzipiellen Bedeutung des Grundbereichs $\mathfrak{G}$ einer $\mathfrak{PT}$: Der Grundbereich $\mathfrak{G}$ einer $\mathfrak{PT}$ ist der Tatsachenbereich, auf dem die $\mathfrak{PT}$ basiert und dessen Existenz nicht erst durch die betrachteten $\mathfrak{PT}$ bewiesen wird. Wir fassen den Grundbereich dabei nicht als einen speziellen gerade vorliegenden Realtext, sondern als begriffliche Zusammenfassung »aller« Realtexte auf. Immer neue Realtexte kommen durch immer neue Experimente hinzu.

Wenn wir in diesem § die Vorgegebenheit des Grundbereiches betont haben, so wollen wir doch nicht verschweigen, daß wir dabei ein Problem noch gar *nicht berührt* (!) haben: *Was* gehört alles zum Grundbereich $\mathfrak{G}$ einer $\mathfrak{PT}$? Darauf aber können wir erst näher in § 4 und § 7 eingehen.

§ 3 Der Aufbau einer mathematischen Theorie

Neben $\mathfrak{W}$ ist der zweite, wichtigste Teil einer $\mathfrak{PT}$ die $\mathfrak{MT}$. Wir wollen daher so kurz als möglich nur daran *erinnern,* nach welchen Prinzipien eine $\mathfrak{MT}$ aufgebaut wird. Es ist erstens unmöglich, hier auch nur eine Skizze aller notwendigen Begriffe zu bringen; und zweitens würden die notwendig abstrakten und sehr allgemeinen Überlegungen viele Leser zurückstoßen. Wer etwas Genaueres über das Problem des Aufbaues einer $\mathfrak{MT}$ wissen will, muß daher auf die Originalliteratur verwiesen werden (siehe z. B. [3]).

Der Aufbau einer mathematischen Theorie vollzieht sich in mehreren Schritten:

1. Es werden zunächst die Regeln angegeben, nach denen die mathematisch erlaubte Sprache formuliert wird. Irgendwelche Sätze aus der Alltagssprache werden *nicht einfach* in die Mathematik übernommen. Die Sprachregeln sind sozusagen Spielregeln, nach denen Zeichen, d.h. Worte, aneinander-

zureihen sind, damit sogenannte sinnvolle Formulierungen entstehen. Unter den Worten spielen eine wichtige Rolle die logischen Worte wie »und«, »oder«, »nicht« usw. Weiterhin werden Zeichen und Worte für sogenannte »Objekte« und »Relationen« benutzt. Es wird angegeben, nach welchen Regeln man »sinnvolle« *Objekte* definieren kann bzw. »sinnvolle« *Relationen* (auch oft *Aussagen* genannt) formulieren kann.

Wir wollen diese Regeln hier nicht im einzelnen studieren, da wir annehmen, daß der Leser wenigstens intuitiv weiß, wie mathematische Aussagen (d. h. Relationen) formuliert werden und wie man vernünftige neue Objekte definieren kann. Für uns ist nur wichtig festzuhalten, daß diese Sprachregeln *zunächst* nichts mit Physik zu tun haben. Trotzdem aber werden *nachträglich* aufgrund der Abbildungsprinzipien (siehe § 4 und als Beispiel die in II (4.1) bis (4.3) niedergeschriebenen Relationen) physikalische Sachverhalte in »mathematischer Sprache« niedergeschrieben.

Die Sprachregeln dienen nur dazu, daß keine sinnlosen Aneinanderreihungen von Worten gebildet werden. Sie sagen aber *nichts* darüber aus, ob irgendwelche »sinnvoll« gebildeten Relationen (d. h. Aussagen) »wahr« sind. Dazu bedarf es eines zweiten Schrittes:

2. Die Auszeichnung der (intuitiv gesprochen) »wahren« Aussagen geschieht in der Mathematik durch die *Aufstellung von Axiomen* und die *Durchführung von Beweisen.*

Für die Mathematik sind die Axiome per definitionem »wahre« Aussagen. Die Axiome werden also in der Mathematik *gesetzt* und sind nicht das Ergebnis eines Erkenntnisaktes, denn oft kann man in einer $\mathfrak{M}\mathfrak{T}$ statt des Axioms A auch »nicht A« als Axiom setzen!

Wird aber in einer $\mathfrak{P}\mathfrak{T}$ die $\mathfrak{M}\mathfrak{T}$ durch $(-)$ auf $\mathfrak{W}$ bezogen, so machen die Axiome aus $\mathfrak{M}\mathfrak{T}$ in irgendeiner Weise Aussagen über $\mathfrak{W}$, d. h. bei *Vorgabe* von $(-)$ sind die Axiome von $\mathfrak{M}\mathfrak{T}$ dann nicht mehr ganz willkürlich. Wie aber kommt man dann zu den Axiomen von $\mathfrak{M}\mathfrak{T}$? Auf diese Frage kommen wir in § 4 zurück, können aber schon jetzt feststellen:

Das Setzen der Axiome ist damit sowohl ein für die Mathematik allein, wie auch für die Physik wichtiger Prozeß.

Die Axiome setzen sich zusammen aus den explizit angegebenen Axiomen (z. B. der durch II (1.1) angedeuteten Aussage über den Abstand) und den axiomatischen Regeln des »Schließens«. Die axiomatischen Regeln erlauben es, aus den Axiomen neue »wahre« Aussagen abzuleiten, die man Sätze nennt. Eine Ableitung eines Satzes heißt Beweis. Da wir annehmen, daß der Leser intuitiv weiß, wie die Mathematik ihre Sätze *beweist,* wollen wir auch diese Beweismethoden nicht näher schildern.

Wichtig für uns ist allein, daß wir uns erinnern, daß in diese Beweisverfahren die *üblichen logischen Regeln* als axiomatische Regeln eingehen. Weiterhin ist festzuhalten, daß dieses ganze Beweisverfahren in der Mathematik ohne jede Bezugnahme auf Physik festgesetzt wird. Wenn wir aber später reale Begebenheiten mit Hilfe der Abbildungsprinzipien in mathematischer Sprache aufschreiben und zu einer $\mathfrak{M}\mathfrak{T}$ hinzufügen, so *benutzen wir damit die übliche klassische Logik für alle physikalischen Aussagen*. Dieser Tatsache müssen wir uns später immer bewußt bleiben, wenn wir uns nicht in Fehlinterpretationen verlieren wollen.

3. Der dritte Schritt für alle $\mathfrak{M}\mathfrak{T}$'s, die wir betrachten, ist die Einführung der sogenannten mengentheoretischen Axiome; d. h. kurz: Wir setzen die Mengentheorie in jeder $\mathfrak{M}\mathfrak{T}$ voraus.
4. Der vierte Schritt besteht in der Einführung der »typischen« Axiome für jeweils eine $\mathfrak{M}\mathfrak{T}$ (z.B. die durch II (1.1) angedeuteten Axiome für die *Euklidi*sche Geometrie).

Eine Theorie $\mathfrak{M}\mathfrak{T}_1$ heißt »stärker« als $\mathfrak{M}\mathfrak{T}_2$, wenn alle Axiome aus $\mathfrak{M}\mathfrak{T}_2$ in $\mathfrak{M}\mathfrak{T}_1$ Axiome oder beweisbare Sätze sind. Ist sowohl $\mathfrak{M}\mathfrak{T}_1$ stärker als $\mathfrak{M}\mathfrak{T}_2$ als auch $\mathfrak{M}\mathfrak{T}_2$ stärker als $\mathfrak{M}\mathfrak{T}_1$, so heißen $\mathfrak{M}\mathfrak{T}_1$ und $\mathfrak{M}\mathfrak{T}_2$ äquivalent. Jede im folgenden vorkommende $\mathfrak{M}\mathfrak{T}$ ist stärker als die Mengentheorie.

§ 4 Die Abbildungsprinzipien

Die Zuordnung $(-)$ zwischen $\mathfrak{M}\mathfrak{T}$ und $\mathfrak{W}$ beginnt zunächst mit einer Verknüpfung eines Realtextes aus $\mathfrak{G}$ (siehe § 2) mit $\mathfrak{M}\mathfrak{T}$. Der erste Schritt für diese Verknüpfung besteht in einer »Zeichensetzung«:

Im Realtext werden wohldefinierte Stücke durch »Zeichen« gekennzeichnet. So haben wir z. B. in II, § 4 Zeichen $a, b, \ldots$ usw. für die in einem Realtext gerade vorliegenden »fixierten Stellen« und $\alpha, \beta, \ldots$ für die Inertialsysteme im Realtext gesetzt. Als solche Zeichen wählen wir meist Buchstaben. Jedes Zeichen muß dabei eindeutig einem und nur einem Realtextstück entsprechen. Es scheint deshalb zunächst diese Zeichensetzung eine unnötige Gedankenspielerei zu sein, da ja Zeichen und Realtextstücke eineindeutig aufeinander bezogen sind. Hätte man nicht bei den Realtextstücken selbst bleiben können?

Der erste Vorteil der Zeichen gegenüber den Realtextstücken selbst besteht in der Möglichkeit, diese Zeichen in dem »mathematischen Spiel mit Zeichen« mitzubenutzen, d.h. diese Zeichen können mitbenutzt werden in Aussagen (d. h. Relationen), die in mathematischer Sprache hingeschrieben werden, und können dann mit in die Verfahren des Beweisens neuer Relationen hineingenommen werden.

Der zweite Grund für die Zeichensetzung ist die dadurch gegebene »Auszeichnung« bestimmter Realtextstücke im Realtext, eben derjenigen Stücke, die mit einem Zeichen versehen wurden. Bei der Untersuchung der physikalischen Raumstruktur in II haben wir z. B. bestimmte fixierte Stellen mit Zeichen versehen, aber z. B. nicht das Gemälde, das an der Wand im Zimmer hängt.

Diese Zeichensetzung in irgendeinem Realtext ist durchaus von gewisser Willkür: Man kann eine vorliegende Zeichensetzung durch weitere Zeichensetzungen für vorher nicht bezeichnete Realtextstücke erweitern; man kann »zuviele« Zeichen einführen, nämlich solche, die bei den gleich aufzustellenden »Abbildungsaxiomen« gar nicht benutzt werden. Wir wollen die letzte Möglichkeit immer durch die Vorschrift ausschalten, daß nur *die* Zeichen gesetzt werden, die auch bei der Aufstellung der Abbildungsaxiome (–) benutzt werden, womit wir schon einen Schritt in der Richtung unternommen haben, den Grundbereich »abzugrenzen« (siehe Ende § 2). Einen so mit Zeichen versehenen Realtext bezeichnen wir kurz als *genormten* Realtext.

Der Grundbereich $\mathfrak{G}$ von $\mathfrak{W}$ war begrifflich eingeführt als die Zusammenfassung aller Realtexte und in diesem Sinne – wieder anschaulich, aber nicht ganz exakt – als der *gesamte* Realtext. Ähnlich bezeichnen wir mit *genormtem* Grundbereich $\mathfrak{G}_n$ die Zusammenfassung aller genormten Realtexte.

Entscheidend für eine *physikalische* Theorie ist, wie wir jeweils eine $\mathfrak{MT}$ auf die im Realtext vorgefundenen Dinge und Beziehungen *anwenden*, d.h. der oben mit (–) bezeichnete Teil einer $\mathfrak{PT}$. Das Wie des Anwendens einer $\mathfrak{MT}$ auf Physik bezeichnet man häufig als die *physikalische Interpretation* einer $\mathfrak{MT}$. Wir wollen hier ein anderes Wort benutzen: *Abbildungsprinzipien.* Wir wollen mit diesem Wort klarer ausdrücken, daß es sich um eine Methode handelt, am Realtext abgelesene Sachverhalte in das Schema von $\mathfrak{MT}$ zu übertragen. Unter Abbildungsprinzipien verstehen wir dabei *Regeln*, die es gestatten, aufgrund des Realtextes und der in $\mathfrak{MT}$ vorkommenden Zeichen die unten unter $(-)_r$ angegebenen Abbildungsaxiome aufzuschreiben.

Die Abbildungsprinzipien zeichnen *erstens* in $\mathfrak{MT}$ gewisse Mengen $Q_1 \ldots Q_p$ aus, die wir *Bildmengen* nennen.

Um die hier allgemein angegebene Methode der Abbildungsprinzipien auf den Fall aus II, § 4 anzuwenden, müssen wir in $\mathfrak{MT}$ nach II, § 4 noch die Menge $\mathfrak{H} = \bigcup_{\lambda \in \Lambda} X_\lambda$ einführen. $\mathfrak{H}$ und Λ sind dann die beiden Bildmengen (würde man die X_λ mit $\lambda \in \Lambda$ als Bildmengen wählen, so hätte man unendlich viele Bildmengen, was sich für später – siehe § 6; in einer axiomatischen Basis kann man nur *endlich* viele Grundmengen benutzen – als sehr unpraktisch erweisen würde).

Die Abbildungsprinzipien zeichnen zweitens gewisse Relationen

$$R_1\,(x_{\alpha_1}, x_{\beta_1} \ldots) \ldots R_s\,(x_{\alpha_s}, x_{\beta_s} \ldots)$$

aus $\mathfrak{MT}$ aus, die wir *Bildrelationen* nennen.

Im Falle der in II, § 4 geschilderten Raumstruktur haben wir zwei Bildrelationen: Zunächst (mit r als reeller Zahl) die durch $d\,(x, y) = r$ definierte

Relation $R_1(x, y, r)$; dann die durch $x \in X_\lambda$ definierte Relation $R_2(x, \lambda)$, wobei $\lambda \in \Lambda$ ist.

Die Abbildungsprinzipien geben drittens *Regeln* an, nach denen (*aufgrund* des vorliegenden, genormten Realtextes) die Zeichen $A_1 \dots A_n$ des genormten Realtextes *typisiert* werden durch Axiome der Form

$$(-)_r\,(1): A_1 \in Q_{\nu_1}, A_2 \in Q_{\nu_2}, \dots A_n \in Q_{\nu_n}$$

und schließlich »in Relation gesetzt« werden durch weitere Axiome, die aus Bildrelationen der Form $R_{\mu_1}(A_{i_1}, A_{k_1}, \dots)$, $R_{\mu_2}(A_{i_2}, A_{k_2}, \dots)$, usw. durch logische Verknüpfung mit »oder«, »nicht« und »und« entstehen:

$$(-)_r\,(2): R_{\mu_1}(A_{i_1}, A_{k_1}, \dots) \text{ oder } R_{\mu_2}(A_{i_2}, A_{k_2}, \dots) \dots \text{und} \dots$$

$$\text{und [nicht } R_{\nu_1}(A_{r_1}, A_{s_1}, \dots) \text{ oder nicht } R_{\nu_2}(A_{r_2}, A_{s_2}, \dots) \dots]$$

$$\text{und} \dots R_{\nu_l}(A_{r_l}, A_{s_l}, \dots).$$

Wiederum im Falle der Raumstruktur nach II, § 4 schreiben wir für jede »fixierte Stelle« a unter $(-)_r\,(1)$ die Relation $a \in \mathfrak{H}$ auf, und für jedes Inertialsystemzeichen α unter $(-)_r\,(1)$ die Relation $\alpha \in \Lambda$. Ist die Stelle a im Inertialsystem α fixiert, so schreiben wir weiterhin unter $(-)_r\,(2)$ die Relation $R_2(a, \alpha)$ mit dem oben erwähnten $R_2(x, \lambda)$ gleich $x \in X_\lambda$ auf; und falls als Abstand von a und b die Zahl 4,51 gemessen wurde, schreiben wir unter $(-)_r\,(2)$ die Relation $R_1(a, b; 4{,}51)$ mit dem oben erwähnten $R_1(x, y, r)$ gleich $d(x, y) = r$ auf. Die hier als $R_1(a, b; 4{,}51)$ aufgeschriebene Relation berücksichtigt *noch nicht* die schon in II (4.3) mit benutzte »Meßungenauigkeit«, da dies *im Moment* unsere allgemeinen Überlegungen erschweren würde und die Frage der Ungenauigkeiten besser getrennt in § 5 ausführlich behandelt wird. (Man mache sich die eben für den Fall der Raumstruktur aufgeschriebenen Relationen langsam und deutlich klar.)

Wir wollen nun allgemein den wichtigen Vorgang der Aufstellung der Axiome $(-)_r\,(1)$ und $(-)_r\,(2)$, die wir zusammengenommen kurz mit $(-)_r$ bezeichnen, noch etwas mehr in seiner physikalischen und dann in seiner mathematischen Bedeutung analysieren.

Zunächst muß betont werden, daß durch die in $(-)_r$ aufgeschriebenen Relationen (d. h. durch die in mathematischer Form niedergeschriebenen, aus dem Realtext »abgelesenen« Aussagen) in keiner Weise etwas zu $\mathfrak{M}\mathfrak{T}$ Fremdartiges hinzugefügt wird; denn es ist ja für die in der Mathematik benutzten und in § 3 kurz geschilderten Methoden gleichgültig, ob man mit den benutzten Zeichen (Buchstaben, usw.) sozusagen noch »nebenbei« etwas anderes verknüpft. Daß die in $(-)_r$ auftretenden Buchstaben $A_1, A_2 \dots A_n$ »nebenbei« auch noch Zeichen für Realtextstücke sind, hat keine Bedeutung für die Benutzung der in $(-)_r$ aufgeschriebenen Relationen als neu zu $\mathfrak{M}\mathfrak{T}$ hinzugefügter Axiome. Wenn die Relationen $(-)_r$ einmal hingeschrieben *sind,* dann funktioniert der »Apparat Mathematik« für sich allein. Daß die Zeichen $A_1, A_2, \ldots A_n$ Bezeichnungen von Realtextstücken sind, hat eben *nur* die Bedeutung, daß es gerade so durch Anwendung der Regeln der Abbildungsprinzipien möglich ist, aus dem Realtext die Axiome $(-)_r$ abzulesen. $(-)_r$ sind also keine (wie sonst in der Mathematik üblich) nur nach mathematischem Interesse, aber sonst willkürlich gesetzten Axiome, sondern sie sind *durch den Realtext* mit Hilfe der Abbildungsprinzipien *bestimmt.* Sind sie aber einmal aufgeschrieben, so können sie eben innerhalb der mathematischen Theorie wie alle anderen Axiome behandelt werden. Bevor wir uns diesem letzten Punkt zuwenden, wollen wir uns zunächst noch etwas näher mit der physikalischen Seite der Aufstellung von $(-)_r$ beschäftigen.

Daß wir die Axiome $(-)_r$ in zwei Gruppen $(-)_r$ (1) und $(-)_r$ (2) unterteilt haben, hat mehr einen »physikalisch anschaulichen« als »formal mathematischen« Grund. $(-)_r$ (1) sind für die Mathematik Relationen genauso wie $(-)_r$ (2). Die Aufteilung von $(-)_r$ in $(-)_r$ (1) und $(-)_r$ (2) entspringt der Form der Regeln innerhalb der Abbildungsprinzipien.

Diese Regeln fassen eine Reihe von Realtextstücken A_i unter demselben »Typ« Q_ν zusammen. So haben wir in dem Beispiel aus II, § 4 oben den »Typ« $\mathfrak{H}$ (mit $\mathfrak{H} = \bigcup_\lambda X_\lambda$) eingeführt. Man sagt statt $A \in Q_\nu$ deshalb auch oft kurz, das Realtextstück A ist vom »Typ« Q_ν; also für $a \in \mathfrak{H}$ kurz: a ist vom »Typ« $\mathfrak{H}$; oder noch anschaulicher: a ist eine »Raumstelle«, indem man »vom Typ $\mathfrak{H}$ sein« durch »Raumstelle sein« ersetzt.

Der Satz, das Realtextstück A ist vom Typ Q_ν, scheint zunächst unvereinbare Begriffe wie Realtextstücke und *mathematische* Mengen miteinander zu verknüpfen. Gemeint aber ist mit diesem Satz Folgendes: Das mit A_i bezeichnete Realtextstück bekommt so etwas wie einen »Art-Namen«, nämlich den Namen Q_ν. Das Zeichen Q_ν für eine mathematische Menge wird auf diese Weise »nebenbei« noch zu einem »Art-Namen« für mehrere Realtextstücke. Wie schon oben am Beispiel illustriert, ist es oft üblich, die Q_ν als Art-Namen noch durch gewisse »anschauliche« Namen zu ersetzen, so den Buchstaben $\mathfrak{H}$ im obigen Beispiel durch den anschaulichen Namen: Raumstellen.

Damit wir aber nicht in den Irrtum verfallen, daß Q_ν die »Menge aller Realtextstücke« vom Typ Q_ν *ist,* sei noch ein weiteres simples Beispiel angefügt: Im Realtext mögen Kugeln aus verschiedenem Material vorkommen. Jede dieser Kugeln bezeichnen wir mit einem A_i (verschiedene Kugeln haben also verschiedene A_i!). Die Abbildungsprinzipien mögen nun die Regel enthalten, alle »Glaskugeln« mit einer Menge Q_1 durch $A_i \in Q_1$ (wenn A_i eine Glaskugel ist) zu verknüpfen, alle Eisenkugeln mit einer Menge Q_2, usw. Umgekehrt lesen wir dann die Relation $A_i \in Q_1$ in der Form: Die Kugel A_i ist eine Glaskugel. Q_1 bezeichnet man dann oft in nicht ganz exakter aber sehr prägnanter Weise als »Menge aller Glaskugeln«; damit ist aber *nicht* (!) gemeint, daß plötzlich aus einer mathematischen Menge eine Menge von realen, physikalischen Objekten geworden ist. Der Name »Menge aller Glaskugeln« für Q_1 ist vielmehr *nur* eine abgekürzte Form der Regel aus den Abbildungsprinzipien, nach der, falls A_i ein *Zeichen* für eine Glaskugel ist, $A_i \in Q_1$ in $(-)_r$ (1) aufzuschreiben ist.

Ganz ähnlich ist es mit den in $(-)_r$ (2) auftretenden Bildrelationen R_μ. Innerhalb $\mathfrak{M}\mathfrak{T}$ sind die R_μ nur formal definierte Ausdrücke; z. B. in dem in II, § 1 behandelten Fall der *Euklid*ischen Geometrie als $\mathfrak{M}\mathfrak{T}$ ist $d\,(x, y)$ nicht mehr und nicht weniger als »eine reelle Funktion über $X \times X$, die noch gewissen Axiomen genügt, siehe II (1.1). Die Regeln der Abbildungsprinzipien, die zur Aufstellung der Axiome $(-)_r$ (2) führen, setzen voraus, daß man am Realtext etwas ablesen kann, was dann nach diesen Regeln in der Form eines Axioms aus $(-)_r$ (2) niedergeschrieben wird. Das, was am Realtext abgelesen wird, ist *nicht* »$R_\mu(A_{\mu_1}\ldots)$«, sondern etwas, was erst mit Hilfe der Abbildungsprinzipien auf »$R_\mu(\ldots)$« bezogen wird, so daß man R_μ wieder als Namen benutzen kann für *das* im Realtext, womit es die Abbildungsregel verknüpft. R_μ wird so zum Namen dieser am Realtext ablesbaren Situation, zum Namen einer »Realrelation«. So z.B. wird die an einem Längenmaßstab »abgelesene« Zahl 4,51 durch die Abbildungsprinzipien zu einer Relation $R_1(a, b; 4{,}51)$ gleich $d(a, b) = 4{,}51$, wobei $R_1(a, b; r)$ zum Namen »a, b haben den Abstand r« für die im Realtext durchgeführte Messung wird.

Man drückt die Tatsache, daß R_μ zum Namen für eine Realrelation wird, auch oft so aus, daß die mathematische Relation R_μ eine »physikalische Interpretation« erhält (so also $d\,(a, b) = r$ die Interpretation: der physikalisch gemessene Abstand von a und b hat sich zu r ergeben). Wiederum aber darf man nicht irrtümlich R_μ selbst als eine physikalische Realrelation auffassen, denn zwischen mathematischen Objekten bestehen keine physikalischen Beziehungen.

So ist es nach diesen Bemerkungen in keiner Weise mehr verwunderlich, wenn ein und dieselbe $\mathfrak{M}\mathfrak{T}$ durch verschiedene Abbildungsprinzipien eine verschiedene »physikalische Bedeutung« bekommen kann. Die Abbildungsprinzipien sind etwas *Neues, das weder aus dem Realtext noch aus $\mathfrak{M}\mathfrak{T}$ hervorgeht.*

Es soll hier nicht nur nicht verschwiegen, sondern hervorgehoben werden, daß hier durch die Vorgabe der Regeln in den Abbildungsprinzipien und die Vorgabe des Grundbereiches $\mathfrak{G}$ einer $\mathfrak{P}\mathfrak{T}$ ein wissenschaftstheoretisches Problem ausgeklammert ist, das als solches weiter untersucht werden kann und sollte: Durch die »Regeln« der Abbildungsprinzipien und durch die »Zeichensetzung« (keine unnützen Zeichen; siehe oben!) wird mit festgelegt, was zum Grundbereich einer Theorie zu zählen ist; dies aber wird mit Hilfe der »normalen Alltagssprache« (und der Vortheorien; siehe § 2) formuliert; und dieses Formulieren ist in keiner Weise trivial, da erst im Umgang mit der

$\mathfrak{PT}$ selbst allmählich (siehe z. B. gegen Ende dieses § die »Veränderung« des Grundbereiches, um eine brauchbare Theorie zu erhalten) eine Abgrenzung des Grundbereiches möglich wird (siehe auch die »verbesserten« Möglichkeiten der Bestimmung des Grundbereiches einer $\mathfrak{PT}$, falls eine zu $\mathfrak{PT}$ umfangreichere Theorie bekannt ist; § 7). Aber gerade durch die Ausklammerung dieses Problems, das in einer umfassenderen »Fundamentalphysik« (siehe II aus [2]) wiederaufgenommen werden könnte und sollte, ist es möglich, das Vorgehen der theoretischen Physik klarer herauszuarbeiten.

Um noch etwas mehr zu verdeutlichen, wie solche Abbildungsprinzipien aussehen und welche Probleme dabei auftreten können, seien einige Beispiele von Theorien angeführt, die später in diesem Buch geschildert werden. Diese Beispiele können es dem Leser beim zweiten Lesen erleichtern, die Beziehungen dieses Kapitels III zu den übrigen Kapiteln herzustellen.

In der Mechanik (siehe V, § 1) hat man als Bildmengen eine diskrete Indexmenge I für die einzelnen Massenpunkte und eine Abbildung $(i, t) \to \mathbf{r}$, die man üblicherweise als $\mathbf{r}^i(t)$ schreibt und die Bahn des i-ten Massenpunktes nennt. Diese letzten Worte sind schon eine Kurzfassung der Abbildungsprinzipien: Die Massenpunkte werden direkt mit ganzen Zahlen als Zeichen bei der Zeichensetzung versehen. Ist i eine solche Zahl, t_ν eine gemessene Zeit, $\mathbf{r}^i_\nu$ der zur Zeit t_ν vermessene Ort des mit dem Zeichen i versehenen Massenpunktes, so ist in $(-)_r(1)$ $i \in I$ und in $(-)_r(2)$ $\mathbf{r}^i_v = \mathbf{r}^i(t_v)$ aufzuschreiben. Man sagt oft kurz: die Meßwerte für die Bahnen werden mit der Theorie verglichen.

In der Kontinuumsmechanik wird die diskrete Indexmenge I durch eine kontinuierliche Menge (d.h. durch einen uniformen Raum) ersetzt; siehe V (3.4.6), (3.4.7).

Die Elektrostatik benutzt in ihrer kontinuierlichen Form (VIII, § 1.3) ebenfalls für die Massenelemente die Kennzeichnung durch einen kontinuierlichen Parameterraum A, der als Bildmenge dient. Als Bildrelation werden Vektorfelder $\boldsymbol{\kappa}(\mathbf{r})$ benutzt, mit dem Abbildungsprinzip, daß $\boldsymbol{\kappa}(\mathbf{r}(\alpha))$ für $\alpha \in A$ die Kraftdichte an der Stelle $\mathbf{r}(\alpha)$ ist, wo sich das Massenelement α befindet.

Am interessantesten ist der Fall der Quantenmechanik, weil wir gleich vier verschiedene Stufen der Theorie kennenlernen werden.

In der ersten Stufe sind Bildmengen die Mengen K und $\mathscr{L}_r(\mathscr{H})$ (siehe XI, §§ 2.1 und 1.7). Die Abbildungsprinzipien sagen, daß die Elemente von K als Bilder der »Gesamtheiten« und die Elemente von $\mathscr{L}_r(\mathscr{H})$ als Bilder der »Observablen« dienen. Als Bildrelation wird $Sp(WA) = \alpha$ mit $W \in K$ und $A \in \mathscr{L}_r(\mathscr{H})$ benutzt mit der Interpretation (d.h. dem Abbildungsprinzip), daß α der gemessene Mittelwert (d.h. der Erwartungswert) der Meßergebnisse der Observablen A in der Gesamtheit W ist. Man tut so, als ob durch Vortheorien geklärt sei, was eine Gesamtheit und was eine Observable ist. Gerade hierin liegt die Schwäche der ersten Stufe einer Quantenmechanik.

In einer zweiten Stufe werden als Bildmengen K und L benutzt (mit L nach

XII, § 1.1), wobei die Elemente von K die »Gesamtheiten«, die von L die »Effekte« abbilden (siehe Abbildungsprinzip in XII, § 1.1). Als Bildrelation wird $Sp(WF) = \mu$ mit $W \in K$, $F \in L$ benutzt, wobei μ die »Wahrscheinlichkeit« (d.h. die experimentell festgestellte Häufigkeit) für das Auftreten des Effektes F in der Gesamtheit W darstellen soll. Wieder tut man so, als ob durch Vortheorien geklärt sei, was eine Gesamtheit und was ein Effekt ist. Der Begriff der Observablen aus der ersten Stufe (in XIII, § 5 genauer als Entscheidungsobservable bezeichnet) wird in der zweiten Stufe durch »Ableitung« gewonnen, nämlich als ein additives Maß auf einem Booleschen Ring eines Parameterraumes mit einem Wertebereich aus der Menge L der Entscheidungseffekte (Entscheidungseffekte siehe XI, § 2.1; Entscheidungsobservable mit Skala siehe XIII, Definition 5.7 und 5.8).

In einer dritten Stufe wird ein Teil der nach der zweiten Stufe vermeintlich existierenden Vortheorie mit in die Quantenmechanik hineingenommen. Statt K und L werden als Bildmengen die Mengen M, $\mathcal{Q}$, $\mathcal{R}$, $\mathcal{R}_0$ benutzt. Die Elemente von M sollen die Bilder einzelner »Mikrosysteme« sein, die Elemente von $\mathcal{Q}$ sollen Bilder der »Präparierverfahren« sein, die Elemente von $\mathcal{R}$ Bilder der »Registrierverfahren«, die von $\mathcal{R}_0$ Bilder der Registriermethoden. Als Bildrelation wird eine reelle Funktion $\lambda(c_1, c_2) = \beta$ benutzt, wobei c_1, c_2 Elemente eines aus den Mengen $\mathcal{Q}$, $\mathcal{R}$ konstruierten Systems von Auswahlverfahren sind. β bildet dabei die Häufigkeit ab, mit der in einer Menge nach c_1 ausgewählter Mikrosysteme solche Mikrosysteme auftreten, die nach c_2 ausgewählt sind. Im Rahmen der Vortheorien muß hierbei der Bau der zum Präparieren und Registrieren benutzten Apparate beschreibbar sein; im Wesentlichen geschieht das durch die in V, VI beschriebenen Mechanik und die in VIII beschriebenen Elektrodynamik. Durch Vortheorien sollte auch geklärt sein, was ein Mikrosystem ist. Wie man in dieser dritten Stufe die Grundbegriffe der zweiten und ersten Stufe durch »Ableiten« zurückgewinnen kann, ist in XIII, § 2 bis 5 geschildert.

Da der Begriff des Mikrosystems in der dritten Stufe noch zu unklar erscheint, geht man zu einer vierten Stufe über, wo man nur mit der Abbildung des makroskopischen Experimentierens in einer $\mathfrak{MT}$ beginnt und die Grundbegriffe der dritten Stufe »ableitet«. Dies geschieht in XVI.

Dieses letzte Beispiel der Quantenmechanik zeigt deutlich (besonders durch die Darstellung in XVI), wie durch Vortheorien das »Ablesen des Realtextes« mit bestimmt ist; gerade weil dieses »Ablesen« in den Stufen eins, zwei (und vielleicht auch noch drei) nicht genügend geklärt scheint, geht man eben zu den Stufen drei und vier über.

Weiterhin zeigt dieses Beispiel der Quantenmechanik, daß im Aufbau einer Theorie meist noch viele andere zusätzliche Strukturen und Abbildungsprinzipien auftreten als die, mit denen man den Aufbau der Theorie beginnt; die in XI bis XIII dargestellte Theorie zeigt dies deutlich. Aufbau einer Theorie bedeutet dabei das, was in § 7 als Übergang zu immer umfangreicheren Standarderweiterungen beschrieben ist.

Wir wenden uns jetzt nach diesen Beispielen dem zweiten Problem zu, welche mathematischen Konsequenzen die Aufstellung der Axiome $(-)_r$ hat. Fügt man $(-)_r$ als Axiome der $\mathfrak{MT}$ hinzu, so erhält man eine gegenüber $\mathfrak{MT}$ *stärkere* Theorie, die wir $\mathfrak{MTA}$ nennen. Man bezeichnet oft $\mathfrak{MTA}$ auch als Test $\mathfrak{A}$ der Theorie $\mathfrak{MT}$ oder kurz als einen Test von $\mathfrak{PT}$.

Ist die stärkere Theorie $\mathfrak{MTA}$ widerspruchsfrei (d. h. ist ein Widerspruch innerhalb der mathematischen Theorie $\mathfrak{MTA}$ nicht gefunden worden), so sagen wir, daß $\mathfrak{MT}$ mit Hilfe der benutzten Abbildungsprinzipien den vorliegenden Realtext brauchbar beschreibt. $(-)_r$ enthält *immer* nur einen *Teil* des Grundbereiches $\mathfrak{G}$ von $\mathfrak{W}$ und niemals ganz $\mathfrak{G}$, da immer nur endlich viele Erfahrungen herangezogen werden können und ein vorliegender Realtext nie »alle« Erfahrungen umfassen kann. Erweist sich $\mathfrak{MTA}$ als widerspruchsfrei für »alle« genormten Realtexte aus dem genormten Grundbereich $\mathfrak{G}_n$ von $\mathfrak{W}$ (was *nur* heißen soll, daß *bisher* kein Widerspruch für alle durchdachten $\mathfrak{MTA}$'s für die verschiedensten Realtexte gefunden wurde), so sagen wir, daß $\mathfrak{MT}$ mit Hilfe der benutzten Abbildungsprinzipien den gesamten (was hier als symbolische Bezeichnungsweise des eben erläuterten Sachverhalts zu verstehen ist) Grundbereich $\mathfrak{G}$ von $\mathfrak{W}$ brauchbar beschreibt; oder kurz: $\mathfrak{PT}$ *ist eine brauchbare Theorie.*

So erweist sich also die in II geschilderte $\mathfrak{PT}$ der physikalischen Raumstruktur als eine brauchbare Theorie, zumindest wenn man $\mathfrak{G}$ auf unsere nähere Umgebung einschränkt (d. h. wenn man alle Fragen nach dem Kosmos zunächst zurückstellt). Diese letzte Einschränkung bedeutet kein Verwerfen der Theorie $\mathfrak{PT}$, denn sonst müßte man alle physikalischen Theorien verwerfen. Ein eingeschränkter Grundbereich ist vielmehr eine typische Eigenart aller physikalischen Theorien, wie aus den folgenden Bemerkungen und dem ganzen übrigen Buch zu erkennen sein wird.

Ganz abgesehen davon, daß schon die Widerspruchsfreiheit einer $\mathfrak{MT}$ und damit auch einer $\mathfrak{MTA}$ nicht eigentlich beweisbar ist, wird die Brauchbarkeit einer $\mathfrak{PT}$ noch zusätzlich dadurch nie absolut endgültig *beweisbar*, daß die Erfahrungen nie abgeschlossen sind. Tatsächlich treten bei der Weiterentwicklung des Vergleichs mit der Erfahrung innerhalb einer $\mathfrak{PT}$ immer wieder Widersprüche auf, die immer wieder behoben werden müssen! Dies kann bei festgehaltener $\mathfrak{MT}$ dadurch geschehen, daß man die Abbildungsprinzipien verändert, d. h. die Interpretation der Theorie verbessert, oder aber den Grundbereich $\mathfrak{G}$ von $\mathfrak{W}$ auf einen engeren Teilausschnitt der Erfahrungen einschränkt (genau das hatten wir oben im Beispiel getan, wenn wir den Grundbereich für die physikalische Raumstruktur auf nähere Umgebungen je einer fixierten Stelle in jedem Inertialsystem einschränkten); auf eine dritte Möglichkeit kommen wir noch im nächsten § 5 zu sprechen. Führt aber alles dies nicht zum Erfolg, so muß man die Theorie verwerfen. Über die Möglichkeit, Theorien zu »verbessern«, werden wir ausführlich in § 7 sprechen.

Zum Abschluß dieses § wollen wir noch auf einen Punkt eingehen, der *sehr wichtig* dafür ist, um zu verstehen, was theoretische Physik ist. Es handelt sich um einen manchmal anzutreffenden Irrtum, der einem den Zugang zur Methode der theoretischen Physik verbaut. Dieser *Irrtum* besteht in einer etwa so zu formulierenden Behauptung:

Die theoretische Physik schließt logisch aus den vorgefundenen Erfahrungen auf Gesetze und aus diesen Gesetzen auf weitere Erfahrungen. In unserer hier benutzten mathematischen Methode würde diese Behauptung etwa so aussehen:

Mit $\mathfrak{M}\mathfrak{T}$ sei als mathematische Theorie nur die »Mengenlehre« (d. h. einschließlich Logik) bezeichnet. (Wir sagten am Ende von § 3, daß wir in der Physik nur $\mathfrak{M}\mathfrak{T}$'s betrachten werden, die stärker als die Mengenlehre $\mathfrak{M}\mathfrak{T}$ sind.) Die Behauptung lautet dann: Es *genügt,* in $\mathfrak{P}\mathfrak{T}$ als $\mathfrak{M}\mathfrak{T}$ die Mengenlehre zu wählen; wenn der für die Aufstellung der Axiome $(-)_r$ benutzte Realtext »groß genug« ist, so kann man »alles weitere« aus $\mathfrak{M}\mathfrak{T}\mathfrak{A}$ herleiten, d. h. aus $\mathfrak{M}\mathfrak{T}\mathfrak{A}$ kann mathematisch gefolgert werden, wie weitere Erfahrungen ausfallen müssen. Insbesondere kann man (immer bei »genügend großem« Realtext) die vorher als »Axiome« in einer Theorie $\mathfrak{M}\mathfrak{T}_1$ ($\mathfrak{M}\mathfrak{T}_1$ stärker als $\mathfrak{M}\mathfrak{T}$) bezeichneten Relationen (d. h. die mathematisch formulierten »physikalischen Gesetze«) als Sätze in $\mathfrak{M}\mathfrak{T}\mathfrak{A}$ herleiten; kurz: die physikalischen Gesetze lassen sich aus Erfahrungen deduzieren.

Die Forderung, daß in der $\mathfrak{M}\mathfrak{T}_1$ nur solche »Axiome« benutzt werden dürfen, die sich als Sätze bei genügend großem Realtext aus einer $\mathfrak{M}\mathfrak{T}\mathfrak{A}$ herleiten lassen, *hieße, die ganze Physik als Wissenschaft ablehnen.* Natürlich kann niemand gezwungen werden, das von der Physik tatsächlich vertretene Konzept zu akzeptieren, das von Theorien $\mathfrak{M}\mathfrak{T}_1$ ausgeht, für die eben nicht nur $\mathfrak{M}\mathfrak{T}_1$ stärker als $\mathfrak{M}\mathfrak{T}$, sondern auch $\mathfrak{M}\mathfrak{T}_1\mathfrak{A}$ für *alle* Erfahrungen immer noch stärker als $\mathfrak{M}\mathfrak{T}\mathfrak{A}$ ist, d. h. für die die Axiome aus $\mathfrak{M}\mathfrak{T}_1$ (das sind die in $\mathfrak{M}\mathfrak{T}_1$ mathematisch formulierten »physikalischen Gesetze«) *nicht* aus den Erfahrungen $(-)_r$ und der Mengenlehre $\mathfrak{M}\mathfrak{T}$ hergeleitet werden können.

Die krasse, eben geschilderte Formulierung, daß $\mathfrak{M}\mathfrak{T}\mathfrak{A}$ und $\mathfrak{M}\mathfrak{T}_1\mathfrak{A}$ bei genügend großem Realtext gleich starke Theorien sein sollen, wird häufig durch das sogenannte Postulat der »unvollständigen Induktion« abgeschwächt:

Es sei zwar nicht möglich, die Axiome (d. h. physikalischen Gesetze) der Theorie $\mathfrak{M}\mathfrak{T}_1$ aus $\mathfrak{M}\mathfrak{T}\mathfrak{A}$ für genügend großen Realtext mathematisch abzuleiten; aber durch einen Schluß von »viele« auf »alle« kann man zu den physikalischen Gesetzen gelangen. Dies sähe in unserer Schreibweise etwa so aus: Wir benutzen zunächst nur die Mengenlehre $\mathfrak{M}\mathfrak{T}$. In $(-)_r$ werden Relationen $A_i \in Q$ (es werde der Einfachheit nur *ein* Bildterm vorausgesetzt) und Relationen $R_\mu(A_{i_1}, \ldots)$ aufgeschrieben. Man versuche, aus den in $(-)_r$ (2) aufgeschriebenen Relationen $R_\mu(\ldots)$ eine neue Relation $\tilde{R}(\ldots)$ so zu definieren, daß sich aus den in $(-)_r$ (2) aufgeschriebenen Relationen die Relation $\tilde{R}(A_{i_1}\ldots)$ für *alle im Realtext vorkommenden* Zeichen $A_{i_1}\ldots$ ableiten läßt. Hat man eine solche Relation $\tilde{R}(\ldots)$ gefunden, so füge man zur Mengenlehre $\mathfrak{MT}$ das Axiom: »Für *alle* $x, y, \ldots$ mit $x \in Q, y \in Q, \ldots$ gilt $\tilde{R}(x, y, \ldots)$« hinzu. Man sagt dann, daß man dieses Axiom durch »unvollständige Induktion« aus der Erfahrung erschlossen hat, wobei man als Vorsichtsmaßnahme vorschreibt, daß die Einführung des Axioms nur dann geschehen soll, wenn der genormte Realtext »sehr viele« Zeichen A_i enthält.

Als Beispiele zur Illustration seien folgende kurz angeführt: In der in II geschilderten physikalischen Raumtheorie seien in $(-)_r$ (2) »sehr viele« Abstände aufgeschrieben. Man stellt fest, daß *für die niedergeschriebenen* Abstände der »Pythagoras« gilt (z. B. für alle die durch Fig. 2 (Seite 24) dargestellten Fälle). Dann *entschließt* man sich nach genügend vielen solchen Fällen zu $\mathfrak{MT}$ den Pythagoras als Axiom hinzuzunehmen.

Oder als ein zweites Beispiel: Man stellt bei »vielen« aufgeschriebenen (d. h. in $(-)_r$ (2) aufgeschriebenen) Fallhöhen h und Fallzeiten t fest, daß (etwa) $h = \frac{1}{2} g t^2$ für alle aufgeschriebenen Paare h, t gilt. Man entschließt sich dann als »Axiom« das Fallgesetz zu formulieren: »Für *alle* Paare h, t gilt $h = \frac{1}{2} g t^2$«.

Dieses vieldiskutierte Problem der »unvollständigen Induktion« wird aber von der tatsächlich geübten Physik umgangen, da man theoretische Physik einfach *macht, ohne sich* um die Frage der »unvollständigen Induktion« *zu kümmern*. Die tatsächliche theoretische Physik *gibt keine Vorschriften* für das Aufstellen der Axiome aus $\mathfrak{MT}_1$ an, sondern überläßt das Aufstellen der Axiome aus $\mathfrak{MT}_1$ irgendeiner »Intuition«. Dafür tritt natürlich in veränderter Form ein neues Problem auf:

Wir hatten oben definiert, daß eine Theorie $\mathfrak{PT}$ als brauchbar bezeichnet wird, wenn »bisher« keine widersprüchlichen $\mathfrak{MTA}$ entdeckt wurden; in diesem Sinn wäre also eine noch nicht an der Erfahrung geprüfte Theorie immer als brauchbar zu bezeichnen. Aber wir fällen häufig eine Entscheidung derart, daß wir eine Theorie als »endgültig brauchbar« anerkennen. Wir wollen dieses Problem das »Problem der Anerkennung einer Theorie« nennen. Wir werden in diesem Buch hier nur sogenannte »anerkannte« Theorien bringen; wobei sofort die Frage auftritt: Von wem anerkannt? Da aber der Leser *nicht* durch Autorität zur Anerkennung einer $\mathfrak{PT}$ verleitet werden soll, werden wir diese Frage, von wem anerkannt, nicht behandeln. Der Leser soll vielmehr von *sich* aus entscheiden, ob er selber eine Theorie anerkennt oder nicht.

Die Überzeugung, daß eine Theorie $\mathfrak{PT}$ für einen Grundbereich $\mathfrak{G}$ »endgültig« brauchbar ist, kommt nicht zustande nach festgelegten Prinzipien; manchmal genügen sogar *wenige* (!) Erfahrungen, um einige Physiker von der endgültigen Brauchbarkeit einer Theorie zu überzeugen (z. B. von der Allgemeinen Relativitätstheorie). Da es keine festgelegten Prinzipien für die Entscheidung der Anerkennung einer Theorie gibt, werden wir uns im letzten Band dieses Buches noch einmal diesem Problem zuwenden, *nachdem* der Leser viele Theorien kennengelernt und damit bei sich selbst erfahren hat, wie sich in ihm schließlich die Überzeugung gebildet hat, physikalische Theorien anzuerkennen.

Unsere Überlegungen über den Aufbau einer 𝔓𝔗 können wir zum Abschluß dieses § im folgenden Bild zusammenfassen (wobei 𝔚 erst in § 9 näher erläutert wird):

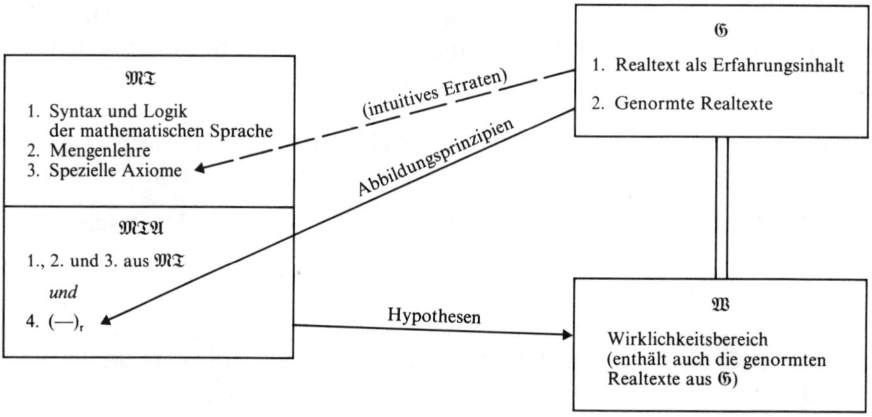

Dabei umfaßt der Pfeil »Abbildungsprinzipien« das Lesen des Realtextes in 𝔊, die Auszeichnung der Bildmengen und Bildrelationen in 𝔐𝔗 und führt zu der Aufstellung der Axiome $(-)_r$.

Die linke Seite des obigen Abbildungsschemas hat eine gewisse Ähnlichkeit mit der eines Computers. Dieser Vergleich kann vielleicht diesem oder jenem behilflich sein, die durch obige Abbildung dargestellte Situation besser zu erfassen:

1. in dem Kästchen 𝔐𝔗 gibt die Konstruktionsweise und Arbeitsweise des »𝔐𝔗-Computers« an, genannt Syntex und Logik. Wir können uns noch dazu vorstellen, daß am »Computer« eine »rote Lampe« angebracht ist, die aufleuchtet, sobald bei der Arbeit des Computers ein Widerspruch aufgetreten ist.
2. stellt ein *fest* eingebautes Programm dar, genannt Mengenlehre. Es ist bisher nicht vorgekommen, daß beim Einschalten des so ausgerüsteten »Computers« die »rote Lampe« aufgeleuchtet hat.
3. Es wird ein spezielles Grundprogramm eingegeben, genannt spezielle Axiome. Eine *Anweisung*, wie man zur Aufstellung dieses Grundprogram-

mes kommt, gibt es *prinzipiell* nicht, da dieses Grundprogramm *nicht* an der Erfahrung abgelesen, sondern nur aufgrund von Ideen, Einfällen und Vorstellungen anhand der Erfahrungen *erraten* werden kann. Natürlich muß dieses Programm in der Computersprache geschrieben werden.
In der Physik kommt es beim Aufstellen dieser Programme 3 öfter vor, daß nach Einschalten des Computers die »rote Lampe« aufleuchtet (man denke heutzutage nur an die Quantenfeldtheorie). Dann muß das Programm in Ordnung gebracht werden.

4. stellt die Eingabe des Programms $(-)_r$ dar, das aus den Experimenten gewonnen wird. Dieses Programm dient zum »Testen« der Theorie in dem Sinne, daß man nachsieht, ob nach Eingabe des Programmes $(-)_r$ die »rote Lampe« aufleuchtet. Bei einer *brauchbaren* Theorie läßt sich der Grundbereich $\mathfrak{G}$ so abgrenzen, daß *kein* Aufleuchten der roten Lampe auftritt.
Entgegen zum Grundprogramm 3 ist die Aufstellung des Programms $(-)_r$ *keiner* Willkür unterworfen, sondern hat nach genauen Regeln zu erfolgen, die wir Abbildungsprinzipien nannten. Willkürlich ist allein der Realtext, aber auch dieser nur insofern, als wir die Wahl der durchzuführenden Versuche haben.

Wie wir mit Hilfe des »Computers« zur Konstruktion eines Wirklichkeitsbereiches $\mathfrak{W}$ gelangen können, werden wir in § 9 zu schildern haben.

§ 5 Unscharfe Abbildungsprinzipien

Es kommt in der Physik sehr häufig vor, daß man einem realen Sachverhalt ein »ungefähres« mathematisches Objekt zuordnet. Oft ist der Sprachgebrauch so, daß man so tut, als ob das mathematische Objekt die »exakte« Situation sei, die aber durch die Feststellung – die Messung – realer Gegebenheiten nur »ungenau beobachtet« wird, d. h. wegen eines »Meßfehlers« nur unexakt bestimmt werden kann. Durch die Entwicklung der Physik sind wir aber gegenüber solchen Redewendungen skeptisch geworden: Die »an sich existierenden«, aber nur ungenau festgestellten Tatsachen sind keine Basis für die Physik. Als Basis bleibt eben nur der Realtext. Die »Ungenauigkeit« hat eben vielmehr etwas mit der Art der Zuordnung zwischen Realtext und $\mathfrak{MT}$ zu tun. Wir haben schon in II, § 4 unter a) und b) darauf aufmerksam gemacht, daß man leicht Fehler machen kann, wenn man die Zuordnung von Bild und Gegenstand nicht richtig beachtet. Diese Zuordnung ist aber oft nicht »scharf« herstellbar (siehe Beispiel der Photographie aus II, § 4). Wir müssen jetzt genauer formulieren, was wir unter einer »unscharfen Zuordnung« verstehen.

Wir wollen dies an einem Beispiel erläutern und die allgemeine Formulierung nur andeuten. Als Beispiel wählen wir den in II, § 4 betrachteten »Abstand«. Wir betrachten also die Relation $R(x, y, r)$ die durch $d(x, y) = r$ definiert ist, wobei $d(x, y)$ der Abstand in der *Euklid*ischen Geometrie (als $\mathfrak{M}\mathfrak{T}$) ist. Bezeichnen wir die Menge der reellen Zahlen mit $\mathbf{R}$, so ist also $r \in \mathbf{R}$. Würde zwischen zwei Stellen a und b der Abstand ϱ (z. B. 4,51) gemessen, so haben wir in II (4.3) $d(a, b) = \varrho \pm \varepsilon$ mit der Unschärfe ε (also speziell $4{,}50 \leq$ $\leq d(a, b) \leq 4{,}52$ für $\varrho = 4{,}51$, $\varepsilon = 0{,}01$) aufgeschrieben. Würde man bei dem Aufschreiben der Messungen ein zu kleines ε benutzen, so würde man bald merken, daß die in $(-)_r$ (2) aufgeschriebenen Meßergebnisse mit der *Euklid*ischen Geometrie $\mathfrak{M}\mathfrak{T}$ in Widerspruch geraten. Die »Unschärfe ε« ist also *wesentlich* notwendig, wenn man einen »sinnvollen« Vergleich zwischen $\mathfrak{M}\mathfrak{T}$ und Realtext durchführen will.

Um die eben angedeutete Methode der unscharfen Zuordnung noch etwas systematischer zu formulieren, führen wir für die reellen Zahlen eine *Unschärfemenge U* ein. U ist eine Menge von Paaren (r_1, r_2) zweier reeller Zahlen, z.B. $U = \{(r_1, r_2) \| r_1 - r_2| \leq \varepsilon\}$ (wobei ε noch von $|r_1 + r_2|$ abhängen kann); die Vorstellung ist, daß zwei reelle Zahlen r_1, r_2 als Meßergebnisse eines Abstandes nicht mehr »unterscheidbar« sind, wenn $(r_1, r_2) \in U$ ist. Wir definieren nun mit Hilfe von $R(x, y, r)$ und U eine neue Relation $\tilde{R}(x, y, r)$ durch

»Es gibt eine reelle Zahl r mit $R(x, y, r')$ und $(r', r) \in U$«.

$\tilde{R}(a, b, \varrho)$ heißt dann: Es gibt ein r' mit $d(a, b) = r'$ und $|r' - \varrho| \leq \varepsilon$. Das aber ist identisch mit der in II (4.3) aufgeschriebenen Form:

$$\varrho - \varepsilon \leq d(a, b) \leq \varrho + \varepsilon.$$

Die Relation $\tilde{R}(x, y, r)$ bezeichnen wir als die »mit U verschmierte Relation R«. Statt $R(\ldots)$ können wir also $\tilde{R}(\ldots)$ als Bildrelation für eine Abstandmessung benutzen. Ist $R(x, y, r)$ durch $d(x, y) = r$ definiert, so schreiben wir im Folgenden oft statt $\tilde{R}(x, y, r)$ kurz $d(x, y) \underset{p}{\sim} r$, wobei das p unter $\sim$ andeuten soll, daß es sich hier um eine Ungenauigkeit bei der Zuordnung physikalischer Sachverhalte aus dem Realtext zu mathematischen Relationen handelt.

Zeichnet man, wie eben beispielhaft geschildert, in $\mathfrak{M}\mathfrak{T}$ eine Unschärfemenge U aus und benutzt man dann als Bildrelation nicht die »ideale« Relation $R(\ldots)$, sondern die mit U verschmierte Relation $\tilde{R}(\ldots)$ so bleibt also alles im Rahmen der in § 4 beschriebenen Methode der Abbildungsprinzipien. Man könnte sich sogar rückwärts fragen, warum wir überhaupt erst von $R(\ldots)$ und nicht gleich von $\tilde{R}(\ldots)$ als Bildrelation gesprochen haben.

Der Grund dafür ist der, daß man die Unschärfemenge U und damit $\tilde{R}$ verschieden wählen kann, ohne widerspruchsvolle 𝔐𝔗𝔄's zu erhalten. Die Theorie 𝔐𝔗 enthält eben *keine systematische* Anweisung, eine und nur eine Unschärfemenge auszuwählen. Dies liegt natürlich daran, daß man ein physikalisches Problem nicht hat lösen können und deshalb eine Theorie 𝔐𝔗 wählt, die eine Realrelation durch eine *Idealisierung* R abbildet, um dann diese Idealisierung nachträglich wieder durch Verschmierung von R mit Unschärfemengen U rückgängig zu machen. So ist bei der in II, § 2 beschriebenen Realrelation, die wir physikalischen Abstand nannten, das physikalische Problem ungeklärt, wie der Raum im Kleinen strukturiert ist. Dieses ungelöste Problem wird im mathematischen Bild durch die »Idealisierung« eines »kontinuierlichen« Abstandes ersetzt; dafür muß man aber in Kauf nehmen, daß man $d(x, y) = r$ durch die verschmierte Relation $\tilde{R}(x, y, r)$ ersetzen muß. Der Preis für das Zurückstellen eines ungelösten physikalischen Problems durch Einführung von Idealisierungen im mathematischen Bild 𝔐𝔗 ist die Methode der Unschärfemengen.

Die oben am Beispiel der Raumstruktur beschriebene Methode der Unschärfemengen läßt sich verallgemeinern. Als geeignetes mathematisches Hilfsmittel hierfür steht die Einführung einer »uniformen Struktur« auf den Bildmengen zur Verfügung. Da wir aber in diesem Buch die mathematischen Anforderungen an den Leser so niedrig als möglich halten wollen, sei er allgemein auf [2] verwiesen. Zur Illustration führen wir noch ein Beispiel an.

Dieses Beispiel ist eigentlich nur eine weitere Ausarbeitung des schon oben geschilderten Beispiels der Abstandsmessung im Raum X. Die Ungenauigkeit der Zuordnung zwischen gemessenem Abstand und der Funktion $\mathrm{d}(x, y)$ hat eine Ungenauigkeit der Zuordnung der fixierten Stellen a zu den Punkten von X zur Folge. Der obigen Ungenauigkeit ε entspricht also eine Ungenauigkeit der Zuordnung der Stellen »im Umkreis eines Abstandes ε«. Man sieht so am deutlichsten, wie man die mathematische Idealisierung des kontinuierlichen Raumes wieder aufhebt, indem man einer fixierten Stelle kein »bestimmtes« Element von X, sondern »irgendein« Element aus einer Kugel vom Radius ε zuordnet.

Wenn wir nun diese Ungenauigkeit physikalisch ernst nehmen, so zeigt die Praxis der Entfernungsmessungen im Weltall, daß die Ungenauigkeiten mit der Entfernung wachsen. Es wäre also unrealistisch, im ganzen Raum »Ungenauigkeitskugeln« von etwa gleichem Radius zu benutzen. Wir wollen uns veranschaulichen, wie man das etwas besser, d.h. realistischer machen könnte.

Dazu denken wir uns den dreidimensionalen Raum auf die dreidimensionale Fläche einer vierdimensionalen Kugel projiziert, wie es etwa Fig. 4 zeigt. Die Projektionen von Punkten aus X nehmen nur die untere Halbkugel ein. Auf der Kugel, d.h. in der Projektion, denken wir uns kleine, kugelartige Flecken, die die Ungenauigkeiten nach X zurückprojiziert (!) (siehe Fig. 4) beschreiben sollen. Etwa gleich großen Flecken auf der Projektionskugel entsprechen in X immer größere Flecken, je weiter weg man vom Punkt A ist (siehe Fig. 4). Die Ungenauigkeit steigert sich mit der Entfernung. Die Ungenauigkeit der Richtung der Raumstellen von A aus steigert sich nicht; nur die der Entfernung von A.

Mit diesen neuen Ungenauigkeiten der Zuordnung zwischen fixierten Stellen, z.B. astronomischen Objekten, und Punkten aus X wird auch die Idealisierung des unendlichen Raumes wieder aufgehoben, da sie in der Ungenauigkeit untergeht. Dies erkennt man sehr leicht, wenn man bedenkt, daß ein kleiner Fleck auf der Projektionskugel mit Mittelpunkt auf dem Äquator besagt, daß man ab einer gewissen Entfernung eben *überhaupt* keine Entfernung feststellen kann.

Dieses Beispiel ist sehr lehrreich, um sich das überall in der Physik auftretende Wechselspiel zwischen mathematischen Idealisierungen (eingeführt, um ungelöste physikalische Probleme zu verdrängen) und ihrer Aufhebung durch Ungenauigkeitsmengen klar zu machen.

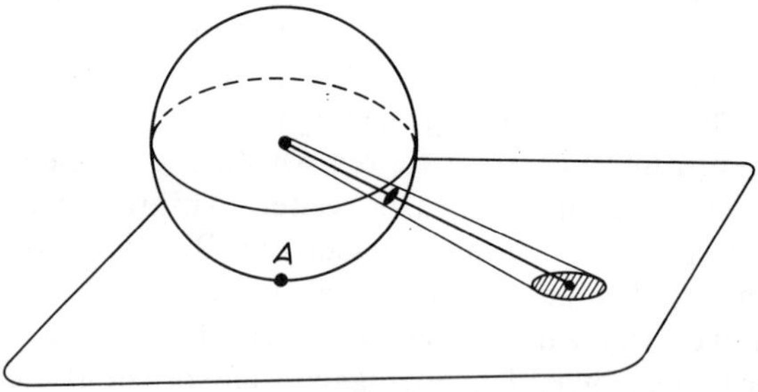

Fig. 4

§ 6 Eine axiomatische Basis einer physikalischen Theorie

Die von uns in § 4 grundgelegte Methode des Vergleichs einer $\mathfrak{MT}$ mit Erfahrungen durch Untersuchung von $\mathfrak{MTA}$ auf Widerspruchsfreiheit läßt sich allgemein noch weiter analysieren; aber wieder sei hierfür auf [2] verwiesen. Für uns ist es hier nur wichtig, auf eine besondere Form von $\mathfrak{MT}$ in einer $\mathfrak{PT}$ hinzuweisen.

Die in § 4 eingeführten Bildmengen Q_v können im Prinzip irgendwelche Mengen aus einer $\mathfrak{MT}$ sein; ebenso können die Bildrelationen irgendwelche Relationen aus $\mathfrak{MT}$ sein. Es kommt sogar nicht selten vor, daß irgendeine $\mathfrak{MT}$ mit

Axiomen benutzt wird, bei der man in keiner Weise sieht, welche »physikalische Bedeutung« die Axiome aus $\mathfrak{MT}$ haben; erst relativ kompliziert konstruierten Mengen und Relationen aus $\mathfrak{MT}$ wird durch die Abbildungsprinzipien eine physikalische Interpretation gegeben; welche physikalischen Konsequenzen haben dann aber die ursprünglich in $\mathfrak{MT}$ für nicht physikalisch gedeutete Mengen und Relationen eingeführten Axiome? Oder noch deutlicher ausgedrückt: Die in $\mathfrak{MT}$ eingeführten Axiome zeigen in keiner Weise, welches die eigentlichen physikalischen Gesetze sind, die in mathematischer Form der in $\mathfrak{PT}$ benutzten $\mathfrak{MT}$ zugrundeliegen.

Dieses Problem kann systematisch untersucht werden (siehe [2]); hier sei aber nur geschildert, welches *Ziel man in der theoretischen Physik anstrebt*, um zu sehen, welche *Grundgesetze* eine $\mathfrak{PT}$ bestimmen. Die Methode, um dieses Ziel zu erreichen, ist das Aufstellen einer sogenannten *»axiomatischen Basis«* $\mathfrak{MT}$ für $\mathfrak{PT}$.

Man versucht für eine vorliegende (oder teilweise noch gesuchte) physikalische Theorie das mathematische Bild $\mathfrak{MT}$ in folgender Form zu entwickeln:

Als Grundmengen in $\mathfrak{MT}$ benutzt man diejenigen Mengen, die aufgrund der Abbildungsprinzipien Bildmengen sein sollen; weiterhin versucht man als für $\mathfrak{MT}$ undefinierte Relationen gerade die Bildrelationen einzuführen. Wenn man z.B. in II nur ein Inertialsystem betrachtet, so könnte man X als Grundmenge in $\mathfrak{MT}$ einführen und durch die Abbildungsprinzipien zum Bild für fixierte Stellen machen, was ja praktisch auch in II geschah. Als undefinierte Relation in $\mathfrak{MT}$ kann man dann eine Relation $R(x, y, r)$ mit $x \in X$, $y \in X$ und $r \in \mathbf{R}$ ($\mathbf{R} =$ Menge der reellen Zahlen) benutzen, dann axiomatisch fordern, daß $R(x, y, r)$ eine reelle Funktion über x, y darstellt, d.h. gleich »$d(x, y) = r$« ist und durch weitere Axiome (siehe II (1.1)) ergänzen. In diesem Falle haben die Axiome von $\mathfrak{MT}$ eben eine physikalisch erkennbare Bedeutung, da sie sich unmittelbar auf den Abstand $d(x, y)$ beziehen, der als Bild eines physikalisch gemessenen Abstands dient.

Als axiomatische Basis einer physikalischen Theorie bezeichnen wir eine solche $\mathfrak{MT}$, in der die Bildmengen Grundmengen und die Bildrelationen die undefinierten Relationen sind, für die die Axiome aus $\mathfrak{MT}$ aufgestellt werden. In diesem Falle bezeichnet man die Axiome aus $\mathfrak{MT}$ als die mathematisch formulierten *physikalischen Gesetze*.

Eine axiomatische Basis $\mathfrak{MT}$ einer $\mathfrak{PT}$ hat zwei wichtige Vorteile:

1. Man erkennt, welche allgemeinen physikalischen Aussagen (d.h. physikalischen Gesetze) in die Theorie in Form von Axiomen aus $\mathfrak{MT}$ hineingesteckt wurden.
2. Man kann eventuell besser analysieren, in welcher Weise eine Theorie abgeändert oder erweitert werden kann, um einen größeren Erfahrungsbereich zu beschreiben.

Zu diesen beiden wichtigen Punkten kommt noch ein weiterer Grund hinzu, für eine $\mathfrak{PT}$ eine axiomatische Basis zu suchen: die Frage nach der physikalischen Wirklichkeit nicht am Realtext abgelesener Sachverhalte. Liegt keine axiomatische Basis vor (wie z.B. in der üblichen Form der Quantenmechanik, siehe weiter unten), so ist man in bezug auf die Wirklichkeit von über den Realtext hinausgehenden Sachverhalten unsicher und bei der Beurteilung auf ein gutes »Gefühl« angewiesen. Nur in der axiomatischen Basis läßt sich durchsichtig der in § 9 skizzierte Weg gehen.

Vom *physikalischen* Erkenntnisbedürfnis her wird man daher erst dann zufrieden sein, wenn es gelungen ist, eine physikalische Theorie so in der Form $\mathfrak{MT}$ (–) $\mathfrak{W}$ darzustellen, daß $\mathfrak{MT}$ eine axiomatische Basis ist. Aber damit ist noch nicht eindeutig festgelegt, wie man eine physikalische Theorie axiomatisch darstellen kann. In IV werden wir das schon in II diskutierte Raumproblem noch einmal aufgreifen und sehen, warum es erwünscht wäre, eine andere Darstellung als in II zu finden.

Wir sahen oben, daß man die in II dargestellte Raum-Zeit-Theorie als eine Darstellung in einer axiomatischen Basis ansehen kann, auch wenn es vielleicht erwünscht erscheint, diese durch eine bessere (siehe IV) zu ersetzen. Es gibt aber auch manche andere $\mathfrak{PT}$, bei der üblicherweise $\mathfrak{MT}$ nicht in Form einer axiomatischen Basis eingeführt wird.

Die übliche Darstellung der Elektrodynamik, bei der die elektrischen und magnetischen Felder **E** und **B** und Ladungs- und Stromdichten ϱ und **j** als Grundgrößen eingeführt werden, ist keine Darstellung in einer axiomatischen Basis, da den ϱ, **j**, **E**, **B** keine unmittelbar am Realtext ablesbaren Sachverhalte entsprechen. Auch wir werden in VIII die Elektrodynamik nicht konsequent auf einer axiomatischen Basis aufbauen. Andeutungen, wie das etwa zu geschehen hätte, werden wir in VIII, § 1.6 und 1.7 geben, wo skizziert ist, daß die Kraftfelder $\boldsymbol{\kappa}(\mathbf{r})$, $\boldsymbol{\kappa}_F(\mathbf{r})$ eindeutig ϱ und **E** bis auf einen Faktor bestimmen. Ausgangspunkt einer axiomatischen Basis für die ganze Elektrodynamik könnte eine Kraftdichte $\boldsymbol{\kappa}(\mathbf{r}, t)$ mit Axiomen *nur* über diese Kraftdichte sein, aus denen dann folgt, daß sich

$$\boldsymbol{\kappa} = \varrho\mathbf{E} + \frac{1}{c}\mathbf{j} \times \mathbf{B}$$

schreiben läßt, und **E**, **B** den Maxwellschen Gleichungen genügen.

Die übliche Form der Quantenmechanik (siehe XI, § 1.7) entspricht ebenfalls nicht der Form einer axiomatischen Basis, denn den Elementen des Hilbertraumes entsprechen keine unmittelbar am Realtext ablesbaren Sachverhalte. Auch Relationen wie die Summe zweier Vektoren, das innere Produkt zweier

Vektoren haben *keine* unmittelbare am Realtext ablesbare physikalische Bedeutung (siehe dazu die kritischen Bemerkungen in XI, § 1.7). Vielmehr konstruiert man in der Theorie $\mathfrak{MT}$ des Hilbertraumes erst die Mengen K und $\mathscr{L}_r(\mathscr{H})$ als Bildmengen für Gesamtheiten und Observablen (siehe XI, 2.1) und die Relation $Sp(WA)=\alpha$ als Erwartungswert.

Eine axiomatische Basis müßte umgekehrt (zumindest) von den Mengen K und L (zur physikalischen Bedeutung von L als Menge der Effekte siehe XII, § 1.1, XIII, § 2 und 3) als Grundmengen ausgehen und als Grundrelation eine reelle Funktion $\mu(w, g)$ über $K \times L$ einführen. K und L wären dann die Bildmengen von Gesamtheiten und Effekten und $\mu(w, g)=\alpha$ die Bildrelation für die Häufigkeit, mit der der Effekt g in der Gesamtheit w auftritt.

Noch besser als axiomatische Basis, weil näher an den am Realtext ablesbaren Sachverhalten, ist der in XIII geschilderte Aufbau der Quantenmechanik, in dem M (als Bildmenge für die Mikrosysteme), $\mathscr{Q}$, $\mathscr{R}$ als Bildmengen für die Präparier- und Registrierverfahren auftreten. Weniger »schön« ist in dem Aufbau aus XIII die Form des Axioms AQ aus XIII, § 3, da dieses in *nicht erkennbarer* Weise eine Aussage über die Möglichkeiten des Präparierens und Registrierens enthält. Dieser Mangel kann beseitigt werden (siehe [8]). Der in XIII gegebene Aufbau der Quantenmechanik macht es aber möglich, die in § 9 allgemein untersuchten Fragestellungen an Beispielen in der Quantenmechanik zu diskutieren (siehe XIII, § 6).

§ 7 Klassifizierung physikalischer Theorien

Das ganze Buch hindurch wird uns die Tatsache begegnen, daß es nicht nur *eine* physikalische Theorie gibt. Als Ziel wurde seit den ersten umfangreicheren Erfolgen der theoretischen Physik immer wieder eine *einheitliche* Theorie für alle Erscheinungen angestrebt; ja historisch gesehen fehlte es sogar nicht an Überzeugungen, daß es »im Prinzip« schon gelungen sei, eine solche Theorie zu begründen, auch wenn es wegen »rein mathematischer« Schwierigkeiten nicht möglich sei, die ganze Welt zu »berechnen« (siehe z.B. VI Anfang von § 4). Heutzutage aber sieht man mehr und mehr ein, daß eine sogenannte *Theorie der ganzen Welt* eine Utopie ist, wenn man meint, eine solche Theorie jemals haben zu können; keine Utopie, wenn man darunter das nie erreichbare Ziel der Entwicklung der theoretischen Physik versteht. Wir werden am Ende des Buches (im letzten Band) noch einmal auf diese Frage zurückkommen, wenn wir kurz das Problem des Zusammenhangs der Physik mit anderen Wissenschaften berühren.

Wenn die Physik nicht nur aus *einer* Theorie $\mathfrak{P}\mathfrak{T}$ besteht, so stellt sich das Problem des Zusammenhangs von verschiedenen Theorien. Hier in diesem Paragraphen wollen wir *nur einige* Gesichtspunkte dieses Problems der Beziehungen verschiedener Theorien untereinander behandeln. Dies ist besonders deshalb wichtig, weil die tatsächlichen Theorien in einer *Entwicklung* begriffen sind, bei der man von einer Theorie zu einer »besseren« voranschreitet, wobei die vorhergehende Theorie durchaus nicht *abgetan* ist, sondern im Gegenteil in *ihrem Bereich* oft erst recht zur Wirkung kommt; ja man geht manchmal sogar von einer »guten« zu einer »schlechteren« Theorie über, weil nur die schlechtere Theorie wirklich zu handhabende Lösungen für einen bestimmten Bereich von Erfahrungen liefert. So ist z.B. die klassische Punktmechanik, wie wir sie in V und VI aufzeichnen werden, weiterhin genauso gültig, wie eh und je trotz der Entdeckung von Relativitätstheorie und Quantenmechanik. Wer von einem Umsturz im Weltbild der Physik spricht und dies als einen Umsturz innerhalb der theoretischen Physik versteht, hat das Wesen der theoretischen Physik nicht verstanden. Wenn ein Umsturz stattgefunden hat, so durch die Vernichtung von philosophischen Weltbildern, die man *vermeintlich* durch die Physik begründbar glaubte (siehe auch XIX und XX).

Wir werden im folgenden nicht von einer »besseren« und einer »schlechteren« Theorie sprechen, weil mit diesen Worten Wertungen ausgedrückt werden, die der wirklichen Sachlage nicht gerecht werden. Wir werden daher von *umfangreicheren* und weniger umfangreichen Theorien sprechen. Natürlich ist das Ziel, immer umfangreichere Theorien zu finden, und in diesem Sinne – wenn auch unerreichbar – die Theorie der ganzen Welt zu suchen. Aber gerade die weniger umfangreichen Theorien sind es, die einmal die Basis aller weiteren Theorien bilden und auch die praktischen Erfolge ermöglichen.

Wann aber bezeichnen wir eine Theorie $\mathfrak{P}\mathfrak{T}_1$ als umfangreicher als $\mathfrak{P}\mathfrak{T}$? Eine zunächst grobe Antwort, die aber kurz das Wesentliche trifft, lautet: $\mathfrak{P}\mathfrak{T}_1$ heißt umfangreicher als $\mathfrak{P}\mathfrak{T}$, wenn $\mathfrak{P}\mathfrak{T}$ »weniger über die Wirklichkeit aussagt« als $\mathfrak{P}\mathfrak{T}_1$.

Wenn es auch das Ziel ist, zu einer Theorie $\mathfrak{P}\mathfrak{T}$ eine umfangreichere Theorie $\mathfrak{P}\mathfrak{T}_1$ zu finden, so kann man doch nur dann *zeigen*, daß $\mathfrak{P}\mathfrak{T}_1$ umfangreicher als $\mathfrak{P}\mathfrak{T}$ ist, wenn man $\mathfrak{P}\mathfrak{T}_1$ schon kennt. Einfacher ist es also, von einer Theorie $\mathfrak{P}\mathfrak{T}_1$ zu einer weniger umfangreichen Theorie $\mathfrak{P}\mathfrak{T}$ überzugehen, als eine zu $\mathfrak{P}\mathfrak{T}$ umfangreichere Theorie $\mathfrak{P}\mathfrak{T}_1$ zu *finden*.

Das Finden von $\mathfrak{P}\mathfrak{T}_1$ erfordert Intuition, der Übergang von $\mathfrak{P}\mathfrak{T}_1$ zu $\mathfrak{P}\mathfrak{T}$ geschieht durch Deduktion. Wir wollen hier die Schritte anzeigen, mit denen in jedem Einzelfall eine Deduktion von $\mathfrak{P}\mathfrak{T}$ aus $\mathfrak{P}\mathfrak{T}_1$ durchgeführt wird oder wenigstens durchgeführt werden könnte. Dabei tun wir zunächst der Einfachheit halber wegen so, als ob Ungenauigkeitsmengen keine Rolle spielen würden; erst zum Schluß des Paragraphen werden wir darauf hinweisen, wie sich die Überlegungen noch durch Ungenauigkeitsmengen verkomplizieren können.

Der erste Schritt besteht in der Einführung sogenannter *Sammelzeichen* in $\mathfrak{PT}_1$: (Wir werden an möglichst einfachen Beispielen die einzelnen Schritte verdeutlichen, damit man dann in komplizierteren Fällen im Laufe der Entwicklungen verschiedener Theorien in diesem Buch keine Schwierigkeiten hat.)

Die umfangreichere Theorie sei mit $\mathfrak{PT}_1$ gleich $\mathfrak{MT}_1$ $(-)^1$ $\mathfrak{W}_1$ bezeichnet, wobei $\mathfrak{MT}_1$ eine axiomatische Basis sei. Als Bildmenge nehmen wir der Einfachheit halber nur *eine* Menge Q. Da wir $\mathfrak{MT}_1$ als axiomatische Basis voraussetzen, ist Q für $\mathfrak{MT}_1$ die Basismenge. Die Bildrelationen seien wieder mit R_ν $(\ldots)$ bezeichnet. (Als Beispiel für die folgenden Überlegungen werden wir benutzen: Q ist »Menge von Kugeln«; R_1 (x) steht als Bild für »x ist Glaskugel«, R_2 (x) für »x ist Eisenkugel«, R_3 (x, r) mit r als reeller Zahl sei durch $d(x) = r$ mit $d(x)$ als Durchmesser einer Kugel definiert.)

Es sei nun in $\mathfrak{MT}_1$ möglich, mit Hilfe von Q und den Bildrelationen eine neue Menge E zu definieren (wir betrachten der Einfachheit halber nur *eine* solche Menge E). Wir nehmen weiterhin an, daß E zu einer der beiden Klassen α) oder β) gehört:

α) E ist eine Teilmenge von Q.
(Es sei bemerkt, daß man allgemeiner statt Q auch Produktmengen $Q \times Q \times \ldots$ benutzen kann.)

Etwas komplizierter ist der Fall β zu schildern: Wir gehen dabei aus von einer Menge F der Klasse α. S sei irgendeine andere Menge, die aus Q mit Hilfe des Bildens von Produktmengen und Potenzmengen (Potenzmenge $\mathscr{P}(M)$ einer Menge M ist die Menge aller Teilmengen von M) entsteht. In $\mathfrak{MT}$ sei eine Abbildung f von F in S definiert. E sei das Bild von F in S bei der Abbildung f. Ein solches Bild nennen wir eine Menge der Art β:

β) E ist Bild einer Menge F der Art α bei einer in $\mathfrak{MT}$ definierten Abbildung f von F auf E.

Ist z.B. E eine Teilmenge von Q, so muß also E mit Hilfe der Bildrelationen wohldefiniert sein (im obigen Beispiel kann z.B. E definiert sein durch die Menge aller $x \in Q$, für die R_1 (x) gilt; E ist dann die »Menge aller Glaskugeln«.)

Im Fall β ist die Abbildung f nicht irgendeine gedachte Abbildung, sondern eine in $\mathfrak{MT}$ wohl definierte Abbildung. Im obigen Beispiel kann man z.B. F gleich der Menge Q wählen. Um f zu definieren, gehen wir aus von einer Intervalleinteilung der Menge der positiven reellen Zahlen; mit I_ν sei die Menge aller r mit $(\nu-1)\delta \leq r < \nu\delta$ $(\nu=1, 2, \ldots)$ bezeichnet. Durch $x_1 \sim x_2$ als »$\mathrm{d}(x_1) \in I_\nu$ und $\mathrm{d}(x_2) \in I_\nu$ für dasselbe ν« ist eine Äquivalenzrelation und eine Klasseneinteilung von Q definiert. Jede Klasse G_ν ist eine Teilmenge von Q, nämlich

$$G_\nu = \{x \mid (\nu-1)\delta \leq \mathrm{d}(x) < \nu\delta\}.$$

Durch die kanonische Abbildung f mit $f(x)=G_\nu$ für $x \in G_\nu$ ist eine Abbildung $Q \xrightarrow{f} \mathscr{P}(Q)$ definiert mit der Bildmenge E als Menge aller Klassen G_ν.

Als ersten Schritt für die Definition einer neuen (gegenüber $\mathfrak{PT}_1$ weniger umfangreichen) Theorie $\mathfrak{PT}$ nehmen wir als mathematische Theorie $\mathfrak{MT}$ von $\mathfrak{PT}$ dieselbe Theorie $\mathfrak{MT}_1$ von $\mathfrak{PT}_1$. $\mathfrak{MT}_1$ ist dann natürlich im allgemeinen nicht mehr axiomatische Basis von $\mathfrak{PT}$! Als Bildmenge für $\mathfrak{PT}$ wählen wir nun E (und nicht mehr Q!).

Um Bildrelationen für $\mathfrak{PT}$ zu finden, haben wir noch eine gewisse Willkür. Nehmen wir der Einfachheit halber an, daß wir für $\mathfrak{PT}$ nur eine Bildrelation $\tilde{R}(\ldots)$ wählen wollen. $\tilde{R}(\ldots)$ muß sich erstens mit Hilfe der Menge Q und der Relationen $R_\mu(\ldots)$ aus $\mathfrak{MT}_1$ definieren lassen und zweitens eine Relation zwischen Elementen von E darstellen. (Im obigen Beispiel könnte man im Falle α mit E als Menge der Glaskugeln $\tilde{R}(x, r)=R_3(x, r)$ wählen; ist E die oben eingeführte Menge aller G_ν, so kann man z.B. $\tilde{R}_1(x) = R_1(x)$ und $\tilde{R}_2(x) = R_2(x)$ wählen.)

Um nun $\mathfrak{PT}$ vollständig zu bestimmen, brauchen wir noch die Abbildungsprinzipien $(-)$ von $\mathfrak{PT}$. Wir legen diese auf folgende Weise fest:

Dazu gehen wir von den Abbildungsprinzipien von $\mathfrak{PT}_1$ und den für $\mathfrak{PT}_1$ aufgeschriebenen Abbildungsaxiomen $(-)_r^1$ (1) und $(-)_r^1$ (2) aus.

Im Falle α) sammeln wir alle Zeichen A_i von Realtextelementen, für die sich aus $(-)_r^1$ (1) und $(-)_r^1$ (2) $A_i \in E$ ableiten läßt. Alle übrigen Zeichen A_i lassen wir einfach weg, d.h. rechnen wir nicht mehr zum Grundbereich der neuen Theorie $\mathfrak{PT}$.

Im Falle β) sammelt man alle Zeichen A_i, für die sich die Relationen $f(A_i)=b$ mit *demselben* $b \in E$ aus $(-)_r^1$(1) und $(-)_r^1$(2) herleiten lassen. Alle solchen Zeichen $A_{i_1}, A_{i_2}, \ldots A_{i_n}$ für die $f(A_{i_1})=f(A_{i_2})= \ldots =f(A_{i_n})$ herleitbar ist, fassen wir zu einer Gruppe

$$B_e = (A_{i_1}, \ldots, A_{i_n})$$

zusammen. Die verschiedenen B_e führen wir als neue »Sammelzeichen« im Realtext ein, und lassen dann die $A_i \ldots$ als Zeichen weg. $\mathfrak{PT}$ hat dann den mit den B_e's bezeichneten neuen genormten Realtext.

In den Abbildungsaxiomen $(-)_r$ (1) der Theorie $\mathfrak{PT}$ stehen dann die Relationen

$$A_i \in E$$

für die restlichen A_i im Falle α) bzw.

$$B_e \in E$$

für die neuen Zeichen B_e im Falle β).

Um die Relationen $(-)_r$ (2) für $\mathfrak{PT}$ zu finden, versuchen wir aus $(-)_r^1$ (1) und $(-)_r^1$ (2) soviele Relationen $\tilde{R}(\ldots)$ für die Restzeichen A_i bzw. die Zeichen B_e abzuleiten wie möglich, die dann als Relationen $(-)_r$ (2) für $\mathfrak{PT}$ aufgeschrieben werden.

Ist das Verhältnis von $\mathfrak{PT}_1$ und $\mathfrak{PT}$ von der eben geschilderten Art, so nennen wir $\mathfrak{PT}$ eine *Einschränkung* der Theorie $\mathfrak{PT}_1$.

Einschränkungen von Theorien werden in der Physik in großer Vielfalt aufgestellt, einmal um zu zeigen, daß eine bisher benutzte Theorie als Einschränkung in einer neu gefundenen umfangreicheren Theorie enthalten ist, oder aber um »einfachere« Theorien zu entwickeln, die für bestimmte Teilausschnitte der Wirklichkeit (d.h. Ausschnitte aus dem Grundbereich der umfangreicheren Theorie) bei weitem ausreichend und viel leichter zu handhaben sind.

Z.B. ist die Elektrostatik eine Einschränkung der Elektrodynamik (siehe VIII). Die Einschränkung ist in diesem Falle dadurch bestimmt, daß man zu derjenigen Teilmenge aller Ladungs-Strom-Verteilungen übergeht, für die die Ladungsdichte zeitlich (fast) konstant und die Stromdichte (fast) Null ist.

Als weiteres Beispiel für die Einschränkung einer Theorie könnte man die Newtonsche Mechanik als Einschränkung einer relativistischen Mechanik ansehen (siehe V, § 3 und IX, § 6.2), nämlich als die Einschränkung für Geschwindigkeiten $|\mathbf{v}| \ll c$ mit c als Lichtgeschwindigkeit. Dieses Beispiel ist besonders lehrreich, da es nur sinnvoll ist, wenn man die Tatsache endlicher Ungenauigkeitsmengen berücksichtigt. Wir haben oben allgemein den Vorgang der Einschränkung nur ohne Berücksichtigung von Ungenauigkeitsmengen geschildert, um nicht die grundsätzlichen Ideen undurchsichtig werden zu lassen. Die *Newton*sche Mechanik als Einschränkung der relativistischen Mechanik ist aber nur sinnvoll zu definieren, wenn man endliche Ungenauigkeitsmengen berücksichtigt, in denen dann für gegenüber der Lichtgeschwindigkeit genügend kleine Geschwindigkeiten der Unterschied zwischen der *Newton*schen und der relativistischen Mechanik »untergeht«.

Oft findet man die falsche Vorstellung, als ob die Newtonsche Mechanik nur »näherungsweise«, die relativistische Mechanik aber »exakt« gültig ist. Keine physikalisch wirklich bedeutungsvolle Theorie ist »exakt« gültig, da jede Theorie endlicher (!) Ungenauigkeitsmengen bedarf (siehe § 5). Natürlich wird mit Recht die relativistische Mechanik als die *umfangreichere* gegenüber der *Newton*schen bezeichnet, und die relativistische Mechanik kommt auch mit den kleineren Ungenauigkeitsmengen aus.

Wenn man genauer dieses Beispiel betrachtet, so sieht man, daß eigentlich nicht die *Newton*sche Mechanik eine Einschränkung der relativistischen Mechanik ist; denn schränkt man die relativistische Mechanik ein auf Prozesse mit Geschwindigkeiten $|\mathbf{v}|$ klein gegenüber der Lichtgeschwindigkeit c, so erhält man als Einschränkung eine Theorie, die zusätzlich in mathematischer

Form die Bedingung $|\mathbf{v}| \ll c$ enthält. In der *Newton*schen Mechanik kommt aber diese Bedingung zunächst gar nicht vor. Die aus der relativistischen Mechanik erhaltene Einschränkung zeigt zwar die Struktur der *Newton*schen Mechanik, enthält aber noch eine Nebenbedingung. Man kann sozusagen die gewonnene Einschränkung nicht mit dem »ganzen« mathematischen Schema der *Newton*schen Mechanik »identifizieren«, sondern nur mit einem »Teilausschnitt« des mathematischen Schemas der *Newton*schen Theorie, der eben der Nebenbedingung $|\mathbf{v}| \ll c$ genügt.

Diese »Identifizierung« mit einem Teilausschnitt ist das, was wir allgemein als »Einbettung« bezeichnen wollen. Die aus der relativistischen Mechanik gewonnene Einschränkung wird in die Newtonsche Mechanik »eingebettet«, wobei der »Bildbereich« der Einbettung innerhalb der *Newton*schen Mechanik dann den »Teil« der *Newton*schen Mechanik charakterisiert, der (bei vorgegebenen Ungenauigkeitsmengen) mit der Erfahrung übereinstimmt; der »Rest« des mathematischen Schemas der *Newton*schen Mechanik ist keine brauchbare Theorie. Durch die Einbettung erkennt man erst richtig, welcher Teil der *Newton*schen Mechanik brauchbar ist (d.h. auf welchen eingeschränkten Grundbereich $\mathfrak{G}$ die *Newton*sche Mechanik anwendbar ist), d.h. aber auch, welchen Teil der *Newton*schen Mechanik man nur benutzen darf, um mit Hilfe der Methode aus § 9 auf physikalische Möglichkeiten und Wirklichkeiten zu schließen!

Dieses Beispiel zeigt, wie wichtig für die theoretische Physik auch der Prozeß der *Einbettung* werden kann. Wir wollen versuchen, diesen Prozeß etwas allgemeiner zu formulieren:

Eine Theorie $\mathfrak{PT}_1$ nennen wir in die Theorie $\mathfrak{PT}_2$ eingebettet, wenn folgende Situation vorliegt:

Die Bildmengen von $\mathfrak{PT}_1$ werden injektiv in die Bildmengen von $\mathfrak{PT}_2$ abgebildet, wobei die Bildrelationen von $\mathfrak{PT}_1$ in entsprechende Relationen in $\mathfrak{PT}_2$ übergehen, die die Axiome aus $\mathfrak{PT}_2$ erfüllen. Der genormte Realtext von $\mathfrak{PT}_1$ und $\mathfrak{PT}_2$ ist derselbe. Durch die injektiven Abbildungen wird jede in $(-)_r^1$ aufgeschriebene Relation zu einer in $(-)_r^2$ aufgeschriebenen Relation. Die Theorie $\mathfrak{PT}_2$ sagt also nicht mehr aus, als die Theorie $\mathfrak{PT}_1$, wenn man sie mit Realtexten aus $\mathfrak{PT}_1$ vergleicht. *Gibt es keine* Realtexte, die nicht in $\mathfrak{PT}_1$ aber doch in $\mathfrak{PT}_2$ darstellbar wären, so sagt also $\mathfrak{PT}_2$ nicht mehr über die Wirklichkeit aus als $\mathfrak{PT}_1$; alles was in $\mathfrak{PT}_2$ eventuell formal über das »Bild« von $\mathfrak{PT}_1$ in $\mathfrak{PT}_2$ (bei der Einbettung von $\mathfrak{PT}_1$ in $\mathfrak{PT}_2$) hinausgeht, hat dann also nichts mit der Wirklichkeit zu tun. Durch den Bildteil von $\mathfrak{PT}_1$ in $\mathfrak{PT}_2$ erkennt man den Teil von $\mathfrak{PT}_2$, der nur von physikalischer Bedeutung, d.h. »physikalisch brauchbar« ist.

Sehr häufig tritt in der theoretischen Physik folgende Relation zwischen zwei Theorien $\mathfrak{PT}_1$ und $\mathfrak{PT}_3$ auf: Es gelingt, eine Einschränkung $\mathfrak{PT}_2$ von $\mathfrak{PT}_1$ so zu definieren, daß sich $\mathfrak{PT}_2$ in $\mathfrak{PT}_3$ einbetten läßt, wobei man durch das Bild von $\mathfrak{PT}_2$ in $\mathfrak{PT}_3$ den »physikalisch brauchbaren« Teil von $\mathfrak{PT}_3$ erkennt. Auch dann nennen wir $\mathfrak{PT}_1$ umfangreicher als $\mathfrak{PT}_3$, da $\mathfrak{PT}_3$ höchstens weniger Aussagen über die Wirklichkeit macht als $\mathfrak{PT}_1$. Die eben geschilderte Situation zwischen den beiden Theorien $\mathfrak{PT}_1$ und $\mathfrak{PT}_3$ deuten wir kurz durch das Schema an:

(7.1) $$\mathfrak{PT}_1 \rightarrow \mathfrak{PT}_2 \rightleftharpoons \mathfrak{PT}_3,$$

wobei $\rightarrow$ für »Einschränkung« und $\rightleftharpoons$ für »Einbettung« steht. Ein solches Schema (7.1) gilt also z.B. für die Beziehung zwischen relativistischer Mechanik ($\mathfrak{PT}_1$) und Newtonscher Mechanik ($\mathfrak{PT}_3$).

Wir wollen zur Veranschaulichung des Schemas (7.1) noch einige Beispiele angeben.

Das mathematisch durchsichtigste Beispiel wird in XI, § 7.5 geschildert. Wir wollen es hier kurz skizzieren, indem wir statt der Observablenmenge die Menge der Effekte als eine der Grundmengen benutzen (siehe das Abbildungsprinzip in XII, § 1.1).

Die umfangreichere Theorie $\mathfrak{PT}_1$ sei die Theorie von Elektronen mit Spin. K und L seien die Mengen der Gesamtheiten und Effekte und $Sp(WF)$ die Wahrscheinlichkeit für den Effekt F in der Gesamtheit W. Will man den Spin des Elektrons hervorheben, so schreibt man den Hilbertraum in der Form $\mathscr{H} = \mathscr{H}_b \times \mathscr{h}_s$ wobei $\mathscr{h}_s$ der zweidimensionale Raum für den Spin ist. Diejenigen Effekte, bei deren Registrierung der Spin keine Rolle spielt, sind durch Operatoren $F = F_b \times \mathbf{1}$ gekennzeichnet.

Die Einschränkung $\mathfrak{PT}_2$ von $\mathfrak{PT}_1$ konstruieren wir auf folgende Weise: L_b sei die Teilmenge aller F der Form $F = F_b \times \mathbf{1}$ aus L. Der Übergang von der Bildmenge L zur Teilmenge L_b entspricht genau der oben unter α angegebenen Art. Im Realtext sind alle Zeichen für Effekte wegzulassen, bei denen der Spin eine Rolle spielt, d.h. für die nicht $F \in L_b$ gilt.

Durch $Sp(W_1 F) = Sp(W_2 F)$ für alle $F \in L_b$ ist eine Äquivalenzrelation $W_1 \sim W_2$ in K definiert, durch die K in Klassen eingeteilt wird. $\tilde{K}$ sei die Menge dieser Klassen und f die kanonische Abbildung von K auf $\tilde{K}$, d.h. $f(W) = \tilde{W}$ ist äquivalent zu $W \in \tilde{W}$.

$\tilde{K}$ benutzen wir in $\mathfrak{PT}_2$ als Bildmenge statt K. $\tilde{K}$ ist von der oben angegebenen Art β. Zeichen im Realtext für Gesamtheiten werden also zu *einem* neuen Sammelzeichen zusammengefaßt, wenn sie »äquivalent« sind, d.h. dasselbe Bild $\tilde{W}$ bei der Abbildung f haben (siehe die oben eingeführten B_e).

Als Bildrelation in $\mathfrak{PT}_2$ benutzen wir die durch $Sp(WF)$ definierte Relation $\mu(\tilde{W}, F) = \alpha$ für $\tilde{W} \in \tilde{K}$, $F \in L_b$ mit

$$\mu(\tilde{W}, F) = Sp(W, F) \quad \text{für} \quad W \in \tilde{W} \quad \text{und} \quad F \in L_{b'}$$

In $(-)_r^2(2)$ schreiben wir also $\mu(\tilde{W}_i, F_k)=\alpha_j$ auf, wenn in $(-)_r^1(2)$ die Relation $Sp(W_i F_k)=\alpha_j$ für ein $W_i \in \tilde{W}_i$ stand; $\tilde{W}_i$ ist also das Sammelzeichen, dem W_i angehört, so wie oben die A_i einem B_e angehören.

Von $\mathfrak{PT}_2$ gehen wir nun zu einer Einbettung in $\mathfrak{PT}_3$ auf folgende Weise über: $\mathfrak{MT}_3$ (von $\mathfrak{PT}_3$) sei definiert durch einen *Hilbert*raum $\mathscr{H}_3$, auf den sich die Mengen K_3, L_3 als Mengen von »Gesamtheiten« und »Effekten« beziehen mögen. Die Einbettungsabbildung von $\mathfrak{PT}_2$ in $\mathfrak{PT}_3$ konstruieren wir auf folgende Weise: Den *Hilbert*raum $\mathscr{H}_3$ »identifizieren« wir mit $\mathscr{H}_b$ durch eine isomorphe Abbildung. Damit können wir als Abbildung $L_b \to L_3$ die durch $F_b \times \mathbf{1} \to F_b$ definierte Abbildung wählen. Die Abbildung $\tilde{K} \to K_3$ definieren wir durch $\mathbf{R}_b$, wobei $\mathbf{R}_b$ in AVIII nach AVIII (13.5) definiert ist. $\mathbf{R}_b$ ist die durch (mit $W \in \tilde{W}$)

$$\mu(\tilde{W}, F) = Sp\big(W(F_b \times \mathbf{1})\big) = Sp_3(W_3 F_b)$$

definierte Abbildung $\tilde{W} \to W_3$.

Die Bildmengen in $\mathfrak{PT}_3$ sind K_3, L_3, die Bildrelation ist $Sp_3(W_3 F_3)=\alpha$, wobei der Index 3 an Sp andeuten soll, daß sich diese Spur auf den *Hilbert*raum $\mathscr{H}_3$ bezieht. Die Abbildungsprinzipien von $\mathfrak{PT}_3$ sind in sehr natürlicher Weise auf Grund derjenigen aus $\mathfrak{PT}_2$ und der Einbettungsabbildung gegeben: $A_i \in \tilde{K}$ aus $\mathfrak{PT}_2$ führt zu $A_i \in K_3$; $B_k \in L_b$ führt zu $B_k \in L_3$ und $\mu(A_i, B_k)=\alpha_j$ führt zu $Sp_3(A_i B_k)=\alpha_j$.

Damit haben wir in diesem Beispiel das Schema (7.1) konkret angegeben. $\mathfrak{PT}_3$ ist dabei die häufig benutzte Beschreibung der Elektronen, »als ob« die Elektronen keinen Spin hätten. Durch die konkrete Angabe des Schemas (7.1) ist geklärt, auf welchem Grundbereich (als Teil des Grundbereiches von $\mathfrak{PT}_1$) die Theorie $\mathfrak{PT}_3$ anwendbar ist.

Ein weiteres sehr illustratives Beispiel wird in X, § 6.2 geschildert: Der Übergang von der *Einstein*schen Gravitationstheorie $\mathfrak{PT}_1$ zur *Newton*schen Gravitationstheorie $\mathfrak{PT}_3$. Auf den ersten Blick scheinen diese beiden Theorien eine vollkommen verschiedene Struktur zu haben, ja scheint $\mathfrak{PT}_1$ einen »Umsturz« von $\mathfrak{PT}_3$ darzustellen, was aber vollkommen falsch ist. $\mathfrak{PT}_3$ erhält man nämlich aus $\mathfrak{PT}_1$ nach dem Schema (7.1). Wir können dies hier nicht so ausführlich wie das obige Beispiel darstellen, sondern die einzelnen Schritte nur kurz skizzieren.

Die Einschränkung von $\mathfrak{PT}_1$ auf $\mathfrak{PT}_2$ besteht in diesem Fall darin, daß sich die Massen langsam relativ zueinander (d.h. langsam gegenüber der Lichtgeschwindigkeit) bewegen und daß die Massendichten nicht zu groß sind (siehe dazu X, § 6.2). $\mathfrak{PT}_2$ ist also relativ zu $\mathfrak{PT}_1$ so etwas Ähnliches wie die Elektrostatik (bei der man auch langsame Bewegung von Ladungen, d.h. »schwache« Ströme zulassen kann) relativ zur Elektrodynamik. Die Einbettung von $\mathfrak{PT}_2$ in $\mathfrak{PT}_3$ vollzieht sich dann so, daß man ein spezielles *globales*

»Fast-Inertialsystem« in $\mathfrak{P}\mathfrak{T}_2$ auszeichnet und dieses bei der Einbettung in $\mathfrak{P}\mathfrak{T}_3$ mit dem *Newton*schen Raum-Zeit-System identifiziert. Das Gravitationspotential in $\mathfrak{P}\mathfrak{T}_3$ wird mit der Abweichung der Komponente g_{44} in $\mathfrak{P}\mathfrak{T}_2$ von dem »Normalwert« $\mathring{g}_{44} = -1$ identifiziert.

Durch diese Einbettung in $\mathfrak{P}\mathfrak{T}_3$ wird klar, in welchen Grenzen die *Newton*sche Gravitationstheorie anwendbar ist. Hätte man historisch zuerst die *Einstein*sche Gravitationstheorie gehabt, so hätte man die *Newton*sche als Näherung entwickeln müssen (!), um eben die vielen konkreten Fälle, wie z. B. die Raumfahrt, explizit behandeln zu können. Daher darf es nie in der Physik erstaunen, wenn man von »sehr guten« Theorien zu »miserablen« Näherungen übergeht, nur um praktikable Theorien zu gewinnen.

Oft kann man solche Näherungen schon in das einfache Schema einer reinen Einschränkung

$$(7.2) \qquad \mathfrak{P}\mathfrak{T}_1 \rightarrow \mathfrak{P}\mathfrak{T}_3$$

einordnen. Eine Näherungstheorie $\mathfrak{P}\mathfrak{T}_3$ von $\mathfrak{P}\mathfrak{T}_1$ nach dem Schema (7.1) oder (7.2) wird auch oft »Modelltheorie« zu $\mathfrak{P}\mathfrak{T}_1$ genannt. Oft werden wir daher im Verlaufe unserer Reise durch die theoretische Physik im Falle einer Situation (7.1) oder (7.2) nur von der »Näherung« $\mathfrak{P}\mathfrak{T}_3$ oder dem »Modell« $\mathfrak{P}\mathfrak{T}_3$ reden, ohne ausführlich die Form der Einschränkung und Einbettung von $\mathfrak{P}\mathfrak{T}_1$ zu $\mathfrak{P}\mathfrak{T}_3$ anzugeben.

Die theoretische Physik geht nun, wie wir schon erwähnten, im Laufe ihrer Entwicklung den umgekehrten Weg: Von einer Theorie $\mathfrak{P}\mathfrak{T}$ zu immer umfangreicheren Theorien. Insbesondere versucht sie zu zwei bewährten Theorien $\mathfrak{P}\mathfrak{T}_\alpha$ und $\mathfrak{P}\mathfrak{T}_\beta$ (von denen weder $\mathfrak{P}\mathfrak{T}_\alpha$ umfangreicher als $\mathfrak{P}\mathfrak{T}_\beta$ noch $\mathfrak{P}\mathfrak{T}_\beta$ umfangreicher als $\mathfrak{P}\mathfrak{T}_\alpha$ ist) *eine* neue Theorie $\mathfrak{P}\mathfrak{T}_\gamma$ zu finden, die sowohl umfangreicher als $\mathfrak{P}\mathfrak{T}_\alpha$ als auch umfangreicher als $\mathfrak{P}\mathfrak{T}_\beta$ ist. Ist dies gelungen, so hat man durch $\mathfrak{P}\mathfrak{T}_\gamma$ »verstanden«, für welchen Teil der Wirklichkeit jeweils $\mathfrak{P}\mathfrak{T}_\alpha$ und $\mathfrak{P}\mathfrak{T}_\beta$ zuständig sind.

Aber auch bei der Entwicklung *einer* Theorie werden meist nicht sofort alle Bildrelationen und alle Axiome auf einmal hingeschrieben; man geht vielmehr oft Schritt für Schritt vor, indem man zusätzliche Bildrelationen und zusätzliche Axiome hinzufügt. So erhält man eine Reihe von Theorien $\mathfrak{P}\mathfrak{T}_1 \leftarrow \mathfrak{P}\mathfrak{T}_2 \leftarrow \leftarrow \mathfrak{P}\mathfrak{T}_3 \leftarrow \ldots$, wobei die Pfeile angeben, daß die vorhergehende immer als eine Einschränkung der nachfolgenden angesehen werden kann. Liegt eine solche *durch Vermehrung von Bildrelationen und Axiomen* entstandene Reihe von Theorien $\mathfrak{P}\mathfrak{T}_1, \mathfrak{P}\mathfrak{T}_2, \ldots$ vor, so nennen wir kurz ein späteres Glied dieser Kette eine *Standarderweiterung* der vorhergehenden Glieder. Bei einer solchen Kette bleibt der vorliegende genormte Grundbereich (siehe § 4) erhalten, kurz: Der Anwendungsbereich wird nicht vergrößert. Man hofft, durch eine solche Kette zu einem gewissen »Abschluß« zu kommen und damit zu einer in gewisser

Weise »abgeschlossenen« Beschreibung des vorliegenden genormten Grundbereiches zu gelangen (siehe § 9.3).

Es ist hier im Rahmen dieses Buches und mit geringen mathematischen Hilfsmitteln nicht möglich, eine systematische Untersuchung der verschiedenen möglichen Situationen von Einschränkungen und Einbettungen zu untersuchen (dazu sei auf [2] verwiesen). Zum Schluß dieses § sei nur betont, daß auch bei Einbettungen die endlichen Ungenauigkeitsmengen eine Rolle spielen können, nämlich in der Weise, daß das Bild der in $\mathfrak{P}\mathfrak{T}_2$ eingebetteten Theorie $\mathfrak{P}\mathfrak{T}_1$ innerhalb von $\mathfrak{P}\mathfrak{T}_2$ mit den Axiomen in $\mathfrak{P}\mathfrak{T}_2$ nicht exakt, sondern nur im Rahmen von endlichen Ungenauigkeitsmengen übereinzustimmen braucht. Diese Tatsache macht das Verhältnis zweier Theorien zueinander oft etwas unübersichtlich oder läßt die Täuschung entstehen, als ob die Theorie $\mathfrak{P}\mathfrak{T}_2$ »ganz falsch« sei, da das Bild der »richtigen« Theorie $\mathfrak{P}\mathfrak{T}_1$ (oder wenigstens einer Einschränkung von $\mathfrak{P}\mathfrak{T}_1$) nicht ganz exakt in die Theorie $\mathfrak{P}\mathfrak{T}_2$ hineinpaßt. Es ist also wichtig, die Tatsache endlicher Ungenauigkeitsmengen immer in Betracht zu ziehen, um sich nicht das Urteil über das Verhältnis zweier Theorien zueinander trüben zu lassen, besonders z. B. für den Fall des Verhältnisses von »Teilchenbild«, »Wellenbild« und Quantenmechanik (siehe XI, § 1.5 und 1.6).

Aus der Untersuchung des Verhältnisses zweier physikalischer Theorien zueinander ergibt sich auch die Beantwortung der Frage nach der Äquivalenz von Theorien. Wir können jetzt definieren:

Zwei Theorien $\mathfrak{P}\mathfrak{T}_1$ und $\mathfrak{P}\mathfrak{T}_2$ werden äquivalent genannt, wenn sie sich auf *denselben* genormten Grundbereich beziehen und wenn sowohl $\mathfrak{P}\mathfrak{T}_1$ umfangreicher als $\mathfrak{P}\mathfrak{T}_2$ wie $\mathfrak{P}\mathfrak{T}_2$ umfangreicher als $\mathfrak{P}\mathfrak{T}_1$ ist.

Äquivalente Theorien kommen in der Physik sehr häufig vor. Am häufigsten tritt der Fall auf, daß nur äquivalente mathematische Bilder benutzt werden; es sei nur beispielhaft hingewiesen auf die *Newton*sche, *Lagrange*sche und *Hamilton*sche Mechanik (siehe V, VI); oder auf die Darstellung der Speziellen Relativitätstheorie im Bild der Lorentzsysteme oder im Bild der vierdimensionalen Metrik (siehe IX).

Im Laufe der Entwicklung der Physik traten aber auch öfter äquivalente Theorien auf, die »mathematisch widerspruchsvoll« erschienen. Vom heutigen Standpunkt des Wissens um unscharfe Abbildungen empfindet man dies aber nicht mehr als so aufregend. Die geschichtliche Entwicklung der Theorie des Lichtes begann mit zwei »mathematischen Bildern« einer Wellentheorie von *Huygens* und einer Korpuskeltheorie von *Newton*. Legt man einen bestimmten eingeschränkten Grundbereich fest, so stellen beide äquivalente Theorien dar (siehe XI, § 1.5). Bei der historisch zunächst erfolgten Erweiterung des Grundbereiches (Beugungsexperimente) zeigte sich dann die »Wellentheorie« als brauchbar, so daß vom damaligen Standpunkt die Korpuskeltheorie »widerlegt« erschien. Aber bald war gegen Ende des vorigen Jahrhunderts eine noch größere Erweiterung des Erfahrungsbereiches möglich, den auch das Wellenbild nicht mehr beschreiben konnte; ja, es gab Erfahrungen, die wieder das Teilchenbild besser erfassen konnte. So entstand die Entwicklung der Quantenmechanik (zu dem Verhältnis dieser Bilder zueinander siehe XI, § 1.5).

In bezug auf die »Theorie der Elektronen« verlief die Entwicklung genau umgekehrt; erst entstand das Teilchenbild, dann das Wellenbild und mit dem Wellenbild fast gleichzeitig die Quantenmechanik (siehe zum Vergleich der Bilder XI, § 1.5).

Hier kann man noch deutlicher die Äquivalenz zweier scheinbar ganz verschiedener Theorien klar machen: Dazu schränke man sowohl für das Teilchenbild $\mathfrak{PT}_1$ wie für das Wellenbild $\mathfrak{PT}_2$ den Grundbereich auf einen gemeinsamen Teil $\mathfrak{G}'$ ein, den man kurz durch das Wort »Ablenkungsversuche« charakterisieren kann. Die beiden Theorien mit den eingeschränkten Grundbereichen $\mathfrak{G}_1' = \mathfrak{G}_2' = \mathfrak{G}'$ mögen mit $\mathfrak{PT}_1'$ bzw. $\mathfrak{PT}_2'$ bezeichnet werden. Es gilt also $\mathfrak{PT}_1 \to \mathfrak{PT}_1'$ und $\mathfrak{PT}_2 \to \mathfrak{PT}_2'$. $\mathfrak{PT}_1'$ und $\mathfrak{PT}_2'$ sind dann äquivalent. Daß dies so ist, ist z. B. in XI, § 1.2 gezeigt, indem man eine Theorie $\mathfrak{PT}_3$ allein für »Ablenkungsversuche« konstruiert und zeigt, daß $\mathfrak{PT}_1'$ und $\mathfrak{PT}_2'$ äquivalent zu $\mathfrak{PT}_3$ sind. $\mathfrak{PT}_3$ ist eine Art »geometrische Optik« für Elektronen, d. h. eine Beschreibung von »Bahnen«, wie sie in XI, § 1.2 durch $\tilde{H}$ gegeben ist, wobei $\tilde{H}$ gegenüber der *Hamilton*funktion H des Korpuskelbildes um einen Faktor α willkürlich (!) ist.

Für das Verhältnis von Korpuskel- und Wellenbild haben wir also anzusetzen:

$$\mathfrak{PT}_1 \to \mathfrak{PT}_1' \to \mathfrak{PT}_3 \rightleftharpoons \mathfrak{PT}_2' \leftarrow \mathfrak{PT}_2$$

wobei $\mathfrak{PT}_1'$, $\mathfrak{PT}_3$, $\mathfrak{PT}_2'$ äquivalente Theorien sind.

§ 8 Die Endlichkeit der Physik

In den allermeisten Fällen werden in $\mathfrak{MT}$ als Bildmengen »unendliche« Mengen benutzt wie z. B. die Menge der Punkte des dreidimensionalen *Euklid*ischen Raumes als Bildmenge für die Stellen eines Inertialsystems. Dem entspricht es, daß man $\mathfrak{MT}$ immer als eine gegenüber der Mengenlehre stärkere Theorie voraussetzt. Zunächst scheint dies aus folgenden Gründen unnütz zu sein:

Wenn wir die experimentellen Ergebnisse aus einem Realtext in der mathematischen Form $(-)_r$ (1), $(-)_r$ (2) niederschreiben, so treten immer nur *endlich* viele Zeichen A_i mit $A_i \in Q_\nu$ auf, da es immer nur endlich viele Erfahrungen gibt; daher müßte es genügen, nur endliche Bildmengen Q_ν zu betrachten.

Daß wir aber tatsächlich fast immer *unendliche* Mengen Q_ν als Bildmengen benutzen, entspringt einem für die theoretische Physik grundlegend wichtigen Vorgehen, dem wir schon in Bezug auf die Sachlage der unscharfen Abbildungen in § 5 begegnet sind: Der Idealisierung. Das soll heißen: Ohne daß durch die benutzten Realtexte eine physikalische Frage entschieden werden kann, werden Axiome der Art aufgenommen, daß diese weder dem Realtext zu widersprechen scheinen noch durch Realtexte nachgeprüft (d. h. getestet; siehe § 4) werden können. Diese Axiome malen sozusagen $\mathfrak{MT}$, das mathematische Bild, feiner aus an Stellen, wo man eigentlich vom Realtext her nicht weiß, »wie es dort weitergeht«. So z. B. kann man realiter Gegenstände (Raumgebiete) teilen, z. B. einen Stuhl in Stuhlbeine, Sitz, Lehne. Dieses Teilen von Raumgebieten kann man realiter weiter und weiter durchführen, aber wie weit? Eine Antwort ist unbekannt. In dieser Situation wird man aber im mathematischen Bild die Frage nicht offen lassen, d. h. *kein* Axiom über das Teilen von Raumgebieten aufnehmen, sondern idealisierend durch ein Axiom der Form beschreiben, daß es zu *jedem* Raumgebiet ein echtes Teilgebiet gibt, was aber nur möglich ist, wenn man als Bildmenge für Raumgebiete eine unendliche Menge einführt. Ein solches idealisierendes Axiom des beliebig häufigen Teilens von Raumgebieten kann durch die vorliegenden Erfahrungen weder widerlegt noch bestätigt werden; es geht über die Erfahrungen hinaus. Das bedeutet natürlich nicht, daß eine umfangreichere Theorie nicht einmal die Sachlage genauer beschreibt und die durch »Idealisierung verdrängte« Frage löst.

Die Einführung der Theorie unendlicher Mengen stellt ebenfalls eine solche Idealisierung dar. Wie aber drückt sich dann aus, daß es sich bei den Bildmengen einer $\mathfrak{PT}$ nur um »idealisiert« unendliche Mengen handelt?

Die Endlichkeit aller Realtexte muß sich auch noch in der Idealisierung widerspiegeln, wenn auch eben nicht in der Form der Endlichkeit der Bildmengen.

Nun wissen wir, daß es immer nur endlich viele Zeichen A_i mit $A_i \in Q$ (Q Bildmenge) in einem Realtext geben kann. Die Zahl solcher Zeichen kann aber mit jeder neuen Erfahrung steigen. Eine Grenze für dieses Anwachsen von Erfahrungen (d. h. von Realtexten) ist unbekannt. Es liegt daher nahe, als Widerspiegelung der Endlichkeit der Physik zu fordern, daß die Bildmengen in einem noch näher zu präzisierenden Sinn höchstens abzählbar unendlich sind. Nun zeigt aber das Beispiel der mehr als abzählbar vielen Raumpunkte der Bildmenge des *Euklid*ischen Raumes, daß man nicht »einfach« die Forderung aufstellen darf, daß alle Bildmengen höchstens abzählbar sind.

Dies hängt mit der Frage der Ungenauigkeitsmengen und ihrer idealisierten Beschreibung durch uniforme Strukturen (siehe Ende von § 5) zusammen. Da wir – wie schon am Ende von § 5 betont – nicht zu große mathematische Kenntnisse voraussetzen wollen, soll nur eine anschauliche Schilderung der Forderung wiedergegeben werden:

1. Falls eine Abbildung auf eine Bildmenge Q *ohne* Ungenauigkeitsmengen definiert ist, so soll Q selbst höchstens abzählbar sein.
2. Falls die Abbildung auf Q unter Berücksichtigung von Ungenauigkeitsmengen erfolgt, so soll es wenigstens eine solche abzählbare Teilmenge von Q geben, so daß jedes Element von Q durch ein Element dieser abzählbaren Teilmenge beliebig »approximiert« werden kann. Man nennt in diesem Falle Q einen *separablen* uniformen Raum.

So gibt es z. B. im dreidimensionalen Raum X eine abzählbare Teilmenge (z. B. alle Punkte mit rationalen Koordinaten), die jeden anderen Punkt von X beliebig gut approximiert.

Als weitere Forderungen kommen hinzu:

3. Die uniforme Struktur der physikalischen Unschärfe soll mit einer *abzählbaren* Basis auskommen, d. h. *metrisierbar* sein.
4. Q soll präkompakt, bzw. nach Vervollständigung kompakt sein.

Die Forderung 4 hat eine *sehr anschauliche* Bedeutung: Wählt man *irgendeine endliche* Unschärfe aus, so soll es eine endliche (!) Zahl von Elementen aus Q geben, durch die alle Elementen von Q mit dieser *endlichen* Unschärfe approximiert werden.

An dem am Ende von §5 gegebenen Beispiel kann man sich noch einmal die Forderungen 2 bis 4 verdeutlichen: X ist separabel, worauf wir schon nach 2 hinwiesen. Die uniforme Struktur der physikalischen Unschärfe in X ist durch den Abstand (d. h. die Metrik) der Projektionspunkte auf der Kugel gegeben (siehe Fig. 4). Auf der Projektionskugel erkennt man, daß Q präkompakt ist; die kompakte Vervollständigung ist die abgeschlossene untere Halbkugel (siehe Fig. 4).

Diese Bemerkungen mögen genügen, um den besonderen Charakter physikalischer Bildmengen hervorzuheben. Wir werden in diesem Buch für die physikalischen Bildmengen nicht immer nachweisen können, daß die Forderungen unter 1 bis 4 erfüllt sind, da wir sonst höhere mathematische Anforderungen stellen müßten. Wir wollen und können aber ohne Schwierigkeiten auf Fehlermöglichkeiten im Urteil über die physikalische Bedeutung unendlicher Bildmengen hinweisen. Diese Fehlermöglichkeiten beruhen darauf, daß man die mathematische Idealisierung unendlicher Bildmengen mit der Wirklichkeit der Welt verwechselt und so etwa aus $\mathfrak{MT}$ folgert, daß »die Welt unendlich ist«. Solche Aussagen sind nicht nur unerlaubte Schlußfolgerungen, sondern physikalisch sinnlos. Jede Unendlichkeit im mathematischen Bild $\mathfrak{MT}$ ist nur idealisierend ein Ausweg aus einer Unkenntnis über die Welt: Wo man nicht weiß, wie es wirklich weiter geht, setzt man als Ausweg ein: »und ebenso immer weiter«. Zur Veranschaulichung seien hierfür noch einige physikalische Beispiele angegeben:

Nur endliche Raumgebiete sind physikalisch sinnvoll. Wenn man nicht weiß, wie die räumliche Gegenstandsverteilung im Kosmos weitergeht, ersetzen wir dieses Unwissen mathematisch durch einen unendlich ausgedehnten *Euklid*ischen Raum. Es muß daher geradezu amüsieren, wenn man dann wieder aus 𝔐𝔗 schließen will, daß der reale Raum des Kosmos unendlich ist; ein Gedankentrick, um sich selber zu belügen, nämlich Unwissenheit in Wissen umzufälschen. Genau entsprechend unseren obigen allgemeinen Überlegungen ist es vielmehr so: Entweder können wir aufgrund der Realtexte *feststellen, daß der Raum des Kosmos endlich ist*, oder wir können über diese Frage gar nichts aussagen (siehe dazu auch X, § 6.6).

Ebenso ist es mit der schon oben erwähnten Teilung von realen Raumgebieten in immer kleinere Teile. Unser Unwissen, wie weit so etwas realiter geht, ersetzen wir idealisierend durch »unendlich oft« und kommen in 𝔐𝔗 zu einem kontinuierlichen Raum als Bildmenge. Zu behaupten, daß der reale Raum eines Inertialsystems ein Kontinuum ist, ist ebenfalls wieder ein solcher unerlaubter Schluß. Vielmehr ist es so: Entweder kann man aufgrund von Realtexten eine *end*liche Struktur des realen Raumes im Kleinen nachweisen, oder man kann über die Frage der realen Raumstruktur im Kleinen gar nichts aussagen.

Als Warnung sei nochmals zusammengefaßt: Jede unendliche Bildmenge in 𝔐𝔗 ist eine Idealisierung, um unbekannte Realstrukturen zu umgehen. Eine Schlußfolgerung aus diesen Idealisierungen über eine Struktur der Wirklichkeit ist unerlaubt.

§ 9 Physikalische Möglichkeit, physikalische Wirklichkeit und physikalische Unentscheidbarkeit als Begriffe in einer 𝔓𝔗

In der Physik wird häufig von möglichen Dingen, möglichen Vorgängen, möglichen Apparaten, möglichen Maschinen gesprochen im Gegensatz zu den wirklichen Dingen, den wirklichen Vorgängen, den wirklichen Apparaten, den wirklichen Maschinen. Was meint man mit diesen Begriffen? Gleich zu Anfang führten wir den Wirklichkeitsbereich 𝔚 als Teil einer 𝔓𝔗 ein; aber was ist 𝔚? Wir haben bisher nur immer den Grundbereich 𝔊 von 𝔚 benutzt, dagegen aber 𝔚 noch nicht näher umrissen.

Wenn wir jetzt versuchen, innerhalb einer 𝔓𝔗 den Begriffen »möglich« und »wirklich« einen Sinn zu geben, so darf man diese in einer 𝔓𝔗 definierten Begriffe nicht mit philosophischen Begriffen von möglich und wirklich verwechseln. Erst *nachdem* geklärt ist, was »möglich« und »wirklich« in einer 𝔓𝔗 bedeuten, kann man fragen, in welchem Zusammenhang diese physikalischen Begriffe mit den philosophischen stehen.

Ein vorliegender Realtext ist als solcher unveränderbar vorgegeben und wird deshalb in 𝔓𝔗 als ein Stück Wirklichkeit bezeichnet. Aber nicht *nur* Realtexte und ganz 𝔊 werden als wirkliche Vorgänge bezeichnet, sondern ganz 𝔚. Es ist also zu klären, inwieweit 𝔚 über 𝔊 hinausgeht, um dem Begriff »wirklich« in 𝔓𝔗 einen bestimmten Sinn zu geben.

Der Grundbereich 𝔊 liegt bei allen bekannten 𝔓𝔗's nicht fertig und abgeschlossen vor, vielmehr kann der Realtext immer weiter und weiter ergänzt werden; 𝔊 ist nur eine *begriffliche* Zusammenfassung aller Realtexte. Der Mensch selber kann sogar durch seinen freien Willen mit Hilfe der Technik oder allgemein durch sein Wirken wenigstens teilweise über das Aussehen des Realtextes verfügen (siehe VI, § 3.4 und XVII, XX). 𝔊 ist also nicht fest vorgegeben, sondern teilweise gestaltbar, auch wenn jeder »fertige« Realtext unveränderbar ist. Dies ist eine der Situationen, die wir mit dem Begriff des physikalisch »Möglichen« zu erfassen versuchen, wobei wir (zunächst ganz grob anschaulich) etwas als möglich bezeichnen, was (wenn man nur will) in einem Realtext auftreten kann. Diese intuitive Vorstellung von »Möglichem« als etwas »Machbarem« ist aber für unsere Zwecke (wenigstens als Ausgangspunkt) zu eng. Dieses »Machbare« beinhaltet mit das Eingeordnetsein des Menschen in seine Umwelt, ein Eingeordnetsein, daß dem Menschen nur Möglichkeiten zum Machen in seiner persönlichen Zukunft eröffnet (siehe XVII, XX). Dieses Ausgerichtetsein des Menschen auf seine Zukunft hin läßt sich aber nicht oder zumindest nur sehr gekünstelt zu den bekannten 𝔓𝔗's hinzufügen. Daher ist es wesentlich geschickter, (wenigstens zunächst) den Begriff des physikalisch Möglichen weiter zu fassen und auch solche intuitiven Aussagen mit hineinzunehmen wie die, das etwas *vor* 1000 Jahren *möglicherweise* so und so *war*.

Alle diese intuitiven Vorstellungen von »möglich« wollen wir nun im »formalen« Aufbau einer 𝔓𝔗 durch einen möglichst präzisen, aber sehr weiten Begriff von »physikalisch möglich« ersetzen. Daran *anschließend* können wir versuchen, begrifflich engere Unterteilungen in verschiedenen Arten des physikalisch Möglichen vorzunehmen.

Als ersten Schritt zur Lösung der beiden gestellten Aufgaben, den Begriffen »wirklich« und »möglich« einen bestimmten Sinn *innerhalb* einer 𝔓𝔗 zu geben, betrachten wir die Tatsache, daß sich der Mensch zu einem vorliegenden Realtext noch etwas vorstellen kann, sich eine »Wirklichkeit« ausdenken kann, d.h. eine Hypothese über die Wirklichkeit machen kann. Wird dann der Realtext weiter ergänzt, so kann eventuell die tatsächliche Wirklichkeit des neuen Realtextes darüber entscheiden, ob die Hypothese richtig oder falsch war; aber manchmal läßt sich sogar innerhalb einer 𝔓𝔗 schon im voraus, d.h. ohne direkte Kontrolle an der Wirklichkeit eines Realtextes, etwas über eine Hypothese aussagen.

Wir benutzen hier das Wort Hypothese und nicht Prognose, weil wir in keiner Weise zum Ausdruck bringen wollen, daß sich die Hypothesen auf etwas in der Zukunft beziehen; sie können sich auch auf etwas in der Vergangenheit beziehen. Prognosen wären Hypothesen erster Art (siehe dazu § 9.1), die sich ausdrücklich auf die Zukunft beziehen, was eine spezielle Zusatzforderung über »Zeiten« beinhaltet.

§ 9.1 Hypothesen in einer 𝔓𝔗

Zunächst müssen wir innerhalb 𝔓𝔗 formalisierend genauer beschreiben, was wir mit diesem »sich etwas denken« meinen, d.h. was eigentlich eine »Hypothese« ist. Ein Verweis auf vorliegende Tatsachen is dabei nicht möglich. »Sich etwas denken« kann also innerhalb 𝔓𝔗 nur im Rahmen der »gedachten Dinge«, d.h. in bezug auf den mathematischen Text erfaßbar sein.

Wir werden hier das Wort »Hypothese« in einem sehr speziellen, weiter unten noch sehr genau zu präzisierenden Sinn benutzen. Damit aber trotzdem nicht eventuell doch durch das Wort Hypothese falsche Vorstellungen geweckt werden, seien noch folgende Bemerkungen vorausgeschickt.

Es werden im Entwicklungsprozeß der Physik mit großem Erfolg sehr oft Hypothesen im Sinne von angenommenen (d.h. noch nicht näher begründbaren) *Vorstellungen* über noch nicht aufgeklärte Strukturen eingeführt. Solche Vorstellungen waren im Laufe der Entwicklung der Physik z.B. der Aufbau eines Gases als ein Schwarm durcheinander fliegender Atome, ja die Atom-Vorstellung überhaupt. Solche Vorstellungen sind selbst noch keine 𝔓𝔗, so wie wir eine 𝔓𝔗 definiert haben; solche Vorstellungen sind aber oft sehr geeignet, um zu einer Formulierung einer 𝔓𝔗 zu gelangen, z.B. aufgrund der oben angeführten Vorstellung eines Gases zu der *Boltzmann*schen Stoßgleichung (siehe XV, § 10.2) als einer 𝔓𝔗. In diesem Sinne sind Vorstellungen mit ein Hilfsmittel, um von den Erfahrungen ausgehend den intuitiven Rateweg zu den speziellen Axiomen aus 𝔐𝔗 (siehe Abbildung am Ende von § 5) zurückzulegen.

Eine andere solche »Vorstellung« sind die von »Kräften« und »Massen« die dann (aber eben nur intuitiv) zu der Aufstellung der *Newton*schen Grundgleichungen führen (siehe V, § 2), d.h. zur Aufstellung der speziellen Axiome in 𝔐𝔗.

Gerade aber diese Art von Hilfsvorstellungen, d.h. zur Hilfe, um zur *Aufstellung* der speziellen Axiome in 𝔐𝔗 zu gelangen, meinen wir hier *nicht*, wenn wir von Hypothesen sprechen. Wir setzen bei dem von uns zu benutzenden Begriff der Hypothese schon das Bild 𝔐𝔗, die Abbildungsprinzipien (–) und den Grundbereich 𝔊 *voraus*. Natürlich kann sich eventuell *nachträglich* eine Vorstellung, die zu einem Bild 𝔐𝔗 geführt hat, wieder innerhalb von 𝔐𝔗 als Hypothese in unserem Sinne neu formulieren und dann unter gewissen

Umständen sogar als physikalisch wirklich bezeichnen lassen, was man dann in kurzer Redeweise als »physikalischen Beweis« der ursprünglichen »Vorstellung« ansieht. Um aber auch gerade diese Möglichkeit klar und deutlich zu sehen, ist es dringend erforderlich, sauber zwischen den intuitiven Vorstellungen auf dem Rateweg zu einem Bild 𝔐𝔗 und den »physikalisch wirklichen« Hypothesen im Rahmen von 𝔓𝔗 zu unterscheiden. Irgendeine intuitive Vorstellung, die zu einer brauchbaren 𝔓𝔗 geführt hat, ist durch die Brauchbarkeit der 𝔓𝔗 *noch lange nicht* als »physikalisch wirklich« erkannt! Und in diesem Sinne hat die positivistische Kritik eine positive Wirkung gehabt: nicht vorschnell eine »Vorstellung« als physikalisch bewiesen anzusehen, sondern präziser nach der »physikalischen Wirklichkeit« einer Hypothese zu fragen.

In durchsichtiger Weise lassen sich Hypothesen in dem von uns nun genauer zu beschreibenden Sinn nur definieren, wenn wir das Bild 𝔐𝔗 als axiomatische Basis voraussetzen. Wir wollen der Einfachheit halber annehmen, daß nur eine Bildmenge Q als Grundmenge in 𝔐𝔗 gegeben sei.

Eine *Hypothese erster Art* ist nun folgendermaßen definiert: Gegeben sei ein genormter Realtext mit Zeichen $A_1, \ldots, A_m$ (der auch fehlen kann!) und weitere Buchstaben $x_1, \ldots, x_n$ (die sogenannten »gedachten« Sachverhalte); außerdem schreibt man neben den aufgrund des Realtextes nach den Abbildungsprinzipien aufzuschreibenden Relationen $(-)_\mathrm{r}$:

$$(-)_\mathrm{r}\,(1)\colon A_1 \in Q, \ldots, A_m \in Q$$

(9.1.1) und

$$(-)_\mathrm{r}\,(2)\colon R\,(A_{i_1}, \ldots), \ldots$$

noch weitere (»gedachte«) Relationen

$$(1)\colon x_1 \in Q, \ldots, x_n \in Q$$

(9.1.2) und

$$(2)\colon R\,(A_{k_1}, x_{l_1} \ldots), \ldots$$

auf, wobei R die Bildrelationen charakterisiert. In (2) aus (9.1.2) können in einer Bildrelation $R(\ldots)$ sowohl die A_i aus dem Realtext wie die gedachten x_l auftreten.

(9.1.1) und (9.1.2) *zusammen* bezeichnen wir kurz mit $(-)_\mathrm{h}$. Eine Hypothese erster Art besteht also aus Realtextzeichen A_i, den »gedachten« Zeichen x_l und den Relationen $(-)_\mathrm{h}$.

Zur Veranschaulichung geben wir ein sehr triviales Beispiel: Im Realtext sind zwei Stellen A_1 und A_2 eines Inertialsystems (wir betrachten der Einfachheit halber nur *ein* Inertialsystem) bezeichnet und der Abstand von A_1 und A_2 zu etwa 7,8 gemessen worden; (9.1.1) lautet dann

$$(-)_r\,(1)\colon A_1 \in X,\ A_2 \in X$$

(9.1.3) und

$$(-)_r\,(2)\colon d\,(A_1, A_2) \sim 7{,}8.$$

Zum Aufbau einer Hypothese wählen wir z.B. nur noch eine gedachte Stelle x und zwei gedachte Abstände, d.h. wir setzen z.B. (9.2) in der Form

$$(1)\colon x \in X$$

(9.1.4)

$$(2)\colon d\,(x, A_1) \sim 10 \text{ und } d\,(x, A_2) \sim 9$$

an. Man mache sich dies anschaulich klar.

Die in die Hypothese eingehenden Axiome $(-)_r$ für den »vorgegebenen« Realtext bedeuten nicht, daß der »vorgegebene« Realtext »alle bekannten« Experimente aus dem Grundbereich enthalten soll; man schreibt vielmehr in $(-)_r$ nur den »Teil der gemachten Experimente« auf, der für die aufzustellende Hypothese interessant ist. Dies läßt sich nur in jedem Einzelfall darstellen; daher kann hier im allgemeinen nicht angegeben werden, was alles in $(-)_r$ aufgenommen ist.

Es ist nun in der Physik üblich, nicht nur die eben definierten Hypothesen erster Art einzuführen. Dies beruht darauf, daß es in der Physik üblich ist, außer den Bildmengen noch andere »abgeleitete« Mengen so wie Bildmengen zu behandeln und außer den Bildrelationen noch andere »abgeleitete« Relationen so wie Bildrelationen zu betrachten. Viele neue Begriffe werden so in die Physik eingeführt. Es sei vorweg hingewiesen auf die Einführung des Temperaturbegriffs in der Thermodynamik (XIV, § 1.3) oder auf die Einführung des Geschwindigkeitsbegriffes in der Mechanik (V, § 2); oder auf die Einführung von Ladung und elektrischer Feldstärke in der Elektrostatik (VIII, § 1.1).

Wir wollen hier wieder einige sehr einfache Beispiele aus der Theorie des Raumes eines Inertialsystems geben: Durch die Menge X der Raumstellen und den Abstand $d\,(\ldots)$ läßt sich z.B. die Menge Y der Geraden ableiten. Y wird dann so wie eine Bildmenge behandelt. Es läßt sich aber auch eine Relation zwischen zwei Geraden g_1, g_2, die durch dieselbe Stelle x gehen, herleiten, die wir als Winkel zwischen g_1 und g_2 bezeichnen: $\measuredangle\,(g_1, g_2) = \alpha$.

Solche neu abgeleiteten Mengen nennen wir kurz erweiterte Bildmengen (Y als Menge der Geraden ist ein Beispiel für eine solche erweiterte Bildmenge), und neu abgeleitete Relationen nennen wir kurz erweiterte Bildrelationen ($\sphericalangle (g_1, g_2) = \alpha$ ist eine solche erweiterte Bildrelation).

Die Hypothesen zweiter Art sind dann genauso wie die Hypothesen erster Art definiert, nur daß man für die »gedachten« Sachverhalte $x_1, x_2, \ldots$ auch solche zuläßt, für die in (1) aus (9.1.2) neben Q auch noch andere *erweiterte* Bildterme auftreten können. Ebenso sind dann in (2) aus (9.1.2) neben den Bildrelationen $R(\ldots)$ auch noch andere *erweiterte* Bildrelationen zugelassen.

Um dies zu veranschaulichen, nehmen wir wieder ein einfaches Beispiel. Als Realtext behalten wir den von (9.1.3) bei. Statt (9.1.4) wählen wir:

(1) $x_1 \in Y, x_2 \in Y,$

d.h. x_1 und x_2 sind zwei Geraden; und

(2) x_2 ist die Gerade durch A_1 und A_2,
x_1 und x_2 schließen einen vorgegebenen Winkel α ein.

Die Hypothesen zweiter Art sind für die Physik entscheidend wichtig und machen überhaupt erst Physik möglich. Ohne sie ist eine echte Erweiterung des Grundbereiches $\mathfrak{G}$ zu einem Wirklichkeitsbereich $\mathfrak{W}$ und damit das Sprechen über wirkliche, aber nicht notwendig »beobachtete« Dinge gar nicht möglich.

Wenn wir im folgenden von Hypothesen ohne Zusatz sprechen, so gilt alles für Hypothesen erster wie zweiter Art; andernfalls wird der Zusatz erster oder zweiter Art hinzugefügt werden.

Zur Vereinfachung der Schreibweise schreiben wir (9.1.1) mit $A = (A_1, A_2, \ldots A_m)$ und $T = Q \times Q \times \ldots \times Q$ um in

(9.1.1a) $A \in T$ und $P(A)$,

wobei $P(A)$ die Zusammenfassung aller Relationen $(-)_r(2)$ aus (9.1.1) ist. Ähnlich schreiben wir mit $X = (x_1, x_2, \ldots)$ (9.1.2) um in

(9.1.2a) $X \in T_h$ und $P_h(A, X)$.

Diese Form (9.1.2a) gilt für Hypothesen erster wie zweiter Art.

In einer Hypothese kann der Realtext fehlen; dann lautet sie nach (9.1.2a) einfach

(9.1.2b) $X \in T_h$ und $P_h(X)$.

In einer Hypothese können aber auch die »gedachten« Elemente X fehlen; dann lautet sie also: (9.1.1a) und die (9.1.2a) entsprechende Relation

(9.1.2c) $P_h(A)$.

Wir kommen nun zu einer Reihe sehr diffiziler Unterscheidungen, die zunächst als sehr spitzfindig erscheinen mögen. Aber nur so wird es möglich sein, in der Quantenmechanik bestimmte Fragen sauber zu stellen und zu beantworten. Ohne diese feinen Unterscheidungen verliert man sich später leicht in einem Wust von unklaren Vorstellungen und Aussagen, verwickelt sich in Widersprüche. Deshalb sei gerade an dieser Stelle der Leser um Geduld gebeten, die sich aber lohnt, wenn er sich später größere Klarheit verschaffen will; natürlich sind die folgenden Überlegungen nicht sehr geeignet für die erste Lektüre, es sei denn, daß dem Leser schon die ganze Problematik physikalischer Aussagen aus der Quantenmechanik geläufig ist. In der Praxis wird man aber wohl am besten fahren, wenn man sich *nach und nach* an den hier vorgetragenen *allgemeinen Überlegungen einerseits* und den *speziellen Problemen* an vielen Stellen des Buches *andererseits* zu einem immer besseren Verständnis emporschwingt. Beginnen wir nun mit der Analyse von Hypothesen:

Besonders kurz und durchsichtig läßt sich eine Hypothese (9.1.1a), (9.1.2a) schreiben, wenn man die durch die Relation (9.1.2a) definierte Menge

(9.1.5) $$E_h(A) = \{X \mid X \in T_h \quad \text{und} \quad P_h\}$$

einführt. Die Hypothese (9.1.1a), (9.1.2a) nimmt damit die Form

$$A \in T \text{ und } P \quad \text{und} \quad X \in E_h(A)$$

an, d.h. zu $\mathfrak{MTA}$ ist das Axiom

(9.1.6) $$X \in E_h(A)$$

hinzuzufügen. Wenn es klar ist, daß die Hypothese den Realtext von $\mathfrak{MTA}$, d.h. die Axiome $(-)_r$ aus $\mathfrak{MTA}$ enthält, so bezeichnet man oft auch (9.1.6) als »die Hypothese«. Von dieser abgekrürzten Redeweise werden wir oft Gebrauch machen.

Genau wie in § 4 können wir die Relation $(-)_h$ als neues Axiom zu $\mathfrak{MT}$ hinzufügen. Die so aus $\mathfrak{MT}$ durch Hinzunahme des Axioms $(-)_h$ entstehende Theorie sei kurz mit $\mathfrak{MTA}_h$ bezeichnet. Ist $\mathfrak{MTA}_h$ widerspruchsvoll, so nennen wir die Hypothese »*falsch*«, sonst »*erlaubt*«.

Hätten wir z.B. statt (2) aus (9.1.4) die Relationen

(9.1.7) $\quad d(x, A_1) \sim 2, \quad d(x, A_2) \sim 3$

aufgeschrieben, so würde man zu einem Widerspruch mit der Relation $d(A_1, A_2) \sim 7{,}8$ aus (9.1.3) gelangen. Mit (9.1.7) hätten wir also eine »falsche« Hypothese aufgestellt. Die durch (9.1.3), (9.1.4) beschriebene Hypothese ist dagegen erlaubt.

Die Theorie $\mathfrak{MTA}_h$ kann man sich auch so entstanden denken, daß man zu $\mathfrak{MTA}$ (wo also zu $\mathfrak{MT}$ *nur* die Relationen $(-)_r$, d.h. (9.1.1a) für den Realtext hinzugefügt sind) die Relation (9.1.6) hinzufügt. Kürzen wir die Relation (9.1.6) mit H ab, so bedeutet also, daß $\mathfrak{MTA}_h$ widerspruchsvoll ist, daß nach dem Prinzip des Beweises durch Widerspruch die Relation »nicht H« ein Satz in $\mathfrak{MTA}$ ist. Diese Relation »nicht H« lautet $X \notin E_h(A)$. Dazu daß $X \notin E_h(A)$ ein Satz ist, ist äquivalent, daß die Relation (mit $\emptyset$ als leerer Menge)

(9.1.8) $\quad E_h(A) = \emptyset$

ein Satz ist. Und ist umgekehrt (9.1.8) ein Satz in $\mathfrak{MTA}$ so folgt sofort, daß die Hypothese $(-)_h$ nicht erlaubt ist. Daß $(-)_h$ nicht erlaubt ist, ist also äquivalent dazu, daß (9.1.8) ein Satz in $\mathfrak{MTA}$ ist.

Ist die Hypothese $(-)_h$ nicht erlaubt, so erhält man also durch Hinzufügen der Relation

(9.1.9) $\quad E_h(A) \neq \emptyset$

zu $\mathfrak{MTA}$ eine widerspruchsvolle Theorie, da (9.1.9) gerade die Verneinung von (9.1.8) ist. Ist umgekehrt die durch Hinzufügen der Relation (9.1.9) als Axiom zu $\mathfrak{MTA}$ entstehende Theorie nicht widerspruchsvoll, so kann (9.1.8) kein Satz in $\mathfrak{MTA}$ sein und muß somit $(-)_h$ erlaubt sein. Ist $(-)_h$ erlaubt, so kann trivialer Weise das Hinzufügen von (9.1.9) zu $\mathfrak{MTA}$ zu keinem Widerspruch führen.

Damit, daß $(-)_h$ erlaubt ist, ist also äquivalent, daß (9.1.9) als Axiom ohne Widerspruch zu $\mathfrak{MTA}$ hinzugefügt werden darf.

Eine erlaubte Hypothese könnte man (was manchmal auch gemacht wird) physikalisch möglich (im *weitesten* Sinn) nennen. Wir wollen aber den Begriff »physikalisch möglich« doch nicht ganz so weit fassen, sondern werden weiterhin von nur »erlaubten« Hypothesen sprechen, solange keine weiteren Bedingungen erfüllt sind.

Eine *falsche* Hypothese (natürlich) unter der Voraussetzung einer brauchbaren $\mathfrak{PT}$) könnte man »physikalisch unmöglich« nennen. Wir werden aber auch diese Formulierung nicht benutzen, um nicht die falsche Vorstellung zu nähren, daß eine falsche Hypothese in einer brauchbaren $\mathfrak{PT}$ *prinzipiell* in der Natur nicht verwirklicht sein könnte. Aber was es heißt, daß eine Hypothese durch einen Realtext verwirklicht sei, darüber müssen wir erst weiter unten in § 9.4 genauer sprechen. Deshalb bleiben wir also bei den obigen Bezeichnungen von falsch und erlaubt.

Es kann sein, daß (9.1.9) nicht nur als Axiom hinzugefügt werden »darf«, sondern daß (9.1.9) schon ein Satz in $\mathfrak{MTA}$ (dabei nehmen wir immer $\mathfrak{PT}$ als brauchbar, d.h. $\mathfrak{MTA}$ als widerspruchsfrei an) ist. In diesem Falle wollen wir die Hypothese $(-)_h$ nicht nur erlaubt, sondern *theoretisch existent* nennen.

Ist in der Theorie, die aus $\mathfrak{MTA}$ durch Hinzufügen von (9.1.9) als Axiom entsteht, die Relation $X \in E_h(A)$ funktional, d.h. gilt in der so erweiterten Theorie der Satz, daß es *nur ein* $X \in E_h(A)$ geben kann, so nennen wir die Hypothese $(-)_h$ *erlaubt und determiniert.* Ist schon in $\mathfrak{MTA}$ die Relation $X \in E_h(A)$ funktional, d.h. gilt schon in $\mathfrak{MTA}$ der Satz, daß es ein und nur ein $X \in E_h(A)$ gibt, so nennen wir die Hypothese $(-)_h$ *theoretisch existent und determiniert.*

Eine Hypothese ohne »gedachte Sachverhalte« heiße *immer determiniert,* erlaubt und determiniert, falls man

$$(9.1.10) \qquad P_h(A)$$

ohne Widerspruch zu $\mathfrak{MTA}$ als Axiom hinzufügen kann, und theoretisch existent und determiniert, falls (9.1.10) ein Satz in $\mathfrak{MTA}$ ist.

Eine Hypothese $(-)_h$ kann nur dann erlaubt, aber nicht theoretisch existent sein, wenn auch die Verneinung von (9.1.9), d.h. wenn (9.1.8) als Axiom zu $\mathfrak{MTA}$ hinzugefügt werden darf, ohne eine widerspruchsvolle Theorie zu erhalten; denn würde die Verneinung von (9.1.9) zu einem Widerspruch führen, so wäre (9.1.9) ein Satz in $\mathfrak{MTA}$.

Ist also die Hypothese $(-)_h$ nur erlaubt (aber nicht theoretisch existent), so kann also (9.1.8) als *Axiom* zu $\mathfrak{MTA}$ hinzugefügt werden ohne zu einem Widerspruch zu kommen; andererseits aber kann (9.1.8) kein Satz in $\mathfrak{MTA}$ sein, da sonst $(-)_h$ nicht erlaubt wäre.

Die Relation (9.1.8) bezeichnen wir als Negation der Hypothese und schreiben dafür kurz [neg $(-)_h$]; [neg $(-)_h$] hat die Form einer Hypothese ohne gedachte Sachverhalte: Man braucht dazu in (9.1.2c) nur $P_h(A)$ durch die Relation (9.1.8) zu ersetzen.

$(-)_h$ kann nur dann erlaubt aber nicht theoretisch existent sein, wenn auch [neg $(-)_h$] zwar erlaubt aber *kein Satz* in $\mathfrak{MTA}$ ist. (Man beachte, daß $(-)_h$ die Form (2.1.6) hat und nicht $E_h(A) \neq \emptyset$ lautet, denn $E_h(A) \neq \emptyset$ ist eine Hypothese ohne gedachte Elemente! Die Realtion (9.1.9) ist also nicht selbst die Hypothese $(-)_h$!)

Die durch (9.1.3), (9.1.4) beschriebene Hypothese ist nicht determiniert, da es mehrere Stellen x gibt, die von A_1 bzw. A_2 die Abstände 10 und 9 haben. Wenn wir aber eine andere Hypothese mit einem anderen Realtext der Form bilden:

$$(-)_r(1): \quad A_1 \in X, \; A_2 \in X, \; A_3 \in X$$

und

$$(-)_r(2): \quad \mathrm{d}(A_1, A_2) \sim 7, 8; \quad \mathrm{d}(A_1, A_3) \sim 8; \quad \mathrm{d}(A_2, A_3) \sim 9$$

und

$$(1): \quad x \in X$$

und

$$(2): \quad \mathrm{d}(x, A_1) \sim 10$$

und die beiden Winkel zwischen der Geraden (x, A_1) und den beiden Geraden (A_1, A_2) und (A_1, A_3) seien α_1 und α_2 und x sei oberhalb der durch A_1, A_2, A_3 im Rechtsschraubensinn definierten Ebene, so erhält man eine theoretisch existente und determinierte Hypothese.

Die Untersuchung von theoretisch existenten, nur erlaubten und falschen Hypothesen läßt sich besonders kurz formulieren und damit schon in $\mathfrak{MT}$ entscheiden, wenn wir noch folgende Mengen einführen:

$$(9.1.11) \qquad E = \{Z \mid Z \in T \text{ und } P(Z)\}$$

mit T und P aus (9.1.1 a); und

$$(9.1.12) \qquad E_+ = \{Z \mid Z \in T \text{ und } E_h(Z) \neq \emptyset\}$$

mit E_h nach (9.1.5).

Eine Hypothese ist genau dann theoretisch existent, wenn $E_+ = E$ ein Satz in $\mathfrak{MT}$ ist. Eine Hypothese ist genau dann falsch, wenn $E_+ = \emptyset$ einSatz in $\mathfrak{MT}$ ist. Sonst ist die Hypothese erlaubt.

Eine Hypothese ist determiniert, wenn in $\mathfrak{MT}$ der Satz gilt:

Aus $E_+ \neq \emptyset$ folgt, daß für alle $Z \in E_+$ die Menge $E_h(Z)$ nur ein Element hat.

Als nächstes wollen wir das Verhältnis mehrerer Hypothesen zueinander betrachten. Dabei sei zunächst für alle Hypothesen *derselbe* Realtext (d.h. dieselben Axiome $(-)_r$) vorausgesetzt. Es genügt daher, die Hypothesen durch die Mengen $E_h(Z)$ zu charakterisieren.

Eine Hypothese $(-)_{h1}$ nennen wir *schärfer* als $(-)_{h2}$, wenn

$$(9.1.13) \qquad E_{h1}(Z) \subset E_{h2}(Z) \qquad \text{für alle } Z \in E$$

ein Satz in $\mathfrak{MT}$ ist. Die Hypothese $(-)_{h1}$ enthält genau dieselben hypothetischen Elemente (durch die $X \in T_h$ zusammengefaßt) wie $(-)_{h2}$, nur steht in $(-)_{h1}$ eine strengere Relation P_{h1} als P_{h2} in $(-)_{h2}$.

Eine Hypothese $(-)_{h1}$ heißt eine *Erweiterung beim selben Realtext,* wenn sie $(-)_{h1}$ enthält aber durch neue hypothetische Elemente und neue Relationen ergänzt ist.

Als *Zusammenfassung* zweier Hypothesen (was man sofort auf mehr als zwei Hypothesen ausdehnen kann) $(-)_{h1}$ und $(-)_{h2}$ definieren wir die Hypothese $(-)_h$ durch

(9.1.14) $X_1 \in E_{h1}(A)$ und $X_2 \in E_{h2}(A)$.

Für die zusammengefaßte Hypothese $(-)_h$ ist also

$$E_h(A) = E_{h1}(A) \times E_{h2}(A)$$

(9.1.15) und

$$X = (X_1, X_2),$$

so daß (9.1.14) äquivalent zu

(9.1.16) $X \in E_h(A)$

ist. Die Zusammenfassung $(-)_h$ ist eine Erweiterung sowohl von $(-)_{h1}$ wie $(-)_{h2}$.

Ist $(-)_{h1}$ schärfer als $(-)_{h2}$ oder $(-)_{h1}$ eine Erweiterung von $(-)_{h2}$, so folgt

(9.1.17) $E_{+1} \subset E_{+2}$,

wobei E_{+1} bzw. E_{+2} nach (9.1.12) für beide Hypothesen $(-)_{h1}$ bzw. $(-)_{h2}$ definiert sind.

Gilt für irgend zwei Hypothesen $(-)_{h1}$ und $(-)_{h2}$ (beim selben Realtext!) die Relation (9.1.17) als Satz in $\mathfrak{MT}$, so heißt $(-)_{h1}$ *einschränkender* als $(-)_{h2}$.

Wir führen nun folgende wichtige Definition ein: Zwei mindestens erlaubte (d.h. eventuell also auch theoretisch existente) Hypothesen $(-)_{h1}$, $(-)_{h2}$ heißen *kompatibel,* wenn die Zusammenfassung $(-)_h$ von $(-)_{h1}$ und $(-)_{h2}$ mindestens erlaubt ist.

Eine Hypothese $(-)_h$ heißt *experimentell sicher,* wenn sie mit jeder erlaubten Hypothese *erster* Art kompatibel ist.

Für jede erlaubte Hypothese erster Art $(-)_h$ ist also die Hypothese [neg $(-)_h$] experimentell unsicher, da [neg $(-)_h$] mit $(-)_h$ nicht kompatibel ist.

Die Forderung der experimentellen Sicherheit ist für allgemeine Hypothesen (d.h. nicht nur *erster* Art) zu schwach, da sowohl $(-)_h$ wie $[\text{neg}\,(-)_h]$ experimentell sicher sein können. Wir führen daher den wichtigen Begriff der *sicheren* Hypothese ein, indem wir mehr als für experimentelle Sicherheit fordern.

Eine Hypothese $(-)_h$ heißt *sicher,* wenn folgende Bedingung erfüllt ist:

Zu jeder erlaubten Hypothese $(-)_{h2}$ *erster* Art gibt es eine zu $(-)_{h2}$ kompatible Hypothese *erster* Art $(-)_{h1}$, die einschränkender als $(-)_h$ ist.

Wir wollen die folgenden Aussagen hier nicht explizit beweisen (siehe dazu [9]); sie sind aber intuitiv anschaulich verständlich. Eine anschauliche Bedeutung der Definition der sicheren Hypothese werden wir in § 9.2 erkennen.

Eine sichere Hypothese ist auch immer experimentell sicher. Eine experimentell sichere Hypothese *erster* Art ist auch immer sicher. Eine theoretisch existente Hypothese ist immer sicher. Ist $(-)_h$ sicher, so ist $[\text{neg}\,(-)_h]$ experimentell unsicher. Jede sichere Hypothese ist mit jeder experimentell sicheren Hypothese kompatibel, also erst recht mit jeder sicheren Hypothese kompatibel.

Eine nicht notwendig sichere Hypothese $(-)_h$ ist genau dann mit allen sicheren Hypothesen kompatibel, wenn $[\text{neg}\,(-)_h]$ unsicher ist. Wir definieren deshalb:

Eine Hypothese $(-)_h$ heißt *streng erlaubt,* wenn $[\text{neg}\,(-)_h]$ unsicher ist.

Jede streng erlaubte Hypothese ist erlaubt. Jede erlaubte Hypothese *erster* Art ist auch streng erlaubt. Jede sichere Hypothese ist auch streng erlaubt.

Es gilt eine gewisse Dualität zwischen *sicher* und *streng erlaubt:* Eine Hypothese $(-)_h$ ist genau dann streng erlaubt, wenn sie mit allen sicheren Hypothesen kompatibel ist; eine Hypothese $(-)_h$ ist genau dann sicher, wenn sie mit allen streng erlaubten Hypothesen kompatibel ist.

Die aus zwei sicheren Hypothesen zusammengesetzte Hypothese ist immer sicher: Die aus zwei theoretisch existenten Hypothesen zusammengesetzte Hypothese ist immer theoretisch existent.

§ 9.2 Verhalten von Hypothesen bei Erweiterung des Realtextes

Bei einer Erweiterung des Realtextes können neben den schon gesetzten Zeichen A_i, weitere Zeichen B_k auftreten. In $(-)_r$ kommen dann weitere Relationen hinzu. Die für den erweiterten Realtext durch die Axiome $(-)_r$ ergänzte Theorie $\mathfrak{MT}$ nennen wir kurz $\mathfrak{MTAB}$. Man kann dann eine schon vorher für den noch nicht erweiterten Realtext vorhandene Hypothese $(-)_h$ genauso bei dem erweiterten Realtext aufschreiben. Da wir annehmen, daß die Erweiterung des Realtextes nicht zu einem widerspruchsvollen Test $\mathfrak{AB}$ von $\mathfrak{MT}$ führt, erkennt man intuitiv leicht (genaue Beweise siehe [9]) das folgende Verhalten von Hypothesen bei Erweiterungen des Realtextes:

Eine theoretisch existente Hypothese bleibt theoretisch existent. Eine falsche

Hypothese bleibt falsch. Eine experimentell sichere Hypothese bleibt experimentell sicher, eine sichere Hypothese bleibt sicher. Eine experimentell nicht sichere Hypothese kann natürlich falsch werden, d.h. falsifiziert werden.

Man kann nun bei Erweiterung des Realtextes auch Hypothesen erweitern. Wir führen deshalb folgende Definition ein:

1. Eine Hypothese $(-)_{h1}$ heißt eine *Erweiterung* der Hypothese $(-)_{h2}$, wenn der Realtext von $(-)_{h1}$ eine Erweiterung des Realtextes von $(-)_{h2}$ ist und wenn $(-)_{h1}$ mehr hypothetische Elemente als $(-)_{h2}$ enthält, die zusammen schärferen Bedingungen als bei $(-)_{h2}$ unterworfen sind.

   Die in § 9.1 gegebene Definition einer »Erweiterung« bei festem »Realtext« ist also nur ein Sonderfall einer »Erweiterung«.

2. Eine Hypothese $(-)_{h1}$ für den erweiterten Realtext heißt *umfang*reicher als eine Hypothese $(-)_{h2}$ für den nicht erweiterten Realtext, wenn es möglich ist, zunächst eine Erweiterung $(-)_{h3}$ von $(-)_{h2}$ zu konstruieren und $(-)_{h1}$ aus $(-)_{h3}$ zu gewinnen, indem man in der Hypothese $(-)_{h3}$ einige der gedachten x_j durch einige der B_k (nicht A_i) aus dem erweiterten Realtext ersetzt.

Man sieht leicht, daß aus $(-)_h$ umfangreicher als $(-)_{h1}$ und $(-)_{h1}$ umfangreicher als $(-)_{h2}$ auch $(-)_h$ umfangreicher als $(-)_{h2}$ folgt. Durch »umfangreicher« wird also eine »Art Ordnung« im Bereich der Hypothesen definiert.

Mit Hilfe des Begriffs der Erweiterung des Realtextes lassen sich einige der vorhergehenden Resultate über Hypothesen sehr anschaulich zusammenfassen. Dabei wollen wir eine erlaubte Hypothese erster Art (in anschaulicher Weise) auch als eine »denkbare Erweiterung des Realtextes« bezeichnen. Wir fassen die wichtigsten Resultate dieses und des vorigen Paragraphen zusammen:

Eine theoretisch existente Hypothese bleibt auch bei Erweiterung des Realtextes theoretisch existent.

Eine falsche Hypothese bleibt auch bei Erweiterung des Realtextes falsch.

Eine experimentell sichere Hypothese bleibt auch bei Erweiterung des Realtextes experimentell sicher.

Eine sichere Hypothese bleibt auch bei Erweiterung des Realtextes sicher.

Eine Hypothese ist genau dann experimentell sicher, wenn es keine denkbare Erweiterung des Realtextes gibt, für die sie falsch wird.

Eine Hypothese ist genau dann sicher, wenn es zu jeder denkbaren Erweiterung des Realtextes eine noch weitergehende denkbare Erweiterung des Realtextes gibt, für die sie theoretisch existent wird.

Die Hypothese [neg $(-)_h$] ist genau dann sicher, wenn für jede denkbare Erweiterung des Realtextes die Hypothese $(-)_h$ experimentell unsicher ist.

Eine Hypothese $(-)_h$ ist genau dann sicher, wenn für jede denkbare Erweiterung des Realtextes die Hypothese [neg $(-)_h$] experimentell unsicher ist.

Die Hypothese [neg $(-)_h$] ist genau dann unsicher, wenn es eine denkbare Erweiterung des Realtextes gibt, für die $(-)_h$ experimentell sicher ist.

§ 9.3 Verhalten von Hypothesen beim Übergang zu umfangreicheren Theorien

Die in § 9.1 betrachteten Klassifizierungen von Hypothesen beziehen sich nur auf die gerade betrachtete $\mathfrak{PT}$ mit ihrer axiomatischen Basis $\mathfrak{MT}$. Für die Physik ist aber nicht nur die »Beurteilung« von Hypothesen bei einem gerade vorliegenden »Stand der Theorie« wichtig, sondern die Beurteilung als »hypothetische Aussagen über die Natur«.

Als ersten Schritt in dieser Richtung wollen wir untersuchen, wie sich die Klassifizierung der Hypothesen aus § 9.1 ändern kann, wenn man von $\mathfrak{PT}$ zu einer umfangreicheren Theorie $\mathfrak{PT}_1$ übergeht und – zunächst noch spezieller – wenn man von $\mathfrak{PT}$ zu einer Standarderweiterung $\mathfrak{PT}_1$ übergeht.

Es zeigt sich dann, daß bei Standarderweiterungen eine theoretisch existente Hypothese auch weiter theoretisch existent eine falsche Hypothese falsch bleibt, da Sätze in $\mathfrak{MT}$ bei Standarderweiterungen Sätze bleiben. Eine erlaubte Hypothese kann aber bei Standarderweiterungen falsch werden.

Im allgemeinsten Fall eines Übergangs zu einer umfangreicheren Theorie kann aber sogar eine theoretisch existente Hypothese falsch werden.

Im *Allgemeinen* kann man also eigentlich gar nichts über die Änderung der Klassifizierung einer Hypothese sagen, wenn man zu einer umfangreicheren Theorie übergeht; solange man nicht weiß, was genau von der alten Theorie in der umfangreicheren »erhalten« bleibt, läßt sich also nichts »Bleibendes« über Hypothesen ausmachen. Und doch machen die Physiker bei ihrer alltäglichen Arbeit immer wieder »verbindliche« Aussagen über nicht mehr zu beobachtende Vorgänge oder noch nicht beobachtete Vorgänge. Woher nehmen die Physiker den Mut, solche Aussagen zu machen, obwohl doch zu jeder Theorie immer umfangreichere gefunden werden?

Wir haben in § 4 den Begriff der brauchbaren Theorie eingeführt. Es ließ sich zwar formulieren, ob ein Test zu einem Widerspruch führt. Ob und unter welchen Umständen man aber eine $\mathfrak{PT}$ für einen »gewissen« Grundbereich $\mathfrak{G}$ als »endgültig« brauchbar »anerkennt«, läßt sich nicht nach »Kriterien« entscheiden; und doch sind die Physiker überzeugt, daß man solche Entscheidungen fällen kann (siehe zu diesem Problem XIX). Aber nicht nur solche Entscheidungen werden gefällt; sondern man glaubt zu wissen, daß diese und jene $\mathfrak{PT}$ für ihren genormten Grundbereich $\mathfrak{G}_n$ (nicht nur endgültig brauchbar, sondern) überhaupt »endgültig« sei in dem Sinne, daß es eben *keine umfangreichere* Theorie mehr geben kann; man ist der Überzeugung, daß die betreffende $\mathfrak{PT}$ ihren genormten Grundbereich $\mathfrak{G}_n$ »vollständig« beschreibt.

Die »Urteile« der Physiker »über die Natur« beruhen also auf einer Synthese (wenn auch meist auf einer mehr oder weniger unbewußt vollzogenen Synthese) zweier Urteile: eines mathematischen Urteils über eine Hypothese im Rahmen von $\mathfrak{MT}$ und eines Urteils über die benutzte $\mathfrak{PT}$. Die Physiker meinen eben beurteilen zu können, ein wie gutes und wie vollständiges Bild eine 𝔓𝔗 von einer Teilstruktur der Welt liefert. Nochmals sei betont, daß eine solche »Beurteilung« einer 𝔓𝔗 noch weit (!) weniger »beweisbar« ist als etwa die Widerspruchsfreiheit der in 𝔓𝔗 benutzten 𝔐𝔗. Diese Tatsache der »Nicht-Beweisbarkeit« von Urteilen über eine 𝔓𝔗 kommt am augenfälligsten dadurch zum Ausdruck, daß der »Streit« über die Beurteilung von 𝔓𝔗's unter Physikern nicht immer durch »Argumente« entschieden werden kann (außer wenn man durch Tests nachweist, daß eine 𝔓𝔗 unbrauchbar ist), sondern häufig im Laufe der geschichtlichen Entwicklung »einschläft«, weil die Gegner einer bestimmten Beurteilung nicht genügend viele Nachfolger haben.

Eines der berühmtesten Beispiele eines Streits um die Beurteilung einer 𝔓𝔗 ist der zwischen Einstein und Bohr, über die Beurteilung der Quantenmechanik; die endgültige »Brauchbarkeit« der Quantenmechanik wurde von beiden anerkannt, über die »Vollständigkeit« der Beschreibung der Atome durch die Quantenmechanik waren beide verschiedener Meinung. Und man kann auch heutzutage noch *nicht* sagen, daß die Auffassung der Vollständigkeit der Quantenmechanik wirklich einhellig vertreten wird.

Wenn wir nun daran gehen wollen, über solche Urteile, wie »endgültig brauchbar«, »vollständig«, usw. zu sprechen, so darf man also *nicht* erwarten, daß wir Kriterien für solche Urteile angeben werden. Wir können also nur versuchen, solche Urteile dem Leser näherzubringen und vielleicht etwas mehr als üblich zu präzisieren.

Am leichtesten »verständlich« ist, daß man die Überzeugung gewinnen kann, eine 𝔓𝔗 gebe ein »richtiges« Bild eines Teilausschnittes der Welt wieder. Da aber durch das Wort »richtig« leicht falsche Vorstellungen erweckt werden können (was auch in der Entwicklung der Physik geschehen ist), wollen wir lieber von »endgültig brauchbar« sprechen. So ist sowohl die Newtonsche Raum-Zeit-Theorie nach II (für einen kleineren Ausschnitt) wie die Spezielle Relativitätstheorie nach IX (für einen größeren Ausschnitt) »endgültig brauchbar« (die Bezeichnung »richtig« könnte hier leicht zu Mißverständnissen führen; siehe IX, § 8).

Die »Grundlage«, die »Motive« für eine solche Überzeugung, daß eine 𝔓𝔗 »endgültig brauchbar« sei, sind sehr komplex und können hier nicht analysiert werden (siehe dazu XIX). Daher sei hier nur der »oberflächlichste« Grund angegeben: die betrachtete Theorie hat sich »bewährt«. Es sei aber ausdrücklich davor gewarnt, etwa das »Sich-Bewähren« einer 𝔓𝔗 zum *Kriterium* der Beurteilung einer 𝔓𝔗 als »endgültig brauchbar« zu machen. Von der Allgemeinen Relativitätstheorie z.B. waren viele Physiker überzeugt, daß sie »richtig«, d.h. »endgültig brauchbar« ist, bevor (!) sie sich bewährt hatte (siehe X, § 6.3).

Nun sind die Physiker sogar so kühn, von der »Vollständigkeit« und »Endgültigkeit« gewisser 𝔓𝔗's zu sprechen. Kann dies überhaupt sinnvoll sein?

Haben wir nicht gerade in diesem ganzen Kapitel III und besonders § 7 diese Vorstellung von der Endgültigkeit einer $\mathfrak{PT}$ bekämpft? Haben nicht gerade die Erfahrungen mit der Entwicklung der theoretischen Physik gezeigt, daß es falsch ist, solche Endgültigkeit einer $\mathfrak{PT}$ im Sinne einer nicht mehr Verbesserungswürdigkeit anzunehmen? Man denke dabei z.B. an die Schritte des Übergangs von der Newtonschen Raum-Zeit-Theorie zur speziellen Relativitätstheorie (siehe II, VII, IX, X).

Eine solche Endgültigkeit im Sinne einer nicht mehr Verbesserungswürdigkeit ist aber *nicht* gemeint, wenn von »vollständigen« Theorien die Rede ist. Ebenso wenig ist gemeint, daß es zu der betreffenden $\mathfrak{PT}$ überhaupt keine umfangreicheren $\mathfrak{PT}$'s gäbe. *Nur* eine gewisse Vollständigkeit der Beschreibung eines bestimmten genormten Grundbereiches $\mathfrak{G}_n$ im Rahmen einer gewissen durch $\mathfrak{PT}$ bestimmten Unschärfe wird behauptet. Was soll das heißen?

Führt jeder Versuch, bei gleichem genormten Grundbereich eine zu $\mathfrak{PT}$ umfangreichere Theorie $\mathfrak{PT}'$ zu entwerfen, zu einer (in bezug auf die zugrundegelegten Unschärfemengen!) zu $\mathfrak{PT}$ äquivalenten Theorie, so nennen wir die Theorie $\mathfrak{PT}$ *g. G.-abgeschlossen.* Es kann also in bezug auf die zugrundegelegten Unschärfemengen sowohl $\mathfrak{PT}$ als g.G.-umfangreicher als $\mathfrak{PT}'$ wie $\mathfrak{PT}'$ als g.G.-umfangreicher als $\mathfrak{PT}$ angesehen werden. Der Begriff, daß eine $\mathfrak{PT}$ als g.G.-abgeschlossen angesehen werden darf, ist also eventuell noch von den benutzten Ungenauigkeitsmengen abhängig. Zu einer g.G.-abgeschlossenen Theorie gibt es also in diesem Sinn keine »echten« g.G.-umfangreicheren Erweiterungen.

Was wir oben als eine gewisse Vollständigkeit der Beschreibung des genormten Grundbereiches $\mathfrak{G}_n$ durch $\mathfrak{PT}$ bezeichneten, formulieren wir jetzt in der Form: $\mathfrak{PT}$ ist g.G.*-abgeschlossen.*

Noch viel weniger als die Aussage, daß kein Realtext mit $\mathfrak{PT}$ in Widerspruch gerät, ist die Aussage, daß es zu $\mathfrak{PT}$ keine *echt* g.G.-umfangreichere Theorie gibt, »beweisbar«. Die Vollzahl der Gründe aber, die einen Physiker schließlich zu der Überzeugung kommen lassen, eine vorliegende $\mathfrak{PT}$ als g.G.-abgeschlossen zu bezeichnen, kann an dieser Stelle ebensowenig aufgeführt werden wie im Falle einer »endgültig brauchbaren« Theorie.

Daß eine $\mathfrak{PT}$ g.G.-abgeschlossen ist, besagt *nicht*, daß es überhaupt keine zu $\mathfrak{PT}$ umfangreicheren Theorien gäbe; aber es kann dann zu $\mathfrak{PT}$ nur *mit* Erweiterung des genormten Grundbereiches echt umfangreichere Theorien $\mathfrak{PT}$'s geben.

Was bringt uns eine g.G.-abgeschlossene $\mathfrak{PT}$ für Vorteile in bezug auf die Beurteilung von Hypothesen? Die Physiker gehen allgemein davon aus, daß sich die Beurteilung einer Hypothese »nicht wesentlich« ändern kann, wenn man von der g.G.-abgeschlossenen $\mathfrak{PT}$ zu einer umfangreicheren $\mathfrak{PT}'$ übergeht, außer daß die umfangreichere $\mathfrak{PT}'$ im Bild $\mathfrak{MT}'$ abbildbare »Bedingungen dafür enthalten kann, daß die durch die betrachtete Hypothese beschriebene, gedachte Situation wirklich zum Grundbereich $\mathfrak{G}$ von $\mathfrak{PT}$ gehört«. Die Beurteilung der Hypothese in $\mathfrak{PT}$ findet sich als »bedingungsweise« Beurteilung in $\mathfrak{PT}'$ wieder. Wir müssen später (siehe § 9.4) näher auf den eigentümlichen »bedingungsweisen« Charakter aller Wirklichkeits- und Möglichkeitsaussagen physikalischer Theorien eingehen; deshalb möge dieser Hinweis hier zunächst genügen.

Man ist also der Meinung, daß alles darauf ankommt, Hypothesen in einer g.G.-abgeschlossenen $\mathfrak{PT}$ im Sinne von § 9.1 zu charakterisieren und ihr Verhalten bei Erweiterungen des Realtextes im Sinne von § 9.2 zu studieren. Man meint dann, auf diese Weise etwas über »den durch $\mathfrak{PT}$ abgebildeten Bereich der Wirklichkeit« aussagen zu können.

Tatsächlich aber hat man meist gar nicht die als g.G.-abgeschlossen beurteilte $\mathfrak{PT}$ voll vor sich, wenn man Urteile über Hypothesen fällt. Dies liegt daran, daß die Bilder $\mathfrak{MT}$ für g.G.-abgeschlossene Theorien meist sehr kompliziert sind (eine kaum noch übersehbare Fülle von Axiomen). Deshalb untersucht man häufig Hypothesen im Rahmen einer $\mathfrak{PT}$, von der man überzeugt ist, daß sie eine g.G.-abgeschlossene Standarderweiterung hat, deren Struktur man meint so gut überblicken zu können, um die erhaltene Beurteilung von Hypothesen als richtig auch in bezug auf die g.G.-abgeschlossene Standarderweiterung anzusehen. Die Überlegungen im ersten Teil dieses § 9.3 sollten einmal die Kompliziertheit des zugrundeliegenden Problems aufzeigen und andererseits in dem obigen Schema einige »feste« Anhaltspunkte liefern.

Wir wollen deshalb die allgemeine weitere Untersuchung des Verhaltens von Hypothesen beim Übergang von einer $\mathfrak{PT}$ zu einer umfangreicheren verlassen, und uns im Folgenden darauf beschränken, die zugrundegelegte $\mathfrak{PT}$ als g.G.-abgeschlossen vorauszusetzen.

§ 9.4 Wirklich, möglich, unentscheidbar

Um Hypothesen als wirklich, möglich usw. zu bezeichnen, ist es wichtig, etwas genauer zu formulieren, was man unter *Vergleich einer Hypothese mit der Erfahrung* versteht.

In § 9.2 haben wir schon das Problem untersucht, wie sich die Beurteilung einer Hypothese bei Erweiterung des Realtextes ändern kann. Wenn bei einer Erweiterung des Realtextes eine vorher erlaubte Hypothese falsch wird (sie konnte also vor Erweiterung des Realtextes nicht experimentell sicher gewesen sein!), so spricht man auch häufig davon, daß die Hypothese durch das Experiment »falsifiziert« wurde; d.h. aber nicht(!), daß bei einer sogenannten »Wiederholung« des Experiments die Hypothese wieder falsifiziert werden müßte. Aber auch eine experimentell sichere Hypothese braucht nicht etwa durch den erweiterten Realtext »verwirklicht« zu werden; aber was soll das eigentlich heißen, daß eine Hypothese verwirklicht wird.

Dazu betrachten wir neben der Erweiterung des Realtextes noch folgende weitere Veränderungsmöglichkeit einer vorgegebenen Hypothese:

Die betrachtete Hypothese sei in bezug auf den erweiterten Realtext zumindest erlaubt. Man kann dann versuchen, einige der hypothetischen Elemente x_i (die Elemente von normalen, d.h. nicht erweiterten Bildmengen sind) durch Zeichen A_k (aus dem ursprünglichen) und B_l (aus der Erweiterung des Realtextes) zu ersetzen. Ist eine solche Ersetzung gelungen, daß die so neu entstandene Hypothese zumindest erlaubt ist, so nennen wir die so entstandene neue Hypothese eine *teilweise Realisierung* der alten Hypothese.

Ist es in dieser Weise gelungen, in einer Hypothese *alle* die x_i, die Elemente von normalen Bildmengen sind, durch Zeichen A_k und B_l aus dem erweiterten Realtext zu ersetzen, so sprechen wir von einer *Realisierung* der alten Hypothese. Ist außerdem die so gewonnene Hypothese sicher (oder sogar theoretisch existent) und determiniert (sie ist trivialerweise determiniert, wenn die ursprüngliche Hypothese *nur* x_i als Elemente von normalen Bildmengen enthielt, weil dann nach dem Ersetzen der x_i keine hypothetischen Zeichen mehr vorhanden sind), so sagen wir, daß die ursprüngliche Hypothese *voll realisiert* worden ist.

Eine ursprüngliche Hypothese ohne hypothetische Elemente kann also nur insofern durch Erweiterung des Realtextes voll realisiert werden, indem sie für den erweiterten Realtext sicher wird.

Die eben geschilderte Situation (auch wenn man sie nicht immer voll in mathematischer Form durchüberlegt) ist die sich immer wiederholende Fragestellung der Physiker an ihre Experimente; denn man experimentiert ja eben nicht »ins Blaue« hinein und vergleicht nicht irgendwelche »zufällig« erhaltenen Ergebnisse mit der Theorie in der Form einer $\mathfrak{MTA}$, sondern schon die Experimente werden auf die »Realisierung« von Hypothesen hin »angelegt«. So wird die Frage nach den »Realisierungsmöglichkeiten« von Hypothesen zur zentralen Frage nicht nur der Experimentalphysik, sondern auch gerade zur Frage des Urteilens über die Wirklichkeit mit Hilfe einer $\mathfrak{PT}$. Auf die Bedeutung dieser Fragestellung für die Technik werden wir noch öfter zurückkommen (z.B. VI, § 3.4).

Beginnen wir die Untersuchung der Realisierungsmöglichkeiten von Hypothesen mit den einfachsten Fällen, den Hypothesen *erster* Art. In diesem Falle können also im Prinzip alle hypothetischen Elemente durch Elemente des erweiterten Realtextes ersetzt werden, wenn es »möglich« ist; und genau danach wollen wir jetzt fragen. $(-)_h$ wird also zunächst immer als Hypothese erster Art vorausgesetzt, bis wir wieder *ausdrücklich* zu allgemeinen Hypothesen übergehen.

Der einfachste Fall ist der, daß die Hypothese $(-)_h$ falsch ist. Gäbe es dann einen erweiterten Realtext, durch den die falsche Hypothese $(-)_h$ in folgendem Sinn realisiert sei, als in den Axiomen $(-)_r$ bei geeignetem Ersetzen der x_i

durch Zeichen aus dem Realtext genau die Axiome der Hypothese enthalten sind, so heißt das nichts anderes als daß die so erhaltene Theorie $\mathfrak{MTAB}$ (mit dem erweiterten Realtext) widerspruchsvoll ist. Da wir aber die betrachtete $\mathfrak{PT}$ als brauchbar voraussetzen, wird also (wenigstens im Allgemeinen) kein solcher Realtext auftreten, durch den die Hypothese realisiert wird. Dies drückt man oft auch so aus, daß eine falsche Hypothese in der Natur »nicht vorkommt« oder daß die Hypothese »physikalisch auszuschließen« sei. Wir werden meist die letzte Formulierung benutzen aber auf keinen Fall die auch oft benutzte Aussage, daß eine falsche Hypothese »unmöglich« sei. Um zu verdeutlichen, warum wir die letzte Formulierung vermeiden, nehmen wir einmal an, daß eine falsche Hypothese realisiert sei, d.h. nichts anderes, als daß ohne jede Hypothese ein Realtext vorliegt, für den $\mathfrak{MTA}$ widerspruchsvoll ist; es wäre also etwas Unmögliches wirklich geworden. Das Wort »unmöglich« entspringt aber einem (leider oft) gemachten *Fehlschluß*, aus einer $\mathfrak{PT}$ zu folgern, daß in einem Realtext etwas nicht vorgekommen *sein* kann, was zu einem Widerspruch innerhalb $\mathfrak{PT}$ führt (siehe auch XIX). Tatsächlich aber können wir nicht mit »absoluter Sicherheit« einen zum Widerspruch führenden Realtext ausschließen und damit auch nicht, daß es doch etwas in der Natur geben könnte, was einer falschen Hypothese entspricht. Unsere tatsächliche (aber *nicht* absolute) Sicherheit, daß wir eine falsche Hypothese nicht in der Natur verwirklicht glauben, beruht also nicht auf der $\mathfrak{PT}$ allein (siehe wieder XIX). Um alle die eben berührten Fragen aber nicht von vornherein abzuschneiden, haben wir die obige Formulierung »physikalisch auszuschließen« gewählt.

Betrachten wir als nächstes den Fall, daß $(-)_h$ theoretisch existent ist. Der Ausgangspunkt ist also die Hypothese.

$$(9.4.1) \qquad A \in E \quad \text{und} \quad X \in E_h(A).$$

Die Frage lautet, ob für einen erweiterten Realtext die Axiome die Form $(-)_r$

$$(9.4.2) \qquad A \in E \quad \text{und} \quad B \in E_h(A) \quad \text{und} \ldots$$

haben »können« oder »müssen«, wobei hinter »und« in (9.4.2) noch weitere Zeichen und Relationen stehen können und B auch Komponenten von A enthalten kann. Liegt ein Realtext vor mit Axiomen $(-)_r$ der Form (9.4.2), so ist also die Hypothese $(-)_h$ voll realisiert.

Natürlich kann man aus $\mathfrak{MTA}$ nicht folgern, ob *in der Natur* wirklich ein solcher Realtext vorliegen muß, für den $(-)_r$ die Form (9.4.2) hat, denn die Relationen $(-)_r$ werden ja nicht aus $\mathfrak{MTA}$ »deduziert«, sondern aus einem wirklich vorliegenden Realtext (mit Hilfe der Abbildungsprinzipien) »abgelesen«.

Betrachten wir *mehrere* Realtexte, für die in $(-)_r$ Axiome der Form $A \in E$, $A' \in E$, $A'' \in E, \ldots$ vorkommen; und sind darunter einige, die sich einer solchen Erweiterung, für die eine Realisierung der Hypothese $(-)_h$ möglich ist, widersetzen, so sollte sich dies im Falle einer g.G.-abgeschlossenen $\mathfrak{PT}$ im Bild $\mathfrak{MT}$ dadurch widerspiegeln, daß $E \setminus E_+ \neq \emptyset$ ist. Der Satz $E_+ = E$ in $\mathfrak{MT}$ für eine theoretisch existente Hypothese sollte daher zur Konsequenz haben, daß *jeder* Realtext, der in $(-)_r$ Axiome der Form $A \in E$ enthält, eine Erweiterung *mit* Realisierung der Hypothese $(-)_h$ »zuläßt«.

Umgekehrt: Sollten die Erfahrungen zeigen, daß sich prinzipielle Schwierigkeiten bei einigen Realtexten (mit $A \in E$) einstellen, die Hypothese $(-)_h$ zu realisieren, so liegt der Verdacht nahe, daß $\mathfrak{PT}$ ein Gesetz nicht enthält, nach dem es Realtexte mit $A \in E$ aber $A \notin E_+$ gibt, d.h. aber nichts anderes, als daß $\mathfrak{PT}$ nicht g.G.-abgeschlossen wäre.

Dies scheint ein zyklisches Spiel zu sein: Ist $\mathfrak{PT}$ g.G.-abgeschlossen, so folgern wir, daß sich die Hypothese $(-)_h$ realisieren lassen »muß«; läßt sie sich aber scheinbar doch nicht realisieren, so »folgern« wir, daß $\mathfrak{PT}$ doch nicht g.G.-abgeschlossen war. Eine solche Rückkopplung bei der Entwicklung physikalischer Theorien zu verbieten, hieße die Entwicklung der Physik überhaupt zu verbieten. Eine solche Rückkopplung ist allerdings dann bedenklich, wenn keine weiteren Gesichtspunkte zur »Beurteilung« physikalischer Theorien benutzt würden. Tatsächlich aber liegt ein unübersehbar komplexes Netzwerk von Gründen vor, das einen Physiker ein Urteil über eine $\mathfrak{PT}$, z.B. als g.G.-abgeschlossen, fällen läßt. Solche Urteile sind aber nicht unverrückbar, sondern können im Laufe der Entwicklung der Physik eventuell revidiert werden, wenn eben Gründe auftauchen, die das zuerst gefaßte Urteil in Frage stellen. Hier konnten wir nur diesen »Hintergrund« kurz skizzieren, der zu den jetzt zu formulierenden Aussagen führt.

Als erste Behauptung formulieren wir:

»Liegt ein Realtext vor, für den in $(-)_r$ Axiome der Form $A \in E$ vorkommen, so *muß* eine solche Erweiterung möglich sein (wenn sie nur umfangreich genug ist), die eine Realisierung der theoretisch existenten Hypothese erlaubt; d.h. jede Erweiterung kann so umfangreich gestaltet werden, daß die Axiome $(-)_r$ von der Form (9.4.2) sind; vorausgesetzt, die $\mathfrak{PT}$ ist g.G.-abgeschlossen«.

Diese Behauptung geht über das Testen einer $\mathfrak{PT}$ hinaus, denn testen kann man nur mit vorliegenden Realtexten; und nicht vorliegende oder sogar niemals vorliegende Realtexte führen noch lange zu keinem Widerspruch mit der Theorie. Die obige Behauptung sagt aber etwas über das »Vorliegen« von Realtexten aus, auch wenn man z.B. »vergessen« hat, die zugehörigen Axiome $(-)_r$ dafür aufzuschreiben!

Noch einmal etwas anders ausgedrückt: Sollte der erweiterte Realtext »noch nicht« von der Form (9.4.2) sein, so kann das nur daran liegen, daß entweder nicht alles in $(-)_r$ aufgeschrieben wurde, was »im Prinzip« hätte aufgeschrieben werden können, oder daß es uns als Menschen noch nicht möglich war, alles in $(-)_r$ aufzuschreiben, weil einiges vom Realtext noch in der Zukunft liegt. Wie würden es als Widerspruch mit der Theorie $\mathfrak{PT}$ »empfinden« (obwohl *kein* widersprüchlicher Text vorliegt!), wenn im Prinzip kein genügend erweiterter Realtext möglich wäre, aus dem solche Relationen $(-)_r$ der Form (9.4.2) abgelesen werden könnten.

Alle die eben geschilderten Motive sollen nicht die oben formulierte Behauptung »beweisen«, sondern *nur* die Motive sichtbar machen, die zu dieser Behauptung führen. Die etwas längliche obige Behauptung pflegt man oft sehr kurz mit Worten wie »möglich« und »wirklich« zu charakterisieren. Der Sprachgebrauch ist dabei nicht immer ganz einheitlich. Wir wollen uns daher hier festlegen:

Eine theoretisch existente Hypothese in einer g.G.-abgeschlossenen Theorie nennen wir »physikalisch stark möglich«. Warum wir hier das Wort »stark« hinzugefügt haben, werden wir gleich weiter unten sehen.

Ist die Hypothese nicht determiniert, so ist bei der Realisierung der Hypothese im erweiterten Realtext nicht notwendig eindeutig festgelegt, welche Realtextelemente mit den vorher gedachten Elementen x_i identifiziert werden. Ist aber $(-)_h$ determiniert und liegt eine Erweiterung des Realtextes vor, so daß die Hypothese $(-)_h$ in dem erweiterten Realtext realisierbar ist, so gelten in der Theorie $\mathfrak{MTAB}_h$ (d.h. $\mathfrak{MT}$ mit den Axiomen $(-)_r$ für den erweiterten Realtext und den Axiomen von $(-)_h$) Sätze der Form $\ldots x_i = A_{l_i}, \ldots x_j = B_{k_j}, \ldots$; schon durch die Theorie $\mathfrak{MTAB}_h$ ist eindeutig *festgelegt*, mit welchen Elementen des Realtextes die x_i identifiziert werden *müssen* (also nicht nur identifiziert werden können!). Dadurch wird folgende Vorstellung »gerechtfertigt«. Auch schon für den *noch nicht* (!) erweiterten Realtext mit den Axiomen $A \in E$ sind die Elemente x_i der theoretisch existenten und determinierten Hypothese erster Art eigentlich schon als Elemente eines (vielleicht noch nicht abgelesenen) erweiterten Realtextes festgelegt; der erweiterte Realtext existiert eigentlich schon, soweit es die Elemente x_i und die in der Hypothese geforderten Relationen betrifft, auch wenn er überhaupt noch nicht abgelesen ist oder auch gar nicht mehr abgelesen werden kann (weil das Ablesen in der Vergangenheit verpaßt wurde – man beachte hier das Eingehen menschlichen Handelns und damit der Situation Vergangenheit, Gegenwart, Zukunft!) oder noch nicht abgelesen werden kann (weil das Ablesen erst in der Zukunft zu erfolgen hat). Genau das wollen wir durch folgende Terminologie ausdrücken:

Eine theoretisch existente und determinierte Hypothese erster Art in einer g.G.-abgeschlossenen Theorie nennen wir »physikalisch stark wirklich«.

Wie kommt es in den meisten $\mathfrak{PT}$'s zu solchen determinierten und theoretisch existenten Hypothesen erster Art? Eine Hypothese erster Art

$$A \in E \quad \text{und} \quad X \in E_h$$

bei der E_h *nicht* von A abhängt, ist in fast allen 𝔓𝔗's nicht determiniert; es ist ja eine geradezu für die meisten 𝔓𝔗's wichtige Möglichkeit, eine solche nicht von A abhängige hypothetische Relation mehrmals experimentell »herstellen« zu können, d.h. einen Realtext der Form

(9.4.3) $\quad A \in E$ und $B_1 \in E_h$ und $B_2 \in E_h$ und $B_3 \in E_h$ und ...

und seine Erweiterungen untersuchen zu können. Wäre die Hypothese determiniert, so müßte in (9.4.3) $B_1 = B_2 = B_3 = \ldots$ sein, d.h. es gäbe in der Natur nur eine einzige nicht wiederholbare Situation der Art $B \in E_h$.

Ganz anders sieht es aus, wenn E_h von A abhängt:

(9.4.4) $\quad A \in E$ und $X \in E_h(A)$.

Daß diese Hypothese theoretisch existent und determiniert ist, besagt dann eben, daß der Realtext der Form $A \in E$ zusammen mit 𝔓𝔗 die Komponenten x_i von X eindeutig als Zeichen von Realtextstücken bestimmen (d.h. determinieren), die in den durch $X \in E_h(A)$ beschriebenen Relationen zueinander und zum vorliegenden Realtext (der Form $A \in E$) stehen. Das bedeutet: ein Teil des Realtextes (nämlich $A \in E$) determiniert einen größeren weiteren Teil des Realtextes, nämlich den durch (9.4.4) beschriebenen, weil man eben die x_i aus X als Zeichen wirklicher Realtextelemente (und nicht nur als rein hypothetische Zeichen) auffassen kann. Ein solcher eindeutig durch $A \in E$ determinierter und durch $X \in E_h(A)$ beschreibbarer Realtextteil muß vorhanden sein, ob ein Mensch ihn »gelesen« hat oder nicht.

Diesen eben geschilderten Sachverhalt für theoretisch existente und determinierte Hypothesen nutzt man nun häufig in der Physik aus, um »Arbeit und Mühen« zu sparen: Statt von dem Realtext mit Hypothese nach (9.4.1) in einem Schritt »mühevollen« Ablesens der Erweiterung des Realtextes zu (9.4.2) überzugehen, gibt man sich mit (9.4.1) zufrieden und sagt, daß man durch die »direkte Messung« $A \in E$ schon das Realtextstück $X \in E_h(A)$ »indirekt mitgemessen« hat, da ja X eindeutig durch A bestimmt ist. Durch die »direkte Messung, daß $A \in E$ gilt«, wurde »indirekt gemessen, daß $X \in E_h(A)$ gilt«. Dieses »indirekte Messen« wird besonders wichtig für Hypothesen zweiter Art werden.

Daß wir überall das Wort »physikalisch« zu »möglich«, »wirklich« hinzugefügt haben (wenn kein Zweifel über die Verwendung der Begriffe besteht, läßt man es auch oft fort), geschieht, um darauf hinzuweisen, daß es sich zunächst noch nicht um ontologische Aussagen handelt. Wenn wir alle weiteren Begriffe eingeführt haben, werden wir weiter unten noch einmal auf das mit diesen »physikalischen« Begriffsbildungen zusammenhängende metaphysische Problem zurückkommen.

Gehen wir jetzt zu einer sicheren Hypothese erster Art über (bei einer Hypothese erster Art brauchen wir nicht zwischen sicher und experimentell sicher zu unterscheiden). Man urteilt – wieder $\mathfrak{PT}$ als g.G.-abgeschlossen vorausgesetzt – über eine sichere Hypothese erster Art fast genauso wie über eine theoretisch existente Hypothese erster Art. Warum?

Nehmen wir ähnlich wie oben an, daß es nach der Erfahrung unmöglich erscheint, den vorliegenden Realtext der Form $A \in E$ so zu erweitern, daß eine Realisierung der Hypothese in der Art und Weise nach (9.4.2) möglich ist. Eine solche Unmöglichkeit würden wir – wie schon oben beschrieben – deuten als $A \in E \setminus E_+$. Da aber jetzt $E = E_+$ kein Satz in $\mathfrak{MT}$ zu sein braucht, kommen wir nicht unmittelbar zu einem Widerspruch zwischen $A \in E \setminus E_+$ und $\mathfrak{MT}$.

Trotzdem aber ist es unmöglich, durch Experimente nachzuweisen, daß bei irgendeiner vorliegenden Erweiterung des Realtextes nicht doch noch eine weitere solche Erweiterung vorliegen könnte, bei der sich dann $(-)_h$ realisieren lassen würde; denn eine »Nichtexistenz« von realen Sachverhalten, die mit solchen Zeichen x_i bezeichnet werden könnten, so daß $X \in E_h$ gilt, ist *nicht* dadurch nachweisbar, daß man keine solche Zeichen eingeführt hat; eine solche »Nichtexistenz« wäre nur so nachweisbar, als man eine Erweiterung vorliegen hätte, für die $(-)_h$ falsch wird. Nach § 9.2 gibt es aber für eine sichere Hypothese nicht einmal eine »denkbare«, geschweige denn wirkliche Erweiterung, für die $(-)_h$ falsch wird. Also ist die Vorstellung unwiderlegbar, daß »im Prinzip bei geeigneter Erweiterung« eine Realisierung von $(-)_h$ möglich sein sollte, ja auch dann, wenn vielleicht aus irgendwelchen Gründen das »vollständige« Ablesen des Realtextes nicht erfolgt, auf Grund dessen man dann die Realisierung von $(-)_h$ explizit vorführen könnte.

Noch deutlicher wird die Bedeutung dieser Analyse, wenn $(-)_h$ auch noch determiniert ist. Die Elemente x_i von $X \in E_h$ sind dann *eindeutig* bestimmt und man sollte also »nachsehen« können, ob sie wirklich da sind. Hat man sie gefunden, so ist die Realisierung experimentell bestätigt; hat man sie nicht gefunden, so besagt das noch lange nicht, daß sie nicht doch »da sind«. Würde man aber experimentell nachgewiesen haben, daß sie nicht da sind, so hieße das, daß man einen Realtext gewonnen hätte, für den $(-)_h$ falsch ist im Widerspruch dazu, daß $(-)_h$ sicher war.

Wenn wir uns also nochmals die beiden Fälle einer theoretisch existenten und einer nur sicheren Hypothese vor Augen halten, so sollten wir erwarten, daß sich im Falle einer theoretisch existenten Hypothese die Wirklichkeit oder Möglichkeit der Elemente x_i von $X \in E_h$ experimentell vorweisen lassen sollte, im Falle einer sicheren Hypothese zwar *immer* die Wirklichkeit oder Möglichkeit vorausgesetzt werden kann aber vielleicht nicht immer experimentell vorweisbar ist. Um diesen feinen Unterschied zum Ausdruck zu bringen, nennen wir:

Eine sichere Hypothese erster Art in einer g.G.-abgeschlossenen Theorie

»physikalisch schwach möglich«; und eine sichere und determinierte Hypothese erster Art in einer g.G.-abgeschlossenen Theorie »physikalisch schwach wirklich«.

In einem Falle schmilzt allerdings der Unterschied zwischen einer theoretisch existenten und einer sicheren Hypothese $(-)_h$ zusammen, dann nämlich, wenn es keine erlaubte Hypothese erster Art $(-)_{h1}$ gibt, für die (mit E_{+1} zu $(-)_{h1}$ und E_+ zu $(-)_h$ gehörig) »aus $E_{+1} \neq \emptyset$ folgt $E \setminus E_+ \neq \emptyset$« ein Satz in $\mathfrak{MT}$ ist. Dann kann man nämlich die Relation $E_+ = E$ ohne Widerspruch zu $\mathfrak{MT}$ hinzufügen, und für die so strukturreicher gemachte Theorie bleiben alle vorher erlaubten Hypothesen erster Art auch weiterhin erlaubt. Die so erhaltene strukturreichere Theorie ist dann *keine echt* umfangreichere Theorie, da jeder widerspruchsfreie Test der einen Theorie auch ein widerspruchsfreier Test der anderen Theorie ist. Es ist dann also »Geschmacksache« (eventuell eine Frage der mathematischen Eleganz), ob man $E_+ = E$ als Axiom hinzufügt oder nicht. Von solchen Möglichkeiten wird in der Physik häufig Gebrauch gemacht, da man gerne das Bild $\mathfrak{MT}$ so weit als möglich »mathematisch ausbaut«.

Hat man $E_+ = E$ als Axiom hinzugefügt, so wird aus der vorher sicheren eine theoretisch existente Hypothese. Diese Umwandlung ist z. B. nicht möglich, wenn in $\mathfrak{MT}$ der Satz »aus $E \neq \emptyset$ folgt $E \setminus E_+ \neq \emptyset$« gilt.

Neben den eben geschilderten Fällen, wo eine Hypothese erster Art ohne jede Bedingung für die Erweiterung des Realtextes realisierbar sein sollte, kommt in der Physik häufig der Fall vor, wo die Weiterentwicklung des Realtextes eine vorher als möglich angesehene Realisierung zunichte macht. Welche Situationen meint man damit?

Wir betrachten jetzt also den Fall einer nicht sicheren, erlaubten Hypothese erster Art

$$(9.4.5) \qquad A \in E, \qquad X \in E_h(A).$$

Es gibt also eine erlaubte Hypothese erster Art $(-)_{h1}$ für die (mit $E_+^{(1)}$ zu $(-)_{h1}$ gehörig)

$$E_+^{(1)} \cap E_+ = \emptyset$$

ein Satz in $\mathfrak{MT}$ ist. Die obigen Überlegungen für eine sichere Hypothese werden hinfällig; denn läge z. B. ein erweiterter Realtext der Form (mit E_{h1} zu $(-)_{h1}$ gehörig)

$$(9.4.6) \qquad A \in E, \qquad B \in E_{h1}(A)$$

vor, so würde für diesen erweiterten Realtext nach § 9.2 die Hypothese $(-)_h$ falsch werden; man hätte eine experimentelle Situation erhalten, für die eine

Realisierung von $(-)_h$ physikalisch ausgeschlossen werden kann. Was aber meint man denn dann eigentlich damit, daß »vor der Erweiterung« des Realtextes die Hypothese $(-)_h$ doch möglicherweise realisierbar gewesen wäre. Dieser »intuitiven« Vorstellung, wollen wir einen präziseren Sinn geben. Dazu führen wir folgende Hypothese ein:

(9.4.7) $A \in E$ und $X' \in E$ und $X \in E_h(X')$.

Die Hypothese (9.4.7) ist eine Hypothese erster Art, da (9.4.5) von erster Art sein sollte. (9.4.7) ist von der Form

(9.4.8) $A \in E, \quad X'' \in E_h''$

mit $X'' = (X', X)$ und

(9.4.9) $E_h'' = \{(X', X) | X' \in E$ und $X \in E_h(X')\}$,

wobei also E_h'' nicht von A abhängt!

Die Hypothese (9.4.7) unterscheidet sich von (9.4.5) darin, daß von den hypothetischen Elementen aus X die Relation E_h nicht zum *vorliegenden* Realtext (mit $A \in E$) in der Form $X \in E_h(A)$, sondern zu einem *hypothetischen* Realtext $X' \in E$ in der Form $X \in E_h(X')$ gefordert wird. Wenn man für eine nicht sichere Hypothese von »möglich« spricht, so meint man eben gerade, daß es Wiederholungen des Experiments in der Form $X' \in E$ gibt mit $X \in E_h(X')$. Man meint also eigentlich, daß (10.4.7) realisierbar sein muß.

Wir nennen deshalb die Hypothese $(-)_h$ aus (9.4.5) *bedingt stark* (bzw. *schwach*) *physikalisch möglich,* wenn die Hypothese (9.4.7) stark (bzw. schwach) physikalisch möglich ist.

Setzen wir also die $\mathfrak{PT}$ als g.G.-abgeschlossen voraus, so ist also die Bedingung dafür, ob $(-)_h$ bedingt stark (bzw. schwach) physikalisch möglich ist, dadurch gegeben, ob die Hypothese (9.4.7) theoretisch existent (bzw. sicher) ist.

Die Bedingung dafür, daß die Hypothese (9.4.7) stark (bzw. schwach) physikalisch möglich ist, läßt sich noch etwas anders formulieren. Dafür führen wir zu $(-)_h$ noch folgende Hypothese ein (mit E_+ nach (9.1.12)):

(9.4.10) $A \in E$ und $X \in E_+$.

Die Hypothese (9.4.10) nennen wir die zu $(-)_h$ assoziierte Hypothese. Die Hypothese (9.4.7) ist genau dann theoretisch existent (bzw. sicher), wenn die assoziierte Hypothese (9.4.10) theoretisch existent (bzw. sicher) ist (siehe wieder [9]).

Es folgt sofort, daß »bedingt stark möglich« etwas schwächer als »stark möglich« ist und daß »bedingt schwach möglich« schwächer als »schwach möglich ist«.

Welche Fälle für erlaubte Hypothesen erster Art bleiben jetzt noch übrig? Es bleibt nur der Fall, daß $(-)_h$ erlaubt, aber die assoziierte Hypothese (9.4.10) nicht sicher ist. Damit äquivalent ist, wie man zeigen kann, daß es zu der erlaubten Hypothese erster Art $(-)_h$ eine zweite erlaubte Hypothese erster Art $(-)_{h1}$ so gibt, daß nicht nur $(-)_h$ und $(-)_{h1}$ nicht kompatibel sind, sondern daß sogar die zu $(-)_h$ und $(-)_{h1}$ nach (9.4.7) gebildeten Hypothesen:

(9.4.11 a) $A \in E, \quad X' \in E, \quad X \in E_h(X'),$

(9.4.11 b) $A \in E, \quad X_1' \in E, \quad X_1 \in E_{h1}(X_1')$

nicht kompatibel sind. Was bedeutet das?

Sollte es also z. B. gelungen sein, für eine dieser beiden Hypothesen, z. B. für (9.4.11 b) eine Realisierung gefunden zu haben, so ist die andere (9.4.11 a) experimentell als endgültig falsch erwiesen, da man einen erweiterten Realtext gefunden hat, für den die Hypothese (9.4.11 a) falsch ist! Und keine (!) weiteren Experimente können dieses »Falschsein« der Hypothese $X' \in E, X \in E(X')$ aufheben.

Auf Grund der geschilderten Sachverhalte nennen wir eine erlaubte Hypothese erster Art $(-)_h$ *unentscheidbar,* wenn die assoziierte Hypothese nicht sicher ist. »Unentscheidbar« bedeutet dabei nicht, daß es absolut keine Möglichkeit gäbe, bei Erweiterung der experimentellen Erfahrungen über die Hypothese zu entscheiden; »unentscheidbar« bedeutet vielmehr, daß über die Hypothese $(-)_h$ *auf Grund des vorliegenden Realtextes* nicht entschieden werden kann.

Wie schon in § 9.1 betont, würde aber die ganze Physik ihrer eigentlichen Struktur entblößt, wenn man nicht auch gerade Hypothesen mit erweiterten Bildmengen und erweiterten Bildrelationen diskutieren würde. Hierbei ergeben sich nun eigentümliche Schwierigkeiten. Zwar läßt sich der Begriff der theoretisch existenten Hypothese leicht auch für Hypothesen zweiter Art formulieren, wie wir in § 9.1 sahen; dagegen ist die Übertragung des Begriffs der sicheren Hypothese schon nicht mehr so eindeutig möglich. Wir würden die Probleme um die Beurteilung von Hypothesen zweiter Art verschleiern, wenn wir jetzt die Begriffe möglich und wirklich – nahegelegt durch Benutzung derselben Worte wie sicher usw. – unbesehen auf Hypothesen zweiter Art übertragen würden.

Beginnen wir deshalb wieder mit einer theoretisch existenten Hypothese $(-)_h$ (nicht notwendig erster Art). Und auch da zunächst mit einer Hypothese, bei der die x_i Elemente normaler Bildmengen sind. $(-)_h$ kann also dann nur insofern von zweiter Art sein, als eben auch erweiterte Bildrelationen auftreten.

Unsere erste Frage richtet sich dann wieder auf die Realisierungsmöglichkeiten einer solchen Hypothese in einem erweiterten Realtext. Da die in der Hypothese benutzten Bildrelationen nicht nur normale Bildrelationen sind, ist also eine Realisation der Form (9.4.2) nicht möglich. Vielmehr stellt sich das Problem so: Für den erweiterten Realtext liegt eine Realisierung vor, wenn es gelingt, einige der Zeichen A_i, B_k aus dem erweiterten Realtext zu einem C so zusammenzufassen, daß

$$(9.4.12) \qquad C \in E_h(A)$$

eine wenigstens erlaubte Hypothese ist. (9.4.12) ist eine Hypothese, da $C \in E_h(A)$ nicht unmittelbar als Teil der Axiome $(-)_r$ des erweiterten Realtextes wie in (9.4.2) erscheinen kann! Zu fragen ist aber, ob zu erwarten ist, daß bei geeigneter Erweiterung des Realtextes (9.4.12) sicher oder besser sogar theoretisch existent wird.

Die Hypothese (9.4.12) ist eine Hypothese ohne hypothetische Elemente. (9.4.12) ist also theoretisch existent, wenn (siehe § 9.1) $C \in E_h(A)$ ein Satz in $\mathfrak{MTAB}$ ist.

Diskutieren wir unsere Frage zunächst für den einfacheren Fall einer determinierten Hypothese $(-)_h$. Die Forderung, daß (9.4.12) ein Satz ist, bezeichnet man dann als sogenannten Konstruktivismus: Das hypothetische X der Hypothese $X \in E_h(A)$ wird nur dann als »wirklich« anerkannt, wenn es möglich ist, es zu »konstruieren«, d.h. einen Realtext wirklich zu »haben«, aus dem sich das X eindeutig als das C aus (9.4.12) ergibt; das C aus dem erweiterten Realtext (d.h. aus Elementen von A und B zusammengesetzt) erfüllt auf Grund der am Realtext abgelesenen Realrelationen »nachweisbar« die Relation $C \in E_h(A)$. Ist die Hypothese determiniert, so ist durch $A \to X \in E_h(A)$ eine Abbildung f definiert. $C \in E_h(A)$ ist mit $C = f(A)$ äquivalent; die Forderung des Konstruktivismus heißt also praktisch, die Abbildung f auf der Basis von Realtexten, d.h. *experimentell nachzukonstruieren,* nämlich explizit ein C im Realtext vorzuweisen, für das $C = f(A)$ ist. Wir sehen hier die wissenschaftstheoretische Situation aufleuchten, daß es durchaus verschiedene Einstellungsmöglichkeiten zum Problem des »Wirklichen« in der Physik geben kann. Wir wollen uns nicht dieser harten Forderung des Konstruktivismus anschließen, weder an dieser Stelle, noch an späteren, wo sich der hier darzustellende Standpunkt noch schärfer vom Konstruktivismus abheben wird.

Hier nun bei der Hypothese $(-)_h$ nehmen wir folgenden Standpunkt ein:

Für eine theoretisch existente und determinierte Hypothese $(-)_h$ ist eine Funktion f definiert mit $X = f(A)$ und mit $X \in E_h(A)$ äquivalent zu $X = f(A)$. Die Hypothese $(-)_h$ können wir auch $f(A) \in E_h(A)$ schreiben, ganz gleichgültig, wie der Realtext durch B's erweitert wurde. Wir fordern nicht, daß man nun nachweisen kann, daß die Komponenten von $f(A)$ mit einigen Komponenten von A und B übereinstimmen und somit $f(A) \in E_h(A)$ die Form $C \in E_h(A)$ annimmt mit $C \in E_h(A)$ als Satz in $\mathfrak{MTAB}$. Uns genügt vollkommen schon der Ausgangsrealtext mit Hypothese, d.h.

$$(9.4.13) \qquad A \in E \quad \text{und} \quad f(A) \in E_h(A).$$

Wir interpretieren (9.4.13) so: Durch die »Messung« mit dem Ergebnis $A \in E$ ist schon die Wirklichkeit von $f(A)$ mit festgestellt und *indirekt* mit dem Ergebnis $f(A) \in f(E)$ gemessen worden, wobei $f(E)$ das Bild der Menge E bei der Abbildung f ist.

Ohne diese Möglichkeit der indirekten Messung wären ganze Zweige der Physik so gut wie nicht vorhanden. Man denke dabei nur an die Astronomie und Astrophysik. Was sollte man da mit einem reinen Konstruktivismus beginnen?

Es liegt nun nahe, für den Fall einer theoretisch existenten Hypothese $X \in E_h(A)$, von den X als von möglichen Situationen zu sprechen, die durch keine Entwicklung des Realtextes widerlegt werden können, da eine theoretisch existente Hypothese auch bei Erweiterung des Realtextes theoretisch existent bleibt; siehe § 9.2.

Geht man die vorhergehenden Überlegungen noch einmal durch, so erkennt man, daß es von dem Augenblick an, wo man sich zu der Vorstellung des indirekten Feststellens und Messens entschließt, *nicht darauf ankommt,* ob die Komponenten von X Elemente von normalen Bildmengen sind; alle Argumente bleiben erhalten für allgemeine Hypothesen zweiter Art, wenn sie nur theoretisch existent sind.

Wir erweitern daher unsere schon für Hypothesen erster Art eingeführte Terminologie auf *allgemeine* Hypothesen:

Eine theoretisch existente und determinierte Hypothese in einer g.G.-abgeschlossenen $\mathfrak{PT}$ heißt »physikalisch stark wirklich«; man sagt in diesem Falle, daß man $X = f(A) \in E_h(A)$, d.h. $X \in f(E)$ »indirekt« durch $A \in E$ gemessen hat.

Eine theoretisch existente Hypothese in einer g.G.-abgeschlossenen $\mathfrak{PT}$ heißt »physikalisch stark wirklich«.

Im Falle von Hypothesen erster Art hatten wir diese Terminologie (nur »stark« durch »schwach« ersetzt) auf sichere Hypothesen ausgedehnt. Der zentrale Punkt für diese Möglichkeit des Ausdehnens der Terminologie war die Tatsache, daß eine sichere Hypothese weder durch Theorie noch Experiment widerlegbar ist. Nun ist auch im allgemeinen eine experimentell sichere Hypothese durch keine Erweiterung des Realtextes widerlegbar (falsifizierbar;

siehe § 9.2). Aber wenn wir schon Hypothesen zweiter Art mit in Betracht ziehen, so sollte eine Hypothese, die der Situation einer theoretisch existenten Hypothese nahekommt, nicht nur mit allen erlaubten Hypothesen *erster* Art, sondern auch mit einer möglichst großen Klasse von Hypothesen zweiter Art kompatibel sein; eine theoretisch existente Hypothese ist mit allen erlaubten Hypothesen erster und zweiter Art kompatibel. Wann kann eine Hypothese zweiter Art mit *allen* erlaubten Hypothesen erster und zweiter Art kompatibel sein? Eben nur dann, wenn die Hypothese theoretisch existent ist. Denn wenn $(-)_h$ nicht theoretisch existent ist, so ist [neg $(-)_h$] erlaubt, und $(-)_h$ ist mit [neg $(-)_h$] nicht kompatibel.

Es gilt also, eine Bedingung zu finden, die schwächer als theoretisch existent aber nicht schwächer als experimentell sicher ist. Sollte man die schwächste Bedingung wählen, nämlich die der experimentellen Sicherheit?

Wie wir in § 9.1 erwähnten, schließen sich aber die experimentelle Sicherheit von $(-)_h$ und [neg $(-)_h$] nicht aus, was diese Bedingung als zu schwach erscheinen läßt.

Wir haben in § 9.1 eine Erweiterungsmöglichkeit kennengelernt: Die sicheren Hypothesen und die streng erlaubten Hypothesen. Auch dann gilt, daß jede Hypothese $(-)_h$, die mit allen streng erlaubten Hypothesen kompatibel ist, gerade sicher ist. Eine sichere Hypothese ist also weder durch alle erlaubten Hypothesen erster Art (die alle streng erlaubt sind!) noch durch irgendwelche streng erlaubten Hypothesen widerlegbar.

Es gibt also in diesem Sinne keine Möglichkeit, die Auffassung zum Widerspruch zu bringen, eine sichere und determinierte Hypothese als Bild eines realen Sachverhaltes und eine sichere Hypothese als Bild eines möglicherweise realen Sachverhalts aufzufassen. Wir übertragen daher folgende Terminologie von Hypothesen erster Art auf allgemeine Hypothesen:

Eine sichere und determinierte Hypothese in einer g.G.-abgeschlossenen Theorie nennen wir »physikalisch schwach wirklich«. Eine sichere Hypothese in einer g.G.-abgeschlossenen Theorie nennen wir »physikalisch schwach möglich«.

Die eben geschilderte »Nichtwiderlegbarkeit« der eingeführten Terminologie kann etwas zu schwach erscheinen um auf dieser Basis auf die ontologische Wirklichkeit bzw. Möglichkeit von nicht direkt beobachteten Sachverhalten zu schließen.

Obwohl es natürlich schon die Intention ist, aus physikalischen Theorien auf ontologische Wirklichkeit zu schließen, haben wir aber doch gerade wegen der dahinter verborgenen sehr komplexen Schwierigkeiten dieses Schließen in zwei Schritte zerlegt, wobei eben der erste Schritt im Einführen der Begriffe von *physikalisch* wirklich und *physikalisch* möglich besteht. Und schon bei diesem Schritt kann man verschiedene Definitionen geben. Wir haben oben vorgeschlagen, die Sicherheit einer Hypothese als Basis zu wählen. Was können wir außer der Nichtwiderlegbarkeit für Argumente angeben, die Sicherheit einer Hypothese als Basis zu wählen.

Nach § 9.1 und nach § 9.2 können wir sagen: Für eine sichere Hypothese gibt es bei *jeder* Weiterentwicklung des Realtextes eine weitere »denkbare« Entwicklung, für die die Hypothese theoretisch existent werden würde. Würde diese »denkbare« Entwicklung eintreten, so wäre dann die Hypothese theoretisch existent geworden. Aber auch wenn die Weiterentwicklung des Realtextes zunächst noch nicht so weiterläuft, daß die Hypothese theoretisch existent geworden ist, so gibt es bei *jedem* Zustand des Realtextes immer wieder denkbare Erweiterungen, für die die Hypothese theoretisch existent wird.

Sicherlich kann man niemanden zwingen, auf Grund dieser Sachlage überzeugt zu sein, daß die Hypothese etwas ontologisch Mögliches und, wenn sie außerdem determiniert ist, etwas ontologisch Wirkliches abbildet. Man sollte sich also nicht wundern, wenn die Wissenschaftstheorie in dieser Richtung bisher ein ganzes Spektrum von Auffassungen anzubieten hat. Für den ersten Schritt haben wir uns hier entschlossen, »möglichst viel« noch als physikalisch wirklich und physikalisch möglich zu deklarieren, indem wir allein die Sicherheit von Hypothesen postulieren.

Es ist jetzt ziemlich naheliegend, wie wir dann den Begriff von »bedingt möglich« auf Hypothesen zweiter Art ausdehnen werden:

Eine Hypothese $(-)_h$ in einer g.G.-abgeschlossenen Theorie heißt »bedingt stark (bzw. schwach) möglich«, wenn $(-)_h$ streng erlaubt und die assoziierte Hypothese theoretisch existent (bzw. sicher) ist.

Wie steht es nun mit den Hypothesen, für die die assoziierte Hypothese nicht sicher ist? Zunächst ist da der Fall, daß die Hypothese [neg $(-)_h$] theoretisch existent ist. In diesem Fall ist $(-)_h$ falsch und wird deshalb als physikalisch auszuschließen bezeichnet; eine genauere Diskussion erübrigt sich auf Grund der ausführlichen Darlegungen des Falles einer falschen Hypothese erster Art.

Für eine Hypothese zweiter Art ist aber der Fall, daß in einer g.G.-abgeschlossenen Theorie [neg $(-)_h$] sicher ist, dem Fall [neg $(-)_h$] theoretisch existent ganz ähnlich. Ist [neg $(-)_h$] sicher, so sehen wir [neg $(-)_h$] im Falle einer g.G.-abgeschlossenen Theorie als physikalisch (schwach) wirklich an, d.h. daß die Hypothese $(-)_h$ »der Wirklichkeit widerspricht«. Wir nennen deshalb im Falle [neg $(-)_h$] sicher die Hypothese $(-)_h$ (in einer g.G.-abgeschlossenen Theorie) »physikalisch (schwach) auszuschließen«. Im Fall einer Hypothese erster Art ist [neg $(-)_h$] sicher äquivalent damit, daß $(-)_h$ nicht erlaubt und damit [neg $(-)_h$] theoretisch existent ist!

Es bleibt jetzt nur noch der Fall, daß weder [neg $(-)_h$] sicher noch die assoziierte Hypothese sicher ist. In diesem Falle heißt $(-)_h$ »unentscheidbar«.

Zur besseren Übersicht wollen wir die eingeführte Terminologie in einer Tabelle zusammenfassen:

Hypothese $(-)_h$	Begriff
theoretisch existent und determiniert	physikalisch (stark) wirklich
theoretisch existent	physikalisch (stark) möglich
sicher und determiniert	physikalisch (schwach) wirklich
sicher	physikalisch (schwach) möglich
streng erlaubt und assoziierte Hypothese theoret. existent	bedingt physikalisch (stark) möglich
assoziierte Hypothese sicher	bedingt physikalisch (schwach) möglich
streng erlaubt und assoziierte Hypothese nicht sicher	unentscheidbar
[neg $(-)_h$] sicher	physikalisch (schwach) auszuschließen
falsch	physikalisch auszuschließen

Es ist klar und wir haben schon mehrfach darauf hingewiesen, daß hinter diesen in der obigen Tabelle in der rechten Spalte aufgelisteten Begriffen eine metaphysische Überzeugung über die »Wirklichkeit« der von der Physik beschriebenen Welt steht. Aber gerade dadurch, daß wir *nicht* diese Überzeugung zur Grundlage der Definition der Begriffe gemacht haben, sondern ein *Verfahren* angegeben haben, das einerseits nur innerhalb der *formalen Methodologie der Physik* funktioniert, und andererseits eine Überzeugung, daß $\mathfrak{PT}$ g.G.-abgeschlossen ist, heranziehen, haben wir die Begriffsbildungen aus der rechten Spalte der obigen Tabelle aller eventuell falschen intuitiven Schlußweisen (die man meist durch philosophische Gedankengänge zu stützen versucht) entzogen. Erst *nach* Vollziehen des ersten Schrittes der Einführung der Begriffe aus der rechten Spalte sollte man daher den zweiten Schritt der ontologischen Interpretation tun.

Widersprüche nach der oben aufgezeigten Methode im Rahmen der formalen Methodologie können daher nur (unter der Voraussetzung, daß $\mathfrak{MT}$ nicht widerspruchsvoll ist) auftreten als Widersprüche mit der Erfahrung (die in der Physik immer wieder vorkommen und zur Entwicklung neuer Theorien oder zur besseren Abgrenzung des Zuständigkeitsbereiches der betrachteten Theorie führen) oder aber bedingt durch eine falsche Einschätzung, ob die $\mathfrak{PT}$ g.G.-abgeschlossen ist oder nicht. Aber auch das »Merkbar-Werden« einer solchen falschen Einschätzung vollzieht sich im dauernden Vergleich von Theorie und Erfahrung, wie wir schon oben an einer Stelle angedeutet haben.

Nachdem wir nun durch die oben beschriebene formale Methode der Definition von physikalisch möglich und physikalisch wirklich das Ziel erreicht haben, Widersprüche zu vermeiden und doch so weit als möglich die »übliche« intuitive Benutzung dieser Begriffe »herüberzuretten«, wollen wir doch noch wenigstens ein paar Worte zu der damit zusammenhängenden ontologischen Fragestellung hinzufügen. Wir haben ja durch die Wahl der Worte »möglich«, »wirklich« schon angedeutet, daß wir mehr im Sinn haben, als allein aus den oben angegebenen formalen Definitionsmethoden folgt. Wir sind doch irgendwie *überzeugt*, daß wir mit den von uns eingeführten Begriffen tatsächlich die »wirkliche Welt« erfassen, d.h. daß das, was z.B. physikalisch wirklich ist, auch tatsächlich in der Welt so ist, auch dann, wenn es unserer direkten Beobachtung entzogen ist. Diese »Überzeugung« beruht allerdings nicht nur auf der Basis der formalen Definitionen im Rahmen einer 𝔓𝔗, sondern eben auch entscheidend auf der metaphysischen Voraussetzung, daß eine 𝔓𝔗 die Struktur der wirklichen Welt durch die Struktur einer 𝔐𝔗 abbildet und daß der Realtext und die Abbildungsprinzipien nur Hilfsmittel sind, um wieder von 𝔐𝔗 auf die »Struktur der wirklichen Welt« zu schließen. Von der »Struktur der wirklichen Welt« zu sprechen, heißt aber nichts anderes als eine Aussage aus dem Bereich der Metaphysik zu machen. Ja, im Grunde wollten wir nicht etwa mit der oben benutzten formalen Methode dem metaphysischen Problem ausweichen, sondern vielmehr eine Vorarbeit innerhalb 𝔓𝔗 leisten, um dann auf einer festeren Basis als nur gefühlsmäßiger physikalischer Interpretation das metaphysische Problem neu stellen zu können. Ohne aber schon hier eine Diskussion dieses metaphysischen Problems auch nur zu versuchen, müssen wir aber doch noch auf eine wichtige Voraussetzung aufmerksam machen, die notwendig ist, um in uns die Überzeugung entstehen zu lassen, daß das, was wir physikalisch möglich bzw. physikalisch wirklich nannten, auch in der »Welt« tatsächlich möglich bzw. tatsächlich wirklich ist.

Dazu sei noch einmal auf die Grundtatsache hingewiesen, daß jede Theorie nur für einen gewissen Bereich von Tatsachen »zuständig« ist und nichts auszusagen gestattet über Vorgänge, die nicht dem Grundbereich angehören; genauso gilt jede Aussage über eine Hypothese immer nur unter der »stillschweigend gemachten Voraussetzung«, daß keine reale Situation vorliegt, die die gemachte Hypothese wegen »Nicht-mehr-Zuständigkeit« der 𝔓𝔗 illusorisch erscheinen läßt. Machen wir uns das an einem Beispiel klar: Sei 𝔓𝔗 die Theorie der Bewegung von Massenpunkten im Gravitationsfeld der Erde (außerhalb der Lufthülle); als Realtext liege ein Stück einer Bahn eines Satelliten vor. Durch Hypothesen kann man die Bahn für spätere und frühere Zeiten ergänzen (siehe VI, § 4.4) unter der »stillschweigend gemachten Voraussetzung«, daß die 𝔓𝔗 *zuständig* bleibt, d.h. z.B. daß keine Raketendüsen des Satelliten eingeschaltet werden bzw. eingeschaltet waren.

Der Schluß von der physikalischen Wirklichkeit auf die tatsächliche Wirklichkeit erfordert also noch zusätzlich ein Urteil darüber, ob die zugrundegelegte $\mathfrak{PT}$ »zuständig« bleibt. An dem Beispiel erkennen wir sofort, daß die Beantwortung der Frage, ob die $\mathfrak{PT}$ zuständig bleibt, nicht im Rahmen der formalen Methodologie möglich ist, da es sich um eine Frage handelt, die nicht nur physikalische Theorien betrifft; z. B. das Handeln eines Menschen kann die ganze Situation verändern: wenn man weiß, wann zum letzten Mal der Raketenantrieb des Satelliten gezündet war bzw. wann er das nächste Mal gezündet wird, so kann von der physikalischen Wirklichkeit im Rahmen der $\mathfrak{PT}$ nur in diesen Grenzen zwischen den beiden Zündungen des Raketenantriebs auf die tatsächliche Wirklichkeit geschlossen werden. Fragt man in einem anderen Beispiel nach der Wirklichkeit der Planetenbahnen vor mehreren Milliarden Jahren, so stellt sich wieder die Zuständigkeitsfrage für die Newtonsche Theorie des Planetensystems: Wie ist das Planetensystem entstanden? War damals die Gravitationskonstante dieselbe? usw. In diesem Falle können umfangreichere Theorien weiterhelfen, z. B. Theorien über die Entstehung des Planetensystems.

An diesen Beispielen erkennt man, wie komplex die Zuständigkeitsfrage ist, und daß sie wenigstens nicht immer eine »physikalische« Frage ist. Wir haben also gut daran getan, bei der Definition der Begriffe in der Tabelle auf Seite . . . diese Frage auszuklammern.

§ 9.5 Mengen von Bildern realer Sachverhalte

In der Physik sind einige Redewendungen gebräuchlich, die auf den Begriffsbildungen des vorigen § beruhen. Manche mathematische Existenzsätze gewinnen auf der Basis des vorigen § eine tiefe physikalische Bedeutung. Die eben kurz benannten Strukturen physikalischer Theorien sollen hier kurz erläutert werden. Wir setzen dabei die $\mathfrak{PT}$ als g.G.-abgeschlossen voraus.

Ausgehend von der Hypothese

(9.5.1) $\quad A \in E \quad$ und $\quad X \in E_h(A)$

pflegt man den mathematischen Satz $E_+ = E$, d. h. den Satz:

(9.5.2) $\quad$ Für alle $Z \in E$ gibt es ein $X \in E_h(Z)$

so auszudrücken: »Die Situation $X \in E_h(Z)$ ist unter der Bedingung (Voraussetzung) $Z \in E$ physikalisch (stark) möglich«. Diese Ausdrucksweise beruht darauf, daß der Satz (9.5.2) nach § 9.1 bedeutet, daß die Hypothese (9.5.1) theoretisch existent und damit nach § 9.4 physikalisch (stark) möglich ist. (9.5.2) hat aber gerade die Form der fast unendlich vielen mathematischen

»Existenzsätze von Lösungen« bestimmter Probleme. Mathematische Existenzsätze in $\mathfrak{MT}$ und physikalische Möglichkeit in $\mathfrak{PT}$ laufen also parallel. Die Beweise mathematischer Existenzsätze sind also nicht nur ein interessantes Kunststück der Mathematiker, sondern für die Physik von fundamentaler Bedeutung: Diese mathematischen Beweise sichern die von Physikern meist schon vorher geübte Praxis ab, gewisse in $\mathfrak{MT}$ hingeschriebenen Aussagen wie $X \in E_h(Z)$ als Aussagen über Möglichkeiten (oder Wirklichkeiten) in der Natur zu tätigen.

Mehr Beachtung von Physikern finden schon die sogenannten »Eindeutigkeitsbeweise«. Da findet man Redewendungen wie: Die Eindeutigkeit der Lösung eines Problems zeige, daß man die Aufgabe physikalisch richtig gestellt habe. Tatsächlich handelt es sich um Beweise, daß gewisse Hypothesen determiniert sind. Die Eindeutigkeitsbeweise sagen nämlich:

»Es gibt höchstens ein X mit $X \in E_h(Z)$, falls $Z \in E$ gilt«.

Ist der Physiker dann noch von der Sicherheit oder sogar theoretischen Existenz der Hypothese (9.5.1) überzeugt (was er meistens eher als der Mathematiker ist), so steht für ihn fest, daß »die Situation $X \in E_h(Z)$ unter der Bedingung (Voraussetzung) $Z \in E$ physikalisch wirklich ist«. Dies ist der physikalische Inhalt aller Eindeutigkeitsbeweise. Man hat durch den Eindeutigkeitssatz erkannt, daß durch eine »direkte Messung« $Z \in E$ eine »indirekte Messung« $X \in E_h(Z)$ der durch die Relation $X \in E_h(Z)$ determinierten Wirklichkeit erfolgt ist.

Ist die Hypothese $(-)_h$ sicher und determiniert, so ist durch $Z \to X \in E_h(Z)$ eine Abbildung f von E_+ definiert, und zwar ist $f(Z)$ gleich dem einzigen Element der Menge $E_h(Z)$. Die Bildmenge von E_+ bei der Abbildung f sei $E_h^{(f)}$; es ist also

$$E_h^{(f)} = \bigcup_{Z \in E_+} E_h(Z).$$

f ist also eine Abbildung der Menge E_+ auf das Bild $E_h^{(f)}$.

Ist umgekehrt E' als Teilmenge einer Produktmenge mehrerer *eigentlicher* Bildmengen definiert und ist eine Abbildung f von E' definiert, so ist das Bild $E^{(f)}$ von E' bei der Abbildung f eine Menge der Art β aus § 7 (siehe Seite ...). Gibt es ein E von der Art, daß $Z \in E$ eine erlaubte Hypothese erster Art ist und $E \subset E'$ gilt, so stellt (falls ein Realtext mit $A \in E$ vorliegt)

(9.5.3) $A \in E$ und $X = f(A)$

eine theoretisch existente und determinierte Hypothese dar. (9.5.3) kann natürlich in der Form (9.5.1) geschrieben werden mit der von $f(A)$ erzeugten einelementigen Menge $E_h(A)=\{f(A)\}$.

Dies ist der Hintergrund für folgende oft benutzte, abgekürzte Terminologie: Ist E' eine Teilmenge einer Produktmenge mehrerer eigentlicher Bildmengen und ist f eine Abbildung von E' auf das Bild $E^{(f)}$, so nennt man das Bild $E^{(f)}$ von E' bei der Abbildung f »eine Menge realer Sachverhalte«. Zu dieser Kurzformulierung ist zunächst noch einmal auf dasselbe wie in § 4 hinzuweisen, daß »Menge realer Sachverhalte« eigentlich genauer »Menge von Bildern realer Sachverhalte« heißen soll. Die eigentlichen Bildterme aus § 4, d.h. die Ausgangsbildmengen sind nach dieser Terminologie Mengen realer Sachverhalte«.

Daß $E^{(f)}$ eine Menge realer Sachverhalte oder etwas genauer eine Menge von Bildern realer Sachverhalte genannt wird, bedeutet natürlich nicht, daß ein Element $X \in E^{(f)}$ schon von sich aus ein Bild eines bestimmten schon durch X charakterisierten realen Sachverhaltes ist; auch ein Element einer eigentlichen Bildmenge Q ist noch nicht von selbst Bild eines bestimmten realen Sachverhalts, vielmehr wird erst durch ein Zeichen A aus dem normierten Realtext und durch die Relation $A \in Q$ aus $(-)_r$ das Element A zum Bild eines realen Sachverhaltes. Daß Q eine Menge von Bildern realer Sachverhalte ist, soll also genauer heißen, daß die Elemente von Q als Bilder von im Realtext vorliegenden Sachverhalten benutzt werden; nur dann ist eben ein $A \in Q$ physikalisch wirklich, wenn es eben Zeichen aus einem normierten Realtext ist. Ganz entsprechend ist ein Element $X \in E^{(f)}$ noch nicht von selbst Bild eines realen Sachverhalts. Liegt aber ein Realtext vor, für den in $(-)_r$ die Relation $A \in E'$ vorkommt, so wird $f(A)$ eben Bild eines realen Sachverhalts in dem Sinn, daß die Hypothese (9.5.3) physikalisch wirklich ist.

Damit gewinnen auch die Überlegungen zur Einschränkung einer $\mathfrak{PT}$ aus § 7 einen neuen Hintergrund: Die in der Einschränkung benutzten neuen Bildterme sind alle »Mengen realer Sachverhalte«; und an die Stelle der Relationen $A \in Q$ aus der ursprünglichen Theorie treten Relationen $f(A) \in E^{(f)}$, wobei in der ursprünglichen Theorie in $(-)_r$ die Relation $A \in E'$ vorkommt. Die Einführung der neuen Sammelzeichen in § 7 ist also nichts anderes als die Einführung neuer Zeichen für auf der Basis des Realtextes als physikalisch wirklich erkannte Sachverhalte.

Aber nicht nur für den Prozeß der Einschränkung spielen Mengen realer Sachverhalte eine wichtige Rolle. Gerade das in § 4 angeschnittene Problem der »mit Hilfe von Vortheorien am Realtext abgelesenen Sachverhalte« wird durch die »Mengen realer Sachverhalte« in den Vortheorien erfaßt: Genau der in § 7 geschilderte Prozeß des *Einführens der Sammelzeichen* ist auf die Vortheorien zu $\mathfrak{PT}$ (nicht notwendig eine einzige Vortheorie) zu übertragen und ergibt so den Prozeß der Zeichensetzung in $\mathfrak{PT}$; das »Ablesen« von $B \in E$ am Realtext (mit einem Bildterm E aus $\mathfrak{PT}$) geschieht mit Hilfe der

Vortheorien, also durch $B=f(A)$ und $E=E^{(f)}$ mit Hilfe der Relation $A \in E'$ aus der Vortheorie. Natürlich brauchen in einer Theorie 𝔓𝔗 nicht nur mit Hilfe von Vortheorien (eventuell nicht einer einzigen!) ablesbare reale Sachverhalte $B=f(A)$ und mit Hilfe von Vortheorien konstruierbare »Realrelationen« vorzukommen, sondern es können auch »unmittelbar« ablesbare Sachverhalte vorkommen (siehe § 4).

Wir haben bewußt weder die Elemente der eigentlichen Bildmengen noch die von $E^{(f)}$ »physikalische Objekte« genannt. Man darf nicht in den Fehler verfallen, mathematische Terme als physikalische Objekte zu interpretieren nur deshalb, weil es Terme, d.h. intuitiv mathematische Objekte sind. Wir haben deshalb die Bezeichnung »reale Sachverhalte« benutzt. Die Bezeichnung »physikalische Objekte« wird in einer viel eingeengteren Bedeutung benutzt. Wir werden später versuchen (siehe XIII, § 1), der intuitiven Vorstellung von physikalischen Objekten als »realen Sachverhalten mit objektiven Eigenschaften« eine mathematische Bildstruktur zuzuordnen. Auch der Begriff »physikalische Systeme« wird wesentlich eingeengter als der der realen Sachverhalte, aber weniger eingeengt als der der physikalischen Objekte benutzt (siehe XIII, § 1.3).

Für Beispiele »realer Sachverhalte« und ihrer indirekten Messung siehe V, § 2.2; VI, § 4.4 und VIII, § 1.6.

§ 9.6 Der Wirklichkeitsbereich

Den Wirklichkeitsbereich definieren wir im Falle einer g.G.-abgeschlossenen 𝔓𝔗. Natürlich kann man oft schon für nicht g.G.-abgeschlossene Theorien Teile des Wirklichkeitsbereiches 𝔚 erfassen. Begrifflich ist es aber einfacher, eine g.G.-abgeschlossene 𝔓𝔗 vorauszusetzen.

Der Ausgangspunkt für die Definition von 𝔚 ist der Grundbereich von 𝔊. Zum Grundbereich 𝔊 gehören – um es nochmals zu betonen – keine gedachten Realtexte, sondern nur wirklich vorliegende Realtexte. 𝔊 wird auf jeden Fall als Teil von 𝔚 betrachtet, ja als der Teil, durch dessen Erweiterung mit Hilfe des Bildes 𝔐𝔗 dann 𝔚 entsteht. Wir setzen natürlich hier wie im ganzen § 9 das Bild 𝔐𝔗 als axiomatische Basis voraus, um die Beurteilung von Hypothesen sinnvoll durchführen zu können.

Wir können nicht erwarten, daß 𝔚 wie 𝔊 unmittelbar vorgezeigt oder durch Vortheorien nachgewiesen wird. Vielmehr wird uns 𝔚 nur indirekt gegeben werden, nämlich nur über das »Bild von 𝔚 in 𝔐𝔗«. Auch 𝔊 hat ein Bild in 𝔐𝔗 nämlich die für die Realtexte aus 𝔊 aufgeschriebenen Relationen $(-)_r$. »Alle« diese Relationen $(-)_r$ für »alle« Realtexte geben uns also ein Bild von 𝔊; über die Worte »alle« in diesem Zusammenhang siehe auch § 4.

Wir werden nun versuchen, dieses Bild von $\mathfrak{G}$ durch »alle« sicheren und determinierten Hypothesen zu erweitern. Dabei stellt sich aber die Frage, in welcher Weise man wirklich von »allen« sicheren und determinierten Hypothesen sprechen darf. In dem gleich zu gebenden »Rechtfertigungsbeweis« gehen einige wichtige in § 9.1 und 9.2 erwähnten Eigenschaften der sicheren Hypothesen ein. Um zum Bild des Wirklichkeitsbereiches zu kommen, müssen wir zwei in § 9.1 und 9.2 diskutierte Prozesse betrachten:

1. Erweiterung des Realtextes,
2. Zusammenfassung zweier Hypothesen.

Es ist leicht zu sehen, daß die Zusammenfassung zweier determinierter Hypothesen wieder zu einer determinierten Hypothese führt (falls sie nicht falsch ist). Ebenso bleibt eine determinierte Hypothese bei Erweiterung des Realtextes determiniert (falls sie nicht falsch wird). Es kann natürlich bei Erweiterung des Realtextes neue determinierte Hypothesen geben.

Nach § 9.2 bleibt eine sichere Hypothese auch bei Erweiterung des Realtextes sicher. Faßt man zwei sichere Hypothesen zusammen, so entsteht nach § 9.1 wieder eine sichere Hypothese.

Die oben erwähnten zwei Prozesse führen also nicht aus dem Bereich der sicheren *und* determinierten Hypothesen heraus.

Liegt eine Hypothese $(-)_h$ vor, so kann man daraus eine Hypothese $(-)_{h'}$ gewinnen, indem man zwei der »gedachten« Sachverhalte x_i und x_k durch *denselben* Buchstaben (z. B. z) ersetzt. Es ist sofort klar, daß man aus einer determinierten Hypothese $(-)_h$ auf diese Weise wieder eine determinierte Hypothese $(-)_{h'}$ (wenn sie nicht falsch ist) erhält.

Erhält man aus einer sicheren und determinierten Hypothese $(-)_h$ durch dieses Gleichsetzen zweier Elemente x_i, x_k wieder eine sichere und determinierte Hypothese $(-)_{h'}$, so war es eigentlich unnötig, die beiden Elemente x_i und x_k in $(-)_h$ zu unterscheiden; denn da x_i und x_k *eindeutig* bestimmt sind (weil die Hypothese determiniert ist!), hätte man sie auch von vornherein gleichsetzen können.

Ganz entsprechend liegt der Fall, wenn man eine Hypothese $(-)_{h'}$ aus $(-)_h$ durch teilweise Realisierung, d. h. durch Ersetzen einiger der x_l durch Elemente A_m aus dem der Hypothese $(-)_h$ zugrundeliegenden Realtext erhält. Ist die Hypothese $(-)_h$ sicher und determiniert, so sind (siehe § 9.4) die statt der x_l einsetzbaren A_m eindeutig bestimmt. Ist $(-)_{h'}$ wieder sicher, so hätte man auch von vornherein statt $(-)_h$ die Hypothese $(-)_{h'}$ wählen können. Wir definieren deshalb:

Eine sichere und determinierte Hypothese heißt irreduzibel, wenn man weder durch Gleichsetzen zweier gedachter Sachverhalte x_i, x_k noch durch Ersetzen eines gedachten Sachverhalts x_i durch ein Zeichen A_m aus dem genormten Realtext der Hypothese eine sichere Hypothese erhält.

Der Bereich der sicheren, determinierten und irreduziblen Hypothesen bildet einen Teilbereich der sicheren und determinierten Hypothesen. Aber nur dieser Teilbereich ist eigentlich interessant, weil die Hypothesen dieses Teilbereiches nicht »unnötig« viele gedachte Sachverhalte enthalten, eben nur die »wirklich« unter sich und von Realtextelementen verschiedenen gedachten Sachverhalte. Den Wirklichkeitsbereich $\mathfrak{W}$ versuchen wir mit Hilfe des Bereiches »aller« sicheren, determinierten und irreduziblen Hypothesen zu erfassen.

Entscheidend dafür ist, daß wir in diesem Bereich der sicheren, determinierten und irreduziblen Hypothesen eine Art »Ordnung« definieren können, in bezug auf die dieser Bereich »gerichtet« ist. Die Begriffe »Ordnung« und »gerichtet« werden dabei in übertragener Weise benutzt, da der betrachtete »Hypothesenbereich« keine Menge in $\mathfrak{MT}$ ist, sondern ein Bereich von in $\mathfrak{MT}$ formulierbaren sinnvollen Relationen.

Die »Ordnung« definieren wir durch den Begriff »umfangreicher«; am Ende von § 9.2 ist erklärt, wann eine Hypothese $(-)_{h1}$ »umfangreicher« als $(-)_{h2}$ ist. Die »Gerichtetheit« des Hypothesenbereiches soll heißen, daß es zu je zwei Hypothesen $(-)_{h1}$ und $(-)_{h2}$ dieses Bereiches eine dritte Hypothese $(-)_{h3}$ aus diesem Bereich so gibt, daß $(-)_{h3}$ sowohl umfangreicher als $(-)_{h1}$ wie auch umfangreicher als $(-)_{h2}$ ist.

Man kann zeigen (siehe [9]), daß der Bereich der sicheren, determinierten und irreduziblen Hypothesen in diesem Sinne gerichtet ist.

Diese Gerichtetheit des Bereiches der sicheren, determinierten und irreduziblen Hypothesen ist wichtig für die Deutung dieses Bereiches als Bild des Wirklichkeitsbereiches. Diese Gerichtetheit zeigt, daß das Bild des Wirklichkeitsbereiches durch den wachsenden Realtext und durch immer umfangreichere Hypothesen nur »wachsen« kann, daß aber keine schon einmal als wirklich erkannten Sachverhalte umzustoßen sind. Das Bild »wächst«, indem immer neue Realtextelemente und hypothetische Elemente hinzukommen; bei diesem Wachsen können ab und zu hypothetische Elemente durch Realtextelemente ersetzt werden, weil sie eben nicht mehr hypothetisch sind, sondern »direkt« gemessen wurden durch Erweiterung des Realtextes. Beim Wachsen durch Hinzufügen neuer Hypothesen müssen eventuell einige gedachte Elemente miteinander identifiziert werden.

In diesem Sinne verstehen wir als »Bild des Wirklichkeitsbereichs $\mathfrak{W}$« von $\mathfrak{PT}$ die Zusammenfassung »aller« sicheren, determinierten und irreduziblen Hypothesen. Da dieser Bereich der sicheren, determinierten und irreduziblen Hypothesen gerichtet ist, kann man auch – anschaulich, aber nicht ganz exakt – $\mathfrak{W}$ als die eine »größte« sichere, determinierte und irreduzible Hypothese verstehen, deren Realtextteil gerade der »ganze« genormte Grundbereich $\mathfrak{G}_n$ in der Form der als $(-)_r$ aufgeschriebenen Relationen wird. Diese »größte« Hypothese ist aber im allgemeinen gar keine echte Hypothese mehr, da sie die »unübersehbar« vielen Realtextstücke A_i aus »ganz« $\mathfrak{G}_n$ und »unendlich viele« x_i enthalten würde. 𝔚 ist also mehr eine begriffliche Zusammenfassung »aller« physikalisch wirklichen Situationen, so wie $\mathfrak{G}_n$ die begriffliche Zusammenfassung »aller« genormten Realtexte war (siehe dazu noch einmal die Abbildung am Ende von § 4).

In diesem Sinne wird 𝔊 zu einem Teil von 𝔚, indem man den physikalischen Wirklichkeitsbereich als das auffaßt, was durch die »größte sichere, determinierte und irreduzible Hypothese« abgebildet wird, so wie 𝔊 auf Grund der Abbildungsprinzipien durch die Axiome $(-)_r$ für den ganzen normierten Grundbereich abgebildet wird. Man sagt dann auch oft auf der Basis dieser Vorstellung, daß die Sachverhalte aus 𝔊 »direkt beobachtbar« oder »direkt meßbar«, die von 𝔚 »indirekt beobachtbar« oder »indirekt meßbar« sind, eine Bezeichnungsweise, die wir schon mehrfach oben angewandt hatten. Wir werden im weiteren Verlauf dieses Buches möglichst die häufig benutzten Worte »beobachtbar«, »Beobachter« und ähnliche vermeiden, um damit nicht dem Irrtum Vorschub zu leisten, als ob das subjektive Erlebnis beim »Messen« entscheidend wäre. Doch aber haben wir das Wort »beobachten« hier erwähnt, damit man solche »Redewendungen« richtig in die formale Methodologie einordnen kann. Die Worte »direkt« und »indirekt« haben natürlich nur *relativ* zu 𝔓𝔗 einen Sinn; so kann z.B. ein relativ zu 𝔓𝔗 direkt gemessenes Ergebnis durch eine indirekte Messung relativ zu einer Vortheorie von 𝔓𝔗 zustande gekommen sein. Was *alles* »meßbar« wird, nämlich ganz 𝔚, ist also erst durch die 𝔓𝔗 als ganze bestimmt!

Die Konstruktion des Wirklichkeitsbereiches 𝔚 läßt sich im Falle einer unscharfen Abbildung für jede Theorie mit fest gegebenen Unschärfemengen durchführen. Statt alle möglichen Unschärfemengen zu betrachten, ist es aber übersichtlicher, wenn man wie in § 5 das »idealisierte Bild« betrachtet; nur muß man dann bei der Abbildung eines vorliegenden Realtextes, d.h. beim Ersetzen von Relationen $\tilde{R}$ durch R vorsichtig vorgehen, damit man nicht zu Widersprüchen kommt, d.h. aber nichts anderes als daß man in (9.1.1a) die Relation $P(\ldots)$ mit den idealen Relationen *so* zu formulieren hat, daß kein Widerspruch auftritt und die idealisierte Relation: »$A \in T(\ldots)$ und $P(\ldots)$« für den vorliegenden Realtext innerhalb der Ungenauigkeiten mit den Abbildungsprinzipien bei endlichen Ungenauigkeitsmengen vereinbar ist. Macht man die Hypothesen mit idealen Relationen, so kommt man zu einem »idealisierten« Wirklichkeitsbereich 𝔚𝔍 mit »idealisiertem« Grundbereich 𝔊𝔍, wobei 𝔊𝔍 nicht durch die Realtexte, sondern eben dadurch mitbestimmt ist, wie man gerade (innerhalb der Ungenauigkeitsgrenzen) die dem Realtext entsprechenden Relationen in solche mit den idealen Bildrelationen umgeschrieben hat. 𝔊𝔍 ist also nicht eindeutig durch 𝔊 festgelegt, daher auch nicht 𝔚𝔍. Diese Tatsache ist immer zu berücksichtigen, wenn man so tut, als ob 𝔚𝔍 der Wirklichkeitsbereich wäre.

Durch Nichtbeachtung der Tatsache, daß 𝔐𝔗𝔍 nur ein approximatives

Bild ist, sind häufig Fehlschlüsse vorgekommen, der Art, daß man $\mathfrak{W}\mathfrak{I}$ als die »tatsächliche« Wirklichkeit ansah, die aber nur ungenau »beobachtet« wird. So hat man das durch »determinierte Hypothesen« ergänzte Bild der Punktmechanik oft als die »tatsächliche« Wirklichkeit angesehen und war dann überrascht, daß diese »tatsächliche« Wirklichkeit überhaupt nicht existierte, sondern nur eine Approximation einer ganz anderen Wirklichkeit darstellte (wie wir es z.B. bei dem Partikelbild für Elektronen in XI § 1 diskutieren und in XIII § 9 genauer darstellen werden).

In den Begriff des Wirklichkeitsbereiches gehen augenscheinlich metaphysische Vorstellungen ein. Zwar ist die Konstruktion des Bereiches der sicheren, determinierten und irreduziblen Hypothesen ein rein formaler, nach den »Spielregeln« der Physik ablaufender Prozeß; daß wir aber dann diesen Hypothesenbereich zum »Bild eines Wirklichkeitsbereiches« erklärten, beruht eben auf der metaphysischen Voraussetzung der *Existenz* eines solchen Wirklichkeitsbereiches. Genau diese Vorstellung der Existenz eines Wirklichkeitsbereiches stand natürlich mehr oder weniger deutlich hinter allen den ab § 9.4 benutzten Begriffen von physikalisch wirklich, physikalisch möglich usw. Wenn wir so in der Wahl der Worte und in der Formulierung der Begriffe durchaus von dem Hintergrund einer Metaphysik ausgegangen sind, so ist doch deutlich, daß alle formalen Konstruktionen auch ohne diese Hintergrundüberzeugung möglich gewesen wären.

Die innerhalb $\mathfrak{P}\mathfrak{T}$ durchführbare Konstruktion der sicheren determinierten und irreduziblen Hypothesen beruht allein auf $\mathfrak{M}\mathfrak{T}$ und den durch unmittelbare Feststellungen oder durch Vortheorien zu gewinnenden Axiomen $(-)_r$. Der durch Vortheorien gewonnene Teil der Axiome aus $(-)_r$ läßt sich ebenfalls rein formal im Rahmen der Vortheorien konstruieren, wie wir das in § 9.5 angedeutet haben, ohne diesen Teil der Axiome als Bilder eines durch die Vortheorien erfaßten realen Sachverhalts interpretieren zu *müssen*. So könnte man auch ohne »Deutung« der sicheren, determinierten und irredutiblen Hypothesen als Bilder von Ausschnitten einer realen Welt zu einem Aufbau der Physik kommen, der *allein* von den »unmittelbaren Gegebenheiten« wie z.B. einer Tasse auf dem Tisch ausgeht. Ein unter dem Mikroskop entdecktes Pantoffeltierchen dürfte man aber bei dieser Einstellung nicht als ein *reales* Pantoffeltierchen interpretieren, sondern eben nur als eine »Hypothese«. Darf man dann aber die »unmittelbar gegebene« Tasse auf dem Tisch als reale Gegebenheit hinnehmen? Sie ist uns ja auch nur im Bild unserer Sinneswahrnehmungen gegeben; oder richtiger: nur unsere Sinneswahrnehmungen sind uns gegeben, die Tasse selbst wäre auch als Hypothese ohne erkennbaren realen Hintergrund zu interpretieren. Dieser positivistische Standpunkt ist zwar nicht grundsätzlich widerlegbar, kann aber kaum verständlich machen, warum die Sinneswahrnehmungen der verschiedenen Menschen nicht miteinander unvergleichbar sind und kein Chaos bilden.

Wir sind dagegen von einem Bereich unmittelbar gegebener realer Sachverhalte gestartet, um ihn schrittweise mit Hilfe von 𝔓𝔗's zu erweitern. Dabei ist dann auch das mit Hilfe des Mikroskops beobachtete Pantoffeltierchen ein realer Sachverhalt in der Welt, und zwar auf Grund der »Theorie des Mikroskops«.

Durch die Weiterentwicklung der Physik wird der durch alle 𝔓𝔗's zusammen erfaßbare Teil der Wirklichkeit immer größer. Beim Aufstellen des Wirklichkeitsbereiches 𝔚 *einer* 𝔓𝔗 kann bei diesem *Entwicklungsprozeß* des Erfassens eines Ausschnittes der Wirklichkeit kein Widerspruch auftreten (genau um das klarzustellen, dienten die Ableitungen der vorigen § 9.1 bis 9.6); dagegen sind beim Zusammenfügen der Wirklichkeitsbereiche der verschiedenen 𝔓𝔗's im Laufe der historischen Entwicklung der Physik immer wieder Widersprüche der einzelnen Wirklichkeitsbereiche untereinander und der Aussagen der Theorie mit der Erfahrung entstanden. Wenn nicht Theorien wegen Widerspruch mit der Erfahrung *ganz* verworfen werden mußten, so konnte man alle Widersprüche darauf zurückführen, daß man entweder den Anwendungsbereich 𝔊 einer 𝔓𝔗 zunächst zu groß gewählt hatte oder bei der Aufstellung von 𝔚 nicht genügend genau beachtet hatte, daß man idealisierte Bereiche 𝔚𝔍 konstruiert hatte (siehe oben). Das bekannteste Beispiel für einen solchen Widerspruch war das des Widerspruchs zwischen Wellenbild und Korpuskelbild des Elektrons, der sich eben auflösen läßt, sobald man geeignete Ungenauigkeitsmengen berücksichtigt, was daraus hervorgeht, daß die Quantenmechanik des Elektrons eine 𝔓𝔗 ist, die sowohl umfangreicher als das Wellenbild als auch umfangreicher als das Teilchenbild ist (siehe XI). Ein anderer scheinbarer Widerspruch ist der zwischen den Wirklichkeitsbereichen der *Newton*schen und *Einstein*schen Raum-Zeit-Theorien (siehe IX, § 8).

Daß bei dieser Konstruktion der Wirklichkeitsbereiche zwar die mit Hilfe eines Lichtmikroskops entdeckte Wirklichkeit noch ganz ähnliche Grundstrukturen des raum-zeitlichen Geschehens zeigt wie die uns unmittelbar gegebene Umwelt, daß aber die Struktur des Wirklichkeitsbereiches im Atomaren andersartig wird, darf nicht irritieren. Es wird dadurch nur deutlich, daß »wirklich« noch nicht identisch damit ist, daß die Wirklichkeit in allen Bereichen Strukturformen haben müßte, die denen unserer unmittelbar gegebenen Umwelt ähnlich sind (siehe XIII).

Auf weitere Probleme, die mit dem Gesamtaufbau der Physik zusammenhängen, kommen wir am Ende unseres Weges durch die theoretische Physik in XIX wieder zurück.

Diesen § 9 konnten wir kaum durch Beispiele illustrieren. Wir werden aber öfter auf solche Beispiele treffen, die dann praktisch als Übungsaufgaben zu diesem § 9 angesehen werden können, da wir oft nicht alle Einzelheiten ausführlich darstellen können. Um insbesondere VI, § 4 und XIII, § 6 tiefer zu verstehen, ist III, § 9 unerläßlich.

IV. Kritische Betrachtungen zur Darstellung des Raum-Zeit-Problems in Kapitel II

Wir haben schon in Kapitel II erwähnt, daß uns das physikalische Raum-Zeit-Problem immer wieder auf unserer Reise durch die theoretische Physik begegnen wird. Wir wollen daher auch in diesem Kapitel IV nicht Gesichtspunkte vorwegnehmen, die man erst an späterer Stelle verstehen kann. Wenn wir also in diesem Kapitel noch einmal das in II behandelte Problem aufgreifen, so wollen wir *nicht* über die dort niedergelegten Strukturen hinausgehen und etwa ein gegenüber II verfeinertes Bild entwerfen, wie wir dies dann in IX und X tatsächlich tun werden. Wir wollen vielmehr nur die *Methode* kritisieren, die uns in II zur Formulierung des mathematischen Bildes für Raum und Zeit geführt hat und damit die in II, § 8 angeschnittenen Fragen wieder aufnehmen. Diese Kritik wird durch unsere allgemeinen Überlegungen über das Verhältnis von Mathematik und Physik nahegelegt. Wir können aber leider auch eine neue Grundlegung einer physikalischen Theorie für Raum und Zeit nicht *vollständig* vorführen, denn dies würde sowohl den Rahmen dieses Buches sprengen (weil an Umfang ein eigenes Buch hierfür erforderlich wäre) wie auch viel zu hohe mathematische Anforderungen an den Leser stellen. Die »Idee« einer solchen neuen Grundlegung läßt sich aber leicht verstehen; so können wir wenigstens zeigen, wie man sich eine Theorie von Raum und Zeit wünschen würde, die klar die physikalischen Voraussetzungen erkennen läßt. Die physikalischen Voraussetzungen einer Theorie sind dann klar erkenntlich, wenn es gelingt, eine axiomatische Basis einer Theorie (siehe III, § 6) aufzustellen. Wir wollen daher zunächst nachsehen, ob die in II dargestellte Theorie diesen Anforderungen genügt.

§ 1 Kritik des Abstandsbegriffes aus II

Wenn wir uns die Überlegungen aus II noch einmal vor Augen halten, so erkennen wir, daß für die Raumstruktur drei Begriffe wichtig waren: Als im Realtext mit Zeichen zu versehende Objekte traten die »Gerüste« (Inertial- oder

Fast-Inertialsysteme) und die in einem solchen Gerüst »fixierten Stellen« auf; als »Realrelationen« wurden eingeführt:

1. Die Relation, daß jede Stelle in einem bestimmten Gerüst fixiert ist;
2. Die Relation des Abstandes zweier Stellen aus demselben Gerüst.

Die Existenz von Inertial- (oder Fast-Inertial-)Systemen ist unausweichlich, um überhaupt von physikalischen Räumen sprechen zu können. Wir werden in X diese Voraussetzung kritisch näher untersuchen. Hier aber müssen wir sie als Basis beibehalten, da es sonst nicht möglich ist, überhaupt von räumlichem Nebeneinander im Realtext zu sprechen. Wir werden daher im folgenden nicht diese Grundvoraussetzung kritisieren (siehe dagegen X), sondern beibehalten. Unsere Kritik wird sich nur gegen die beiden Begriffe »Stelle« und »Abstand« als »Grundbegriffe« richten.

Um diese Kritik klarer werden zu lassen, beschränken wir uns (wie wir es auch später immer wieder tun werden) in diesem Kapitel IV auf ein einziges Inertialsystem und lassen deshalb im folgenden alle Hinweise auf das starre Gerüst fort und sprechen nur noch von Stellen und Abständen.

Das zumindest Unschöne an den »Stellen« ist, daß sie physikalisch immer ausgedehnt sind, aber diese Ausdehnung doch möglichst klein gemacht werden soll, d.h. daß schon in dem physikalischen Begriff der Stelle eine Art »Idealisierung« vorweggenommen ist, die dann in mathematisch exakter Form im mathematischen Bild durch die unausgedehnten Punkte dargestellt ist. Es läge daher vom Realtext her näher, nicht von »fixierten Stellen«, sondern von den im Realtext gegebenen »Gegenständen« auszugehen:

Nehmen wir z.B. als (Fast-)Inertialsystem das Zimmer, in dem wir sitzen, so können wir die in diesem Zimmer fixierten Gegenstände betrachten, wie Tisch, Stuhl, Lampe, Bild, Tischbein, Stuhllehne, usw. Diese Gegenstände sind (im Realtext) unmittelbar gegeben; irgendein *Prozeß*, wie z.B. zur Fixierung von Stellen braucht nicht durchgeführt zu werden um diese Grundelemente »Gegenstände« einzuführen.

Wenn wir uns nun die Methode ansehen, mit der die Realrelation »Abstand« in II eingeführt wurde, so sehen wir noch deutlicher, wieviele physikalische Prozesse und Operationen notwendig sind, um zu diesem Begriff »Abstand« zu kommen. Alle diese Operationen setzen aber schon eine Menge von physikalischen Strukturen voraus, damit sie durchgeführt werden können, d.h. damit überhaupt eine Abstandsmessung möglich ist. Wir haben in II Wert darauf gelegt, auf alle diese vorausgesetzten Strukturen hinzuweisen, um zu zeigen, daß die Abstandsrelation schon eine komplizierte und durchaus *nicht* triviale Relation zwischen Stellen ist. Wenn wir uns so noch einmal II, § 2 ansehen, so erhält man sofort den Eindruck, daß dieser ganze § eigentlich verschleiert eine ganze »Theorie« enthält, die dem Abstandsbegriff vorausgeht, und die dann schließlich die Einführung des Abstandsbegriffes ermöglicht. Der Abstandsbegriff ist also viel zu komplex (wie eben aus II, § 2 ersichtlich ist), um als *erste* Grundrelation in der theoretischen Physik benutzt zu werden. Es muß eine Vortheorie (siehe III, § 2) entwickelt werden, um *dann* erst zum Begriff des Abstandes zu gelangen. Überlegungen zu einer solchen Vortheorie gehen schon auf *Helmholtz* zurück. Wir wollen nun in den nächsten §§ versuchen, die Idee einer solchen Vortheorie zu schildern.

§ 2 Raumgebiete

Wir führen als Grundelemente die fixierten Gegenstände ein und benutzen als mathematisches Bild eine Menge, die kurz mit R bezeichnet sei. Als Realrelation, die unmittelbar am Realtext ablesbar ist, benutzen wir die Relation, daß ein Gegenstand »Teil« eines anderen sein kann, so wie z. B. das Stuhlbein Teil des Stuhles, der Bilderrahmen Teil des Bildes usw. ist. Im mathematischen Bild führen wir als Bild (siehe III, § 4) dieser Relation »Teil-sein« eine mathematische Relation mit dem Zeichen $<$ ein: Für ein Paar a, b von Elementen aus R *kann* die Relation $a < b$ gelten; es kann durchaus Paare c, d geben, für die weder $c < d$ noch $d < c$ gilt.

Für den Anfänger macht es oft Schwierigkeiten, daß in der Menge R die Relation $a < b$ *keine* spezielle Bedeutung hat; $a < b$ ist eben *nur* eine Relation; was für eine, ist *allein durch Axiome* charakterisiert, die über diese Relation $<$ noch gemacht werden.

Benutzen wir R mit der Relation $<$ als Bild (siehe III, § 4) für fixierte Gegenstände und für die Realrelation »Teil-sein«, so sind im Sinne von III, § 4 die Gegenstände durch R »typisiert«; man spricht dann von *Raumgebieten* statt von Gegenständen, um zum Ausdruck zu bringen, daß die Gegenstände nur in bezug auf die »Teil-sein«-Relation betrachtet werden und von anderen Eigenschaften der Gegenstände abgesehen wird. R nennt man kurz (aber nicht ganz exakt, siehe III, § 4) die Menge der Raumgebiete.

Die Erfahrungen legen es nahe (»intuitiv nahe«, siehe die Abbildung am Ende von III, § 4) folgende beiden speziellen Axiome für $<$ zu fordern:

1. Aus $a < b, b < c$ folgt $a < c$;

2. Aus $a < b, b < a$ folgt $a = b$.

Sind die Axiome 1, 2 vorgegeben, so nennt man R eine geordnete Menge (manchmal kommt noch in der Literatur der Ausdruck »teilgeordnet« vor).

Natürlich ist durch die beiden Axiome 1 und 2 die »ganze« physikalische Struktur der Raumgebiete noch nicht wiedergegeben. Es kommen also noch andere Axiome hinzu. Wir wollen aber diesen Weg des Aufstellens weiterer Axiome *und* der Deduktionen von Sätzen aus diesen Axiomen nicht vollständig durchlaufen, da dies zu große mathematische Anforderungen stellen würde, es kommt uns hier – wie wir oben schon sagten – nur auf die Grundideen an. Deshalb geben wir *nur* zur »Illustration« noch ein paar wenige Axiome:

Da wir Gegenstände zerteilen können *und* eine Struktur der Natur beim immer weiteren Teilen *unbekannt* ist (siehe »Idealisierungen« in III, § 5 und Ende von III, § 8), formulieren wir als »idealisiertes« Bild dieses Phänomens das Axiom:

3. Zu jedem a gibt es ein b mit $b < a$ und $b \neq a$.

Das Axiom 3 ist ein illustratives Beispiel für eine Idealisierung zu vorgegebenen Erfahrungen. Aus 3 kann man natürlich *nicht* rückwärts schließen, daß in »Wirklichkeit« jedes physikalische Raumgebiet beliebig oft teilbar ist.

Mit Hilfe der Relation $<$ lassen sich zwei andere Relationen zwischen *drei* Raumgebieten definieren(!):

Gibt es zu a, b ein c mit $c < a$ und $c < b$, so daß aus $d < a$ und $d < b$ auch immer $d < c$ folgt, so schreiben wir $c = a \wedge b$ und nennen c den »gemeinsamen Teil« von a und b.

Gibt es zu a, b ein f mit $a < f$ und $b < f$, so daß aus $a < g$ und $b < g$ immer $f < g$ folgt, so schreiben wir $f = a \vee b$ und nennen f die »Vereinigung« von a und b.

Man deute diese beiden *mathematischen* Begriffe mit Hilfe der Deutung von $<$ als »Teil-sein« und mache sich klar, daß die Worte »gemeinsamer Teil« und »Vereinigung« dann auch anschaulichen im Realtext leicht erkenntlichen *Realrelationen* entsprechen, die man auch in der Alltagssprache mit denselben Worten bezeichnen würde! Damit wird dann folgendes Axiom »nahegelegt«:

4. Zu jedem Paar a, b existiert $a \wedge b$ und $a \vee b$ (hierbei setzt man $a \wedge b = 0$, wenn es kein Raumgebiet c mit $c < a$ und $c < b$ gibt). Diese Beispiele mögen zur »Illustration« genügen.

Es sei nochmals betont, daß Punkte (als mathematische Objekte) in einer so entwickelten Raumtheorie *nicht* als Grundobjekte auftreten. Wie man später *nachträglich* Punkte definieren kann, die dann genau die bekannten Axiome der *Euklid*ischen Geometrie erfüllen, soll kurz erst in § 4 angedeutet werden.

§ 3 Transport von Raumgebieten

Die Betrachtung von Raumgebieten und der Relation »Teil-sein« reicht natürlich nicht aus, um zum Begriff des Abstands zu gelangen. Halten wir uns deshalb noch einmal die Darlegungen aus II, § 2 vor Augen.

Die Betrachtung der »Stellen« allein reichte nicht aus, um den Abstand zwischen zwei Stellen zu definieren. Man mußte in II, § 2 neben den »Stellen« noch Gegenstände betrachten, aus denen man »Ketten« herstellen konnte. Wir nannten diese Gegenstände Kettenglieder. Ein Kettenglied ist aber nichts anderes als das, was wir jetzt Raumgebiet nannten. Wir sehen also deutlich, welchen Vorteil die Einführung der Raumgebiete als Grundmenge mit sich bringt; denn dies sind gerade diejenigen Objekte, die bei der Einführung des Abstandsbegriffes die entscheidende Rolle spielen; aber nicht nur die Raumgebiete allein, sondern noch eine Beziehung zwischen solchen Raumgebieten die wir in II, § 2 mit der Bezeichnung »gleich geformte Kettenglieder« zum Ausdruck brachten. Die Grundlage für eine solche Bezeichnungsweise in II, § 2 war ein Vorgang, eine Operation, die wir anschaulich als *Transport* eines Kettengliedes (allgemein: eines Gegenstandes) bezeichnen.

Unabhängig von allen Konstruktionen von Ketten, usw. in II, § 2 werden wir hier diese Struktur in der Wirklichkeit (die uns durch die Möglichkeit gegeben ist, zwei Raumgebiete durch Transport zu vergleichen) durch ein mathematisches Bild darzustellen versuchen; d.h. der *Ausgangspunkt* für die Einführung des Abstandsbegriffes in II, § 2, der dort nur heuristisch benutzt wurde, um *nach längeren Prozessen* zum Abstandsbegriff zu kommen, wird jetzt selbst zur Grundlage der Theorie gemacht. Damit erfüllen wir die Absicht, die Darlegungen aus II, § 2 selbst zum Gegenstand einer physikalischen Theorie zu machen.

Was bezeichnen wir nun als Transport und wie wollen wir dies mathematisch abbilden?

Es ist möglich, einen Gegenstand von einer im Inertialsystem fixierten Lage zu einer anderen fixierten Lage zu »transportieren«; z. B. kann man im Zimmer (Fast-Inertialsystem) ein Buch aus dem Bücherschrank nehmen und auf den Tisch legen. Wir sagen dann kurz, daß die beiden Raumgebiete (z. B. Buch im Bücherschrank und Buch auf dem Tisch) durch Transport ineinander übergeführt werden können. In II, § 2 haben wir ausführlich die Frage untersucht, ob dieser Transport »materialunabhängig« ist. Wir haben dieses Problem an dem Beispiel »Form« und »Abdruck« anschaulich klar gemacht: Es ist eben im allgemeinen *nicht* der Fall, daß wenn Form und Abdruck in der einen Lage genau ineinander passen, dies auch in einer »transportierten« Lage der Fall sein muß; gießt man z. B. eine waagerecht auf dem Tisch liegende Stahlform mit einem weichen Plastikmaterial aus und stellt man dann Form und Abguß senkrecht auf, so paßt der Abguß (wegen des Einflusses der Schwerkraft, wie man so zu sagen pflegt) im allgemeinen nicht mehr in die Form. Wir nannten in II, § 2 diejenigen Gerüste, für die ein Transport materialunabhängig möglich ist, Inertialsysteme. Ist der Transport in einem Gerüst wenigstens für nicht zu »weiche« Materialien praktisch vom Material unabhängig, so sprachen wir von Fast-Inertialsystemen.

Wir gehen aber nun *nicht* so weiter voran wie in II, § 2, sondern versuchen für diesen realen Vorgang des Transports ein mathematisches Bild zu finden und Axiome aufzustellen, so daß dann theoretisch *nachträglich* ein Abstand definiert werden kann.

Um dies zu tun führen wir noch einige sehr anschauliche Definitionen ein:

Ist $a \in R$ ein Raumgebiet, so bezeichnen wir kurz die Menge aller b mit $b < a$ als $[0, a]$ und in Worten als *Abschnitt* von a. $[0, a]$ ist also eine Teilmenge von R.

Sind M_1 und M_2 zwei geordnete Mengen, so bezeichnet man eine eineindeutige (bijektive) Abbildung φ von M_1 auf M_2 als Ordnungs-Isomorphismus, wenn aus $a < b$ auch $\varphi(a) < \varphi(b)$ und aus $\varphi(a) < \varphi(b)$ auch $a < b$ folgt.

Als mathematisches Bild eines Transportes eines Raumgebietes a nach b führen wir einen Ordnungs-Isomorphismus φ von $[0, a]$ auf $[0, b]$ ein. Als Bildmenge der möglichen Transporte ist also eine Teilmenge der Ordnungs-Isomorphismen von Abschnitten zu wählen. Diese Teilmenge wird mathematisch durch Axiome präzisiert, die intuitiv aus dem Umgang mit wirklichen Objekten erraten werden (siehe Ende von III, § 4). Wir nennen dann kurz die Elemente φ dieser Teilmenge auch mathematisch »Transporte«.

Es ist nun wieder aus den schon mehrfach erwähnten Gründen unmöglich, in diesem Buch eine vollständige Theorie der Transporte zu entwerfen. Wir müssen uns mit einigen beispielhaft erwähnten Axiomen begnügen:

Ist φ ein Transport von a nach b, d.h. ein Ordnungs-Isomorphismus von $[0, a]$ auf $[0, b]$, so ist dadurch für ein $c < a$ mit $d = \varphi(c)$ durch $x \to \varphi(x)$ für alle $x < c$ ein Ordnungs-Isomorphismus von $[0, c]$ auf $[0, d]$ definiert. Wir fordern als Axiom, daß dieser Ordnungs-Isomorphismus ein Transport von c nach d ist; und nennen ihn die *Einschränkung* von φ auf c.

Sei φ ein Transport von a nach b; ist g ein anderes Raumgebiet mit $g > a$, so fordern wir als Axiom, daß es einen und nur einen Transport ψ von g auf $\psi(g)$ so gibt, daß die Einschränkung von ψ auf a mit dem vorgegebenen φ übereinstimmt.

Weiter fordern wir axiomatisch: Die identische Abbildung von $[0, a]$ auf $[0, a]$ ist ein Transport; mit φ ist auch φ^{-1} ein Transport; ist φ_1 ein Transport von a nach b und φ_2 von b nach c, so ist die Abbildung $\varphi_2\,\varphi_1$ ein Transport von a nach c.

Man kann nun leicht zeigen, daß man die Transporte eindeutig durch eine Gruppe $\mathscr{T}$ von Ordnungs-Automorphismen von R auf sich darstellen kann, so daß jeder Transport φ von a nach b als eine Einschränkung eines *eindeutig* den φ zugeordneten Elementes von $\mathcal{T}$ auf a erscheint. Es genügt dann, sich weiterhin mit der Gruppe $\mathcal{T}$ zu beschäftigen, die wir dann auch kurz als *Gruppe der Transporte* bezeichnen.

Diese Gruppe $\mathcal{T}$ ist vom Standpunkt der in II entwickelten Theorie eine sehr bekannte Gruppe. Hat man nach II eine *Euklid*ische Geometrie auf der Punktmenge X, so wird (rückwärts!) $\mathcal{T}$ definiert als die Menge aller Transformationen von X in sich, die den *Abstand* zweier Punkte *invariant* lassen. Dies sind aber bekanntlich alle Transformationen der Form

$$x'_\nu = \sum_{\mu=1}^{3} \alpha_{\nu\mu} x_\mu + \beta_\nu \quad (\nu = 1, 2, 3)$$

mit beliebigen Konstanten β_ν und Konstanten $\alpha_{\nu\mu}$, so daß die $\alpha_{\nu\mu}$ eine Drehmatrix $\mathbf{A}$ bilden, d.h. daß $\mathbf{A}'$ die zu $\mathbf{A}$ reziproke Matrix (siehe auch VI § 1.1) ist. Es ist aber nun das Entscheidende unseres *neuen* Weges, daß $\mathcal{T}$ nicht mit Hilfe des Abstandes definiert wird, sondern daß wir umgekehrt versuchen, den Abstand mit Hilfe von $\mathcal{T}$ zu definieren. Dieser letztere Weg ist aber auch der konsequentere; denn um den Abstand in II, § 2 einzuführen, wurden die Transporte von Kettengliedern benutzt und damit *eigentlich* (ohne dies allerdings in II, § 2 zu erwähnen) schon eine Struktur vorausgesetzt (allerdings in II, § 2 nur in heuristischer Weise), die dann nachträglich wieder als die Gruppe $\mathcal{T}$ der abstandserhaltenden Abbildungen von X in sich eingeführt wird. Der konsequente Weg, aus der Gruppe $\mathcal{T}$ der Transporte einen Abstand zu deduzieren, ist aber leider der *mathematisch kompliziertere,* wenn auch der *physikalisch durchsichtigere*.

Durch die oben angegebenen Axiome ist $\mathcal{T}$ in ihrer Struktur noch nicht genügend bestimmt, d. h. wir haben noch nicht genügend viele Strukturen aus der Wirklichkeit des Vorganges »Transportieren« im mathematischen Bild wiedergegeben. Wir können hier auch nicht weiter fortfahren, noch viele Axiome hinzuzufügen; dies hätte nur einen Sinn, wenn wir dann wirklich explizit zeigen könnten, wie man zur Deduktion des Abstandsbegriffes gelangt. Es sei nur kurz noch auf drei Dinge hingewiesen:

1. Man kann in $\mathcal{T}$ mit Hilfe der Menge R der Raumgebiete eine Topologie einführen: Jedem Raumgebiet a können wir die Menge $\tau(a)$ aller Elemente $\chi \in \mathcal{T}$ mit $\chi(a) \wedge a$ nicht Null (d.h. es gibt ein echtes Raumgebiet als gemeinsamen Teil von a *und* $\chi(a)$) zuordnen. Die Menge aller $\tau(a_1) \cap \tau(a_2) \ldots \cap \tau(a_n)$ (für irgendwelche $a_1, \ldots, a_n$ aus R) kann man als Umgebungsbasis der Einheit in $\mathcal{T}$ wählen.
2. Zu jedem Raumgebiet a gibt es drei Elemente τ_1, τ_2, τ_3, so daß die von diesen drei Elementen erzeugte Untergruppe $\mathcal{U}$ folgende Eigenschaft hat:

Zu jedem Raumgebiet b gibt es endlich viele Elemente $u_1, \ldots u_n \in \mathscr{U}$ und $\bigcup_{k=1}^{n} u_k(a) \supset b$, d.h. b wird von den $u_k(a)$ $(k=1, \ldots n)$ überdeckt.

3. Gibt es ein Raumgebiet a und ein $\tau \in \mathscr{T}$ mit $\tau(a) < a$ so folgt $\tau(a) = a$.

Der Punkt 2 charakterisiert anschaulich, daß man mit Mauersteinen in dreifacher Verschiebung aneinandergereiht jedes Raumgebiet ausfüllen (ausmauern) kann. Dieser Punkt 2 als Axiom ist der Ausgangspunkt dafür, daß man später zu einem *drei*dimensionalen Raum X kommt.

Der Punkt 3 besagt, daß »Transporte« nie ein Raumgebiet »verkleinern« können.

Der entscheidende Angelpunkt dieses Weges der Darstellung des Raumproblems ist (um es noch einmal zusammenzufassen), daß man aus der Erfahrung genügend viele Eigenschaften von $\mathscr{T}$ (auch von $\mathscr{T}$ relativ zu R) intuitiv errät und axiomatisch fordert, so daß dann $\mathscr{T}$ »eindeutig« als topologische Gruppe bestimmt ist.

§ 4 Raumpunkte und Abstände

Wenn wir auch – wie erwähnt – die ganze Theorie nicht darstellen können, so wollen wir doch in diesem § andeuten, wie man mathematisch wieder zu der *Euklid*ischen Geometrie mit ihren Punkten und Abständen zurückgelangen kann; denn daraus geht dann mit Hilfe der Begriffsbildungen aus III, § 9 klarer hervor, was wir von der physikalischen Wirklichkeit von Punkten und Abständen zu halten haben.

Genau dieser physikalische Gesichtspunkt ist der Grund, warum wir überhaupt ein wenig schildern wollen, wie man zu den Punkten und Abständen kommt; denn rein mathematischen Ansprüchen kann diese Schilderung nicht genügen, da wir alle »Beweise« unterdrücken müssen.

Wir führen zunächst einige Begriffsbildungen ein, von denen sich der Leser eine möglichst anschauliche Deutung machen möge:

Ist $a \in R$ ein Raumgebiet, so nennen wir ein Raumgebiet b *klein von der Ordnung a*, wenn es ein $\tau \in \mathscr{T}$ gibt mit $\tau(b) < a$.

Ein *Filter* nennen wir eine Teilmenge F von R, wenn sie zu jedem $a \in F$ auch jedes größere Raumgebiet $c > a$ enthält und zu je zwei $a, b \in F$ auch $a \wedge b$ enthält und wenn $a \wedge b$ für je zwei Raumgebiete aus F nicht »Null« ist.

Als *Cauchy-Filter* bezeichnen wir ein Filter F, das Elemente von »beliebig kleiner« Ordnung enthält, d. h. zu jedem $a \in R$ gibt es ein $b \in F$ und ein $\tau \in \mathscr{T}$ mit $b < \tau(a)$. Da F ein Filter ist, ist dann auch $\tau(a) \in F$.

Ein *Cauchy*-Filter F heißt *minimal,* wenn jede echte Teilmenge von F kein *Cauchy*-Filter mehr ist. Zu jedem *Cauchy*-Filter F gibt es eine und nur eine Teilmenge F_m von F, die minimales *Cauchy*-Filter ist.

Die minimalen *Cauchy*-Filter bezeichnen wir nun als »Punkte« und nennen die Menge der minimalen *Cauchy*-Filter kurz X.

Die Charakterisierung der Punkte als minimale *Cauchy*-Filter ist aber »ganz physikalisch«: Man charakterisiert eine »Stelle« durch eine Menge von immer kleiner werdenden Raumgebieten. Daß im mathematischen Bild die Raumgebiete »beliebig klein« werden, ist eine mathematische Idealisierung. Wegen der endlichen Ungenauigkeitsmengen (III, § 5) ist also im Realtext ein sehr kleines Raumgebiet und eine »Stelle« dasselbe, womit wir wieder zu dem Ausgangspunkt aus II, § 2 zurückgekehrt sind. Im Sinne von III, § 9 gehören auch in der neuen Raumtheorie, die von Raumgebieten ausgeht, die »Punkte« zum »idealisierten« Wirklichkeitsbereich $\mathfrak{W}\mathfrak{I}$, sobald durch den Realtext eine Basis von Tatsachen vorhanden ist, um durch eine determinierte Hypothese einzelne Punkte relativ zu dieser Basis festlegen zu können.

Die Gruppe $\mathscr{T}$ kann man erweitern als Transformationsgruppe der Punkte aus X. Den Abstandsbegriff erhält man dann in deduktiver Weise: Es gibt eine bis auf einen Zahlenfaktor eindeutig bestimmte Funktion $d(x, y)$ über den Punktepaaren, die invariant ist gegenüber den Transformationen aus $\mathscr{T}$; bei geeigneter Wahl der Koordinaten für die Punkte von X läßt sich $d(x, y)$ in der Form II (1.1) schreiben.

Das in II, § 2 geschilderte »Meßverfahren« ist nichts anderes als eine »praktische« Methode, die Funktion $d(x, y)$ durch physikalische Operationen (man sagt oft kurz: operativ) zu bestimmen. Sieht man zurück auf die in II, § 2 skizzierte Abstandsmeßmethode, so kann man sie vom Standpunkt der hier neu entwickelten Raumtheorie schildern:

Man stelle einen Realtext mit Hilfe von *Raumgebieten* und *Transporten* so her, daß man nach der hier neu entwickelten Theorie »determiniert« (im Sinne von III, § 9) auf zwei Punkte (d. h. approximativ zwei sehr kleine Raumgebiete) und deren Abstand schließen kann. Wie man einen für diesen Zweck passenden Realtext etwa herstellen kann, wird eben gerade in II, § 2 angegeben.

Damit haben wir erkannt (auch wenn wir hier nicht alle mathematischen Schritte vorführen konnten), daß es durchaus möglich ist, eine physikalische Raumtheorie so aufzubauen, daß man nur von Raumgebieten und von dem Transport von Raumgebieten ausgeht und die »Operationen« des Abstandsmessens schon ein *Ergebnis* der Theorie werden.

Außerdem ist dieses Beispiel sehr illustrativ für die in der Physik entscheidend wichtige Methode der Einführung neuer physikalischer Begriffe: In der allein auf Raumgebieten und Transport von Raumgebieten aufgebauten Theorie ist die Punktmenge X wie die Abstandsrelation eine *abgeleitete* Menge bzw. Relation. Solche aus den physikalisch ursprünglich gedeuteten Mengen und Relationen abgeleiteten Relationen werden ebenfalls als physikalische Sachverhalte gedeutet, so wie wir dies allgemein in III, § 9 dargelegt haben.

Liegt ein geeigneter Realtext, d. h. eine genügend große Menge von Erfahrungstatsachen vor, so kann eine Hypothese über solche *abgeleiteten* Objekte und Relationen »determiniert« werden (siehe III, § 9); man sagt dann, daß diese abgeleiteten Objekte und Relationen physikalisch wirklich sind und daß man die Objekte »operativ« hergestellt und die Relationen »operativ« gemessen hätte (so wie wir oben durch sich verkleinernde Raumgebiete »Stellen« operativ angegeben und deren Abstand durch »Ketten« von Raumgebieten operativ vermessen haben).

Im nächsten Kapitel V werden wir gleich zu Beginn wieder Begriffen begegnen, die *nicht* unmittelbar an der Erfahrung (d. h. am Realtext) ablesbar sind: den Begriffen von Masse und Kraft. Ohne die Einführung von Begriffen, die erst nachträglich mit Hilfe von Erfahrung *und* Theorie erschlossen werden, ist aber theoretische Physik nicht möglich. Die ganze Theorie der Atome ist überhaupt nur noch eine Theorie von erschlossenen Objekten und erschlossenen Relationen.

§ 5 Kritik des Zeitbegriffes aus II

Die Überlegungen aus II, § 6 zur Einführung des Zeitbegriffes zeigen mehr als deutlich, daß der Begriff des zeitlichen Abstandes noch mehr als der des räumlichen Abstandes einer Vortheorie bedarf, aus der er dann erst als abgeleiteter Begriff folgt. Nur so könnte man genauer, d. h. im mathematischen Bild in Form von Axiomen, die physikalischen Voraussetzungen formulieren, die es dann ermöglichen, einen Begriff des zeitlichen Abstandes einzuführen.

In II, § 6 wurden als Ausgangsobjekte die »Ereignisse« benutzt. Diese sind aber ganz entsprechend den »Stellen« im Raum schon idealisierte Grenzfälle, so daß man nach einem anderen Ausgangspunkt suchen muß. Dieser ist schon in II, § 6 mit dem Begriff der Veränderungen eingeführt worden.

Von Veränderungen, die an einem Gegenstand stattfinden, kann man einen Teilausschnitt auswählen. So wird es nahegelegt, als Grundobjekte (d. h. am Realtext unmittelbar feststellbare Tatsachen) »Vorgänge« zu benutzen; dabei soll ein Vorgang ein Stück Veränderung an einem Objekt sein. Wie schon in II, § 6 betont, kann man das, was wir mit »Vorgängen« bezeichnen, nicht mehr weiter »definieren«, sondern muß es vorzeigen. Wieder läßt sich eine »Teil-sein«-Relation als Realrelation zwischen Vorgängen am Realtext ablesen: Ein Vorgang *a* ist Teil eines Vorgangs *b*; auch dies kann nur anschaulich vorgewiesen werden, so wie wir oben von räumlichen Teilen eines Gegenstandes wie vom Stuhlbein als Teil des Stuhles sprachen. Ein »Vorgang« braucht sich dabei nicht als Veränderung an einem (in einem starren System) fixierten Gegenstand abzuspielen; z. B. ein Ausschnitt aus der Bewegung eines geworfenen Steins ist ebenfalls als »Vorgang« anzusehen.

Es wird so nahegelegt, als mathematisches Bild für die »Vorgänge« eine geordnete Menge V einzuführen, in der die Ordnungsrelation das »Teil-sein« von Vorgängen abbildet.

Damit beginnt aber erst das eigentliche Raum-Zeit-Problem: Wie hängt diese Menge V mit den Mengen R_λ der Raumgebiete der verschiedenen Inertialsysteme λ und mit dem zusammen, was wir in II, § 6 in der Form eines für alle Inertialsysteme gemeinsamen »Zeitparameters« eingeführt haben? Wir wollen dieser interessanten aber schwierigen Frage an dieser Stelle nicht weiter nachgehen, da wir noch zu wenig über die Struktur dessen wissen, was wir Veränderung nannten. Wir wollen die Behandlung dieser Fragen solange aufschieben, bis wir ihnen noch mehrfach in der Mechanik (siehe VII) und Elektrodynamik begegnet sind. In den beiden Kapiteln IX und X werden wir uns dann endgültig noch einmal dem Raum-Zeit-Problem stellen.

V. Die Grundprinzipien der klassischen Mechanik

Die folgenden einleitenden Worte sind nur für denjenigen Leser gedacht, der Kapitel III gelesen hat. Wer Kapitel III überschlagen hat, kann gleich mit § 1 beginnen.

Wir haben zwar in Kapitel II und IV schon physikalische Theorien kennengelernt und werden auch die in II dargestellte Theorie von Raum und Zeit für die Entwicklung der klassischen Mechanik weiterhin benutzen; aber die erste wirklich »erfolgreiche« physikalische Theorie war die klassische Mechanik. Die »Erfolge« der klassischen Mechanik waren so spektakulär, daß man im Überschwang des Gefühls spekulativ weit über das Ziel hinausschoß und sich zu manchen Fehlern verleiten ließ, auf die wir später zurückkommen werden (VI, § 4 und den letzten Band dieses Buches).

Wenn wir nun darangehen, in den nächsten §§ die klassische Mechanik zu entwickeln, so werden wir auf ein in der theoretischen Physik *weit verbreitetes* Phänomen stoßen: Die klassische Mechanik ist im Sinne von Kapitel III *nicht eine einzige* $\mathfrak{PT}$. Es handelt sich vielmehr um verschiedene Reihen (jede Reihe sei durch ein ν charakterisiert) von Theorien $\mathfrak{PT}_{\nu\mu}$, wobei man innerhalb einer Reihe von einer Theorie $\mathfrak{PT}_{\nu\mu}$ zu einer immer umfangreicheren Theorie $\mathfrak{PT}_{\nu\mu+1}$ übergeht, wie wir dies allgemein in III, § 7 geschildert haben. Man könnte nun die Auffassung vertreten, daß man die »umfangreichste« dieser Theorien heraussuchen sollte, und diese dann zur »klassischen Mechanik« stempeln sollte. Aber gerade ein solches Verfahren würde nicht nur den Charakter der theoretischen Physik als Wissenschaft verwischen, sondern in konsequenter Folgerichtigkeit nur die »allerumfangreichste aller physikalischen Theorien«, d. h. eine Theorie der ganzen Welt, als eigentliche physikalische Theorie zulassen. Gerade aber das scheint unmöglich zu sein, wie wir dies schon in III, § 2 diskutiert haben.

Mit $\mathfrak{PT}_1$ als der in II grundgelegten Theorie von Raum und Zeit werden wir also starten, um in der Form von Standarderweiterungen (III, § 7) relativ zu $\mathfrak{PT}_1$ Schritt für Schritt zu umfangreicheren Theorien voranzuschreiten. Wir werden auch nicht nur einen solchen Weg, sondern mehrere solche Wege (oben mit dem Index ν charakterisiert) des Fortschreitens kennenlernen.

§ 1 Bahnen von Massenpunkten

Wir hatten in II Inertialsysteme bzw. Fast-Inertialsysteme (kurze Bezugssysteme) und fixierte Stellen in diesen Bezugssystemen betrachtet; außerdem hatten wir die Struktur der Zeitmessung beschrieben. Es kommt nun in der Erfahrung häufig vor, daß sich *Gegenstände in einem Bezugssystem bewegen*. Der kursiv gedruckte Teil des Satzes ist nichts anderes als eine kurze Charakterisierung des Grundbereiches 𝔊 der von uns angestrebten Theorie 𝔓𝔗, so wie wir 𝔊 in III, § 2 definiert haben. Wenn wir jetzt daran gehen, diese kurze Charakterisierung etwas näher zu erläutern, so können wir nicht von theoretischen Vorstellungen ausgehen (außer den schon in II niedergelegten), sondern müssen auf Tatsachen hinweisen und diese Hinweise in unserer normalen Alltagssprache geben.

Insbesondere ist es also nicht möglich, zu *definieren*, was ein *Gegenstand* ist (wir hatten auf diese Tatsache schon in II hingewiesen). Wir können nur in Worten schildern, was wir meinen. So sind also die nächsten *Beschreibungen* nicht als Definitionen aufzufassen:

Als Gegenstand bezeichnen wir ein wohlabgegrenztes Stück Stoff. Hier ist aber Stoff *nicht* als Materie in irgendeinem philosophischen Sinn gemeint, sondern ganz in unserer Alltagssprache; Stoff bezeichnet eben allgemein alles, was wir in unserer Umgebung vorfinden. Gegenstände sind z.B. der Stuhl, auf dem ich gerade sitze; der Ball, den ich einem anderen zugeworfen habe. Aber auch so entfernte Objekte wie der Mond oder der Planet Jupiter können als Gegenstände bezeichnet werden; aber wir erkennen bei den letzteren sofort, daß die Bezeichnung des Mondes und des Planeten Jupiter als Gegenstände nicht »unmittelbar« erfolgt, sondern eine »Vortheorie« voraussetzt, so wie wir dies allgemein in III, § 2 dargelegt haben. Erst die »Theorie astronomischer Beobachtungen« (als Vortheorie) führt dazu, auch solche Objekte wie z.B. die Planeten als Gegenstände zu bezeichnen.

Wir wollen uns nun noch weiter einschränken und *zunächst* nur *wenig ausgedehnte* Gegenstände betrachten (siehe später dagegen auch VI, § 3). Die beiden Worte »wenig ausgedehnt« sollen nicht dasselbe bezeichnen, was wir schon beim Fixieren von Stellen in II diskutiert haben: Jede Stelle ist ausgedehnt, sonst wäre sie gar nicht fixierbar, sie ist aber wenig ausgedehnt, verglichen mit der eingeführten Abstandsmessung der Stellen untereinander; d.h. im Rahmen der endlichen Ungenauigkeiten der gerade zugrunde gelegten Abstandsmeßmethode kann man die Stellen als so gut wie unausgedehnt betrachten. *Wenig ausgedehnte* Gegenstände soll vielmehr heißen, daß die Ausdehnung klein gegenüber den sonst *zwischen* den Gegenständen gemessenen Abständen ist. So kann eben auch ein Planet in bezug auf die Abstände zur Sonne und zu anderen Planeten als *wenig ausgedehnt* bezeichnet werden. (Es wird sich später zeigen, daß man für weiter ausgedehnte Gegenstände den sogenannten »Massenmittelpunkt« wie einen »wenig ausgedehnten« Gegenstand betrachten darf; siehe § 2.5.) Einen solchen wenig ausgedehnten Gegenstand bezeichnet man kurz als *Massenpunkt* (das Wort Massen*stelle* wäre vielleicht besser, um anzudeuten, daß wir von einem realen Gegenstand und nicht von einem mathematischen Punkt sprechen; das Wort Massenpunkt ist aber üblich, so daß wir dieses Wort auch hier benutzen wollen).

Es bleibt jetzt noch, die Worte »in einem Bezugssystem bewegen« etwas näher zu erläutern, obwohl diese Worte eigentlich schon sehr deutlich angeben, was gemeint ist. Während die fixierten Stellen im Bezugssystem eine von der Zeit unabhängige Abstandsstruktur haben, die wir in II beschrieben haben und für die die Gerüste als Bezugssysteme Voraussetzung waren, so kann man für einen in einem Bezugssystem *bewegten* Massenpunkt einen im allgemeinen zu verschiedenen Zeiten t (t als Zeitparameter dieses Bezugssystems) auch verschiedenen Ort (als Ort in diesem Bezugssystem) vermessen, d. h. zu verschiedenen Zeiten fällt der Massenpunkt mit verschiedenen fixierten Stellen des Bezugssystems zusammen.

Dieser eben geschilderte reale Sachverhalt legt nun folgendes mathematische Bild nahe (um es nochmals zu betonen: aus den geschilderten realen Sachverhalten wird *nicht* das folgende mathematische Bild *deduziert;* siehe III, § 4):

Das Bezugssystem (wir lassen im folgenden zunächst einen Index für das Bezugssystem weg, da wir zunächst immer nur *ein* Inertialsystem, bzw. Fast-Inertialsystem, betrachten) beschreiben wir in der in II niedergelegten Weise durch die Menge X und die Zeitskala t: Jedem Ereignis y ist also ein Ort $x = f(y)$ und eine Zeit $t(y)$ in diesem Bezugssystem zugeordnet. Wie in II, § 8 näher beschrieben, kann man den Ort in X durch einen *Ortsvektor* $\mathbf{r}(y)$ angeben, so daß wir in dem betrachteten Bezugssystem jedes Ereignis y auch durch die Angabe des Paares $\mathbf{r}(y)$, $t(y)$ kennzeichnen können.

Den »bewegten« Massenpunkt denken wir uns beschrieben durch eine »Reihe von Ereignissen y«, die anschaulich gesprochen an und mit dem Massenpunkt stattfinden, so wie z. B. die Koinzidenz des Massenpunktes mit einer im Bezugssystem fixierten Stelle oder die Reflexion eines Lichtblitzes an dem Massenpunkt usw. Die den bewegten Massenpunkt beschreibende »Reihe von Ereignissen y« ist eine diesem Massenpunkt zugeordnete Teilmenge $\varrho \subset Y$. Welche Struktur dieser Teilmenge ϱ wollen wir axiomatisch fordern (natürlich intuitiv nahegelegt durch die Erfahrungen mit bewegten Massenpunkten)?

Entscheidend für die Beschreibung der Bewegung eines Massenpunktes ist nun die folgende Forderung:

Für die Teilmenge ϱ ist die Abbildung $y \to t(y)$ eindeutig umkehrbar.

Diese Forderung bedeutet, daß durch die Paare $(\mathbf{r}(y), t(y))$ für die y aus ϱ eine *Funktion* $\mathbf{r}(t)$ definiert ist, die wir die Bahn des Massenpunktes nennen.

Den Wertebereich aller t (y) mit y aus ϱ bezeichnen wir als den Zeitbereich der Bahn (wir werden gleich weiter unten fordern, daß der Zeitbereich ein Intervall ist, d.h. alle t-Werte zwischen zwei Werten t_1 und t_2 enthält).

Um uns die Bedeutung der obigen Forderung klar zu machen, wollen wir etwas näher schildern, wovon die Funktion $\mathbf{r}(t)$ Bild sein soll. Sie soll Bild der realen Beziehung sein (d.h. einer Realrelation im Sinne von III, § 4), die wir oben schon kurz als »Bewegung eines Massenpunktes in dem betrachteten Bezugssystem« bezeichnet haben:

In einem Inertialsystem (oder Fast-Inertialsystem) wird experimentell auf der Grundlage von Abstandsmessungen und fixierbaren Stellen eine »Basis« für Ortsvermessungen zugrunde gelegt; als Bild dieser Basis kann das in X eingeführte rechtwinklige Koordinatensystem dienen. In dem in II, § 5 erläuterten Sinn kann man dann durch »Vermessungen« relativ zur Basis *indirekt* Raumstellen als physikalisch wirkliche Stellen angeben. Setzen wir nun die Raumtheorie aus II als Vortheorie für die Mechanik voraus, so können wir, ohne die Vermessungsprozesse immer wieder schildern zu müssen, drei Raumkoordinaten $x_1^{(i)}$, $x_2^{(i)}$, $x_3^{(i)}$ als im Realtext der Mechanik (siehe III, § 4) vorliegende Meßergebnisse für die fixierte Stelle (i) ansehen.

Genauso kann man die Zeitparameterwerte $t^{(i)}$ im Sinne der Zeitmeßtheorie aus II, § 6 und 7 als Vortheorie zur Mechanik als im Realtext vorliegende Meßergebnisse für die Zeiten $t^{(j)}$ von Ereignissen $y^{(j)}$ auffassen.

Die Ereignisse $y^{(i)}$, deren Orte und Zeiten man in dieser Weise durch die $x_1^{(i)}$, $x_2^{(i)}$, $x_3^{(i)}$ und $t^{(i)}$ als vorliegende Meßergebnisse ansehen kann, sind in bezug auf die »Bewegung des Massenpunktes« Ereignisse an und mit diesem Massenpunkt, wie z.B. die Koinzidenz des Massenpunktes mit der fixierten Stelle $x_1^{(i)}$, $x_2^{(i)}$, $x_3^{(i)}$ oder die Reflexion eines Lichtblitzes zur Zeit $t^{(i)}$ am Massenpunkt, eine Reflexion, die man z.B. zur Vermessung des Ortes $x_1^{(i)}$, $x_2^{(i)}$, $x_3^{(i)}$ dieses Ereignisses benutzen kann. Wir wollen diese Ereignisse $y^{(i)}$ kurz die mit dem Massenpunkt »verknüpften« Ereignisse nennen.

Als reale Sachverhalte (Realtext im Sinne von III, § 4) kann man also eine vorgegebene Meßreihe ($x_1^{(i)}$, $x_2^{(i)}$, $x_3^{(i)}$, $t^{(i)}$) ansehen, wobei der Index (i) kurz die verschiedenen vermessenen, mit dem Massenpunkt verknüpften Ereignisse angibt. Für ein solches Meßquadrupel sei kurz ($\mathbf{r}^{(i)}$, $t^{(i)}$) geschrieben.

Diese Meßergebnisse ($\mathbf{r}^{(i)}$, $t^{(i)}$) sind im Sinne von III, § 4 als Test mit der Theorie in folgender Form zu vergleichen: Mit der als Bild dienenden Funktion $\mathbf{r}(t)$ muß (innerhalb der Meßungenauigkeiten) $\mathbf{r}(t^{(i)}) = \mathbf{r}^{(i)}$ sein (d.h. $\mathbf{r}(t^{(i)}) \sim \mathbf{r}^{(i)}$ sind die nach III, § 4 niederzuschreibenden Relationen $(-)_r$ (2)).

Unser bisher eingeführtes mathematisches Bild der Bahnen $\mathbf{r}(t)$ könnte nur dann mit der Erfahrung in Widerspruch geraten (siehe die Bedeutung von $\mathfrak{MTA}$ in III, § 4), wenn man realiter *denselben* Massenpunkt zur *selben* Zeit $t^{(i)} = t^{(j)}$ an *verschiedenen* Orten $\mathbf{r}^{(i)} \neq \mathbf{r}^{(j)}$ (außerhalb der Ungenauigkeitsgrenzen!) antreffen würde, was aber bisher in keinem Falle vorgekommen ist, so daß man es fast als »selbstverständlich« empfindet, daß niemals ein Massenpunkt zur selben Zeit an verschiedenen Stellen sein kann. Hierbei haben wir vorausgesetzt, daß wir *vor* Beginn der Physik schon wissen, wie wir ein und denselben Massenpunkt wiedererkennen können. Dieses Problem ist nicht trivial, sondern setzt eine ganze Reihe vorphysikalischer Erfahrungen voraus. Ja, es ist auch keineswegs so, daß bei *allen* Vorgängen (man denke etwa an chemische Prozesse) die »Identität« eines Stoffelementes festgehalten werden kann; oder um ein konkretes Beispiel zu nennen: ein wenig ausgedehntes Stück Steinsalz wird in einen Topf mit Wasser geworfen; zunächst kann man bei der Wurfbewegung den Massenpunkt Steinsalz leicht in seiner Identität festhalten; liegt er aber im Wasser, so löst er sich auf, so daß in keiner Weise mehr der Massenpunkt weiter definierbar bleibt. Dies ist nur *ein* Beispiel dafür, daß der zunächst in den Grundbereich $\mathfrak{G}$ der Bewegung von Massenpunkten fallende Prozeß plötzlich in einen anderen (das Auflösen in Wasser) übergeht, der nicht mehr im Grundbereich $\mathfrak{G}$ der gerade untersuchten Theorie liegt. *Nur* also, wenn sich die Identität eines Massenpunktes festhalten läßt, ist die hier zu entwickelnde Theorie der Bewegung von Massenpunkten anwendbar.

Die Identität wird aber nicht immer nur dadurch festgehalten, daß sich ein Massenpunkt langsam und *sichtbar* weiterbewegt, da ja in vielen physikalisch interessanten Fällen die sichtbare, fast »ununterbrochene« Beobachtung nicht möglich ist. Man muß dann andere Hilfsmittel benutzen, wie z.B. Zeichen irgendwelcher Art, durch die sich die einzelnen Massenpunkte unterscheiden, oder aber oft die einfache Tatsache, daß keine anderen Massenpunkte »in der Nähe« sind.

Unsere bisher eingeführte mathematische Theorie ist noch viel zu schwach, um genauer die realiter vorkommenden Orte eines Massenpunktes zu verschiedenen Zeiten zu beschreiben, da wir bisher keine weiteren Axiome über $\mathbf{r}(t)$ eingeführt haben, als daß eben $\mathbf{r}(t)$ eine Abbildung des Zeitbereiches der Bahn in die Menge X der Raumpunkte darstellt.

Unser nächstes Axiom ist, daß der Zeitbereich der Bahn ein Zeitintervall ist und daß $\mathbf{r}(t)$ eine stetige Funktion ist. (Hier wie häufig noch in diesem Buch werden wir die mathematisch präzise Formulierung unterdrücken, da es für den Mathematiker klar ist, welche genauen Begriffsbildungen zugrundeliegen und für den Physiker zumindest in dem jeweiligen Spezialfall klar ist, was gemeint ist.) Wiederum sei betont (was wir später *nicht* immer jedesmal hervorheben werden; siehe III, § 4), daß dieses Axiom der Stetigkeit von $\mathbf{r}(t)$ *nicht* aus der Erfahrung deduzierbar ist, denn nur *endlich* viele $(\mathbf{r}^{(i)}, t^{(i)})$ stehen als Meßergebnisse zur Verfügung (siehe III, § 8).

Über die Forderung der Stetigkeit von $\mathbf{r}(t)$ ist viel herumgerätselt worden, ja sogar philosophische Konsequenzen wurden gezogen. Solche Überlegungen sind aber ganz sinnlos (siehe auch III, § 8), da sowohl die Struktur des physikalischen Raumes im Kleinen wie der physikalischen Zeit im Kleinen ganz unbekannt ist und das dreidimensionale Kontinuum für die Raumpunkte und das eindimensionale Kontinuum für die Zeitpunkte im mathematischen Bild reine Idealisierungen (siehe III, §§ 4 und 8) darstellen, die in keiner Weise irgendeinem realen Sachverhalt zu entsprechen brauchen. So wie das Raumkontinuum eine Idealisierung der Tatsache ist, daß man immer kleinere Abstände (bis zu einer noch unbekannten Größe hin) messen kann, so ist auch die Forderung der Stetigkeit von $\mathbf{r}(t)$ eine Idealisierung dafür, daß man für »kleine« Zeitunterschiede $|t^{(1)} - t^{(2)}|$ auch »kleine« Abstände $d(\mathbf{r}(t^{(1)}), \mathbf{r}(t^{(2)}))$ feststellt. Ein Grenzprozeß $|t^{(1)} - t^{(2)}| \to 0$ ist aber physikalisch *nicht* vollziehbar! Die Stetigkeit von $\mathbf{r}(t)$ liegt aber intuitiv als *bequemste* Idealisierung des immer wieder beobachteten Sachverhalts kleiner Ortsänderungen bei kleinen Zeitänderungen nahe.

Bevor wir nun im nächsten § daran gehen, weitere Axiome für die Bahnen $\mathbf{r}(t)$ der Massenpunkte einzuführen, seien noch kurz einige im folgenden benutzte Bezeichnungsweisen und Beschreibungsweisen angegeben.

In der Menge Y der Ereignisse kann man durch die relativ zu einem Bezugssystem λ jedem y eindeutig zugeordneten Orte $x = \mathrm{f}_\lambda(y)$ und Zeiten $t = \mathrm{t}_\lambda(y)$ und die beiden so definierbaren Abstände

$$d_\lambda(y_1, y_2) = d(f_\lambda(y_1), f_\lambda(y_2))$$

und

$$\tau_\lambda(y_1, y_2) = |t_\lambda(y_1) - t_\lambda(y_2)|$$

eine Topologie einführen: physikalisch ausgedrückt sind zwei Ereignisse y_1, y_2 als benachbart anzusehen, wenn die Entfernung der Orte *und* der Unterschied der Zeiten klein ist.

Daraus, daß $\mathbf{r}(t)$ eine stetige Funktion ist, folgt dann, daß die oben eingeführte Menge ϱ der der Bewegung des Massenpunktes zugeordneten Ereignisreihe eine *stetige Kurve* in Y ist, denn ϱ entsteht als Bildmenge der Abbildung $t \to (\mathbf{r}(t), t)$ eines Zeitintervalls auf die durch $(\mathbf{r}(t), t)$ dargestellten Ereignisse y. Durch $t \to (\mathbf{r}(t), t)$ ist also eine stetige Abbildung eines Zeitintervalls in Y und speziell auf die Teilmenge ϱ aus Y definiert.

Allgemein ist eine stetige Kurve in Y durch eine stetige Abbildung eines Intervalls reeller Zahlen $\alpha \to y(\alpha)$ definiert. Aber nicht jede stetige Kurve ist im obigen Sinne eine Bahnereignisreihe ϱ. Dies ist aber genau dann der Fall, wenn es eine solche Parameterdarstellung $y(\alpha)$ gibt, so daß nicht nur $t(y(\alpha))$ stetig, sondern auch stetig umkehrbar ist, d. h. die Zuordnung $\alpha \to t(y(\alpha))$ eindeutig umkehrbar ist $t \to \alpha$ und die Abbildung $t \to \alpha$ stetig ist.

Die Darstellung einer Bahnereignisreihe ϱ als einer Kurve $y(\alpha)$ in Y hat für viele Zwecke den großen Vorteil, daß die Kurve $y(\alpha)$ *unabhängig* vom Bezugssystem ist; es zeigt sich nämlich, daß – wie wir später noch näher diskutieren werden – die in Y durch ein Bezugssystem λ definierte Topologie unabhängig vom Bezugssystem ist.

In den nächsten §§ werden wir allerdings diese »bezugssystemfreie« Darstellung $y(\alpha)$ der Menge ϱ nicht benutzen, sondern nur die Form $\mathbf{r}(t)$. Dagegen werden wir oft mehrere Massenpunkte zu betrachten haben. Wir werden dann die verschiedenen Massenpunkte durch lateinische, obere Indizes unterscheiden, (also z.B. ist $\mathbf{r}^i(t)$ die Bahn des i-ten Massenpunktes). Die rechtwinkligen Koordinaten bezeichnen wir mit griechischen Indizes von 1 bis 3 (also ist $x^i_\nu(t)$ die ν-te Koordinate des Ortes des i-ten Massenpunktes zur Zeit t). An späterer Stelle werden noch mehrere Inertialsysteme zusammen betrachtet, so daß diese dann durch weitere Indizes zu charakterisieren sind, was aber an der betreffenden Stelle ausdrücklich erwähnt werden wird.

§ 2 Die *Newton*sche Mechanik der Massenpunkte

Die schon in § 1 angeschnittene Frage lautet: Kann man die Bahnen $\mathbf{r}(t)$ im mathematischen Bild strengeren Axiomen der Art unterwerfen, daß *nur* die jeweils auch in der Natur vorkommenden oder möglichen Bahnen bildlich dargestellt werden? Immer wieder beobachtet man, daß die vorkommenden Bewegungen wie das Werfen eines Steines, die Schwingungen eines Fadenpendels oder einer Kugel an einer Feder oder die Bewegungen der Planeten nicht »irgendwie« erfolgen, sondern wie von der Natur ausgewählt erscheinen.

Wenn es möglich wäre, deduktiv aus der Erfahrung die Gesetze für die Bewegung, d.h. die Axiome für die Bahnen $\mathbf{r}(t)$ abzuleiten, so wäre es nicht schwierig, dem Anfänger in der Physik den Weg aufzuzeigen, warum man zu den Gesetzen kommen muß. Da aber ein solcher Weg der Ableitung nicht möglich ist, kann man nur die Situation in der Wirklichkeit schildern, die uns beschäftigt, und dann die *intuitiv* gefundene Idee angeben, die zur Aufstellung von Axiomen führte.

Newton war es, dem es als erstem gelang, Axiome für die Bewegung von Massenpunkten zu formulieren.

Da wir hier keine Geschichte der Physik schreiben, werden wir nicht wörtlich die *Newton*schen Axiome übernehmen, sondern nur von derselben Grundidee ausgehen, diese aber in modernerer Auffassung darstellen.

Da man augenscheinlich experimentell Massenpunkte an sehr verschiedene Orte bringen kann, ist wohl der Ort $\mathbf{r}(t)$ zu *einer* Zeit t keiner Forderung, d.h. keinem Axiom zu unterwerfen. Die gesuchten Axiome werden also Relationen zwischen den Werten $\mathbf{r}(t)$ für verschiedene Zeiten t sein. Aber auch die Orte $\mathbf{r}(t_1)$ und $\mathbf{r}(t_2)$ zu nur *zwei* verschiedenen Zeiten scheinen willkürlich zu sein, da man z.B. einen Stein verschieden weit werfen kann oder ein Massenpunkt an einer Feder verschieden stark schwingen kann.

Die *Newton*sche Idee basiert nun auf folgenden neuen Begriffen: Statt $\mathbf{r}(t_1)$ und $\mathbf{r}(t_2)$ zu zwei verschiedenen Zeiten t_1, t_2 zu betrachten, lassen wir im mathematischen Bild (!), d.h. in Gedanken t_2 gegen t_1 gehen und untersuchen das Verhalten von $\mathbf{r}(t_2) - \mathbf{r}(t_1)$. Da $\mathbf{r}(t)$ als stetig vorausgesetzt wurde, geht natürlich $\mathbf{r}(t_2) - \mathbf{r}(t_1) \to 0$. Aber der Quotient

$$\frac{\Delta\mathbf{r}}{\Delta t} = \frac{\mathbf{r}(t_2) - \mathbf{r}(t_1)}{t_2 - t_1} \tag{2.1}$$

braucht dabei natürlich nicht gegen Null zu gehen. Sind $t^{(1)}$ und $t^{(2)}$ zwei gemessene Zeiten, so kann man experimentell das Analogon zu (2.1):

$$\frac{\mathbf{r}^{(2)} - \mathbf{r}^{(1)}}{t^{(2)} - t^{(1)}} \tag{2.2}$$

berechnen. Der mathematische Grenzprozeß $t_2 \to t_1$ ist aber physikalisch in der Form $t^{(2)} \to t^{(1)}$ *nicht* vollziehbar, wie wir schon oben in § 1 erwähnten. Wieder aber liegt eine *Idealisierung* (!) nahe:

Wir fordern axiomatisch, daß die Bahnen $\mathbf{r}(t)$ im mathematischen Bild differenzierbar sind.

Definition 2.1: Der Differentialquotient $d\mathbf{r}/dt = \mathbf{v}(t)$ heißt die *Geschwindigkeit* des Massenpunktes zur Zeit t.

Die Geschwindigkeit ist also eine Idealisierung des experimentell in (2.2) dargestellten Sachverhalts, falls $t^{(2)} - t^{(1)}$ in (2.2) »nicht zu groß« ist. Um gerade bei den ersten Grundbegriffen der theoretischen Physik falsche Vorstellungen auszuschließen, sei nochmals ausführlicher (auch wenn es manchen Leser langweilen sollte) das Verhältnis eines experimentellen Ergebnisses der Art (2.2) zu dem idealisierten Begriff des Differentialquotienten $d\mathbf{r}/dt$ dargestellt.

Experimentell (d.h. im Realtext, siehe III, § 4) seien eine große Reihe von Orts-Zeit-Vermessungen vorgenommen worden, so daß eine große Zahl von Paaren $\mathbf{r}^{(i)}$, $t^{(i)}$ vorliegt. Sei $t^{(1)}$ festgehalten; man betrachte dann die Werte

$$\frac{\mathbf{r}^{(i)} - \mathbf{r}^{(1)}}{t^{(i)} - t^{(1)}} \tag{2.3}$$

für kleiner werdende $|t^{(i)} - t^{(1)}|$. Wegen der endlichen (!) Ungenauigkeiten der $\mathbf{r}^{(k)}$, $t^{(k)}$ werden die Ungenauigkeiten der Werte (2.3) für kleine $|t^{(i)} - t^{(1)}|$ immer größer! Das einzige Verhalten der Werte (2.3), das noch etwas von dem idealisierten Bild des Differentialquotienten $\mathbf{v}(t^{(1)})$ wiedergibt, kann also höchstens das sein, daß die Werte (2.3) für »kleine« $|t^{(i)} - t^{(1)}|$, aber *nicht* zu *kleine* $|t^{(i)} - t^{(1)}|$ (wegen der endlichen Ungenauigkeiten muß $|t^{(i)} - t^{(1)}|$ noch wesentlich größer als die Ungenauigkeit der Zeitmessung bleiben!) *annähernd* einen von (i) unabhängigen Wert annehmen.

Ein völlig unbegründeter Fehlschluß wäre es aber aus dem Bild der differenzierbaren Bahnen zu schließen, daß »in Wirklichkeit« auch die Bahnen in der Natur an sich differenzierbar seien und nur die Meßungenauigkeiten eine entsprechende »exakte« Messung der Geschwindigkeit $\mathbf{v}(t^{(1)})$ verhindern würden. Ein solcher Schluß würde wiederum den Fehler wiederholen, aus einer physikalisch nicht begründeten, mathematisch idealisierten Bildstruktur auf die Wirklichkeit zu schließen (siehe III, § 5 und 8; und die Schilderung des Beispiels der Photographie II, § 4).

Der Differentialquotient $\mathrm{d}\mathbf{r}/\mathrm{d}t$ ist eine mathematische Größe, die in gewisser Weise die Orte $\mathbf{r}(t)$ zu *zwei* Zeiten t_2 und t_1 (im Limes $t_2 - t_1 \to 0$) miteinander verknüpft. Die Geschwindigkeit scheint aber bei den physikalisch möglichen Bewegungen ebenfalls experimentell vorgebbar, da man z.B. Steine verschieden schnell werfen kann. Es war nun die Idee von *Newton*, daß die *Beschleunigung* die entscheidend wichtige Größe zur Formulierung von Axiomen für die Bahnen $\mathbf{r}(t)$ sei.

Wir fordern axiomatisch, daß $\mathbf{r}(t)$ zweimal differenzierbar ist, und definieren:

Definition 2.2: Der Differentialquotient $\mathrm{d}\mathbf{v}/\mathrm{d}t = \mathrm{d}^2\mathbf{r}/\mathrm{d}t^2 = \mathbf{b}(t)$ heißt die *Beschleunigung* des Massenpunktes zur Zeit t.

§ 2.1 *Masse und Kraft*

Wir kommen nun zu einem sehr wichtigen, aber auch sehr schwierigen Punkt. Wegen der Schwierigkeit wird dieser Punkt oft im Dunkeln gelassen. Es handelt sich um die Begriffe von Masse und Kraft. Gerade ein Anfänger weiß am Ende mancher Erläuterungen nicht so recht, ob das bekannte *Newton*sche Grundgesetz: *Masse mal Beschleunigung gleich Kraft* ein physikalisches Gesetz (d. h. Axiom im mathematischen Bild) darstellt oder nur eine Definition der Kraft oder eine Definition der Masse.

Weil der Sachverhalt tatsächlich kompliziert ist, müssen wir behutsam vorgehen, um keine Fehler zu machen; auf keinen Fall wollen wir dieses »Grundgesetz« als bei dem Leser »bekannt« voraussetzen, da wir sonst unserem Anliegen untreu würden, zu schildern, was theoretische Physik ist.

Daß physikalische Begriffe intuitiv auch durch subjektive Erlebnisse nahegelegt werden können, soll nicht bestritten werden. So entstand historisch sicherlich auch der Begriff der Kraft aufgrund von Erlebnissen, daß man sich selber »anstrengen« muß, will man einen Wagen mit einer Last in Bewegung setzen. Man verfehlt aber vollkommen den physikalischen Begriff der Kraft, wollte man ihn als Bezeichnung für dieses unmittelbare Erlebnis der Anstrengung einführen. Der physikalische Begriff der Kraft beschreibt eben *nicht* etwas unmittelbar Feststellbares, was im Sinne von III zum Grundbereich 𝔊 der Mechanik gehören würde. Der Kraftbegriff gehört *nicht* zur Formulierung der Abbildungsprinzipien, die etwas im Realtext, d. h. an der Wirklichkeit (siehe III, § 4) Ablesbares in eine mathematische Form umzuschreiben gestatten. Die erlebte Anstrengung ist *kein* durch die Mechanik als physikalischer Theorie beschriebener Sachverhalt und kann daher höchstens eine Anregung zu einer Intuition sein, den Kraftbegriff einzuführen; eine ähnliche Anregung, wie diejenige, die über die Entdeckung des Gravitationsgesetzes durch *Newton* erzählt wird: Ein herabfallender Apfel soll *Newton,* als er im Garten ruhte, zu der Vorstellung des allgemeinen Anziehungsgesetzes der Massen (siehe § 2.6) geführt haben.

Auch der Begriff der Masse beschreibt nichts, was man unmittelbar in der Wirklichkeit, d. h. im Realtext vorfindet. Wie aber lassen sich dann die Begriffe von Masse und Kraft einführen, wenn sie nichts aus dem Grundbereich 𝔊 der Mechanik beschreiben?

Die Begriffe von Masse und Kraft lassen sich also weder durch Hinweise auf Erfahrungen noch durch eine ähnliche Zusammenfassung von Erfahrungen definieren, wie wir dies für den Begriff des Abstandes in II, § 2 durchgeführt haben. Da wir aber den Leser nicht zu sehr schockieren wollen, sollen doch einige Erfahrungen aufgezählt werden, die die *intuitive* Formulierung (siehe am Ende von III, § 4 angegebene Figur und die dort gezeichnete Linie: intuitives Erraten) des *Newton*schen Gesetzes *nahelegen.* Dabei stellt sich eine weitere Schwierigkeit ein, die darauf beruht, daß die Begriffe von Masse und Kraft eine große Allgemeingültigkeit beanspruchen, so daß wir eigentlich über eine Fülle von Erfahrungen berichten müßten. Wir können dagegen aus Platzgründen nur eine kleine Auswahl treffen, was aber von der Fragestellung her, was theoretische Physik ist, durchaus kein Nachteil ist, da die Schilderung der Erfahrungen *keine Deduktion* (siehe III, § 4) der Begriffe von Masse und Kraft liefern soll, sondern nur eine Intuition verständlich machen soll, die zur Einführung des *Newton*schen Grundgesetzes führt.

Da wir mit ein paar wenigen, möglichst einfachen experimentellen Tatsachen auskommen wollen, um die Einführung des Massen- und Kraftbegriffes verständlich zu machen, beschränken wir uns auf zwei Sachverhalte: 1. die durch die Beschleunigung beschriebene Eigenschaft von Bahnkurven von Massenpunkten, und 2. die häufig angegebene Möglichkeit, verschiedene Massenpunkte dem »Einfluß« *derselben* Umgebung auszusetzen. Die Vorgänge, die wir zur Veranschaulichung der Einführung des Massen- und Kraftbegriffes heranziehen, sind also die Beschleunigungen von Massenpunkten in Abhängigkeit von der »Umgebung«. Es war gerade die grundlegende Idee von *Newton,* nur die Beschleunigung (und nicht die Geschwindigkeit!) eines Massenpunktes als von seiner »Umgebung« abhängig zu betrachten, was *Newton* in der Formulierung zum Ausdruck brachte, daß ein »freier« Massenpunkt sich geradlinig gleichförmig, d. h. eben mit der Beschleunigung $\mathbf{b}(t) \equiv 0$ bewegt. Natürlich ist dieser Satz praktisch eine Tautologie, da das Wort »frei« erst dadurch definiert ist, daß $\mathbf{b}(t) \equiv 0$ ist. Dieser Satz soll aber etwas mehr ausdrücken, nämlich daß die Beschleunigung ein von der Umgebung abhängiges Verhalten zeigt, für das es *leichter ist, Gesetze aufzustellen*, als für die Form der Bahnen selbst.

Die »Umgebung« ist nicht zu definieren, sondern eine unmittelbar gegebene Tatsache. Daher können wir nur Beispiele aufzählen: Für einen Massenpunkt, der an einer Feder aufgehängt ist, ist die Feder die Umgebung, von der augenscheinlich die Bewegung des Massenpunktes abhängt; nach *Newton* sollte also die Beschleunigung des Massenpunktes eine »einfache« Struktur zeigen und ein Charakteristikum der Feder sein. Die Erfahrung zeigt nun, daß verschiedene Massenpunkte an *derselben* Feder angebracht (d. h. in *derselben Umgebung*) verschiedene Beschleunigungen erfahren.

Versucht man experimentell etwas näher die Beschleunigungen *verschiedener* Massenpunkte an *derselben* Feder zu analysieren, so gelangt man (für Massenpunkte, die viel mehr wiegen als die Feder) zu einer sehr einfachen Beziehung: Die Beschleunigung des i-ten an der Feder angebrachten Massenpunktes läßt sich schreiben als $\lambda_i a l$, wobei a eine Konstante, l die Ausdehnung der Feder und λ_i eine dem i-ten Massenpunkt zukommende Konstante ist. Natürlich hätten wir die Konstante a mit in die λ_i hineinnehmen können; wir haben sie aber eingeführt, da man so besser sieht, daß man aus allen λ_i noch eine willkürliche Konstante herausziehen kann, und da es sich für die folgenden Überlegungen als praktisch erweist, daß wir die noch willkürliche Konstante *a sichtbar* herausgezogen haben: denn benutzt man nun für dieselben Massenpunkte eine *andere* Feder, so kann man die Beschleunigung mit *denselben* λ_i für jeweils den i-ten Massenpunkt in der Form $\lambda_i b l$ mit einer anderen Konstanten b schreiben.

Die Beschleunigungen lassen sich also zerlegen in einen nur vom Massenpunkt abhängigen konstanten Faktor λ_i und einen nur von der Feder und ihrer Ausdehnung abhängigen Faktor $a l$, wobei man a die »Federkonstante« nennt.

Geht man von den Federn zu allgemeineren Erfahrungen über, so zeigt sich in sehr vielen Fällen (das müssen nicht alle sein!), daß die Beschleunigungen $\mathbf{b}^i$ verschiedener Massenpunkte i in *derselben* Umgebung alle der Richtung nach übereinstimmen, d. h. sich in der Form $\mathbf{b}^i = \lambda_i \mathbf{l}$ schreiben lassen, wobei für dieselben Massenpunkte in *verschiedener* Umgebung die Beschleunigungen $\mathbf{b}'^i$ mit denselben (!) Faktoren λ_i und nur verschiedenen $\mathbf{l}'$ in der Form $\mathbf{b}'^i = \lambda_i \mathbf{l}'$ darstellbar sind. Mit $m_i = 1/\lambda_i$ wird so folgende axiomatische Formulierung (das *Newton*sche Grundgesetz) *nahegelegt:*

$\hat{\text{I}}$. Eine Funktion, die jedem Massenpunkt eine reelle, positive Zahl zuordnet, nennen wir eine Massenfunktion. Wenn wir die Massenpunkte durch Indizes i kennzeichnen, schreiben wir für eine Massenfunktion kurz m_i. Wir setzen als Axiom an:

$$m_i \frac{d^2 \mathbf{r}^i(t)}{dt^2} = \mathbf{k}_i; \tag{2.1.1}$$

$\mathbf{k}_i$ heißt die Kraft auf den i-ten Massenpunkt.

$\hat{\text{II}}$. Axiomatische Gesetze für die $\mathbf{k}_i$ (sogenannte Kraftgesetze), die wir im Augenblick noch nicht aufschreiben. (Im obigen Fall der Feder wäre z. B. $k_i = a\,l_i$ mit a als Federkonstante und l_i als Ausdehnung der Feder, wenn der Massenpunkt i an der Feder befestigt ist, zu schreiben.)

Für manchen Leser, wird die in $\hat{\text{I}}$ und $\hat{\text{II}}$ gegebene Formulierung eine grobe Enttäuschung sein, da er hoffte, nun endgültig zu sehen, *was* denn die beiden Größen m_i und $\mathbf{k}_i$ in (2.1.1) bedeuten; statt dessen scheinen in (2.1.1) eigentlich nur »willkürliche« Faktoren m_i angebracht, um die $\mathbf{k}_i$ zu »definieren«; (2.1.1) scheint also *eigentlich* vollkommen leer zu sein: Das *Newton*sche Grundgesetz eine leere Aussage!

Die Bedeutung des *Newton*schen Grundgesetzes wird eben häufig verdunkelt, indem man nicht zugeben will, daß (2.1.1) *für sich allein* (!) tatsächlich eine leere Aussage darstellt. Auch bei *Newton* steht dieses Gesetz *nicht* für sich allein, sondern wird durch andere Axiome, wie z. B. »Actio gleich Reactio« (siehe Axiom $\hat{\text{II}}$ 2d in § 2.5) ergänzt. Daher gehören die obigen Punkte $\hat{\text{I}}$ und $\hat{\text{II}}$ *untrennbar* zusammen.

Auch unsere oben angeführten Beispiele zur »Veranschaulichung« des *Newton*schen Grundgesetzes enthielten immer zwei Gesichtspunkte – wie wir das schon in den Punkten 1) und 2) gleich zu Beginn auf Seite 122 betont haben – nämlich *Beschleunigung* und *gleiche Umgebung*. So werden wir auch im nächsten § 2.2 mit einer axiomatischen Formulierung für »gleiche Umgebung« beginnen.

Allgemein gesehen besteht die nun folgende Darlegung der *Newton*schen Mechanik in der Formulierung von allgemeinen Axiomen im Sinne des obigen Punktes $\hat{\text{II}}$. Wir werden uns dann *nach* Einführung von sogenannten Kraftgesetzen *zu fragen haben*, ob und wie die Massen m_i und damit nach (2.1.1) dann auch die Kräfte $\mathbf{k}_i$ *bestimmt* sind und im Sinne von III, § 9 zu physikalisch wirklichen Größen werden.

§ 2.2 Einzelne Massenpunkte in Kraftfeldern

Entsprechend den im vorigen § 2.1 diskutierten Beispielen betrachten wir den Fall, daß die Kraft auf einen Massenpunkt ein Ausdruck für den Einfluß der »Umgebung« ist, d. h. wir fordern, daß die Kraft auf einen Massenpunkt *allein* vom Ort des betreffenden Massenpunktes abhängt:

$\hat{\text{II}}$.1a: Es gibt eine Vektorfunktion $\mathbf{k}(\mathbf{r})$ über X (X = Menge der Raumpunkte im Inertialsystem), so daß die Kraft $\mathbf{k}_i$ auf den Massenpunkt i gleich $\mathbf{k}(\mathbf{r}^i)$ ist. $\mathbf{k}(\mathbf{r})$ nennt man dann ein Kraftfeld.

$\hat{\text{I}}$. und $\hat{\text{II}}$.1a zusammengefaßt lauten also:

$$(2.2.1) \qquad m_i \frac{d^2 \mathbf{r}^i(t)}{dt^2} = m_i \mathbf{b}^i(t) = \mathbf{k}(\mathbf{r}^i(t)).$$

Das Axiom $\hat{\text{II}}$.1a ist so zu verstehen, daß man im Experiment die verschiedenen Massenpunkte i nacheinander in das Kraftfeld $\mathbf{k}(\mathbf{r})$ bringt und ihre Bewegung beobachtet.

Ist $\mathbf{k}(\mathbf{r})$ nicht identisch Null, so ist durch (2.2.1) die Massenfunktion m_i bis auf einen konstanten Faktor eindeutig bestimmt; Beweis: Aus (2.2.1) folgt sofort (für ein $\mathbf{r}$ mit $\mathbf{k}(\mathbf{r}) \neq 0$)*

$$\frac{m_i}{m_k} = \frac{|\mathbf{b}^k|}{|\mathbf{b}^i|},$$

wobei $\mathbf{b}^k$ und $\mathbf{b}^i$ an derselben Raumstelle $\mathbf{r} = \mathbf{r}^i = \mathbf{r}^k$ zu nehmen sind. Also sind alle m_i bis auf einen gemeinsamen, konstanten, d. h. nicht von i abhängigen Faktor festgelegt.

Man drückt dies auch so aus: Die bis auf einen Faktor *eindeutig* bestimmte Massenfunktion gibt eine Struktur der Wirklichkeit wieder; oder noch kürzer: Jedem Massenpunkt kommt eine (bis auf einen gemeinsamen Faktor) eindeutig bestimmte Masse zu. Im Sinne von III, § 9 sagt man auch, die Masse ist physikalisch wirklich und gehört zum Wirklichkeitsbereich der Mechanik, denn es gibt *eine und nur eine* (bis auf einen Faktor willkürliche) Massenfunktion m_i (oder etwas präziser: Es gibt eine und nur eine Menge von Massenfunktionen, deren Elemente Vielfache eines ihrer Elemente sind), so wie es in III, § 9 von einer zum Wirklichkeitsbereich gehörigen Größe zu fordern ist.

Daß die Massen m_i nur bis auf einen gemeinsamen Faktor bestimmt sind, bleibt auch in allen weiteren Überlegungen der klassischen Mechanik erhalten (siehe dagegen XI), da alle noch eventuell einzuführenden Axiome über Kräfte

* $|\mathbf{a}|$ als absoluter Betrag des Vektors $\mathbf{a}$.

immer richtig bleiben, wenn man alle Kräfte mit einem Faktor multipliziert. Es ist sehr zu beachten, daß die Axiome für die Kräfte von der jeweiligen zu beschreibenden Situation abhängen und nicht für *alle* Kräfte dieselben sind. Dies erschwert dem Anfänger den Überblick; denn ein *einziges* Kraftgesetz für alle zu beschreibenden Situationen würde es dem Anfänger leichter machen, den Sinn des *Newton*schen Grundgesetzes besser zu erfassen. Aber gerade darin, daß man das Grundgesetz (2.1.1) aus $\hat{\text{I}}$ durch *verschiedene* Axiome nach $\hat{\text{II}}$ ergänzen kann (aber auch muß!) liegt der Wert und die Kraft der Mechanik. Im Sinne von Kapitel III ist aber damit die Mechanik nicht *eine* $\mathfrak{P}\mathfrak{T}$, sondern eine Reihe von $\mathfrak{P}\mathfrak{T}$'s. Wir werden versuchen, (wenigstens im ersten Teil der Mechanik) auch schon durch die Numerierung der Axiome $\hat{\text{II}}$ (z. B. oben $\hat{\text{II}}$ 1 a) immer klar zum Ausdruck zu bringen, ob wir Axiome durch neue *zusätzliche* verschärfen oder aber zu einem neuen Axiomensystem für die Kräfte übergehen.

Zunächst aber wollen wir, nachdem wir gesehen haben, wie durch (2.2.1) die Massen und damit auch die Kräfte festgelegt sind, noch etwas näher auf die Bewegung eines Massenpunktes in einem Kraftfeld eingehen. Da (2.2.1) für jeden Massenpunkt dieselbe Form hat, lassen wir den Index i weg und schreiben:

(2.2.2) $$m \frac{d^2 \mathbf{r}(t)}{dt^2} = \mathbf{k}(\mathbf{r}(t)).$$

Um die Schreibweise zu vereinfachen, ist es üblich, das Symbol $\frac{d}{dt}$ durch einen Punkt über der differenzierten Funktion zu ersetzen, $\frac{d^2}{dt^2}$ durch zwei Punkte, usw. Statt (2.2.2) schreiben wir deshalb:

(2.2.3 a) $$m\ddot{\mathbf{r}}(t) = \mathbf{k}(\mathbf{r}(t))$$

bzw. noch kürzer

(2.2.3 b) $$m\ddot{\mathbf{r}} = \mathbf{k}(\mathbf{r}).$$

Die Gleichungen (2.2.3) stellen Differentialgleichungen zweiter Ordnung dar. Werden der Ort $\mathbf{r}_0$ und die Geschwindigkeit $\mathbf{v}_0$ zu einer Zeit t_0 vorgegeben, so gibt es eine und nur eine Lösung $\mathbf{r}(t)$ von (2.2.3) mit $\mathbf{r}(t_0) = \mathbf{r}_0$ und $\dot{\mathbf{r}}(t_0) = \mathbf{v}_0$.

Als Beispiel schreiben wir kurz die in § 2.1 zur Illustration betrachtete Bewegung eines Massenpunktes an einer Feder auf. Wir wollen nur die eindimensionale Bewegung betrachten, so daß wir von der Vektorgleichung (2.2.3) zu einer skalaren Gleichung für die »Auslenkung« $x(t)$ des Massenpunktes übergehen können. Als Kraftfeld setzen wir speziell $k(x) = -ax$ an mit $a > 0$ als Federkonstante:

(2.2.4) $$m\ddot{x}(t) = -ax(t).$$

Die Gleichung (2.2.4) wird immer kurz als die Bewegungsgleichung des »harmonischen Oszillators« bezeichnet. Die allgemeine Lösung von (2.2.4) ist:

$$x(t) = A \cos \omega t + B \sin \omega t \tag{2.2.5}$$

mit $\omega^2 = a/m$. ω nennt man die Kreisfrequenz. Mit $\omega = 2\pi\nu$ ist die Zeit T einer Schwingung gleich $1/\nu$.

Setzt man zur Zeit $t_0 = 0$ $x(0) = x_0$ und $\dot{x}(0) = v_0$, so erhält man $A = x_0$ und $B = v_0/\omega$.

Betrachten wir verschiedene Massenpunkte i an derselben Feder, so erhält man $m_i = a/\omega_i^2$ mit ω_i als Kreisfrequenz für den i-ten Massenpunkt. Die Messung der ω_i (d. h. der Bahnen nach (2.2.5)) kann man dann als indirekte Messung der Massen m_i auffassen. Benutzt man noch eine zweite Feder mit einer anderen Federkonstanten b, so müssen die jetzt berechenbaren Frequenzen $\omega_i{}' = b/m_i$ mit den gemessenen (innerhalb der Ungenauigkeiten, siehe III, § 5) übereinstimmen, da man sonst einen Widerspruch zwischen Theorie und Erfahrung (d. h. für $\mathfrak{MTA}$ nach III, § 4) erhalten würde. Das *Newton*sche Grundgesetz (2.1.1) plus Kraftgesetz $\hat{\text{II}}$, 1 a und dann speziell (2.2.4) sind keine leeren Aussagen mehr!

Wir haben hier ein schönes Beispiel für die Methode des indirekten Messens kennengelernt, so wie wir diese allgemein in III, § 9, insbesondere III, § 9.5 erläutert haben:

Aus direkten Messungen der Orte x_k^i zu Zeiten t_k lassen sich zunächst die Frequenzen ω_i der verschiedenen Massenpunkte i berechnen und daraus wieder die Massen m_i; d.h. aber nichts anderes, als daß man eine Abbildung f betrachtet, die eine Menge von Werten $\{(x_k^i, t_k)\}$ auf die Massen m_i abbildet. Diese Funktion f bildet also im Sinne von III, § 9.5 die direkt meßbaren $\{(x_k^i, t_k)\}$ auf die *physikalisch wirklichen* Massen m_i ab.

An diesem Beispiel erkennt man, daß man auf viele verschiedene Art und Weisen dieselben Massen m_i indirekt messen kann, weil man verschiedene Mengen $\{(x_k^{i\prime}, t_k^\prime)\}$ (natürlich durch andere Funktionen f!) auf *dieselben* Massen m_i abbilden kann.

Man könnte die eben erläuterte Methode der Massenbestimmung durch die Frequenzen ω als ein »Meßinstrument« für Massen benutzen, indem man eine »Skala« anbringt, an der (z.B. mit Hilfe eines dazwischen geschalteten kleinen Computers) unmittelbar die Massenwerte »angezeigt« werden.

Solche »Meßinstrumente«, die das Ergebnis indirekter Messungen unmittelbar anzeigen, gibt es in der Physik in unübersehbarer Fülle; man denke z.B. nur an das Messen von elektrischen Strömen mit Hilfe des Kraftgesetzes VIII (2.2.1).

Bei dem eben geschilderten Beispiel der »Messung der Massen m_i« mit Hilfe der Frequenzen ω_i sehen wir noch einmal deutlich, daß die m_i nur bis auf einen

Faktor bestimmt sind. Dies ist für die Praxis ähnlich wie bei der Längenmessung sehr *unpraktisch*. Wie bei der Längenmessung führt man daher durch *Verabredung* eine Einheit ein, indem man die Masse irgendeines vorgegebenen Massenpunktes zu »Eins« erklärt. Die übliche Masseneinheit ist 1 g; und ihre Definition kann in Experimentalphysikbüchern nachgelesen werden. Da wir schon bei der Einführung der Längeneinheit ausführlicher über den Sinn solcher Einheiten gesprochen haben, besteht wohl keine Gefahr mehr, irgendwelche Mystifikationen zusätzlich mit der Bedeutung dieser neuen Einheit zu verknüpfen; nur das praktische Messen legt die Einführung von Einheiten nahe.

Nur zur Warnung sei betont, daß die sogenannte Schwerkraft kein reines Kraftfeld in dem durch $\hat{\text{II}}$ 1a definierten Sinn ist, da die Kraft auf einen Massenpunkt nicht *nur* vom Ort, sondern auch von der Masse selbst noch abhängt. Auf dieses Phänomen müssen wir wegen seiner Wichtigkeit *gesondert* (siehe § 2.6 und 3.13) eingehen.

§ 2.3 Der Energiesatz für einen Massenpunkt in einem Kraftfeld

Die Form der Differentialgleichung (2.2.3) legt es nahe, links und rechts das skalare Produkt mit $\dot{\mathbf{r}}$ zu bilden, da man die linke Seite dann einmal integrieren kann:

$$(2.3.1) \qquad m\ddot{\mathbf{r}} \cdot \dot{\mathbf{r}} = \frac{m}{2}\frac{\mathrm{d}}{\mathrm{d}t}(\dot{\mathbf{r}})^2 = \mathbf{k}(\mathbf{r}) \cdot \dot{\mathbf{r}}.$$

Mit der schon mehrfach benutzten Abkürzung $\dot{\mathbf{r}} = \mathbf{v}$ und Integration von t_1 bis t_2 folgt aus (2.3.1):

$$(2.3.2) \qquad \frac{m}{2}\mathbf{v}(t_2)^2 - \frac{m}{2}\mathbf{v}(t_1)^2 = \int_{t_1}^{t_2} \mathbf{k}(\mathbf{r}) \cdot \dot{\mathbf{r}}\,\mathrm{d}t.$$

Definition 2.3.1: $\frac{m}{2}\mathbf{v}^2$ bezeichnet man als *kinetische Energie* (oft kurz mit T abgekürzt).

Die rechte Seite von (2.3.2) kann man mit $\mathbf{r}_1 = \mathbf{r}(t_1)$ und $\mathbf{r}_2 = \mathbf{r}(t_2)$ auch schreiben:

$$(2.3.3) \qquad \int_{t_1}^{t_2} \mathbf{k}(\mathbf{r}(t)) \cdot \dot{\mathbf{r}}(t)\,\mathrm{d}t = \int_{\mathbf{r}_1, \mathscr{C}}^{\mathbf{r}_2} \mathbf{k}(\mathbf{r}) \cdot \mathrm{d}\mathbf{r},$$

wobei die rechte Seite von (2.3.3) zum Ausdruck bringt, daß das Integral *nicht* vom Zeitparameter, sondern nur von der Kurve $\mathscr{C}$ abhängt, die den Punkt $\mathbf{r}_1$ mit $\mathbf{r}_2$ verbindet. (2.3.2) kann man dann schreiben

$$T(t_2) - T(t_1) = \int_{\mathbf{r}_1, \mathscr{C}}^{\mathbf{r}_2} \mathbf{k}(\mathbf{r}) \cdot d\mathbf{r}, \tag{2.3.4}$$

wobei als Kurve $\mathscr{C}$ die von dem Massenpunkt »wirklich« durchlaufene Kurve zu wählen ist; dabei steht »wirklich« als kurze Bezeichnung für die Lösungen der Bewegungsgleichung (2.2.3a).

Definition 2.3.2: Der Ausdruck

$$\int_{\mathbf{r}_1, \mathscr{C}}^{\mathbf{r}_2} \mathbf{k}(\mathbf{r}) \cdot d\mathbf{r}$$

längs »irgendeiner« Kurve $\mathscr{C}$ von $\mathbf{r}_1$ nach $\mathbf{r}_2$ ($\mathscr{C}$ braucht also keine Lösung von (2.2.3a) zu sein!) wird als *Arbeit* der Kraft $\mathbf{k}(\mathbf{r})$ längs der Kurve $\mathscr{C}$ von $\mathbf{r}_1$ nach $\mathbf{r}_2$ bezeichnet.

Definitionen bringen keine neuen Erkenntnisse, können aber sehr praktisch sein. So geben auch die Definitionen 2.3.1 und 2.3.2 keine neuen Einsichten und die Worte »kinetische Energie« und »Arbeit« haben auch keinen tieferen Sinn als den, der in den Definitionen angegeben ist.

Die Gleichung (2.3.4) spricht man oft in Worten so aus: Die Änderung der kinetischen Energie ist gleich der Arbeit. Die Gleichung (2.3.4) kann von großem praktischen Wert sein, besonders dann, wenn das Kraftfeld die gleich aufzustellende Bedingung $\hat{\text{II}}$ 1b erfüllt. Eine einfache Konsequenz, die manchmal von Nutzen ist, kann man schon aus (2.3.4) allein ziehen: Steht die Kraft senkrecht auf der wirklichen Bahnkurve, so ist $\mathbf{k}(\mathbf{r}) \cdot d\mathbf{r} = 0$ (da $d\mathbf{r} = \mathbf{v}\, dt$ die Richtung der Bahntangente hat!) und damit $T(t_2) = T(t_1)$. Der absolute Betrag der Geschwindigkeit ändert sich dann also nicht.

Definition 2.3.3: Ein Kraftfeld heißt konservativ, wenn

$$\int_{\mathbf{r}_1, \mathscr{C}}^{\mathbf{r}_2} \mathbf{k}(\mathbf{r}) \cdot d\mathbf{r} \tag{2.3.5}$$

nur von $\mathbf{r}_1$ und $\mathbf{r}_2$ und *nicht* von der Kurve $\mathscr{C}$ abhängt.

Als Verschärfung des Axioms $\hat{\text{II}}$.1a fügen wir nun noch folgende Bedingung hinzu:

$\hat{\text{II}}$.1b: Das Kraftfeld $\mathbf{k}(\mathbf{r})$ ist konservativ.

Satz 2.3.1: $\mathbf{k}(\mathbf{r})$ ist dann und nur dann konservativ, wenn

$$\oint_{\mathscr{C}} \mathbf{k}(\mathbf{r}) \cdot \mathrm{d}\mathbf{r} = 0 \tag{2.3.6}$$

ist über jede geschlossene Kurve $\mathscr{C}$. Der Kreis im Integralzeichen soll anzeigen, daß $\mathscr{C}$ geschlossen ist.

Beweis: Ist (2.3.5) von $\mathscr{C}$ unabhängig, so folgt speziell für $\mathbf{r}_1 = \mathbf{r}_2$, d.h. für eine geschlossene Kurve $\mathscr{C}$, die Gleichung (2.3.6). Sind umgekehrt $\mathscr{C}_1$ und $\mathscr{C}_2$ zwei Kurven von $\mathbf{r}_1$ nach $\mathbf{r}_2$, so stellt $\mathscr{C}_1$ plus der *rückwärts* durchlaufenen Kurve $\mathscr{C}_2$ eine geschlossene Kurve $\mathscr{C}$ dar, so daß aus (2.3.6)

$$\int_{\mathbf{r}_1, \mathscr{C}_1}^{\mathbf{r}_2} \mathbf{k}(\mathbf{r}) \cdot \mathrm{d}\mathbf{r} - \int_{\mathbf{r}_1, \mathscr{C}_2}^{\mathbf{r}_2} \mathbf{k}(\mathbf{r}) \cdot \mathrm{d}\mathbf{r} = 0$$

folgt.

Satz 2.3.2: $\mathbf{k}(\mathbf{r})$ ist dann und nur dann konservativ, wenn es ein skalares Feld $U(\mathbf{r})$ gibt mit

$$\mathbf{k}(\mathbf{r}) = -\operatorname{grad} U(\mathbf{r}); \tag{2.3.7}$$

$U(\mathbf{r})$ ist durch (2.3.7) bis auf eine Konstante eindeutig bestimmt (zum »grad« siehe A I).

Beweis: Aus (2.3.7) folgt

$$\int_{\mathbf{r}_1, \mathscr{C}}^{\mathbf{r}_2} \mathbf{k}(\mathbf{r}) \cdot \mathrm{d}\mathbf{r} = -\int_{\mathbf{r}_1, \mathscr{C}}^{\mathbf{r}_2} \operatorname{grad} U \cdot \mathrm{d}\mathbf{r} = -\int_{\mathbf{r}_1, \mathscr{C}}^{\mathbf{r}_2} \mathrm{d}U = U(\mathbf{r}_1) - U(\mathbf{r}_2),$$

d.h. unabhängig von $\mathscr{C}$. Ist umgekehrt das Integral (2.3.5) unabhängig von $\mathscr{C}$, so ist durch

$$U(\mathbf{r}_2) = -\int_{\mathbf{r}_1, \mathscr{C}}^{\mathbf{r}_2} \mathbf{k}(\mathbf{r}) \cdot \mathrm{d}\mathbf{r} \tag{2.3.8}$$

bei fest gehaltenem $\mathbf{r}_1$ eine Funktion $U(\mathbf{r}_2)$ definiert. Wählt man eine Darstellung der Kurve $\mathscr{C}$ durch einen Parameter τ in der Form $\mathbf{r}(\tau)$ mit $\mathbf{r}_1 = \mathbf{r}(0)$, so folgt aus (2.3.8) mit $\mathbf{r}_2 = \mathbf{r}(\tau)$

$$U(\mathbf{r}(\tau)) = -\int_0^{\tau} \mathbf{k}(\mathbf{r}(\tau')) \cdot \frac{\mathrm{d}\mathbf{r}(\tau')}{\mathrm{d}\tau'} \mathrm{d}\tau',$$

woraus durch Differentiation nach τ

$$\frac{\mathrm{d}\mathbf{r}(\tau)}{\mathrm{d}\tau} \cdot \operatorname{grad} U = -\mathbf{k} \cdot \frac{\mathrm{d}\mathbf{r}(\tau)}{\mathrm{d}\tau}$$

und damit

$$(2.3.9) \qquad (\mathbf{k} + \operatorname{grad} U) \cdot \frac{\mathrm{d}\mathbf{r}(\tau)}{\mathrm{d}\tau} = 0$$

folgt. Da die Kurve $\mathscr{C}$ beliebig ist, kann $\mathrm{d}\mathbf{r}(\tau)/\mathrm{d}\tau$ im Punkte $\mathbf{r}_2 = \mathbf{r}(\tau)$ beliebig gewählt werden, so daß aus (2.3.9) $\mathbf{k} + \operatorname{grad} U = 0$ folgt.

Sind $U(\mathbf{r})$ und $U'(\mathbf{r})$ zwei Funktionen, die (2.3.7) erfüllen, so ist grad $(U - U') = 0$, d.h. $U - U'$ ist konstant.

Für konservative Kräfte folgt mit einem $U(\mathbf{r})$ nach (2.3.7) leicht:

$$(2.3.10) \qquad T(t_2) + U(\mathbf{r}(t_2)) = T(t_1) + U(\mathbf{r}(t_1)).$$

Der Ausdruck $T(t) + U(\mathbf{r}(t))$ bleibt also während der Bewegung des Massenpunktes konstant, d.h. hängt nicht von t ab.

Definition 2.3.4: Die durch (2.3.7) bis auf eine Konstante eindeutig bestimmte Funktion $U(\mathbf{r})$ heißt *potentielle Energie*.

Definition 2.3.5: $T + U$ heißt *Energie*.

(2.3.10) stellt den sogenannten Energiesatz dar: Die Energie $T + U$ bleibt während der Bewegung des Massenpunktes konstant; oder explizit ausgeschrieben (mit einer Konstanten E):

$$(2.3.11) \qquad \frac{m}{2}\dot{\mathbf{r}}(t)^2 + U(\mathbf{r}(t)) = E.$$

Der Energiesatz (2.3.11) kann oft von großem, praktischem Wert sein, wenn wegen der Kompliziertheit des Kraftfeldes eine exakte Lösung von (2.2.3a) nicht möglich ist. Wir wollen dafür zwei Beispiele angeben:

Für eine *eindimensionale* Bewegung ist ein Kraftfeld $\mathbf{k}(x)$ immer konservativ, da man

$$U(x) = -\int_{x_0}^{x} k(x')\,\mathrm{d}x'$$

setzen kann. (2.3.11) lautet dann

(2.3.12) $$\frac{m}{2}\dot{x}^2 + U(x) = E,$$

woraus

(2.3.13) $$\dot{x} = \sqrt{\frac{2}{m}(E - U(x))}$$

folgt. (2.3.13) läßt sich unmittelbar integrieren: Schreibt man (2.3.13) in der Form

$$\frac{\mathrm{d}x}{\sqrt{\frac{2}{m}(E - U(x))}} = \mathrm{d}t$$

um, so erhält man mit einer Konstanten t_0:

(2.3.14) $$t - t_0 = \int \frac{\mathrm{d}x}{\sqrt{\frac{2}{m}(E - U(x))}},$$

wobei auf der rechten Seite das unbestimmte Integral steht. Für den harmonischen Oszillator mit $k(x) = -ax$ folgt $U(x) = \frac{a}{2}x^2$. Man leite aus (2.3.14) nochmals die Lösung $x(t)$ für den harmonischen Oszillator her. Ist $U(x)$ nicht von einfacher Gestalt, so kann man aus (2.3.12) einige Eigenschaften der Bewegung ablesen. Ist z.B. $U(x)$ nach Fig. 5 gegeben, so ergibt sich für den Wert E_1 der Energie eine periodische Schwingung zwischen den beiden Umkehrpunkten x_a und x_b, denn wegen $U(x_a) = U(x_b) = E_1$ folgt aus (2.3.12), daß in den Punkten x_a und x_b die Geschwindigkeit gleich Null ist. Für den Wert E_2 der Energie nach Fig. 5 ist keine periodische Bewegung möglich; es gibt nur *einen* Umkehrpunkt x_c.

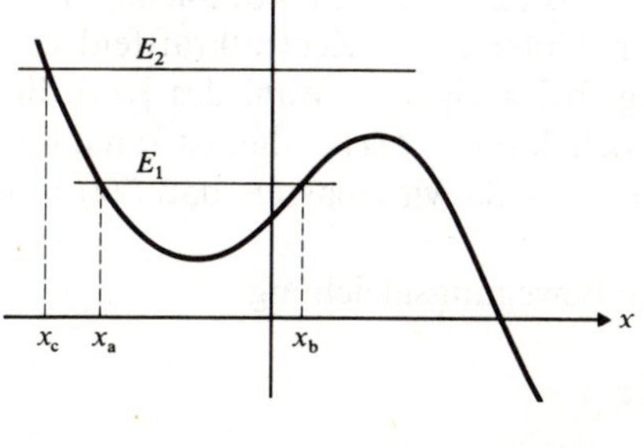

Fig. 5

Als zweites Beispiel sei der Fall betrachtet, daß (bei geeigneter Wahl des Koordinatennullpunktes) $\mathbf{k}(\mathbf{r}) = f(r)\,\mathbf{r}$ (mit $r = |\mathbf{r}|$) ist. $\mathbf{k}(\mathbf{r})$ ist dann konservativ, denn mit $U(r)$ als einem unbestimmten Integral von $-rf(r)$ ist

$$-\operatorname{grad} U(r) = -\frac{\mathrm{d}U(r)}{\mathrm{d}r}\operatorname{grad} r = -\frac{\mathrm{d}U}{\mathrm{d}r}\frac{\mathbf{r}}{r} = \mathbf{k}(r).$$

Der Energiesatz lautet dann

$$\frac{m}{2}v^2 + U(r) = E.$$

Hat z.B. $U(r)$ eine Gestalt nach Fig. 6, so erkennt man, daß im Falle $E = E_1$ der Massenpunkt sich um den Nullpunkt herumbewegen muß und sich höchstens bis r_b entfernen und höchstens bis r_a nähern kann; die Werte r_a und r_b brauchen aber *nicht* erreicht zu werden, da die Geschwindigkeit nicht nur in **r**-Richtung zu liegen braucht. Im nächsten § 2.4 werden wir auf dieses Beispiel noch einmal zurückkommen. Für den Fall E_2 aus Fig. 6 kann sich der Massenpunkt vom Zentrum der Kraft beliebig entfernen.

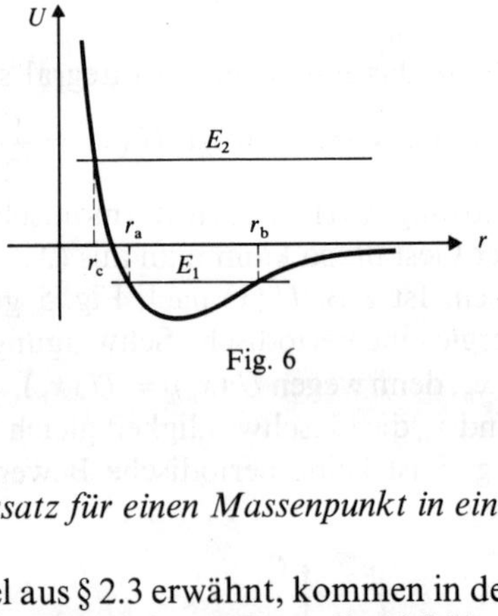

Fig. 6

§ 2.4 Der Drehimpulssatz für einen Massenpunkt in einem Zentralkraftfeld

Wie im letzten Beispiel aus § 2.3 erwähnt, kommen in den Anwendungen häufig Zentralkraftfelder vor. Unter einem Zentralkraftfeld verstehen wir ein Kraftfeld, dessen Richtung (bei geeigneter Wahl des Koordinatennullpunktes) die des Ortsvektors **r** ist, d.h. $\mathbf{k}(\mathbf{r}) = f(\mathbf{r})\,\mathbf{r}$; dies ist zunächst etwas allgemeiner als im letzten Beispiel aus § 2.3, da wir zulassen, daß $f(\mathbf{r})$ nicht nur vom absoluten Betrag r abhängt.
Multiplizieren wir die Bewegungsgleichung

$$m\ddot{\mathbf{r}} = f(\mathbf{r})\,\mathbf{r}$$

von links mit $\mathbf{r}$ (als Vektorprodukt, das wir durch das Zeichen $\times$ charakterisieren), so erhalten wir wegen $\mathbf{r} \times \mathbf{r} = 0$: $\mathbf{r} \times m\ddot{\mathbf{r}} = 0$. Wegen

$$\frac{\mathrm{d}}{\mathrm{d}t}(\mathbf{r} \times \dot{\mathbf{r}}) = \dot{\mathbf{r}} \times \dot{\mathbf{r}} + \mathbf{r} \times \ddot{\mathbf{r}} = \mathbf{r} \times \ddot{\mathbf{r}}$$

folgt, daß der Vektor $\mathbf{M} = \mathbf{r} \times m\dot{\mathbf{r}}$ während der Bewegung zeitlich konstant bleibt.

Definition 2.4.1: Der Vektor $\mathbf{M} = \mathbf{r} \times m\dot{\mathbf{r}}$ heißt der Drehimpuls des Massenpunktes um den Nullpunkt des Koordinatensystems.

Für einen Massenpunkt in einem Zentralkraftfeld bleibt also der Drehimpuls um das Kraftzentrum zeitlich konstant (sogenannter spezieller Drehimpulssatz).

Da der Vektor $\mathbf{M}$ senkrecht zu $\mathbf{r}(t)$ ist, ist $\mathbf{r}(t)$ zu allen Zeiten senkrecht zu dem konstanten Vektor $\mathbf{M}$, d. h. die Bahn $\mathbf{r}(t)$ liegt in der Ebene senkrecht zu $\mathbf{M}$. Führen wir in der Ebene senkrecht zu $\mathbf{M}$ Polarkoordinaten r und φ ein, so wird

$$\dot{\mathbf{r}}^2 = \dot{r}^2 + r^2\dot{\varphi}^2$$

und

$$M = |\mathbf{M}| = m r^2 \dot{\varphi}\,.$$

$\frac{1}{2} r^2 \dot{\varphi}\,\mathrm{d}t = \frac{1}{2} r^2\,\mathrm{d}\varphi$ ist aber gerade die vom Fahrstrahl in der Zeit $\mathrm{d}t$ überstrichene Fläche (siehe Fig. 7). $\frac{1}{2} r^2 \dot{\varphi}$ nennt man daher auch oft die Flächengeschwindigkeit. Der Drehimpulssatz ist also auch mit der Aussage äquivalent, daß die Bahn in einer Ebene durch das Kraftzentrum bleibt und die Flächengeschwindigkeit konstant ist.

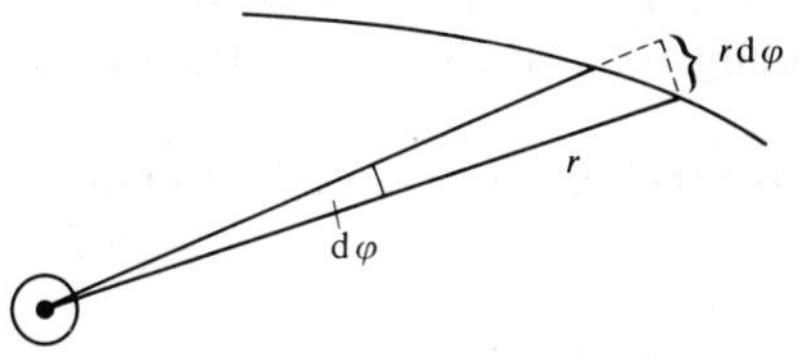

Fig. 7

Ist nun noch, wie im Beispiel am Ende von § 2.3, $f(\mathbf{r})$ nur von r abhängig, so nehmen Energie- und Drehimpulssatz die Form

$$\frac{m}{2}(\dot{r}^2 + r^2\dot{\varphi}^2) + U(r) = E, \tag{2.4.1}$$

$$m r^2 \dot{\varphi} = C \tag{2.4.2}$$

an, wobei E und C zwei Konstanten sind.
$\dot{\varphi}$ nach (2.4.2) in (2.4.1) eingesetzt ergibt

$$\frac{m}{2}\left(\dot{r}^2 + \frac{C^2}{m^2 r^2}\right) + U(r) = E. \tag{2.4.3}$$

(2.4.3) kann man nach $\dot{r}$ auflösen und dann integrieren (ähnlich wie (2.3.13):

$$t - t_0 = \int \frac{\mathrm{d}r}{\sqrt{\frac{2}{m}\left(E - U(r) - \frac{C^2}{2mr^2}\right)}}. \tag{2.4.4}$$

Interessant an der Gleichung (2.4.3) ist, daß diese Gleichung genau dieselbe Gestalt wie die eindimensionale Gleichung (2.3.12) hat, wenn man

$$V(r) = U(r) + \frac{C^2}{2mr^2} \tag{2.4.5}$$

abkürzt:

$$\frac{m}{2}\dot{r}^2 + V(r) = E. \tag{2.4.6}$$

(2.4.6) kann man dann genauso wie (2.3.12) diskutieren, wenn man $V(r)$ als Funktion von r aufträgt. Damit läßt sich die in § 2.3 am Ende durchgeführte Diskussion der Bewegung wesentlich verfeinern, was aber dem Leser überlassen sei.

Hat man nach (2.4.4) $r(t)$ berechnet, so erhält man aus (2.4.2)

$$\varphi(t) = \int^{t} \frac{C}{m r(t')^2}\,\mathrm{d}t'.$$

Interessiert man sich nur für die »geometrische« Bahn $r(\varphi)$ (ohne nach dem zeitlichen Ablauf zu fragen), so kann man mit

$$\dot{r} = \frac{\mathrm{d}r}{\mathrm{d}\varphi}\dot{\varphi} \quad \text{und (2.4.2)} \quad \dot{r} = \frac{C}{mr^2}\frac{\mathrm{d}r}{\mathrm{d}\varphi} \quad \text{in (2.4.3) einsetzen:}$$

(2.4.7) $$\frac{C^2}{m^2 r^4}\left(\frac{\mathrm{d}r}{\mathrm{d}\varphi}\right)^2 + \frac{C^2}{m^2 r^2} + \frac{2}{m}U(r) = \frac{2}{m}E.$$

Dies kann man ähnlich wie beim Übergang von (2.4.3) zu (2.4.4) nach $\frac{\mathrm{d}r}{\mathrm{d}\varphi}$ auflösen und dann integrieren.

§ 2.5 *Kraftfelder für mehrere Massenpunkte in Wechselwirkung*

Der Einfachheit halber hatten wir in § 2.2 mit einzelnen Massenpunkten in einem äußeren Kraftfeld begonnen, auch wenn wir den Fall diskutiert hatten, daß einmal dieser oder ein andersmal jener Massenpunkt im *selben* Kraftfeld sich bewegen. Jetzt wollen wir zusammen mehrere Massenpunkte betrachten, die sich auch gegenseitig beeinflussen können. Gegeben seien also n Massenpunkte, deren Bewegung den Gleichungen (2.1.1) genügt:

(2.5.1) $$m_i \ddot{\mathbf{r}}^i = \mathbf{k}^i \; (i = 1 \ldots n).$$

Entscheidend sind wieder die Axiome über die Kräfte $\mathbf{k}^i$, die zu (2.5.1) hinzutreten:

$\hat{\text{I}}$I.2a: Die Kräfte $\mathbf{k}^i$ sind Funktionen der Orte (zur selben Zeit!) der Massenpunkte: $\mathbf{k}^i(\mathbf{r}^1, \mathbf{r}^2, \ldots \mathbf{r}^n)$. Wir nennen die $\mathbf{k}^i$ für $i = 1, \ldots n$ in diesem Falle ein Kraftfeld.

Die Gleichungen (2.5.1) lauten also

(2.5.2) $$m_i \ddot{\mathbf{r}}^i(t) = \mathbf{k}^i(\mathbf{r}^1(t), \ldots, \mathbf{r}^n(t)), \; (i = 1 \ldots n)$$

und bilden ein Differentialgleichungssystem. Gibt man für eine Zeit t_0 beliebig die Orte $\mathbf{r}_0^i$ und die Geschwindigkeiten $\mathbf{v}_0^i$ für alle Massenpunkte vor, so ist die Lösung von (2.5.2) eindeutig bestimmt, für die $\mathbf{r}^i(t_0) = \mathbf{r}_0^i$, $\dot{\mathbf{r}}^i(t_0) = \mathbf{v}_0^i$ ist.

Wir können uns jetzt kurz fassen, wenn wir die Schritte aus § 2.2 bis 2.4 wiederholen.

Zunächst multiplizieren wir (2.5.2) skalar mit $\dot{\mathbf{r}}^i$ und summieren dann über i:

$$\sum_i m_i \, \dot{\mathbf{r}}^i \cdot \ddot{\mathbf{r}}^i = \frac{\mathrm{d}}{\mathrm{d}t}\left(\frac{1}{2}\sum_i m_i \,(\dot{\mathbf{r}}^i)^2\right) = \sum_i \mathbf{k}^i \cdot \dot{\mathbf{r}}^i. \tag{2.5.3}$$

Definition 2.5.1. $\frac{1}{2}\sum_i m_i \,(\dot{\mathbf{r}}^i)^2$ heißt die kinetische Energie des Systems der n Massenpunkte (wir schreiben oft kurz T dafür).

Aus (2.5.3) folgt durch Integration über t von t_1 bis t_2:

$$T(t_2) - T(t_1) = \int_{t_1}^{t_2} \sum_i \mathbf{k}^i \cdot \dot{\mathbf{r}}^i \, \mathrm{d}t. \tag{2.5.4}$$

Man kann die n Funktionen $\mathbf{r}^i(t)$ auch als *eine* Kurve im $(3\,n)$-dimensionalen Raum $\mathscr{X}$ aller $3n$ Ortskoordinaten auffassen.

Definition 2.5.2: Den Raum $\mathscr{X}$ der $3n$ Ortskoordinaten der n Massenpunkte bezeichnen wir als *Konfigurationsraum* des Systems der n Massenpunkte.

Die rechte Seite von (2.5.4) ist vom Parameter t unabhängig und nur von der Kurve in $\mathscr{X}$ abhängig. Mit k_ν^i $(\nu = 1,2,3)$ als den drei Komponenten von $\mathbf{k}^i$ und mit x_ν^i als den drei Komponenten von $\mathbf{r}^i$ ist also:

$$\int_{t_1}^{t_2} \sum_i \mathbf{k}^i \cdot \dot{\mathbf{r}}^i \mathrm{d}t = \int_{Z_1,\mathscr{C}}^{Z_2} \sum_{i,\nu} k_\nu^i \mathrm{d}x_\nu^i,$$

wobei Z_1 kurz für alle $x_\nu^i(t_1)$ und Z_2 für alle $x_\nu^i(t_2)$ steht und $\mathscr{C}$ die *wirkliche* Bahnkurve in $\mathscr{X}$ ist, die Z_1 mit Z_2 verbindet. Das rechte Integral ist aber auch für *jede* Kurve, die Z_1 und Z_2 in $\mathscr{X}$ verbindet definiert.

Definition 2.5.3: Das Kraftfeld der $\mathbf{k}^i$ heißt konservativ, wenn

$$\int_{Z_1,\mathscr{C}}^{Z_2} \sum_{i,\nu} k_\nu^i \, \mathrm{d}x_\nu^i \tag{2.5.5}$$

nur von Z_1 und Z_2, nicht aber von $\mathscr{C}$ abhängt.

Genauso wie in § 2.3 folgt, daß mit der Unabhängigkeit von (2.5.5) von $\mathscr{C}$ äquivalent ist, daß

(2.5.6) $$\oint_{\mathscr{C}} \sum_{i,\nu} k_\nu^i \, \mathrm{d}x_\nu^i = 0$$

ist für jede geschlossene Kurve $\mathscr{C}$ in $\mathscr{X}$; oder äquivalent mit: Es gibt eine skalare Funktion $U(x_1^1, x_2^1, \ldots x_3^n) = U(\mathbf{r}^1, \mathbf{r}^2, \ldots \mathbf{r}^n)$ mit

(2.5.7a) $$k_\nu^i = -\frac{\partial U}{\partial x_\nu^i},$$

wofür wir auch manchmal vektoriell

(2.5.7b) $$\mathbf{k}^i = -\operatorname{grad}_i U$$

schreiben.

$\hat{\text{II}}$ 2b: Das Kraftfeld der $\mathbf{k}^i$ ist konservativ.

Für ein konservatives Kraftfeld folgt mit

$$U_t = U(x_1^1(t), x_2^1(t), \ldots x_3^n(t))$$

aus (2.5.4) sofort der Energiesatz:

(2.5.8) $$T(t_2) + U_{t_2} = T(t_1) + U_{t_1}.$$

Definition 2.5.4: Die durch das konservative Kraftfeld der $\mathbf{k}^i$ bis auf eine additive Konstante durch (2.5.7a) eindeutig bestimmte Funktion U heißt die potentielle Energie.

Definition 2.5.5: $T + U$ heißt die Energie des Systems der n Massenpunkte. (2.5.8) besagt also, daß sich die Energie während der wirklichen Bewegung nicht ändert.

Statt das Axiom $\hat{\text{II}}$ 2a durch $\hat{\text{II}}$ 2b zu verschärfen kann man $\hat{\text{II}}$ 2a auch durch ein anderes Axiom verschärfen:

$$\hat{\text{II}}\ 2\text{c}: \mathbf{k}^i(\mathbf{r}^1, \ldots \mathbf{r}^n) = \mathbf{k}_a^i(\mathbf{r}^i) + \sum_{\substack{j \\ (j \neq i)}} \mathbf{k}^{ij}(\mathbf{r}^i, \mathbf{r}^j).$$

Man bezeichnet $\mathbf{k}_a^i(\mathbf{r}^i)$ als die *äußere* Kraft auf den i-ten Massenpunkt, weil sie *nur* von der Lage $\mathbf{r}^i$ des i-ten Massenpunktes abhängt. $\mathbf{k}^{ij}$ bezeichnet man als die Kraft, die der j-te auf den i-ten Massenpunkt ausübt, da $\mathbf{k}^{ij}$ *nur* von den Lagen $\mathbf{r}^i$ und $\mathbf{r}^j$ dieser beiden Massenpunkte abhängt.

Das Axiom $\hat{\text{II}}$ 2c bezeichnet man als Superpositionsprinzip der Kräfte, da sich die verschiedenen Kräfte $\mathbf{k}_a^i$, $\mathbf{k}^{ij}$ zu der Gesamtkraft $\mathbf{k}^i$ auf den i-ten Massenpunkt vektoriell addieren; diese Forderung ist *nicht* selbstverständlich und auch nicht für alle Kraftfelder erfüllt.

Das Axiom $\hat{\text{II}}$ 2c liefert für einen Massenpunkt i, der in Ruhe bleibt, d.h. für den $\ddot{\mathbf{r}}^i = 0$ ist:

$$(2.5.9) \qquad \mathbf{k}_a^i(\mathbf{r}^i) + \sum_{\substack{j \\ (j \neq i)}} \mathbf{k}^{ij}(\mathbf{r}^i, \mathbf{r}^j) = 0.$$

(2.5.9) wird in elementaren physikalischen Untersuchungen als »Parallelogramm der Kräfte« bezeichnet.

Zu $\hat{\text{II}}$ 2a, c wird noch folgendes Axiom hinzugenommen, das unter der Bezeichnung actio = reactio bekannt ist.

$$\hat{\text{II}}\ 2\text{d}: \mathbf{k}^{ij} = -\mathbf{k}^{ji}.$$

Addiert man die Bewegungsgleichungen (2.5.1) über i, so folgt

$$(2.5.10) \qquad \sum_i m_i \ddot{\mathbf{r}}^i = \sum_i \mathbf{k}_a^i + \sum_{\substack{i,j \\ (i \neq j)}} \mathbf{k}^{ij}.$$

Wegen $\hat{\text{II}}$ 2d ist die letzte Summe auf der rechten Seite von (2.5.10) gleich Null, so daß man mit

$$(2.5.11) \qquad \mathbf{k}_a = \sum_i \mathbf{k}_a^i$$

$$(2.5.12) \qquad \frac{\mathrm{d}}{\mathrm{d}t}\left(\sum_i m_i \dot{\mathbf{r}}_i\right) = \mathbf{k}_a$$

erhält. Die Gleichung (2.5.12) wird nun in verschiedener Weise gelesen, indem man die folgenden Definitionen benutzt:

Definition 2.5.6: $\mathbf{p}^i = m_i \dot{\mathbf{r}}^i$ heißt der Impuls des i-ten Massenpunktes.

Definition 2.5.7: $\mathbf{P} = \sum_i \mathbf{p}^i$ heißt der (Gesamt-) Impuls des Systems der Massenpunkte.

Definition 2.5.8: $m = \sum_i m_i$ heißt die (Gesamt-)Masse und $\frac{1}{m}\sum_i m_i \mathbf{r}^i = \mathbf{R}$ der Massenmittelpunkt des Systems der Massenpunkte.

Es folgt $\mathbf{P} = m\dot{\mathbf{R}}$.

Aus der Definition 2.5.8 folgt unmittelbar, da wir sie in Vektorform angegeben haben, daß die Lage des Schwerpunktes unabhängig von der Richtung der Koordinatenachsen ist. Die Lage des Schwerpunktes ist aber auch unabhängig vom Nullpunkt des Koordinatensystems, da $\mathbf{R}$ in $\mathbf{R}+\mathbf{a}$ übergeht, wenn alle $\mathbf{r}^i$ in $\mathbf{r}^i+\mathbf{a}$ übergehen.

Der Schwerpunkt hat eine sehr anschauliche Lage relativ zu den Orten der einzelnen Massenpunkte. Dazu mache man sich folgende drei Begriffe anschaulich klar: Die »Verbindungsgerade« zwischen zwei Punkten $\mathbf{r}_1$ und $\mathbf{r}_2$ besteht aus allen r der Form

$$\mathbf{r} = \lambda \mathbf{r}_1 + (1-\lambda)\mathbf{r}_2 \quad \text{mit} \quad 0 \leq \lambda \leq 1.$$

Eine Menge heißt »konvex«, wenn sie mit je zwei Punkten auch immer die ganze Verbindungsgerade enthält. Die »konvexe Hülle« einer Menge A ist der Durchschnitt aller konvexen Mengen die A enthalten (man sieht leicht, daß der Durchschnitt konvexer Mengen immer konvex ist).

Man zeigt nun zunächst leicht, daß mit n Punkten $\mathbf{r}_i$ einer konvexen Menge auch

$$\mathbf{r} = \sum_{i=1}^{n} \lambda_i \mathbf{r}_i \quad \left(\text{mit } \lambda_i > 0 \quad \text{und} \quad \sum_{i=1}^{n} \lambda_i = 1\right)$$

ein Punkt der konvexen Menge ist; dazu braucht man nur schrittweise folgende Formel anzuwenden:

$$\mathbf{r} = \lambda_1 \mathbf{r}_1 + (1-\lambda_1)\left[\sum_{i=2}^{n} \frac{\lambda_i}{1-\lambda_1}\mathbf{r}_i\right].$$

Mit $\lambda_i = \frac{m_i}{m}$ ist $\sum_i \lambda_i = 1$. Daraus ergibt sich, daß der Schwerpunkt $\mathbf{R}$ in der konvexen Hülle der Orte $\mathbf{r}^i$ der Massenpunkte liegt.

(2.5.12) kann man schreiben als

$$m\ddot{\mathbf{R}} = \mathbf{k}_a \tag{2.5.13}$$

oder

$$\dot{\mathbf{P}} = \mathbf{k}_a. \tag{2.5.14}$$

(2.5.13) besagt dann, daß sich der Massenmittelpunkt wie ein einzelner Massenpunkt mit der Gesamtmasse m und unter dem Einfluß der »gesamten« *äußeren* Kraft $\mathbf{k}_a$ bewegt.

(2.5.14) besagt, daß die zeitliche Änderung des Gesamtimpulses gleich der gesamten äußeren Kraft ist.

Ist $\mathbf{k}_a = 0$ (also speziell wenn alle $\mathbf{k}_a^i = 0$ sind), so folgt aus (2.5.13), daß sich der Massenmittelpunkt geradlinig gleichförmig bewegt, und aus (2.5.14), daß der Impuls $\mathbf{P}$ konstant bleibt. Die letztere Aussage bezeichnet man als Impulssatz.

Der Impulssatz enthält eine weitere sehr anschauliche Möglichkeit einer indirekten Messung der Massen m_i. Nimmt man beispielsweise nur zwei Massenpunkte i und j ohne äußere Kräfte, so ist

$$m_i \dot{\mathbf{r}}^i + m_j \dot{\mathbf{r}}^j = \mathbf{a} \tag{2.5.15}$$

mit einem konstanten Vektor $\mathbf{a}$. Subtrahiert man diese Gleichungen zu zwei verschiedenen Zeiten t_1 und t_2, so erhält man

$$m_i [\dot{\mathbf{r}}^i(t_2) - \dot{\mathbf{r}}^i(t_1)] + m_j [\dot{\mathbf{r}}^j(t_2) - \dot{\mathbf{r}}^j(t_1)] = 0, \tag{2.5.16}$$

woraus sich das Verhältnis der Massen m_i/m_j ergibt. Das bekannteste Beispiel ist der »Stoß« zweier Massenpunkte (z. B. zweier Billardkugeln), so daß man t_1 vor und t_2 nach dem Stoß wählt. (2.5.16) liefert dann eine »indirekte Massenmeßmethode«.

Liegen keine äußeren Kräfte vor, so kann man den Impulssatz benutzen, um ein System aus 2 Massenpunkten auf die Bewegung eines »gedachten Massenpunktes« zurückzuführen. Man führt dazu statt $\mathbf{r}^1$, $\mathbf{r}^2$ die neuen Vektoren

$$\mathbf{R} = \frac{m_1 \mathbf{r}^1 + m_2 \mathbf{r}^2}{m_1 + m_2}, \quad \mathbf{r} = \mathbf{r}^1 - \mathbf{r}^2$$

ein. Aus (2.5.1) und Axiom $\hat{\text{II}}$ 2c mit $\mathbf{k}_a^i = 0$ folgt dann neben $\ddot{\mathbf{R}} = 0$ für $\mathbf{r}$ die Differentialgleichung:

$$\ddot{\mathbf{r}} = \frac{1}{m_1} \mathbf{k}^{12} - \frac{1}{m_2} \mathbf{k}^{21}.$$

Mit $\hat{\text{II}}$ 2d folgt daraus mit der Abkürzung $\mathbf{k}^{12} = \mathbf{k}$:

$$m \ddot{\mathbf{r}} = \mathbf{k} \text{ mit } \frac{1}{m} = \frac{1}{m_1} + \frac{1}{m_2}.$$

Dies ist die Bewegungsgleichung *eines* »Massenpunktes« der Masse m. m nennt man die reduzierte Masse. Ist $m_2 \gg m_1$, so folgt, daß in guter Näherung $\mathbf{R} = \mathbf{r}_2$ und $m = m_1$ ist.

Wie wir in VI § 1 noch sehen werden, kann man im Falle $\ddot{\mathbf{R}} = 0$ immer zu einem Inertialsystem übergehen, in dem der Massenmittelpunkt ruht, d.h. $\dot{\mathbf{R}} = 0$ und speziell $\mathbf{R} = 0$ ist. Ist $m_2 \gg m_1$, so kann man die Bewegung der beiden Massenpunkte so behandeln, als ob der Massenpunkt 2 ruht und nur der Massenpunkt 1 sich unter der »von 2 herrührenden« Kraft $\mathbf{k} = \mathbf{k}^{12}$ bewegt.

Wir fügen nun zu $\hat{\text{II}}$ 2a, c, d noch das folgende Axiom hinzu:

$\hat{\text{II}}$ 2. e: Die inneren Kräfte $\mathbf{k}^{ij}$ haben die Richtung der Verbindungslinie vom i-ten zum j-ten Massenpunkt, d.h. $\mathbf{k}^{ij}$ ist parallel zum Vektor $\mathbf{r}^i - \mathbf{r}^j$.

Wir multiplizieren die Gleichung (2.5.1) vektoriell von links mit $\mathbf{r}^i$ und summieren dann über i:

$$\sum_i m_i \mathbf{r}^i \times \ddot{\mathbf{r}}^i = \sum_i \mathbf{r}^i \times \mathbf{k}^i.$$

Mit Benutzung von $\hat{\text{II}}$ 2c folgt daraus:

$$\frac{\mathrm{d}}{\mathrm{d}t} \sum_i m_i \mathbf{r}^i \times \dot{\mathbf{r}}^i = \sum_i \mathbf{r}^i \times \mathbf{k}_{\mathrm{a}}^i + \sum_{\substack{i,j \\ (i \neq j)}} \mathbf{r}^i \times \mathbf{k}^{ij}. \tag{2.5.17}$$

Wir wollen nun zeigen, daß die letzte Summe auf der rechten Seite von (2.5.17) wegen $\hat{\text{II}}$ 2e gleich Null ist. Wenn man die Summationsindizes vertauscht, so erhält man:

$$2 \sum_{\substack{i,j \\ (i \neq j)}} \mathbf{r}^i \times \mathbf{k}^{ij} = \sum_{\substack{i,j \\ (i \neq j)}} \mathbf{r}^i \times \mathbf{k}^{ij} + \sum_{\substack{i,j \\ (i \neq j)}} \mathbf{r}^j \times \mathbf{k}^{ji}.$$

Benutzt man nun $\hat{\text{II}}$ 2d in der zweiten Summe auf der rechten Seite, so folgt

$$2 \sum_{\substack{i,j \\ (i \neq j)}} \mathbf{r}^i \times \mathbf{k}^{ij} = \sum_{\substack{i,j \\ (i \neq j)}} (\mathbf{r}^i - \mathbf{r}^j) \times \mathbf{k}^{ij}.$$

Wegen $\hat{\text{II}}$ 2e ist aber jeder einzelne Summand auf der rechten Seite gleich Null. Aus (2.5.17) folgt also:

$$\frac{\mathrm{d}}{\mathrm{d}t} \sum_i m_i \mathbf{r}^i \times \dot{\mathbf{r}}^i = \sum_i \mathbf{r}^i \times \mathbf{k}_{\mathrm{a}}^i. \tag{2.5.18}$$

Definition 2.5.9: $\mathbf{M} = \sum_i m_i \mathbf{r}^i \times \dot{\mathbf{r}}^i$ heißt der (Gesamt-)Drehimpuls des Systems der Massenpunkte um den Ursprungspunkt des Koordinatensystems.

Definition 2.5.10: $\mathbf{D} = \sum_i \mathbf{r}^i \times \mathbf{k}_a^i$ heißt das Drehmoment der äußeren Kräfte.

(2.5.18) nimmt mit diesen Definitionen die Gestalt an:

(2.5.19) $$\dot{\mathbf{M}} = \mathbf{D}.$$

Ist $\mathbf{D} = 0$, z.B. wenn alle *äußeren* Kräfte $\mathbf{k}_a^i = 0$ sind, so gilt der sogenannte Drehimpulssatz:

(2.5.20) $$\dot{\mathbf{M}} = 0,$$

d.h. der Vektor **M** bleibt zeitlich konstant.

Wir hatten **M** wie **D** um den Ursprungspunkt des Koordinatensystems betrachtet. Man kann aber (2.5.1) auch mit $\mathbf{r}^i - \mathbf{R}$ vektoriell multiplizieren und über i summieren:

(2.5.21) $$\sum_i m_i (\mathbf{r}^i - \mathbf{R}) \times \ddot{\mathbf{r}}^i = \sum_i (\mathbf{r}^i - \mathbf{R}) \times \mathbf{k}^i.$$

Nach Definition 2.5.8 ist $\sum_i m_i (\mathbf{r}^i - \mathbf{R}) = 0$ und daher auch $\sum_i m_i (\mathbf{r}^i - \mathbf{R}) \times \ddot{\mathbf{R}} = 0$, so daß man (2.5.21) auch in der Form

$$\sum_i m_i (\mathbf{r}^i - \mathbf{R}) \times (\ddot{\mathbf{r}}^i - \ddot{\mathbf{R}}) = \sum_i (\mathbf{r}^i - \mathbf{R}) \times \mathbf{k}^i$$

schreiben kann. Genau wie oben folgt dann mit

$$\mathbf{M}_s = \sum_i m_i (\mathbf{r}^i - \mathbf{R}) \times (\dot{\mathbf{r}}^i - \dot{\mathbf{R}})$$

und $$\mathbf{D}_s = \sum_i (\mathbf{r}^i - \mathbf{R}) \times \mathbf{k}_a^i$$

(2.5.22) $$\dot{\mathbf{M}}_s = \mathbf{D}_s.$$

Ist $\mathbf{D}_s = 0$, z. B. wenn alle $\mathbf{k}_a^i = 0$ sind, so gilt also auch der *Drehimpulssatz um den Massenmittelpunkt:*

(2.5.23) $$\dot{\mathbf{M}}_s = 0.$$

Bei der eben durchgeführten Betrachtung des Impuls- und Drehimpulssatzes waren die Axiome $\hat{\text{II}}$ 2a, c, d und e aber *nicht* $\hat{\text{II}}$ 2b vorausgesetzt worden. Wenn wir jetzt *nur* $\hat{\text{II}}$ 2a, b voraussetzen, so lassen sich zwei interessante Sätze beweisen:

Satz 2.5.1: Der Impulssatz $\dot{\mathbf{P}} = 0$ ist äquivalent dazu, daß die potentielle Energie $U(\mathbf{r}^1, \ldots \mathbf{r}^n)$ translationsvariant ist.

Beweis: Translationsinvarianz von U heißt, daß

$$U(\mathbf{r}^1 + \mathbf{a}, \mathbf{r}^2 + \mathbf{a}, \ldots \mathbf{r}^n + \mathbf{a}) = U(\mathbf{r}^1, \ldots, \mathbf{r}^n)$$

für jeden Vektor $\mathbf{a}$ gilt. Damit äquivalent ist, daß für jedes ε und $\mathbf{a}$

$$U(\mathbf{r}^1 + \varepsilon\,\mathbf{a}, \ldots, \mathbf{r}^n + \varepsilon\,\mathbf{a}) = U(\mathbf{r}^1, \ldots, \mathbf{r}^n)$$

gilt. Dies wiederum ist äquivalent dazu, daß

$$U(\mathbf{r}^1 + \varepsilon\,\mathbf{a}, \ldots, \mathbf{r}^n + \varepsilon\,\mathbf{a})$$

für jedes $\mathbf{a}$ nicht von ε abhängt, d. h. daß für jedes $\mathbf{a}$

$$\frac{\mathrm{d}}{\mathrm{d}\varepsilon} U(\mathbf{r}^1 + \varepsilon\,\mathbf{a}, \ldots, \mathbf{r}^n + \varepsilon\,\mathbf{a}) = 0$$

ist. Durch Ausführen der Differentation folgt

$$\mathbf{a} \cdot \sum_i \operatorname{grad}_i U = 0.$$

Da dies für alle $\mathbf{a}$ gilt, folgt

(2.5.24) $$\sum_i \operatorname{grad}_i U = 0.$$

(2.5.24) ist eine äquivalente Formulierung für die Translationsinvarianz von U.

(2.5.24) heißt aber, daß $\sum_i \mathbf{k}^i = 0$ ist, so daß aus (2.5.1) durch Summation über i sofort $\dot{\mathbf{P}} = 0$ folgt. Ist umgekehrt $\dot{\mathbf{P}} = 0$, so folgt aus (2.5.1) $\sum_i \mathbf{k}^i = 0$, d.h. (2.5.24) und damit die Translationsinvarianz von U.

Satz 2.5.2: Der Drehimpulssatz $\dot{\mathbf{M}} = 0$ ist äquivalent dazu, daß die potentielle Energie $U(\mathbf{r}^1, \ldots, \mathbf{r}^n)$ drehinvariant ist.

Beweis: Man kann sich leicht aus nebenstehender Fig. 8 anschaulich klar machen, daß sich eine kleine Drehung um einen Winkel $\delta\varepsilon$ um $\mathbf{w}$ als Drehachse ($\mathbf{w}$ ein Einheitsvektor) in der Form

$$\delta\mathbf{r} = \delta\varepsilon\mathbf{w} \times \mathbf{r}$$

schreiben läßt. In VI § 1.1 werden wir dies exakt ableiten. Als äquivalente Bedingung zur Drehinvarianz von U erhält man damit

$$\delta U = U(\mathbf{r}^1 + \delta\varepsilon\mathbf{w} \times \mathbf{r}^1, \ldots, \mathbf{r}^n + \delta\varepsilon\mathbf{w} \times \mathbf{r}^n) - U(\mathbf{r}^1, \ldots \mathbf{r}^n) = 0,$$

d.h. nach Differentiation nach $\delta\varepsilon$:

$$\sum_i (\mathbf{w} \times \mathbf{r}^i) \cdot \operatorname{grad}_i U = 0.$$

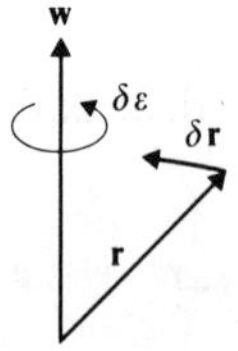

Fig. 8

Wegen $(\mathbf{a} \times \mathbf{b}) \cdot \mathbf{c} = \mathbf{a} \cdot (\mathbf{b} \times \mathbf{c})$ kann man dies auch schreiben:

$$\mathbf{w} \cdot \sum_i \mathbf{r}^i \times \operatorname{grad}_i U = 0.$$

Da dies für alle $\mathbf{w}$ gilt, folgt, daß

$$(2.5.25) \qquad \sum_i \mathbf{r}^i \times \operatorname{grad}_i U = 0$$

äquivalent zur Drehinvarianz von U ist.

(2.5.25) heißt aber, daß

$$\sum_i \mathbf{r}^i \times \mathbf{k}^i = 0 \tag{2.5.26}$$

ist. Multipliziert man (2.5.1) vektoriell mit $\mathbf{r}^i$ und summiert über i, so erkennt man, daß (2.5.26) und damit (2.5.25) äquivalent dazu ist, daß $\dot{\mathbf{M}} = 0$ ist.

Die beiden Sätze 2.5.1 und 2.5.2 sind auch für die Praxis sehr wertvoll, da man oft leicht die Invarianz von U erkennen kann.

Die Sätze 2.5.1 und 2.5.2 sind für den Fall, daß $\hat{\text{I}}$I 2b gilt, allgemeiner als $\hat{\text{I}}$I 2c, d, e. $\hat{\text{I}}$I 2c gilt dann, wenn sich U in der Form

$$U = \sum_i V^i(\mathbf{r}^i) + \sum_{i<j} V^{ij}(\mathbf{r}^i, \mathbf{r}^j)$$

schreiben läßt. $\hat{\text{I}}$I 2d gilt, wenn die $V^{ij}(\mathbf{r}^i, \mathbf{r}^j)$ nur von $\mathbf{r}^i - \mathbf{r}^j$ abhängen: $V^{ij} = V^{ij}(\mathbf{r}^i - \mathbf{r}^j)$. $\hat{\text{I}}$I 2e ist erfüllt, wenn noch gilt, daß V^{ij} nur vom absoluten Betrag $|\mathbf{r}^i - \mathbf{r}^j|$ abhängt. Ist also z. B.

$$U = \sum_{i<j} V^{ij}(|\mathbf{r}^i - \mathbf{r}^j|), \tag{2.5.27}$$

so erkennt man *sofort*, daß U sowohl translations- wie rotationsinvariant ist. (2.5.27) ist eine häufig auftretende Form der »Wechselwirkung« zwischen Massenpunkten.

§ 2.6 Das Newton*sche Massenanziehungsgesetz*

Während wir in den vorigen §§ allgemeine Axiome über die Struktur der Kräfte diskutiert haben, wollen wir in diesem § ein spezielles Kraftgesetz studieren, das historisch zu den ersten und größten Erfolgen der theoretischen Physik geführt hat; und auch heute ist dieses Gesetz die Grundlage z. B. für alle Fahrten zum Mond. Es ist das allgemeine von *Newton* formulierte *Gravitationsgesetz*, das Gesetz der Anziehungskräfte zwischen Massen.

Das Gravitationsgesetz erfüllt *nicht* im strengen Sinn die Voraussetzung $\hat{\text{I}}$I 2a für Kraftfelder, da die Gravitationskräfte nicht nur vom Ort der Massenpunkte, sondern auch noch von den Massen selbst abhängen. Natürlich gelten auch dann alle diejenigen Folgerungen aus $\hat{\text{I}}$I 2a und b (und die Sätze 2.5.1 und 2.5.2), bei denen nicht benutzt wurde, daß die Massenwerte m_i *nur* in das Beschleunigungsglied $m_i\ddot{\mathbf{r}}^i$ eingehen.

Wir haben die Behandlung des Gravitationsgesetzes als spezielles Kraftgesetz an den Schluß der Untersuchungen der *Newton*schen Mechanik gestellt, weil sonst die Frage nach der Definition von Masse und Kraft leicht undurchsichtig geworden wäre. Dies erhellt besonders deutlich an dem einfachsten Beispiel für die Massenanziehung: *den Gesetzen des freien Falls.*

Die Gesetze der Bewegung eines frei geworfenen Massenpunktes auf der Erde (d. h. in der Nähe der Erdoberfläche) können gedeutet werden durch Kräfte der Luft (Luftwiderstand) *und* eine Anziehungskraft der Erde. Oft kann man die Luftkräfte vernachlässigen, so daß dann die Bewegung besonders einfach darstellbar ist. Wir wollen uns deshalb auf diesen Fall vernachlässigbarer Luftkräfte beschränken.

Es zeigt sich, daß der freie Wurf dann durch ein sehr einfaches Gesetz charakterisiert werden kann: die Beschleunigung $\ddot{\mathbf{r}}$ ist eine nicht vom Massenpunkt abhängige Konstante. Bezeichnen wir mit $\mathbf{j}$ den Vektor senkrecht zur Oberfläche, so gilt also das Fallgesetz:

$\hat{\Pi}$ 3a: $\ddot{\mathbf{r}} = -g\mathbf{j}$, wobei man die Konstante g als die »*Erdbeschleunigung*« bezeichnet.

In $\hat{\Pi}$ 3a geht merkwürdigerweise (!) nicht die Masse des Massenpunktes ein. Natürlich kann man die Gleichung $\ddot{\mathbf{r}} = -g\mathbf{j}$ mit der Masse m multiplizieren und so zu der Form

$$m\ddot{\mathbf{r}} = -mg\mathbf{j} \tag{2.6.1}$$

gelangen; aber aus (2.6.1) kann niemals die Masse m bestimmt werden. Nur weil es noch andere nicht von der Masse abhängige Kräfte (z. B. Federkräfte) gibt, kann man unabhängig von (2.6.1) die Masse m bestimmen und dann *nachträglich* $-mg\mathbf{j}$ als Kraft bezeichnen, wie es der Grundgleichung nach (2.1.1) entspricht. mg heißt das Gewicht der Masse m.

Wenn wir z. B. das Superpositionsgesetz der Kräfte voraussetzen, und den Massenpunkt sowohl unter der Erdanziehung wie dem Einfluß einer Federkraft betrachten (siehe Fig. 9) und die eindimensionale Bewegung in $(-\mathbf{j})$-Richtung mit der Auslenkung x beschreiben, so erhält man die Bewegungsgleichung:

$$m\ddot{x} = mg - ax$$

mit der Federkonstanten a. Speziell für $\ddot{x} = 0$ folgt

$$ax = mg.$$

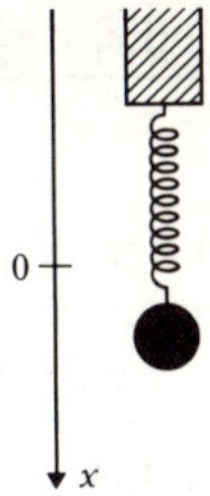

Fig. 9

Durch die Auslenkung x (wenn die Federkonstante a bekannt ist) kann man dann das Gewicht mg messen (Federwaage) und wenn g bekannt ist, auch m.

Die Tatsache, daß die Schwerkraft $(-mg\mathbf{j})$ proportional der trägen Masse ist, hat zu sehr weittragenden Folgerungen geführt (siehe X).

Man hat daher immer wieder versucht, mit feinsten Messungen nachzukontrollieren, ob diese Proportionalität gilt, d. h. ob in die Bewegungsgleichung nach $\hat{\Pi}$ 3a wirklich nicht die Masse eingeht. Bisher konnten keine Abweichungen vom Gesetz $\hat{\Pi}$ 3a festgestellt werden.

Die einfachen Lösungen der Bewegungsgleichung $\hat{\Pi}$ 3a, die Wurfparabeln liefern, setzen wir als bekannt voraus und wollen uns deshalb dem allgemeinen *Newton*schen Anziehungsgesetz widmen:

$\hat{\Pi}$ 3b: Die Gravitationskraft auf den i-ten Massenpunkt in einem System von Massenpunkten ist gleich $\sum\limits_{\substack{j \\ (j \neq i)}} \frac{\mathbf{r}^j - \mathbf{r}^i}{|\mathbf{r}^j - \mathbf{r}^i|^3} \gamma m_j m_i$. γ heißt die Gravitationskonstante.

Sind keine weiteren Kräfte vorhanden, so gilt also $\hat{\Pi}$ 2a, c, d mit $\mathbf{k}_a^i = 0$. Der absolute Betrag von $\mathbf{k}^{ij}$ hat dann die bekannte Form:

$$|\mathbf{k}^{ij}| = \frac{\gamma m_i m_j}{|\mathbf{r}^i - \mathbf{r}^j|^2}.$$

Wenn man versucht, dieses Gesetz auf den Fall eines Massenpunktes in der Nähe der Erde anzuwenden, so hat man zunächst folgende Schwierigkeit: Die Erde kann auf keinen Fall relativ zu den Ortsänderungen z. B. eines geworfenen Steines als Massen-»Punkt« betrachtet werden. Aber das Gesetz $\hat{\Pi}$ 3b hat zur Folge, daß für einen Massenpunkt *außerhalb* der Erde die Kraftwirkung so ist, *als ob* die gesamte Masse m_e der Erde im Mittelpunkt der Erde vereinigt wäre! Wir werden dies später (VIII, § 1.8) genauer beweisen. Man könnte dies auch (nur etwas umständlich) dadurch zeigen, indem man beweist, daß (mit dem Nullpunkt des Koordinatensystems im Erdmittelpunkt und einer nur von $r' = |\mathbf{r}'|$ abhängigen, d. h. isotropen Massendichte $\varrho(r')$)

(2.6.2) $$-\gamma m \int_K \frac{\varrho(r')(\mathbf{r}-\mathbf{r}')\,\mathrm{d}x_1'\,\mathrm{d}x_2'\,\mathrm{d}x_3'}{|\mathbf{r}-\mathbf{r}'|^3} = -\frac{\gamma m m_e \mathbf{r}}{r^3}$$

ist. Dabei ist links über die Erdkugel K zu integrieren, r der absolute Betrag von $\mathbf{r}$, x_1', x_2', x_3' die Komponenten von $\mathbf{r}'$ und m_e die Gesamtmasse $m_e = \int_K \varrho(r')\,\mathrm{d}x_1'\,\mathrm{d}x_2'\,\mathrm{d}x_3'$ der Erde. (2.6.2) gilt nur, wenn der Ort $\mathbf{r}$ außerhalb der Erdkugel K liegt. (2.6.2) stellt nämlich nichts anderes dar als die Summe aller Kräfte, die von den »Massenpunkten« der Massen $\varrho(r')\,\mathrm{d}x_1'\,\mathrm{d}x_2'\,\mathrm{d}x_3'$ auf einen Massenpunkt der Masse m an der Stelle $\mathbf{r}$ nach $\hat{\text{II}}$ 3b ausgeübt werden.

Aus (2.6.2) folgt, daß die Erdbeschleunigung

(2.6.3) $$g = \frac{\gamma m_e}{R^2}$$

mit R als Erdradius ist, so daß wir auch die Kraft der Erde auf einen Massenpunkt außerhalb der Erde in der Form

(2.6.4) $$\mathbf{k} = -\frac{g m R^2 \mathbf{r}}{r^3}$$

schreiben können.

(2.6.4) ist eine Zentralkraft mit der zugehörigen potentiellen Energie (siehe Ende § 2.3)

(2.6.5) $$U(r) = -\frac{g m R^2}{r}.$$

Nach den Überlegungen zum Energiesatz am Ende von § 2.3 folgt also, daß ein Massenpunkt nur dann die Erde in den Weltraum verlassen kann, wenn die Energie

$$E = \frac{m}{2} v^2 - \frac{g m R^2}{r} \geq 0$$

ist, woraus

$$v^2 \geq \frac{2 g R^2}{r}$$

in der Entfernung r vom Erdmittelpunkt folgt; speziell an der Erdoberfläche für $r = R$ müßte also

(2.6.6) $$v_0^2 \geq 2\,g\,R$$

sein. v_0 nach (2.6.6) ist die sogenannte »Fluchtgeschwindigkeit«, die sich nach (2.6.6) zu 11,2 km sec^{-1} ergibt.

Für ein System von Massenpunkten nur mit Gravitationswechselwirkung gilt also mit $\hat{\text{I}}\text{I}$ 3b allgemein

(2.6.7) $$m_i \ddot{\mathbf{r}}^i = \sum_{\substack{j \\ (j \neq i)}} \frac{\mathbf{r}^j - \mathbf{r}^i}{|\mathbf{r}^j - \mathbf{r}^i|^3} \gamma m_j m_i .$$

Die berühmteste und erfolgreichste Anwendung des Gleichungssystems (2.6.7) ist die auf das Planetensystem, d. h. auf Sonne und Planeten als Massenpunkte. Da die Voraussetzungen für den Impulssatz erfüllt sind, bewegt sich also der Schwerpunkt des Planetensystems gleichförmig; aber in bezug auf welches Inertialsystem ist (2.6.7) gemeint?

In dieser Frage und ihrer Beantwortung zeigt sich nun ein weiteres sehr interessantes Vorgehen der theoretischen Physik:

Wir hatten ursprünglich in II ein Inertialsystem unter anderem durch ein vorzeigbares Gerüst definiert, das es erlaubt, »Stellen zu fixieren«. Eine solche unmittelbare Konstruktion eines Inertialsystems, in dem sich die Planeten bewegen, ist zumindest nicht so ohne weiteres möglich. Dies aber hindert die theoretische Physik nicht, eine Theorie zu entwerfen, d. h. ein mathematisches Bild aufzuschreiben, das in unserem Falle kurz durch das Gleichungssystem (2.6.7) charakterisiert ist. Beobachtet, d. h. mit der Erfahrung vergleichbar, sind allerdings nicht unmittelbar die Orte $\mathbf{r}^i$ in dem eben zunächst nur gedachten (d. h. in $\mathfrak{M}\mathfrak{T}$ vorhandenen, siehe III, § 9) Inertialsystem, sondern gewisse astronomische Meßwerte von der Erde aus. Es war eben die große Leistung des *Kopernikus,* schon vor der Entdeckung der *Newton*schen Mechanik aus den Meßwerten von der Erde rückwärts ein Bezugssystem zu *konstruieren,* das wir heute ein Inertialsystem nennen.

Die eben erwähnten »astronomischen Meßwerte« sind ein schönes Beispiel für eine Vortheorie (siehe III, §§ 1, 2 und 4) zur »Himmelsmechanik«. Die Vortheorie ist hier eine einfache Theorie der geometrischen Optik, natürlich in Verbindung mit der Theorie aus II, nämlich mit dem, was wir in II, § 5 eine indirekte Abstandsmessung nannten; dabei wird eben in der geometrischen Optik (im Einklang mit der Erfahrung!) die Ausbreitung der Lichtstrahlen auf durch $d(x, y)$ bestimmten Geraden angenommen. Die Himmelsmechanik ist dabei die eben skizzierte Theorie der *Newton*schen Mechanik plus *Newton*schem Gravitationsgesetz.

Wir lernen daraus, daß in einem mathematischen Bild nicht notwendig immer die unmittelbar zunächst vorkommenden Größen (oben z. B. die Orte $\mathbf{r}^i$ der Planeten) beobachtet werden müssen, sondern daß es genügt, die Theorie mit den gerade zur Verfügung stehenden Beobachtungen (dem gerade vorliegenden Realtext; siehe III, § 4) zu vergleichen. Das Ergebnis der *Newton*schen Theorie (2.6.7) des Planetensystems ist es, daß eben ein Inertialsystem physikalisch wirklich (nach den astronomischen Beobachtungen *und* der Theorie kann man dies nach II, § 9 so ausdrücken!) existiert, in dem das Planetensystem sich entsprechend den Gleichungen (2.6.7) bewegt.

Die Behandlung des vollständigen Gleichungssystems (2.6.7) ist eine komplizierte Aufgabe, der sich viele Mathematiker und Astronomen schon Jahrhunderte lang gewidmet haben. Glücklicherweise erhält man aber schon eine sehr gute Näherung auf folgende Weise:

Wegen der großen Masse der Sonne kann man den Schwerpunkt des Planetensystems näherungsweise mit dem Ort der Sonne identifizieren und als Koordinatenursprung des Inertialsystems wählen (siehe § 2.5). Weiterhin kann man bei der Bewegung *eines* Planeten näherungsweise die Kräfte von den anderen Planeten vernachlässigen, so daß wir also schließlich für einen Planeten der Masse m mit m_s als Sonnenmasse die vereinfachte Bewegungsgleichung

$$(2.6.8) \qquad m\ddot{\mathbf{r}} = -\frac{\mathbf{r}}{r^3}\gamma m_s m$$

erhalten (siehe § 2.5).

(2.6.8) stellt die Bewegung eines Massenpunktes in einem Zentralkraftfeld dar. Aus (2.4.7) folgt daher sofort:

$$(2.6.9) \qquad \frac{C^2}{m^2 r^4}\left(\frac{\mathrm{d}r}{\mathrm{d}\varphi}\right)^2 + \frac{C^2}{m^2 r^2} - \frac{2\gamma m_s}{r} = \frac{2}{m}E.$$

Führt man als neue Variable $u = \frac{1}{r}$ ein, so folgt mit $\mathrm{d}u/\mathrm{d}\varphi = -\frac{1}{r^2}\frac{\mathrm{d}r}{\mathrm{d}\varphi}$:

$$(2.6.10) \qquad \left(\frac{\mathrm{d}u}{\mathrm{d}\varphi}\right)^2 + u^2 - \frac{2\gamma m^2 m_s}{C^2}u = \frac{2mE}{C^2}$$

Differentiation nach φ ergibt:

$$2\frac{\mathrm{d}u}{\mathrm{d}\varphi}\left[\frac{\mathrm{d}^2 u}{\mathrm{d}\varphi^2} + u - \frac{\gamma m^2 m_s}{C^2}\right] = 0.$$

Für $\frac{\mathrm{d}u}{\mathrm{d}\varphi} \neq 0$ $\left(\frac{\mathrm{d}u}{\mathrm{d}\varphi} = 0\right.$ ist nur an zwei Punkten der Bahn möglich, oder es muß $\left.\frac{\mathrm{d}u}{\mathrm{d}\varphi} \equiv 0 \text{ für alle } \varphi \text{ sein}\right)$ folgt

$$\frac{\mathrm{d}^2 u}{\mathrm{d}\varphi^2} + u = \frac{\gamma m^2 m_s}{C^2}. \tag{2.6.11}$$

Für $\frac{\mathrm{d}u}{\mathrm{d}\varphi} \equiv 0$ ist $r = r_0$ konstant, so daß eine Kreisbahn vorliegt. Aus dem Drehimpulssatz (2.4.2) folgt dann $\dot{\varphi} = \frac{C}{m r_0^2}$ und damit $|\ddot{\mathbf{r}}| = r_0 \dot{\varphi}^2$, und nach (2.6.8) also

$$m\,|\ddot{\mathbf{r}}| = m r_0 \frac{C^2}{m^2 r_0^4} = \frac{\gamma m m_s}{r_0^2},$$

was mit $u = \frac{\gamma m^2 m_s}{C^2}$ identisch ist, so daß (2.6.11) immer gilt.

Die Lösung von (2.6.11) läßt sich leicht angeben:

$$u = A\cos(\varphi - \varphi_0) + \frac{\gamma m^2 m_s}{C^2}. \tag{2.6.13}$$

Setzt man $\mathrm{d}u/\mathrm{d}\varphi$ nach (2.6.13) in (2.6.10) ein, so folgt

$$A^2 = \frac{2mE}{C^2} + \frac{\gamma m^4 m_s^2}{C^4}.$$

φ_0 bleibt beliebig. So erhalten wir aus (2.6.13):

$$r(\varphi) = \frac{\dfrac{C^2}{\gamma m^2 m_s}}{1 + \left(\sqrt{\dfrac{2EC^2}{\gamma^2 m^3 m_s^2} + 1}\right)\cos(\varphi - \varphi_0)}. \tag{2.6.14}$$

(2.6.14) stellt einen Kegelschnitt in Polarkoordinaten dar mit der Exzentrizität

$$\varepsilon = \sqrt{\frac{2\,EC^2}{\gamma^2 m^3 m_s^2} + 1}.$$

(2.6.14) stellt also eine Ellipse für $\varepsilon < 1$ (d.h. $E < 0$), eine Parabel für $\varepsilon = 1$ (d.h. $E = 0$) und eine Hyperbel für $\varepsilon > 1$ (d.h. $E > 0$) dar.

Es ist eine interessante Eigenschaft des sogenannten *Kepler*problems (2.6.8), daß es außer dem Energie- und Drehimpulserhaltungssatz noch eine weitere leicht zu formulierende Erhaltungsgröße gibt, die aber an der speziellen Form des Kraftgesetzes $\sim \mathbf{r}/\mathrm{r}^3$ hängt.

Mit $r = |\mathbf{r}|$ bilden wir

$$\frac{d}{dt}\left(\frac{\mathbf{r}}{r}\right) = \frac{\dot{\mathbf{r}}}{r} - \frac{\mathbf{r}}{r^2}\dot{r}.$$

Aus $r^2 = \mathbf{r} \cdot \mathbf{r}$ folgt

$$r\dot{r} = \mathbf{r} \cdot \dot{\mathbf{r}}$$

und damit

$$\frac{d}{dt}\left(\frac{\mathbf{r}}{r}\right) = \frac{1}{r}\left(\dot{\mathbf{r}} - \frac{\mathbf{r}}{r}\frac{\mathbf{r} \cdot \dot{\mathbf{r}}}{r}\right).$$

Aufgrund der Formel $\mathbf{b}\,\mathbf{a} \cdot \mathbf{c} - \mathbf{c}\,\mathbf{a} \cdot \mathbf{b} = \mathbf{a} \times (\mathbf{b} \times \mathbf{c})$ folgt dann

$$\frac{d}{dt}\left(\frac{\mathbf{r}}{r}\right) = -\frac{1}{r^3}\mathbf{r} \times (\mathbf{r} \times \dot{\mathbf{r}}).$$

Zusammen mit dem Drehimpulsvektor $\mathbf{M} = m\mathbf{r} \times \dot{\mathbf{r}}$ und (2.6.8) folgt:

$$\frac{d}{dt}\frac{\mathbf{r}}{r} = -\frac{1}{mr^3}\mathbf{r} \times \mathbf{M} = \frac{1}{\gamma m m_s}\ddot{\mathbf{r}} \times \mathbf{M}.$$

Da $\mathbf{M}$ konstant ist, ist also

$$\text{(2.6.15).} \quad \frac{d}{dt}\left[\frac{\mathbf{r}}{r} - \frac{1}{\gamma m m_s}\dot{\mathbf{r}} \times \mathbf{M}\right] = 0.$$

Also ist

$$\text{(2.6.16)} \quad \frac{\mathbf{r}}{r} - \frac{1}{\gamma m m_s}\dot{\mathbf{r}} \times \mathbf{M} = \mathbf{a}$$

mit einem konstanten Vektor $\mathbf{a}$. Die beiden vektoriellen Erhaltungssätze von

M und **a** enthalten implizit auch den Energiesatz, was hier aber nicht vorgerechnet sei. Aus (2.6.16) folgt durch Multiplikation mit **r**:

$$r - \frac{1}{\gamma m m_s} \mathbf{r} \cdot (\dot{\mathbf{r}} \times \mathbf{M}) = \mathbf{r} \cdot \mathbf{a}.$$

Unter Benutzung der Formel $\mathbf{r} \cdot (\dot{\mathbf{r}} \times \mathbf{M}) = (\mathbf{r} \times \dot{\mathbf{r}}) \cdot \mathbf{M}$ und der Definition von $\mathbf{M} = m\mathbf{r} \times \dot{\mathbf{r}}$ folgt

$$(2.6.17) \qquad r - \frac{1}{\gamma m^2 m_s} \mathbf{M}^2 = \mathbf{r} \cdot \mathbf{a}.$$

Wählt man den Vektor **a** (der senkrecht zu **M** ist!) als Anfangspunkt der Zählung des Polarwinkels φ, so lautet mit $|\mathbf{M}| = C$ die Gleichung (2.6.17)

$$r - \frac{C^2}{\gamma m^2 m_s} = r a \cos \varphi,$$

was zu

$$(2.6.18) \qquad r(\varphi) = \frac{\dfrac{C^2}{\gamma m^2 m_s}}{1 - a \cos \varphi}$$

führt. (2.6.18) stellt wieder den Kegelschnitt der Bahn in Polarkoordinaten dar.

§ 3 Das *Lagrange*sche Extremalprinzip als Grundlage der Mechanik

Nicht so sehr eine Grundlagenkritik der *Newton*schen Mechanik als vielmehr *praktische* Unzulänglichkeiten und Schwerfälligkeiten haben dazu geführt, einen zweiten axiomatischen Aufbau der Mechanik zu entwerfen, der sich als sehr geschicktes Hilfsmittel zur Behandlung mechanischer Probleme erwiesen hat. Daß sich dieser Aufbau dann doch als nicht unwesentlich für Fragen der philosophischen Interpretation (siehe z.B. VI § 4) der klassischen Mechanik herausgestellt hat, ist ein Nebenprodukt.

Die *Newton*sche Mechanik erweist sich als unhandlich, wenn die Aufgabe gestellt ist, die Bewegung von Massenpunkten unter Nebenbedingungen zu untersuchen, oder neue nicht-rechtwinklige Koordinaten einzuführen; auch die Formulierung einer Kontinuumsmechanik ist vom *Newton*schen Ausgangspunkt her etwas schwerfällig zu bewerkstelligen. Wir wollen mit einer kurzen (nur heuristischen) Skizze des Problems der Bewegung von Massenpunkten unter Nebenbedingungen beginnen.

Wir haben in den §§ 1 und 2 noch sehr häufig die Methode benutzt, Definitionen und Sätze zu numerieren. Wollten wir diese Art für die ganze Physik durchführen, so würde damit nicht der Überblick über die *Gesamtstruktur* verbessert; vielmehr würde man sich in der Aufmerksamkeit auf jeden der kleinen Einzelschritte (die zwar alle notwendig und wichtig sind) verlieren. Nur die großen Zusammenhänge lassen sich „behalten"; und bei einiger Übung ergeben sich dann die Einzelschritte „wie von selbst". Daher ist es für den Leser entscheidend wichtig, nicht nur jeden Einzelschritt ohne Übersicht über das Ganze nachzuvollziehen, sondern den Überblick über die Zusammenhänge zu erlangen. So ist es für die nächsten §§ 3.1 bis 3.3 wichtig, die durchzuführenden Schritte nicht als Deduktionen, sondern als Rateweg zu einer neuen Grundlegung der Mechanik zu sehen.

§ 3.1 Bewegungsgleichung für einen Massenpunkt mit idealisierter Nebenbedingung

Wir beginnen mit einem sehr einfachen Beispiel, an dem wir anschaulich erklären können, wie wir auf intuitivem Wege zu dem allgemeinen Ansatz des *Lagrange*schen Extremalprinzips gelangen. Wir betrachten einen an einem Faden der Länge l aufgehängten Massenpunkt der Masse m, das sogenannte geometrische Pendel (geometrisch, da wir die Masse des Fadens vernachlässigen). Wenn der Ausschlag des Pendels nicht zu groß wird, kann der Massenpunkt die Kugelschale vom Radius l um den Aufhängepunkt nicht verlassen.

Wenn wir die *Newton*sche Grundgleichung $m\ddot{\mathbf{r}} = \mathbf{k}$ zugrunde legen, so kann die Nebenbedingung nur dadurch aufrechterhalten werden, daß der Faden zusätzlich zur Schwerkraft gerade eine solche Kraft auf die Kugel ausübt, so daß die Bewegungsgleichung $m\ddot{\mathbf{r}} = \mathbf{k}$ zur Bewegung auf der Kugelschale führt. (Diese Beschreibungsweise steht im Einklang mit einer Elastizitätstheorie des Fadens, die eine verfeinerte Darstellung des Problems wiedergibt; wir haben hier das Bewegungsproblem der Masse durch die sehr gute Näherung vereinfacht, daß die Länge des Fadens konstant gleich l bleibt.) Diese vom Faden ausgeübte Kraft wird als „Zwangskraft" bezeichnet. Es ist aber das Eigentümliche des Problems, daß die Zwangskraft eben *nicht vorgegeben* ist, sondern sich laufend der Bewegung gerade so anpaßt, daß die Bewegung auf der Kugelschale erfolgt.

Dieses eben geschilderte Problem des geometrischen Pendels können wir leicht auf einen allgemeineren Fall ausdehnen: Die Bewegung des Massenpunktes ist an eine vorgegebene Fläche gebunden. Die Gleichung einer vorgegebenen Fläche können wir uns in der Form

$$(3.1.1) \qquad F(\mathbf{r}) = F(x_1, x_2, x_3) = 0$$

gegeben denken. Für die Kugelschale des geometrischen Pendels (mit dem Nullpunkt des Koordinatensystems im Aufhängepunkt) gilt speziell

(3.1.2) $$F(x_1, x_2, x_3) = x_1^2 + x_2^2 + x_3^2 - l^2,$$

also nach (3.1.1):

(3.1.3) $$x_1^2 + x_2^2 + x_3^2 - l^2 = 0.$$

Die geometrische Bedingung (3.1.1) kann nach unserer Vorstellung durch eine geeignete Zwangskraft $\mathbf{z}(t)$ so ersetzt werden, daß die *Newton*sche Bewegungsgleichung des Massenpunktes unter dem Einfluß z. B. eines vorliegenden Kraftfeldes $\mathbf{k}(\mathbf{r})$ und der Zwangskraft $\mathbf{z}(t)$

(3.1.4) $$m\ddot{\mathbf{r}}(t) = \mathbf{k}(\mathbf{r}(t)) + \mathbf{z}(t)$$

gerade zu einer Bewegung $\mathbf{r}(t)$ führt, für die

(3.1.5) $$F(\mathbf{r}(t)) = 0$$

für alle t gilt. Damit dies möglich ist, müssen natürlich die Anfangswerte (z. B. zur Zeit $t = 0$) für (3.1.4) der Nebenbedingung „angepaßt sein“. Die notwendige Anpassung folgt mit $\mathbf{r}_0 = \mathbf{r}(0)$ und $\mathbf{v}_0 = \dot{\mathbf{r}}(0)$ aus (3.1.5) bzw. aus der einmal nach der Zeit t differenzierten Gleichung (3.1.5):

(3.1.6) $$F(\mathbf{r}_0) = 0$$

bzw.

(3.1.7) $$\mathbf{v}_0 \cdot \operatorname{grad} F(\mathbf{r}_0) = 0.$$

(3.1.7) drückt die anschaulich sofort einsichtige Bedingung aus, daß $\mathbf{v}_0$ senkrecht auf dem Vektor grad $F(\mathbf{r}_0)$ steht; grad $F(\mathbf{r}_0)$ hat aber die Richtung der Normalen der Fläche $F(\mathbf{r}) = 0$ an der Stelle $\mathbf{r}_0$ (siehe auch A I); (3.1.7) besagt also, daß man $\mathbf{v}_0$ tangential zur Fläche $F(\mathbf{r}) = 0$ vorgeben muß.

Um aber diese Beschreibung sinnvoll zu gestalten, muß man über die Zwangskraft $\mathbf{z}(t)$ in (3.1.4) noch irgendwelche Voraussetzungen einführen, denn man sieht schon rein formal, daß die *eine* Nebenbedingung (3.1.5) nicht die *drei* Komponenten von $\mathbf{z}(t)$ festlegen kann. Das Beispiel des Fadenpendels legt eine bestimmte Art der Forderung an $\mathbf{z}(t)$ nahe: Nach der Erfahrung kann ein gespannter Faden immer nur Kräfte in Richtung des Fadens ausüben. Die Richtung des Fadens ist aber senkrecht zur Kugelschale.

Im allgemeinen Fall einer Nebenbedingung (3.1.1) kann man natürlich allein aus der mathematischen Form der Nebenbedingung nicht schließen, wie die von den Vorrichtungen zur Einhaltung der Nebenbedingung auf den Massenpunkt ausgeübte Kraft **z** beschaffen ist. Wir sprechen von *idealen Vorrichtungen*, wenn diese (wenigstens in guter Näherung) nur Kräfte senkrecht zur Fläche (3.1.1) ausüben können. Wir fordern daher für **z**:

$$\mathbf{z} = \lambda \operatorname{grad} F. \tag{3.1.8}$$

Setzen wir dies in (3.1.4) ein, so erhält man statt (3.1.4):

$$m\ddot{\mathbf{r}}(t) = \mathbf{k}(\mathbf{r}(t)) + \lambda(t) \operatorname{grad} F(\mathbf{r}(t)). \tag{3.1.9}$$

Hier ist die Funktion $\lambda(t)$ zunächst unbestimmt. Es ist aber zu erwarten, daß (3.1.9) und (3.1.5) zusammen die Funktion $\lambda(t)$ für jede Lösung von (3.1.9), die (3.1.5) genügt, festlegen.

Mit $F(\mathbf{r}) = \mathbf{r}^2 - l^2$ erhalten wir aus (3.1.9) und (3.1.5) speziell (mit **j** senkrecht zur Erdoberfläche):

$$m\ddot{\mathbf{r}} = -gm\mathbf{j} + 2\lambda(t)\,\mathbf{r}, \tag{3.1.10}$$

$$r = \sqrt{x_1^2 + x_2^2 + x_3^2} = l. \tag{3.1.11}$$

Die Bewegung des Fadenpendels wird zwar durch (3.1.10) und (3.1.11) vollständig beschrieben; doch aber enthalten die Gleichungen (3.1.10) und (3.1.11) mehr, als man für die „Bewegung allein" braucht, nämlich die Größe der Zwangskraft. Es besteht daher der Wunsch, die Zwangskraft möglichst ganz zu eliminieren. Dies kann im Prinzip geschehen, indem man (3.1.9) bzw. (3.1.10) mit irgendeinem Tangentenvektor **p** der Fläche multipliziert. Da **p** senkrecht grad F ist, folgt aus (3.1.9):

$$\mathrm{m}\ddot{\mathbf{r}} \cdot \mathbf{p} = \mathbf{k} \cdot \mathbf{p}. \tag{3.1.12}$$

Die Gleichung (3.1.12) ist nun aber ganz unhandlich geworden, da man noch angeben muß, wie man speziell die Tangentenvektoren **p** an den verschiedenen Stellen der Fläche $F(\mathbf{r}) = 0$ wählt. Dies kann man praktisch nur durchführen, indem man die Gleichung (3.1.12) auf irgendwelche Flächenkoordinaten umrechnet. Weil dies eine unangenehm komplizierte Aufgabe ist, hat man nach anderen Wegen gesucht.

Speziell für das geometrische *ebene* Pendel läßt sich diese Aufgabe noch einfach durchführen: Wenn man (3.1.10) und (3.1.11) in einer Ebene, z.B. der

(x_1, x_2)-Ebene allein betrachtet, so stellt die Nebenbedingung (3.1.11) eine Kurve, den Kreis um den Nullpunkt vom Radius l dar. Man kann dann als Kurvenkoordinate einen Winkel φ von der $(-\mathbf{j})$-Richtung aus wählen (Fig. 10).

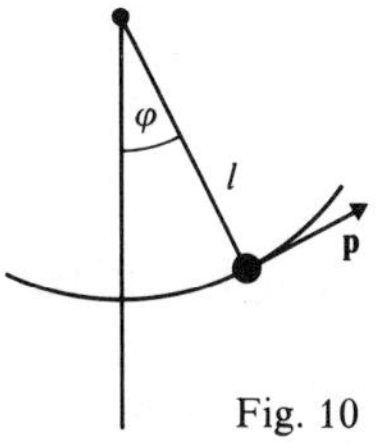

Fig. 10

Wählt man $\mathbf{p}$ als Einheitsvektor senkrecht $\mathbf{r}$, so ist $\mathbf{j} \cdot \mathbf{p} = \sin\varphi$ und $\ddot{\mathbf{r}} \cdot \mathbf{p} = l\ddot{\varphi}$, so daß (3.1.12) in

$$ml\ddot{\varphi} + gm \sin\varphi = 0$$

übergeht, was für kleinere Amplituden φ, für die man $\sin\varphi \sim \varphi$ setzen darf, die Form einer Schwingungsgleichung mit der Frequenz $\omega = \sqrt{g/l}$ hat.

§ 3.2 Das Prinzip der virtuellen Arbeit

Die Bedingung (3.1.8) für *ideale Vorrichtungen* zur Einhaltung der Nebenbedingung (3.1.5) läßt sich in eine Form bringen, die man auch leicht auf irgendwelche anderen Nebenbedingungen ausdehnen kann, die sich nicht in der Form (3.1.5) schreiben lassen und die auch mehr als einen Massenpunkt betreffen.

Definition 3.2.1: Ist zu einer Bahnkurve $\mathbf{r}(t)$ eine von einem Parameter ε abhängige Schar von Bahnkurven $\mathbf{r}'(\varepsilon, t)$ so gegeben, daß $\mathbf{r}'(0, t) = \mathbf{r}(t)$ ist, so bezeichnen wir $\mathbf{r}'(\varepsilon, t)$ als eine Schar variierter Bahnen zur Bahn $\mathbf{r}(t)$. Wir setzen immer $\mathbf{r}'(\varepsilon, t)$ als differenzierbar nach ε und t voraus.

Für kleine $\delta\varepsilon$ kann man sehr anschaulich schreiben:

$$\mathbf{r}'(\delta\varepsilon, t) = \mathbf{r}(t) + \delta\varepsilon \left[\frac{\partial}{\partial\varepsilon} \mathbf{r}'(\varepsilon, t)\right]_{\varepsilon=0} + \dots \tag{3.2.1}$$

Wir bezeichnen kurz

$$(3.2.2)\qquad \mathbf{g}(t) = \left[\frac{\partial}{\partial\varepsilon}\mathbf{r}'(\varepsilon, t)\right]_{\varepsilon=0}$$

und

$$(3.2.3)\qquad \delta\mathbf{r}(t) = \delta\varepsilon\,\mathbf{g}(t),$$

so daß man (3.2.1) in der sehr häufig benutzten Form

$$(3.2.4)\qquad \mathbf{r}'(\delta\varepsilon, t) = \mathbf{r}(t) + \delta\mathbf{r}(t) + \ldots$$

schreibt.

Definition 3.2.2: $\delta\mathbf{r}(t)$ nach (3.2.3) mit (3.2.2) wird als virtuelle Verrückung oder virtuelle Variation bezeichnet.

Sei $F(\mathbf{r}, t) = 0$ eine eventuell von der Zeit t abhängige Fläche. Gilt für alle Bahnkurven der Schar $\mathbf{r}'(\varepsilon, t)$:

$$(3.2.5)\qquad F(\mathbf{r}'(\varepsilon, t), t) = 0,$$

so sagt man, daß die variierten Bahnen (wegen $\mathbf{r}'(0, t) = \mathbf{r}(t)$ natürlich mit der Bahn $\mathbf{r}(t)$ selbst) der Nebenbedingung $F(\mathbf{r}, t) = 0$ genügen. Aus (3.2.5) folgt durch Differentiation nach ε:

$$(3.2.6)\qquad \left[\frac{\partial}{\partial\varepsilon}F(\mathbf{r}'(\varepsilon, t), t)\right]_{\varepsilon=0} = \mathbf{g}(t)\cdot\operatorname{grad}F(\mathbf{r}(t), t) = 0$$

Statt (3.2.6) kann man mit (3.2.3) auch

$$(3.2.7)\qquad \delta\mathbf{r}(t)\cdot\operatorname{grad}F = 0$$

schreiben und sagt, daß die virtuelle Variation $\delta\mathbf{r}(t)$ in der Fläche (nämlich senkrecht zur Flächennormalen) liegen muß, wenn die variierten Bahnen auf der Fläche $F(\mathbf{r}, t)$ liegen.

Definition 3.2.3: Wenn für eine Schar variierter Bahnen die Bahnen vorgegebene Nebenbedingungen erfüllen, so heißen die zu dieser Schar gehörigen virtuellen Verrückungen $\delta\mathbf{r}(t)$ kurz *erlaubte* virtuelle Verrückungen.

Für irgendeine Kraft $\mathbf{k}$ nennen wir $\mathbf{k} \cdot \delta \mathbf{r} = \delta A$ die *virtuelle Arbeit* der Kraft $\mathbf{k}$ bei der virtuellen Verrückung $\delta \mathbf{r}$. Die Bedingung (3.1.8) für die Zwangskraft $\mathbf{z}$ kann man dann wegen (3.2.7) auch so formulieren (für „ideale Vorrichtungen”):

> *Die virtuelle Arbeit der Zwangskraft bei erlaubten virtuellen Verrückungen ist Null.*

§ 3.3 Heuristischer Weg zum Lagrange*schen Variationsprinzip.*

Die am Ende des vorigen § formulierte Bedingung für Zwangskräfte wollen wir in dieser Form als allgemein gültig für „beliebige" Nebenbedingungen ansehen, die durch „ideale Vorrichtungen" erreicht werden. Wir werden noch viele solche Beispiele kennenlernen. Diese so allgemein formulierte Bedingung wird uns nun zu einem Prinzip hinleiten, das wir nachher als neues Axiom einer neuen Grundlegung der Mechanik benutzen werden.

Sind mehrere Massenpunkte i gegeben mit mehreren Nebenbedingungen, die wir gar nicht erst in genauer mathematischer Form aufschreiben wollen (dies geschieht später in § 3.7 und VI, § 2.2), so genügen die Bahnen den Gleichungen.

$$m_i \ddot{\mathbf{r}}^i = \mathbf{k}^i + \mathbf{z}^i \tag{3.3.1}$$

mit den Zwangskräften $\mathbf{z}^i$. Neben den „wirklichen" Bahnen $\mathbf{r}^i(t)$, die die Nebenbedingungen erfüllen, betrachten wir noch eine Schar „variierter" Bahnen $\mathbf{r}'^i(\varepsilon, t)$, die ebenfalls die Nebenbedingungen erfüllen. Für $\delta \varepsilon \mathbf{g}^i(t) = = \delta \varepsilon \left[\frac{\partial}{\partial \varepsilon} \mathbf{r}'^i(\varepsilon, t) \right]_{\varepsilon=0}$ schreiben wir kurz $\delta \mathbf{r}^i(t)$. Da die variierten Bahnen ebenfalls den Nebenbedingungen genügen sollen, sind also die $\delta \mathbf{r}^i(t)$ „erlaubte" virtuelle Verrückungen.

Wir setzen nun voraus, daß die virtuelle Arbeit der Zwangskräfte bei erlaubten Verrückungen gleich Null ist, d.h.

$$\sum_i \mathbf{z}^i \cdot \delta \mathbf{r}^i = 0. \tag{3.3.2}$$

Aus (3.3.1) folgt daher:

$$\sum_i (m_i \ddot{\mathbf{r}}^i - \mathbf{k}^i) \cdot \delta \mathbf{r}^i(t) = 0. \tag{3.3.3}$$

Die Gleichung (3.3.3) enthält nicht mehr die Zwangskräfte $\mathbf{z}^i$, aber dafür gilt sie nur für alle möglichen *erlaubten* virtuellen Verrückungen. (3.3.3) ist unter dem Namen des D'*Alembert*schen Prinzips bekannt.

Ist $\phi\,(\mathbf{r}^1(t), \mathbf{r}^2(t), \ldots \mathbf{r}^n(t), \dot{\mathbf{r}}^1(t), \ldots \dot{\mathbf{r}}^n(t))$ (meist kurz als $\phi\,(\mathbf{r}^i(t), \dot{\mathbf{r}}^i(t))$ geschrieben) eine Funktion der $\mathbf{r}^i(t)$ und ihrer Ableitungen, so bezeichnet man kurz

$$(3.3.4)\qquad \delta\phi = \delta\varepsilon\left[\frac{\partial}{\partial\varepsilon}\,\phi\,(\mathbf{r}^{/i}(\varepsilon, t), \dot{\mathbf{r}}^{/i}(\varepsilon, t))\right]_{\varepsilon=0}$$

als *Variation* von ϕ.

Speziell für $\phi = \mathbf{r}^i(t)$ folgt also

$$(3.3.5)\qquad \delta\mathbf{r}^i(t) = \delta\varepsilon\left[\frac{\partial}{\partial\varepsilon}\,\mathbf{r}^{/i}(\varepsilon, t)\right]_{\varepsilon=0} = \delta\varepsilon\,\mathbf{g}^i(t)$$

in Übereinstimmung mit der schon benutzten Definition von $\delta\mathbf{r}^i(t)$. Aus (3.3.4) folgt für $\phi = \dot{\mathbf{r}}^i(t)$ weiterhin speziell:

$$(3.3.6)\qquad \begin{aligned}\delta\dot{\mathbf{r}}^i(t) &= \delta\varepsilon\left[\frac{\partial}{\partial\varepsilon}\,\dot{\mathbf{r}}^{/i}(\varepsilon, t)\right]_{\varepsilon=0} = \delta\varepsilon\left[\frac{\partial}{\partial\varepsilon}\,\frac{\partial}{\partial t}\,\mathbf{r}^{/i}(\varepsilon, t)\right]_{\varepsilon=0}\\ &= \delta\varepsilon\frac{\partial}{\partial t}\left[\frac{\partial}{\partial\varepsilon}\,\mathbf{r}^{/i}(\varepsilon, t)\right]_{\varepsilon=0} = \frac{\partial}{\mathrm{d}t}\,\delta\mathbf{r}^i(t).\end{aligned}$$

(3.3.6) drückt man häufig so aus: Die Variation δ und die zeitliche Differentiation sind vertauschbar.

Aus (3.3.4) folgt

$$(3.3.7)\qquad \delta\phi = \sum_i \delta\mathbf{r}^i(t)\cdot\frac{\partial}{\partial\mathbf{r}^i}\,\phi + \sum_i \delta\dot{\mathbf{r}}^i(t)\cdot\frac{\partial}{\partial\dot{\mathbf{r}}^i}\,\phi,$$

wobei $\frac{\partial}{\partial\mathbf{r}^i}\,\phi$ der Gradient von ϕ nach dem Vektor $\mathbf{r}^i$ ist (d. h. mit x^i_ν als Komponenten von $\mathbf{r}^i$ hat $\frac{\partial}{\partial\mathbf{r}^i}\,\phi$ die drei Komponenten $\partial\phi/\partial x^i_\nu$), und entsprechend ist $\frac{\partial}{\partial\dot{\mathbf{r}}^i}\,\phi$ definiert.

Nach diesen Zwischenbemerkungen über Variationen $\delta\phi$ können wir leicht und schnell (3.3.3) noch etwas umformen. Wenn wir (3.3.6) berücksichtigen, folgt

$$\frac{\mathrm{d}}{\mathrm{d}t}\sum_i m_i\dot{\mathbf{r}}^i\cdot\delta\mathbf{r}^i = \sum_i m_i\ddot{\mathbf{r}}_i\cdot\delta\mathbf{r}^i + \sum_i m_i\dot{\mathbf{r}}^i\cdot\delta\dot{\mathbf{r}}^i.$$

Damit geht (3.3.3) über in

(3.3.8) $$\frac{\mathrm{d}}{\mathrm{d}t}\sum_i m_i \cdot \dot{\mathbf{r}}^i \cdot \delta \mathbf{r}^i - \sum_i m_i \cdot \dot{\mathbf{r}}^i \cdot \delta \dot{\mathbf{r}}^i - \sum_i \mathbf{k}^i \cdot \delta \mathbf{r}^i = 0.$$

Mit T als kinetischer Energie für ϕ folgt aus (3.3.7)

$$\delta T = \delta\left(\frac{1}{2}\sum_i m_i(\dot{\mathbf{r}}^i)^2\right) = \sum_i m_i \dot{\mathbf{r}}^i \cdot \delta \dot{\mathbf{r}}^i,$$

so daß man (3.3.8) auch in der Form

(3.3.9) $$\frac{\mathrm{d}}{\mathrm{d}t}\sum_i m_i \dot{\mathbf{r}}^i \cdot \delta \mathbf{r}^i - \delta T - \sum_i \mathbf{k}^i \cdot \delta \mathbf{r}^i = 0$$

schreiben kann. Integrieren wir (3.3.9) über die Zeit t von einem Zeitpunkt t_1 bis t_2, so folgt:

(3.3.10) $$\int_{t_1}^{t_2} (\delta T + \sum_i \mathbf{k}^i \cdot \delta \mathbf{r}^i)\, \mathrm{d}t = \sum_i m_i \dot{\mathbf{r}}^i \cdot \delta \mathbf{r}^i \Big|_{t_1}^{t_2}.$$

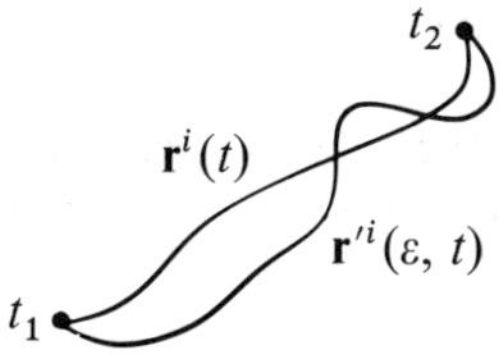

Fig. 11

Wenn wir jetzt *festsetzen,* daß die Scharen variierter Bahnen $\mathbf{r}'^i(\varepsilon, t)$ so zu wählen sind, daß für alle ε zur Zeit t_1 und t_2 die variierten Bahnen mit der ursprünglichen Bahn zusammenfallen (siehe Fig. 11), d. h. daß

$$\mathbf{r}'^i(\varepsilon, t_1) = \mathbf{r}^i(t_1)$$

und

$$\mathbf{r}'^i(\varepsilon, t_2) = \mathbf{r}^i(t_2)$$

gilt, so folgt

(3.3.11) $$\delta \mathbf{r}^i(t_1) = \delta \mathbf{r}^i(t_2) = 0.$$

(3.3.11) drückt man auch so aus, daß die Bahn $\mathbf{r}^i(t)$ zur Zeit t_1 und t_2 nicht variiert wird.

Mit der Zusatzbedingung (3.3.11) folgt aus (3.3.10):

$$\int_{t_1}^{t_2} (\delta T + \delta A)\,\mathrm{d}t = 0 \tag{3.3.12}$$

mit der durch

$$\delta A = \sum_i \mathbf{k}^i \cdot \delta \mathbf{r}^i \tag{3.3.13}$$

definierten virtuellen Arbeit der Kräfte $\mathbf{k}^i$.

(3.3.12) mit (3.3.13) ist also für alle *erlaubten* virtuellen Verrückungen, die der Nebenbedingung (3.3.11) genügen, eine Folge der *Newton*schen Bewegungsgleichungen und der Voraussetzung, daß die virtuelle Arbeit der Zwangskräfte für erlaubte virtuelle Verrückungen gleich Null ist. Damit haben wir eine Formulierung erreicht, die es uns nun erlaubt, die Mechanik in neuer Form axiomatisch aufzubauen.

§ 3.4 Das Lagrange*sche Variationsprinzip als Grundaxiom der Mechanik*

Die Überlegungen der vorigen §§ legen nun folgende Neubegründung der Mechanik nahe:

Die Beschreibung der Bahnen der Massenpunkte durch zweimal differenzierbare Kurven $\mathbf{r}^i(t)$ behalten wir bei. Ebenso behalten wir bei die Einführung der Massenfunktion m_i.

$\widetilde{\mathrm{I}}$. Durch

$$T = \frac{1}{2} \sum_{i=1}^{n} m_i \cdot \dot{\mathbf{r}}^i(t)^2 \tag{3.4.1}$$

definieren wir eine quadratische Form, die (und das ist einfach nur ein Name) kinetische Energie genannt wird. Die Bedeutung der Massenfunktion m_i ist also *nur*, daß sie die Koeffizienten der quadratischen Form (3.4.1) bestimmt. Wichtig ist wieder, daß die Werte der m_i (genauso wie in § 2.1) *zunächst* vollkommen unbestimmt sind und nicht etwa aus irgendeinem mechanischen Experiment entnommen sind. Erst *nach* Einführung der Axiome für die Bahnen $\mathbf{r}^i(t)$ können *rückwärts* auch die Massen m_i »indirekt« gemessen werden.

Weiterhin wird eine Differentialform

$$\delta A = \sum_{i=1}^{n} \mathbf{k}^i \cdot \delta \mathbf{r}^i \tag{3.4.2}$$

eingeführt, deren Koeffizienten Kräfte genannt werden. δA selbst wird virtuelle Arbeit genannt.

(Ähnlich wie in § 2.1 ist (3.4.2) durch Axiome zu ergänzen, die Postulate an δA darstellen!)

Die $\mathbf{k}^i$ beschreiben hierbei keine Einwirkungen *eventuell* vorhandener »idealer« Vorrichtungen, die die Einhaltung gewisser Nebenbedingungen für die Bewegung der Massenpunkte bewirken.

Das Postulat für die »wirklichen« Bahnen $\mathbf{r}^i(t)$ lautet dann:

$$(3.4.3) \qquad \int_{t_1}^{t_2} (\delta T + \delta A)\, \mathrm{d}t = 0,$$

wobei die *erlaubten* virtuellen Verrückungen $\delta \mathbf{r}^i(t)$ so zu wählen sind, daß

$$(3.4.4) \qquad \delta \mathbf{r}^i(t_1) = \delta \mathbf{r}^i(t_2) = 0$$

ist. Die »wirklichen« Bahnen heißen auch die *Extremalen* des Variationsprinzips (3.4.3). (3.4.3) heißt das *Lagrange*sche Variationsprinzip. Es ist als Grundaxiom an die Stelle der *Newton*schen Grundgleichungen (2.1.1) getreten.

$\widetilde{\text{II}}$. Spezielle Axiome für δA.

Unter $\widetilde{\text{II}}$ machen wir für das Folgende immer die Voraussetzung, daß die $\mathbf{k}^i$ Funktionen der Orte und eventuell auch der Geschwindigkeiten der Massenpunkte sind

$$(3.4.5) \qquad \mathbf{k}^i = \mathbf{k}^i(\mathbf{r}^1, \mathbf{r}^2, \ldots \mathbf{r}^n, \dot{\mathbf{r}}^1, \dot{\mathbf{r}}^2, \ldots \dot{\mathbf{r}}^n, t),$$

die eventuell noch explizit von der Zeit t abhängen, wie es das t in (3.4.5) angibt. (3.4.5) ist so allgemein, daß so gut wie alle vorkommende Fälle beschrieben werden können (siehe dagegen die in VI § 7.10 und VIII, § 4.8 und XI, § 1.5 behandelten, noch etwas allgemeineren Fälle).

Die Grundlegung der Mechanik durch das *Lagrange*sche Variationsprinzip (3.4.3) hat drei wesentliche Vorteile, die teilweise einander bedingen:

1. Die Berücksichtigung von Nebenbedingungen (deren Formulierung in späteren §§ ausführlich geschildert wird) geschieht in sehr einfacher Weise dadurch, daß (3.4.3) nur für alle *erlaubten* Variationen gefordert wird.
2. Das *Lagrange*sche Variationsprinzip ist ein leicht zu handhabendes Mittel, um die Bewegungsgleichungen in anderen als nur rechtwinkligen Koordinaten zu formulieren; oft können nämlich andere Koordinaten sehr geeignet sein, ein mechanisches Problem zu lösen oder aber zumindest wesentlich zu vereinfachen, indem man es einer Störungsrechnung zugänglich macht (siehe VI, § 7).

3. Das *Lagrange*sche Variationsprinzip erlaubt in konsequenter Weise auch den Übergang zur Kontinuumsmechanik. Dies geschieht dadurch, indem man für manche mechanische Systeme in den Ausdrücken (3.4.1) und (3.4.2) die $\sum_i$ durch Integrale ersetzt. Dies kann man symbolisch dadurch andeuten, daß man den diskreten Index i durch einen anderen α ersetzt, wobei α *oft* kurz für ein Tripel von *drei* Parametern steht, und statt (3.4.1) und (3.4.2) schreibt:

$$T = \frac{1}{2} \int \dot{\mathbf{r}}(\alpha, t)^2 \, \mathrm{d}m(\alpha) \tag{3.4.6}$$

$$\delta A = \int \delta \mathbf{r}(\alpha, t) \cdot \mathrm{d}\mathbf{k}(\alpha). \tag{3.4.7}$$

Wir wollen nicht näher allgemein auf die Ausdrücke (3.4.6) und (3.4.7) eingehen, sondern verweisen auf die später diskutierten Beispiele.

§ 3.5 Herleitung der Newton*schen Grundgleichungen*

Wir wollen zunächst zeigen, daß die *Newton*sche Mechanik in (3.4.3) enthalten ist. Dazu leiten wir aus (3.4.3) die *Newton*schen Grundgleichungen für den Fall ab, daß *keine* Nebenbedingungen vorhanden sind.

Aus (3.4.3) folgt

$$\int_{t_1}^{t_2} \left(\sum_i m_i \dot{\mathbf{r}}^i \cdot \delta \dot{\mathbf{r}}^i + \sum_i \mathbf{k}^i \cdot \delta \mathbf{r}^i \right) \mathrm{d}t = 0.$$

Da nach (3.3.6) $\delta \dot{\mathbf{r}}^i = \frac{\mathrm{d}}{\mathrm{d}t} \delta \mathbf{r}^i$ ist, folgt durch partielle Integration:

$$\int_{t_1}^{t_2} \sum_i (-m_i \ddot{\mathbf{r}}^i + \mathbf{k}^i) \cdot \delta \mathbf{r}^i \mathrm{d}t + \Big| \sum_i m_i \dot{\mathbf{r}}^i \cdot \delta \mathbf{r}^i \Big|_{t_1}^{t_2} = 0$$

Wegen (3.4.4) folgt:

$$\int_{t_1}^{t_2} \sum_i (-m_i \ddot{\mathbf{r}}^i + \mathbf{k}^i) \cdot \delta \mathbf{r}^i(t) \, \mathrm{d}t = 0. \tag{3.5.1}$$

Da man die Funktionen $\delta \mathbf{r}^i(t)$ innerhalb des Intervalls $t_1 < t < t_2$ »beliebig« wählen kann (keine Nebenbedingungen!) folgt aus (3.5.1)

$$-m_i \ddot{\mathbf{r}}^i + \mathbf{k}^i = 0, \tag{3.5.2}$$

was mit (2.1.1) identisch ist. Damit bleibt alles, was in § 2 behandelt wurde, auch für die neu durch (3.4.3) grundgelegte Mechanik gültig.

§ 3.6 Einige Axiome über δA

Ähnlich wie in § 2 für die Kräfte, so kann man hier Axiome über δA einführen:

$\widetilde{\text{II}}\,\alpha$: δA ist ein totales Differential:

(3.6.1) $$\delta A = \sum_i \mathbf{k}^i \cdot \delta \mathbf{r}^i = -\delta U(\mathbf{r}^1, \ldots \mathbf{r}^n, t).$$

U nennt man dann das eventuell zeitabhängige (!) Potential; es folgt

(3.6.2) $$\mathbf{k}^i = -\operatorname{grad}_i U.$$

Da die Bedingungen für (3.6.1) ausführlich in § 2.5 diskutiert wurden, brauchen wir hier nichts zu wiederholen.

Im Falle (3.6.1) kann man (3.4.3) auch in der Form

(3.6.3) $$\int_{t_1}^{t_2} \delta(T - U)\, \mathrm{d}t = 0$$

schreiben. Wir kürzen nun ab:

(3.6.4) $$L(\mathbf{r}^i, \dot{\mathbf{r}}^i, t) = T(\dot{\mathbf{r}}^i) - U(\mathbf{r}^i, t)$$

(zur Bezeichnung siehe $\phi(\mathbf{r}^i, \dot{\mathbf{r}}^i)$ in § 3.3) und nennen L die *Lagrange*funktion.

(3.6.5) $$W = \int_{t_1}^{t_2} L(\mathbf{r}^i(t), \dot{\mathbf{r}}^i(t), t)\, \mathrm{d}t$$

ist ein *Funktional* von den $\mathbf{r}^i(t)$, da es vom Verlauf der Funktionen $\mathbf{r}^i(t)$ über t abhängt. Um zwischen Funktionen wie $L(\ldots)$ und dem Funktional W zu unterscheiden, schreiben wir nicht $W(\mathbf{r}^1(t), \ldots)$, sondern

(3.6.6) $$W[\mathbf{r}^1(t), \ldots, \mathbf{r}^n(t)] \qquad \text{oder} \qquad W[\mathbf{r}^i(t)],$$

wobei die letzte Schreibweise nur zur Abkürzung der ersten steht.

Wir definieren nun die Variation von W durch

(3.6.7) $$\delta W = \delta\varepsilon\left\{\frac{\partial}{\partial\varepsilon} W\,[\mathbf{r}^{/i}(\varepsilon, t)]\right\}_{\varepsilon=0}.$$

Damit können wir dann (3.6.3) auch in der Form

(3.6.8) $$\delta W = \delta \int_{t_1}^{t_2} L\,(\mathbf{r}^i(t), \dot{\mathbf{r}}^i(t), t)\,\mathrm{d}t = 0$$

schreiben.

Statt $\widetilde{\mathrm{II}}\,\alpha$ kann man eine etwas allgemeinere Forderung stellen, die ebenfalls eine wichtige Rolle in vielen Beispielen spielt:

$\widetilde{\mathrm{II}}\,\beta$: δA ist »äquivalent« zu einer totalen Variation $-\delta V(\mathbf{r}^i, \dot{\mathbf{r}}^i)$, d. h.

(3.6.9) $$\delta A = \sum_i \mathbf{k}^i \cdot \delta\mathbf{r}^i = -\delta V(\mathbf{r}^i, \dot{\mathbf{r}}^i, t) + \frac{\mathrm{d}}{\mathrm{d}t}\sum_j \mathbf{f}^j(\mathbf{r}^i, \dot{\mathbf{r}}^i, t)\cdot\delta\mathbf{r}^j.$$

Setzt man (3.6.9) in (3.4.3) ein, so folgt wegen (3.4.4) wiederum

(3.6.10) $$\delta W = \delta \int_{t_1}^{t_2} L\,(\mathbf{r}^i, \dot{\mathbf{r}}^i, t)\,\mathrm{d}t = 0$$

mit der *Lagrange*funktion:

(3.6.11) $$L(\mathbf{r}^i, \dot{\mathbf{r}}^i, t) = T(\dot{\mathbf{r}}^i) - V(\mathbf{r}^i, \dot{\mathbf{r}}^i, t).$$

Schreiben wir (3.6.9) ausführlich in den Komponenten x_ν^i von $\mathbf{r}^i$ aus, so folgt:

$$\sum_{i,\nu} k_\nu^i \delta x_\nu^i = -\sum_{i,\nu}\frac{\partial V}{\partial x_\nu^i}\delta x_\nu^i - \sum_{i,\nu}\frac{\partial V}{\partial \dot{x}_\nu^i}\delta \dot{x}_\nu^i$$
$$+\sum_{i,\nu} f_\nu^i \delta\dot{x}_\nu^i + \sum_{i,\nu}\left(\frac{\mathrm{d}}{\mathrm{d}t} f_\nu^i\right)\delta x_\nu^i.$$

Da die linke Seite nicht von $\delta\dot{x}_\nu^i$ abhängt, muß dies auch für die rechte Seite gelten, d. h. es muß

(3.6.12) $$f_\nu^i = \frac{\partial V}{\partial \dot{x}_\nu^i}$$

sein. Damit folgt

$$k_\nu^i = -\frac{\partial V}{\partial x_\nu^i} + \frac{\mathrm{d}}{\mathrm{d}t} f_\nu^i$$

$$= -\frac{\partial V}{\partial x_\nu^i} + \sum_{k,\mu} \frac{\partial f_\nu^i}{\partial x_\mu^k} \dot{x}_\mu^k + \sum_{k,\mu} \frac{\partial f_\nu^i}{\partial \dot{x}_\mu^k} \ddot{x}_\mu^k + \frac{\partial f_\nu^i}{\partial t}.$$

Da wir in (3.4.5) vorausgesetzt hatten, daß k_ν^i nicht von den Beschleunigungen $\ddot{x}_\mu^k$ abhängt, muß also

$$\frac{\partial f_\nu^i}{\partial \dot{x}_\mu^k} = 0$$

sein, d. h. f_ν^i hängt nicht von den Geschwindigkeiten $\dot{x}_\mu^k$ ab. Aus (3.6.12) folgt dann, daß V nur linear von den Geschwindigkeiten abhängen kann:

(3.6.13) $$V = \sum_{k,\mu} A_\mu^k (\mathbf{r}^i, t)\, \dot{x}_\mu^k + U(\mathbf{r}^i, t).$$

Somit ist nach (3.6.12) $f_\nu^i = A_\nu^i (\mathbf{r}^i, t)$. Damit folgt schließlich:

(3.6.14) $$k_\nu^i = -\frac{\partial U}{\partial x_\nu^i} + \frac{\partial}{\partial t} A_\nu^i + \sum_{k,\mu} \left(\frac{\partial A_\nu^i}{\partial x_\mu^k} - \frac{\partial A_\mu^k}{\partial x_\nu^i} \right) \dot{x}_\mu^k.$$

Mit (3.6.13) nimmt (3.6.11) speziell die Form (mit $\mathbf{A}^k$ als Vektor mit den Komponenten A_μ^k)

(3.6.15) $$L(\mathbf{r}^i, \dot{\mathbf{r}}^i, t) = T(\dot{\mathbf{r}}^i) - \sum_k \mathbf{A}^k (\mathbf{r}^i, t) \cdot \dot{\mathbf{r}}^k - U(\mathbf{r}^i, t)$$

an. (3.6.15) ist die allgemeinste Form einer *Lagrange*funktion; (3.6.4) ein Spezialfall von (3.6.15).

Ist $\widetilde{\mathrm{II}}\,\beta$ nicht erfüllt, so muß man bei der allgemeinen Form einer Differentialform δA nach (3.4.2) bleiben.

§ 3.7 Holonome Koordinaten und holonome Nebenbedingungen

Viele Probleme der Mechanik lassen sich leichter lösen, wenn man von den rechtwinkligen Koordinaten zu anderen allgemeineren Koordinaten übergeht. Es gibt kein allgemeines Prinzip, nach dem etwa die Koordinaten zu wählen sind; es ist vielmehr dem Geschick und der Intuition des Einzelnen überlassen, Koordinaten zu finden, in denen sich ein vorgegebenes Problem »besonders einfach behandeln« läßt.

Sind die neuen Koordinaten q_i Funktionen der alten x_ν^j $(j = 1, \ldots, n)$ $(\nu = 1, 2, 3)$:

$$(3.7.1) \qquad q_i = f_i\,(x_1^1, x_2^1, x_3^1, x_1^2, x_2^2, x_3^2, \ldots, x_3^n, t),$$

so spricht man von *holonomen* Koordinaten q_i $(i = 1, \ldots 3n)$. Es muß natürlich vorausgesetzt werden, daß sich die Gleichungen (3.7.1) eindeutig umkehren lassen (wenigstens in dem Bereich, in dem die Bewegung erfolgt):

$$(3.7.2) \qquad x_\nu^i = g_\nu^i\,(q_1, q_2, \ldots, q_{3n}, t).$$

Kommt in (3.7.1) die Zeit t nicht vor, so spricht man von holonom-*skleronomen,* sonst von holonom-*rheonomen* Koordinaten q_i. Die q_i können also holonome skleronome oder holonome rheonome Koordinaten sein.

Die Wahl neuer geeigneter Koordinaten erweist sich oft als besonders günstig für die Behandlung von Bewegungen mit Nebenbedingungen. Als *holomome* Nebenbedingungen bezeichnen wir Nebenbedingungen, die sich durch endlich viele Gleichungen der Form

$$(3.7.3) \qquad F_j\,(\mathbf{r}^1, \ldots, \mathbf{r}^n, t) = 0 \quad (j = 1, \ldots, s)$$

darstellen lassen. Wir setzen immer voraus, daß die Gleichungen (3.7.3) unabhängig voneinander sind. Die Zahl $f = 3n - s$ heißt die Zahl der *Freiheitsgrade* des mechanischen Systems. Kommt in (3.7.3) die Zeit t nicht vor, so heißen die Nebenbedingungen *skleronom*, sonst *rheonom.*

Durch (3.7.3) sind im $3n$-dimensionalen Konfigurationsraum $\mathscr{X}$ (siehe Definition 2.5.2) der $x_\nu^i s$ Flächen (die sich im rheonomen Fall zeitlich bewegen) gegeben, auf denen sich die Bewegung vollziehen muß.

Die Behandlung der Nebenbedingungen (3.7.3) kann so geschehen, daß man neue holonome Koordinaten

$$q_i = f_i\,(x_1^1, x_2^1, \ldots, x_3^n, t)$$

so einführt, daß $f_{(3n-s)+j} = F_j$ wird. Die Koordinaten $q_1, \ldots q_f$ unterliegen dann keinen Nebenbedingungen, da die Nebenbedingungen (3.7.3) die einfache Form:

$$(3.7.4) \qquad q_{f+j} = 0 \qquad\qquad (j = 1, \ldots, s)$$

annehmen. Das bedeutet aber für das *Lagrange*sche Variationsprinzip, daß die $q_1 \ldots q_f$ frei zu variieren sind, d.h. daß die δq_i für $i = 1, \ldots f$ „beliebig wählbar" sind, während für $i > f$ einfach $q_i = 0$ und $\delta q_i = 0$ zu setzen ist. Man kann also sehr einfach im *Lagrange*schen Variationsprinzip die Nebenbedingungen in den neuen Koordinaten eliminieren, indem man einfach alle $q_{f+j} = 0$ und $\dot{q}_{f+j} = 0$ setzt, so daß überhaupt nur noch die $q_1 \ldots q_f$ „vorkommen".

In der Praxis formuliert man oft statt (3.7.3) die Nebenbedingungen in der Form

$$F_j(\mathbf{r}^1, \ldots, \mathbf{r}^n, t) = c_j \qquad (j = 1, \ldots s) \tag{3.7.5}$$

mit Konstanten c_j. Mit $F_j' = F_j - c_j$ folgt aus (3.7.5) die Form (3.7.3). Man sieht aber sofort, daß es genügt, die $q_i = f_i\,(x_1^1, \ldots x_3^n, t)$ so zu wählen, daß $f_{(3n-s)+j} = F_j$ mit F_j nach (3.7.5) wird. Man hat dann nur im *Lagrange*schen Variationsprinzip die q_{f+j} durch c_j (statt wie oben durch 0) und die $\dot{q}_{f+j}$ durch 0 zu ersetzen.

Mit Hilfe der Gleichungen (3.7.2) ist die quadratische Form $T = \frac{1}{2}\sum_i m_i (\dot{\mathbf{r}}^i)^2$ umzurechnen. Die kinetische Energie wird dann für skleronome Koordinaten eine quadratische Form in den $\dot{q}_i$ mit Koeffizienten $g_{ik}\,(q_1, \ldots q_f)$:

$$T = \frac{1}{2} \sum_{i,k=1}^{f} g_{ik}\,(q_1, \ldots, q_f)\, \dot{q}_i \dot{q}_k. \tag{3.7.6a}$$

Für rheonome Koordinaten wird

$$\begin{aligned} T = {} & \frac{1}{2} \sum_{i,k=1}^{f} g_{ik}\,(q_1, \ldots, q_f, t)\, \dot{q}_i \dot{q}_k + \\ & + \sum_i h_i(q_1, \ldots, q_f, t)\, \dot{q}_i + \kappa\,(q_1, \ldots, q_f, t), \end{aligned} \tag{3.7.6b}$$

wobei

$$g_{ik}\,(q_1, \ldots, q_f, t) = \sum_{j=1}^{n} \sum_{\nu=1}^{3} m_j \frac{\partial g_\nu^j}{\partial q_i} \frac{\partial g_\nu^j}{\partial q_k},$$

$$h_i\,(q_1, \ldots, q_f, t) = \sum_{j=1}^{n} \sum_{\nu=1}^{3} m_j \frac{\partial g_\nu^j}{\partial q_i} \frac{\partial g_\nu^j}{\partial t},$$

$$\kappa\,(q_1, \ldots, q_f, t) = \frac{1}{2} \sum_{j=1}^{n} \sum_{\nu=1}^{3} m_j \left(\frac{\partial g_\nu^j}{\partial t}\right)^2$$

ist.

Ebenso ist mit Hilfe von (3.7.2) die Differentialform $\delta A = \sum_i \mathbf{k}^i \cdot \delta \mathbf{r}^i$ umzurechnen, woraus wieder eine Differentialform in den δq_i wird:

$$\delta A = \sum_{i=1}^{f} Q_i \delta q_i \tag{3.7.7}$$

mit

$$Q_i = \sum_{j=1}^{n} \sum_{\nu=1}^{3} k_\nu^j \frac{\partial g_\nu^j}{\partial q_i}.$$

Sind die Kräfte $\mathbf{k}^i$ konservativ (siehe (3.6.1)), so läßt sich $\delta A = -\delta U$ schreiben, und man braucht nur $U(\mathbf{r}^1, \ldots \mathbf{r}^n, t)$ als Funktion der $q_1 \ldots q_f$ umzurechnen:

$$U(\mathbf{r}^1, \ldots \mathbf{r}^n, t) = \tilde{U}(q_1, \ldots q_f, t). \tag{3.7.8}$$

Aus (3.7.8) folgt dann speziell

$$Q_i = -\frac{\partial \tilde{U}}{\partial q_i}. \tag{3.7.9}$$

Die *Lagrange*funktion (3.6.4) geht dann in den neuen Koordinaten über in

$$L(q_1, \ldots q_f, \dot{q}_1 \ldots \dot{q}_f, t) = T - \tilde{U} \tag{3.7.10}$$

mit T nach (3.7.6a) oder (3.7.6b) und $\tilde{U}$ nach (3.7.8). Eigentlich müßte man auf der linken Seite von (3.7.10) korrekterweise auch $\tilde{L}(\ldots)$ statt $L(\ldots)$ ähnlich wie bei (3.7.8) schreiben; aber es ist üblich, die legère Schreibweise (3.7.10) zu benutzen.

Ist die *Lagrange*funktion durch (3.6.15) gegeben, so erhält man statt (3.7.10) etwas allgemeiner

$$L(q_1, \ldots q_f, \dot{q}_1, \ldots \dot{q}_f, t) = T - \sum B_i \dot{q}_i - D - \tilde{U} \tag{3.7.11}$$

$$B_i = \sum_{k=1}^{n} \sum_{\nu=1}^{3} A_\nu^k \frac{\partial g_\nu^k}{\partial q_i}$$

und

$$D = \sum_{k=1}^{n} A_\nu^k \frac{\partial g_\nu^k}{\partial t}.$$

Aus dem *Lagrange*schen Variationsprinzip

$$(3.7.12) \qquad \int_{t_1}^{t_2} (\delta T + \delta A)\,\mathrm{d}t = 0 \qquad \text{bzw.} \qquad \delta \int_{t_1}^{t_2} L\,\mathrm{d}t = 0$$

folgt dann wegen

$$\delta L = \sum_i \frac{\partial L}{\partial q_i}\,\delta q_i + \sum_i \frac{\partial L}{\partial \dot{q}_i}\,\delta \dot{q}_i,$$

$$\delta T = \sum_i \frac{\partial T}{\partial q_i}\,\delta q_i + \sum_i \frac{\partial T}{\partial \dot{q}_i}\,\delta \dot{q}_i$$

die Relation

$$\int_{t_1}^{t_2} \left[\sum_i \frac{\partial T}{\partial \dot{q}_i}\,\delta \dot{q}_i + \sum_i \frac{\partial T}{\partial q_i}\,\delta q_i + \sum_i Q_i \delta q_i\right] \mathrm{d}t = 0$$

bzw.

$$\int_{t_1}^{t_2} \left[\sum_i \frac{\partial L}{\partial \dot{q}_i}\,\delta \dot{q}_i + \sum_i \frac{\partial L}{\partial q_i}\,\delta q_i\right] \mathrm{d}t = 0.$$

Mit $\delta \dot{q}_i = \dfrac{\mathrm{d}}{\mathrm{d}t}\,\delta q_i$ folgt nach partieller Integration

$$\int_{t_1}^{t_2} \left\{\sum_i \left[-\frac{\mathrm{d}}{\mathrm{d}t}\frac{\partial T}{\partial \dot{q}_i} + \frac{\partial T}{\partial q_i} + Q_i\right] \delta q_i\right\} \mathrm{d}t + \left|\sum_i \frac{\partial T}{\partial \dot{q}_i}\,\delta q_i\right|_{t_1}^{t_2} = 0$$

bzw.

$$\int_{t_1} \left\{\sum_i \left[-\frac{\mathrm{d}}{\mathrm{d}t}\frac{\partial L}{\partial \dot{q}_i} + \frac{\partial L}{\partial q_i}\right] \delta q_i\right\} \mathrm{d}t + \left|\sum_i \frac{\partial L}{\partial \dot{q}_i}\,\delta q_i\right|_{t_1}^{t_2} = 0.$$

Aus (3.7.1) folgt wegen (3.4.4):

$$\delta q_i\,(t_1) = \delta q_i\,(t_2) = 0.$$

Da die δq_i sonst frei wählbar sind (wir nehmen an, daß eventuell vorhandene

Nebenbedingungen nach (3.7.4) bzw. (3.7.5) eliminiert sind, so daß die $q_1 \ldots q_f$ frei sind), folgen die *Lagrange*schen Gleichungen:

$$Q_i + \frac{\partial T}{\partial q_i} - \frac{\mathrm{d}}{\mathrm{d}t}\frac{\partial T}{\partial \dot{q}_i} = 0 \quad \text{bzw.} \quad \frac{\partial L}{\partial q_i} - \frac{\mathrm{d}}{\mathrm{d}t}\frac{\partial L}{\partial \dot{q}_i} = 0. \tag{3.7.13}$$

Diese *Lagrange*schen Gleichungen bilden eines der wichtigsten Hilfsmittel, Bewegungsgleichungen für die verschiedensten Systeme aufzustellen.

§ *3.8 Explizite Form der* Lagrange*schen Gleichungen*

Dieser § 3.8 kann beim ersten Lesen überschlagen werden.

Aus (3.7.6b) folgt

$$\frac{\partial T}{\partial q_i} = \frac{1}{2}\sum_{r,s} g_{rs|i}\dot{q}_r\dot{q}_s + \sum_r h_{r|i}\dot{q}_r + \kappa_{|i}, \tag{3.8.1}$$

wobei wir für die partiellen Ableitungen einer Funktion f der q_i die Abkürzung

$$f_{|i} = \frac{\partial f}{\partial q_i} \tag{3.8.2}$$

benutzt haben.

Weiterhin folgt (mit $g_{rs} = g_{sr}$):

$$\frac{\partial T}{\partial \dot{q}_i} = \sum_r g_{ir}\dot{q}_r + h_i$$

und daraus:

$$\frac{\mathrm{d}}{\mathrm{d}t}\frac{\partial T}{\partial \dot{q}_i} = \sum_r g_{ir}\ddot{q}_r + \sum_{r,s} g_{ir|s}\dot{q}_r\dot{q}_s + \sum_r \frac{\partial g_{ir}}{\partial t}\dot{q}_r + \sum_r h_{i|r}\dot{q}_r + \frac{\partial h_i}{\partial t}. \tag{3.8.3}$$

Mit (3.8.3), (3.8.1) folgt aus der ersten Gleichung von (3.7.13):

$$\sum_r g_{ir}\ddot{q}_r + \sum_{r,s} g_{ir|s}\dot{q}_r\dot{q}_s - \frac{1}{2}\sum_{r,s} g_{rs|i}\dot{q}_r\dot{q}_i$$

$$+ \sum_r (h_{i|r} - h_{r|i})\,\dot{q}_r - \kappa_{|i} + \frac{\partial h_i}{\partial t} + \sum_r \frac{\partial g_{ir}}{\partial t}\,\dot{q}_r = Q_i.$$

Wegen $g_{is} = g_{si}$ und $\sum_{r,s} g_{ir|s}\dot{q}_r\dot{q}_s = \sum_{r,s} g_{is|r}\dot{q}_r\dot{q}_s$ kann man dies mit der Abkürzung

$$\Gamma_{rs,i} = \frac{1}{2}(g_{ir|s} + g_{si|r} - g_{rs|i})$$

auch in der Form

$$\begin{aligned}&\sum_r g_{ir}\ddot{q}_r + \sum_{r,s} \Gamma_{rs,i}\dot{q}_r\dot{q}_s + \sum_r \frac{\partial g_{ir}}{\partial t}\,\dot{q}_r + \frac{\partial h_i}{\partial t} + \\ &+ \sum_r (h_{i|r} - h_{r|i})\,\dot{q}_r - \kappa_{|i} = Q_i\end{aligned} \tag{3.8.4}$$

schreiben. Sei g^{ik} die zu g_{ik} reziproke Matrix, d.h. es gelte

$$\sum_i g^{ki} g_{ir} = \delta^k_r = \begin{cases} 1 \text{ für } k = r \\ 0 \text{ für } k \neq r. \end{cases}$$

Damit folgt aus (3.8.4)

$$\begin{aligned}&\ddot{q}_k + \sum_{r,s} \Gamma^k_{rs}\dot{q}_r\dot{q}_s + \sum_{i,r} g^{ki}\frac{\partial g_{ir}}{\partial t}\,\dot{q}_r \\ &+ \sum_i g^{ki}\frac{\partial h_i}{\partial t} - \sum_i g^{ki}\kappa_{|i} + \sum_{i,r} g^{ki}(h_{i|r} - h_{r|i})\,\dot{q}_r = Q^k,\end{aligned} \tag{3.8.5}$$

wobei wir abgekürzt haben:

$$\Gamma^k_{rs} = \sum_i g^{ki}\,\Gamma_{rs,i} \quad \text{und} \tag{3.8.6}$$

$$Q^k = \sum_i g^{ki}\,Q_i.$$

Man kann dann auch (3.8.5) in der Form schreiben:

$$\ddot{q}_k = Q^k + \tilde{Q}^k \tag{3.8.7}$$

mit

$$\tilde{Q}^k = -\sum_{r,s} \Gamma^k_{rs}\dot{q}_r\dot{q}_s - \sum_r w^k{}_r\dot{q}_r - \sum_i g^{ki}\frac{\partial h_i}{\partial t} + \kappa^{|k} - \sum_r v^k{}_r\dot{q}_r, \tag{3.8.8}$$

wobei zur Abkürzung

$$w^k{}_r = \sum_i g^{ki}\frac{\partial g_{ir}}{\partial t},$$

$$\kappa^{|k} = \sum_i g^{ki}\,\kappa_{|i},$$

$$v^k{}_r = \sum_i g^{ki}\,(h_{i|r} - h_{r|i})$$

gesetzt ist. Q^k bezeichnet man als die „verallgemeinerten" Kräfte, $\tilde{Q}^k$ als die „Scheinkräfte".

§ *3.9 Sphärische Polarkoordinaten*

Als erstes Beispiel wollen wir die Bewegungsgleichung eines Massenpunktes unter dem Einfluß eines Potentials $U(\mathbf{r}) = \tilde{U}(r, \vartheta, \varphi)$ betrachten. Die Polarkoordinaten r, ϑ, φ sind in untenstehender Fig. 12 angegeben. Es gilt also

$$\begin{aligned} x_1 &= r\sin\vartheta\cos\varphi, \\ x_2 &= r\sin\vartheta\sin\varphi, \\ x_3 &= r\cos\vartheta. \end{aligned} \tag{3.9.1}$$

Die Gleichungen (3.9.1) sind also die speziellen Gleichungen (3.7.2) für unseren Fall mit $q_1 = r, q_2 = \vartheta, q_3 = \varphi$.

Aus (3.9.1) kann man elementar ausrechnen:

$$\dot{x}_1^2 + \dot{x}_2^2 + \dot{x}_3^2 = \dot{r}^2 + r^2\dot{\vartheta}^2 + r^2\sin^2\vartheta\,\dot{\varphi}^2, \tag{3.9.2}$$

so daß (3.7.6a) speziell die Gestalt

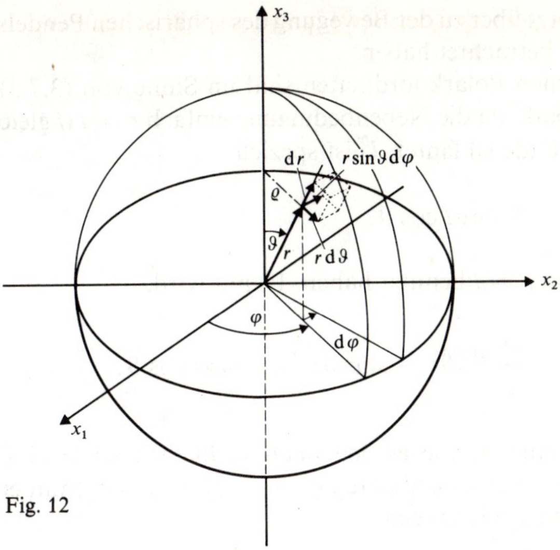

Fig. 12

$$(3.9.3)\qquad T = \frac{m}{2}(\dot{r}^2 + r^2\dot{\vartheta}^2 + r^2 \sin^2\vartheta\,\dot{\varphi}^2)$$

annimmt. (3.9.2) kann man aber auch aus der Fig. 12 direkt ablesen: Der Vektor $\mathrm{d}\mathbf{r}$ zerlegt sich in drei zueinander orthogonale Komponenten: $\mathrm{d}r$, $r\,\mathrm{d}\vartheta$ und $r\sin\vartheta\,\mathrm{d}\varphi$, so daß unmittelbar

$$(\mathrm{d}\mathbf{r})^2 = \mathrm{d}x_1^2 + \mathrm{d}x_2^2 + \mathrm{d}x_3^2 = \mathrm{d}r^2 + r^2\mathrm{d}\vartheta^2 +$$
$$+ r^2\sin^2\vartheta\,\mathrm{d}\varphi^2$$

folgt, was (nach „Division" durch $\mathrm{d}t^2$) mit (3.9.2) äquivalent ist.

Die zweiten Gleichungen (3.7.13) nehmen unmittelbar die Gestalt an (mit $q_1 = r$, $q_2 = \vartheta$, $q_3 = \varphi$):

$$\frac{\mathrm{d}}{\mathrm{d}t}(m\dot{r}) - mr(\dot{\vartheta}^2 + \sin^2\vartheta\,\dot{\varphi}^2) + \frac{\partial\tilde{U}}{\partial r} = 0,$$

$$(3.9.4)\qquad \frac{\mathrm{d}}{\mathrm{d}t}(mr^2\dot{\vartheta}) - mr^2\sin\vartheta\cos\vartheta\,\dot{\varphi}^2 + \frac{\partial\tilde{U}}{\partial\vartheta} = 0,$$

$$\frac{\mathrm{d}}{\mathrm{d}t}(mr^2\sin^2\vartheta\,\dot{\varphi}) + \frac{\partial\tilde{U}}{\partial\varphi} = 0.$$

Gehen wir jetzt über zu der Bewegung des sphärischen Pendels, das wir schon einmal in § 3.1 betrachtet haben.

Die sphärischen Polarkoordinaten sind im Sinne von (3.7.5) genau diesem Problem angepaßt, da die Nebenbedingung einfach $r = l$ (l gleich der konstanten Länge des Fadens) lautet. $\tilde{U}$ ist speziell

$$\tilde{U} = -\, mgl \cos \vartheta, \tag{3.9.5}$$

wobei wir schon $r = l$ benutzt haben. Damit wird,

$$L = \frac{m}{2}\, l^2 (\dot{\vartheta}^2 + \sin^2 \vartheta \dot{\varphi}^2) + mgl \cos \vartheta. \tag{3.9.6}$$

In (3.9.6) kommen, wie es den noch verbleibenden zwei Freiheitsgraden entspricht, noch zwei Koordinaten $q_1 = \vartheta$, $q_2 = \varphi$ vor. Man erhält sofort die beiden Bewegungsgleichungen

$$\frac{\mathrm{d}}{\mathrm{d}t}\frac{\partial L}{\partial \dot{\vartheta}} - \frac{\partial L}{\partial \vartheta} = \frac{\mathrm{d}}{\mathrm{d}t}(ml^2 \dot{\vartheta}) - ml^2 \dot{\varphi}^2 \sin \vartheta \cos \vartheta + \\ + mgl \sin \vartheta = 0$$

und

$$\frac{\mathrm{d}}{\mathrm{d}t}\frac{\partial L}{\partial \dot{\varphi}} - \frac{\partial L}{\partial \varphi} = \frac{\mathrm{d}}{\mathrm{d}t}(ml^2 \sin^2 \vartheta \dot{\varphi}) = 0.$$

Daraus folgt

$$\begin{aligned} &\ddot{\vartheta} - \sin \vartheta \cos \vartheta \dot{\varphi}^2 + \frac{g}{l} \sin \vartheta = 0, \\ &\frac{\mathrm{d}}{\mathrm{d}t}(\sin^2 \vartheta \dot{\varphi}) = 0. \end{aligned} \tag{3.9.7}$$

Aus der zweiten Gleichung (3.9.7) folgt:

$$\sin^2 \vartheta\, \dot{\varphi} = c \tag{3.9.8}$$

mit einer Konstanten c.

In § 3.11 werden wir ableiten, daß bei skleronomen Nebenbedingungen der Energiesatz gilt. Deshalb ist es nicht notwendig, die erste Gleichung (3.9.7) direkt zu behandeln, da man als Energiesatz

$$\frac{m}{2} l^2 (\dot{\vartheta}^2 + \sin^2 \vartheta \dot{\varphi}^2) - mgl \cos \vartheta = E \tag{3.9.9}$$

mit einer Konstanten E erhält. Setzt man (3.9.8) in (3.9.9) ein, so folgt

$$\frac{m}{2} l^2 \left(\dot{\vartheta}^2 + \frac{c^2}{\sin^2 \vartheta}\right) - mgl \cos \vartheta = E. \tag{3.9.10}$$

Hieraus folgt zwar

$$t - t_0 = \int \frac{\sqrt{\frac{m}{2}} l^2 \mathrm{d}\vartheta}{\sqrt{E + mgl \cos \vartheta - \frac{m}{2} \frac{l^2 c^2}{\sin^2 \vartheta}}}, \tag{3.9.11}$$

was sich aber nicht elementar weiter berechnen läßt.

Wir gehen deshalb zu dem einfachen Sonderfall eines ebenen Pendels über, das wir schon in § 3.1 untersucht hatten. Mit $\varphi = 0$, $\dot{\varphi} = 0$ folgt dann aus der ersten Gleichung (3.9.7) unmittelbar

$$\ddot{\vartheta} + \frac{g}{l} \sin \vartheta = 0, \tag{3.9.12}$$

was für kleine ϑ in

$$\ddot{\vartheta} + \frac{g}{l} \vartheta = 0$$

übergeht und zu der schon in § 3.1 berechneten Schwingungsfrequenz

$$\omega_0 = \sqrt{g/l}$$

führt.

Als Beispiel für ein System mit rheonomen Nebenbedingungen wollen wir das ebene Pendel betrachten, dessen Aufhängepunkt waagerecht bewegt wird. In der Ebene führen wir dann folgende rechtwinkligen Koordinaten des Massenpunktes ein: x_1 waagerecht und x_2 senkrecht nach unten, so daß die potentielle Energie gleich $-mgx_2$ ist. Der Aufhängepunkt habe die Koordinaten $x_1^{(0)} = f(t)$ und $x_2^{(0)} = 0$. Als neue Koordinaten benutzen wir zur Beschreibung der Lage des Massenpunktes den Winkel ϑ zwischen der Verbindungslinie Aufhängepunkt–Massenpunkt und der Senkrechten, so daß mit l als Länge des Pendelfadens

$$x_1 = l \sin \vartheta + f(t),$$

$$x_2 = l \cos \vartheta$$

gilt. Damit folgt

$$\dot{x}_1 = \dot{\vartheta} l \cos \vartheta + \dot{f}$$

$$\dot{x}_2 = -\dot{\vartheta} l \sin \vartheta$$

und

$$T = \frac{m}{2}(l^2 \dot{\vartheta}^2 + 2 \dot{f} \dot{\vartheta} l \cos \vartheta + \dot{f}^2)$$

und

$$\tilde{U} = -mgl \cos \vartheta,$$

so daß wir die *Lagrange*funktion

$$L = \frac{m}{2}(l^2 \dot{\vartheta}^2 + 2 \dot{f} \dot{\vartheta} l \cos \vartheta + \dot{f}^2) + mgl \cos \vartheta$$

erhalten. Aus der *Lagrange*gleichung

$$\frac{\partial L}{\partial \vartheta} = \frac{\mathrm{d}}{\mathrm{d}t}\left(\frac{\partial L}{\partial \dot{\vartheta}}\right)$$

folgt mit

$$\frac{\partial L}{\partial \vartheta} = -m \dot{f} \dot{\vartheta} l \sin \vartheta - mgl \sin \vartheta$$

und

$$\frac{\partial L}{\partial \dot{\vartheta}} = ml^2 \dot{\vartheta} + m\dot{f} l \cos \vartheta$$

die Gleichung:

$$ml^2 \ddot{\vartheta} + m\ddot{f} l \cos \vartheta - m\dot{f} \dot{\vartheta} l \sin \vartheta$$

$$= - m\dot{f} \dot{\vartheta} l \sin \vartheta - mgl \sin \vartheta,$$

d.h.

$$\ddot{\vartheta} + \frac{g}{l} \sin \vartheta = -\frac{1}{l} \ddot{f} \cos \vartheta .$$

Für kleine ϑ geht dies über in

$$\ddot{\vartheta} + \frac{g}{l} \vartheta = -\frac{1}{l} \ddot{f}(t);$$

dies ist die Gleichung für die sogenannten erzwungenen Schwingungen eines Oszillators. Mit $\omega_0 = \sqrt{g/l}$ erhält man als Lösung (wie man auch leicht durch Einsetzen nachweist):

$$\vartheta(t) = -\frac{1}{\omega_0 l} \int_0^t \ddot{f}(\tau) \sin \omega_0 (t - \tau) \, \mathrm{d}\tau$$

$$+ \vartheta_1 \cos \omega_0 t + \vartheta_2 \sin \omega_0 t,$$

wobei ϑ_1 und ϑ_2 Konstanten sind, die mit den „Anfangswerten" wie folgt zusammenhängen:

$$\vartheta(0) = \vartheta_1, \dot{\vartheta}(0) = \omega_0 \vartheta_2 .$$

Es sei dem Leser überlassen, die Bewegung für einige Beispiele für $f(t)$ zu diskutieren, falls er die Theorie der erzwungenen Schwingungen noch nicht kennt. Insbesondere untersuche er die Beispiele $f(t) = a \sin \omega (t - t_0)$ und speziell den Fall mit $\omega = \omega_0$!

§ 3.10 Die schwingende Saite

Dieser § 3.10 kann beim ersten Lesen überschlagen werden.

Zur Illustration wollen wir als zweites Beispiel ein solches aus der Kontinuumsmechanik behandeln: die schwingende Saite. Die Nebenbedingung für die schwingende Saite ist, daß Anfang und Ende der Saite fest eingespannt sind. Die drei Raumkoordinaten wollen wir entsprechend Fig. 13 mit x, y_1, y_2 be-

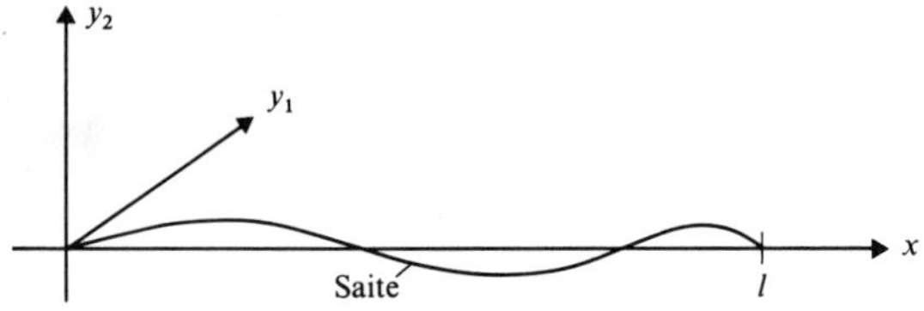

Fig. 13

zeichnen. Die Saite sei bei $x = 0$ ($y_1 = y_2 = 0$) und $x = l$ ($y_1 = y_2 = 0$) eingespannt. Die Saite sei nur wenig aus ihrer »Ruhelage« ($y_1 = y_2 = 0$ für alle Massenelemente der Saite) ausgelenkt. Wir können daher als Parameter für die Massenelemente der Saite (in (3.4.6) mit α bezeichnet) die Lage x des Massenelementes in der Ruhelage wählen.

Die Saite sei einer Spannung S unterworfen, d.h. die Saite zieht in x bzw. $(-x)$-Richtung an den Befestigungsstellen mit einer Kraft S. Durch die kleinen Auslenkungen der Saite aus der Ruhelage wird die Länge der Saite von l auf $l + \Delta l$ vergrößert. Da wir $\frac{\partial y_1}{\partial x}$ und $\frac{\partial y_2}{\partial x}$ für die ausgelenkte Saite $y_1(x, t)$, $y_2(x, t)$ als klein gegen 1 voraussetzen wollen (»kleine« Auslenkungen), können wir Δl schreiben:

$$\Delta l = \int_0^l \sqrt{\mathrm{d}x^2 + \mathrm{d}y_1^2 + \mathrm{d}y_2^2} - l$$

$$= \int_0^l \left[\sqrt{1 + \left(\frac{\partial y_1}{\partial x}\right)^2 + \left(\frac{\partial y_2}{\partial x}\right)^2} - 1 \right] \mathrm{d}x$$

$$= \int_0^l \frac{1}{2} \left[\left(\frac{\partial y_1}{\partial x}\right)^2 + \left(\frac{\partial y_2}{\partial x}\right)^2 \right] \mathrm{d}x,$$

wobei wir für kleine a: $\sqrt{1 + a} \approx 1 + \frac{1}{2} a$ gesetzt haben.

Die Arbeit, die von der Spannung S bei der Verlängerung Δl geleistet wird, ist $S\Delta l$, so daß wir für die Saite als potentielle Energie

$$U = S\Delta l = \int_0^l \frac{1}{2} S \left[\left(\frac{\partial y_1}{\partial x}\right)^2 + \left(\frac{\partial y_2}{\partial x}\right)^2 \right] \mathrm{d}x \tag{3.10.1}$$

anzusetzen haben. (Eine Vergrößerung der Spannung durch die Verlängerung Δl führt in U nur zu Gliedern, die quadratisch in Δl sind und gegenüber $S\Delta l$ bei genügend hohem S vernachlässigt werden können.)

Für kleine Auslenkungen ist die Geschwindigkeit eines Massenelementes an der Stelle x durch die beiden Komponenten $\frac{\partial y_1}{\partial t} = \dot{y}_1, \frac{\partial y_2}{\partial t} = \dot{y}_2$ gegeben, so daß man als kinetische Energie entsprechend (3.4.6)

$$T = \frac{1}{2} \int_0^l \varrho(x)\,(\dot{y}_1^2 + \dot{y}_2^2)\,\mathrm{d}x \tag{3.10.2}$$

erhält, wobei $\varrho(x)\,\mathrm{d}x = \mathrm{d}m$ die Masse eines Massenelementes ist. $\varrho(x)$ nennt man die Massendichte der Saite.

Aus (3.10.1) und (3.10.2) folgt:

$$L = \frac{1}{2} \int_0^l \left\{ \varrho(x)\,(\dot{y}_1^2 + \dot{y}_2^2) - S \left[\left(\frac{\partial y_1}{\partial x}\right)^2 + \left(\frac{\partial y_2}{\partial x}\right)^2 \right] \right\} \mathrm{d}x. \tag{3.10.3}$$

Das *Lagrange*sche Variationsprinzip lautet daher

$$\delta \frac{1}{2} \int_{t_1}^{t_2} \mathrm{d}t \int_0^l \mathrm{d}x \left\{ \varrho(x)\,(\dot{y}_1^2 + \dot{y}_2^2) - S \left[\left(\frac{\partial y_1}{\partial x}\right)^2 + \left(\frac{\partial y_2}{\partial x}\right)^2 \right] \right\} \mathrm{d}x = 0. \tag{3.10.4}$$

Dabei sind die Funktionen $y_1(x, t)$, $y_2(x, t)$ so zu variieren, daß außer

$$\delta y_1(x, t_1) = \delta y_2(x, t_2) = 0 \tag{3.10.5}$$

wegen der Nebenbedingung des Eingespanntseins auch

$$\delta y_1(0, t) = \delta y_2(l, t) = 0 \tag{3.10.6}$$

gilt.

Aus (3.10.4) folgt

$$\int_{t_1}^{t_2} \mathrm{d}t \int_0^l \mathrm{d}x \left\{ \varrho(x)\,(\dot{y}_1 \delta \dot{y}_1 + \dot{y}_2 \delta \dot{y}_2) \right.$$

$$\left. - S \left[\frac{\partial y_1}{\partial x} \frac{\partial}{\partial x} \delta y_1 + \frac{\partial y_2}{\partial x} \frac{\partial}{\partial x} \delta y_2 \right] \right\} = 0 .$$

Integriert man den ersten Teil partiell nach t, den zweiten partiell nach x, so folgt mit (3.10.5) und (3.10.6):

$$\int_{t_1}^{t_2} \mathrm{d}t \int_0^l \mathrm{d}x \left[\left(\varrho(x)\,\ddot{y}_1 - S \frac{\partial^2 y_1}{\partial x^2} \right) \delta y_1 + \left(\varrho(x)\,\ddot{y}_2 - S \frac{\partial^2 y_2}{\partial x^2} \right) \delta y_2 \right] = 0.$$

Da die $\delta y_1(x, t)$ und $\delta y_2(x, t)$ für $t_1 < t < t_2$ und $0 < x < l$ »beliebig« gewählt werden können, folgt

$$\begin{aligned} &\varrho(x)\,\ddot{y}_1 - S \frac{\partial^2 y_1}{\partial x^2} = 0, \\ (3.10.7) \qquad & \\ &\varrho(x)\,\ddot{y}_2 - S \frac{\partial^2 y_2}{\partial x^2} = 0. \end{aligned}$$

Da die beiden Gleichungen (3.10.7) für y_1 und y_2 gleich sind, genügt es, weiterhin *eine* Gleichung

$$(3.10.8) \qquad \varrho(x)\,\ddot{y}(x, t) - S \frac{\partial^2 y(x, t)}{\partial x^2} = 0$$

zu untersuchen. Es sind Lösungen $y(x, t)$ von (3.10.8) gesucht, für die $y(0, t) = y(l, t) = 0$ ist.

Man geht so vor, daß man zunächst die sogenannten »Eigenschwingungen« sucht. Eine Eigenschwingung ist dadurch definiert, daß alle Teile der Saite sich zeitlich in derselben Form $g(t)$ bewegen, d.h. es soll sein

$$(3.10.9) \qquad y(x, t) = f(x)\, g(t).$$

Setzt man dies in (3.10.8) ein, so folgt (mit $f''(x)$ als zweiter Ableitung von $f(x)$):

$$\varrho(x) f(x) \ddot{g}(t) = S f''(x) g(t),$$

was man auch in der Form

$$\frac{\ddot{g}(t)}{g(t)} = \frac{S}{\varrho(x)} \frac{f''(x)}{f(x)} \tag{3.10.10}$$

schreiben kann. Da die linke Seite nicht von x, die rechte nicht von t abhängt, hängen beide Ausdrücke weder von t noch x ab, d.h. es ist mit einer Konstanten λ:

$$\ddot{g}(t) + \lambda g(t) = 0$$

(3.10.11) und

$$f''(x) + \lambda S^{-1} \varrho(x) f(x) = 0.$$

Die Nebenbedingung $y(0, t) = y(l, t) = 0$ ist nach (3.10.9) äquivalent mit

$$f(0) = f(l) = 0. \tag{3.10.12}$$

Multipliziert man die zweite Gleichung (3.10.11) mit $f(x)$ und integriert über x, so folgt:

$$\lambda S^{-1} \int_0^l \varrho(x) f(x)^2 \, dx = - \int_0^l f(x) f''(x) \, dx. \tag{3.10.13}$$

Integriert man rechts einmal partiell über x, so folgt (mit $f(0) = f(l) = 0$!):

$$\lambda S^{-1} \int_0^l \varrho(x) f(x)^2 \, dx = \int_0^l f'(x)^2 \, dx. \tag{3.10.14}$$

Wegen $\varrho(x) > 0$ folgt hieraus für ein $f(x)$, das nicht identisch Null ist, (da dann auch $f'(x)$ nicht identisch Null sein kann!) $\lambda > 0$. Man kann beweisen (siehe z.B. [5]), daß die zweite Gleichung (3.10.11) nur für diskrete Werte λ_ν mit den vorgegebenen Randbedingungen lösbar ist. Da (wie wir eben zeigten) $\lambda_\nu > 0$ sein muß, können wir $\lambda_\nu = \omega_\nu^2$ setzen, womit die erste Gleichung (3.10.13) in die Schwingungsgleichung mit den Lösungen:

$$g_\nu(t) = a_\nu \sin \omega_\nu t + b_\nu \cos \omega_\nu t \tag{3.10.15}$$

übergeht.

Für konstante Massendichte $\varrho(x) = \varrho$ können wir auch die zweite Gleichung (3.10.11) leicht lösen. Wegen $\lambda > 0$ können wir

$$\lambda S^{-1} \varrho = k^2 \tag{3.10.16}$$

schreiben.

Im Fall (3.10.16) folgt aus der zweiten Gleichung (3.10.11):

$$f(x) = A \sin kx + B \cos kx . \tag{3.10.17}$$

Damit $f(0) = 0$ ist, muß $B = 0$ sein:

$$f(x) = A \sin kx . \tag{3.10.18}$$

Aus $f(l) = 0$ folgt

$$\sin kl = 0 . \tag{3.10.19}$$

(3.10.19) ist nur erfüllt, wenn k einen der Werte

$$k_\nu = \frac{\pi}{l} \nu \qquad (\nu = 1,2, \ldots) \tag{3.10.20}$$

annimmt (negative Werte von k führen wegen $\sin(-k)x = -\sin kx$ zu keinen anderen Lösungen!). Zusammen mit $\omega_\nu^2 = \lambda_\nu$ folgt:

$$\omega_\nu = \sqrt{\frac{S}{\varrho}} \frac{\pi}{l} \nu . \tag{3.10.21}$$

Damit haben wir folgende mögliche Eigenschwingungen:

$$y_\nu(x, t) = (a_\nu \sin \omega_\nu t + b_\nu \cos \omega_\nu t) \sin \frac{\pi}{l} \nu x \tag{3.10.22}$$

mit ω_ν nach (3.10.21).

Die Frequenzen (3.10.21) sind die bekannten »harmonischen« Eigenfrequenzen der Saite, mit der »Grundfrequenz«

$$\omega_1 = \sqrt{\frac{S}{\varrho}} \frac{\pi}{l}$$

und den »Obertönen«:

$$\omega_\nu = \sqrt{\frac{S}{\varrho}}\,\frac{\pi}{l}\,\nu \qquad (\nu = 2{,}3\,\ldots).$$

Die allgemeinste Lösung von (3.10.8) für konstantes $\varrho\,(x) = \varrho$ erhält man als Summe von Eigenschwingungen (3.10.22):

$$(3.10.23) \qquad y\,(x, t) = \sum_{\nu=1}^{\infty} (a_\nu \sin \omega_\nu t + b_\nu \cos \omega_\nu t) \sin \frac{\pi}{l}\,\nu x .$$

Die Lösung (3.10.23) läßt sich jedem Anfangszustand $y\,(x, 0) = y_0\,(x)$ und $\dot{y}\,(x, 0) = v_0\,(x)$ anpassen; indem man in

$$(3.10.24) \qquad \begin{aligned} y_0\,(x) &= \sum_\nu b_\nu \sin \frac{\pi}{l}\,\nu x, \\ v_0\,(x) &= \sum_\nu a_\nu \omega_\nu \sin \frac{\pi}{l}\,\nu x \end{aligned}$$

die Koeffizienten b_ν, a_ν bestimmt. Diese Aufgabe besteht darin, eine vorgegebene Funktion $h\,(x)$ mit $h\,(0) = h\,(l) = 0$ im Intervall $0 \leq x \leq l$ nach »*Fourier*« zu entwickeln:

$$(3.10.25) \qquad h\,(x) = \sum_\nu c_\nu \sin \frac{\pi}{l}\,\nu x .$$

Die Koeffizienten c_ν lassen sich einfach bestimmen, indem man (3.10.25) mit $\sin \frac{\pi}{l}\,\mu x$ multipliziert und über x von 0 bis l integriert. Wegen

$$\int_0^l \sin \frac{\pi}{l}\,\nu x \,\sin \frac{\pi}{l}\,\mu x \,\mathrm{d}x = 0 \text{ für } \nu \neq \mu$$

und

$$\int_0^l \left(\sin \frac{\pi}{l}\,\nu x\right)^2 \mathrm{d}x = \frac{l}{2}$$

folgt dann

$$(3.10.26) \qquad c_\nu = \frac{2}{l} \int_0^l h(x) \sin \frac{\pi}{l} \nu x \, dx .$$

Daß (3.10.25) mit (3.10.26) tatsächlich eine Entwicklung von $h(x)$ darstellt (bei physikalisch selbstverständlichen Voraussetzungen über $h(x)$), wird in der Mathematik bewiesen.

Man berechne selbst die a_ν, b_ν nach (3.10.24) für die an der Stelle x_0 »gezupfte« Saite, d.h. für $v_0(x) = 0$ und

$$y_0(x) = \begin{cases} \alpha x \text{ für } 0 \leq x \leq x_0 \\[2ex] \dfrac{\alpha x_0}{x_0 - l}(x - l) \text{ für } x_0 \leq x \leq l . \end{cases}$$

Bei der Ableitung der *Lagrange*funktion (3.10.3), auf der die Theorie der schwingenden Saite beruht, haben wir eine »Näherung« gemacht, und sind somit von der »exakten« Theorie zu einer weniger umfangreichen, d.h. spezielleren Theorie übergegangen, die nur für gewisse Vorgänge mit gewissen endlichen Ungenauigkeitsmengen brauchbar ist, wie wir dies allgemein in III, § 7 diskutiert haben. Es kommt sehr häufig in der theoretischen Physik vor, daß man zwar eine gute Theorie kennt, diese aber *praktisch* nicht auf gerade interessierende Probleme anwendbar ist. Dann versucht man zu einer »schlechteren« aber »praktikablen« Theorie überzugehen. Ohne diese »Näherungen« (d.h. Einschränkungen im Sinne von III, § 7 zu schlechteren Theorien mit gröberen Ungenauigkeiten) ist theoretische Physik überhaupt nicht denkbar. Theoretische Physik ist eben nicht *eine* Theorie (eine 𝔓𝔗 im Sinne von III), sondern eine Fülle von verschiedenen Theorien, deren Verhältnis zueinander im Sinne von III, § 7 so gut als möglich zu klären ist. Ist z.B. genau zu sehen, *worin* die »Näherung« besteht (wie bei der Ableitung von (3.10.3)), so sagt man, daß das Verhältnis der Näherungstheorie zur exakten Theorie geklärt sei.

§ 3.11 Der Energiesatz für ein System mit holonomen Nebenbedingungen

Wir nehmen an, daß sich die Kräfte nach (3.6.2) oder zumindest nach (3.6.14) darstellen lassen, so daß es eine *Lagrange*funktion L nach (3.6.4) bzw. (3.6.15) gibt. Die holonomen Nebenbedingungen seien durch Einführung angepaßter holonomer Koordinaten nach (3.7.4) oder (3.7.5) eliminiert worden, so daß wir also von einer *Lagrange*funktion $L(q_i, \dot{q}_i, t)$ ausgehen können, in die nur noch die freien Koordinaten $q_1 \ldots q_f$ eingehen.

Aus

$$\frac{\mathrm{d}L}{\mathrm{d}t} = \sum_i \frac{\partial L}{\partial q_i}\dot{q}_i + \sum_i \frac{\partial L}{\partial \dot{q}_i}\ddot{q}_i + \frac{\partial L}{\partial t}$$

folgt mit Hilfe der *Lagrange*schen Gleichungen (3.7.13):

$$\frac{\mathrm{d}L}{\mathrm{d}t} = \frac{\mathrm{d}}{\mathrm{d}t}\left(\sum_i \frac{\partial L}{\partial \dot{q}_i}\dot{q}_i\right) + \frac{\partial L}{\partial t}.$$

Mit

(3.11.1) $$\mathscr{E}(q_i, \dot{q}_i, t) = \sum_i \frac{\partial L}{\partial \dot{q}_i}\dot{q}_i - L$$

folgt dann:

(3.11.2) $$\frac{\mathrm{d}\mathscr{E}}{\mathrm{d}t} = -\frac{\partial L}{\partial t}.$$

Hängt L und damit auch $\mathscr{E}$ nicht explizit von der Zeit t ab, so folgt aus (3.11.2)

(3.11.3) $$\frac{\mathrm{d}}{\mathrm{d}t}\mathscr{E}(q_i, \dot{q}_i) = 0,$$

was zu dem Erhaltungssatz (E eine Konstante)

(3.11.4) $$\mathscr{E}(q_i, \dot{q}_i) = E$$

führt.

Um die Bedeutung der Größe $\mathscr{E}(q_i, \dot{q}_i)$ besser zu erkennen, benutzen wir (3.7.11) für (3.11.1):

$$\mathscr{E}(q_i, \dot{q}_i, t) = \sum_i \frac{\partial T}{\partial \dot{q}_i}\dot{q}_i - \sum_i B_i\dot{q}_i$$

$$- T + \sum_i B_i\dot{q}_i + D + \tilde{U}.$$

Mit (3.7.6b) folgt

(3.11.5) $$\mathscr{E}(q_i, \dot{q}_i, t) = T + D + \tilde{U}.$$

Ist $U(\mathbf{r}^i)$ nicht explizit von t abhängig und hat man bei skleronomen Nebenbedingungen auch skleronome Koordinaten gewählt, so ist $D = 0$ und T und $\tilde{U}$ und damit auch L *nicht* explizit von t abhängig, so daß für die Größe

$$(3.11.6) \qquad \mathscr{E}(q_i, \dot{q}_i) = T + \tilde{U}$$

der Erhaltungssatz (3.11.4) gilt. Man nennt $\mathscr{E}(q_i, \dot{q}_i)$ nach (3.11.6) die Energie, T die kinetische und $\tilde{U}$ die potentielle Energie.

Besonders zu bemerken ist, daß der Summand $\sum_k \mathbf{A}^k \cdot \dot{\mathbf{r}}^k$ aus V nach (3.6.13) weder in den Ausdruck für $\mathscr{E}(q_i, \dot{q}_i)$ eingeht, noch die Gültigkeit des Energiesatzes stört. Dies aber folgt eigentlich (bei nicht expliziter Zeitabhängigkeit der $\mathbf{A}^k$!) schon aus (3.6.14), da die für in der Zeit $\mathrm{d}t$ zurückgelegte Bahnstücke $\mathrm{d}x_\nu^k = \dot{x}_\nu^k \,\mathrm{d}t$ geleistete Arbeit (mit 3.6.14)

$$\mathrm{d}A = \sum_i \sum_\nu k_\nu^i \dot{x}_\nu^i \,\mathrm{d}t = -\,\mathrm{d}U$$

ist, da

$$\sum_{i,\nu} \sum_{k,\mu} \left(\frac{\partial A_\nu^i}{\partial x_\mu^k} - \frac{\partial A_\mu^k}{\partial x_\nu^i} \right) \dot{x}_\mu^k \dot{x}_\nu^i \,\mathrm{d}t = 0$$

gilt, was sofort durch Vertauschen der Summationsindizes folgt.

Um deutlicher zu machen, daß rheonome Nebenbedingungen Arbeit leisten können und damit die Energie ändern können, betrachten wir den Fall, daß $L = T - U$ ist. Wir wählen die ursprünglichen rechtwinkligen Koordinaten und haben

$$\delta \int L(\mathbf{r}^i, \dot{\mathbf{r}}^i)\,\mathrm{d}t = 0$$

(3.11.7) unter den Nebenbedingungen

$$F_j(\mathbf{r}^i, t) = 0 \qquad \text{für } j = 1 \ldots s$$

zu fordern. Die Lösung des Problems (3.11.7) kann man mit Hilfe der Methode der *Lagrange*schen Multiplikatoren durchführen.

Diese Methode (deren mathematische Ableitung hier nicht durchgeführt sei) besagt, daß man mit Hilfe von Multiplikatoren $\lambda_j(t)$ die Nebenbedingungen multiplizieren und zu L addieren soll. Man erhält so ein neues Variationsprinzip

$$(3.11.8) \qquad \delta \int \left(L + \sum_{j=1}^{s} \lambda_j F_j \right) \mathrm{d}t = 0,$$

indem man jetzt die $\mathbf{r}^i(t)$ und die $\lambda_j(t)$ »beliebig« variieren darf. So erhält man die *Lagrange*schen Gleichungen:

$$\frac{\mathrm{d}}{\mathrm{d}t}\frac{\partial L}{\partial \dot{x}_\nu^i} = \frac{\partial L}{\partial x_\nu^i} + \sum_{j=1}^{s} \lambda_j \frac{\partial F_j}{\partial x_\nu^i} \tag{3.11.9}$$

$$\text{und} \qquad F_j = 0.$$

Mit $L = T - U$ lauten die ersten Gleichungen aus (3.11.9)

$$m_i \ddot{\mathbf{r}}^i = -\operatorname{grad}_i U + \sum_{j=1}^{s} \lambda_j \operatorname{grad} F_j. \tag{3.11.10}$$

Die Gleichungen (3.11.10) sind uns für den Fall eines Massenpunktes schon von den heuristischen Betrachtungen zu (3.1.9) bekannt.

Multipliziert man (3.11.10) von links mit $\dot{\mathbf{r}}^i$ und summiert über i, so folgt

$$\frac{\mathrm{d}}{\mathrm{d}t}(T + U) = \sum_{i=1}^{n} \sum_{j=1}^{s} \lambda_j \dot{\mathbf{r}}^i \cdot \operatorname{grad}_i F_j. \tag{3.11.11}$$

Aus den Nebenbedingungen $F_j(\mathbf{r}^i, t) = 0$ folgt durch Differenzieren nach der Zeit t:

$$\sum_{i=1}^{n} \dot{\mathbf{r}}^i \cdot \operatorname{grad}_i F_j + \frac{\partial F_j}{\partial t} = 0.$$

(3.11.11) geht damit über in

$$\frac{\mathrm{d}}{\mathrm{d}t}(T + U) = -\sum_{j=1}^{s} \lambda_j \frac{\partial F_j}{\partial t}. \tag{3.11.12}$$

Für skleronome Nebenbedingungen können also, wie wir schon oben sahen, die Zwangskräfte $\lambda_j \operatorname{grad}_i F_j$ keine Arbeit leisten. Für rheonome Nebenbedingungen leisten die Zwangskräfte bei der *wirklichen* Bewegung die Arbeit

$$-\int_{t_1}^{t_2} \sum_{j=1}^{s} \lambda_j \frac{\partial F_j}{\partial t}\, \mathrm{d}t. \tag{3.11.13}$$

Die Zwangskräfte können also dem System die Energie (3.11.12) von der Zeit t_1 bis zur Zeit t_2 zuführen. Ein bekanntes Beispiel sind Schleudern, die mit starren bewegten Armen, siehe Fig. 14, Geschosse wegschleudern können.

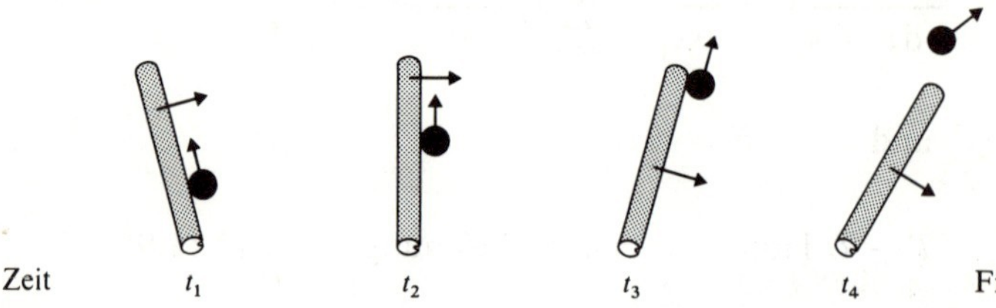

Fig. 14

Da wir später auch öfter den Energiesatz im Falle kontinuierlich verteilter Massen benutzen werden, sei zum Schluß noch darauf hingewiesen, daß aus (3.4.3) mit (3.4.6) und (3.4.7) unmittelbar die Bewegungsgleichungen

$$\ddot{\mathbf{r}}(\alpha, t)\, \mathrm{d}m(\alpha) = \mathrm{d}\mathbf{k}(\alpha)$$

folgen, woraus durch Multiplikation mit $\dot{\mathbf{r}}(\alpha, t)$ und Integration über die Masselemente α sofort

$$\frac{\mathrm{d}T}{\mathrm{d}t} = \int \dot{\mathbf{r}}(\alpha, t) \cdot \mathrm{d}\mathbf{k}(\alpha)$$

folgt.

$$\mathrm{d}t \int \dot{\mathbf{r}}(\alpha, t) \cdot \mathrm{d}\mathbf{k}(\alpha)$$

ist aber nichts anderes als die Arbeit $\mathrm{d}A$ für die »wirklichen« (nicht virtuellen!) Verrückungen $\mathrm{d}\mathbf{r} = \dot{\mathbf{r}}\,\mathrm{d}t$. Läßt sich mit einem »Funktional« U der $\mathbf{r}(\alpha, t)$

$$\int \delta\mathbf{r}(\alpha, t) \cdot \mathrm{d}\mathbf{k}(\alpha) = -\delta U$$

schreiben, so folgt also speziell der Energiesatz wieder in der Form

$$\frac{\mathrm{d}}{\mathrm{d}t}(T + U) = 0.$$

Speziellen solchen Funktionen U werden wir später begegnen, z. B. im Falle der Strömung einer inkompressiblen Flüssigkeit (VI, § 3.3) oder im Falle der Elektrostatik (VIII, § 1.7).

§ 3.12 *Erhaltungssätze und Invarianzeigenschaften der* Lagrange*funktion*

Wir wollen jetzt das *Lagrange*sche Variationsprinzip in der Form

$$(3.12.1) \qquad \delta \int_{t_0}^{t_1} L \, \mathrm{d}t = 0$$

voraussetzen. Wie in § 2.5 bei den Betrachtungen über die potentielle Energie kann man auch hier Invarianzen der *Lagrange*funktion L mit Erhaltungssätzen verknüpfen.

Es sei eine »infinitesimale« Transformation

$$(3.12.2) \qquad q_i' = q_i + \delta\varepsilon\, \tau_i (q_1 \ldots q_f, t)$$

gegeben, für die L invariant ist, d.h. für die $L(q_i', \dot{q}_i') = L(q_i, \dot{q}_i)$ gilt. Aus (3.12.2) folgt:

$$\dot{q}_i' = \dot{q}_i + \delta\varepsilon \frac{\mathrm{d}\tau_i'}{\mathrm{d}t}.$$

Aus $L(q_i', \dot{q}_i', t) = L(q_i, \dot{q}_i, t)$ folgt damit

$$\sum_i \frac{\partial L}{\partial q_i} \tau_i + \sum_i \frac{\partial L}{\partial \dot{q}_i} \frac{\mathrm{d}\tau_i}{\mathrm{d}t} = 0.$$

Mit den *Lagrange*schen Gleichungen folgt

$$\sum_i \left(\frac{\mathrm{d}}{\mathrm{d}t} \frac{\partial L}{\partial \dot{q}_i} \right) \tau_i + \sum_i \frac{\partial L}{\partial \dot{q}_i} \frac{\mathrm{d}\tau_i}{\mathrm{d}t} = \frac{\mathrm{d}}{\mathrm{d}t} \left(\sum_i \frac{\partial L}{\partial \dot{q}_i} \tau_i \right) = 0,$$

d.h. der Erhaltungssatz:

$$(3.12.3) \qquad \sum_i \frac{\partial L}{\partial \dot{q}_i} \tau_i = \text{const.}$$

Betrachtet man als Beispiel eine Translation

$$x_\nu'^k = x_\nu^k + \varepsilon a_\nu$$

so folgt mit

$$(3.12.4) \qquad L = \frac{1}{2} \sum_i m_i \dot{\mathbf{r}}^{i2} - U(\mathbf{r}^i, t),$$

daß L invariant gegenüber Translationen ist, wenn $U(\mathbf{r}^i, t)$ translationsinvariant ist, und daß nach (3.12.3) der Erhaltungssatz

$$\sum_{i,\nu} m_i \dot{x}^i_\nu a_\nu = \mathbf{a} \cdot \sum_i m_i \dot{\mathbf{r}}^i = \text{const.} \tag{3.12.5}$$

gilt. Das ist der Impulssatz in Richtung des Vektors $\mathbf{a}$. Damit haben wir die schon in § 2.5 gewonnene Aussage zurückerhalten.

Ebenso folgt, daß (3.12.4) invariant gegenüber einer Drehung um die Achse $\mathbf{w}$ ist, wenn U invariant gegenüber einer solchen Drehung ist. Für eine infinitesimale Drehung ist

$$\mathbf{r}'^k = \mathbf{r}^k + \delta\varepsilon\, \mathbf{w} \times \mathbf{r}^k,$$

woraus mit (3.12.3) dann

$$\sum_i m_i \dot{\mathbf{r}}^i \cdot (\mathbf{w} \times \mathbf{r}^i) = \mathbf{w} \cdot \sum_i \mathbf{r}^i \times m_i \cdot \dot{\mathbf{r}}^i = \text{const.} \tag{3.12.6}$$

folgt.

Man erhält aber auch dann Erhaltungssätze, wenn für eine infinitesimale Transformation zwar nicht $L(q_i', \dot{q}_i', t) = L(q_i, \dot{q}_i, t)$ ist, sich aber $L(q_i', \dot{q}_i', t)$ von $L(q_i, \dot{q}_i, t)$ nur um die totale zeitliche Ableitung einer Funktion der q_i und t unterscheidet. Daraus folgt für die Transformation (3.12.2), daß es eine Funktion $F(q_i, t)$ gibt mit

$$\sum_i \frac{\partial L}{\partial q_i} \tau_i + \sum_i \frac{\partial L}{\partial \dot{q}_i} \frac{\mathrm{d}\tau_i}{\mathrm{d}t} = \frac{\mathrm{d}F}{\mathrm{d}t}.$$

Dann folgt anstelle von (3.12.3) der Erhaltungssatz:

$$\sum_i \frac{\partial L}{\partial \dot{q}_i} \tau_i - F = \text{const.} \tag{3.12.7}$$

Diese Form werden wir in VI, § 1.2 benutzen, wenn wir das Verhalten der *Lagrange*funktion (3.6.15) bei *Galilei*transformationen untersuchen. Darin ist dann auch die Untersuchung des Verhaltens des gegenüber (3.12.4) allgemeineren Falles (3.6.15) bei räumlichen Translationen und Drehungen enthalten.

VI. Ausbau und physikalische Konsequenzen der klassischen Mechanik

Nachdem wir im vorigen Kapitel die Grundprinzipien und einfachste Anwendungen der klassischen Mechanik kennengelernt haben, wollen wir zeigen, wie die theoretische Physik Methoden entwickelt, um mit Hilfe einer in den Grundlagen vorliegenden Theorie einen immer größeren Anwendungsbereich behandelbar zu machen. Andererseits hat aber die erfolgreiche Anwendung der klassischen Mechanik zu erstaunlichen physikalischen Konsequenzen geführt, deren Bedeutung man zunächst unkritisch im Überschwang des Erfolges überschätzte; gerade deshalb müssen wir uns eben kritischer und damit mit klarerem Urteil den tatsächlich bedeutungsvollen Konsequenzen zuwenden.

§ 1 Inertialsysteme und *Galilei*gruppe

Eine der merkwürdigsten Konsequenzen der klassischen Mechanik erhält man in Verbindung mit der physikalischen Struktur, die uns schon in II unter dem Begriff des Inertialsystems begegnete. Jetzt wird diese Struktur in einem neuen Licht erscheinen, das uns schließlich in VII zu einer ganz neuen Sicht des Zeitproblems führen wird.

§ 1.1 Die Relation zwischen verschiedenen Inertial- und Fast-Inertialsystemen

In II haben wir ausführlich den Begriff des Inertialsystems und des Fast-Inertialsystems diskutiert. Es waren diejenigen Gerüste, die es erlauben, in sinnvoller (das soll heißen: materialunabhängiger) Weise eine Abstandsmessung zu definieren. Wir hatten weiter gesehen (II, § 7), daß es möglich war, in jedem Inertialsystem bzw. Fast-Inertialsystem eine Zeitskala (mit derselben Einheit für alle solche Bezugssysteme) einzuführen.

In II, § 7 hatten wir dann noch das Problem des Zusammenhanges verschiedener Inertialsysteme (bzw. Fast-Inertialsysteme) angeschnitten, indem wir uns klar machten, daß es zwischen zwei solchen Bezugssystemen λ_1 und λ_2 eine Abbildung geben muß der Form

$$x' = \phi_{\lambda_2\lambda_1}(x, t);\ t' = \varphi_{\lambda_2\lambda_1}(x, t), \tag{1.1.1}$$

die dadurch bestimmt ist, daß (x, t) im Bezugssystem λ_1 und (x', t') im Bezugssystem λ_2 dasselbe Ereignis y darstellen. Dabei ist x der Ort und t die Zeit des Ereignisses im Bezugssystem λ_1 und entsprechend x', t' im Bezugssystem λ_2.

Da wir in diesem § nur von zwei Bezugssystemen sprechen werden, wollen wir in (1.1.1) an den Größen ϕ und φ die Indizes weglassen:

$$x' = \phi(x, t);\ t' = \varphi(x, t). \tag{1.1.2}$$

Um die Abbildung (1.1.2) mathematisch bequemer darstellen zu können, denken wir uns in den Räumen der Systeme λ_1 und λ_2 je ein rechtwinkliges Koordinatensystem eingeführt. (1.1.2) kann man dann in Koordinaten so schreiben:

$$\begin{aligned} x'_\nu &= \phi_\nu(x_1, x_2, x_3, t) \qquad \text{für } \nu = 1, 2, 3, \\ t' &= \varphi(x_1, x_2, x_3, t). \end{aligned} \tag{1.1.3}$$

Die Lösung des durch die Gleichungen (1.1.3) dargestellten Problems ist notwendig, wenn wir *dieselbe* Bewegung von Massenpunkten in *verschiedenen* Bezugssystemen miteinander vergleichen wollen. In V, § 1 haben wir gesehen, daß die Bahn eines Massenpunktes durch eine solche Teilmenge ϱ von Ereignissen y bestimmt ist, daß in einem Bezugssystem y eindeutig durch ein Paar der Form $(\mathbf{r}(t), t)$ charakterisiert werden kann, da jedes y aus ϱ eindeutig durch das zugehörige t bestimmt ist. Für dasselbe Ereignis y aus ϱ müssen also $(\mathbf{r}'(t'), t')$ und $(\mathbf{r}(t), t)$ nach (1.1.3) in folgender Weise zusammenhängen:

$$\begin{aligned} &x'_\nu(t) = \phi_\nu(x_1(t), x_2(t), x_3(t), t), \qquad \nu = 1, 2, 3 \\ &\text{und} \\ &t' = \varphi(x_1(t), x_2(t), x_3(t), t). \end{aligned} \tag{1.1.4}$$

Da wir voraussetzen, daß y in beiden Bezugssystemen durch t bzw. t' eindeutig bestimmt ist, muß sich die zweite Gleichung von (1.1.4) nach t auflösen lassen, so daß man – bei vorgegebener Bahn $\mathbf{r}(t)$ – t als Funktion von t' und damit aus den ersten Gleichungen (1.1.4) $\mathbf{r}'(t')$ berechnen kann. Die Transformationsformeln (1.1.3) erlauben es also, die in einem Bezugssystem gegebene Bahn eines Massenpunktes in das andere Bezugssystem umzurechnen.

Die Transformationsformeln (1.1.3) lassen sich aber *nicht* ohne weitere Axiome (d.h. nicht ohne weitere als allgemeine physikalische Gesetze formulierte Aussagen) bestimmen. Oft wird diese Sachlage verheimlicht, indem man »selbstverständliche« Voraussetzungen einschmuggelt und so tut, als ob sich die Form von (1.1.3) schon aus der analytischen Geometrie ergäbe.

Die notwendigen zusätzlichen Axiome beziehen sich auf den Vergleich von Uhren und Maßstäben in zwei verschiedenen Bezugssystemen, d.h. auf den Vergleich von Zeit- und Abstandsmessungen in den beiden Bezugssystemen.

1. Vergleich von Uhren in den beiden Bezugssystemen

Wir betrachten eine Uhr, die in dem »ungestrichenen« Bezugssystem an der Stelle x_1, x_2, x_3 ruht. Die Uhr stellt eine Kette von Ereignissen y dar, die im ungestrichenen System durch die Paare $(\mathbf{r}, t)$ mit *festem* $\mathbf{r} = (x_1, x_2, x_3)$ charakterisiert sind. Ein solches Ereignis $(\mathbf{r}, t)$ hat im gestrichenen System den Ort $\mathbf{r}' = (x_1', x_2', x_3')$ und die Zeit t' nach (1.1.3); insbesondere erhält man t' durch Ablesen der Zeit an einer Uhr, die an der Stelle $\mathbf{r}'$ im gestrichenen System ruht, also diejenige Zeit, zu der die im ungestrichenen System ruhende Uhr an der Stelle $\mathbf{r}'$ vorbeigleitet.

Durch diesen »Uhrenvergleich« ist also die zweite Zeile der Gleichungen (1.1.3) bestimmt. Die Erfahrungen legen nun folgendes *Axiom* (!) für den Uhrenvergleich nahe:

$$t' = t + \gamma \tag{1.1.5}$$

mit einer (von den beiden Bezugssystemen abhängigen) Konstanten γ. Die Funktion φ aus (1.1.3) hängt also nicht von x_1, x_2, x_3 ab, d.h. der Uhrenvergleich fällt für verschiedene, d.h. an verschiedenen Orten im ungestrichenen System ruhende Uhren gleich aus! In (1.1.5) geht ein, daß die Uhren in beiden Bezugssystemen nach derselben Einheit (siehe II, § 6 und 7) geeicht sind.

Als Axiom ist (1.1.5) an der Erfahrung approximativ zu testen. Wir können an dieser Stelle noch nicht angeben, wie gut die Approximation ist, mit der (1.1.5) experimentell bestätigt wird. Wir werden später sehen (IX), daß (1.1.5) bei feineren Meßmethoden widerlegt werden kann und durch eine bessere Beziehung ersetzt werden muß. Gerade diese Tatsache macht es deutlich, daß das Axiom (1.1.5) *nicht* »selbstverständlich« ist; es ist eben wie jedes Axiom eine Setzung und als Axiom innerhalb einer physikalischen Theorie eine Setzung, die sich an der Erfahrung durch Tests (III, § 4) zu bewähren hat. (1.1.5) ist in diesem Sinne für einen weiten Erfahrungsbereich (siehe Grundbereich in III, § 2) bei Benutzung passender Ungenauigkeitsmengen (siehe III, § 5) brauchbar. Wenn wir später in IX eine gegenüber (1.1.5) verbesserte Beziehung kennen lernen werden, ist damit (1.1.5) nicht widerlegt, sondern *verbessert*, ganz im Sinne des sich in der Physik immer wieder neu wiederholenden Prozesses des Übergangs von einer physikalischen Theorie zu einer verbesserten (in III, § 7 als »umfangreicher« bezeichneten) Theorie.

(1.1.5) besagt, daß die Uhren in den verschiedenen Inertialsystemen (bzw. Fast-Inertialsystemen) synchron laufen: durch geeignete Veränderung des Zeitnullpunktes in einem der Bezugssysteme kann man statt (1.1.5) die noch einfachere Beziehung

(1.1.6) $$t' = t$$

erhalten.

2. Vergleich von Maßstäben

Wir denken uns zwei im ungestrichenen System fixierte Stellen $\mathbf{r}^1 = (x_1^1, x_2^1, x_3^1)$ und $\mathbf{r}^2 = (x_1^2, x_2^2, x_3^2)$. Diese beiden Stellen durchlaufen im gestrichenen System nach (1.1.3) die beiden Bahnen:

$$x_\nu^{1\prime}(t') = \phi_\nu(x_1^1, x_2^1, x_3^1, t')$$

und

$$x_\nu^{2\prime}(t') = \phi_\nu(x_1^2, x_2^2, x_3^2, t'),$$

wobei (1.1.6) benutzt wurde. Die Experimente legen dann folgendes Axiom nahe:

(1.1.7)
$$d(\mathbf{r}^{1\prime}(t'), \mathbf{r}^{2\prime}(t')) = d(\mathbf{r}^1, \mathbf{r}^2),$$
d.h.
$$\sum_{\nu=1}^{3} (x_\nu^{1\prime}(t') - x_\nu^{2\prime}(t'))^2 = \sum_{\nu=1}^{3} (x_\nu^1 - x_\nu^2)^2.$$

Man kann (1.1.7) kurz so interpretieren: ein im ungestrichenen System ruhender Maßstab (mit den Endpunkten $\mathbf{r}^1, \mathbf{r}^2$) hat vom gestrichenen System aus »beobachtet« (d.h. seine Endpunkte $\mathbf{r}^{1\prime}, \mathbf{r}^{2\prime}$ zur *selben* Zeit t') dieselbe Länge wie im ungestrichenen System. Oder noch anschaulicher ausgedrückt: Zwei gleich lange Maßstäbe, von denen jeder in einem der beiden Bezugssysteme ruht, kommen (bei geeigneter Lage) zu einer Zeit $t' = t$ zur Deckung.

Wieder werden wir in IX eine gegenüber (1.1.7) verbesserte Theorie kennen lernen, was deutlich zeigt, daß auch (1.1.7) *nicht* »selbstverständlich« ist.

Aus den Axiomen (1.1.6) und (1.1.7) *folgt* mit Hilfe der analytischen Geometrie für (1.1.3) die Form:

$$\begin{aligned} x'_\nu &= \sum_{\mu=1}^{3} \alpha_{\nu\mu}(t)\, x_\mu + \beta_\nu(t), \\ t' &= t, \end{aligned} \tag{1.1.8}$$

wobei die Matrix $\alpha_{\nu\mu}$ zu jeder Zeit t eine Drehung im Sinne der analytischen Geometrie darstellt, d.h. mit

$$\mathbf{A} = \begin{pmatrix} \alpha_{11} & \alpha_{12} & \alpha_{13} \\ \alpha_{21} & \alpha_{22} & \alpha_{23} \\ \alpha_{31} & \alpha_{32} & \alpha_{33} \end{pmatrix}$$

ist die zu $\mathbf{A}$ reziproke Matrix $\mathbf{A}^{-1}$ mit der transponierten Matrix

$$\mathbf{A}' = \begin{pmatrix} \alpha_{11} & \alpha_{21} & \alpha_{31} \\ \alpha_{12} & \alpha_{22} & \alpha_{32} \\ \alpha_{13} & \alpha_{23} & \alpha_{33} \end{pmatrix}$$

identisch.

Durch die Gleichungen (1.1.8) ist damit das Problem gelöst, die Transformationen (1.1.1) zwischen zwei Bezugssystemen zu bestimmen. Die *Form* der Gleichungen (1.1.8) hängt im Gegensatz zur Form der Gleichungen (1.1.1) noch von der Wahl der rechtwinkligen Koordinatensysteme in den beiden Bezugssystemen ab. Sind speziell die $\alpha_{\nu\mu}(t)$ und $\beta_\nu(t)$ zeitlich konstant, so stellt (1.1.8) *nur* eine Koordinatentransformation dar, d.h. die beiden Bezugssysteme sind als Gerüste dieselben. Es ist *mathematisch bequemer,* den Begriff des Bezugssystems zu ändern als (1.1.8) in eine koordinatensystem-invariante Form umzuschreiben. Wir nehmen daher in den Begriff des Bezugssystems die Wahl des rechtwinkligen Koordinatensystems mit hinein, so daß also ein Bezugssystem durch ein Gerüst *plus* rechtwinkligem Koordinatensystem definiert ist.

Einer Bahnkurve $x_\mu(t)$ eines Massenpunktes im ungestrichenen System entspricht nach (1.1.4) eine Bahnkurve $x'_\nu(t')$ im gestrichenen System, die nach (1.1.8) die Form hat:

$$x'_\nu(t) = \sum_{\mu=1}^{3} \alpha_{\nu\mu}(t)\, x_\mu(t) + \beta_\nu(t). \tag{1.1.9}$$

Da dies für jeden Massenpunkt gilt, betrachten wir der Einfachheit halber im folgenden nur einen Massenpunkt.

Die Gleichungen (1.1.9) sind *formal* von der Form V (3.7.1):

$$q_\nu = \sum_{\mu=1}^{3} \alpha_{\nu\mu}(t)\, x_\mu + \beta_\nu(t).$$

Die *physikalische Bedeutung* ist dagegen unterschiedlich. Die Gleichungen V (3.7.1) führen irgendwelche anderen Parameter q_i ein, die keine unmittelbare physikalische Bedeutung haben. Die x'_ν in (1.1.9) dagegen haben die Bedeutung, die rechtwinkligen Koordinaten in einem Fast-Inertialsystem zu sein. Aber wegen der *formalen* Äquivalenz von (1.1.9) mit V (3.7.1) können wir die Überlegungen aus V, § 7.3 übernehmen, um die Bewegungsgleichungen für die $x'_\nu(t)$ zu berechnen, wenn die Bewegungsgleichungen für die $x_\nu(t)$ vorgegeben sind.

Um die den Gleichungen V (3.7.2) entsprechende Auflösung der Gleichungen (1.1.9) zu finden, gehen wir zu folgender Schreibweise über:

Statt der x'_ν schreiben wir y_ν; dann führen wir statt der x_ν, y_ν und β_ν die Matrizen

$$\mathbf{X} = \begin{pmatrix} x_1 \\ x_2 \\ x_3 \end{pmatrix}, \quad \mathbf{Y} = \begin{pmatrix} y_1 \\ y_2 \\ y_3 \end{pmatrix}, \quad \mathbf{B} = \begin{pmatrix} \beta_1 \\ \beta_2 \\ \beta_3 \end{pmatrix}$$

ein. Zusammen mit der oben definierten Matrix $\mathbf{A}$ können wir dann (1.1.9) in Matrixschreibweise

$$\mathbf{Y} = \mathbf{AX} + \mathbf{B} \tag{1.1.10}$$

schreiben. Wegen $\mathbf{A}' = \mathbf{A}^{-1}$ lautet dann die Umkehrung von (1.1.10):

$$\mathbf{X} = \mathbf{A'Y} - \mathbf{A'B} = \mathbf{A'Y} + \mathbf{C} \tag{1.1.11}$$

$$\text{mit } \mathbf{C} = -\mathbf{A'B}.$$

Wir gehen nicht von den fertigen Formeln V (3.8.7) und (3.8.8) aus, sondern wiederholen kurz die Rechnung aus V, § 3.8. Mit $\mathbf{X}'$ als zu $\mathbf{X}$ transponierter Matrix $\mathbf{X}' = (x_1, x_2, x_3)$ kann man das innere Produkt zweier Vektoren $\mathbf{X}^{(1)}, \mathbf{X}^{(2)}$ in der Form $\mathbf{X}^{(1)\prime}\mathbf{X}^{(2)} = \sum_{\nu=1}^{3} x_\nu^{(1)} x_\nu^{(2)}$ schreiben. Für irgendeine Matrix $\mathbf{A}$ gilt dann:

$$(\mathbf{AX}^{(1)})'\mathbf{X}^{(2)} = \mathbf{X}^{(1)\prime}\mathbf{A}'\mathbf{X}^{(2)}.$$

Wegen $\mathbf{A}' = \mathbf{A}^{-1}$ ist in unserem Falle also:

$$(\mathbf{AX}^{(1)})'\mathbf{AX}^{(2)} = \mathbf{X}^{(1)\prime}\mathbf{A}'\mathbf{AX}^{(2)} = \mathbf{X}^{(1)\prime}\mathbf{X}^{(2)}.$$

Aus (1.1.11) folgt durch Differentiation nach t:

$$\dot{\mathbf{X}} = \dot{\mathbf{A}}'\mathbf{Y} + \mathbf{A}'\dot{\mathbf{Y}} + \dot{\mathbf{C}}.$$

Multiplikation mit $\mathbf{A}$ ergibt

$$\mathbf{A}\dot{\mathbf{X}} = \mathbf{A}\dot{\mathbf{A}}'\mathbf{Y} + \dot{\mathbf{Y}} + \mathbf{A}\dot{\mathbf{C}}. \tag{1.1.12}$$

Wir kürzen ab:

$$\mathbf{\Omega} = \mathbf{A}\dot{\mathbf{A}}'. \tag{1.1.13}$$

Wegen $\mathbf{A}' = \mathbf{A}^{-1}$ ist $\mathbf{A}\mathbf{A}' = \mathbf{1}$, woraus $\dot{\mathbf{A}}\mathbf{A}' + \mathbf{A}\dot{\mathbf{A}}' = \mathbf{0}$ folgt, was mit $\mathbf{\Omega}' = = \dot{\mathbf{A}}\mathbf{A}' = (\mathbf{A}\dot{\mathbf{A}})'$ zu

$$\mathbf{\Omega}' + \mathbf{\Omega} = \mathbf{0} \tag{1.1.14}$$

führt. $\mathbf{\Omega}$ ist also eine antisymmetrische Matrix.

(1.1.12) kann geschrieben werden:

$$\mathbf{A}\dot{\mathbf{X}} = \mathbf{\Omega}\mathbf{Y} + \dot{\mathbf{Y}} + \mathbf{A}\dot{\mathbf{C}}. \tag{1.1.15}$$

Für die kinetische Energie folgt damit

$$T = \frac{m}{2}\dot{\mathbf{X}}'\dot{\mathbf{X}} = \frac{m}{2}(\mathbf{A}\dot{\mathbf{X}})'\mathbf{A}\dot{\mathbf{X}}$$

$$= \frac{m}{2}[(\mathbf{\Omega}\mathbf{Y})'\mathbf{\Omega}\mathbf{Y} + \dot{\mathbf{Y}}'\dot{\mathbf{Y}} + \dot{\mathbf{C}}'\dot{\mathbf{C}}] \tag{1.1.16}$$

$$+ m[\dot{\mathbf{Y}}'\mathbf{\Omega}\mathbf{Y} + (\mathbf{A}\dot{\mathbf{C}})'\mathbf{\Omega}\mathbf{Y} + (\mathbf{A}\dot{\mathbf{C}})'\dot{\mathbf{Y}}].$$

Schreiben wir symbolisch

$$\frac{\partial T}{\partial \mathbf{Y}} = \begin{pmatrix} \dfrac{\partial T}{\partial y_1} \\[2ex] \dfrac{\partial T}{\partial y_2} \\[2ex] \dfrac{\partial T}{\partial y_3} \end{pmatrix}$$

und ähnlich $\partial T/\partial\dot{\mathbf{Y}}$, so wird (mit $\mathbf{\Omega}' = -\mathbf{\Omega}$)

$$\frac{\partial T}{\partial \mathbf{Y}} = -m\mathbf{\Omega}^2\mathbf{Y} - m\mathbf{\Omega}\dot{\mathbf{Y}} - m\mathbf{\Omega}\mathbf{A}\dot{\mathbf{C}},$$

$$\frac{\partial T}{\partial \dot{\mathbf{Y}}} = m\dot{\mathbf{Y}} + m\mathbf{\Omega}\mathbf{Y} + m\mathbf{A}\dot{\mathbf{C}}$$

und damit

$$\frac{\mathrm{d}}{\mathrm{d}t}\frac{\partial T}{\partial \dot{\mathbf{Y}}} - \frac{\partial T}{\partial \mathbf{Y}} = m\ddot{\mathbf{Y}} + m\dot{\mathbf{\Omega}}\mathbf{Y} + m\mathbf{\Omega}\dot{\mathbf{Y}} + m\dot{\mathbf{A}}\dot{\mathbf{C}} + m\mathbf{A}\ddot{\mathbf{C}} + \tag{1.1.17}$$
$$+ m\mathbf{\Omega}^2\mathbf{Y} + m\mathbf{\Omega}\dot{\mathbf{Y}} + m\mathbf{\Omega}\mathbf{A}\dot{\mathbf{C}}.$$

Aus $-\mathbf{\Omega} = \dot{\mathbf{A}}\mathbf{A}'$ folgt $\dot{\mathbf{A}} = -\mathbf{\Omega}\mathbf{A}$, so daß (1.1.17) übergeht in:

$$\frac{\mathrm{d}}{\mathrm{d}t}\frac{\partial T}{\partial \dot{\mathbf{Y}}} - \frac{\partial T}{\partial \mathbf{Y}} = m\ddot{\mathbf{Y}} + 2m\Omega\dot{\mathbf{Y}} + m\Omega^2\mathbf{Y} + m\dot{\Omega}\mathbf{Y} + m\mathbf{A}\ddot{\mathbf{C}}. \tag{1.1.18}$$

Wir erhalten die »Scheinkraft«, was dem mit *m multiplizierten* (!) Ausdruck $\tilde{Q}^k$ aus V (3.8.8) entspricht:

$$\tilde{\mathbf{Q}} = -2m\mathbf{\Omega}\dot{\mathbf{Y}} - m\mathbf{\Omega}^2\mathbf{Y} - m\dot{\mathbf{\Omega}}\mathbf{Y} - m\mathbf{A}\ddot{\mathbf{C}}. \tag{1.1.19}$$

Wir können wieder zur üblichen Vektorschreibweise im »y-System« (d. h. dem »gestrichenen« Bezugssystem!) übergehen, indem wir $\mathbf{Y}$ durch $\mathbf{y}$, $\tilde{\mathbf{Q}}$ durch $\tilde{\mathbf{q}}$ und $\mathbf{A}\ddot{\mathbf{C}}$ durch $\mathbf{d}$ ersetzen. Die antisymmetrische Matrix $\mathbf{\Omega}$ können wir durch einen Vektor $\boldsymbol{\omega}$ mit den Komponenten $\omega_1, \omega_2, \omega_3$ ersetzen:

$$\mathbf{\Omega}\mathbf{Y} = \begin{pmatrix} 0 & -\omega_3 & \omega_2 \\ \omega_3 & 0 & -\omega_1 \\ -\omega_2 & \omega_1 & 0 \end{pmatrix}\begin{pmatrix} y_1 \\ y_2 \\ y_3 \end{pmatrix} = \begin{pmatrix} \omega_2 y_3 - \omega_3 y_2 \\ \omega_3 y_1 - \omega_1 y_3 \\ \omega_1 y_2 - \omega_2 y_1 \end{pmatrix} = \boldsymbol{\omega} \times \mathbf{y}$$

Damit wird aus (1.1.19):

$$\tilde{\mathbf{q}} = -2m\boldsymbol{\omega} \times \dot{\mathbf{y}} - m\boldsymbol{\omega} \times (\boldsymbol{\omega} \times \mathbf{y}) - m\dot{\boldsymbol{\omega}} \times \mathbf{y} - m\mathbf{d}; \tag{1.1.20}$$

$-2m\boldsymbol{\omega} \times \dot{\mathbf{y}}$ heißt die »*Coriolis*kraft«, $-m\boldsymbol{\omega} \times (\boldsymbol{\omega} \times \mathbf{y})$ die »Zentrifugalkraft«. $-m\mathbf{d}$ entsteht durch die Beschleunigung $\ddot{\mathbf{C}}$ des y-Systems gegenüber dem x-System.

Die Bewegungsgleichung im y-System lautet damit

$$m\ddot{\mathbf{y}} = \tilde{\mathbf{q}} + \tilde{\mathbf{k}}, \tag{1.1.21}$$

wobei $\tilde{\mathbf{k}}$ aus $\mathbf{k}$ ($\mathbf{k}$ im x-System) durch

$$\tilde{k}_\nu = \sum_{\mu=1}^{3} \alpha_{\nu\mu}(t)\, k_\mu \tag{1.1.22}$$

zu berechnen ist.

Die »Scheinkraft« $\tilde{\mathbf{q}}$ ist proportional der Masse m des Massenpunktes, an dem sie angreift. Es stellt sich die Frage: gibt es Bezugssysteme, in denen *keine* m-proportionalen Kräfte auftreten? Die Frage bedeutet: Kann man immer in ein solches Inertial- oder Fast-Inertialsystem übergehen, in dem $\tilde{\mathbf{q}} + \tilde{\mathbf{k}}$ *keine* zur Masse m proportionalen Kräfte enthält?

Dieses Problem erweist sich aber genau äquivalent zu dem schon in II, § 2 diskutierten Problem der Auszeichnung der Inertialsysteme gegenüber den Fast-Inertialsystemen: Denn wendet man die hier dargestellte Theorie in Form der Kontinuumsmechanik auf elastische Medien an (was wir in diesem Buch nicht mathematisch deduzieren wollen), so erkennt man leicht die bekannte Tatsache, daß massenproportionale Kräfte genau der Hinderungsgrund sind, eine vom Material unabhängige Abstandsdefinition *sauber* einführen zu können, wie wir das schon in II, § 2 diskutiert haben. Wir können jetzt also feststellen:

Inertialsysteme und Systeme, in denen keine massenproportionalen Kräfte auftreten, sind identisch. Unsere obige Frage nach Bezugssystemen lautet also: Gibt es Inertialsysteme?

Massenproportionale Kräfte lassen sich immer dann wegtransformieren, wenn sie sich in der Form (1.1.20) mit passenden $\boldsymbol{\omega}$, $\dot{\boldsymbol{\omega}}$ und $\mathbf{d}$ schreiben lassen. Wir kennen nun tatsächlich keine massenproportionalen Kräfte außer der sogenannten Schwerkraft, die sich nicht wegtransformieren ließen.

Wie steht es mit der Schwerkraft? Zunächst mit der uns dauernd umgebenden Schwerkraft auf der Erde? Wie steht es mit dem Bezugssystem des Zimmers, in dem wir sitzen?

Das Zimmer ist offensichtlich kein Inertialsystem, da die massenproportionale Schwerkraft auftritt. Bei genaueren Experimenten entdeckt man noch weitere, von einem konstanten $\boldsymbol{\omega}$ herrührende massenproportionale Kräfte der Form (1.1.20), die den bekannten Rückschluß auf die Erdrotation erlauben. Wenn wir der Einfachheit halber von diesen »kleinen« durch die Erdrotation bedingten massenproportionalen Kräften absehen, bleibt aber noch die »große« Schwerkraft zurück. Diese läßt sich aber auch »wegtransformieren«, indem man $m\mathbf{d}$ gerade genau entgegengesetzt zur Schwerkraft wählt. Man erhält so in bezug auf das Zimmer beschleunigte Systeme, die sich z. B. durch einen »frei fallenden« Fahrstuhl oder heutzutage etwas einfacher durch frei fliegende Raumschiffe realisieren lassen. Also nicht unser Zimmer, sondern ein frei fliegendes nicht rotierendes Raumschiff ist ein Inertialsystem. Die Frage nach den Inertialsystemen bringt einige physikalische Merkwürdigkeiten zutage:

1. Ist das am Anfang dieses § 1.1 als ungestrichenes System bezeichnete Bezugssystem ein Inertialsystem, so kann das gestrichene System *nur* dann ein Inertialsystem sein, wenn nach (1.1.20) $\tilde{\mathbf{q}} = 0$, d. h. $\mathbf{d} \equiv 0$, $\omega \equiv 0$ ist. Das bedeutet, daß die Matrix $\mathbf{A}$ zeitlich konstant und die $\beta_\nu(t)$ die Form

   $$(1.1.23) \qquad \beta_\nu(t) = \delta_\nu t + \eta_\nu$$

   mit konstanten δ_ν und η_ν haben.

   Eine konstante Matrix $\mathbf{A}$ bedeutet aber nur eine andere Orientierung der Koordinatenachsen; d. h. ist z. B. in (1.1.23) $\delta_\nu = 0$, so liegt dasselbe Inertialsystem vor, nur mit anderen Koordinaten beschrieben. *Nur* die Größe δ_ν in (1.1.23) beschreibt den Übergang zu einem anderen Inertialsystem, d. h. je zwei Inertialsysteme bewegen sich mit *konstanter* Geschwindigkeit relativ zueinander (!) und führen keine Rotation gegeneinander durch! Dies war gemeint, wenn wir oben von einem »nicht rotierenden« Raumschiff sprachen. »Nicht rotierend« ist also eine physikalisch mechanisch feststellbare Eigenschaft, was bekanntlich auch rein technisch ausgenutzt wird, indem man mit Hilfe von schnell rotierenden Kreiseln, ein »nicht rotierendes« Bezugssystem herstellen kann.

   Wenn man nun fragt, ob man noch in anderer Weise als durch die innere Mechanik im Bezugssystem die Rotationsfreiheit feststellen kann, so zeigt sich, daß die als Inertialsysteme definierten »rotationsfreien« Systeme sich auch nicht relativ zum »Fixsternhimmel« drehen. Man hat geradezu den »Eindruck«, als ob der Fixsternhimmel die Richtung z. B. der Rotationsachse eines rotierenden Kreisels »festhält«. Ist diese Übereinstimmung von »Inertialsystem zu sein« und »nicht rotieren relativ zum Fixsternhimmel« rein »zufällig« oder ein Zeichen für ein Strukturgesetz in der Natur?
2. Es zeigt sich schnell am Beispiel der fallenden Fahrstühle und frei fliegenden Raumschiffe, daß die Inertialsysteme nur für beschränkte – kurz gesagt – »kleine« Raumgebiete wirklich Inertialsysteme sind, denn würde man die durch sie gegebenen Raumkoordinaten weiter ausdehnen, z. B. bis zu Punkten, die diametral zum Erdmittelpunkt liegen, so erkennt man, daß dort $m\mathbf{d}$ nicht mehr in Richtung der Schwerkraft, ja im diametral gegenüberliegenden Punkt entgegengesetzt zur Schwerkraft liegt. Diese Tatsache führte *Einstein* zur Entdeckung seiner »Allgemeinen Relativitätstheorie« (siehe X).

Unsere oben gestellte Frage nach der Existenz von Inertialsystemen ist also so zu beantworten: Es gibt Inertialsysteme im »Kleinen«; im »Großen« gibt es wegen der Existenz der Gravitation nur Fast-Inertialsysteme.

Damit erscheint das in V, § 2.6 formulierte *Newton*sche Massenanziehungsgesetz in einem neuen Licht. Es besagt dann: Es gibt im »Großen« solche Fast-Inertialsysteme, in denen die massenproportionalen Kräfte auf Massenpunkte allein die durch das *Newton*sche Gesetz nach II, 3b aus V, § 2.6 formulierte Gestalt haben. Man erkennt nach (1.1.20) sofort, daß diese ausgezeichneten Fast-Inertialsysteme ebenfalls (wie die echten Inertialsysteme) bis auf eine relative Bewegung mit gleichmäßiger Geschwindigkeit zueinander bestimmt sind. Es war die in V, § 2.6 erwähnte großartige Leistung *Newton*s, zu erkennen, daß es solche ausgezeichneten Fast-Inertialsysteme gibt, in denen die Planetenbewegungen eben nach dem *Newton*schen Gravitationsgesetz beschreibbar sind. Aus der Menge dieser ausgezeichneten Fast-Inertialsysteme kann man ein spezielles auswählen, in dem der Schwerpunkt des Planetensystems ruht.

Zum Schluß sei noch bemerkt, daß auch die Formel (1.1.8) physikalisch nur sinnvoll für beschränkte Raumgebiete ist; denn wenn $\omega \neq 0$ ist, wird die Zentrifugalkraft $-m\omega \times (\omega \times \mathbf{y})$ für große $|\mathbf{y}|$ beliebig groß, was zum Zusammenbruch der Eigenschaft führt, Fast-Inertialsystem zu sein. Es ist eben physikalisch sinnlos, irgendwelche Folgerungen für beliebig große Abstände zu ziehen, wie wir schon mehrfach betont haben.

Die Menge der Inertialsysteme, bzw. besser gesagt, die Menge der Fast-Inertialsysteme mit der *Newton*schen Form des Gravitationsgesetzes (kurz der *Newton*schen Fast-Inertialsysteme), ist also durch Längenmessung, Zeitmessung und das Verschwinden der massenproportionalen Scheinkräfte (außer der *Newton*schen Gravitationskräfte) als physikalische Struktur der Menge der Ereignisse ausgezeichnet. Kein einzelnes aus dieser Menge der Inertialsysteme (bzw. *Newton*schen Fast-Inertialsysteme) kann bisher von einem anderen solchen physikalisch unterschieden werden, d.h. es gibt in der bisher entwickelten Theorie des Längenmessens, Zeitmessens *und* der mechanischen Bewegung keine Struktur, die eines dieser Inertial- (bzw. *Newton*schen Fast-Inertial-) Systeme vor einem anderen auszeichnen würde; nur die *Menge* dieser Inertial- (bzw. Fast-Inertial-) Systeme ist als *Menge* physikalisch ausgezeichnet.

In VII werden wir noch einmal bei einer zusammenfassenden Kritik des bisherigen Aufbaues einer Theorie der physikalischen Raum-Zeit-Struktur auf die Bedeutung der Auszeichnung dieser Menge der Inertialsysteme zurückkommen.

Die nächsten §§ bis einschließlich § 3.4 können beim ersten Lesen überschlagen werden.

§ 1.2 Die Galilei*gruppe*

Wir haben im vorigen § gesehen, daß die Inertialsysteme bis auf konstante Geschwindigkeiten relativ zueinander bestimmt sind. Sind also die x_μ die Koordinaten in einem Inertialsystem und t die Zeitskala dieses Inertialsystems, so hängen die Koordinaten x'_μ und die Zeitskala t' eines anderen Inertial-Systems mit den x_μ, t des ersten Inertialsystems in der Form

$$\begin{aligned} x'_\nu &= \sum_{\mu=1}^{3} \alpha_{\nu\mu} x_\mu + \delta_\nu t + \eta_\nu, \\ t' &= t + \gamma \end{aligned} \tag{1.2.1}$$

zusammen, wobei wir die allgemeine Form (1.1.5) statt der speziellen (1.1.6) benutzt haben.

Die Transformationen (1.2.1) mit beliebigen Drehungen $(\alpha_{\nu\mu})$ und beliebigen Konstanten δ_ν, η_ν, γ stellen eine Gruppe dar, die sogenannte »*Galilei*gruppe«.

Die Bedeutung der Gleichungen (1.2.1) können wir also mit dem in § 1.1 allgemeiner gefaßten Begriff des Bezugssystems so lesen: Koordinaten und Zeitparameter für zwei inertiale Bezugssysteme sind durch Gleichungen der Form (1.2.1) verbunden; und umgekehrt führt jede *Galilei*transformation (1.2.1) von einem inertialen Bezugssystem zu einem anderen solchen.

Es gibt allerdings noch eine andere Möglichkeit der physikalischen *Anwendung* von *Galilei*transformationen, der wir uns jetzt zuwenden wollen.

In bezug auf *ein festes* (!) inertiales Bezugssystem kann man die Menge Y der Ereignisse bijektiv durch die Quadrupel (x_1, x_2, x_3, t) charakterisieren. (1.2.1) kann man dann auch lesen als eine Abbildung, die das Ereignis (x_1, x_2, x_3, t) auf das Ereignis (x'_1, x'_2, x'_3, t') abbildet, d.h. als eine bijektive Abbildung *von Y auf sich*. Die in (1.2.1) eingehenden Werte der Konstanten $\alpha_{\nu\mu}$, δ_ν, η_ν, γ für eine feste solche Abbildung von Y auf sich hängen natürlich von der Wahl des »festen« inertialen Bezugssystems ab, relativ zu dem man die Ereignisse durch Quadrupel (x_1, x_2, x_3, t) dargestellt hat. Da aber die darstellenden Quadrupel *ein und desselben* Ereignisses y in zwei verschiedenen inertialen Bezugssystemen durch Formeln derselben Form wie (1.2.1) zusammenhängen, erkennt man leicht, daß die *Form* (1.2.1) für eine durch (1.2.1) dargestellte Abbildung von Y auf sich nicht vom »festen« inertialen Bezugssystem abhängt.

Faßt man (1.2.1) als eine Transformation der Ereignisse (d.h. bei festem inertialen Bezugssystem als Abbildung von Y auf sich) auf, so heißt (1.2.1) eine *Galilei*transformation der Ereignisse. Alle solche *Galilei*transformationen von Y in sich bilden dann die *Galilei*gruppe der Abbildungen von Y in sich. Betrachten wir nun speziell die Bahnen der Massenpunkte, in dem »festen« inertialen Bezugssystem durch Funktionen $x^i_\nu(t)$ dargestellt, so entstehen durch die *Galilei*transformation (1.2.1) von Y in sich daraus *neue* Bahnen mit den Funktionen

$$x_\nu'^i(t') = \sum_{\mu=1}^{3} \alpha_{\nu\mu} x_\mu^i (t' - \gamma) + \delta_\nu (t' - \gamma) + \eta_\nu . \tag{1.2.2}$$

Das durch die Bahnen $x_\nu'^i(t)$ (im *selben* festen inertialen Bezugssystem !) beschriebene System von Massenpunkten nennen wir das aus dem durch die Bahnen $x_\nu^i(t)$ beschriebenen System von Massenpunkten durch die *Galilei*-transformation (1.2.1) hervorgegangene System. In diesem Sinne nennt man dann kurz (1.2.1) eine »Transformation des physikalischen Systems«.

Besonders dem Anfänger bereitet es immer wieder Schwierigkeiten, die beiden *verschiedenen* Interpretationen derselben Formel (1.2.1) auseinander zu halten. Deshalb sei nochmals alles an einem sehr einfachen Beispiel wiederholt:

Als physikalischer Vorgang werde die Bahn eines fallenden Steines betrachtet. In einem zur Erde festen Bezugssystem (dies ist zwar kein »exaktes« Inertialsystem, aber ein Fast-Inertialsystem; siehe Ende von § 1.1) mit der 3-Achse senkrecht zur Erde möge also die Bahn des Steines durch $x_1(t) = 0$, $x_2(t) = 0$, $x_3(t) = h - \frac{g}{2} t^2$ dargestellt sein. Als spezielle Form von (1.2.1) betrachten wir

$$x_\nu' = x_\nu + \delta_\nu t + \eta_\nu, \; t' = t + \gamma . \tag{1.2.3}$$

Fall 1:

(1.2.3) stellt den Zusammenhang zweier Fast-Inertialsysteme dar. Der Nullpunkt $x_1' = x_2' = x_3' = 0$ des gestrichenen Systems bewegt sich im erdfesten ungestrichenen System auf der Bahnkurve

$$x_\nu(t) + \delta_\nu t + \eta_\nu = 0,$$

d.h. mit der konstanten Geschwindigkeit $-\boldsymbol{\delta} = (-\delta_1, -\delta_2, -\delta_3)$. Die Uhren zeigen in diesem gestrichenen System eine Zeit t' an. Das gestrichene System könnte durch ein »Fahrzeug« realisiert werden, daß sich mit der Geschwindigkeit $-\boldsymbol{\delta}$ zur Erde bewegt. In diesem gestrichenen System wird *derselbe* fallende Stein durch eine Bahnkurve

$$\begin{aligned} x_1'(t') &= \delta_1 (t' - \gamma) + \eta_1, \\ x_2'(t') &= \delta_2 (t' - \gamma) + \eta_2, \\ x_3'(t') &= h - \frac{g}{2} (t' - \gamma)^2 + \delta_3 (t' - \gamma) + \eta_3 \end{aligned} \tag{1.2.4}$$

beschrieben.

Fall 2:

(1.2.3) stellt eine Transformation der Ereignisse in dem oben eingeführten erdfesten System dar. (1.2.4) ist dann aufzufassen als eine Bahnkurve eines *anderen* (zumindest gedachten) Steins im selben erdfesten System. Oder schreiben wir zur Verdeutlichung noch einmal (mit (1) sei der zuerst betrachtete Stein, mit (2) der andere vielleicht nur »gedachte« Stein bezeichnet) im selben erdfesten System auf:

$$x_1^{(1)}(t) = 0,\ x_2^{(1)}(t) = 0,\ x_3^{(1)}(t) = h - \frac{g}{2}t^2;$$

$$x_1^{(2)}(t) = \delta_1(t-\gamma) + \eta_1,$$

$$x_2^{(2)}(t) = \delta_2(t-\gamma) + \eta_2,$$

$$x_3^{(2)}(t) = h - \frac{g}{2}(t-\gamma)^2 + \delta_3(t-\gamma) + \eta_3.$$

Ob die Bewegung des gedachten Steines (2) eine physikalisch mögliche Bewegung (siehe dazu den Begriff der Hypothese in III, § 9 und dabei auch die dort benutzte Bezeichnung eines »gedachten« Prozesses; weiterhin die im Zusammenhang mit Hypothesen eingeführte Begriffsbildung von »physikalisch möglich«) ist, hängt davon ab, ob die Bewegung $\mathbf{r}^{(2)}(t)$ mit den Komponenten $x_\nu^{(2)}(t)$ eine Lösung der Bewegungsgleichung

$$\ddot{\mathbf{r}} = -g\mathbf{e}_3$$

mit $\mathbf{e}_3$ als Einheitsvektor senkrecht zur Erde, d.h. in Richtung der 3-Achse ist. Man sieht in dem oben angegebenen Beispiel, daß dies tatsächlich der Fall ist.

Nach diesem Beispiel wenden wir uns wieder der allgemeinen Frage nach den *Galilei*-transformierten Bahnen $x_\nu'^i(t')$ nach (1.2.2) zu. Unter welchen Bedingungen können aus »möglichen« Bahnen durch *Galilei*transformationen wieder »mögliche« Bahnen entstehen? Wir wollen dieser Frage nur in dem Falle weiter nachgehen, daß die Bahnen die Extremalen zu einem *Lagrange*schen Variationsprinzip mit einer *Lagrange*funktion

$$L(x_\nu^i, \dot{x}_\nu^i, t)$$

sind. Sicher sind die transformierten $x_\nu'^i(t')$ die Extremalen zu einem *Lagrange*schen Variationsprinzip mit der *Lagrange*funktion $L'(x_\nu^i, \dot{x}_\nu^i, t)$, wobei L' aus L folgendermaßen zu berechnen ist:

$$L'\left(\sum_{\mu=1}^{3}\alpha_{\nu\mu}x_\mu^i(t)+\delta_\nu t+\eta_\nu,\ \sum_{\mu=1}^{3}\alpha_{\nu\mu}\dot{x}_\mu^i(t)+\delta_\nu,\ t+\gamma\right) \tag{1.2.5}$$
$$= L(x_\nu^i(t), \dot{x}_\nu^i(t), t),$$

denn dann ist

$$\int_{t_1}^{t_2} L(x_\nu^i(t), \dot{x}_\nu^i(t), t)\,\mathrm{d}t$$

$$= \int_{t_1}^{t_2} L'\left(\sum_{\mu=1}^{3}\alpha_{\nu\mu}x_\mu^i(t)+\delta_\nu t+\eta_\nu, \ldots, t+\gamma\right)\mathrm{d}t$$

$$= \int_{t_1+\gamma}^{t_2+\gamma} L'(x_\nu'^i(t'), \dot{x}_\nu'^i(t'), t')\,\mathrm{d}t'$$

Die Bahnen $x_\nu'^i(t)$ genügen demselben Variationsprinzip mit $L(\ldots)$, wenn für $L'(\ldots)$ gilt:

$$L'(x_\nu^i, \dot{x}_\nu^i, t) = L(x_\nu^i, \dot{x}_\nu^i, t) + \frac{\mathrm{d}W}{\mathrm{d}t}; \tag{1.2.6}$$

denn dann sind die beiden Variationsprinzipien

$$\delta\int_{t_1}^{t_2} L'\,\mathrm{d}t = 0 \quad \text{und} \quad \delta\int_{t_1}^{t_2} L\,\mathrm{d}t = 0$$

äquivalent, da an den Grenzen t_1 und t_2 nicht variiert wird, so daß

$$\delta\int_{t_1}^{t_2}\frac{\mathrm{d}W}{\mathrm{d}t}\,\mathrm{d}t = \delta W\Big|_{t_1}^{t_2} = 0$$

ist. Die beiden *Lagrange*funktionen L und L' führen also zu äquivalenten Variationsprinzipien, wenn sie sich entsprechend (1.2.6) nur um eine totale zeitliche Ableitung einer beliebigen Funktion W unterscheiden. Gilt also (1.2.6), so erhält man durch *Galilei*transformationen aus einer Lösung $x_\nu^i(t)$ eine andere Lösung $x_\nu'^i(t')$ *derselben* (!) Bewegungsgleichungen.

Da die *Galilei*transformationen eine Gruppe bilden, genügt es, die Gleichung (1.2.6) für solche Transformationen nachzuweisen, die die ganze Gruppe erzeugen. Solche erzeugenden Transformationen sind: die Zeittranslation γ, die Ortstranslationen η_ν, die räumlichen Drehungen mit der Matrix $\alpha_{\nu\mu}$ und die sogenannten »speziellen *Galilei*transformationen« δ_ν (»Erteilung« einer gemeinsamen Zusatzgeschwindigkeit δ_ν).

Für die Zeittranslation $t' = t + \gamma$ (also $\alpha_{\nu\mu} = \delta_{\nu\mu}$, $\delta_\nu = 0$, $\eta_\nu = 0$) folgt aus (1.2.5)

$$L'(x_\nu^i(t), \dot{x}_\nu^i(t), t + \gamma) = L(x_\nu^i(t), \dot{x}_\nu^i(t), t)$$

d.h.

$$L'(x_\nu^i, \dot{x}_\nu^i, t) = L(x_\nu^i, \dot{x}_\nu^i, t - \gamma).$$

(1.2.6) nimmt dann die Form

$$L(x_\nu^i, \dot{x}_\nu^i, t - \gamma) - L(x_\nu^i, \dot{x}_\nu^i, t) = \frac{\mathrm{d}W}{\mathrm{d}t} \tag{1.2.7}$$

an. Dies ist trivialerweise erfüllt, wenn L die Zeit nicht explizit enthält. Gerade das aber war die Voraussetzung des in V, § 3.11 diskutierten Energiesatzes.

Um die Frage, unter welchen Bedingungen für die *Galilei*transformationen (1.2.6) erfüllt ist, nicht unnötig zu komplizieren, wollen wir wie in V, § 3.12 nur den speziellen Fall eines L der Form

$$L = \frac{1}{2} \sum_i m_i \dot{\mathbf{r}}^{i2} - U(\mathbf{r}^i) \tag{1.2.8}$$

weiter untersuchen. Ist L, wie in V, § 3.12 untersucht, invariant gegenüber räumlichen Translationen und Drehungen, so ist also (1.2.6) für *Galilei*transformationen erfüllt, wenn wir noch nachweisen, daß sich (1.2.6) für »spezielle« *Galilei*transformationen erfüllen läßt.

Für eine solche »spezielle« *Galilei*transformation $x_\nu'^i = x_\nu^i + \delta_\nu t$ und $t' = t$ lautet (1.2.5):

$$L'(x_\nu^i(t) + \delta_\nu t, \dot{x}_\nu^i(t) + \delta_\nu, t) = L(x_\nu^i(t), \dot{x}_\nu^i(t), t),$$

was mit

$$L'(x_\nu^i(t), \dot{x}_\nu^i(t), t) = L(x_\nu^i(t) - \delta_\nu t, \dot{x}_\nu^i(t) - \delta_\nu, t)$$

äquivalent ist. Die Bedingung (1.2.6) besagt also

$$L(x_\nu^i(t) - \delta_\nu t, \dot{x}_\nu^i(t) - \delta_\nu, t) = L(x_\nu^i(t), \dot{x}_\nu^i(t), t) + \frac{\mathrm{d}W}{\mathrm{d}t}. \tag{1.2.9}$$

Setzen wir nun L als translationsinvariant voraus, so ist

$$L(x_\nu^i(t) - \delta_\nu t, \dot{x}_\nu^i(t) - \delta_\nu, t) = L(x_\nu^i(t), \dot{x}_\nu^i(t) - \delta_\nu, t).$$

Damit geht (1.2.9) über in

$$L(x_\nu^i(t), \dot{x}_\nu^i(t) - \delta_\nu, t) = L(x_\nu^i(t), \dot{x}_\nu^i(t), t) + \frac{\mathrm{d}W}{\mathrm{d}t}.$$

Benutzen wir die Form (1.2.8) von L, so heißt das (mit δ als Vektor mit den Komponenten δ_ν):

$$\frac{1}{2}\sum_i m_i(\dot{\mathbf{r}}^i - \delta)^2 - \frac{1}{2}\sum_i m_i \dot{\mathbf{r}}^{i2} = \frac{\mathrm{d}W}{\mathrm{d}t}.$$

Dies ist erfüllt mit

$$W = \frac{t\delta^2}{2}\sum_i m_i - \delta \cdot \sum_i m_i \mathbf{r}^i.$$

Für eine *Lagrange*funktion der Form (1.2.8) erhält man aus Lösungen der Bewegungsgleichungen durch *Galilei*transformationen wieder Lösungen der Bewegungsgleichungen, wenn L translations- und drehinvariant ist.

Was für einen Erhaltungssatz hat (1.2.9) zur Folge? Dazu betrachten wir eine infinitesimale Transformation $\delta_\nu = -\delta\varepsilon a_\nu$, (1.2.9) geht dann über in:

$$\sum_{i,\nu}\frac{\partial L}{\partial x_\nu^i} a_\nu t + \sum_{i,\nu}\frac{\partial L}{\partial \dot{x}_\nu^i} a_\nu = \frac{\mathrm{d}F}{\mathrm{d}t}.$$

Mit L nach (1.2.8) erhält man für F aus dem obigen W, wenn man $W = \delta\varepsilon F$ setzt:

$$F = \sum_{i,\nu} m_i x_\nu^i a_\nu.$$

In dem Erhaltungssatz V (3.12.7) ist also dieser Wert von F und $\tau_\nu^i = a_\nu t$ einzusetzen, so daß man

$$(1.2.10) \qquad \sum_{i,\nu} m_i \dot{x}_\nu^i a_\nu t - \sum_{i,\nu} m_i x_\nu^i a_\nu = \text{const.}$$

erhält. Da a_ν beliebig ist, folgt mit dem Massenmittelpunkt $\mathbf{R}$:

$$\dot{\mathbf{R}}(t)\,t - \mathbf{R}(t) = -\,\mathbf{R}(0), \tag{1.2.11}$$

wobei $\mathbf{R}(0)$ ein konstanter Vektor ist. Aus (1.2.11) folgt $\ddot{\mathbf{R}}(t) = 0$, d.h. daß $\dot{\mathbf{R}}$ konstant ist. Damit geht (1.2.11) in den schon bekannten Schwerpunktsatz

$$\mathbf{R}(t) = \mathbf{R}(0) + \dot{\mathbf{R}}\,t \tag{1.2.12}$$

über.

Wir erhalten keinen zusätzlichen Erhaltungssatz in Einklang mit der Tatsache, daß (1.2.9) keine zusätzliche Bedingung für die *Lagrange*funktion (1.2.8) darstellte.

§ 2 Nicht-holonome Koordinaten und nicht-holonome Nebenbedingungen

In der Praxis treten häufig noch andere Nebenbedingungen als die bisher diskutierten holonomen Nebenbedingungen auf. Wir betrachten deshalb zunächst nicht-holonome Koordinaten.

§ 2.1 Nicht-holonome Koordinaten

Wir haben bisher nur Koordinatentransformationen der Form V, (3.7.1) betrachtet. Aus V, (3.7.1) folgt für die Differentiale

$$\mathrm{d}q_i = \sum_{k,\nu} \frac{\partial f_i}{\partial x_\nu^k}\,\mathrm{d}x_\nu^k. \tag{2.1.1}$$

Die $\mathrm{d}q_i$ sind »totale Differentiale« in den $\mathrm{d}x_\nu^k$. Geht man von den q_i zu anderen holonomen Koordinaten q_i' über, so sind die $\mathrm{d}q_i'$ sowohl totale Differentiale in den $\mathrm{d}q_j$, wie in den $\mathrm{d}x_\nu^k$. Als nicht-holonome Koordinaten bezeichnen wir solche, die durch Differentialformen

$$\mathrm{d}\xi_i = \sum_{k,\nu} \omega_{ik\nu}(x_1^1, x_2^1, \ldots x_3^n, t)\,\mathrm{d}x_\nu^k \tag{2.1.2}$$

gegeben sind, die *keine* totalen Differentiale sind, d.h. für die nicht alle Gleichungen

$$\frac{\partial \omega_{il\nu}}{\partial x_\mu^k} = \frac{\partial \omega_{ik\mu}}{\partial x_\nu^l}$$

erfüllt sind. In der Praxis können ein Teil der Koordinaten holonom, ein anderer Teil nicht-holonom sein. Die holonomen Koordinaten wollen wir weiterhin mit q_i, die nicht-holonomen mit ξ_i bezeichnen. Wie aber ist ξ_i überhaupt zu definieren? Wir schreiben

$$\xi_i = \int_{t_1}^{t} \mathrm{d}\xi_i = \int_{t_1}^{t} \sum_{k,\nu} \omega_{ik\nu} \dot{x}_\nu^k \mathrm{d}t', \tag{2.1.3}$$

wobei *unter* dem Integral der Zeitparameter mit t' bezeichnet wird. $\xi_i(t)$ ist nach (2.1.3) für nicht-holonome Koordinaten nicht nur eine Funktion der $x_\nu^k(t)$ (wie dies aus V (3.15.3) für holonome Koordinaten q_i wegen $\sum_{k,\nu} \omega_{ik\nu} \dot{x}_\nu^k = \sum_{k,\nu} \partial f_i/\partial x_\nu^k \; \dot{x}_\nu^k = \dot{q}_i$ folgt), sondern hängt vom ganzen »Verlauf der Kurve« $x_\nu^k(t')$ für alle t' mit $t_1 \le t' \le t$ ab. Die Kurve $x_\nu^k(t')$ braucht dabei keine »wirkliche« Bahn zu sein, sondern kann irgendeine gedachte Kurve sein, was bei der Benutzung nicht-holonomer Koordinaten im *Lagrange*schen Variationsprinzip wichtig ist.

Da die ξ_i keine Funktionen der x_ν^k sind, lassen sich die Gleichungen V (3.15.2) auch nicht so umkehren wie die Gleichungen V (3.7.1) zu V (3.7.2).

Aus (2.1.2) folgt

$$\dot{\xi}_i(t) = \sum_{k,\nu} \omega_{ik\nu} \dot{x}_\nu^k(t). \tag{2.1.4a}$$

Zu (2.1.4a) nehmen wir noch die restlichen Gleichungen für die holonomen Koordinaten hinzu:

$$\dot{q}_i(t) = \sum_{k,\nu} \frac{\partial f_i}{\partial x_\nu^k} \dot{x}_\nu^k + \frac{\partial f_i}{\partial t}. \tag{2.1.4b}$$

(2.1.4a) und (2.1.4b) können zusammen umgekehrt werden zu:

$$\dot{x}_\nu^k = \sum_l w_{\nu l}^k \dot{\xi}_l + \sum_i v_{\nu i}^k \dot{q}_i + u_\nu^k. \tag{2.1.5}$$

Der Ausdruck (2.1.5) ist zu benutzen, um die kinetische Energie in die neuen Koordinaten umzurechnen. In der *Lagrange*funktion L bzw. in dem Ausdruck T für die kinetische Energie lassen sich so zwar alle Geschwindigkeiten $\dot{x}_\nu^k$ durch die $\dot{\xi}_l$ und $\dot{q}_i$ ersetzen; die Koordinaten x_ν^k selbst aber lassen sich nicht einfach durch Ausdrücke in den ξ_l, q_i ersetzen. Dies ist aber für das *Lagrange*sche Variationsprinzip auch gar nicht notwendig:

Um das *Lagrange*sche Variationsprinzip anwenden zu können, ist es nur notwendig, die δx_ν^k durch die $\delta \xi_l$, δq_i zu ersetzen. Aus (2.1.3) folgt:

$$\delta \xi_i(t) = \int_{t_1}^{t} \sum_{k,\nu,l,\mu} \frac{\partial \omega_{ik\nu}}{\partial x_\mu^l} \dot{x}_\nu^k \delta x_\mu^l \, \mathrm{d}t'$$

$$+ \int_{t_1}^{t} \sum_{k,\nu} \omega_{ik\nu} \delta \dot{x}_\nu^k \, \mathrm{d}t'$$

$$= \int_{t_1}^{t} \sum_{l,\mu} \left[\sum_{k,\nu} \frac{\partial \omega_{ik\nu}}{\partial x_\mu^l} \dot{x}_\nu^k - \frac{\mathrm{d}}{\mathrm{d}t} \omega_{il\mu} \right] \delta x_\mu^l \, \mathrm{d}t'$$

$$+ \left[\sum_{k,\nu} \omega_{ik\nu} \delta x_\nu^k \right]_{t_1}^{t} .$$

Wir setzen bei der Variation für den Anfangspunkt t_1 $\delta x_\nu^k(t_1) = 0$ fest, so daß wir schreiben können:

$$\delta \xi_i(t) = \sum_{k,\nu} \omega_{ik\nu} \delta x_\nu^k(t) + \int_{t_1}^{t} \sum_{l,\mu} a_{il\mu} \delta x_\mu^l \, \mathrm{d}t' \tag{2.1.6}$$

mit

$$a_{il\mu} = \sum_{k,\nu} \frac{\partial \omega_{ik\nu}}{\partial x_\mu^l} \dot{x}_\nu^k - \frac{\mathrm{d}}{\mathrm{d}t} \omega_{il\mu} . \tag{2.1.7}$$

Wir schreiben noch kurz

$$\Delta \xi_i = \sum_{k,\nu} \omega_{ik\nu} \delta x_\nu^k . \tag{2.1.8}$$

Aus $\delta x_\nu^k(t_2) = 0$ für den »Endpunkt« t_2 im *Lagrange*schen Variationsprinzip folgt $\Delta \xi_i(t_2) = 0$ aber *nicht* $\delta \xi_i(t_2) = 0$! Nach unserer Definition folgt aber aus (2.1.6) für $t = t_1$ wegen $\delta x_\nu^k(t_1) = 0$ auch

$$\delta \xi_i(t_1) = \Delta \xi_i(t_1) = 0 . \tag{2.1.9}$$

Aus (2.1.6) folgt

$$\frac{d}{dt}\delta\xi_i = \sum_{k,\nu}\omega_{ik\nu}\delta\dot{x}^k_\nu + \sum_{k,\nu}\frac{d}{dt}\omega_{ik\nu}\ \delta x^k_\nu$$

$$+ \sum_{k,\nu} a_{ik\nu}\delta x^k_\nu$$

$$= \sum_{k,\nu}\omega_{ik\nu}\delta\dot{x}^k_\nu + \sum_{k,\nu,l,\mu}\frac{\partial\omega_{il\mu}}{\partial x^k_\nu}\dot{x}^l_\mu\delta x^k_\nu$$

und damit aus (2.1.4a):

(2.1.10) $$\frac{d}{dt}\delta\xi_i = \delta\dot{\xi}_i$$

Daraus folgt nach (2.1.8) $\frac{d}{dt}\Delta\xi_i \neq \delta\dot{\xi}_i$:

(2.1.11) $$\frac{d}{dt}\Delta\xi_i + \sum_{l,\mu} a_{il\mu}\delta x^l_\mu = \delta\dot{\xi}_i.$$

Aus (2.1.8) und der entsprechenden Gleichung

$$\delta q_i = \sum_{k,\nu}\frac{\partial f_i}{\partial x^k_\nu}\delta x^k_\nu$$

für die δq_i folgt durch Auflösen mit den schon in (2.1.5) benutzten Größen:

(2.1.12) $$\delta x^k_\nu = \sum_l w^k_{\nu l}\Delta\xi_l + \sum_l v^k_{\nu i}\delta q_i.$$

Aus (2.1.11) folgt dann

(2.1.13) $$\delta\dot{\xi}_i = \frac{d}{dt}\Delta\xi_i + \sum_l b_{il}\Delta\xi_l + \sum_l c_{il}\delta q_l$$

mit

(2.1.14) $$b_{il} = \sum_{k,\mu} a_{ik\mu} w^k_{\mu l},$$
$$c_{il} = \sum_{k,\mu} a_{ik\mu} v^k_{\mu l}.$$

Die beiden Gleichungen (2.1.12) und (2.1.13) sind entscheidend für die Berechnung der *Lagrange*schen Bewegungsgleichungen in nicht-holonomen Koordinaten. Dazu kommt noch die Gleichung (2.1.5) zur Umrechnung der kinetischen Energie. (2.1.5) und (2.1.12) enthalten dieselben Koeffizienten $w^k_{\nu l}$ und $v^k_{\nu l}$. Zur Berechnung der Koeffizienten von (2.1.13) nach (2.1.14) sind noch die $a_{il\mu}$ nach (2.1.7) zu benutzen, d. h. man müßte die Koeffizienten von (2.1.2) kennen. Für die Praxis ist es daher oft wichtiger, die Gleichung (2.1.13) aus den beiden Gleichungen (2.1.5) und (2.1.12), d. h. allein mit Hilfe der Koeffizienten $w^k_{\nu l}$ und $v^k_{\nu l}$ herzuleiten. Dazu bilde man mit (2.1.5) $\delta \dot{x}^k_\nu$ und mit Hilfe von (2.1.12) $\frac{\mathrm{d}}{\mathrm{d}t} \delta x^k_\nu$, was man wegen $\delta \dot{x}^k_\nu = \frac{\mathrm{d}}{\mathrm{d}t} \delta x^k_\nu$ gleichsetzen kann. So erhält man eine Gleichung der Form

$$\sum_l w^k_{\nu l} \left(\delta \dot{\xi}_l - \frac{\mathrm{d}}{\mathrm{d}t} \Delta \xi_l \right) = \ldots,$$

aus der man durch Auflösung nach den $\left(\delta \dot{\xi}_l - \frac{\mathrm{d}}{\mathrm{d}t} \Delta \xi_l \right)$ wieder die Gleichungen (2.1.13) erhält.

Aus δA wird mit (2.1.12):

$$\delta A = \sum_{k,\nu} Q^k_\nu \delta x^k_\nu = \sum_l \bar{Q}_l \Delta \xi_l + \sum_i \bar{\bar{Q}}_i \delta q_i \tag{2.1.15}$$

mit

$$\bar{Q}_l = \sum_{k,\nu} Q^k_\nu w^k_{\nu l}, \quad \bar{\bar{Q}}_i = \sum_{k,\nu} Q^k_\nu v^k_{\nu i}. \tag{2.1.16}$$

Die kinetische Energie hat nach Einsetzen von (2.1.5) die Gestalt:

$$T = T({x^k}_\nu, \dot{\xi}_l, \dot{q}_i), \tag{2.1.17}$$

woraus folgt:

$$\delta T = \sum_{k,\nu} \frac{\partial T}{\partial x^k_\nu} \delta x^k_\nu + \sum_l \frac{\partial T}{\partial \dot{\xi}_l} \delta \dot{\xi}_l + \sum_i \frac{\partial T}{\partial \dot{q}_i} \delta \dot{q}_i$$

Mit (2.1.12) und (2.1.13) folgt

$$\begin{aligned} \delta T = {} & \sum_l \bar{T}_l \Delta \xi_l + \sum_l \bar{\bar{T}}_l \delta q_l \\ & + \sum_i \frac{\partial T}{\partial \dot{q}_i} \delta \dot{q}_i + \sum_l \frac{\partial T}{\partial \dot{\xi}_l} \frac{\mathrm{d}}{\mathrm{d}t} \Delta \xi_l \end{aligned} \tag{2.1.18}$$

mit

(2.1.19)
$$\bar{T}_l = \sum_{k,\nu} \frac{\partial T}{\partial x_\nu^k} w_\nu^k + \sum_i \frac{\partial T}{\partial \dot{\xi}_i} b_{il},$$
$$\bar{\bar{T}}_l = \sum_{k,\nu} \frac{\partial T}{\partial x_\nu^k} v_{\nu l}^k + \sum_i \frac{\partial T}{\partial \dot{\xi}_i} c_{il}.$$

Aus dem *Lagrange*schen Variationsprinzip

$$\int_{t_1}^{t_2} (\delta T + \delta A)\,\mathrm{d}t = 0$$

folgt damit nach partieller Integration unter Berücksichtigung von

$$\Delta \xi_i (t_2) = 0 \; (\textit{nicht}\; \delta \xi_i (t_2) = 0\,!):$$

$$\int_{t_1}^{t_2} \left\{ \sum_l \left[-\frac{\mathrm{d}}{\mathrm{d}t} \frac{\partial T}{\partial \dot{\xi}_l} + \bar{T}_l + \bar{Q}_l \right] \Delta \xi_l + \right.$$
$$\left. + \sum_l \left[-\frac{\mathrm{d}}{\mathrm{d}t} \frac{\partial T}{\partial \dot{q}_l} + \bar{\bar{T}}_l + \bar{\bar{Q}}_l \right] \delta q_l \right\} \mathrm{d}t = 0,$$

woraus die *Lagrange*schen Gleichungen (für nicht-holonome Koordinaten) in der Form

(2.1.20)
$$-\frac{\mathrm{d}}{\mathrm{d}t} \frac{\partial T}{\partial \dot{\xi}_l} + \bar{T}_l + \bar{Q}_l = 0,$$
$$-\frac{\mathrm{d}}{\mathrm{d}t} \frac{\partial T}{\partial \dot{q}_i} + \bar{\bar{T}}_i + \bar{\bar{Q}}_i = 0$$

folgen.

Wir haben die *Lagrange*schen Gleichungen (2.1.20) zunächst abgeleitet, ohne Nebenbedingungen zu betrachten. Es ist aber nicht schwer, die Überlegungen auf den Fall *holonomer* Nebenbedingungen zu übertragen, die durch Einführung geeigneter holonomer Koordinaten eliminiert werden. Man braucht dann nur nach V (3.7.4) bzw. V (3.7.5) für die entsprechenden Koordinaten q_j in (2.1.5) entsprechend den Nebenbedingungen $\dot{q}_j = 0$ zu setzen. (2.1.5) behält dann seine Gestalt bei, außer daß nur noch die »freien« q_i in (2.1.5) auftreten. Ebenso treten in (2.1.12) nur noch die »freien« δq_i auf. Die Gleichungen (2.1.13) muß man dann allerdings aus (2.1.5) und (2.1.12) herleiten, wie es oben im Anschluß an die Gleichungen (2.1.14) beschrieben wurde. So erhält man dieselben Bewegungsgleichungen (2.1.20), wobei ebenfalls nur noch die »freien« q_i auftreten. Wir werden diese Methode in § 3.1 benutzen, um die Bewegungsgleichungen des starren Körpers abzuleiten.

§ 2.2 *Nicht-holonome Nebenbedingungen*

Bei vielen Problemen der Mechanik treten auch nicht-holonome Nebenbedingungen auf wie z. B. bei allen Rollbewegungen (siehe den rollenden Reifen in § 3.2).

Unter nicht-holonomen Nebenbedingungen verstehen wir Nebenbedingungen der Form:

$$(2.2.1\,\text{a})\qquad \sum_{k,\nu} r_{ik\nu}\,(x_1^1,\ldots,t)\,\dot{x}_\nu^k=0,$$

für die es keine integrierenden Faktoren gibt, d. h. für die es keine Faktoren $\tau_i\,(x_1^1,\ldots)$ gibt, so daß

$$\tau_i \sum_{k,\,\nu} r_{ik\nu}\,\mathrm{d}x^k{}_\nu$$

totale Differentiale werden. (2.2.1 a) schreibt man häufig in der Form:

$$(2.2.1\,\text{b})\qquad \sum_{k,\,\nu} r_{ik\nu}\,\mathrm{d}x_\nu^k=0.$$

Man kann (2.2.1 a) bzw. (2.2.1 b) auch so interpretieren, daß die Vektoren $\dot{x}_\nu^k$ bzw. $\mathrm{d}x_\nu^k$ orthogonal zu den Vektoren $r_{ik\nu}$ $(i=1,\ 2,\ldots)$ in dem 3n-dimensionalen Raum der x_ν^k stehen.

Um nicht-holonome Nebenbedingungen nach dem Variationsprinzip V (3.4.3) zu behandeln, stellt sich die Frage, *welchen* Nebenbedingungen die »erlaubten« virtuellen Verrückungen δx_ν^k zu unterwerfen sind. Diese Frage ist nicht trivial, da sie die *physikalische* Frage nach der Form der Zwangskräfte beinhaltet, die die »idealen« Vorrichtungen zur Einhaltung der Nebenbedingungen ausüben.

Für die Nebenbedingungen, die die erlaubten δx_ν^k zu erfüllen haben, werden zwei Möglichkeiten nahegelegt:

a. Man könnte daran denken, daß nach (2.2.1a) für die erlaubten δx_ν^k

$$\delta\left[\sum_{k,\,\nu} r_{ik\nu}\,(x_1^1,\ldots,t)\,\dot{x}_\nu^k\right]=0$$

gelten sollte. Dies würde bedeuten, daß die erlaubten virtuellen Verrückungen

so zu wählen sind, daß nicht nur die »wirkliche« Bahn, sondern auch die variierten Bahnen (2.2.1 a) erfüllen.
b. Eine zweite Möglichkeit wäre, daß die erlaubten virtuellen Verrückungen δx_ν^k dieselben Bedingungen wie die »wirklichen Verrückungen« mit der Zeit, d.h. wie die $dx_\nu^k = \dot{x}_\nu^k dt$ zu erfüllen haben; das würde bedeuten, daß nach (2.2.1 b)

$$\sum_{k,\nu} r_{ik\nu} \delta x_\nu^k = 0$$

zu gelten hätte.

Beide Bedingungen a und b sind für nicht-holonome Nebenbedingungen verschieden, da

$$\frac{d}{dt}\left[\sum_{k,\nu} r_{ik\nu} \delta x_\nu^k\right] \neq \delta\left[\sum_{k,\nu} r_{ik\nu} \dot{x}_\nu^k\right]$$

ist! Nur die physikalische Situation über die realen (wenn auch »idealisierten«; siehe über Idealisierungen auch III, § 5) Vorrichtungen kann darüber entscheiden, ob einer der Fälle a oder b die Experimente richtig beschreibt. Um diese Entscheidung verständlicher zu machen, sollen für beide Fälle a und b die Bewegungsgleichungen nach dem *Lagrange*schen Variationsprinzip berechnet werden.
Im Falle a erhält man mit *Lagrange*schen Parametern $\lambda_i(t)$ das Variationsprinzip

$$\int_{t_1}^{t_2} \left[\delta T + \delta A + \delta\left(\sum_{i,k,\nu} \lambda_i r_{ik\nu} \dot{x}_\nu^k\right)\right] dt = 0,$$

in dem dann die δx_ν^k beliebig gewählt werden dürfen. Es folgen dann mit

$$\delta \sum_{i,k,\nu} \lambda_i r_{ik\nu} \dot{x}_\nu^k = \sum_{i,k,\nu} \lambda_i \frac{\partial r_{ik\nu}}{\partial x_\mu^l} \dot{x}_\nu^k \delta x_\mu^l + \sum_{i,k,\nu} \lambda_i r_{ik\nu} \delta \dot{x}_\nu^k$$

als *Lagrange*sche Gleichungen:

$$\frac{d}{dt} \frac{\partial T}{\partial \dot{x}_\nu^k} = Q_\nu^k - \frac{d}{dt}\left(\sum_i \lambda_i r_{ik\nu}\right) + \sum_{i,l,\mu} \lambda_i \frac{\partial r_{il\mu}}{\partial x_\nu^k} \dot{x}_\mu^l. \tag{2.2.2a}$$

Dies bedeutet, daß die Zwangskräfte die Form

$$-\frac{d}{dt}\left(\sum_i \lambda_i r_{ik\nu}\right) + \sum_{i,l,\mu} \lambda_i \frac{\partial r_{il\mu}}{\partial x_\nu^k} \dot{x}_\nu^l$$

hätten.

Im Falle b erhält man mit *Lagrange*schen Parametern $\bar{\lambda}_i(t)$ das Variationsprinzip

$$\int_{t_1}^{t_2} \left[\delta T + \delta A + \sum_{i,k,\nu} \bar{\lambda}_i r_{ik\nu} \delta x_\nu^k \right] \mathrm{d}t = 0,$$

aus dem die *Lagrange*schen Gleichungen

$$\text{(2.2.2b)} \qquad \frac{\mathrm{d}}{\mathrm{d}t} \frac{\partial T}{\partial \dot{x}_\nu^k} = Q_\nu^k + \sum_i \bar{\lambda}_i r_{ik\nu}$$

folgen. Das beinhaltet Zwangskräfte der Form

$$\sum_i \bar{\lambda}_i r_{ik\nu}.$$

Die Erfahrung (!) legt nun nahe, daß die Zwangskräfte idealisierter Nebenbedingungen die »Richtung« der »Vektoren« $r_{ik\nu}$ im $3n$-dimensionalen Raum der x_ν^k haben, d.h. daß der Fall b die idealisierten Nebenbedingungen »physikalisch richtig« beschreibt.

In *beiden* Fällen a und b können die Zwangskräfte (für skleronome Nebenbedingungen) keine Arbeit leisten, so daß (für $\delta A = -\delta U$) der Energiesatz $\frac{\mathrm{d}}{\mathrm{d}t}(T+U)=0$ gilt. Im Falle b können die Zwangskräfte auch dann keine Arbeit leisten, falls die $r_{ik\nu}$ explizit von t abhängen. Im Falle b gilt also auch bei explizit von t abhängigen $r_{ik\nu}$ der Energiesatz.

Statt der expliziten Berechnung der Bewegungsgleichungen nach (2.2.2b) benutzt man häufiger die Methode des Eliminierens, um Bewegungsgleichungen zu erhalten, in denen die Zwangskräfte nicht auftreten:

Liegt ein Problem mit holonomen und nicht-holonomen Nebenbedingungen vor, so führt man als *ersten Schritt* holonome Koordinaten ein, mit deren Hilfe sich nach V, § 3.7 alle holonomen Nebenbedingungen eliminieren lassen. Die »Lage« des Systems, d.h. aller Massenpunkte, sei also nach Ausführen des ersten Schrittes durch f holonome Koordinaten $q_1 \dots q_f$ festgelegt.

Die nur noch übrigbleibenden nicht-holonomen Nebenbedingungen kann man in einem *zweiten Schritt* in der Form

$$\text{(2.2.3)} \qquad \sum_{k=1}^{f} \sigma_{ik}(q_1, \dots, q_f, t)\, \mathrm{d}q_k = 0$$

schreiben (dazu brauchen die $\mathrm{d}x_\nu^k$ nur durch die $\mathrm{d}q_i$ nach

$$\mathrm{d}x_\nu^k = \sum_i \frac{\partial g_\nu^k}{\partial q_i} \mathrm{d}q_i$$

ersetzt zu werden).

In einem *dritten Schritt* führen wir durch

$$(2.2.4)\qquad d\xi_i = \sum_{k=1}^{f} \sigma_{ik} dq_k \qquad (i=1,\ldots,s)$$

s nicht-holonome Koordinaten $d\xi_i$ ein. Die nicht-holonomen Nebenbedingungen (2.2.3) nehmen dann die einfache Gestalt

$$(2.2.5)\qquad d\xi_i = 0 \qquad (i=1,\ldots,s)$$

an. Die Matrix σ_{ik} in (2.2.4) muß den Rang s haben, da sonst Nebenbedingungen in (2.2.3) als von den restlichen linear abhängig einfach weggelassen werden können.

Als *vierter Schritt* wird das *Lagrange*sche Variationsprinzip umgerechnet: Zunächst in die holonomen Koordinaten, was wir schon früher geschildert haben. Wir wollen, um unnötige Schreibarbeit zu sparen, nur den Fall betrachten, wo eine *Lagrange*funktion eingeführt werden kann. Wir nehmen also $L(q_i, \dot{q}_i)$ als bekannt an. Aus (2.2.4) können (da der Rang von σ_{ik} gleich s ist) s der dq_i berechnet werden. Wir nehmen die Numerierung der dq_i so an, daß (2.2.4) nach $dq_1,\ldots, dq_s$ aufgelöst werden kann:

$$(2.2.6)\qquad \begin{aligned} dq_i = {} & \sum_{k=1}^{s} \varrho_{ik}(q_1,\ldots,q_f,t)\, d\xi_k + \\ & + \sum_{k=s+1}^{f} \varrho_{ik}(q_1,\ldots,q_f,t)\, dq_k \qquad (i=1,\ldots,s), \end{aligned}$$

was man auch als

$$(2.2.7)\qquad \dot{q}_i = \sum_{k=1}^{s} \varrho_{ik}\dot{\xi}^k + \sum_{k=s+1}^{f} \varrho_{ik}\dot{q}^k \qquad (i=1,\ldots,s)$$

schreiben kann.

In $L(q_i, \dot{q}_i)$ können also alle $\dot{q}_i$ für $i=1,\ldots, s$ eliminiert werden, so daß statt dessen die $\dot{\xi}_1,\ldots \dot{\xi}_s, \dot{q}_{s+1},\ldots \dot{q}_s$ auftreten. Nicht ohne weiteres lassen sich die $q_1,\ldots, q_s$ eliminieren, da man dazu die »Differentialgleichungen« (2.2.7) bei vorgegebenen $\dot{\xi}_1(t),\ldots \dot{\xi}_s(t), q_{s+1}(t),\ldots q_f(t)$ lösen müßte.

Aufgrund der angegebenen Elimination erhält man dann die *Lagrange*funktion in der Form $\tilde{L}(q_1,\ldots q_f, \dot{\xi}_1,\ldots \dot{\xi}_s, \dot{q}_{s+1},\ldots \dot{q}_f)$.

Aus dieser kann man nun in einem *fünften Schritt* die Bewegungsgleichungen als *Lagrange*sche Gleichungen gewinnen:

Dazu berechnen wir zunächst (wobei wir jetzt der Einfachheit halber σ_{ik} nicht explizit von t abhängig voraussetzen) aus:

$$\dot{\xi}_i = \sum_{k=1}^{f} \sigma_{ik}\, \dot{q}_k$$

und aus (Definition von $\Delta\xi_i$ nach § 2.1)

$$\Delta\xi_i = \sum_{k=1}^{f} \sigma_{ik}\, \delta q_k$$

die beiden Beziehungen:

$$\delta\dot{\xi}_i = \sum_k \sigma_{ik}\,\delta\dot{q}_k + \sum_{k,l} \frac{\partial\sigma_{ik}}{\partial q_l}\,\dot{q}_k\,\delta q_l\,,$$

$$\frac{\mathrm{d}}{\mathrm{d}t}\Delta\xi_i = \sum_k \sigma_{ik}\,\delta\dot{q}_k + \sum_{k,l} \frac{\partial\sigma_{ik}}{\partial q_l}\,\dot{q}_l\,\delta q_k\,.$$

Diese beiden Gleichungen subtrahieren wir voneinander und elimieren dann $\dot{q}_1, \ldots, \dot{q}_s$ nach (2.2.7) und $\delta q_1, \ldots, \delta q_s$ nach den (2.2.6) entsprechenden Gleichungen:

$$\delta q_i = \sum_{k=1}^{s} \varrho_{ik}\,\Delta\xi_k + \sum_{k=s+1}^{f} \varrho_{ik}\,\delta q_k \qquad (i=1,\ldots,s).$$

So erhalten wir die allgemeine Beziehung (2.1.13) in der Form

$$\delta\dot{\xi}_i = \frac{d}{\mathrm{d}t}\,\Delta\xi_i + \sum_{l=1}^{s} b_{il}\,\Delta\xi_l + \sum_{k=s+1}^{f} c_{ik}\,\delta q_k\,.$$

Damit folgt

$$\begin{aligned}\delta \int \tilde{L}(q_i, \dot{q}_i, \dot{\xi}_i)\,\mathrm{d}t = \int \Bigg[&\sum_{i=1}^{s} \frac{\partial\tilde{L}}{\partial q_i}\left(\sum_{k=1}^{s} \varrho_{ik}\,\Delta\xi_k + \sum_{k=s+1}^{f} \varrho_{ik}\,\delta q_k\right)\\ &+ \sum_{k=s+1}^{f} \frac{\partial\tilde{L}}{\partial q_k}\,\delta q_k + \sum_{k=s+1}^{f} \frac{\partial\tilde{L}}{\partial\dot{q}_k}\,\delta\dot{q}_k\\ &+ \sum_{i=1}^{s} \frac{\partial\tilde{L}}{\partial\dot{\xi}_i}\left(\frac{d}{\mathrm{d}t}\,\Delta\xi_i + \sum_{l=1}^{s} b_{il}\,\Delta\xi_l + \sum_{k=s+1}^{f} c_{ik}\,\delta q_k\right)\Bigg]\,\mathrm{d}t\,.\end{aligned}$$

Die nicht-holonomen Nebenbedingungen legen entsprechend Fall b den erlaubten Variationen die einfachen Nebenbedingungen $\Delta\xi_i = 0$ $(i=1,\ldots,s)$ (und damit auch $\frac{\mathrm{d}}{\mathrm{d}t}\Delta\xi_i = 0$, aber *nicht* $\delta\dot{\xi}_i = 0$ wie im Fall a!) auf. Da außerdem für die wirklichen Bahnen $\dot{\xi}_i = 0$ ($i = 1, \ldots, s$) erfüllt ist, folgen aus dem Variationsprinzip die *Lagrange*schen Gleichungen in der Form:

(2.2.8 a)
$$\left[\frac{d}{dt}\frac{\partial \tilde{L}}{\partial \dot{q}_k} - \sum_{i=1}^{s} \frac{\partial \tilde{L}}{\partial q_i} \varrho_{ik} - \frac{\partial \tilde{L}}{\partial q_k} - \sum_{i=1}^{s} \frac{\partial \tilde{L}}{\partial \dot{\xi}_i} c_{ik}\right]_{\dot{\xi}_i = 0} = 0$$

für $k = s+1, \ldots f$.

Dazu kommen nach (2.2.7) die Differentialgleichungen

(2.2.8 b)
$$\dot{q}_i = \sum_{k=s+1}^{f} \varrho_{ik}(q_1, \ldots, q_f)\, \dot{q}_k \qquad (i = 1, \ldots, s).$$

Wenn in $\tilde{L}$ die $q_1, \ldots q_s$ nicht auftreten, d.h. wenn $\frac{\partial \tilde{L}}{\partial q_i} = 0$ für $i = 1, \ldots, s$ ist, sind (2.2.8 a) und (2.2.8 b) *entkoppelt*, d.h. man kann *zunächst* (2.2.8 a) unabhängig von (2.2.8 b) und dann erst anschließend (2.2.8 b) lösen. Siehe dazu das in § 3.2 behandelte Beispiel.

§ 3 Spezielle Beispiele

Zur Illustration der entwickelten Methoden sollen einige Beispiele diskutiert werden.

§ 3.1 Die Bewegungsgleichungen für den starren Körper

Als erstes Beispiel zu den in den vorigen §§ gebrachten allgemeinen Überlegungen wollen wir die Bewegungsgleichungen für einen »starren« Körper herleiten. Als starrer Körper wird ein solcher bezeichnet, bei dem (in guter physikalischer Approximation) die Abstände zwischen je zwei Massenelementen bei der Bewegung konstant bleiben. Die Herleitung der Bewegungsgleichungen kann auf sehr verschiedene Weise erfolgen. Wir wollen hier einen ersten Weg unter Anwendung holonomer Koordinaten und einen zweiten Weg unter Benutzung nicht-holonomer Koordinaten darstellen, um so die Methode aus § 2.1. zu veranschaulichen.

Die Nebenbedingungen (alle Abstände der Massenelemente untereinander bleiben konstant) sind holonom. Nach V § 3.7 kann man also gerade soviele holonome Koordinaten einführen, wie noch Freiheitsgrade übrig bleiben, und so alle Nebenbedingungen eliminieren.

Wir führen in dem starren Körper ein körperfestes rechtwinkliges Koordinatensystem durch drei Achsen $\mathbf{e}_1, \mathbf{e}_2, \mathbf{e}_3$ und den Koordinatennullpunkt im Massenmittelpunkt ein. Alle Massenelemente des Körpers ruhen also in diesem Koordinatensystem, so daß man jedes Massenelement $\mathrm{d}m$ durch seine Koordinaten y_1, y_2, y_3 (als Konkretisierung des Parameters α aus V (3.4.6)) in diesem Koordinatensystem »indizieren« kann.

Die Lage des starren Körpers ist dann durch 6 holonome Koordinaten bestimmt: Man kann dazu erstens die drei Koordinaten des Massenmittelpunktes in einem Inertialsystem bzw. Fast-Inertialsystem wählen (die vektoriell zu $\mathbf{R}$ zusammengefaßt seien) und zweitens drei Parameter, die die Richtung der körperfesten Achsen gegenüber den Achsen des Inertialsystems festlegen. In der Praxis werden verschiedene Möglichkeiten der Wahl dieser Parameter benutzt. Wir werden etwas später nur *eine* Wahl solcher Parameter, die »*Euler*schen Winkel« (Fig. 15), kurz skizzieren.

Statt nun die kinetische Energie und δA in diese sechs Koordinaten umzurechnen und dann die *Lagrange*schen Gleichungen für diese sechs Koordinaten aufzustellen, gehen wir etwas anders vor, indem wir zunächst noch allgemein nach V (3.4.6) und V (3.4.7)

$$T = \frac{1}{2} \int \dot{\mathbf{r}}\,(y_1, y_2, y_3, t)^2 \,\mathrm{d}m\,(y_1, y_2, y_3)$$

und

$$\delta A = \int \delta\mathbf{r}\,(y_1, y_2, y_3, t) \cdot \mathrm{d}\mathbf{k}\,(y_1, y_2, y_3)$$

schreiben. Man erhält dann

$$\delta T = \int \dot{\mathbf{r}} \cdot \delta\dot{\mathbf{r}}\,\mathrm{d}m$$

und damit aus V (3.4.3) nach partieller Integration:

$$\int_{t_1}^{t_2} \left[-\int \ddot{\mathbf{r}} \cdot \delta\mathbf{r}\,\mathrm{d}m + \int \delta\mathbf{r} \cdot \mathrm{d}\mathbf{k}\right] \mathrm{d}t = 0\,.$$

Die $\delta\mathbf{r}$ sind natürlich nicht willkürlich. Mit $\mathbf{R}$ als Ortsvektor des Massenmittelpunktes setzen wir

$$(3.1.1) \qquad \mathbf{r} = \mathbf{R} + \mathbf{x}\,.$$

Daraus folgt $\delta\mathbf{r} = \delta\mathbf{R} + \delta\mathbf{x}$. $\delta\mathbf{R}$ ist willkürlich, während die $\delta\mathbf{x}(y_1, y_2, y_3, t)$ nur noch von drei willkürlichen Parametern abhängen. Da die »erlaubten« Verrückungen von $\mathbf{x}$ aber einer Drehung entsprechen, kann man $\delta\mathbf{x}$ in der Form

$$\delta\mathbf{x}(y_1, y_2, y_3, t) = \delta\mathbf{w}(t) \times \mathbf{x}(y_1, y_2, y_3, t) \tag{3.1.2}$$

schreiben mit einem Vektor $\delta\mathbf{w}$ einer kleinen Drehung.

Damit nimmt das *Lagrange*sche Variationsprinzip die folgende Form an:

$$\begin{aligned}\int_{t_1}^{t_2} [-\int (\ddot{\mathbf{R}} + \ddot{\mathbf{x}}) \cdot (\delta\mathbf{R} + \delta\mathbf{w} \times \mathbf{x})\, dm \\ + \int (\delta\mathbf{R} + \delta\mathbf{w} \times \mathbf{x}) \cdot d\mathbf{k}]\, dt = 0.\end{aligned} \tag{3.1.3}$$

Da $\mathbf{R}$ der Vektor des Massenmittelpunktes ist, folgt aus (3.1.1)

$$\int \mathbf{x}\, dm = 0$$

und damit auch

$$\int \ddot{\mathbf{x}}\, dm = 0.$$

Berücksichtigt man dies und benutzt die Formel $\mathbf{a} \cdot (\mathbf{b} \times \mathbf{c}) = \mathbf{b} \cdot (\mathbf{c} \times \mathbf{a})$, so geht (3.1.3) über in:

$$\begin{aligned}\int_{t_1}^{t_2} \delta\mathbf{w} \cdot [-\int (\mathbf{x} \times \ddot{\mathbf{x}})\, dm + \int \mathbf{x} \times d\mathbf{k}]\, dt \\ + \int_{t_1}^{t_2} \delta\mathbf{R} \cdot [-\ddot{\mathbf{R}} \int dm + \int d\mathbf{k}]\, dt = 0.\end{aligned} \tag{3.1.4}$$

Mit der Gesamtmasse $m = \int dm$ und

$$\mathbf{M} = \int (\mathbf{x} \times \dot{\mathbf{x}})\, dm, \quad \mathbf{D} = \int \mathbf{x} \times d\mathbf{k}, \quad \mathbf{k} = \int d\mathbf{k}$$

folgt aus (3.1.4), da $\delta\mathbf{w}$ und $\delta\mathbf{R}$ »willkürlich« sind:

$$\dot{\mathbf{M}} = \mathbf{D} \quad \text{und} \quad m\ddot{\mathbf{R}} = \mathbf{k}. \tag{3.1.5}$$

Das ist aber nichts anderes als die Gleichung V (2.5.22) für den Drehimpuls und die Bewegungsgleichung V (2.5.13) für den Massenmittelpunkt. Das Ergebnis der Ableitungen der Bewegungsgleichungen (3.1.5) zeigt, daß die Gleichung für die zeitliche Änderung des Drehimpulses und die Gleichung für die Bewegung des Schwerpunktes gerade zur Bestimmung der Bewegung eines starren Körpers ausreichen!

Man kann natürlich durch längere Rechnungen die ersten Gleichungen aus (3.1.5) auf die *Euler*schen Winkel umrechnen, um so explizite Bewegungsgleichungen für den starren Körper zu erhalten. Wir wollen aber statt dessen einen anderen Weg einschlagen, der auch als Beispiel die Methoden aus § 2.1 illustrieren soll.

Wir benutzen dabei als drei holonome Koordinaten weiterhin die Komponenten von $\mathbf{R}$. Aber für $\mathbf{x}(y_1, y_2, y_3, t)$ führen wir nicht drei holonome Koordinaten (z.B. die drei *Euler*schen Winkel), sondern drei *nicht*-holonome Koordinaten $\mathrm{d}\xi_1, \mathrm{d}\xi_2, \mathrm{d}\xi_3$ ein:

Mit $\mathbf{e}_1, \mathbf{e}_2, \mathbf{e}_3$ als den drei im Körper festen Koordinatenachsen führen wir nun die drei nicht-holonomen $\mathrm{d}\xi_1, \mathrm{d}\xi_2, \mathrm{d}\xi_3$ durch

$$(3.1.6) \qquad \mathrm{d}\xi = \sum_{\nu=1}^{3} \mathrm{d}\xi_\nu \mathbf{e}_\nu$$

und

$$(3.1.7) \qquad \mathrm{d}\mathbf{x}(y_1, y_2, y_3) = \mathrm{d}\xi \times \mathbf{x}(y_1, y_2, y_3)$$

ein. $\mathrm{d}\xi$ ist also der Vektor einer infinitesimalen Drehung. Zusammen mit (3.1.1) können wir also schreiben

$$(3.1.8\text{a}) \qquad \mathrm{d}\mathbf{r}(y_1, y_2, y_3, t) = \mathrm{d}\mathbf{R} + \mathrm{d}\xi \times \mathbf{x}(y_1, y_2, y_3).$$

Dies entspricht genau den Gleichungen (2.1.5) in der Form (mit $u_\nu^k = 0$)

$$\mathrm{d}x_l^k = \sum_l w_{\nu l}^k \mathrm{d}\xi_l + \sum_i v_{\nu i}^k \mathrm{d}q_i,$$

wobei statt der k die (y_1, y_2, y_3) stehen und die q_i die drei Komponenten von $\mathbf{R}$ sind.

Statt $\mathrm{d}\xi_\nu/\mathrm{d}t = \dot{\xi}_\nu$ schreiben wir jetzt in üblicher Benennung ω_ν und bezeichnen

$$(3.1.9) \qquad \boldsymbol{\omega} = \sum_{\nu=1}^{3} \omega_\nu \mathbf{e}_\nu$$

als Vektor der Drehgeschwindigkeit. Statt (3.1.8a) können wir dann auch

(3.1.8b) $$\dot{\mathbf{r}}\,(y_1, y_2, y_3, t) = \boldsymbol{\omega} \times \mathbf{x}\,(y_1, y_2, y_3, t) + \dot{\mathbf{R}}$$

schreiben, was dann mit $\omega_\nu = \dot{\xi}_\nu$ in genauer Analogie zu (2.1.5) steht.

In (3.1.8a) treten nur noch »freie« Koordinaten auf; die Nebenbedingungen sind eliminiert.

Nach § 2.1 ist damit unsere Aufgabe vorgezeichnet:
1. Berechnung der kinetischen Energie mit Hilfe von (3.1.8b).
2. Berechnung von (2.1.13).

Berechnung der kinetischen Energie: Aus

$$T = \frac{1}{2} \int \dot{\mathbf{r}}\,(y_1, y_2, y_3, t)^2 \, \mathrm{d}m\,(y_1, y_2, y_3)$$

folgt durch Einsetzen von (3.1.8b) und mit $\int \mathbf{x}\,\mathrm{d}m = 0$:

(3.1.10) $$T = \frac{m}{2} \dot{\mathbf{R}}^2 + \frac{1}{2} \int (\boldsymbol{\omega} \times \mathbf{x}\,(y_1, y_2, y_3, t))^2 \, \mathrm{d}m\,(y_1, y_2, y_3).$$

Wegen

$$\mathbf{x}\,(y_1, y_2, y_3, t) = \sum_{\nu=1}^{3} y_\nu \mathbf{e}_\nu\,(t)$$

folgt mit

$$(\boldsymbol{\omega} \times \mathbf{x})^2 = [(\boldsymbol{\omega} \times \mathbf{x}) \times \boldsymbol{\omega}] \cdot \mathbf{x}$$
$$= \mathbf{x}^2 \boldsymbol{\omega}^2 - (\boldsymbol{\omega} \cdot \mathbf{x})^2$$

für das zweite Glied von (3.1.10):

$$\frac{1}{2} \sum_{\nu,\mu} \omega_\nu \omega_\mu \theta_{\nu\mu} \text{ mit}$$

$$\theta_{\nu\mu} = \delta_{\nu\mu} \int \left(\sum_{\varrho=1}^{3} y_\varrho^2 \right) \mathrm{d}m(\mathbf{y}) - \int y_\nu y_\mu \mathrm{d}m(\mathbf{y}).$$

Man nennt $\theta_{\nu\mu}$ den Trägheitstensor (Tensor: siehe A IV). Da $\theta_{\nu\mu}$ symmetrisch ist ($\theta_{\nu\mu} = \theta_{\mu\nu}$), kann man (siehe A IV, § 3) das Koordinatensystem der $\mathbf{e}_1$, $\mathbf{e}_2$, $\mathbf{e}_3$ so wählen, daß $\theta_{\nu\mu}$ nur Diagonalglieder hat, d.h. daß $\theta_{\nu\mu} = 0$ für

$\nu \neq \mu$ wird. Man nennt die so gewählten $\mathbf{e}_1, \mathbf{e}_2, \mathbf{e}_3$ die drei Hauptträgheitsachsen. Wir nehmen jetzt an, daß die $\mathbf{e}_1, \mathbf{e}_2, \mathbf{e}_3$ die Hauptträgheitsachsen sind. Dann ist z. B.

$$\theta_{11} = \int (y_2^2 + y_3^2)\, \mathrm{d}m\,(y_1, y_2, y_3). \tag{3.1.11}$$

(3.1.10) nimmt dann die einfachere Gestalt an:

$$T = \frac{m}{2}\dot{\mathbf{R}}^2 + \frac{1}{2}(\theta_{11}\omega_1^2 + \theta_{22}\omega_2^2 + \theta_{33}\omega_3^2). \tag{3.1.12}$$

Berechnung von (2.1.13):

(2.1.12) lautet mit (3.1.8b) anstelle von (2.1.5):

$$\delta\mathbf{r} = \Delta\xi \times \mathbf{x} + \delta\mathbf{R}. \tag{3.1.13}$$

Die Gleichung (3.1.8b) schreiben wir jetzt ausführlich aus:

$$\dot{\mathbf{r}} = \sum_\nu \omega_\nu \mathbf{e}_\nu(t) \times \mathbf{x} + \dot{\mathbf{R}},$$

woraus

$$\begin{aligned} \delta\dot{\mathbf{r}} &= \sum_\nu \delta\omega_\nu \mathbf{e}_\nu \times \mathbf{x} + \sum_\nu \omega_\nu \delta\mathbf{e}_\nu \times \mathbf{x} \\ &\quad + \sum_\nu \omega_\nu \mathbf{e}_\nu \times \delta\mathbf{x} + \delta\dot{\mathbf{R}} \end{aligned} \tag{3.1.14}$$

folgt. Aus (3.1.13) folgt

$$\delta\mathbf{x} = \delta(\mathbf{r} - \mathbf{R}) = \Delta\xi \times \mathbf{x},$$

und, da die $\mathbf{e}_\nu$ nur spezielle Vektoren im starren Körper sind, ist also speziell

$$\delta\mathbf{e}_\nu = \Delta\xi \times \mathbf{e}_\nu.$$

Setzt man dies in (3.1.14) ein, so erhält man mit der Abkürzung $\delta\boldsymbol{\omega} = \sum_\nu \delta\omega_\nu \mathbf{e}_\nu$:

$$\delta\dot{\mathbf{r}} = \delta\boldsymbol{\omega} \times \mathbf{x} + (\Delta\xi \times \boldsymbol{\omega}) \times \mathbf{x} + \boldsymbol{\omega} \times (\Delta\xi \times \mathbf{x}) + \delta\dot{\mathbf{R}}. \tag{3.1.15}$$

(3.1.13) können wir ebenfalls ausschreiben in der Form:

$$\delta \mathbf{r} = \sum_\nu \Delta \xi_\nu \mathbf{e}_\nu \times \mathbf{x} + \delta \mathbf{R}$$

und erhalten durch Differentiation nach der Zeit:

$$\delta \dot{\mathbf{r}} = \sum_\nu \left(\frac{\mathrm{d}}{\mathrm{d}t} \Delta \xi_\nu \right) \mathbf{e}_\nu \times \mathbf{x} + \sum_\nu \Delta \xi_\nu \dot{\mathbf{e}}_\nu \times \mathbf{x} + \sum_\nu \Delta \xi_\nu \mathbf{e}_\nu \times \dot{\mathbf{x}} + \delta \dot{\mathbf{R}}.$$

Aus (3.1.8 b) folgt

$$\dot{\mathbf{x}} = \boldsymbol{\omega} \times \mathbf{x}$$

und speziell

$$\dot{\mathbf{e}}_\nu = \boldsymbol{\omega} \times \mathbf{e}_\nu,$$

so daß man $\left(\text{mit der Definition} \frac{\mathrm{d}}{\mathrm{d}t} \Delta \xi = \sum_\nu \frac{\mathrm{d} \Delta \xi_\nu}{\mathrm{d}t} \mathbf{e}_\nu\right)$

$$\delta \dot{\mathbf{r}} = \left(\frac{\mathrm{d}}{\mathrm{d}t} \Delta \xi \right) \times \mathbf{x} + (\boldsymbol{\omega} \times \Delta \xi) \times \mathbf{x} + \Delta \xi \times (\boldsymbol{\omega} \times \mathbf{x}) + \delta \dot{\mathbf{R}} \tag{3.1.16}$$

erhält.

Durch Vergleich von (3.1.15) mit (3.1.16) folgt:

$$\delta \boldsymbol{\omega} \times \mathbf{x} = \left(\frac{\mathrm{d}}{\mathrm{d}t} \Delta \xi \right) \times \mathbf{x} + (\boldsymbol{\omega} \times \Delta \xi) \times \mathbf{x}. \tag{3.1.17}$$

Da dies für alle $\mathbf{x}$ gilt, folgt

$$\delta \boldsymbol{\omega} = \frac{\mathrm{d}}{\mathrm{d}t} \Delta \xi + \boldsymbol{\omega} \times \Delta \xi. \tag{3.1.18}$$

Wegen der Definition von $\delta \boldsymbol{\omega} = \sum_\nu \delta \dot{\xi}_\nu \mathbf{e}_\nu$ ist dies gerade die gesuchte Gleichung (2.1.13) für unseren Fall, wenn man die drei Komponenten in den Richtungen $\mathbf{e}_1, \mathbf{e}_2, \mathbf{e}_3$ von (3.1.18) nimmt.

Mit T nach (3.1.12) folgt dann

$$\delta T = \sum_\nu \frac{\partial T}{\partial \omega_\nu} \delta\omega_\nu + m\dot{\mathbf{R}} \cdot \delta\dot{\mathbf{R}} = \sum_\nu \theta_{\nu\nu}\omega_\nu \delta\omega_\nu + m\dot{\mathbf{R}} \cdot \delta\dot{\mathbf{R}}.$$

Mit (3.1.18) und der Abkürzung

$$\boldsymbol{\vartheta} = \sum_\nu \theta_{\nu\nu}\omega_\nu \mathbf{e}_\nu$$

folgt:

$$\delta T = \sum_{\nu=1}^{3} \vartheta_\nu \frac{\mathrm{d}}{\mathrm{d}t} \Delta\xi_\nu + \Delta\boldsymbol{\xi} \cdot (\boldsymbol{\vartheta} \times \boldsymbol{\omega}) + m\dot{\mathbf{R}} \cdot \delta\dot{\mathbf{R}}.$$

Mit (3.1.13) wird (mit den oben definierten **D** und **k**):

$$\delta A = \int \delta\mathbf{r} \cdot \mathrm{d}\mathbf{k} = \Delta\boldsymbol{\xi} \cdot \int \mathbf{x} \times \mathrm{d}\mathbf{k} + \delta\mathbf{R} \cdot \int \mathrm{d}\mathbf{k}$$

$$= \Delta\boldsymbol{\xi} \cdot \mathbf{D} + \delta\mathbf{R} \cdot \mathbf{k}.$$

Damit folgen als *Lagrange*sche Gleichungen neben der Gleichung $m\ddot{\mathbf{R}} = \mathbf{k}$ die folgenden Gleichungen im Koordinatensystem der $\mathbf{e}_1, \mathbf{e}_2, \mathbf{e}_3$ (!) (mit $\mathbf{D} = \sum_\nu \mathrm{D}_\nu \mathbf{e}_\nu$):

$$\sum_\nu \dot{\vartheta}_\nu \mathbf{e}_\nu - \boldsymbol{\vartheta} \times \boldsymbol{\omega} = \mathbf{D},$$

oder in Komponenten:

$$\begin{aligned} &\theta_{11}\dot{\omega}_1 + (\theta_{33} - \theta_{22})\,\omega_2\omega_3 = \mathrm{D}_1, \\ (3.1.19)\qquad &\theta_{22}\dot{\omega}_2 + (\theta_{11} - \theta_{33})\,\omega_3\omega_1 = \mathrm{D}_2, \\ &\theta_{33}\dot{\omega}_3 + (\theta_{22} - \theta_{11})\,\omega_1\omega_2 = \mathrm{D}_3. \end{aligned}$$

(3.1.19) sind die bekannten *Euler*schen Gleichungen für die Bewegung eines starren Körpers. Die Gleichungen (3.1.19) müssen natürlich mit der Gleichung $\dot{\mathbf{M}} = \mathbf{D}$ aus (3.1.5) übereinstimmen, wenn man $\dot{\mathbf{M}} = \mathbf{D}$ in das mit dem starren Körper mitbewegte Koordinatensystem der $\mathbf{e}_1, \mathbf{e}_2, \mathbf{e}_3$ umrechnet. Wir haben zunächst statt dieser Umrechnung die obige Ableitung gebracht, um an einem Beispiel die Einführung nicht-holonomer Koordinaten zu verdeutlichen.

Zur eben erwähnten Umrechnung der Gleichung $\dot{\mathbf{M}} = \mathbf{D}$ vom Inertialsystem auf das mit dem starren Körper mitbewegte System sind die Ergebnisse aus § 1.1 zu benutzen: Mit dem Vektor $\boldsymbol{\omega}$ der Drehgeschwindigkeit des körperfesten Systems zum Inertialsystem folgt für die zeitliche Änderung eines Vektors $\mathbf{a} = \sum_\nu a_\nu \mathbf{e}_\nu$:

$$\dot{\mathbf{a}} = \sum_\nu \dot{a}_\nu \mathbf{e}_\nu + \boldsymbol{\omega} \times \mathbf{a},$$

wobei die $\mathbf{e}_\nu$ die oben eingeführten Achsen des körperfesten Koordinatensystems sind und $\dot{\mathbf{e}}_\nu = \boldsymbol{\omega} \times \mathbf{e}_\nu$ für die körperfesten Vektoren $\mathbf{e}_\nu$ benutzt wurde.

Somit wird speziell mit $\mathbf{M} = \sum_\nu \theta_{\nu\nu} \omega_\nu \mathbf{e}_\nu$

$$\dot{\mathbf{M}} = \sum_\nu \theta_{\nu\nu} \dot{\omega}_\nu \mathbf{e}_\nu + \boldsymbol{\omega} \times \sum_\nu \theta_{\nu\nu} \omega_\nu \mathbf{e}_\nu,$$

womit aus $\dot{\mathbf{M}} = \mathbf{D}$ wieder die Gleichungen (3.1.19) folgen.

Da wir hier nicht die Absicht und auch nicht den Platz haben, die Lösungen der Gleichungen (3.1.19) auch nur ein wenig zu diskutieren, sei nur auf einige Gesichtspunkte hingewiesen.

Die Gleichungen (3.1.19) sind gerade auch für die moderne Raumfahrt von grundsätzlicher Bedeutung, da sie die Drehbewegungen eines Raumschiffes beschreiben, das mit Hilfe von »Steuerdrehmomenten« D_1, D_2, D_3 dirigiert wird. In diesem Falle sind natürlicherweise die Drehmomente in den körperfesten Achsen vorgegeben, so wie sie in (3.1.19) auftreten.

Aber schon die Gleichungen für die »freie« Bewegung eines starren Körpers (d.h. für $D_1 = D_2 = D_3 = 0$) sind nicht trivial zu lösen. Allerdings lassen sich drei spezielle Lösungen leicht angeben:

1. $\omega_1 = \mathring{\omega}_1, \omega_2 = \omega_3 = 0,$

2. $\omega_2 = \mathring{\omega}_2, \omega_1 = \omega_3 = 0,$

3. $\omega_3 = \mathring{\omega}_3, \omega_1 = \omega_2 = 0,$

wobei die $\mathring{\omega}_\nu$ Konstanten sind. Dies sind Rotationen mit konstanter Geschwindigkeit um die Hauptträgheitsachsen. Sind alle drei Hauptträgheitsmomente voneinander verschieden, so können nach (3.1.19) Rotationen mit konstanter Geschwindigkeit nur um die drei Hauptträgheitsachsen erfolgen.

Bei vielen dynamischen Problemen ist die Frage interessant, ob eine Lösung stabil ist, d.h. ob Lösungen, die zu einer Zeit nur wenig von der vorgegebenen Lösung abweichen, auch für alle Zeiten »nur wenig« von der vorgegebenen

Lösung abweichen. Deshalb betrachten wir z. B. folgenden Fall: Es sei $\omega_1 = \mathring{\omega}_1 + \varepsilon_1(t)$, $\omega_2 = \varepsilon_2(t)$, $\omega_3 = \varepsilon_3(t)$, wobei die $\varepsilon_1, \varepsilon_2, \varepsilon_3$ klein gegenüber $\mathring{\omega}_1$ seien. Aus (3.1.19) folgt dann, wenn man quadratische Glieder in den ε_ν fortläßt:

$$\theta_{11}\dot{\varepsilon}_1 = 0,$$

$$\theta_{22}\dot{\varepsilon}_2 + (\theta_{11} - \theta_{33})\,\mathring{\omega}_1\varepsilon_3 = 0,$$

$$\theta_{33}\dot{\varepsilon}_3 + (\theta_{22} - \theta_{11})\,\mathring{\omega}_1\varepsilon_2 = 0.$$

Die erste Gleichung ist uninteressant, da sie $\varepsilon_1 = \text{const}$ zur Folge hat, so daß man einfach $\mathring{\omega}_1$ durch $\mathring{\omega}_1 + \varepsilon_1$ zu ersetzen braucht. Es bleiben die beiden restlichen Gleichungen.

Dies ist ein lineares Differentialgleichungssystem mit konstanten Koeffizienten. Ein solches löst man durch den Ansatz

$$\varepsilon_2(t) = \alpha_2 e^{\lambda t}, \qquad \text{(3.1.20)}$$

$$\varepsilon_3(t) = \alpha_3 e^{\lambda t}.$$

Durch Einsetzen erhält man das lineare homogene Gleichungssystem für die Amplituden α_2, α_3:

$$\lambda\theta_{22}\alpha_2 + (\theta_{11} - \theta_{33})\,\mathring{\omega}_1\alpha_3 = 0,$$

$$(\theta_{22} - \theta_{11})\,\mathring{\omega}_1\alpha_2 + \lambda\theta_{33}\alpha_3 = 0.$$

Damit es eine von Null verschiedene Lösung gibt, muß die Determinante dieses Gleichungssystem gleich Null sein:

$$\lambda^2\theta_{22}\theta_{33} = \mathring{\omega}_1^2(\theta_{11} - \theta_{33})(\theta_{22} - \theta_{11}),$$

d. h.

$$\lambda^2 = \mathring{\omega}_1^2\left(1 - \frac{\theta_{11}}{\theta_{22}}\right)\left(\frac{\theta_{11}}{\theta_{33}} - 1\right).$$

Zwei Fälle sind wesentlich zu unterscheiden: $\lambda^2 > 0$ und $\lambda^2 < 0$. Ist $\lambda^2 < 0$, so erhält man mit $\lambda = \pm i\omega$ Lösungen (3.1.20), die mit einer Frequenz ω schwingen, also klein bleiben. Ist dagegen $\lambda^2 > 0$, so gibt es nach (3.1.20) zwei Lösungen der Form $e^{-\lambda t}$ und $e^{\lambda t}$, wobei die eine mit der Zeit anwächst, also nicht klein bleibt, d. h. für $\lambda^2 > 0$ ist die entsprechende Ausgangslösung nicht stabil!

Ist θ_{11} das größte Hauptträgheitsmoment, so ist $\lambda^2 < 0$, die Rotation um die $\mathbf{e}_1$-Achse also stabil. Ist θ_{11} das kleinste Hauptträgheitsmoment, so ist ebenfalls $\lambda^2 < 0$. Ist dagegen θ_{11} das mittlere Hauptträgheitsmoment, so ist $\lambda^2 > 0$ und damit die Rotation um die $\mathbf{e}_1$-Achse instabil!

Statt die Bewegung des starren Körpers allgemein weiter zu untersuchen, wollen wir auf den Fall eines in einem Punkte (Fixpunkt) festgehaltenen starren Körpers übergehen. Im Grunde genommen brauchten wir keine neue Ableitung der Bewegungsgleichungen durchzuführen, denn man sieht sofort, daß sich die oben durchgeführten Überlegungen sofort auf den neuen Fall übertragen, wenn man den Massenmittelpunkt durch den Fixpunkt ersetzt. Die Bewegung wird also *allein* durch die Gleichungen (3.1.19) bestimmt, aber mit θ_{11}, θ_{22}, θ_{33} als den Trägheitsmomenten *in bezug auf den Fixpunkt* (und nicht mehr in bezug auf den Schwerpunkt).

Statt die Gleichungen (3.1.19) zu benutzen, wollen wir jetzt noch einmal das *Lagrange*sche Variationsprinzip für holonome Koordinaten benutzen. Das körperfeste Achsensystem durch den Fixpunkt sei wieder mit $\mathbf{e}_1$, $\mathbf{e}_2$, $\mathbf{e}_3$ bezeichnet. Als Nullpunkt des Inertial- (bzw. Fast-Inertial-)systems wählen wir ebenfalls den Fixpunkt.

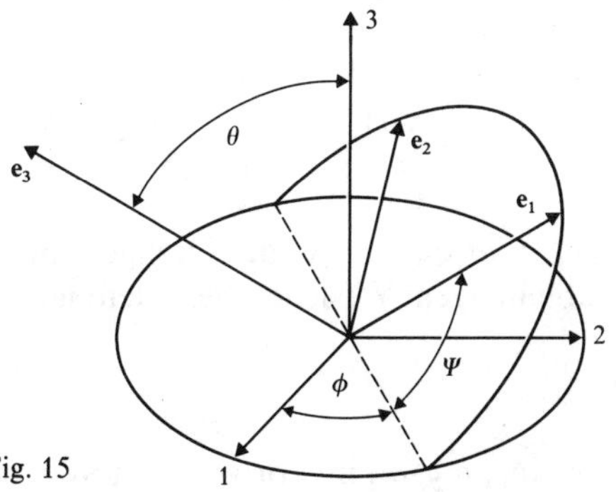

Fig. 15

Wir wollen die Koordinaten x_1, x_2, x_3 eines Punktes berechnen, der im körperfesten System die Koordinaten y_1, y_2, y_3 hat.

Die Koordinaten y_1, y_2, y_3 eines Punktes im Koordinatensystem mit den Achsen $\mathbf{e}_1$, $\mathbf{e}_2$, $\mathbf{e}_3$ erhält man allgemein aus den Koordinaten x_1, x_2, x_3 desselben Punktes im (1,2,3)-System (siehe Fig. 15) durch eine Drehmatrix $\mathbf{A}$ (siehe auch (1.1.10) für $\mathbf{B}=0$):

$$\mathbf{Y}=\mathbf{A}\mathbf{X}.$$

Um die Drehmatrix $\mathbf{A}$ zu berechnen, denken wir uns die Endlage von $\mathbf{e}_1$, $\mathbf{e}_2$, $\mathbf{e}_3$ durch drei hintereinander ausgeführte Drehungen aus der mit (1,2,3) zusammenfallenden Anfangslage hergestellt: Wir drehen zunächst um die 3-Achse um einen Winkel ϕ (siehe Fig. 15); die so erhaltene 1'-Achse liegt in der in Fig. 15 gestrichelten Linie, die 3'-Achse ist mit der 3-Achse identisch; die Drehmatrix für diese Drehung sei $\mathbf{A}_1$. Als zweiten Schritt führen wir eine Drehung $\mathbf{A}_2$ um die 1'-Achse um den Winkel θ aus. Dadurch geht die 3-Achse (gleich 3'-Achse) schon in die Endlage $\mathbf{e}_3$ über. Als dritten Schritt führen wir eine Drehung $\mathbf{A}_3$ um die $\mathbf{e}_3$-Achse um den Winkel Ψ aus, bis die 1'-Achse in die Endlage $\mathbf{e}_1$ übergegangen ist. Die Drehmatrizen $\mathbf{A}_1$, $\mathbf{A}_2$, $\mathbf{A}_3$ um Koordinatenachsen sind aber einfach hinzuschreiben, also wird

$$\mathbf{A} = \mathbf{A}_3 \mathbf{A}_2 \mathbf{A}_1$$

mit

$$\mathbf{A}_1 = \begin{pmatrix} \cos\phi & \sin\phi & 0 \\ -\sin\phi & \cos\phi & 0 \\ 0 & 0 & 1 \end{pmatrix},$$

$$\mathbf{A}_2 = \begin{pmatrix} 1 & 0 & 0 \\ 0 & \cos\theta & \sin\theta \\ 0 & -\sin\theta & \cos\theta \end{pmatrix},$$

$$\mathbf{A}_3 = \begin{pmatrix} \cos\Psi & \sin\Psi & 0 \\ -\sin\Psi & \cos\Psi & 0 \\ 0 & 0 & 1 \end{pmatrix}.$$

Der Vektor $\boldsymbol{\omega} = \omega_1 \mathbf{e}_1 + \omega_2 \mathbf{e}_2 + \omega_3 \mathbf{e}_3$ der Drehgeschwindigkeit ist durch $\dot{\mathbf{x}} = \boldsymbol{\omega} \times \mathbf{x}$ bei zeitunabhängigem $\mathbf{Y}$ (siehe oben) definiert. Wir erhalten:

$$\dot{\mathbf{X}} = \dot{\mathbf{A}}'\mathbf{Y}.$$

Um die Komponenten ω_1, ω_2, ω_3 im körperfesten System zu erhalten, müssen wir $\dot{\mathbf{X}}$ auf das körperfeste System umrechnen ($\mathbf{A}^{-1} = \mathbf{A}'$):

$$\mathbf{A}\dot{\mathbf{X}} = \mathbf{A}\dot{\mathbf{A}}'\mathbf{Y} = \boldsymbol{\Omega}\mathbf{Y}$$

mit

$$\boldsymbol{\Omega} = \begin{pmatrix} 0 & -\omega_3 & \omega_2 \\ \omega_3 & 0 & -\omega_1 \\ -\omega_2 & \omega_1 & 0 \end{pmatrix}.$$

Mit $\boldsymbol{\Omega}_1 = \mathbf{A}_1\dot{\mathbf{A}}_1'$, $\boldsymbol{\Omega}_2 = \mathbf{A}_2\dot{\mathbf{A}}_2'$, $\boldsymbol{\Omega}_3 = \mathbf{A}_3\dot{\mathbf{A}}_3'$ folgt also:

$$\boldsymbol{\Omega} = \mathbf{A}_3\mathbf{A}_2\boldsymbol{\Omega}_1\mathbf{A}_2'\mathbf{A}_3' + \mathbf{A}_3\boldsymbol{\Omega}_2\mathbf{A}_3' + \boldsymbol{\Omega}_3$$

und damit

$$\omega_1 = \dot{\phi} \sin \theta \sin \Psi + \dot{\theta} \cos \Psi,$$

(3.1.21) $$\omega_2 = \dot{\phi} \sin \theta \cos \Psi - \dot{\theta} \sin \Psi,$$

$$\omega_3 = \dot{\phi} \cos \theta + \dot{\Psi}.$$

Wir wollen jetzt voraussetzen, daß der starre Körper symmetrisch um die $\mathbf{e}_3$-Achse ist, so daß $\theta_{11} = \theta_{22}$ ist. Wir sprechen dann von einem Kreisel mit der Symmetrieachse $\mathbf{e}_3$. Außerdem sei der Kreisel nur der Schwerkraft als äußerer Kraft unterworfen, und die 3-Achse des Fast-Inertialsystems sei senkrecht zur Erdoberfläche. Dann können wir die potentielle Energie

(3.1.22) $$U = mgl \cos \theta$$

schreiben, wobei l der Abstand des Massenmittelpunktes vom Fixpunkt ist; der Massenmittelpunkt muß wegen der Symmetrie auf der $\mathbf{e}_3$-Achse liegen. Zusammen mit der kinetischen Energie $T = \frac{1}{2} \theta_{11} (\omega_1^2 + \omega_2^2) + \frac{1}{2} \theta_{33} \omega_3^2$ (siehe (3.1.12), wobei jetzt $\mathbf{R}$ der Fixpunkt mit $\dot{\mathbf{R}} = 0$ ist!) erhalten wir als *Lagrange*funktion in holonomen Koordinaten:

(3.1.23) $$L = \frac{1}{2} \theta_{11} (\dot{\theta}^2 + \dot{\phi}^2 \sin^2\theta) + \frac{1}{2} \theta_{33} (\dot{\Psi} + \dot{\phi} \cos \theta)^2 - mgl \cos \theta.$$

Da L nicht von ϕ und Ψ abhängt, gelten die Erhaltungssätze:

$$\frac{\partial L}{\partial \dot{\Psi}} = \theta_{33} (\dot{\Psi} + \dot{\phi} \cos \theta) = \theta_{33} \omega_3 = \theta_{11} a$$

(3.1.24) und

$$\frac{\partial L}{\partial \dot{\phi}} = (\theta_{11} \sin^2 \theta + \theta_{33} \cos^2 \theta) \dot{\phi} + \theta_{33} \dot{\Psi} \cos \theta = \theta_{11} b$$

mit zwei Konstanten a und b.

Da L nicht explizit von der Zeit t abhängt, gilt der Energiesatz

$$\begin{aligned}&\frac{1}{2}\theta_{11}(\dot{\theta}^2+\dot{\phi}^2\sin^2\theta)\\ &+\frac{1}{2}\theta_{33}(\dot{\Psi}+\dot{\phi}\cos\theta)^2+mgl\cos\theta=E.\end{aligned} \tag{3.1.25}$$

Mit Hilfe der Gleichungen (3.1.24) können im Prinzip $\dot{\phi}$ und $\dot{\Psi}$ in (3.1.25) eliminiert werden, so daß man nur noch eine Gleichung in $\dot{\theta}$, θ erhält, die man durch Integration (aber nicht elementar) lösen kann. Ziehen wir von der Energie den konstanten Wert $\frac{1}{2}\theta_{33}\omega_3^2$ ab, so bleibt als Restenergie

$$E_r=\frac{1}{2}\theta_{11}(\dot{\theta}^2+\dot{\phi}^2\sin^2\theta)+mgl\cos\theta. \tag{3.1.26}$$

Eliminiert man nun $\dot{\Psi}$, $\dot{\phi}$ nach (3.1.24), so folgt für $u=\cos\theta$:

$$\dot{u}^2+(b-au)^2-(1-u^2)(\alpha-\beta u)=0 \tag{3.1.27}$$

mit

$$\alpha=\frac{2E_r}{\theta_{11}},\ \beta=\frac{2mgl}{\theta_{11}}. \tag{3.1.28}$$

Die Gleichung (3.1.27) hat die Form der Energie einer eindimensionalen Bewegung eines Massenpunktes der Masse 1 in einem »Potential« $V(u)$ mit

$$2V(u)=(b-au)^2-(1-u^2)(\alpha-\beta u) \tag{3.1.29}$$

zur »Gesamtenergie« Null.

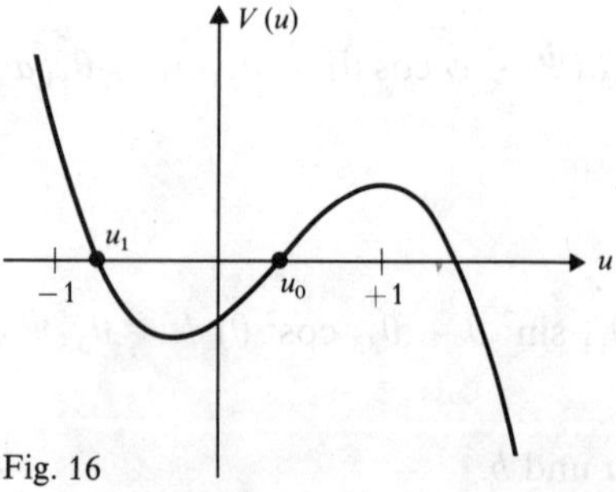

Fig. 16

Durch Auftragen der Funktion $V(u)$ über u kann man dann leicht entsprechend den Überlegungen aus V § 2.3 qualitativ die Bewegung des Kreisels diskutieren.

Die Funktion $V(u)$ hat z. B. das in Fig. 16 aufgezeichnete Verhalten. u pendelt also zwischen den Werten u_0 und u_1 hin und her. Die Lage der Achse des Kreisels ist durch ϕ und θ bestimmt. Der zu jedem θ gehörige Wert von $\dot{\phi}$ folgt aus (3.1.24) zu

$$\dot{\phi} = \frac{b - a\cos\theta}{\sin^2\theta}, \text{ d.h.}$$

(3.1.30)

$$\dot{\phi} = \frac{b - au}{1 - u^2}.$$

Wir wollen der Einfachheit und der Kürze wegen diese Schwingungen der Kreiselachse nur für den Spezialfall diskutieren, daß wir zur Zeit $t = 0$ den Kreisel in einer bestimmten Stellung θ_0, ϕ_0 loslassen. Wir setzen also $\dot{\phi}(0) = 0$ und $\dot{\theta}(0) = 0$.

Aus (3.1.24) folgt dann $\theta_{33}\dot{\psi}(0) = \theta_{11}a$ und $\theta_{33}\dot{\psi}\cos\theta_0 = \theta_{11}b$. Mit $u_0 = \cos\theta_0$ ist dann also $b = u_0 a$. Aus (3.1.26) folgt $E_r = mglu_0$, d.h. mit (3.1.28) gilt $\alpha = \beta u_0$. Nach (3.1.29) ist also u_0 eine Nullstelle von $V(u)$, so daß wir schreiben können:

$$2\,V(u) = (u_0 - u)\,[a^2(u_0 - u) - \beta(1 - u^2)]. \tag{3.1.31}$$

Da die Ableitung $V'(u_0) > 0$ ist, muß noch eine Nullstelle u_1 links von u_0 liegen (siehe Fig. 15). Aus (3.1.31) folgt für diese zweite Nullstelle

$$u_1 = \frac{a^2}{2\beta} - \sqrt{\frac{a^4}{4\beta^2} - \left(\frac{a^2}{\beta}u_0 - 1\right)}. \tag{3.1.32}$$

Da aus (3.1.31) $V(-1) > 0$ folgt, liegt also u_1 zwischen -1 und u_0, wie es in Fig. 15 dargestellt ist. Mit $u_1 = \cos\theta_1$ pendelt also θ zwischen den Werten θ_0 und θ_1 hin und her. Für θ_0 ist nach (3.1.30) $\dot{\phi} = 0$. Für $u < u_0$ folgt aus (3.1.30) $\dot{\phi} > 0$, d.h. der Kreisel »präzediert« im Mittel um die Senkrechte zur Erde. Diese Bewegung der Kreiselachse ist in Fig. 17 veranschaulicht.
Schreiben wir $u = u_0 - w$, so erhält man für $w_1 = u_0 - u_1$ aus (3.1.31):

$$w_1 = \left(u_0 - \frac{a^2}{2\beta}\right) + \sqrt{\left(u_0 - \frac{a^2}{2\beta}\right)^2 - u_0^2 + 1}.$$

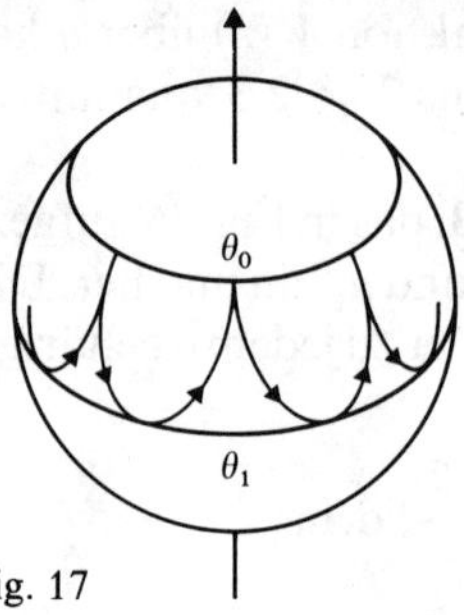

Fig. 17

Ist $a^2 \gg \beta$, d.h. ist

$$\text{(3.1.33)} \qquad \frac{\theta_{33}^2}{\theta_{11}} \omega_3^2 \gg 2\,mgl,$$

so folgt für w_1:

$$\text{(3.1.34)} \qquad w_1 \approx \frac{(1-u_0^2)\,\beta}{a^2}.$$

w_1 wird also sehr klein, d.h. u_1 liegt nahe bei u_0. In dem ganzen Bereich $u_1 \leq u \leq u_0$ können wir dann in $V(u)$ nach (3.1.31) näherungsweise in dem gegenüber $a^2(u_0 - u)$ »kleinen« Glied $\beta(1-u^2)$ u^2 durch u_0^2 ersetzen, so daß wir schreiben können:

$$\text{(3.1.35)} \qquad 2\,V(u) = a^2(u_0 - u)\left[(u_0 - u) - \frac{\beta}{a^2}(1-u_0^2)\right].$$

Dies hat ein Minimum bei u_m mit

$$u_0 - u_m = \frac{(1-u_0^2)\,\beta}{2\,a^2}.$$

Setzen wir $u = u_m + x$, so wird

$$\text{(3.1.36)} \qquad V(u) = \frac{1}{2}\,a^2\,[x^2 - (u_0 - u_m)^2].$$

Dies ist das Potential eines harmonischen Oszillators, so daß wir als Lösungen erhalten:

$$u - u_m = (u_0 - u_m)\cos at = \frac{(1 - u_0^2)\,\beta}{2\,a^2}\cos at, \text{ d.h.}$$

(3.1.37) $$u = u_m + \frac{(1 - u_0^2)\,\beta}{2\,a^2}\cos at,$$

was zwischen u_0 und $u_1 = u_0 - \frac{(1 - u_0^2)\,\beta}{a^2}$ hin und her pendelt. Aus (3.1.30) folgt

$$\dot{\phi} = a\frac{u_0 - u}{1 - u^2} \approx a\frac{u_0 - u}{1 - u_0^2} = a\frac{u_0 - u_m}{1 - u_0^2} + a\frac{u_m - u}{1 - u_0^2},$$

d.h.

$$\dot{\phi} \approx \frac{\beta}{2\,a}(1 - \cos at)$$

und damit

(3.1.37) $$\phi(t) \approx \frac{\beta}{2\,a}\left(t - \frac{1}{a}\sin at\right).$$

(3.1.37) zeigt, daß ϕ im Mittel mit der Geschwindigkeit $\beta/2\,a$ präzediert. Ist a sehr groß, so kann man die sehr schnellen Schwingungen der Frequenz a und der Amplitude $1/a$ mit dem Auge nicht mehr wahrnehmen, so daß man nur noch die bekannte Präzessionsbewegung mit der Drehgeschwindigkeit $\beta/2\,a = \frac{mgl}{\theta_{33}\,\omega_3}$ wahrnimmt.

In § 7.7 werden wir noch einmal mit Hilfe der Störungsrechnung die Präzessionsgeschwindigkeit $\frac{mgl}{\theta_{33}\,\omega_3}$ berechnen. Es ist üblich, diese Präzessionsgeschwindigkeit elementar auf folgende, aber nicht ganz stichhaltige Weise abzuleiten:

Man identifiziert den Drehimpuls $\mathbf{M}$ des Kreisels mit $\theta_{33}\,\omega_3\,\mathbf{e}_3$. Das Drehmoment der Schwerkraft um den festgehaltenen Punkt ist $\mathbf{D} = -\,mgl\mathbf{e}_3 \times \mathbf{j}$ mit $\mathbf{j}$ als Einheitsvektor senkrecht zur Erdoberfläche. Aus $\dot{\mathbf{M}} = \mathbf{D}$ folgt mit der Voraussetzung eines konstanten ω_3:

$$\theta_{33}\,\omega_3\,\dot{\mathbf{e}}_3 = mgl\mathbf{j} \times \mathbf{e}_3,$$

d.h.

$$\dot{\mathbf{e}}_3 = \frac{mgl}{\theta_{33}\,\omega_3}\,\mathbf{j} \times \mathbf{e}_3\,,$$

was bedeutet, daß $\mathbf{e}_3$ mit dem Vektor der Winkelgeschwindigkeit

$$\frac{mgl}{\theta_{33}\,\omega_3}\,\mathbf{j}$$

gedreht wird. Dieses Ergebnis ist richtig, da man in die Überlegungen genau diejenigen »Voraussetzungen«

1. $\mathbf{M}$ in sehr guter Näherung gleich $\theta_{33}\,\omega_3\,\mathbf{e}_3$
2. ω_3 konstant

ohne Begründung hineingesteckt hat, die eben erst die obigen exakten Überlegungen als gerechtfertigt erwiesen haben.

Für die Raumfahrt ist die Bewegung eines starren Körpers (des Raumfahrzeugs) besonders wichtig. Für reale Raumfahrzeuge sind eventuell an der Beschreibung als starrer Körper Korrekturen anzubringen, wenn die Bewegung von im Raumfahrzeug vorhandenen Flüssigkeiten nicht vernachlässigbar ist (siehe zur Bewegung von Flüssigkeiten z. B. § 3.3) oder aber mit Absicht Teile im Raumfahrzeug beweglich aufgehängt sind. Wir wollen aber hier von solchen »Abweichungen« vom starren Körper absehen. Dagegen wollen wir die bekannten Raketenantriebe berücksichtigen.

Die durch den Raketenantrieb ausgestoßenen Gasmassen sind natürlich nicht mit Hilfe der Mechanik des starren Körpers beschreibbar; daß wir uns bei der Beschreibung des Raumschiffes (unter den eben angegebenen Bedingungen) auf die Mechanik des starren Körpers beschränken können, liegt daran, daß wir uns *nur* für die Bewegung des Raumschiffes interessieren.

Für die Beschreibung der Bewegung des Raumschiffes als starrer Körper genügt es aber, wie wir sahen, allein den Impuls- und Drehimpulssatz zu berücksichtigen.

Der Impuls des Raumschiffes mit der von der Zeit t abhängigen Masse $M(t)$ und der Schwerpunktskoordinate $\mathbf{R}(t)$ ist $M(t)\,\dot{\mathbf{R}}(t)$. Die Änderung des Impulses in der Zeit $\mathrm{d}t$ ist also

(3.1.38) $\quad \mathrm{d}t\,(\dot{M}\dot{\mathbf{R}} + M\ddot{\mathbf{R}})\,.$

Die Änderung des Impulses der ausgestoßenen Gasmassen ist

(3.1.39) $\quad \int \mathbf{v}(\alpha)\,\mathrm{d}m(\alpha)\,,$

wobei $\mathrm{d}m(\alpha)$ die in der Zeit $\mathrm{d}t$ ausgestoßenen Gasmassenelemente (mit α indiziert) und $\mathbf{v}(\alpha)$ ihre Geschwindigkeiten nach dem Ausstoßen sind. Wir nehmen nun an, daß der Rakentenantrieb dadurch beschrieben werden kann, daß die Geschwindigkeit der Massenelemente $\mathrm{d}m(\alpha)$ durch eine »Ausströmgeschwindigkeit« $\mathbf{w}(\alpha)$ *relativ zur Raketendüse* charakterisiert wird. Wir können dann

$$\mathbf{v}(\alpha) = \dot{\mathbf{r}}(\alpha, t) + \mathbf{w}(\alpha) \tag{3.1.40}$$

schreiben, wobei $\mathbf{r}(\alpha, t)$ der Ausstoßort des Massenelements $\mathrm{d}m(\alpha)$ ist. Es gilt also mit $\mathbf{x}(\alpha, t)$ als Vektor vom Schwerpunkt $\mathbf{R}$ zum Ausstoßort:

$$\dot{\mathbf{r}}(\alpha, t) = \dot{\mathbf{R}} + \boldsymbol{\omega} \times \mathbf{x}(\alpha, t) \tag{3.1.41}$$

Wir führen folgende Größen μ, $\mathbf{X}$ und $\mathbf{w}$ ein:

$$\begin{aligned} \mu\,\mathrm{d}t &= \int \mathrm{d}m(\alpha) \\ \mu\,\mathbf{X}\,\mathrm{d}t &= \int \mathbf{x}(\alpha, t)\,\mathrm{d}m(\alpha), \\ \mu\,\mathbf{w}\,\mathrm{d}t &= \int \mathbf{w}(\alpha)\,\mathrm{d}m(\alpha). \end{aligned} \tag{3.1.42}$$

μ ist die pro Zeiteinheit ausgestoßene Masse, $\mathbf{X}$ der »Mittelpunkt« der Raketendüse, $\mathbf{w}$ die mittlere Ausströmgeschwindigkeit.

Da der Gesamtimpuls zeitlich konstant bleibt, ist die Summe von (3.1.38) und (3.1.39) gleich Null, woraus (mit $\mathbf{r}(\alpha, t) = \mathbf{R} + \mathbf{x}(\alpha, t)$) dann folgt:

$$\dot{M}\dot{\mathbf{R}} + M\ddot{\mathbf{R}} + \mu\dot{\mathbf{R}} + \mu\boldsymbol{\omega} \times \mathbf{X} + \mu\mathbf{w} = 0. \tag{3.1.43}$$

Da aber $\dot{M} = -\mu$ sein muß, folgt schließlich

$$M(t)\,\ddot{\mathbf{R}} = -\mu\boldsymbol{\omega} \times \mathbf{X} - \mu\mathbf{w}. \tag{3.1.44}$$

$-\mu\mathbf{w} = \mathbf{P}$ nennt man den »Schub« der Raketendüse. Meistens ist $|\boldsymbol{\omega} \times \mathbf{X}| \ll |\mathbf{w}|$, so daß man statt (3.1.44) die Gleichung

$$M(t)\,\ddot{\mathbf{R}} = \mathbf{P} = -\mu\mathbf{w} \tag{3.1.45}$$

erhält.

Ähnlich kann man den Drehimpulssatz diskutieren und erhält

$$\frac{\Delta \boldsymbol{M}_s}{\Delta t} = \mathbf{X} \times \mathbf{P}. \tag{3.1.46}$$

Dabei ist $\Delta \boldsymbol{M}_s$ folgende Änderung des Drehimpulses $\boldsymbol{M}_s$ des Raumschiffes um den Schwerpunkt

$$\Delta \boldsymbol{M}_s = \boldsymbol{M}_s (t + \Delta t) - \boldsymbol{M}_s (t) - \int \mathrm{d}m(\alpha)\, \mathbf{x}(\alpha, t) \times (\boldsymbol{\omega} \times \mathbf{x}(\alpha, t)),$$

d.h. gleich der Änderung des Drehimpulses abzüglich der Änderung durch die »verlorenen« Massen $\mathrm{d}m(\alpha)$.

Die Diskussion der Bewegung eines Raumschiffes auf der Basis der Gleichungen (3.1.45) und (3.1.46) soll hier nicht weiter durchgeführt werden. Dieses Problem ist besonders interessant für die Technik, die besondere praktische Aufgabenstellungen lösen will. Zu dem allgemeinen Verhältnis von theoretischer Physik und Technik siehe auch § 3.4.

Es gibt natürlich viel elementarere Beispiele für die Bewegung eines starren Körpers. So sei es dem Leser überlassen, die Bewegung eines starren Körpers um eine feste Achse zu untersuchen, bei der nur eine einzige freie Koordinate (z.B. ein Drehwinkel φ um diese Achse) zur Beschreibung der Bewegung ausreicht. Das Hebelgesetz ergibt sich als spezieller Fall der Statik eines solchen Körpers. Auch alle weiteren »elementaren« Maschinen aus starren Rollen, festen Seilen, schiefen Ebenen usw. lassen sich leicht mit Hilfe des *Lagrange*schen Variationsprinzips behandeln, insbesondere jeweils der Spezialfall der »Statik«; denn für die Statik braucht man nur im *Lagrange*schen Variationsprinzip die kinetische Energie gleich Null zu setzen. Ist speziell $L = T - U$, so erhält man also als Bedingung für die Statik aus

$$\delta \int_{t_1}^{t_2} U \,\mathrm{d}t = 0$$

einfach $\delta U = 0$, wobei ebenfalls nur »erlaubte« Verrückungen zulässig sind.

Die Dynamik des starren Körpers ist ein erstes schönes Beispiel dafür, daß das *Lagrange*sche Variationsprinzip in der Lage ist, schnell die Bewegungsgleichungen für recht komplizierte Bewegungen zu liefern. Im nächsten § betrachten wir ein weiteres Beispiel für einen etwas vereinfachten idealisierten starren Körper, einen Reifen, um zu zeigen, wie man die allgemeinen Überlegungen aus § 2.2 für nicht-holonome Nebenbedingungen anwenden kann.

§ 3.2 Der rollende Reifen

Als Beispiel für nicht-holonome Nebenbedingungen wollen wir einen auf einer (in bezug auf die Erdoberfläche) waagerechten Ebene rollenden Reifen betrachten. Wir gehen hierbei ganz entsprechend den in § 2.2 geschilderten Methoden vor:

Erster Schritt: Beseitigung aller holonomen Nebenbedingungen durch Einführung geeigneter holonomer Koordinaten, d.h. nur so viele holonome Koordinaten sind einzuführen, daß sie gerade die »Lage« des Systems (d. h. aller Massenpunkte) festlegen.

Die Massenpunkte im Beispiel sind die Massenelemente dm auf dem Rand des Reifens.

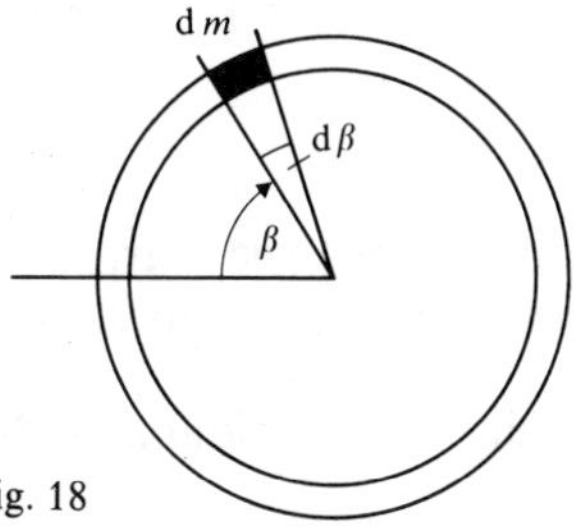

Fig. 18

Wir »indizieren« statt des Index α aus V (3.4.6) die Elemente durch einen Winkel β, von einer willkürlichen Marke 0 an gerechnet. Ist m die Gesamtmasse des Reifens, so ist $\mathrm{d}m = \frac{m}{2\pi}\,\mathrm{d}\beta$ (Fig. 18). Die »Lage« des Reifens kann durch folgende fünf Koordinaten angegeben werden:

Der Reifen berührt die (zur Erdoberfläche) waagerechte Ebene in einem Punkt, den wir durch 2 Koordinaten X, Y angeben können (Fig. 19). Die Ebene des Reifens schneidet diese waagerechte Ebene in einer Geraden, die den Winkel ψ mit der X-Achse bilde.
Der Reifen sei um den Winkel φ aus der Senkrechten gekippt, d.h. die Ebene des Reifens schließt mit der Normalen zu der waagerechten (XY)-Ebene den Winkel φ ein.

Die »0-Marke« (für den Beginn des Winkels β) schließe mit dem Berührungspunkt des Reifens auf der waagerechten Ebene den Winkel α ein, d.h. das

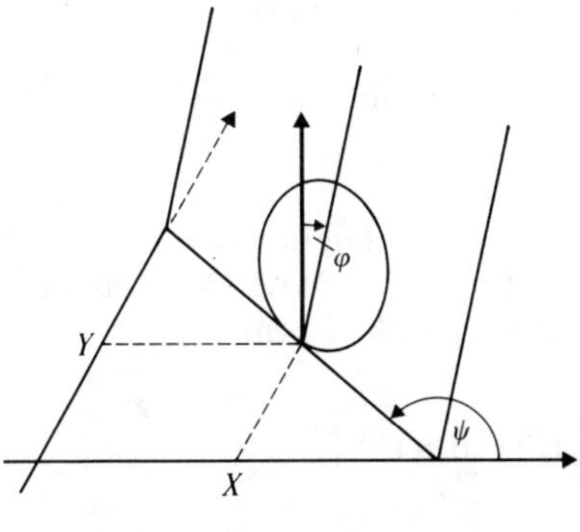

Fig. 19

Massenelement β liegt (um den Mittelpunkt des Reifens) um den Winkel $\alpha + \beta$ gegenüber dem Berührungspunkt gedreht.

Die fünf holonomen Koordinaten sind:

$$\begin{aligned} q_1 &= X \\ q_2 &= Y \\ q_3 &= \psi \\ q_4 &= \varphi \\ q_5 &= \alpha . \end{aligned}$$

Alle holonomen Nebenbedingungen wie Starrheit des Reifens und Aufruhen des Reifens auf der waagerechten Ebene sind eliminiert.

Zweiter Schritt: Aufstellen der nicht-holonomen Nebenbedingungen in der Form (2.2.3).

In unserem Beispiel haben wir zwei Bedingungen:

1. Der Reifen soll nicht seitlich wegrutschen, d.h.

$$\mathrm{d}X \sin\psi - \mathrm{d}Y \cos\psi = 0 .$$

2. Der Reifen soll beim Rollen nicht gleiten, d.h.

$$\mathrm{d}X \cos\psi + \mathrm{d}Y \sin\psi - r\,\mathrm{d}\alpha = 0 ,$$

wobei wir mit r den Radius des Reifens bezeichnet haben.

Dritter Schritt: Einführung nicht-holonomer Koordinaten nach (2.2.4) zur Elimination der nicht-holonomen Nebenbedingungen.

Wir setzen also

$$\begin{aligned} \mathrm{d}\xi_1 &= \mathrm{d}X \sin\psi - \mathrm{d}Y \cos\psi , \\ \mathrm{d}\xi_2 &= \mathrm{d}X \cos\psi + \mathrm{d}Y \sin\psi - r\,\mathrm{d}\alpha . \end{aligned} \tag{3.2.1}$$

Die nicht-holonomen Nebenbedingungen nehmen dann die einfache Gestalt $\mathrm{d}\xi_1 = 0$ und $\mathrm{d}\xi_2 = 0$ an.

Vierter Schritt: Umrechnung der *Lagrange*funktion. Dazu sind die rechtwinkligen Koordinaten $x_\nu(\beta)$ ($\nu = 1, 2, 3$) der Massenpunkte durch die q_i auszudrücken und dann die quadratische Form

$$\frac{1}{2} \int \sum_\nu (\dot{x}_\nu(\beta))^2 \, \mathrm{d}m(\beta)$$

(für die kinetische Energie) in eine in den $\dot{q}_i$ und schließlich den $\dot{\xi}_i$ umzurechnen. Hierfür braucht man die Umkehrung der Gleichungen (2.2.4) in der Form (2.2.6).

In unserem Beispiel werden (mit $\gamma = \alpha + \beta$) die $x_\nu(\beta)$ folgende Funktionen der q_1 bis q_5:

$$
\begin{aligned}
x_1(\beta) &= X - r(1 - \cos\gamma)\sin\varphi\sin\psi - r\sin\gamma\cos\psi, \\
x_2(\beta) &= Y + r(1 - \cos\gamma)\sin\varphi\cos\psi - r\sin\gamma\sin\psi \\
x_3(\beta) &= r(1 - \cos\gamma)\cos\varphi.
\end{aligned}
\tag{3.2.2}
$$

Die für die kinetische Energie maßgebende quadratische Form lautet

$$\frac{m}{4\pi}\int_0^{2\pi}\sum_{\nu=1}^{3}[\mathrm{d}x_\nu(\beta)]^2\,\mathrm{d}\beta.$$

Statt jetzt gleich $\sum_{\nu=1}^{3}[\mathrm{d}x_\nu(\beta)]^2$ zu berechnen, lösen wir zunächst die Gleichungen für die nicht-holonomen Koordinaten (3.2.1) entsprechend (2.2.6) auf, wobei wir nach $\mathrm{d}q_1$, $\mathrm{d}q_2$, d.h. nach $\mathrm{d}X$, $\mathrm{d}Y$ auflösen:

$$
\begin{aligned}
\mathrm{d}X &= r\,\mathrm{d}\alpha\cos\psi + \mathrm{d}\xi_1\sin\psi + \mathrm{d}\xi_2\cos\psi \\
\mathrm{d}Y &= r\,\mathrm{d}\alpha\sin\psi - \mathrm{d}\xi_1\cos\psi + \mathrm{d}\xi_2\sin\psi.
\end{aligned}
\tag{3.2.3}
$$

Indem wir diese Gleichungen benutzen, wird nach (3.2.2):

$$
\begin{aligned}
\mathrm{d}x_1(\beta) = {} & r\,\mathrm{d}\alpha\cos\psi - r\,\mathrm{d}\alpha\sin\gamma\sin\varphi\sin\psi - r\,\mathrm{d}\alpha\cos\gamma\cos\psi \\
& - \mathrm{d}\varphi\, r(1 - \cos\gamma)\cos\varphi\sin\psi \\
& - \mathrm{d}\psi\, r(1 - \cos\gamma)\sin\varphi\cos\psi \\
& + \mathrm{d}\psi\, r\sin\gamma\sin\psi + \mathrm{d}\xi_1\sin\psi + \mathrm{d}\xi_2\cos\psi,
\end{aligned}
$$

$$
\begin{aligned}
\mathrm{d}x_2(\beta) = {} & r\,\mathrm{d}\alpha\sin\psi + r\,\mathrm{d}\alpha\sin\gamma\sin\varphi\cos\psi - r\,\mathrm{d}\alpha\cos\gamma\sin\psi \\
& + \mathrm{d}\varphi\, r(1 - \cos\gamma)\cos\varphi\cos\psi \\
& - \mathrm{d}\psi\, r(1 - \cos\gamma)\sin\varphi\sin\psi \\
& - \mathrm{d}\psi\, r\sin\gamma\cos\psi - \mathrm{d}\xi_1\cos\psi + \mathrm{d}\xi_2\sin\psi,
\end{aligned}
$$

$$\mathrm{d}x_3(\beta) = r\,\mathrm{d}\alpha\sin\gamma\cos\varphi - \mathrm{d}\varphi\, r(1 - \cos\gamma)\sin\varphi.$$

Führen wir statt $\mathrm{d}x_1(\beta)$ und $\mathrm{d}x_2(\beta)$ die Größen $\mathrm{d}y_1(\beta)$ und $\mathrm{d}y_2(\beta)$ nach

$$\mathrm{d}x_1(\beta) = \mathrm{d}y_1(\beta)\cos\psi - \mathrm{d}y_2(\beta)\sin\psi\,,$$
$$\mathrm{d}x_2(\beta) = \mathrm{d}y_1(\beta)\sin\psi + \mathrm{d}y_2(\beta)\cos\psi$$

ein, so ist

$$\sum_{\nu=1}^{3}[\mathrm{d}x_\nu(\beta)]^2 = [\mathrm{d}y_1(\beta)]^2 + [\mathrm{d}y_2(\beta)]^2 + [\mathrm{d}x_3(\beta)]^2$$

und

$$\mathrm{d}y_1(\beta) = r\,\mathrm{d}\alpha(1-\cos\gamma) - r\,\mathrm{d}\psi(1-\cos\gamma)\sin\varphi + \mathrm{d}\xi_2\,,$$
$$\mathrm{d}y_2(\beta) = r\,\mathrm{d}\alpha\sin\gamma\sin\varphi + r\,\mathrm{d}\varphi(1-\cos\gamma)\cos\varphi - r\,\mathrm{d}\psi\sin\gamma - \mathrm{d}\xi_1\,.$$

Daraus folgt

$$\begin{aligned}[\mathrm{d}y_2(\beta)]^2 + [\mathrm{d}x_3(\beta)]^2 = r^2\mathrm{d}\alpha^2\sin^2\gamma + r^2\mathrm{d}\varphi^2(1-\cos\gamma)^2 &+ \\ + r^2\mathrm{d}\psi^2\sin^2\gamma - 2r^2\mathrm{d}\psi\,\mathrm{d}\alpha\sin^2\gamma\sin\varphi & \\ - 2r^2\mathrm{d}\psi\,\mathrm{d}\varphi(1-\cos\gamma)\sin\gamma\cos\varphi & \\ - 2\,\mathrm{d}\xi_1[r\,\mathrm{d}\alpha\sin\gamma\sin\varphi &+ \\ + r\,\mathrm{d}\varphi(1-\cos\gamma)\cos\varphi - r\,\mathrm{d}\psi\sin\gamma] &+ \\ + \mathrm{d}\xi_1^2\,. &\end{aligned}$$

Daraus schließlich:

$$\begin{aligned}\sum_{\nu=1}^{3}[\mathrm{d}x_\nu(\beta)]^2 = r^2\mathrm{d}\alpha^2\,2(1-\cos\gamma) & \\ + r^2\mathrm{d}\psi^2[\sin^2\gamma + \sin^2\varphi(1-\cos^2\gamma - 2\cos\gamma)] & \\ + r^2\mathrm{d}\varphi^2(1+\cos^2\gamma - 2\cos\gamma) &- \\ - 4r^2\mathrm{d}\alpha\,\mathrm{d}\psi\sin\varphi(1-\cos\gamma) & \\ - 2r^2\mathrm{d}\psi\,\mathrm{d}\varphi(1-\cos\gamma)\sin\gamma\cos\varphi & \\ - 2\,\mathrm{d}\xi_1[r\,\mathrm{d}\alpha\sin\gamma\sin\varphi + r\,\mathrm{d}\varphi(1-\cos\gamma)\cos\varphi &- \\ - r\,\mathrm{d}\psi\sin\gamma] + \mathrm{d}\xi_1^2 + 2\,\mathrm{d}\xi_2[r\,\mathrm{d}\alpha(1-\cos\gamma) &- \\ - r\,\mathrm{d}\psi(1-\cos\gamma)\sin\varphi] + \mathrm{d}\xi_2^2\,. &\end{aligned}$$

Damit wird die kinetische Energie nach Integration über β:

$$T=\frac{m}{2}\left[2r^2\dot{\alpha}^2+r^2\dot{\psi}^2\left(\frac{1}{2}+\frac{3}{2}\sin^2\varphi\right)+\right.$$

(3.2.4)
$$+\frac{3}{2}r^2\dot{\varphi}^2-4r^2\dot{\alpha}\dot{\psi}\sin\varphi-2\dot{\xi}_1 r\dot{\varphi}\cos\varphi+$$

$$\left.+2r\dot{\xi}_2(\dot{\alpha}-\dot{\psi}\sin\varphi)+\dot{\xi}_1^2+\dot{\xi}_2^2\right].$$

Die potentielle Energie (mit g als Erdbeschleunigung) ist

(3.2.5) $$U=mgr\cos\varphi.$$

Damit ist $L=T-U$ auf die neuen Koordinaten umgerechnet, wobei alle holonomen Nebenbedingungen eliminiert sind.

Fünfter Schritt: Aufstellung der *Lagrange*-Gleichungen (2.2.8a) nach der Methode aus § 2.2.

Nach (3.2.1) ist

$$\dot{\xi}_1=\dot{X}\sin\psi-\dot{Y}\cos\psi,$$

$$\dot{\xi}_2=\dot{X}\cos\psi+\dot{Y}\sin\psi-r\dot{\alpha},$$

und

$$\Delta\xi_1=\delta X\sin\psi-\delta Y\cos\psi,$$

$$\Delta\xi_2=\delta X\cos\psi+\delta Y\sin\psi-r\delta\alpha.$$

Daraus folgt nach leichter Rechnung die (2.1.13) entsprechende Gleichung mit

$$\delta\dot{\xi}_1=\frac{\mathrm{d}}{\mathrm{d}t}\Delta\xi_1-\dot{\psi}\Delta\xi_2-r\dot{\psi}\delta\alpha+(\dot{\xi}_2+r\dot{\alpha})\delta\psi,$$

$$\delta\dot{\xi}_2=\frac{\mathrm{d}}{\mathrm{d}t}\Delta\xi_2+\dot{\psi}\Delta\xi_1-\dot{\xi}_1\delta\psi.$$

Also lauten die *Lagrange*schen Gleichungen (2.2.8a):

$$\left[\frac{\mathrm{d}}{\mathrm{d}t}\frac{\partial T}{\partial\dot{\alpha}}\right]_{\dot{\xi}_i=0}=\left[-\frac{\partial T}{\partial\dot{\xi}_1}r\dot{\psi}\right]_{\dot{\xi}_i=0},$$

$$\left[\frac{\mathrm{d}}{\mathrm{d}t}\frac{\partial T}{\partial\dot{\psi}}\right]_{\dot{\xi}_i=0}=\left[\frac{\partial T}{\partial\dot{\xi}_1}(\dot{\xi}_2+r\dot{\alpha})-\frac{\partial T}{\partial\dot{\xi}_2}\dot{\xi}_1\right]_{\dot{\xi}_i=0},$$

$$\left[\frac{\mathrm{d}}{\mathrm{d}t}\frac{\partial T}{\partial\dot{\varphi}}-\frac{\partial T}{\partial\varphi}+\frac{\partial U}{\partial\varphi}\right]_{\dot{\xi}_i=0}=0,$$

d.h.

$$\frac{d}{dt}(2mr^2\dot{\alpha}-2mr^2\dot{\psi}\sin\varphi)=mr^2\dot{\varphi}\dot{\psi}\cos\varphi,$$

(3.2.6)

$$\frac{d}{dt}\left[mr^2\dot{\psi}\left(\frac{1}{2}+\frac{3}{2}\sin^2\varphi-2mr^2\dot{\alpha}\sin\varphi\right]=-mr^2\dot{\varphi}\dot{\alpha}\cos\varphi,$$

(3.2.7)

$$\frac{d}{dt}\left(\frac{3}{2}mr^2\dot{\varphi}\right)-\frac{3}{2}mr^2\dot{\psi}^2\sin\varphi\cos\varphi+2mr^2\dot{\alpha}\dot{\psi}\cos\varphi-$$
$$-mgr\sin\varphi=0.$$

Der Energiesatz lautet (mit $\dot{\xi}_1=\dot{\xi}_2=0!$):

$$E=\frac{m}{2}\left[2r^2\dot{\alpha}^2+r^2\dot{\psi}^2\left(\frac{1}{2}+\frac{3}{2}\sin^2\varphi\right)+\frac{3}{2}r^2\dot{\varphi}^2-4r^2\dot{\alpha}\dot{\psi}\sin\varphi\right]+$$
$$+mgr\cos\varphi.$$

Wir wollen für die Diskussion von Lösungen nur einen Spezialfall betrachten. Dazu schreiben wir die dritte *Lagrange*-Gleichung (3.2.7) aus:

(3.2.9)

$$\ddot{\varphi}-\dot{\psi}^2\sin\varphi\cos\varphi+\frac{4}{3}\dot{\alpha}\dot{\psi}\cos\varphi-\frac{2}{3}\frac{g}{r}\sin\varphi=0.$$

Wir betrachten den Spezialfall, daß φ klein ist:

$$\ddot{\varphi}-\dot{\psi}^2\varphi+\frac{4}{3}\dot{\alpha}\dot{\psi}-\frac{2}{3}\frac{g}{r}\varphi=0.$$

$\dot{\alpha}$ sei nicht selbst klein. Dann folgt aus dieser Gleichung, daß auch $\dot{\psi}$ klein ist; und damit gehen alle drei Gleichungen aus (3.2.6), (3.2.7) über in:

(3.2.10)

$$\ddot{\alpha}=0, \quad \text{d.h.} \quad \dot{\alpha}=c_1;$$
$$\frac{d}{dt}[\dot{\psi}-4\dot{\alpha}\varphi]+2\dot{\alpha}\dot{\varphi}=0, \quad \text{d.h.} \quad \dot{\psi}-2c_1\varphi=c_2;$$
$$\ddot{\varphi}+\left(\frac{8}{3}c_1^2-\frac{2}{3}\frac{g}{r}\right)\varphi+\frac{4}{3}c_1c_2=0.$$

Nur für $\left(\frac{8}{3}c_1^2-\frac{2}{3}\frac{g}{r}\right)>0$ ist also die Bewegung stabil, d.h. bleibt φ klein; rollt dagegen der Reifen zu langsam, d.h. ist c_1 nicht groß genug, so fängt der Reifen an umzukippen! Nur für das stabile Verhalten bleibt φ klein, so daß wir jetzt

$$(3.2.11) \qquad c_1^2 > \frac{1}{4}\,\frac{g}{r}$$

voraussetzen wollen. Dann wird

$$\varphi = \varphi_0 + a \sin \omega t$$

mit

$$\omega^2 = \frac{8}{3}\, c_1^2 - \frac{2}{3}\,\frac{g}{r}$$

und

$$\varphi_0 = -\frac{4\, c_1 c_2}{3\, \omega^2}.$$

Daraus folgt

$$\dot{\psi} = c_2 + 2\, c_1 \varphi_0 + 2\, c_1 a \sin \omega t$$

und damit

$$\psi = \psi_0 + (c_2 + 2\, c_1 \varphi_0)\, t - \frac{2\, c_1 a}{\omega} \cos \omega t.$$

Wir setzen $X + iY = Z$. Die abgerollte Kurve genügt dann der Gleichung (die aus $\mathrm{d}X = r\,\mathrm{d}\alpha \cos \psi$, $\mathrm{d}Y = r\,\mathrm{d}\alpha \sin \psi$ folgt):

$$\dot{Z} = r\dot{\alpha}\, \mathrm{e}^{i\psi} = r c_1 \mathrm{e}^{i\psi}$$

$$= u \mathrm{e}^{ibt} \mathrm{e}^{-ic \cos \omega t}$$

mit

$$u = r c_1 \mathrm{e}^{i\psi_0},\ b = (c_2 + 2\, c_1 \varphi_0),\ c = \frac{2\, c_1 a}{\omega}.$$

Wir setzen $c \ll 1$ voraus, was wegen der Kleinheit von a der Fall ist, solange nicht ω sehr klein wird. Dann kann man schreiben:

$$\dot{Z} = u \mathrm{e}^{ibt} (1 - ic \cos \omega t).$$

Daraus folgt:

$$Z = Z_0 + \frac{u}{ib} \mathrm{e}^{ibt} \left\{ 1 - \frac{bc}{b^2 - \omega^2} [\omega \sin \omega t + ib \cos \omega t] \right\}.$$

Da wir c_2 als klein, aber *nicht* ω als klein vorausgesetzt hatten, können wir $\omega^2 \gg b^2$ und damit $\frac{bc}{b^2 - \omega^2} \ll 1$ voraussetzen:

$$Z = Z_0 + \frac{u}{ib} \exp\left(-\frac{bc}{b^2 - \omega^2}\,\omega \sin \omega t\right) \cdot$$

$$\cdot \exp\left(i\left[bt - \frac{b^2 c}{b^2 - \omega^2} \cos \omega t\right]\right).$$

Die Rollkurve ist also fast ein Kreis um den Punkt Z_0 herum:

$$Z_0 + \frac{u}{ib}\, \mathrm{e}^{ibt}$$

vom Radius $\frac{|u|}{|b|}$, der mit der Winkelgeschwindigkeit b durchlaufen wird. Um diesen Kreis pendelt die Bahn, indem der Radius kleine Schwankungen

$$\frac{|u|}{|b|}\, \mathrm{e}^{-\frac{bc}{b^2 - \omega^2}\omega \sin \omega t} \approx \frac{|u|}{|b|}\left(1 - \frac{bc}{b^2 - \omega^2}\,\omega \sin \omega t\right)$$

ausführt und die Winkelgeschwindigkeit ebenfalls um den Wert b pendelt:

$$b + \frac{b^2 c \omega}{b^2 - \omega^2} \sin \omega t\,.$$

Es sei nochmals darauf aufmerksam gemacht, daß wir zum Schluß unserer Überlegungen zur Bewegung des rollenden Reifens wieder die Methode der *Näherung* benutzt haben, auf die wir allgemein in III, § 7 und speziell schon einmal Ende von V, § 3.10 verwiesen haben. Nur so war es möglich, in einem Teilbereich (kleineren Grundbereich nach III, § 2 und 7) die Erfahrungen explizit zu beschreiben.

§ 3.3 Die Bewegung eines Schiffes auf einer reibungsfreien, inkompressiblen Flüssigkeit

Um die Leistungsfähigkeit des *Lagrange*schen Variationsprinzips zu dokumentieren, werde als letztes Beispiel die Bewegung eines auf einer Flüssigkeit schwimmenden Schiffes untersucht.

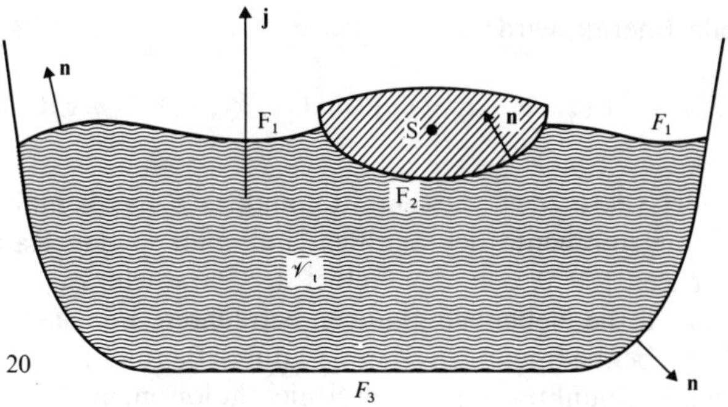

Fig. 20

Als einziges äußeres Kraftfeld betrachten wir wieder nur das Schwerefeld; Reibungskräfte innerhalb der Flüssigkeit (sogenannte innere Reibung) vernachlässigen wir (solche Reibungskräfte könnten nur durch ein zusätzliches virtuelles Arbeitsglied δA_r im *Lagrange*schen Variationsprinzip berücksichtigt werden; siehe in bezug auf das Problem von Reibungskräften auch § 7.10).

Der in Fig. 20 mit $\mathbf{j}$ bezeichnete Vektor gebe die Richtung senkrecht zur Erdoberfläche an. F_3 in Fig. 19 gibt die Fläche des starren, erdfesten Behälters an, in der sich die Flüssigkeit (wellenförmige Schraffierung in Fig. 20) bewegt. F_1 ist die »freie« Oberfläche der Flüssigkeit, die dynamisch in Bewegung sein kann. Auf der Flüssigkeit schwimme ein Schiff (gestrichelt in Fig. 19), das wir als starren Körper voraussetzen. S sei der Massenmittelpunkt des Schiffes. F_2 sei die Grenzfläche zwischen Flüssigkeit und Schiff. Durch den Massenmittelpunkt S als Nullpunkt und drei körperfeste Koordinatenachsen $\mathbf{e}_1$, $\mathbf{e}_2$, $\mathbf{e}_3$ sei ein im Schiff körperfestes Koordinatensystem bestimmt (siehe § 3.1); die Koordinaten y_1, y_2, y_3 eines Massenelementes dm des Schiffes in diesem Koordinatensystem sollen als Parameter α nach V (3.4.6) für die Massenelemente des Schiffes benutzt werden.

Wir müssen nun noch Parameter α für die Massenelemente der Flüssigkeit festlegen: Hierfür benutzen wir die drei Raumkoordinaten α_1, α_2, α_3 im erdfesten System (Fast-Inertialsystem) eines Massenelementes dm zur Zeit $t = 0$. $\mathscr{V}_t$ sei das Raumgebiet, das die Flüssigkeit zur Zeit t einnimmt.

Die *Lagrange*funktion ist, da nur die Schwerkraft als äußere Kraft vorhanden ist, gleich $T - U$. Wir können dann also nach V (3.4.6) unter Benutzung von (3.1.12) für die kinetische Energie schreiben:

$$T = \frac{1}{2}\int\limits_{\mathscr{V}_0} \dot{\mathbf{r}}\,(\alpha_1, \alpha_2, \alpha_3, t)^2 \,\mathrm{d}m\,(\alpha_1, \alpha_2, \alpha_3)$$

$$+ \frac{m}{2}\dot{\mathbf{R}}^2 + \frac{1}{2}(\theta_{11}\omega_1^2 + \theta_{22}\omega_2^2 + \theta_{33}\omega_3^2).$$

Die potentielle Energie wird:

$$U = g \int_{\mathscr{V}_0} \mathbf{r}(\alpha_1, \alpha_2, \alpha_3, t) \cdot \mathbf{j}\, \mathrm{d}m(\alpha_1, \alpha_2, \alpha_3) + mg\mathbf{R} \cdot \mathbf{j},$$

wobei **R** der Ortsvektor des Massenmittelpunktes S des Schiffes ist, $\theta_{11}, \ldots$ die Hauptträgheitsmomente des Schiffes sind und $\mathscr{V}_0$ das Raumgebiet der Flüssigkeit zur Zeit $t = 0$, d.h. das Gebiet der Parameter α_1, α_2, α_3 ist.

Jetzt müssen wir die Nebenbedingungen betrachten. Für das »starre« Schiff sind schon alle Nebenbedingungen eliminiert durch Benutzung der Koordinaten **R** des Massenmittelpunktes und die drei nichtholonomen Koordinaten $\mathrm{d}\xi_1$, $\mathrm{d}\xi_2$, $\mathrm{d}\xi_3$ mit $\dot{\xi}_1 = \omega_1$, $\dot{\xi}_2 = \omega_2$, $\dot{\xi}_3 = \omega_3$ (siehe § 3.1).

In Fig. 20 sind symbolisch Normalenvektoren **n** (als Einheitsvektoren) an je einer Stelle der Flächen F_1, F_2, F_3 eingezeichnet. Da die Fläche F_3 fest ist, gilt für eine Verrückung $\delta\mathbf{r}(\alpha_1, \alpha_2, \alpha_3, t)$ auf der Fläche

(3.3.1) $$F_3 : \delta\mathbf{r}(\alpha_1, \alpha_2, \alpha_3, t) \cdot \mathbf{n} = 0.$$

Um diese Nebenbedingung und auch die folgenden Ableitungen einfacher darstellen zu können, definieren wir ein Vektorfeld $\boldsymbol{\eta}(\mathbf{r}, t)$ durch:

(3.3.2) $$\boldsymbol{\eta}(\mathbf{r}(\alpha_1, \alpha_2, \alpha_3, t), t) = \delta\mathbf{r}(\alpha_1, \alpha_2, \alpha_3, t).$$

(3.3.1) können wir dann so schreiben:

(3.3.3) $$\boldsymbol{\eta}(\mathbf{r}, t) \cdot \mathbf{n} = 0 \text{ für alle Ortsvektoren } \mathbf{r} \text{ von } F_3.$$

Wird die Fläche F_3 dargestellt durch eine Funktion

(3.3.4) $$F_3(\mathbf{r}) = 0,$$

so nimmt (3.3.3) die Gestalt an:

$$\boldsymbol{\eta}(\mathbf{r}, t) \cdot \operatorname{grad} F_3(\mathbf{r}) = 0 \text{ für alle } \mathbf{r} \text{ mit } F_3(\mathbf{r}) = 0.$$

Wir werden statt der letzten Formulierung immer die kürzere in der Form (3.3.3) benutzen.

Die Nebenbedingung (3.3.3) werden wir direkt bei der Auswertung des *Lagrange*schen Variationsprinzips berücksichtigen.

Für die Fläche F_1 besteht keine Nebenbedingung, da sie »freie« Oberfläche ist. Anders wieder für F_2. An einer Stelle **r** der Fläche F_2 müssen die Komponenten der Verrückungen der Flüssigkeit wie des starren Körpers in Richtung der Normalen übereinstimmen. Die Verrückung des starren Körpers an der Stelle **r** ist nach (3.1.13):

$$\delta \mathbf{r} = \Delta \xi \times \mathbf{x} + \delta \mathbf{R}.$$

Daraus folgt also als Nebenbedingung:

$$\eta(\mathbf{r}, t) \cdot \mathbf{n} = \big(\Delta \xi \times (\mathbf{r} - \mathbf{R}(t))\big) \cdot \mathbf{n} + \delta \mathbf{R} \cdot \mathbf{n} \tag{3.3.5}$$

für alle **r** der Fläche F_2.

Dabei ist zu beachten, daß F_2 eine sich mit t eventuell verändernde Fläche ist, wenn sich das Schiff bewegt. Auch die Nebenbedingung (3.3.5) werden wir direkt bei der Auswertung des *Lagrange*schen Variationsprinzips benutzen.

Als letzte Nebenbedingung müssen wir die Inkompressibilität der Flüssigkeit formulieren. Wir nennen eine Flüssigkeit inkompressibel, wenn die folgenden beiden Volumina von W_t und W_0 gleich sind, d.h. wenn

$$\int_{W_t} \mathrm{d}x_1\,\mathrm{d}x_2\,\mathrm{d}x_3 = \int_{W_0} \mathrm{d}\alpha_1\,\mathrm{d}\alpha_2\,\mathrm{d}\alpha_3 \tag{3.3.6}$$

ist, wobei W_0 irgendein Teilgebiet der Flüssigkeit zur Zeit $t = 0$ ist, und W_t das Gebiet ist, das dieselben Massenelemente (die zur Zeit $t = 0$ in W_0 liegen) zur Zeit t einnehmen. W_t erhält man also aus W_0 durch die Abbildung

$$\alpha_1, \alpha_2, \alpha_3 \to x_1(\alpha_1, \alpha_2, \alpha_3, t), x_2(\alpha_1, \alpha_2, \alpha_3, t), x_3(\alpha_1, \alpha_2, \alpha_3, t).$$

Das linke Integral in (3.3.6) können wir also auch als Integral über W_0 schreiben:

$$\int_{W_0} \frac{\partial(x_1, x_2, x_3)}{\partial(\alpha_1, \alpha_2, \alpha_3)}\,\mathrm{d}\alpha_1\,\mathrm{d}\alpha_2\,\mathrm{d}\alpha_3,$$

wobei $\dfrac{\partial(x_1, x_2, x_3)}{\partial(\alpha_1, \alpha_2, \alpha_3)}$ die Funktionaldeterminante ist.

Aus (3.3.6) folgt damit

$$\int_{W_0} \left[\frac{\partial(x_1, x_2, x_3)}{\partial(\alpha_1, \alpha_2, \alpha_3)} - 1\right] \mathrm{d}\alpha_1\,\mathrm{d}\alpha_2\,\mathrm{d}\alpha_3 = 0.$$

Da dies für *alle* W_0 gelten soll, kann man die Nebenbedingung für Inkompressibilität auch schreiben:

(3.3.7)
$$\frac{\partial(x_1, x_2, x_3)}{\partial(\alpha_1, \alpha_2, \alpha_3)} = 1.$$

Da man diese Nebenbedingung schlecht direkt berücksichtigen kann, fügen wir sie mit Hilfe eines *Lagrange*schen Parameters $\lambda(\alpha_1, \alpha_2, \alpha_3, t)$ zum *Lagrange*schen Variationsprinzip hinzu, d.h. zu T und U addieren wir als dritten Summanden:

(3.3.8)
$$K = \int_{\mathscr{V}_0} \lambda(\alpha_1, \alpha_2, \alpha_3, t)\,[D(\alpha_1, \alpha_2, \alpha_3, t) - 1]\,\mathrm{d}\alpha_1\,\mathrm{d}\alpha_2\,\mathrm{d}\alpha_3,$$

wobei wir noch die Funktionaldeterminante durch $D(\ldots)$ abgekürzt haben.

Mit der *Lagrange*funktion $L = T - U + K$ ist also das *Lagrange*sche Variationsprinzip unter den alleinigen Nebenbedingungen (3.3.3) und (3.3.5) auszuwerten. Wir erhalten nach partieller Zeitintegration mit den Ableitungen aus § 3.1:

(3.3.9)

(3.3.9)
$$\int_{t_1}^{t_2} \delta T\,\mathrm{d}t = \int_{t_1}^{t_2} \Big\{ -\int_{\mathscr{V}_0} \ddot{\mathbf{r}}(\alpha_1, \alpha_2, \alpha_3, t) \cdot \delta\mathbf{r}(\alpha_1, \alpha_2, \alpha_3, t)\,\mathrm{d}m(\alpha_1, \alpha_2, \alpha_3) - m\ddot{\mathbf{R}} \cdot \delta\mathbf{R} - \sum_\nu \theta_{\nu\nu}\dot{\omega}_\nu \mathbf{e}_\nu \cdot \Delta\xi + \Big[\Big(\sum_\nu \theta_{\nu\nu}\omega_\nu \mathbf{e}_\nu\Big) \times \Big(\sum_\nu \omega_\nu \mathbf{e}_\nu\Big)\Big] \cdot \Delta\xi \Big\}\,\mathrm{d}t.$$

Noch einfacher folgt

(3.3.10)
$$\int_{t_1}^{t_2} \delta U\,\mathrm{d}t = \int_{t_1}^{t_2} \Big\{ g\int \delta\mathbf{r}(\alpha_1, \alpha_2, \alpha_3, t) \cdot \mathbf{j}\,\mathrm{d}m(\alpha_1, \alpha_2, \alpha_3) + mg\,\delta\mathbf{R} \cdot \mathbf{j} \Big\}\,\mathrm{d}t.$$

Um δK zu berechnen, ist δD auszurechnen. Da für Funktionaldeterminanten die folgende Identität gilt:

$$\frac{\partial(x_1 + \delta x_1, x_2 + \delta x_2, x_3 + \delta x_3)}{\partial(\alpha_1, \alpha_2, \alpha_3)} = \frac{\partial(x_1 + \delta x_1, x_2 + \delta x_2, x_3 + \delta x_3)}{\partial(x_1, x_2, x_3)} \cdot \frac{\partial(x_1, x_2, x_3)}{\partial(\alpha_1, \alpha_2, \alpha_3)},$$

genügt es,

$$\frac{\partial (x_1 + \delta x_1, x_2 + \delta x_2, x_3 + \delta x_3)}{\partial (x_1, x_2, x_3)}$$

für kleine Verrückungen $\delta \mathbf{r}$ zu berechnen. Um dies tun zu können, müssen wir die δx_ν gerade durch die η_ν nach (3.3.2) ersetzen, so daß wir also die Determinante

$$\begin{vmatrix} 1 + \frac{\partial \eta_1}{\partial x_1} & \frac{\partial \eta_1}{\partial x_2} & \frac{\partial \eta_1}{\partial x_3} \\ \frac{\partial \eta_2}{\partial x_1} & 1 + \frac{\partial \eta_2}{\partial x_2} & \frac{\partial \eta_2}{\partial x_3} \\ \frac{\partial \eta_3}{\partial x_1} & \frac{\partial \eta_3}{\partial x_2} & 1 + \frac{\partial \eta_3}{\partial x_3} \end{vmatrix}$$

erhalten, die für kleine η_ν den einfachen Wert

$$1 + \sum_{\nu=1}^{3} \frac{\partial \eta_\nu}{\partial x_\nu} = 1 + \operatorname{div} \boldsymbol{\eta}$$

annimmt. Damit erhalten wir

$$\int_{t_1}^{t_2} \delta K \mathrm{d} t = \int_{t_1}^{t_2} \Big\{ \int_{\mathscr{V}_0} \lambda (\alpha_1, \alpha_2, \alpha_3, t) \, D \operatorname{div} \boldsymbol{\eta} \, \mathrm{d}\alpha_1 \mathrm{d}\alpha_2 \mathrm{d}\alpha_3 \Big\} \, \mathrm{d} t. \tag{3.3.11}$$

Um (3.3.9) (3.3.10) (3.3.11) zusammenzufassen, können wir die Integration über $\mathscr{V}_0$ durch eine Integration über $\mathscr{V}_t$ ersetzen, wenn wir noch

$$\mathrm{d}\alpha_1 \mathrm{d}\alpha_2 \mathrm{d}\alpha_3 = D^{-1} \mathrm{d} x_1 \mathrm{d} x_2 \mathrm{d} x_3 \tag{3.3.12}$$

berücksichtigen. Um dann über x_1, x_2, x_3 integrieren zu können, definieren wir noch folgende Funktionen:

1. Das Geschwindigkeitsfeld $\mathbf{u} (\mathbf{r}, t)$ durch

$$\mathbf{u} (\mathbf{r} (\alpha_1, \alpha_2, \alpha_3, t), t) = \dot{\mathbf{r}} (\alpha_1, \alpha_2, \alpha_3, t). \tag{3.3.13}$$

Aus (3.3.13) folgt durch Differentiation nach t:

$$\ddot{\mathbf{r}} (\alpha_1, \alpha_2, \alpha_3, t) = \frac{\partial \mathbf{u}}{\partial t} + \sum_\nu \mathrm{u}_\nu \frac{\partial \mathbf{u}}{\partial x_\nu}. \tag{3.3.14}$$

2. Die Massendichte $\mu\,(\mathbf{r}, t)$ durch

$$\mu(\mathbf{r}(\alpha_1, \alpha_2, \alpha_3, t), t)\,\mathrm{d}x_1\,\mathrm{d}x_2\,\mathrm{d}x_3 = \mathrm{d}m(\alpha_1, \alpha_2, \alpha_3). \tag{3.3.15}$$

3. Das skalare Feld p $(\mathbf{r}, t)$ durch

$$\mathrm{p}\,(\mathbf{r}\,(\alpha_1, \alpha_2, \alpha_3, t), t) = \lambda\,(\alpha_1, \alpha_2, \alpha_3, t).$$

Man pflegt $p\,(\mathbf{r}, t)$ als *Druck* an der Stelle $\mathbf{r}$ zu bezeichnen. Die physikalische Bedeutung von $p\,(\ldots)$ wird sich aber erst rückwärts aus den dynamischen Gleichungen ergeben.

Damit erhalten wir als Variationsaufgabe:

$$\begin{aligned} 0 = \int_{t_1}^{t_2} \mathrm{d}t \Big\{ & - \int_{\mathscr{V}_t} \mu\,(\mathbf{r}, t) \left[\frac{\partial \mathbf{u}}{\partial t} + \sum_\nu u_\nu \frac{\partial \mathbf{u}}{\partial x_\nu}\right] \cdot \boldsymbol{\eta}\,\mathrm{d}x_1\,\mathrm{d}x_2\,\mathrm{d}x_3 \\ & - \int_{\mathscr{V}_t} g\mu\mathbf{j} \cdot \boldsymbol{\eta}\,\mathrm{d}x_1\,\mathrm{d}x_2\,\mathrm{d}x_3 + \int_{\mathscr{V}_t} p\,(\mathbf{r}, t)\,\mathrm{div}\,\boldsymbol{\eta}\,\mathrm{d}x_1\,\mathrm{d}x_2\,\mathrm{d}x_3 \\ & - m\ddot{\mathbf{R}} \cdot \delta\mathbf{R} - \sum_\nu \theta_{\nu\nu}\dot{\omega}_\nu \mathbf{e}_\nu \cdot \Delta\xi \\ & + \left[\left(\sum_\nu \theta_{\nu\nu}\omega_\nu \mathbf{e}_\nu\right) \times \left(\sum_\nu \omega_\nu \mathbf{e}_\nu\right)\right] \cdot \Delta\xi - mg\delta\mathbf{R} \cdot \mathbf{j} \Big\}. \end{aligned} \tag{3.3.16}$$

Um dies auswerten zu können, müssen wir noch das eine Integral über $\mathscr{V}_t$ durch partielle Integration umformen (Anwendung des *Gaußschen* Satzes A II (1) auf div $p\boldsymbol{\eta}$):

$$\begin{aligned} & \int_{\mathscr{V}_t} p\,\mathrm{div}\,\boldsymbol{\eta}\,\mathrm{d}x_1\,\mathrm{d}x_2\,\mathrm{d}x_3 \\ & = - \int_{\mathscr{V}_t} \boldsymbol{\eta} \cdot \mathrm{grad}\,p\,\mathrm{d}y_1\,\mathrm{d}x_2\,\mathrm{d}x_3 + \int_{F_1 + F_2 + F_3} p\mathbf{n} \cdot \boldsymbol{\eta}\,\mathrm{d}f. \end{aligned} \tag{3.3.17}$$

Wegen der Nebenbedingung (3.3.3) ist

$$\int_{F_3} p\mathbf{n} \cdot \boldsymbol{\eta}\,\mathrm{d}f = 0.$$

Wegen der Nebenbedingung (3.3.5) ist

$$\int_{F_2} p\mathbf{n}\cdot\boldsymbol{\eta}\,\mathrm{d}f = \Delta\xi\cdot\int_{F_2}(\mathbf{r}-\mathbf{R}(t))\times\mathbf{n}p\,\mathrm{d}f + \delta\mathbf{R}\cdot\int_{F_2}\mathbf{n}p\,\mathrm{d}f. \tag{3.3.18}$$

In (3.3.16) ist also das Integral

$$\int_{\mathscr{V}_t} p\,\mathrm{div}\,\boldsymbol{\eta}\,\mathrm{d}x_1\,\mathrm{d}x_2\,\mathrm{d}x_3$$

durch

$$\int_{F_1} p\mathbf{n}\cdot\boldsymbol{\eta}\,\mathrm{d}f + \Delta\xi\cdot\int_{F_2}(\mathbf{r}-\mathbf{R}(t))\times\mathbf{n}p\,\mathrm{d}f$$
$$+\,\delta\mathbf{R}\cdot\int_{F_2}\mathbf{n}p\,\mathrm{d}f - \int_{\mathscr{V}_t}\boldsymbol{\eta}\cdot\mathrm{grad}\,p\,\mathrm{d}x_1\,\mathrm{d}x_2\,\mathrm{d}x_3$$

zu ersetzen.

Da $\boldsymbol{\eta}$ an der Oberfläche F_1 beliebig gewählt werden kann, folgt

(3.3.19) $p(\mathbf{r}, t) = 0$ für alle $\mathbf{r}$ auf F_1.

Da $\delta\mathbf{R}$ frei wählbar ist, folgt

$$m\,\ddot{\mathbf{R}} = -\,mg\mathbf{j} + \int_{F_2}\mathbf{n}p\,\mathrm{d}f. \tag{3.3.20}$$

Da $\Delta\xi$ frei wählbar ist, folgt

$$\begin{aligned} \theta_{11}\dot{\omega}_1 + (\theta_{33}-\theta_{22})\,\omega_2\omega_3 &= D_1,\\ \theta_{22}\dot{\omega}_2 + (\theta_{11}-\theta_{33})\,\omega_3\omega_1 &= D_2,\\ \theta_{33}\dot{\omega}_3 + (\theta_{22}-\theta_{11})\,\omega_1\omega_2 &= D_3, \end{aligned} \tag{3.3.21 a}$$

mit

$$\mathbf{D} = \sum_{\nu} D_\nu\mathbf{e}_\nu = \int_{F_2}(\mathbf{r}-\mathbf{R}(t))\times\mathbf{n}p\,\mathrm{d}f. \tag{3.3.21 b}$$

Da $\boldsymbol{\eta}$ (r, t) innerhalb des Gebiets der Flüssigkeit frei wählbar ist, folgt

$$\mu\left(\frac{\partial \mathbf{u}}{\partial t} + \sum_{\nu} u_\nu \frac{\partial \mathbf{u}}{\partial x_\nu}\right) + g\mu\mathbf{j} + \operatorname{grad} p = 0. \tag{3.3.22}$$

In (3.3.20) erscheint ein Ausdruck

$$\int_{F_2} \mathbf{n} p \, \mathrm{d}f$$

für die Kraft, die die Flüssigkeit auf das Schiff ausübt; in (3.3.21 b) ist das Drehmoment angegeben. Daraus erkennt man, daß auf ein Flächenelement $\mathrm{d}f$ der Fläche F_2 eine Kraft $\mathbf{n}p\,\mathrm{d}f$ ausgeübt wird. Genau das ist aber die anschauliche Vorstellung, die mit dem Begriff des »Druckes« verknüpft wird. Die Richtung der von einem Druck ausgeübten Kraft hat nach der Definition des Druckes die Richtung der Flächennormalen $\mathbf{n}$.

Der Druck p erscheint noch einmal in der Gleichung (3.3.22) für die Bewegung der Flüssigkeit. Der Ausdruck $\mu\left(\frac{\partial \mathbf{u}}{\partial t} + \sum_{\nu} u_\nu \frac{\partial \mathbf{u}}{\partial x_\nu}\right)$ ist entsprechend seiner obigen Herleitung »Masse mal Beschleunigung« pro Volumeneinheit. $-\operatorname{grad} p$ ist also (genauso wie $-g\mu\mathbf{j}$) eine Kraftdichte. Die vom Druck auf irgendein Teilvolumen W der Flüssigkeit ausgeübte Kraft ist also (nach A II (3))

$$-\int_W \operatorname{grad} p \, \mathrm{d}x_1\, \mathrm{d}x_2\, \mathrm{d}x_3 = \int_{F_W} \mathbf{n}p\, \mathrm{d}f \tag{3.3.23}$$

mit einer nach *innen* gerichteten Normalen $\mathbf{n}$ für die Oberfläche F_W von W. Die rechte Seite von (3.3.23) zeigt wieder dieselbe Deutungsmöglichkeit: Auf ein Teilvolumen W der Flüssigkeit übt der Rest der Flüssigkeit eine Kraft (Zwangskraft zur Erhaltung der Inkompressibilität) aus, die man sich aus den Kräften $\mathbf{n}p\,\mathrm{d}f$ auf die Flächenelemente $\mathrm{d}f$ zusammengesetzt denken kann.

Neben den eben aufgestellten Bewegungsgleichungen (3.3.20) bis (3.3.22) ist noch die Nebenbedingung (3.3.7) zu berücksichtigen. Die mit η formulierten Nebenbedingungen (3.3.3) und (3.3.5) müssen natürlich auch für die wirklichen Verrückungen in einer Zeit $\mathrm{d}t$ gelten, d. h. es sind folgende »Randbedingungen« zu erfüllen (man ersetze η durch $\mathbf{u}\,\mathrm{d}t$, $\delta\mathbf{R}$ durch $\dot{\mathbf{R}}\,\mathrm{d}t$ und $\Delta\xi$ durch $\omega\,\mathrm{d}t$):

$$\mathbf{u}(\mathbf{r}, t) \cdot \mathbf{n} = 0 \text{ für alle } \mathbf{r} \text{ auf } F_3, \tag{3.3.24}$$

$$\mathbf{u} \cdot \mathbf{n} = [\omega \times (\mathbf{r} - \mathbf{R})] \cdot \mathbf{n} + \mathbf{R} \cdot \mathbf{n} \text{ für alle } \mathbf{r} \text{ der Flächen } F_2. \tag{3.3.25}$$

Die Fläche F_1 soll freie Oberfläche sein. Sie muß sich also genau der Bewegung der Flüssigkeit anpassen. Da die Fläche F_1 nach (3.3.19) durch die Gleichung $p(\mathbf{r}, t) = 0$ gegeben ist, muß also bei einer Verschiebung $\mathrm{d}\mathbf{r} = \mathbf{u}\,\mathrm{d}t$ wiederum $p(\mathbf{r} + \mathbf{u}\,\mathrm{d}t,\ t + \mathrm{d}t) = 0$ gelten, d.h. wir erhalten die weitere »Randbedingung«

(3.3.26) $\mathbf{u} \cdot \operatorname{grad} p + \dfrac{\partial p}{\partial t} = 0$ für alle $\mathbf{r}$, t, die

der Gleichung $p(\mathbf{r}, t) = 0$ genügen.

Aus der oben abgeleiteten Formel $\delta D = D \operatorname{div} \boldsymbol{\eta}$ folgt genauso für die zeitliche Änderung

$$\frac{\mathrm{d}D}{\mathrm{d}t} = D \operatorname{div} \mathbf{u}.$$

Die Bedingung (3.3.7) ist also (da $D(\alpha_1, \alpha_2, \alpha_3, 0) = 1$ ist) mit $\mathrm{d}D/\mathrm{d}t = 0$ äquivalent, so daß wir (3.3.7) durch

(3.3.27) $\operatorname{div} \mathbf{u} = 0$

ersetzen können.

Die Gleichung (3.3.15) für $\mu(\mathbf{r}, t)$ haben wir noch nicht ausgewertet. Mit $\mathrm{d}m(\alpha_1, \alpha_2, \alpha_3) = \mu(\alpha_1, \alpha_2, \alpha_3, 0)\,\mathrm{d}\alpha_1\,\mathrm{d}\alpha_2\,\mathrm{d}\alpha_3$ ist (3.3.15) äquivalent mit

(3.3.28a) $\mu(\mathbf{r}(\alpha_1, \alpha_2, \alpha_3, t), t)\, D = \mu(\alpha_1, \alpha_2, \alpha_3, 0)$.

Differentiation nach t liefert, da die rechte Seite konstant ist:

$$\frac{\partial \mu}{\partial t} + \mathbf{u} \cdot \operatorname{grad} \mu + \mu \operatorname{div} \mathbf{u} = 0,$$

was mit

(3.3.28b) $\dfrac{\partial \mu}{\partial t} + \operatorname{div}(\mu \mathbf{u}) = 0$

identisch ist. Die Gleichung (3.3.15) drückt aus, daß die Masse der Massenelemente $\mathrm{d}m$ bei der Bewegung erhalten bleibt. (3.3.28b), was mit (3.3.15) äquivalent ist, wird deshalb oft als Gleichung für die Massenerhaltung bezeichnet. Integration von (3.3.28b) über ein Teilgebiet W der Flüssigkeit liefert (mit A II (1))

(3.3.29) $\dfrac{\mathrm{d}}{\mathrm{d}t} \displaystyle\int_W \mu\,\mathrm{d}x_1\,\mathrm{d}x_2\,\mathrm{d}x_3 = -\int_{F_W} \mu \mathbf{u} \cdot \mathbf{n}\,\mathrm{d}f$

mit einer ins *Innere* von W weisenden Normalenrichtung. (3.3.29) kann man so deuten: Die Änderung der Masse in W pro Zeiteinheit ist gleich der durch die Flächenelemente df pro Zeiteinheit hineinströmenden Masse, wobei eben ganz anschaulich (siehe Fig. 21) in der Zeit Δt durch df die Menge $\Delta t \mathbf{u} \mu \cdot \mathbf{n} \, df$ hindurchströmt.

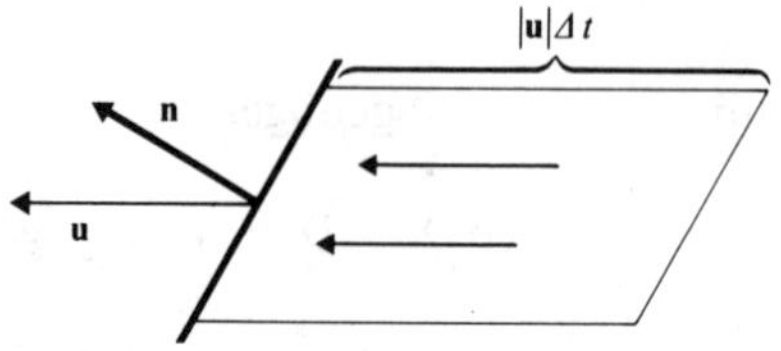

Fig. 21

In (3.3.28 b) ist noch nicht die Inkompressibilität berücksichtigt. Zusammen mit (3.3.27) folgt

$$\frac{\partial \mu}{\partial t} + \mathbf{u} \cdot \operatorname{grad} \mu = 0 .$$

Wir wollen aber noch weiter voraussetzen, daß die Flüssigkeit homogen ist, d.h. daß zu irgendeiner Zeit (z.B. $t = 0$) die Dichte μ konstant ist, d.h.

$$\mu (\alpha_1, \alpha_2, \alpha_3, 0) = \mu_0$$

mit einer von $\alpha_1, \alpha_2, \alpha_3$ unabhängigen Konstanten μ_0.

Aus (3.3.28 a) mit der Nebenbedingung (3.3.7) folgt dann

$$\mu (\mathbf{r}, t) = \mu_0$$

d.h. daß μ eine (weder von $\mathbf{r}$ noch t abhängige) Konstante ist. Die Gleichung (3.3.28 b) benötigen wir dann nicht. Wir werden bei allen weiteren Diskussionen dieses § 3.3 jetzt immer μ als konstant voraussetzen.

Als ersten Sonderfall wollen wir den statischen Fall betrachten:

$$\mathbf{u} = 0, \quad \mathbf{R} = 0, \quad \omega = 0 .$$

Aus (3.3.22) folgt

(3.3.30) $$g \mu \mathbf{j} + \operatorname{grad} p = 0 .$$

Integration von (3.3.30) liefert sofort

(3.3.31) $$p = - g \mu \mathbf{r} \cdot \mathbf{j} + p_0 .$$

(3.3.19) liefert dann, daß F_2 eine ebene Fläche senkrecht zu **j** ist. Wählen wir den Nullpunkt des Koordinatensystems so, daß er auf der Fläche F_2 liegt, so kann man in (3.3.31) einfach $p_0 = 0$ setzen. $|\mathbf{r} \cdot \mathbf{j}|$ ist dann die »Tiefe« eines Punktes **r** unter der Oberfläche F_2. Der Druck p steigt also linear mit der Tiefe an.

Aus (3.3.20) folgt als Gesamtkraft auf das Schiff:

$$\mathbf{K} = -mg\mathbf{j} + \int_{F_2} \mathbf{n}p\,\mathrm{d}f = -mg\mathbf{j} - g\mu \int_{F_2} \mathbf{n}\mathbf{r} \cdot \mathbf{j}\,\mathrm{d}f.$$

Die Fläche F_2 können wir durch eine Fortsetzung F_{21} der ebenen Fläche F_1 durch das Schiff hindurch zu einer geschlossenen Fläche ergänzen. Auf dem Zusatzstück F_{21} ist $\mathbf{r} \cdot \mathbf{j} = 0$, so daß wir haben

$$\mathbf{K} = -mg\mathbf{j} - g\mu \int_{F_2+F_{21}} \mathbf{n}\mathbf{r} \cdot \mathbf{j}\,\mathrm{d}f,$$

wobei **n** die in das Gebiet des Schiffes gerichtete Normale ist. Daher ist (nach A II (3))

$$\int_{F_2+F_{21}} \mathbf{n}\mathbf{r} \cdot \mathbf{j}\,\mathrm{d}f = -\int_{\mathscr{V}_s} \operatorname{grad}(\mathbf{r} \cdot \mathbf{j})\,\mathrm{d}x_1\,\mathrm{d}x_2\,\mathrm{d}x_3 = -\mathbf{j}V_s,$$

wobei $\mathscr{V}_s$ der vom Schiff »eingetauchte« Teil mit dem Volumen V_s ist. Damit folgt:

(3.3.32) $$\mathbf{K} = (-mg + g\mu V_s)\,\mathbf{j}.$$

Für das Gleichgewicht (d.h. $\ddot{\mathbf{R}} = 0$) ist also $\mathbf{K} = 0$. Dies ist aber mit (3.3.22) nichts anderes als das bekannte *Archimedische Prinzip,* daß ein Schiff gerade soviel Wasser an Gewicht (nämlich $g\mu V_s$) verdrängt, wie es selber wiegt (nämlich gm).

Aus (3.3.21 b) folgt als Drehmoment um den Schwerpunkt:

(3.3.33) $$\mathbf{D} = \int_{F_2} (\mathbf{r} - \mathbf{R}) \times \mathbf{n}p\,\mathrm{d}f = 0.$$

Mit dem Wert (3.3.31) ($p_0 = 0$!) für p folgt:

(3.3.34) $$\mathbf{D} = -g\mu \int_{F_2} (\mathbf{r} - \mathbf{R}) \times \mathbf{n}\mathbf{r} \cdot \mathbf{j}\,\mathrm{d}f.$$

Wie oben dürfen wir F_2 durch $F_2 + F_{21}$ ersetzen und erhalten nach dem *Gauß*schen Satz der Form A II (4) (**n** ist die nach Innen gerichtete Normale!):

$$\mathbf{D} = g\mu \int_{\mathscr{V}_s} \operatorname{rot}\,[\mathbf{r}\cdot\mathbf{j}\,(\mathbf{r}-\mathbf{R})]\,\mathrm{d}x_1\,\mathrm{d}x_2\,\mathrm{d}x_3,$$

(3.3.35) d.h.

$$\mathbf{D} = -g\mu\mathbf{j} \times \int_{\mathscr{V}_s} (\mathbf{r}-\mathbf{R})\,\mathrm{d}x_1\,\mathrm{d}x_2\,\mathrm{d}x_3.$$

Durch

(3.3.36) $$\mathbf{R}_s = \frac{1}{V_s}\int_{\mathscr{V}_s} \mathbf{r}\,\mathrm{d}x_1\,\mathrm{d}x_2\,\mathrm{d}x_3$$

ist der »Massenmittelpunkt des verdrängten Flüssigkeitsvolumens $\mathscr{V}_s$« definiert. (3.3.35) können wir daher schreiben:

(3.3.37) $$\mathbf{D} = (\mathbf{R}_s - \mathbf{R}) \times g\mu V_s \mathbf{j},$$

was wir so interpretieren können, daß der »Auftrieb« $g\mu V_s\mathbf{j}$ im Schwerpunkt $\mathbf{R}_s$ der verdrängten Flüssigkeitsmenge angreift. Im statischen Fall (d. h. für $\omega = 0$) muß $\mathbf{D} = 0$ sein, was besagt, daß $\mathbf{R}_s - \mathbf{R}$ die Richtung des Vektors $\mathbf{j}$ haben muß. Ob die statische Gleichgewichtslage stabil ist, hängt davon ab, ob bei einer Auslenkung aus der Gleichgewichtslage das Drehmoment $\mathbf{D}$ so wirkt, daß es versucht, den Schiffskörper wieder in die Gleichgewichtslage *zurück*zudrehen. Dies werden wir etwas später an einem Beispiel erläutern.

Im dynamischen Fall scheint auf den ersten Blick die Gleichung (3.3.22) eine »Bewegungsgleichung« der Flüssigkeit zu sein, da sie die zeitliche Änderung $\partial\mathbf{u}/\partial t$ der Geschwindigkeit zu bestimmen scheint. Dieser Schein trügt, denn der »Druck« p als »Zwangskraft« ist nicht vorgegeben, sondern stellt sich entsprechend der Forderung der Inkompressibilität ein. (3.3.22) ist also auch im dynamischen Fall *nur* eine Bestimmungsgleichung für den Druck $p\,(\mathbf{r}, t)$! Wodurch aber ist dann die Strömung $\mathbf{u}\,(\mathbf{r}, t)$ bestimmt?

Die Strömung ist erstens durch die Nebenbedingung div $\mathbf{u} = 0$ und die Randbedingungen (3.3.24) und 3.3.25) und zweitens durch die Forderung bestimmt, daß (3.3.22) eine *sinnvolle* Gleichung zur Berechnung des Druckes ist; denn der Druck kann aus (3.3.22) durch Kurvenintegrale dann und nur dann berechnet werden, wenn

(3.3.38) $$\oint \mu\left(\frac{\partial\mathbf{u}}{\partial t} + \sum_\nu u_\nu \frac{\partial\mathbf{u}}{\partial x_\nu}\right)\cdot\mathrm{d}\mathbf{r} = 0$$

für alle geschlossenen Kurven in der Flüssigkeit ist. (3.3.26) und (3.3.38) sind (neben den Randbedingungen) die einzigen Bedingungen an das Strömungsfeld $\mathbf{u}\,(\mathbf{r}, t)$!

Die Bedingungsgleichung (3.3.38) hat eine sehr anschauliche physikalische Bedeutung:

Wir wollen die zeitliche Änderung der sogenannten Zirkulation $\mathscr{Z}(t)$ auf einer geschlossenen, mit der Flüssigkeit *mitbewegten* Kurve $\mathscr{C}_t$ berechnen:

$$\mathscr{Z}(t) = \int_{\mathscr{C}_t} \mathbf{u}(\mathbf{r}, t) \cdot d\mathbf{r}.$$

Wir können $\mathscr{Z}(t)$ in der Form schreiben:

$$\mathscr{Z}(t) = \int_{\mathscr{C}_0} \mathbf{u}(\mathbf{r}(\alpha_1, \alpha_2, \alpha_3, \mathrm{t}), t) \cdot \sum_\nu \frac{\partial \mathbf{r}}{\partial \alpha_\nu} d\alpha_\nu, \tag{3.3.39}$$

wobei jetzt über die Kurve $\mathscr{C}_0$ zur Zeit $t = 0$ zu integrieren ist.

Durch zeitliche Differentiation von (3.3.39) folgt:

$$\dot{\mathscr{Z}}(t) = \int_{\mathscr{C}_0} \left(\frac{\partial \mathbf{u}}{\partial t} + \sum_\mu u_\mu \frac{\partial \mathbf{u}}{\partial x_\mu} \right) \cdot \sum_\nu \frac{\partial \mathbf{r}}{\partial \alpha_\nu} d\alpha_\nu$$

$$+ \int_{\mathscr{C}_0} \mathbf{u} \cdot \sum \frac{\partial \dot{\mathbf{r}}}{\partial \alpha_\nu} d\alpha_\nu.$$

Aus $\dot{\mathbf{r}}(\alpha_1, \alpha_2, \alpha_3, t) = \mathbf{u}(\mathbf{r}(\alpha_1, \alpha_2, \alpha_3, t), t)$ folgt

$$\frac{\partial \dot{\mathbf{r}}}{\partial \alpha_\nu} = \sum_\mu \frac{\partial \mathbf{u}}{\partial x_\mu} \frac{\partial x_\mu}{\partial \alpha_\nu},$$

so daß man erhält

$$\begin{aligned} \dot{\mathscr{Z}}(t) &= \int_{\mathscr{C}_t} \left(\frac{\partial \mathbf{u}}{\partial t} + \sum_\mu u_\mu \frac{\partial \mathbf{u}}{\partial x_\mu} \right) \cdot d\mathbf{r} \\ &+ \int_{\mathscr{C}_t} \mathbf{u} \cdot \sum_\mu \frac{\partial \mathbf{u}}{\partial x_\mu} dx_\mu. \end{aligned} \tag{3.3.40}$$

Da

$$\int_{\mathscr{C}_t} \mathbf{u} \cdot \sum_\mu \frac{\partial \mathbf{u}}{\partial x_\mu} dx_\mu = \frac{1}{2} \int_{\mathscr{C}_t} \sum_\mu \frac{\partial (\mathbf{u} \cdot \mathbf{u})}{\partial x_\mu} dx_\mu$$

$$= \frac{1}{2} \int_{\mathscr{C}_t} d\mathbf{r} \cdot \operatorname{grad} \mathbf{u}^2 = 0$$

ist ($\mathscr{C}_t$ ist geschlossen!), folgt schließlich

$$\dot{\mathscr{Z}}(t) = \int_{\mathscr{C}_t} \left(\frac{\partial \mathbf{u}}{\partial t} + \sum_\mu u_\mu \frac{\partial \mathbf{u}}{\partial x_\mu} \right) \cdot d\mathbf{r}. \tag{3.3.41}$$

Da μ konstant ist, ist (3.3.38) mit $\dot{\mathscr{Z}} = 0$ für alle geschlossenen Kurven äquivalent. Die Zirkulation ist also zeitlich konstant. Ist div $\mathbf{u} = 0$ und $\dot{\mathscr{Z}} = 0$ (für alle geschlossenen Kurven) für ein Geschwindigkeitsfeld $\mathbf{u}(\mathbf{r}, t)$ erfüllt, so ist (3.3.22) eine Bestimmungsgleichung für $p(\mathbf{r}, t)$.

Ist $\mathscr{Z}$ für alle Kurven zu *einer* Zeit gleich Null, so ist $\mathscr{Z}$ zu allen Zeiten für alle Kurven gleich Null. Wir nennen solche Strömungen »Potentialströmungen«, da $\mathscr{Z} = 0$ äquivalent ist (siehe z. B. die entsprechenden Überlegungen für konservative Kräfte aus V § 2.3) mit der Bedingung, daß es ein Potential $\varphi(\mathbf{r}, t)$ mit

$$\mathbf{u}(\mathbf{r}, t) = -\operatorname{grad} \varphi(\mathbf{r}, t) \tag{3.3.42}$$

gibt.

Für Potentialströmungen ist (3.3.38) immer erfüllt, so daß also nur noch die Nebenbedingung div $\mathbf{u} = 0$ bleibt, die mit (3.3.42) zu

$$\operatorname{div} \operatorname{grad} \varphi = \Delta \varphi = 0 \tag{3.3.43}$$

führt, wobei Δ der *Laplace*sche Operator ist.

Die Bestimmungsgleichung (3.3.22) für p kann man umschreiben unter Benutzung der Identität

$$\mathbf{u} \times (\nabla \times \mathbf{u}) = -\mathbf{u} \cdot \nabla \mathbf{u} + (\nabla \mathbf{u}) \cdot \mathbf{u}$$

$$= -\mathbf{u} \cdot \nabla \mathbf{u} + \frac{1}{2} \nabla (\mathbf{u} \cdot \mathbf{u}):$$

$$\mu \left(\frac{\partial \mathbf{u}}{\partial t} + \frac{1}{2} \operatorname{grad} \mathbf{u}^2 \right) - \mu \mathbf{u} \times \operatorname{rot} \mathbf{u} + g \mu \mathbf{j} + \operatorname{grad} p = 0.$$

Wegen $\mathbf{u} = -\operatorname{grad} \varphi$ ist rot $\mathbf{u} = 0$ und damit

$$\operatorname{grad} \left[-\mu \frac{\partial \varphi}{\partial t} + \frac{\mu}{2} \mathbf{u}^2 + g \mu \mathbf{r} \cdot \mathbf{j} + p \right] = 0. \tag{3.3.43}$$

Daraus folgt die bekannte *Bernoulli*sche Gleichung zur Bestimmung des Druckes $p(\mathbf{r}, t)$:

(3.3.44) $$p(\mathbf{r}, t) = \mu \frac{\partial \varphi}{\partial t} - \frac{\mu}{2} \mathbf{u}^2 - g \mu \mathbf{r} \cdot \mathbf{j} + f(t)$$

mit einer zunächst willkürlichen *nur* von der Zeit abhängigen Funktion $f(t)$.

Wenn wir annehmen, daß die Randbedingungen (3.3.24) und (3.3.25) erfüllt sind, bleibt noch die Bedingung (3.3.19) und (3.3.26) auf der freien Oberfläche F_1.

(3.3.45) $$F_1 : p = \mu \frac{\partial \varphi}{\partial t} - \frac{\mu}{2} \mathbf{u}^2 - g \mu \mathbf{r} \cdot \mathbf{j} + f(t) = 0.$$

Dazu kommt die Gleichung (3.3.26), die mit (3.3.45) die Gestalt

(3.3.46) $$\mathbf{u} \cdot \left[- \mu \frac{\partial \mathbf{u}}{\partial t} - \frac{\mu}{2} \operatorname{grad} \mathbf{u}^2 - g \mu \mathbf{j} \right] + \mu \frac{\partial^2 \varphi}{\partial t^2} - \mu \mathbf{u} \cdot \frac{\partial \mathbf{u}}{\partial t} + f'(t) = 0$$

für alle $\mathbf{r}$, t, die der Gleichung (3.3.45) genügen, annimmt.

Damit haben wir uns die Problemstellung zwar verdeutlicht, aber noch lange keine Lösungsmethode gefunden; denn die Lage der Fläche F_2 ist durch die Bewegung des starren Schiffes bestimmt, die aber wiederum von dem Druck nach (3.3.44) auf F_2 abhängt; ebenso ist durch die Kombination von (3.3.45) mit (3.3.46) eine Nebenbedingung formuliert, der die Lösung ebenfalls genügen muß. Es ist nun unmöglich, auch nur eine Übersicht über die Vielgestaltigkeit der durch die Gleichungen (3.3.43), (3.3.44), (3.3.24), (3.3.25), (3.3.45), (3.3.46) und die Bewegungsgleichungen des Schiffes (3.3.20), (3.3.21 a, b) bestimmten Bewegungen zu geben. Wir können daher zur Illustration nur einige spezielle Beispiele diskutieren:

1. Wellenbewegung ohne Schiff. Wir nehmen als x_2-Achse die des Vektors $\mathbf{j}$ und nehmen idealisierend an, daß φ nicht von x_3 abhängt. Die Fläche F_3 sei eine zu $\mathbf{j}$ senkrechte Ebene in der Tiefe h, d.h. F_3 ist durch die Gleichung $x_2 = - h$ gegeben.

Die Gleichung (3.3.43) hat dann die Form

(3.3.47) $$\frac{\partial^2 \varphi}{\partial x_1^2} + \frac{\partial^2 \varphi}{\partial x_2^2} = 0.$$

Die Randbedingung (3.3.24) lautet:

(3.3.48) $$\left(\frac{\partial \varphi}{\partial x_2}\right)_{x_2=-h} = 0.$$

Eine allgemeine Lösung von (3.3.47), die (3.3.48) erfüllt, kann man als *Fourier*-integral (siehe A VIII, § 11)

(3.3.49) $$\varphi(x_1, x_2, t) = \int_{-\infty}^{+\infty} a(k, t)\left(e^{k(x_2+h)} + e^{-k(x_2-h)}\right) e^{ikx_1}\, dk$$

schreiben, was man leicht sieht, da der Integrand $(e^{k(x_2+h)} + e^{-k(x_2-h)})\, e^{ikx_1}$ eine Lösung von (3.3.47) ist und (3.3.48) erfüllt. Die Auswertung der Gleichungen (3.3.45), (3.3.46) ist aber unübersehbar kompliziert, wenn man Wellen großer Amplituden betrachtet. Wir wollen daher zu der *Näherung* »kleiner« Wellen übergehen, d.h. **u** soll so klein sein, daß man quadratische Glieder in **u** vernachlässigen kann*. Dann können wir auch φ als klein voraussetzen.

(3.3.45) kann man dann schreiben:

(3.3.50) $$\mu \frac{\partial \varphi}{\partial t} - \mu g \mathbf{r} \cdot \mathbf{j} + f(t) = 0.$$

(3.3.46) vereinfacht sich zu:

(3.3.51) $$-g\mu \mathbf{u} \cdot \mathbf{j} + \mu \frac{\partial^2 \varphi}{\partial t^2} + f'(t) = 0.$$

Da die Auslenkung der Fläche F_1 aus der »Nullage« $x_2 = 0$ klein sein soll, können wir wegen $\mathbf{r} \cdot \mathbf{j} = x_2$ mit $x_2 = \xi$ (3.3.50) in der Form

$$\xi(t) = \frac{1}{g\mu} f(t) + \frac{1}{g} \frac{\partial \varphi}{\partial t}$$

schreiben. f ist also ebenfalls klein. Daher stehen in (3.3.51) nur kleine Größen, so daß man (3.3.51) für $x_2 = 0$ fordern kann, da eine Entwicklung von (3.3.51) nach ξ nur zusätzliche Glieder liefern würde, die mindestens quadratisch in kleinen Größen sind. (3.3.51) lautet dann

(3.3.52) $$g\mu \frac{\partial \varphi}{\partial x_2} + \mu \frac{\partial^2 \varphi}{\partial t^2} + f'(t) = 0 \qquad \text{für } x_2 = 0.$$

* Wieder wenden wir die Methode der Näherung an, um überhaupt weiter zu kommen. Diese für die theoretische Physik entscheidend wichtige Methode wurde allgemein schon in III, § 7 erwähnt und ihre Bedeutung am Ende von V § 3.10 noch einmal hervorgehoben.

Mit (3.3.49) geht das über in

$$\int_{-\infty}^{+\infty} [g\mu k a(k, t)(e^{kh} - e^{-kh}) + \mu \ddot{a}(e^{kh} + e^{-kh})] e^{ikx_1} dk + f'(t) = 0. \tag{3.3.53}$$

Das *Fourier*integral stellt eine Funktion dar, die für $x_1 \to \pm\infty$ gegen Null geht; also muß $f'(t) = 0$ sein, so daß aus (3.3.53) schließlich

$$gka(k,t)(e^{kh} - e^{-kh}) + \ddot{a}(e^{kh} + e^{-kh}) = 0 \tag{3.3.54}$$

folgt, was die Lösungen (mit $\omega(k) \geqq 0$):

$$a(k, t) = a_{\pm}(k) e^{\pm i\omega(k)t} \tag{3.3.55}$$

mit

$$\omega^2(k) = gk\frac{e^{kh} - e^{-kh}}{e^{kh} + e^{-kh}} \tag{3.3.56}$$

hat. Die Bewegung der Wellen ist also unabhängig von der Dichte der Flüssigkeit!

(3.3.49) lautet dann explizit

$$\varphi(x_1, x_2, t) = \int_{-\infty}^{+\infty} [a_+(k) e^{i\omega(k)t} + a_-(k) e^{-i\omega(k)t}] \cdot (e^{k(x_2+h)} + e^{-k(x_2+h)}) e^{ikx_1} dk. \tag{3.3.57}$$

Die Auslenkung ξ der Wellen folgt aus (3.3.50) mit $\mathbf{r} \cdot \mathbf{j} = \xi$, indem man in (3.3.50) für kleine Auslenkungen $\partial\varphi/\partial t$ an der Stelle $x_2 = 0$ nimmt und wegen $f'(t) = 0$ auch $f(t) = 0$ setzt ($f(t) = \text{const}$ steht im Widerspruch dazu, daß die *Fourier*integrale für $x_1 \to \pm\infty$ gegen Null gehen):

$$\xi(x_1, t) = \frac{i}{g} \int_{-\infty}^{+\infty} [a_+(k)\,\omega(k)\, e^{i\omega(k)t} - a_-(k)\,\omega(k) e^{-i\omega(k)t}] \cdot (e^{kh} + e^{-kh}) e^{ikx_1} dk. \tag{3.3.58}$$

Die Koeffizienten $a_+(k)$ und $a_-(k)$ lassen sich z. B. durch die Werte der Auslenkung ξ und von $\partial\xi/\partial t$ zur Zeit $t = 0$ bestimmen:

$$\xi(x_1, 0) = \frac{i}{g} \int_{-\infty}^{+\infty} [a_+(k) - a_-(k)]\, \omega(k) \cdot (e^{kh} + e^{-kh})\, e^{ikx_1} \, dk,$$

$$\frac{\partial \xi}{\partial t}(x_1, 0) = -\frac{1}{g} \int_{-\infty}^{+\infty} [a_+(k) + a_-(k)]\, \omega(k)^2 \cdot$$

$$\cdot (e^{kh} + e^{-kh})\, e^{ikx_1} \, dk.$$

Da $\xi(x_1, t)$ reell ist, muß für die Entwicklungskoeffizienten

$$b(k, t) = \frac{i}{g} [a_+(k)\, \omega(k)\, e^{i\omega(k)t} - a_-(k)\, \omega(k)\, e^{-i\omega(k)t}] \cdot$$

$$\cdot (e^{kh} + e^{-kh})$$

$b(-k, t) = \overline{b(k, t)}$ gelten, woraus

$$a_+(-k) = \overline{a_-(k)},$$

$$a_-(k) = \overline{a_+(k)}$$

folgt. Damit wird, wenn man das Integral in (3.3.58) in zwei Teile von $-\infty$ bis 0 und 0 bis $+\infty$ zerlegt und im ersten Teil k durch $-k$ als Integrationsvariable ersetzt (hierbei ist Rt = Realteil):

(3.3.59a) $$\xi(x_1, t) = \xi_+(x_1, t) + \xi_-(x_1, t)$$

mit

$$\xi_+(x_1, t) = \frac{2}{g} \int_0^{\infty} \mathrm{Rt}\, [-i a_-(k)\, e^{i(kx_1 - \omega(k)t)}] \cdot$$

(3.3.59b)

$$\cdot\, \omega(k)\, (e^{kh} + e^{-kh})\, dk,$$

$$\xi_-(x_1, t) = \frac{2}{g} \int_0^{\infty} \mathrm{Rt}\, [i a_+(k)\, e^{i(kx_1 + \omega(k)t)}] \cdot$$

(3.3.59c)

$$\cdot\, \omega(k)\, (e^{kh} + e^{-kh})\, dk.$$

Der Ausdruck

$$e^{i(kx_1 - \omega(k)t)} \tag{3.3.60}$$

im Integranden von (3.3.59b) stellt (für $k > 0$!) eine ebene Welle dar, die sich in positiver Richtung der 1-Achse des Koordinatensystems fortbewegt. $\xi_+(x_1, t)$ kann man daher anschaulich als den Teil der Wasserwelle bezeichnen, der sich in positiver x_1-Richtung, und $\xi_-(x_1, t)$ als den Teil, der sich in negativer x_1-Richtung fortpflanzt. Es genügt daher, wenn wir uns nur mit einem der beiden Teile von ξ und zwar mit $\xi_+(x_1, t)$ näher beschäftigen.

Die Flächen gleicher Phase von (3.3.60), die durch

$$k x_1 - \omega(k)\, t = \text{const.}$$

definiert sind, pflanzen sich also (für $k > 0$) in der positiven x_1-Richtung mit der sogenannten *Phasengeschwindigkeit*

$$v_p = \frac{\omega(k)}{k} \tag{3.3.61}$$

fort. Das bedeutet aber, wie wir gleich sehen werden, nicht, daß sich die »ganze« endlich ausgedehnte Welle $\xi_+(x_1, t)$ mit dieser Geschwindigkeit fortbewegt! Man nennt häufig eine endlich ausgedehnte Welle (3.3.59b) ein »Wellenpaket«. Ein solches Wellenpaket ändert im allgemeinen auch seine »Form« wie in unserem Falle, wo *nicht*

$$\xi_+(x_1, t) = \xi_+(x_1 - v_p t, 0) \text{ gilt!}$$

Wir formen (3.3.59b) wieder zurück um in ein Integral von $-\infty$ bis $+\infty$:

$$\begin{aligned}\xi_+(x_1, t) &= \frac{1}{g}\int_0^\infty - i a_-(k)\, e^{i(kx_1 - \omega(k)t)} \cdot \omega(k)\,(e^{kh} + e^{-kh})\, dk \\ &\quad + \frac{1}{g}\int_{-\infty}^0 i a_+(k)\, e^{i(kx_1 + \omega(k)t)} \cdot \omega(k)\,(e^{kh} + e^{-kh})\, dk \\ &= \frac{1}{\sqrt{2\pi}}\int_{-\infty}^{+\infty} b(k)\, e^{i(kx_1 - \frac{k}{|k|}\omega(k)t)}\, dk\end{aligned}$$

mit

$$b(k) = \frac{\sqrt{2\pi}}{g}\,\omega(k)\,(e^{kh} + e^{-kh}) \begin{cases} -i a_-(k) \text{ für } k > 0 \\ i a_+(k) \text{ für } k < 0. \end{cases}$$

Wenn wir also die Fortpflanzung des Wellenpakets $\xi_+ (x_1, t)$ beschreiben wollen, müssen wir irgendeine Art Mittelpunkt des Wellenpakets definieren. Es liegt nahe, diesen Mittelpunkt in sehr anschaulicher Weise durch die Koordinate X_1 nach

$$(3.3.62) \qquad X_1 (t) = \frac{\int\limits_{-\infty}^{+\infty} |\xi_+ (x_1, t)|^2 x_1 \, \mathrm{d} x_1}{\int\limits_{-\infty}^{+\infty} |\xi_+ (x_1, t)|^2 \, \mathrm{d} x_1}$$

einzuführen.

Aus den Sätzen über *Fourier*integrale folgt

$$c (k, t) = b (k) \, \mathrm{e}^{-\frac{k}{|k|} \omega (k) t} = \frac{1}{\sqrt{2\pi}} \int\limits_{-\infty}^{+\infty} \xi_+ (x_1, t) \, \mathrm{e}^{-ikx_1} \mathrm{d} x_1 .$$

Wegen

$$\int\limits_{-\infty}^{+\infty} |\xi_+ (x_1, t)|^2 \, \mathrm{d} x_1 = \int\limits_{-\infty}^{+\infty} |c (k, t)|^2 \, \mathrm{d} k = \int\limits_{-\infty}^{+\infty} |b (k)|^2 \, \mathrm{d} k$$

ist dann

$$\frac{\mathrm{d}}{\mathrm{d} t} \int\limits_{-\infty}^{+\infty} |\xi_+ (x_1, t)|^2 \, \mathrm{d} x_1 = 0 .$$

$\dot{X}_1 (t)$ ergibt sich also aus (3.3.62) allein durch Differentiation des Zählers:

$$\frac{\mathrm{d}}{\mathrm{d} t} \int\limits_{-\infty}^{+\infty} |\xi_+ (x_1, t)|^2 x_1 \, \mathrm{d} x_1 = \int\limits_{-\infty}^{+\infty} [\overline{\dot{\xi}_+ (x_1, t)} \, x_1 \, \xi_+ (x_1, t) +$$

$$+ \overline{\xi_+ (x_1, t)} \, x_1 \, \dot{\xi}_+ (x_1, t)] \, \mathrm{d} x_1 .$$

Es ist

$$\dot{\xi}_+ (x_1, t) = \frac{1}{\sqrt{2\pi}} \int\limits_{-\infty}^{+\infty} - i \frac{k}{|k|} \omega (k) \, c (k, t) \, \mathrm{e}^{ikx_1} \, \mathrm{d} k$$

und

$$x_1 \dot{\xi}_+ (x_1, t) = \frac{1}{\sqrt{2\pi}} \int\limits_{-\infty}^{+\infty} - \frac{k}{|k|} \omega (k) \, c (k, t) \frac{\partial}{\partial k} \mathrm{e}^{ikx_1} \, \mathrm{d} k .$$

Man kann dies partiell integrieren, da $\frac{k}{|k|}\,\omega(k)$ nach (3.3.56) auch an der Stelle $k = 0$ differenzierbar ist; denn für kleine k ist $\omega(k) \approx |k|\sqrt{gh}$, so daß für kleine k

$$\frac{k}{|k|}\,\omega(k) \approx k\sqrt{gh}$$

gilt. Nach partieller Integration erhält man dann wegen des Verschwindens der Randintegrale:

$$x_1 \dot{\xi}_+(x_1, t) = \frac{1}{\sqrt{2\pi}} \int_{-\infty}^{+\infty} e^{ikx_1} \frac{\partial}{\partial k}\left(\frac{k}{|k|}\,\omega(k)\, c(k, t)\right) dk.$$

Damit folgt

$$\int_{-\infty}^{+\infty} \overline{\xi_+(x_1, t)}\, x_1 \dot{\xi}_+(x_1, t)\, dx_1 = \\ = \int \overline{c(k, t)}\, \frac{\partial}{\partial k}\left(\frac{k}{|k|}\,\omega(k)\, c(k, t)\right) dk.$$

Als konjugiert komplexe Gleichung dazu folgt (mit partieller Integration):

$$\int_{-\infty}^{+\infty} \overline{\xi_+(x_1, t)}\, x_1 \xi_+(x_1, t)\, dx_1 = \\ = \int c(k, t)\, \frac{\partial}{\partial k}\left(\frac{k}{|k|}\,\omega(k)\, \overline{c(k, t)}\right) dk,$$

so daß man also schließlich

$$\text{(3.3.63)} \qquad \dot{X}_1(t) = \frac{\int_{-\infty}^{+\infty} |b(k)|^2 \frac{d}{dk}\left(\frac{k}{|k|}\,\omega(k)\right) dk}{\int_{-\infty}^{+\infty} |b(k)|^2\, dk}$$

erhält: $\dot{X}_1(t)$ ist also zeitlich konstant und im Sinne von (3.3.63) ein »Mittelwert« der Größe $\frac{d}{dk}\left(\frac{k}{|k|}\,\omega(k)\right)$. Man bezeichnet

$$(3.3.64) \qquad v_g(k) = \frac{d}{dk}\left(\frac{k}{|k|}\,\omega(k)\right)$$

als die *Gruppengeschwindigkeit* der Wellenbewegung. $\dot{X}_1(t)$ ist also der Mittelwert der Gruppengeschwindigkeit.

v_p und v_g stimmen nur dann überein, wenn

$$\omega(k) = |k|\frac{d}{dk}\left(\frac{k}{|k|}\,\omega(k)\right),$$

$$\text{d.h.}\,\frac{k}{|k|}\,\omega(k) = k\frac{d}{dk}\left(\frac{k}{|k|}\,\omega(k)\right)$$

ist, d.h. wenn $\frac{k}{|k|}\,\omega(k) = \alpha k$,

d.h. $\qquad \omega(k) = \alpha\,|k|$ ist.

Die Wellenlänge λ einer Welle ist durch die kleinste Verschiebung λ von x_1 bestimmt mit

$$e^{i[k(x_1+\lambda)-\omega t]} = e^{i[kx_1-\omega t]}$$

d.h.

$$|k|\,\lambda = 2\pi \quad \text{bzw.} \quad \lambda = \frac{2\pi}{|k|}.$$

In unserem Falle ist $v_p \neq v_g$. Es ist im Prinzip nicht schwer, v_p und v_g aus (3.3.56) zu berechnen. Wir wollen aber nur kurz zwei wichtige Sonderfälle diskutieren:

1. $h \ll \lambda$ (flache Flüssigkeit).
Es ist also $|k|h \ll 1$, so daß man (3.3.56) näherungsweise

$$(3.3.65\text{a}) \qquad \omega(k) \approx \sqrt{gh}\,|k|$$

schreiben kann. Es ist dann also $v_p \approx v_g \approx \sqrt{gh}$.

2. $h \gg \lambda$ (tiefe Flüssigkeit).
Es ist also $|k|h \gg 1$, so daß man (3.3.56) näherungsweise

(3.3.65b) $\omega(k) \approx \sqrt{g}\,|k|^{1/2}$

schreiben kann. Es ist dann also

$$v_p \approx \sqrt{g}\,|k|^{-1/2} = \sqrt{\frac{g}{2\pi}}\,\lambda^{1/2},\ v_g \approx \frac{1}{2}\sqrt{g}\,|k|^{-1/2} = \frac{1}{2}\sqrt{\frac{g}{2\pi}}\,\lambda^{1/2},$$

d.h. $v_g \approx \frac{1}{2} v_p$, und die Wellen großer Wellenlänge pflanzen sich schneller fort als Wellen kleiner Wellenlänge, wobei für große Wellenlänge aber immer noch $\lambda \ll h$ erfüllt bleiben muß. Für $\lambda \to \infty$ wird nicht etwa v_g beliebig groß, sondern nähert sich dem Wert $\sqrt{gh}$ aus Fall 1.).

Wie verhalten sich nun Schiff und Wellenbewegung zusammen? Kann man das Schaukeln des Schiffes verstehen?

Es ist unmöglich, auf ein paar Seiten auch nur annähernd dieses komplizierte Problem näher zu behandeln. Wir wollen zur Illustration nur ein paar wenige Seiten dieses Problems aufweisen. Dazu betrachten wir wieder nur kleine Schwingungen und setzen noch eine sehr spezielle Form des Schiffes voraus.

Als Koordinaten benutzen wir dieselben wie bei der Wellenbewegung allein. Den Nullpunkt der Koordinate x_1 wählen wir noch so, daß der Schwerpunkt des Schiffes die Koordinate $x_1 = 0$ hat. Auch wie dort soll nur eine zweidimensionale Bewegung untersucht werden, das bedeutet, daß wir das Schiff als »sehr lang« (in der 3-Richtung) annehmen und nur Schwingungen um die Längsachse des Schiffes betrachten. Daher genügt ein einziger Winkel ϑ (siehe Fig. 22), um die Drehbewegungen des Schiffes zu beschreiben. Den Querschnitt des Schiffes nehmen wir als rechteckig an (siehe Fig. 22), so daß in der statischen Gleichgewichtslage das in Fig. 22a dargestellte Bild entsteht. Die Ausdehnung der Flüssigkeit in der 1-Richtung, d.h. für $x_1 \to +\infty$ und $x_1 \to -\infty$ nehmen wir idealisierend als unbegrenzt an wie bei der Untersuchung der Wellenbewegung allein.

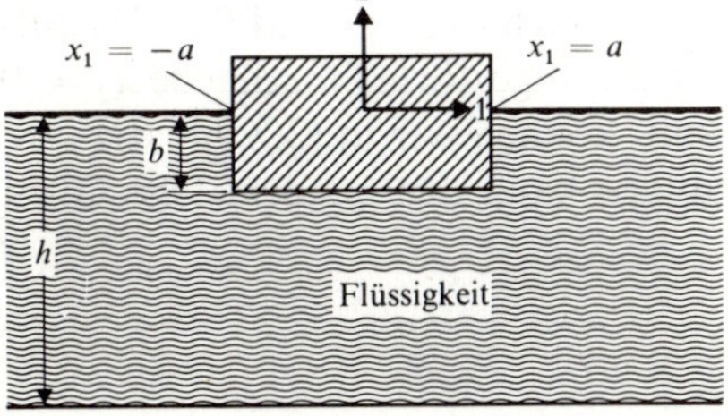

Fig. 22a

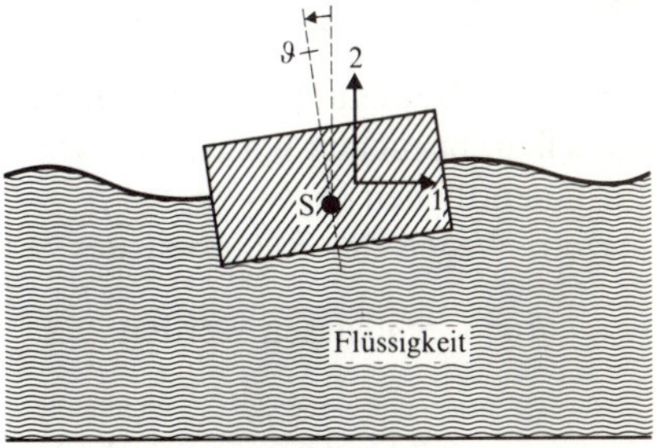

Fig. 22b

Mit demselben Ansatz (3.3.47) sind die Randbedingungen zu formulieren. (3.3.48) lautet:

$$\left(\frac{\partial \varphi}{\partial x_2}\right)_{x_2 = -h} = 0. \tag{3.3.66}$$

(3.3.52) kann man ebenfalls übernehmen:

$$g\mu \frac{\partial \varphi}{\partial x_2} + \mu \frac{\partial^2 \varphi}{\partial t^2} = 0 \tag{3.3.67}$$
$$\text{für } x_2 = 0 \text{ und } x_1 < -a \text{ und } x_1 > a,$$

wobei wir gleich $f'(t) = 0$ gesetzt haben entsprechend den Überlegungen im Anschluß an die Gleichung (3.3.52).

An der Grenzfläche zwischen Schiff und Flüssigkeit ist (3.3.25) zu berücksichtigen. Da die Auslenkungen klein sein sollen, kann man näherungsweise für F_2 in (3.3.25) die Grenzfläche in der statischen Ruhelage wählen. So erhält man aus (3.3.25), wenn man die Koordinaten des Schwerpunktes (in der Ruhelage) mit $X_1 = 0$, $X_2 = l$ und die kleinen »Auslenkungen« des Schwerpunktes mit $\xi_1 = X_1$ und $\xi_2 = X_2 - l$ einführt:

$$-\frac{\partial \varphi}{\partial x_1} = -(x_2 - l)\,\dot{\vartheta} + \dot{\xi}_1 \tag{3.3.68}$$
$$\text{für } x_1 = \pm a \quad \text{und} \quad -b < x_2 < 0;$$

$$-\frac{\partial \varphi}{\partial x_2} = x_1 \dot{\vartheta} + \dot{\xi}_2 \tag{3.3.69}$$
$$\text{für } x_2 = -b \quad \text{und} \quad -a < x_1 < a.$$

Um die Bewegungsgleichungen für das Schiff nach (3.3.20) und (3.3.21) aufzustellen, brauchen wir den Druck p. Da für die ungestörte Oberfläche $x_2 = 0$ im Unendlichen ($x_1 \to \pm\infty$) $p = 0$ sein soll, können wir in (3.3.44) $f(t) = 0$ setzen. Wegen der Kleinheit der Schwingungen kann das quadratische Glied $-\frac{1}{2}\mu \mathbf{u}^2$ weggelassen werden:

$$p = \mu \frac{\partial \varphi}{\partial t} - g\mu \mathbf{r} \cdot \mathbf{j}.$$

Wir schreiben noch kurz

(3.3.70) $$\tilde{p} = \mu \frac{\partial \varphi}{\partial t},$$

und können somit ansetzen:

(3.3.71) $$p = \tilde{p} - g \mu x_2,$$

wobei $\tilde{p}$ »klein« ist.

Wie oben angenommen, heben sich im Gleichgewicht das Gewicht

(3.3.72) $$G = mg$$

des Schiffes und der Auftrieb

(3.3.73) $$2 g \mu a b L$$

auf, wobei L die Länge des Schiffes in der 3-Richtung ist.

Es ist nun, um nicht unnötig den Faktor L mitzuschleppen, zweckmäßig, mit m die Masse des Schiffes *pro Längeneinheit* zu bezeichnen, dann gilt im Gleichgewicht

(3.3.74) $$G = mg = 2 g \mu a b,$$

wobei jetzt G ebenfalls das Gewicht pro Längeneinheit ist.

Wenn man nun nach (3.3.20) und (3.3.21) die Bewegungsgleichungen (wieder auf die Längeneinheit des Schiffes bezogen!) des Schiffes aufstellt, so ist für die linearen Glieder das Glied $(- g \mu x_2)$ aus p nach (3.3.17) für das ausgelenkte Schiff, dagegen $\tilde{p}$ nur für das unausgelenkte Schiff zu berechnen; d.h. also es sind für das *ausgelenkte* Schiff **K** und **D** nach (3.3.32) bzw. (3.3.37) zu berechnen und dazu die Werte

(3.3.74) $$\int_{F_2^{(0)}} \mathbf{n} \tilde{p} \, \mathrm{d}f \quad \text{bzw.} \quad \int_{F_2^{(0)}} (\mathbf{r} - \mathbf{R}_0) \times \mathbf{n} \tilde{p} \, \mathrm{d}f$$

zu addieren, wobei über die Oberfläche $F_2^{(0)}$ des unausgelenkten Schiffes zu integrieren ist und $\mathbf{R}_0$ der Schwerpunkt des unausgelenkten Schiffes ist. Für die nach (3.3.32) zu berechnenden Werte von **K** erhält man so (wieder auf die Längeneinheit des Schiffes bezogen!):

(3.3.75) $$K_1 = 0, \quad K_2 = - 2 g \mu a \xi_2 .$$

Für die nach (3.3.37) zu berechnende 3-Komponente des Drehmomentes **D** folgt

$$-G\left[\frac{1}{3}\frac{a^2}{b}-\frac{b}{2}-l\right]\vartheta. \tag{3.3.76}$$

Mit (3.3.74), (3.3.75) und (3.3.76) folgt schließlich für die Bewegungsgleichungen des Schwerpunktes:

$$\begin{aligned} m\ddot{\xi}_1 &= \int_{-b}^{0} [\tilde{p}(-a, x_2, t) - \tilde{p}(a, x_2, t)]\,\mathrm{d}x_2, \\ m\ddot{\xi}_2 + 2g\mu a\xi_2 &= \int_{-a}^{+a} \tilde{p}(x_1, -b, t)\,\mathrm{d}x_1; \end{aligned} \tag{3.3.77}$$

und für die Drehung um die 3-Achse (θ Trägheitsmoment pro Längeneinheit):

$$\begin{aligned} &\theta\ddot{\vartheta} + G\left[\frac{1}{3}\frac{a^2}{b}-\frac{b}{2}-l\right]\vartheta \\ &= \int_{-a}^{+a} x_1\tilde{p}(x_1, -b, t)\,\mathrm{d}x_1 + \int_{-b}^{0}(x_2 - l)[\tilde{p}(a, x_2, t) - \\ &\qquad - \tilde{p}(-a, x_2, t)]\,\mathrm{d}x_2. \end{aligned} \tag{3.3.78}$$

Aus den Gleichungen (3.3.77), (3.3.78) kann man schon folgende wichtige Tatsachen erkennen:

Wenn man von der Bewegung der Flüssigkeit absieht (dies ist bei quasistatischen Bewegungen möglich), so kann man die Glieder mit $\tilde{p}$ in (3.3.77) und (3.3.78) weglassen, da $\tilde{p}$ nach (3.3.70) proportional $\frac{\partial\varphi}{\partial t}$ ist. Die Gleichungen (3.3.77) zeigen, daß man das Schiff in 1-Richtung langsam ohne Widerstand verschieben kann, nicht aber in 2-Richtung: Hebt man das Schiff z.B. um ξ_2 (d.h. $\xi_2 > 0$) hoch, oder senkt man es um ξ_2 (d.h. $\xi_2 < 0$) tiefer in die Flüssigkeit ein, so tritt eine *Rückstellkraft* (pro Längeneinheit) der Größe $2g\mu a\xi_2$ auf, wie es der zusätzlich »verdrängten« Flüssigkeitsmenge entspricht.

Wie steht es nun mit dem rückstellenden Drehmoment beim Kippen des Schiffes? Dieses ist nach (3.3.78) mit G als Gewicht pro Längeneinheit gleich

$$G\left[\frac{1}{3}\frac{a^2}{b}-\frac{b}{2}-l\right]\vartheta. \tag{3.3.79}$$

Ob es rückstellend ist, oder ob es das Schiff noch weiter umkippt, hängt von dem Vorzeichen der eckigen Klammer in (3.3.79) ab. Eine rückstellende Kraft tritt genau dann ein, wenn

$$l < \frac{1}{3}\frac{a^2}{b} - \frac{b}{2} \tag{3.3.80}$$

ist. (3.3.80) ist die Bedingung für die Stabilität des Schiffes bei Drehungen um die Längsachse. l war die Koordinate des Schwerpunktes des Schiffes; diese braucht nicht (!) negativ zu sein, d.h. der Schwerpunkt des Schiffes braucht *nicht* unterhalb der Flüssigkeitsoberfläche zu liegen, wenn nur a genügend groß gegenüber b ist. l kann positiv sein, wenn

$$b < \sqrt{\frac{2}{3}}\, a \tag{3.3.81}$$

ist. Ist a sehr groß gegenüber b, so kann l fast $\frac{1}{3} a \frac{a}{b}$ über der Flüssigkeitsoberfläche liegen.

Die Stabilität eines Schiffes bei Drehbewegungen hängt stark von der Form ab; wir haben nur an einem Beispiel gezeigt, wie dieses Rückstellmoment von dem Verhältnis a/b abhängt; je breiter das Schiff (d.h. je größer a/b), umso stabiler ist es.

Viel schwieriger ist jetzt die Dynamik, weil dazu eine Lösung der Potentialgleichungen zu den durch (3.3.66) bis (3.3.69) angegebenen Randbedingungen zu suchen ist. Dies läßt sich zwar aufgrund der speziellen Form des Flüssigkeitsgebietes mit Hilfe von *Fourier*reihen und *Fourier*integralen durchführen. Aber das verbleibende dynamische Problem für die Zeitabhängigkeit von $\xi_1(t)$, $\xi_2(t)$, $\vartheta(t)$ und der Wellenamplituden ist so kompliziert, daß wir uns hier nicht weiter dieser Frage zuwenden können. Und doch läßt sich noch leicht ein qualitativer Gesichtspunkt herausstellen: Geht man von einem Zustand zur Zeit $t = 0$ aus, bei dem keine Wellen vorhanden sind, aber das Schiff *nicht* im statischen Gleichgewicht ist, so wird die Bewegung des Schiffes Wellen auslösen, die Energie abtransportieren, so daß das Schiff allmählich zur Ruhe kommen muß.

§ 3.4 Das Verhältnis von allgemeiner Theorie und Beispielen (Physik und Technik)

Im letzten § 3.3 ist es lehrreich zu sehen, wie die theoretische Physik weiter und weiter spezialisiert werden kann. Allein die Bewegung eines Schiffes auf einer in festen Wänden eingeschlossenen Flüssigkeit ist so vielgestaltig, daß man ganze Bibliotheken damit füllen könnte. Und es wird oft nicht nur die Frage nach der Bewegung vorgegebener Körper gestellt, sondern auch umgekehrt die Frage nach einer »geeigneten« Formgebung der Schiffe, geeignet für die beabsichtigten Zwecke; und mit einer solchen Frage des Schiffsbaues wären wir dann bis in den technischen Bereich vorgestoßen. Wir haben in § 3.3 ein paar wenige einfache Beispiele diskutiert, um zu zeigen, wie sich physikalische Theorien immer mehr und mehr verzweigen. Daher ist jetzt ein Augenblick gekommen, auf unserem Wege einmal auszuruhen und rückwärts zu betrachten, wie sich dieser Aufbau der Spezialisierungen vollzogen hat. Denn überall wird sich in der theoretischen Physik dasselbe Bild zeigen, nur daß wir in diesem Buch nur selten die Zeit und den Platz haben, solche Einzelbeispiele darzustellen.

Wir hatten schon gleich zu Beginn des Kapitels V darauf hingewiesen, daß die klassische Mechanik im Sinne von III, § 7 nicht eine einzige Theorie $\mathfrak{P}\mathfrak{T}$ ist, sondern aus einer Kette, oder besser sogar, aus mehreren Ketten von immer mehr erweiterten Theorien besteht. In einer Kette werden immer weitere Axiome hinzugefügt. Wenn man aber zu Beispielen übergeht, geschieht noch ein weiterer Schritt, den wir in III § 9 schon angedeutet haben. Wir wollen dies an dem in den vorigen §§ zurückgelegten Weg veranschaulichen.

Das *Lagrange*sche Variationsprinzip war eines der Grundaxiome, aber es bleibt leer, wenn man keine weiteren Axiome über die *Lagrange*funktion hinzufügt. Wir haben dann zunächst einige allgemeine Axiome über die Form der kinetischen Energie und über die virtuelle Arbeit hinzugefügt. Dann kamen schließlich in § 3.3 spezielle Axiome hinzu wie das der Inkompressibilität, das wie alle Axiome kein aus Experimenten deduzierbares Ergebnis, sondern eine intuitive axiomatische Zusammenfassung vieler Erfahrungen darstellt. Ebenso war die Forderung, daß nur die Schwerkraft als äußere Kraft wirkt, ein weiteres Axiom.

Neben all diesen, jetzt nur teilweise aufgezählten Axiomen (= Naturgesetzen für die vorhandenen Gegenstände, d. h. für den Grundbereich der so spezialisierten Theorie; siehe III, § 4) treten aber in unserem Beispiel noch sehr »zufällige« Dinge auf: Die Fläche F_3 des Behälters für die Flüssigkeit, die Fläche F_2 des Schiffes. Diese sind ersichtlich durch kein »Gesetz« bestimmt. Wie kommen diese in die Theorie hinein?

Im konkreten Fall sind sie durch den Realtext, d. h. durch explizite räumliche Vermessung vorgegeben. Die Aufgabe eines Testes der in § 3.3 dargestellten Theorie ist also *nicht*, die Flächen F_2, F_3 zu testen, sondern: Wenn der Realtext Flächen F_2, F_3 vorgibt, so ist zu testen, ob weitere Beobachtungen der Bewegung des Schiffes und der Flüssigkeit im Einklang, d. h. nicht im Widerspruch mit der Theorie stehen.

In § 3.3 waren uns aber nicht konkret vorliegende Flächen F_2 und F_3 gegeben, sondern wir haben uns Flächen F_2 und F_3 »ausgedacht« und das dynamische Problem gelöst; dies ist aber nichts anderes als das, was wir in III, § 9 Seite 98 mit der Kurzformulierung von Sätzen der Form: »Wenn die Bedingung..., dann folgt die Situation...« zum Ausdruck brachten. Dies würde hier etwa lauten: Wenn die Flächen F_2, F_3 so und so sind und die Bewegung zu einer Zeit (z. B. $t = 0$) so anfängt, so folgt die weitere Bewegung nach den Gleichungen... Solche Sätze sind, wie wir in III, § 9 diskutiert haben, äußerst wichtig; denn wenn eine g.G.-abgeschlossene Theorie (im Sinne von III, § 7) vorliegt, so sollten erlaubte Hypothesen z. B. über die Form eines Schiffes physikalisch möglich sein.

Und hier sehen wir von neuem die Aufgabe der Technik. Der Techniker spielt verschiedene erlaubte Hypothesen durch, um so zu einer in bezug auf seine Absicht möglichst günstigen Vorstellung zu kommen, die er dann plant zu verwirklichen, d. h. technisch herzustellen.

Ähnlich ist es aber auch bei einem einfacheren Beispiel der Mechanik, der Planetenbewegung. Nicht die tatsächlich vorhandenen Planeten werden durch die Theorie bestimmt, sondern wenn durch Beobachtung die Planeten festgestellt und *einige* Orte ihrer Bahnen vermessen sind, lassen sich die *übrigen* Orte zu anderen Zeiten berechnen und eventuell wieder mit dem Experiment vergleichen.

Man kann aber auch hier zunächst (neben Planeten und Monden) eine reine Hypothese betrachten, z. B. die Bahn eines Satelliten um die Erde; und man kann, wenn man will, diese hypothetische Bahn verwirklichen.

Wir haben in diesem Buch nun weder die Absicht, einen möglichst breiten Überblick über alle möglichen Beispiele und Einzelfälle zu bringen, noch etwa Anwendungen der theoretischen Physik in der Technik zu demonstrieren. Wir wollen vielmehr die Grundstruktur der theoretischen Physik kennen lernen. Wir wollen die hier in diesem Buch gestellte Aufgabe durch ein Gleichnis klar machen: Wenn wir die theoretische Physik mit einem Baum vergleichen, so wollen wir hier in diesem Buch versuchen, den Stamm und die wichtigsten Astabzweigungen sichtbar zu machen. Wir werden auch ab und zu auf einige Blätter und Früchte dieses Baumes verweisen. Es wird aber nur von wenigen Blättern und Früchten die Rede sein, nicht aber weil wir die Blätter und Früchte für unwichtig halten und uns deshalb nur mit einigen begnügen, sondern weil es zwar leicht ist, in vielen Büchern viele Blätter und Früchte kennenzulernen, aber schwer ist zu erkennen, an welchen Ästen diese sitzen.

Und um unser Bild noch etwas weiter auszugestalten, mögen wir speziell an einen Olivenbaum denken. Wir sehen hier in diesem Buch den Baum sozusagen mehr wie ein Künstler, der seinen merkwürdigen Stamm und seine Äste darzustellen versucht, aber die vielen einzelnen Blätter und Früchte nur noch andeutet. Der Techniker aber ist oft nur noch an dem Öl der Früchte interessiert; seine Aufgabe ist sicher keine uninteressante Aufgabe, aber eine schwierige Aufgabe, die ihm nicht mehr die Zeit läßt, genauer darüber nachzusinnen, wie man zu diesem Öl gekommen ist.

Aber auch die Wurzeln des Baumes »theoretische Physik« sind interessant; aber wie es bei Wurzeln üblich ist, liegen sie zum größten Teil im Dunkeln. Trotzdem aber haben sich die Menschen immer wieder die Fragen nach der grundlegenden Bedeutung der Aussage der theoretischen Physik wie auch nach den Voraussetzungen für den Aufbau der theoretischen Physik als Wissenschaft gestellt. Deshalb wollen wir uns im nächsten § einigen solcher Probleme zuwenden, ohne sie restlos lösen zu können.

§ 4 Das Problem des Determinismus und das Problem der Wirklichkeit der Bahnen von Massenpunkten

Es ist wohl nicht erstaunlich, daß die Physiker und Mathematiker (und dann sogar auch andere Wissenschaftler) nach der immer besseren Ausgestaltung der *Newton*schen Mechanik von den Erfolgen und Möglichkeiten begeistert waren und so im Überschwang des Erfolges auch weit über das Ziel hinausschossen in der Beurteilung dessen, was man wirklich mit der Mechanik erreichen kann und was diese Mechanik wirklich über die Welt aussagt. Es ist eben allzu menschlich, in der Begeisterung über gewonnene Einsichten in den Fehler zu verfallen, zu meinen, man hätte vielleicht den Schlüssel zur Erklärung der Welt gefunden, oder wüßte wenigstens den *Weg*, auf dem man »alles« erklären könnte. Die »Weltformel« ist eine alte und auch immer wieder neue, schöne Utopie der Menschheit.

Am klarsten hat dieses Konzept einer »Weltformel« in den damaligen Vorstellungen wohl *Laplace* ausgedrückt, als er schrieb:

»Eine Intelligenz, der in einem gegebenen Zeitpunkt alle in der Natur wirkenden Kräfte bekannt wären und ebenso die entsprechenden Lagen aller Dinge, aus denen die Welt besteht, könnte, wenn sie umfassend genug wäre, alle diese Daten der Analyse zu unterwerfen, in einer und derselben Formel die Bewegungen der größten Körper des Weltalls und die der leichtesten Atome zusammenfassen; nichts wäre für sie ungewiß, und die Zukunft wie die Vergangenheit wäre ihren Augen gegenwärtig.

Der menschliche Geist liefert in der Vollkommenheit, die er der Astronomie zu geben wußte, eine schwache Skizze dieser Intelligenz... Alle seine Anstrengungen in dem Suchen nach Wahrheit zielen dahin, ihn unaufhörlich jener Intelligenz zu nähern, die wir geschildert haben, aber er wird immer unendlich weit von ihr entfernt bleiben«.

Die Mechanik als »Erklärung der Welt« war so sehr zur Gewohnheit des Denkens geworden, daß man viele, lange und schwierige Arbeiten schrieb, um das Licht »mechanisch« zu erklären. Es war geradezu eine Umwandlung des Denkens notwendig, als man die *Maxwell*schen Gleichungen der Elektrodynamik als eine »andere«, eine »weitere« Theorie in die Physik einführte. Heute sind wir so daran gewöhnt, viele physikalische Theorien zu betrachten und die Beziehungen zwischen den Theorien zu untersuchen, ohne irgendeine »einzige« allumfassende Theorie der Physik zu konzipieren. Unsere ganze Darstellung und Diskussion in Kapitel III, besonders in III, § 7 ist erfüllt von der Vorstellung einer sich laufend entwickelnden Physik, die ganz neue Grundbereiche zu beschreiben versucht oder umfangreichere Theorien zu umfangreicheren Grundbereichen sucht. Und trotzdem ist auch heute der »Glaube« an eine einzige umfassende Theorie, z. B. in der Form der Quantenmechanik, nicht tot. Aus allen diesen Gründen ist es lehrreich, darüber nachzudenken, wie man zu den verschiedensten Schlußfolgerungen aus der Mechanik, z. B. zu der oben von *Laplace* gegebenen Schilderung gelangt ist.

§ 4.1 Der dynamische Determinismus der Newton*schen Mechanik*

Wir hatten den Begriff »determiniert« schon in III, § 9.1 eingeführt. Wir nannten dort eine Hypothese determiniert, wenn die hypothetisch vorgestellten Objekte aufgrund der geforderten Eigenschaften (Relationen untereinander und Relationen zum Realtext) *eindeutig bestimmt* waren. So konnte z. B. eine Raumstelle durch Angabe der Entfernungen zu anderen real fixierten Raumstellen eindeutig bestimmt sein. Diese determinierten Hypothesen waren die Basis dafür, den Wirklichkeitsbereich einer Theorie zu konstruieren.

Unter dem dynamischen Determinismus der *Newton*schen Mechanik versteht man aber etwas anderes, dessen Zusammenhang mit dem Begriff determinierter Hypothesen noch zu klären ist; drücken wir den gemeinten Sachverhalt des dynamischen Determinismus zunächst anschaulicher und weniger mathematisch streng aus: Für ein vorgegebenes System von Massenpunkten mit vorgegebenen Kräften und Nebenbedingungen (bzw. von Massenelementen im Sinne von V (3.4.6)) sind die Orte der Massenpunkte (bzw. Massenelemente) zu beliebig vorgegebenen Zeiten *eindeutig* bestimmt, wenn die Orte und Geschwindigkeiten zu *einer* Zeit gegeben sind.

Dieser dynamische Determinismus war den Menschen zur Zeit von *Laplace* am deutlichsten sichtbar aufgrund der Erfolge der Astronomie des Planetensystems. Heute kommen für uns noch die vielen Experimente der Raumfahrt hinzu.

Aus diesem dynamischen Determinismus der klassischen Mechanik wurden die verschiedensten physikalischen *und* philosophischen *Folgerungen* gezogen.

Aber auch in einer Art Umkehrung der Denkrichtung von der Physik zu philosophischen Folgerungen meinte man, von allgemeinen philosophischen Grundprinzipien ausgehend beweisen zu können, daß *jede* »wissenschaftliche«

Beschreibung von Vorgängen in der Welt dynamisch determiniert sein muß. Diese letztere Vorstellung klingt in den oben angeführten Sätzen von *Laplace* an, wenn er schreibt, daß *alle* Anstrengungen des menschlichen Geistes in seinem Suchen nach Wahrheit dahinzielen, sich jener von *Laplace* geschilderten umfassenden Intelligenz zu nähern.

Bevor wir uns nun aber in das Dickicht der vielen Vorstellungen und Meinungen zum Determinismus wagen, wollen wir uns zunächst möglichst nüchtern die Sachlage des dynamischen Determinismus der Newtonschen Mechanik genauer ansehen.

Der dynamische Determinismus ist nur eine andere Formulierung dessen, daß die Gesetze für die Bahnen der Massenpunkte in der Form eines Differentialgleichungssystems zweiter Ordnung (entweder nach den *Newton*schen Gleichungen oder den *Lagrange*schen Gleichungen, von denen die *Newton*schen nur ein Spezialfall sind) angegeben werden *können**; die Lösungen eines solchen Gleichunssystems sind dann *eindeutig* aufgrund der »Anfangswerte« der Orte und Geschwindigkeiten *bestimmt*.

Der dynamische Determinismus ist eine sehr allgemeine Charakterisierung der Struktur der klassischen Mechanik; ja in nur wenig abgewandelter Form tritt er auch als allgemeines Charakteristikum der Elektrodynamik (VIII) und Allgemeinen Relativitätstheorie (X) auf. Die physikalische Bedeutung einer so allgemeinen Aussage liegt daher nicht auf der Hand. Aufgrund unserer grundlegenden Darlegungen in III über eine physikalische Theorie und die Bedeutung der in ihr enthaltenen mathematischen Theorie als Bild der Wirklichkeit muß auch diese allgemeine Strukturaussage des dynamischen Determinismus eine Aussage über die Struktur des von der Theorie beschriebenen Teils der Welt darstellen. Um sich dies aber klar zu machen, müssen wir spezielle Beispiele heranziehen, an denen die Bedeutung des dynamischen Determinismus sichtbar wird.

Wir gehen dazu auf die gleich zu Anfang dieses § gegebene Definition des dynamischen Determinismus zurück. Um daraus in einer konkret vorliegenden physikalischen Situation Folgerungen ziehen zu können, müssen mehrere Dinge »vorgegeben« sein: Ein konkret gegebenes System von Massenpunkten, ihre Massen, die Kräfte, die Nebenbedingungen und die Orte und Geschwindigkeiten zu einer Zeit und eine andere Zeit, zu der man dann die Orte bestimmen will.

In bezug auf diese vielen vorzugebenden Dinge ergeben sich nun die ersten Schwierigkeiten:

Beginnen wir mit der Frage, inwiefern die Kräfte und Nebenbedingungen vorgegeben sein können. Der Normalfall ist der, daß die Kraftgesetze (und die Nebenbedingungen) explizit in der Theorie durch so starke Axiome vorge-

* Nicht müssen! Siehe z. B. das *Lagrange*sche Variationsprinzip und die Ausführungen in § 4.4.

geben sind, so daß die *Newton*schen Grundgleichungen (bzw. die *Lagrange*gleichungen) ein wohldefiniertes Differentialgleichungssystem bilden, wenn noch die Massenpunkte mit ihren Massen gegeben sind. Sind dagegen über die Kräfte nur allgemeine Gesetze wie z. B. das, daß die Kräfte konservativ sind, in der Theorie formuliert, so ist eine praktische Anwendung des dynamischen Determinismus nicht möglich. Ein großer Teil unserer Untersuchungen in V § 1 bis 3 bezog sich auf solche relativ allgemeinen Strukturaussagen über die Kräfte. Liegen *nur* solche allgemeinen Strukturaussagen über die Kräfte vor, so erachten wir die Theorie noch nicht als g. G.-abgeschlossen (im Sinne von III, § 9.3), d. h. wir fordern die Existenz einer umfangreicheren Theorie, in der dann die Kraftgesetze explizit die Kräfte festlegen. Wir wollen daher jetzt voraussetzen, daß eine Theorie mit explizit bestimmten Kräften vorliegt. Die *Newton*schen Grundgleichungen V (2.1.1) mit dem *Newton*schen Gravitationsgesetz nach Axiom $\hat{\text{II}}$ 3b aus V § 2.6 stellen ein Beispiel für eine solche Theorie dar (nämlich das Beispiel, das *Laplace* als ein Beispiel schon erreichter »Vollkommenheit« vorschwebt).

Die nächste Frage ist, wie ein System von Massenpunkten vorgegeben sein kann. Dies kann nur in Realität geschehen, oder wie wir in III sagten, durch den Realtext. Im genormten Realtext sind die Massenpunkte mit Zeichen (z. B. mit einer Numerierung) versehen, womit auch die Gesamtzahl der Massenpunkte festliegt. Zu der letzten Feststellung der Gesamtzahl ist aber noch Folgendes zu bemerken: Es kann sein, daß man einige Massenpunkte vergessen hat. Dies hat sich historisch sogar mit dem Planetensystem ereignet, als man nachträglich aufgrund der Bewegung der im Realtext vorhandenen Planeten auf die Existenz weiterer Planeten (der Planeten Neptun und Pluto) und ihrer Bahnen schloß. Dies ist ein schönes Beispiel für eine physikalisch wirkliche Hypothese (siehe III, § 9.4), auf das wir in § 7.9 ausführlich eingehen werden. Um aber an dieser Stelle unsere Betrachtungen über den dynamischen Determinismus nicht zu verkomplizieren, setzen wir jetzt voraus, daß keine Massenpunkte im genormten Realtext vergessen wurden.

Die »Vorgabe« der Massenwerte ist schon weniger einfach als die der Massenpunkte. Wieder ist der Realtext nach den Massenwerten zu befragen. Da diese aber weder direkt abgelesen noch durch eine Vortheorie wie die Orte und Zeiten (die nämlich für die Mechanik durch die Vortheorie von Raum und Zeit nach II bestimmt sind; zum Begriff der Vortheorie siehe III, § 2) bestimmt sind, ist die Vorgabe der Massenwerte durchaus nicht trivial. Wir haben in den vorigen §§ mehrfach auf Möglichkeiten einer sogenannten »indirekten« Messung der Massenwerte hingewiesen. Wir wollen voraussetzen, daß aufgrund des Realtextes solche indirekten Messungen möglich sind; dies ist z. B. dann der Fall, wenn genügend viele Werte für die Bahnvermessungen im Realtext ablesbar sind, aus denen auf die Massenwerte eindeutig geschlossen werden kann.

Am meisten diskutiert und gestritten wurde über die Frage der »Vorgabe« der Werte für die Orte und Geschwindigkeiten zu einer Zeit, wir sagen kurz »Anfangswerte« (obwohl man natürlich auch zeitlich rückwärts auf die Orte und Geschwindigkeiten *vor* diesen »Anfangswerten« schließen kann). Mit Hilfe der Vortheorie von Raum und Zeit sind diese aus dem Realtext heraus zu bestimmen. Hierbei ergeben sich zwei Schwierigkeiten: Erstens: Da die Theorie von Raum und Zeit eine idealisierte Theorie (siehe III, § 5) ist, können Orts- und Zeitstellen immer nur mit *endlichen* Ungenauigkeiten bestimmt werden; das in II entwickelte mathematische Bild von Raum und Zeit kann immer nur mit Hilfe unscharfer Abbildungsprinzipien angewandt werden (III, § 5). Zweitens können »Geschwindigkeiten« erst indirekt gemessen werden, da am Realtext ein Differentialquotient weder direkt ablesbar ist noch als Limes gebildet werden kann. Daher muß immer ein zeitlich endliches Bahnstück vermessen werden, um daraus Geschwindigkeiten zu bestimmen. Die Diskussion der Ungenauigkeitsmengen für indirekt gemessene Geschwindigkeiten müssen wir hier unterdrücken, es sei nur vermerkt, daß der Differenzenquotient

$$\frac{\mathbf{r}(t_1) - \mathbf{r}(t_2)}{t_1 - t_2}$$

eine sehr große Ungenauigkeit bei kleinen $|t_1 - t_2|$ bekommen kann, so daß es also besonderen Geschicks bedarf, möglichst genaue Geschwindigkeiten zu messen.

Auf jeden Fall sind aber die »Anfangswerte« der Orte und Geschwindigkeiten immer nur mit endlichen Ungenauigkeitsmengen vorgebbar. Die Konsequenzen dieser Tatsache werden ganz verschieden beurteilt; aber darauf gehen wir erst in den späteren §§ ein.

Die Vorgabe der Zeit, zu der wir dann die Orte der Massenpunkte berechnen wollen, ist am wenigsten schwierig. Man geht davon aus, daß im Realtext einige oder mehrere Zeitpunkte fixiert sind, so daß es also nach der in II niedergelegten Raum-Zeit-Theorie genügt, nur *einen* zeitlichen Abstand von einem dieser im Realtext fixierten Zeitpunkte anzugeben, durch den dann der zu betrachtende Zeitpunkt eindeutig vorgebbar ist; genau genommen nur eindeutig innerhalb der endlichen Ungenauigkeit, mit der die Ausgangszeiten im Realtext abgebildet sind. Der *Einfachheit* halber wollen wir aber im Folgenden so tun, als ob diese Ungenauigkeit keine Rolle spielt, um so besser den Einfluß der Ungenauigkeiten der »Anfangswerte« von Ort und Geschwindigkeit diskutieren zu können.

Aus demselben *Einfachheits*grund sehen wir auch von an sich vorhandenen endlichen Ungenauigkeiten der indirekt gemessenen Massenwerte der Massenpunkte ab.

Bevor wir nun daran gehen, die Konsequenzen dieses in diesem § geschilderten dynamischen Determinismus zu diskutieren, müssen wir noch auf ein anderes Faktum der klassischen Mechanik hinweisen, das man immer als fast trivial unbewußt voraussetzt, das aber doch bei der Diskussion der physikalischen Bedeutung des dynamischen Determinismus und bei der Konstruktion des Wirklichkeitsbereiches einer speziellen klassisch-mechanischen Theorie eine große und entscheidende Rolle spielt; es ist dies das Faktum der objektivierenden Beschreibungsweise der klassischen Mechanik.

§ 4.2 Die objektivierende Beschreibungsweise der klassischen Mechanik

Während der dynamische Determinismus auf einem mathematischen Satz der Differentialgleichungstheorie beruht, der einen längeren Beweis erfordert (nämlich dem Existenzsatz von Lösungen und dem Eindeutigkeitssatz bei vorgegebenen Anfangswerten), beruht die objektivierende Beschreibungsweise der klassischen Mechanik praktisch auf einem der axiomatischen Ansätze der ganzen Theorie:

Als objektivierende Beschreibungsweise bezeichnen wir die Tatsache, daß bei vorgegebenen Massenpunkten (z. B. durch Indizes $i = 1, \ldots n$) die Bewegung dieser Massenpunkte durch *Funktionen* $\mathbf{r}^i(t)$ (d. h. der Orte $\mathbf{r}^i$ als Funktionen der Zeit t) beschrieben wird. Es gilt also im mathematischen Bild (III, § 1) der triviale Satz:

Bei vorgegebenen Massenpunkten mit den Indizes $i = 1, \ldots, n$ ist jedem Zeitpunkt t *eindeutig* ein n-Tupel von Orten $\mathbf{r}^i(t)$ der Massenpunkte $i = 1, \ldots, n$ zugeordnet.

Man kann dies auch so ausdrücken: Bei vorgegebenen Massenpunkten $i = 1, \ldots, n$ ist jedem Paar (i, t) mit i als Index des Massenpunktes und t als Zeit *eindeutig* ein Ort $\mathbf{r}^i(t)$ zugeordnet.

Diese durch die beiden äquivalenten Sätze formulierte objektivierende Beschreibungsweise sieht man oft als selbstverständlich an, da sie die Ausgangsbasis der ganzen Mechanik ist. Aber auch eine so naheliegende Ausgangsbasis wie die Beschreibung der sich bewegenden Massenelemente durch Raumkurven als *Funktionen* der Zeit ist niemals selbstverständlich, sondern ein sehr wichtiger Teil des Bildes, mit dem die Mechanik einen Teil der Wirklichkeit (d. h. den Grundbereich der Mechanik; siehe III, § 2) beschreibt.

Diese objektivierende Beschreibung der Mechanik gilt für alle Einzeltheorien unabhängig von den jeweiligen Kraftgesetzen. Da sie so grundlegend ist, lag die Versuchung nahe, diese Art der Beschreibung als grundlegend, ja als *notwendig* für *alle* Physik anzusehen. Tatsächlich aber ist sie eben *nur* ein Teil der aus dem Umgang mit den Erfahrungen intuitiv geratenen Axiome (siehe die Abbildung am Ende von III, § 4).

Sind die Axiome aber nur intuitiv geraten, so können für andere Grundbereiche andere Axiome zuständig sein. Andererseits sind sie aber dann auch ein Bild einer Struktur des von der Mechanik beschriebenen Grundbereiches als *Teil* der Wirklichkeit.

Nach diesen Vorbereitungen sind wir nun soweit, die physikalische Bedeutung des dynamischen Determinismus *und* der objektivierenden Beschreibungsweise der klassischen Mechanik zu diskutieren.

§ 4.3 Die physikalische Wirklichkeit der Bahnen von Massenpunkten

Der dynamische Determinismus setzt die objektivierende Beschreibungsweise voraus, denn er macht spezielle Aussagen über die Form der Funktionen $\mathbf{r}^i(t)$. Daher ist es vernünftig, zunächst die physikalische Bedeutung der objektivierenden Beschreibungsweise zu diskutieren.

Die physikalischen Konsequenzen der objektivierenden Beschreibungsweise setzten wir meist intuitiv als so selbstverständlich voraus, daß wir es gar nicht merken, daß es sich um Konsequenzen aus der objektivierenden Beschreibungsweise handelt. Daher wollen wir mit einigen dieser »selbstverständlichen« Vorstellungen beginnen:

Verläßt ein Geschoß mit hoher Geschwindigkeit ein Geschützrohr, so setzen wir als selbstverständlich voraus, daß es *in Wirklichkeit* eine Bahn bis zum Aufschlagsort beschreibt, auch wenn diese Bahn zwischen Geschützrohr und Aufschlagsort *nicht* beobachtet wurde.

Die Bewegung eines Satelliten (als starrer Körper) setzen wir selbstverständlich auch dann als wirklich voraus, wenn dieser Satellit nicht (z. B. funkmeßtechnisch) vermessen wird.

Was berechtigt uns zu solchen Vorstellungen?

Die Beantwortung dieser Frage wird auf sehr verschiedene Weise versucht, was daran liegt, daß die Bedeutung des Wortes »berechtigt« verschieden aufgefaßt wird. Dieser Unklarheit können wir nur entgehen, indem wir versuchen, die Situation ausführlicher zu schildern, die zu den oben beispielhaft erwähnten Vorstellungen führt.

Es ist richtig: Die objektivierende Beschreibungsweise, d. h. die axiomatische Einführung von Funktionen $\mathbf{r}^i(t)$ in das mathematische Bild geschieht (entsprechend den Darlegungen aus III, § 4; siehe insbesondere die Abbildung am Ende von III, § 4) *intuitiv* aufgrund der Vorstellung von an sich wirklich existierenden Bahnen, auch wenn im Realtext solche Bahnen als ganze ja niemals gegeben sein können, da immer nur zu *endlich* vielen Zeitpunkten die Orte vermessen sein können. Wenn so also tatsächlich die objektivierende

Beschreibungsweise die Formulierung einer intuitiven Vorstellung ist, so doch auf keinen Fall einer selbstverständlichen, oder trivialen oder plausiblen Vorstellung. Durch alle solche Worte wie selbstverständlich, trivial oder plausibel in diesem Zusammenhang versucht man nur zu verwischen, daß hier wirklich in die Theorie *etwas* hineingesteckt wird, was sich erst als brauchbar (brauchbar im Sinne von III, § 4) erweisen muß. Es kann natürlich philosophische Meinungen geben, die hinter diesem *intuitiven* Ansatz eine »tiefere« Notwendigkeit sehen. Wir wollen auf solche Vorstellungen etwas später in § 4.7 eingehen. Zunächst sei nur erwähnt, daß sich die intuitive Vorstellung solcher objektivierender Beschreibungsweisen *nicht* überall in der Physik bewährt hat (siehe z.B. XI, XII und XIII), so daß eine Skepsis des Physikers gegenüber solchen philosophischen Vorstellungen einer tieferen Notwendigkeit für die objektivierende Beschreibungsweise durchaus verständlich ist.

Eine andere »Begründung« für den Ansatz der objektivierenden Beschreibungsweise wird mit Hilfe der sogenannten »unvollständigen Induktion« versucht, über die wir schon in III, § 4 gesprochen haben. Man meint so schließen zu können: Da wir immer wieder beim »Nachsehen«, d. h. Beobachten, feststellen, daß zu einer vorgegebenen Zeit ein Ort gemessen werden kann, schließen wir durch Induktion, daß das dann *immer* so ist; erst aufgrund dieses Schlusses dürfen wir dann die objektivierende Beschreibungsweise in die Theorie einführen.

Wir haben schon in III, § 4 den Schluß der unvollständigen Induktion kritisiert. Hier sei dazu noch Folgendes hinzugefügt: Es ist nicht so, daß wir *erst* durch unvollständige Induktion auf die objektiven Bahnen schließen, um diese *dann* als Axiom in die Theorie einzuführen. Es ist vielmehr so, daß wir *erst* diese intuitive Vorstellung objektiver Bahnen *axiomatisch* durch die objektivierende Beschreibungsweise *einführen, dann* die Theorie *erproben,* um zu der Überzeugung zu gelangen, daß die aufgestellte Theorie g. G.-abgeschlossen (oder zumindest eine g.G.-abgeschlossene Erweiterung hat; siehe III, § 7 und 9.3) ist, und erst *danach* die *Schlußfolgerung* auf die »Wirklichkeit« der Bahnen ziehen. Das *hinter* dem sogenannten Schluß der unvollständigen Induktion steckende Anliegen ist bei dem letzten (tatsächlichen) Weg an dem Punkt (allerdings in etwas anderer Art) aufgenommen, wo wir davon sprachen, daß man durch Erprobung der Theorie zu einer Überzeugung von der Gültigkeit und speziell g. G.-Abgeschlossenheit der Theorie kommt. Dieses Problem der Anerkennung einer Theorie ist aber viel komplizierter und auch oft ganz anders geartet, als daß es sich durch eine so einfache Überlegung wie die der unvollständigen Induktion erledigen ließe. In XIX werden wir noch einmal auf dieses Problem zurückkommen. Hier wollen wir jetzt einfach voraussetzen, daß wir von der Mechanik als g.G.-abgeschlossener Theorie (bei genügend starken, die Kräfte fixierenden Axiomen) überzeugt sind. Damit stellt sich die Sachlage dann so dar: Erst intuitives Raten der objektivierenden Beschreibungsweise, dann Schlußfolgerungen aus der objektivierenden Beschreibungsweise auf die physikalische *Wirklichkeit* der Bahnen.

Damit haben wir folgendes interessante Phänomen: Aus etwas intuitiv *Geratenem* wird *über die Anerkennung einer Theorie* eine wissenschaftliche Aussage über die physikalische *Wirklichkeit.*

Da wir schon das intuitive Raten der objektivierenden Beschreibungsweise geschildert haben und die vorgegebene Theorie als g. G.-abgeschlossen voraussetzen, bleibt uns nur noch die Aufgabe, den letzten Schritt des Schlusses auf die Wirklichkeit der Bahnen näher darzustellen, d. h. als einen Schluß aufzuweisen, der nach den allgemein niedergelegten Prinzipien der theoretischen Physik erfolgt. Dabei erweist sich unsere diffizile Vorarbeit aus III, § 9 als äußerst wertvoll; denn nur so können wir erkennen, daß die *mathematische* Struktur der objektivierenden Beschreibungsweise *physikalisch* zu der Interpretation der Wirklichkeit der Bahnen führt.

Ohne jeden Realtext läßt sich allerdings keine Aussage über die physikalische Wirklichkeit von Bahnen machen, da die Mechanik keine Aussagen über die Existenz von Massenpunkten macht, d. h. da im mathematischen Bild keine Aussagen über die Indexmenge für die Massenpunkte gemacht werden. Wir setzen daher voraus, daß ein Realtext vorliegt, der die Massenpunkte »vorgibt«, so wie wir das schon in § 4.1 diskutiert haben; außerdem sei auch eine Zeitmeßskala durch den Realtext fixiert, so daß man irgendeinen Zeitpunkt t' vorgeben kann.

Aufgrund des die Numerierung der Massenpunkte festlegenden genormten Realtextes (III, § 4) und der objektivierenden Beschreibungsweise der mathematischen Theorie gilt dann also der Satz:

Zu der vorgegebenen Zeit t' gibt es eine und nur eine Reihe von Orten $\mathbf{r}^i$ mit $\mathbf{r}^i = \mathbf{r}^i(t')$.

Das bedeutet aber nach III, § 9.1, daß die Hypothese: »Zu der vorgegebenen Zeit t' haben die Massenpunkte Orte $\mathbf{r}^i$« eine theoretisch existente und determinierte Hypothese ist. Da die Theorie g. G.-abgeschlossen sein soll, können wir dann nach III, § 9.4 sagen:

»Die Massenpunkte haben zu der vorgegebenen Zeit t' physikalisch wirkliche Orte.«

Damit ist natürlich nur gesagt, *daß* sie Orte haben, aber *noch nicht, welche* Orte sie haben.

Die obige Hypothese bezieht sich auf Elemente des Grundbereiches der Mechanik, nämlich Zeiten und Orte und ist daher eine Hypothese erster Art (siehe III, § 9.1). Die Orte zur Zeit t' müssen daher im Prinzip im Realtext als gemessene Orte erscheinen können. Die Aussage über die Wirklichkeit der Orte besagt aber mehr: sie sagt aus, daß wir die Orte der Massenpunkte zur Zeit t' auch dann als wirklich ansehen, wenn sie nicht »beobachtet« werden.

Man kann leicht zu einer Hypothese zweiter Art übergehen, indem man als neue Objekte die Bahnen $\mathbf{r}^i$ (t) als *ganze* einführt (d. h. $\mathbf{r}^i$ (t) wird jetzt nicht als Ort zu *einer* Zeit t, sondern als die ganze Funktion für alle t aufgefaßt!). Man kann dann die theoretisch existente und determinierte Hypothese formulieren:

Jeder der durch den Realtext vorgegebenen Massenpunkte hat eine und nur eine Bahn $\mathbf{r}^i$ (t).

Wegen der g. G.-Abgeschlossenheit der Theorie führt das wieder zu der Aussage: Jeder Massenpunkt hat physikalisch wirklich eine Bahn $\mathbf{r}^i$ (t).

Eine solche Bahn als ganze kann nie vollständig im Realtext auftreten, da immer nur Orte zu endlich vielen Zeiten vermessen sein können. Trotzdem aber sehen wir die ganze Bahn als »wirklich« an.

Ohne das im Einzelnen jetzt auszuführen, kann man leicht auf ähnliche Weise erkennen, daß (falls der Realtext eine indirekte Messung der Massen erlaubt; siehe die Annahme aus § 4.1) ebenso wie die Bahnen auch z. B. die kinetische Energie zu einer Zeit t eine physikalisch wirkliche Größe des vorgegebenen Systems der Massenpunkte ist.

Nach diesen Überlegungen werden bestimmt die meisten Leser fragen: Warum dieser große Aufwand und dieses Auseinanderzerren eines Sachverhaltes in mehrere Schritte, um doch am Ende nur dasselbe Resultat zu erhalten, was man schon am Anfang wußte: Die Massenpunkte beschreiben im Raum ihre Bahnen. Dieser Aufwand der von uns vorgetragenen Analyse hat aber mehrere Gründe: Es soll vermieden werden, falsche Schlüsse aus dieser physikalischen Wirklichkeit der Bahnen zu ziehen, und es soll später für die Quantenmechanik klar erkennbar werden, worin die Unterschiede liegen und wieso trotzdem die Quantenmechanik *kein* Umsturz der Methoden der theoretischen Physik darstellt, wie es manchmal fälschlicher Weise behauptet wird; daher haben wir einerseits die Methoden der theoretischen Physik in III zusammenhängend dargestellt und andererseits konsequent auf die Frage nach der Wirklichkeit der Bahnen angewandt.

Aus denselben Gründen wollen wir auch die nächste Frage nach der physikalischen Bedeutung des dynamischen Determinismus ausführlich darstellen.

§ *4.4 Die Festlegung der wirklichen Bahnen*

Wir schließen jetzt wieder an die Darlegungen aus § 4.1 an und fragen, inwiefern wir berechtigt sind, nicht nur von den Orten der Massenpunkte zu einer vorgegebenen Zeit t als Wirklichkeit zu sprechen, sondern diese auch explizit anzugeben. So gibt man z. B. auf der Basis der real vermessenen Planeten an, wie diese zu anderen Zeiten gestanden haben, z. B. *vor* vielen tausend Jahren (wo es nicht mehr möglich ist, aus astronomischen Beobachtungen direkt auf den Stand der Planeten zu schließen) oder aber in hundert Jahren stehen.

Liefert unsere Analyse der Methoden der theoretischen Physik in III auch für dieses uns allen bekannte Vorgehen der Physiker und Astronomen eine feste Basis?

Um diese Frage möglichst anschaulich zu behandeln, gehen wir von den Voraussetzungen aus § 4.1 aus und betrachten vier Hypothesen. Dazu betrachten wir zwei Realtexte $\mathfrak{R}_1$ und $\mathfrak{R}_2$. Der Realtext $\mathfrak{R}_1$ möge eine Raum-Zeit-Vermessung ermöglichen und die »vorgegebenen« Massenpunkte mit ihrer Indizierung fixieren; er möge aber noch keine Meßergebnisse über Orte und Geschwindigkeiten der Massenpunkte zu irgendeiner Zeit liefern. Der Realtext $\mathfrak{R}_2$ sei umfangreicher als $\mathfrak{R}_1$, indem er auch noch erlaubt (siehe § 4.1), die Orte und Geschwindigkeiten der Massenpunkte allein aufgrund der in II entwickelten Raum-Zeit-Theorie zur Zeit »Null« als Meßergebnisse (mit bestimmten Ungenauigkeitsmengen) anzugeben.

In beiden Realtexten ist es also möglich, eine Zeit t' und Raumgebiete $\mathscr{V}_i$ zu fixieren, d. h. (z. B. durch Angabe von Abständen) als physikalisch wirkliche Sachverhalte eindeutig zu bestimmen.

Wir wollen dann folgende vier Hypothesen näher untersuchen:

$\mathscr{H}_{10}$: Der Realtext $\mathfrak{R}_1$ mit der in § 4.3 betrachteten Hypothese, daß die Massenpunkte zur Zeit t' Orte $\mathbf{r}^i$ haben.

$\mathscr{H}_{20}$: Der Realtext $\mathfrak{R}_2$ mit derselben Hypothese, daß die Massenpunkte zur Zeit t' Orte $\mathbf{r}^i$ haben.

$\mathscr{H}_{1d}$: Der Realtext $\mathfrak{R}_1$ mit der Hypothese, daß die Massenpunkte zur Zeit t' Orte $\mathbf{r}^i$ mit $\mathbf{r}^i \in \mathscr{V}_i$ haben.

$\mathscr{H}_{2d}$: Der Realtext $\mathfrak{R}_2$ mit der Hypothese, daß die Massenpunkte zur Zeit t' Orte $\mathbf{r}^i$ mit $\mathbf{r}^i \in \mathscr{V}_i$ haben.

Die Indizierung der vier Hypothesen $\mathscr{H}_{10}$, $\mathscr{H}_{20}$, $\mathscr{H}_{1d}$, $\mathscr{H}_{2d}$ haben wir so vorgenommen, daß der erste Index auf den Realtext deutet, während der zweite Index o oder d darauf hinweisen soll, ob nur die objektivierende Beschreibungsweise (o) wesentlich ist oder auch der dynamische Determinismus (d).

Unter Benutzung der Begriffsbildungen aus III, § 9 läßt sich sofort leicht erkennen:

$\mathscr{H}_{20}$ entsteht aus $\mathscr{H}_{10}$ allein durch Erweiterung des Realtextes; ebenso $\mathscr{H}_{2d}$ aus $\mathscr{H}_{1d}$.

$\mathscr{H}_{1d}$ entsteht aus $\mathscr{H}_{10}$ durch »Verschärfung«, denn es werden gegenüber $\mathscr{H}_{10}$ in $\mathscr{H}_{1d}$ für die Orte die zusätzlichen Bedingungen (Relationen im Sinne von III, § 9) $\mathbf{r}^i \in \mathscr{V}_i$ gefordert; ebenso entsteht $\mathscr{H}_{2d}$ aus $\mathscr{H}_{20}$ durch Verschärfung.

Da $\mathscr{H}_{10}$, wie wir in § 4.3 sahen, determiniert ist, sind auch (siehe III, § 9) alle anderen Hypothesen $\mathscr{H}_{20}$, $\mathscr{H}_{1d}$, $\mathscr{H}_{2d}$ determiniert (solange nicht eine falsch ist).

$\mathscr{H}_{10}$ ist nach § 4.3 theoretisch existent. Dies braucht aber für die anderen Hypothesen $\mathscr{H}_{20}$, $\mathscr{H}_{1d}$, $\mathscr{H}_{2d}$ *nicht* mehr der Fall zu sein. Es wird jetzt gerade unsere Aufgabe sein, zu analysieren, welchen Charakter die Hypothesen $\mathscr{H}_{20}$, $\mathscr{H}_{1d}$, $\mathscr{H}_{2d}$ haben können unter *Verwendung des dynamischen Determinismus.*

$\mathscr{H}_{20}$ bleibt theoretisch existent, da der für den Realtext $\mathfrak{R}_1$ gültige Satz, daß es zu jedem i für die Zeit t' ein und nur ein $\mathbf{r}^i\,(t')$ gibt, auch bei Erweiterung des Realtextes gültig bleibt.

Nicht ganz so trivial ist die Charakterisierung der Hypothesen $\mathscr{H}_{1d}$ und $\mathscr{H}_{2d}$. $\mathscr{H}_{1d}$ entsteht aus $\mathscr{H}_{10}$ durch Verschärfung und braucht daher nicht mehr theoretisch existent zu sein! Da aber $\mathfrak{R}_1$ keine Aussage über Orte und Geschwindigkeiten der Massenpunkte zu irgendeiner Zeit enthält, kann durch die Zusatzbedingungen $\mathbf{r}^i \in \mathscr{V}_i$ kein Widerspruch zum Realtext entstehen, d.h. die Hypothese $\mathscr{H}_{1d}$ muß mindestens »erlaubt« (siehe III, § 9) sein. Da dies für beliebige $\mathscr{V}_i$ gilt, kann die Hypothese $\mathscr{H}_{1d}$ bei einer bestimmten Vorgabe der $\mathscr{V}_i$ *nicht sicher* (III, § 9) sein, da man mit anderen $\tilde{\mathscr{V}}_i$ (z.B. $\tilde{\mathscr{V}}_i \cap \mathscr{V}_i = 0$) leicht eine zu $\mathscr{H}_{1d}$ (mit den $\mathscr{V}_i$ gebildet) inkompatible (III, § 9) Hypothese bilden kann.

$\mathscr{H}_{1d}$ ist also *nur* erlaubt.

Die zu $\mathscr{H}_{1d}$ gehörige Hypothese III (9.4.7) lautet, daß es »gestrichene« Massenpunkte i' mit $\mathbf{r}^{i'}(t') \in \mathscr{V}_i$ gibt. Die Hypothese III (9.4.7) für $\mathscr{H}_{1d}$ ist sicher, da sie mit allen Hypothesen erster Art kompatibel ist; denn keine Hypothese erster Art kann verhindern, daß »auch« gestrichene Massenpunkte i' mit $\mathbf{r}^{i'}(t') \in \mathscr{V}_i$ denkbar sind. Die zu $\mathscr{H}_{1d}$ assoziierte Hypothese ist also (nach III, § 9.4) sicher; und damit ist nach der Tabelle auf Seite ... $\mathscr{H}_{1d}$ bedingt physikalisch möglich.

In die Hypothese $\mathscr{H}_{2d}$ geht nun entscheident der dynamische Determinismus ein. Für die Charakterisierung der Hypothese $\mathscr{H}_{2d}$ können drei Fälle auftreten:

1. Die Hypothese $\mathscr{H}_{2d}$ ist falsch. Dies ist der Fall, wenn alle für die Zeit t' aus den innerhalb der Ungenauigkeitsmengen liegenden »Anfangswerten« (die aus $\mathfrak{R}_2$ folgen; siehe auch § 4.1) berechneten $\mathbf{r}^i\,(t')$ so sind, daß mindestens eine der Relationen $\mathbf{r}^i(t') \in \mathscr{V}_i$ verletzt ist. Nach III, § 9.4 ist dann also $\mathscr{H}_{1d}$ physikalisch auszuschließen.
2. Die Hypothese $\mathscr{H}_{2d}$ ist nur erlaubt. Dies ist der Fall, wenn es Anfangswerte innerhalb der Ungenauigkeitsmengen gibt, so daß für die mit diesen Anfangswerten berechneten $\mathbf{r}^i\,(t')$ die Relationen $\mathbf{r}^i\,(t') \in \mathscr{V}_i$ erfüllt sind; es aber auch solche Anfangswerte innerhalb der Ungenauigkeitsmengen gibt, für die dann mindestens eine der Relationen $\mathbf{r}^i(t') \in \mathscr{V}_i$ nicht erfüllt ist. Die in diesem Fall zu $\mathscr{H}_{2d}$ gehörige Hypothese III (9.4.7) ist sicher, da man sich immer Massenpunkte mit innerhalb der Ungenauigkeitsmengen *geeigneten* Anfangswerten denken kann, deren Orte zur Zeit t' in $\mathscr{V}_i$ liegen. Also ist $\mathscr{H}_{2d}$ nach III, § 9.4 bedingt physikalisch möglich.

3. Die Hypothese $\mathcal{H}_{2d}$ ist theoretisch existent. Dies ist der Fall, wenn für *alle* Anfangswerte innerhalb der Ungenauigkeitsmengen die Relationen $\mathbf{r}^i(t') \in \mathcal{V}_i$ erfüllt sind. Da $\mathcal{H}_{2d}$ auch determiniert ist, ist $\mathcal{H}_{2d}$ in diesem Fall nach III, § 9.4 physikalisch wirklich.

Liegt der Fall 3. vor, so können wir also mit Recht sagen, daß die Massenpunkte *physikalisch wirklich* zur Zeit t' Orte aus den Raumgebieten $\mathcal{V}_i$ haben. Damit ist unser Ziel erreicht, die »gebräuchliche« Methode der Aussagen über nicht beobachtete Sachverhalte aus den allgemeinen (in III dargestellten) Methoden heraus zu rechtfertigen.

Auch die Methode aus III, § 9.5 läßt sich hier beispielhaft anwenden. Mit $\mathbf{r}^i(0)$ als direkt meßbaren Größen, ist eine Abbildung f:

$$(\mathbf{r}^1(0), \dot{\mathbf{r}}^1(0); \mathbf{r}^2(0), \dot{\mathbf{r}}^2(0); \ldots) \rightarrow (\mathbf{r}^1(t'), \mathbf{r}^2(t'), \ldots)$$

auf Grund der *Newton*schen Grundgleichung gegeben. Werden also die $(\mathbf{r}^1(0), \dot{\mathbf{r}}^1(0); \mathbf{r}^2(0), \dot{\mathbf{r}}^2(0); \ldots)$ mit bestimmten Ungenauigkeiten »direkt« gemessen, so werden »indirekt« dadurch auch die

$$f(\mathbf{r}^1(0), \dot{\mathbf{r}}^1(0); \ldots) = (\mathbf{r}^1(t'), \mathbf{r}^2(t'), \ldots)$$

mit entsprechenden Ungenauigkeiten mitgemessen. Die »Wirklichkeit« der $(\mathbf{r}^1(0), \dot{\mathbf{r}}^1(0); \mathbf{r}^2(0), \dot{\mathbf{r}}^2(0); \ldots)$ auf Grund des Ablesens des Realtextes bestimmt mit die Wirklichkeit der $f(\mathbf{r}^1(0), \dot{\mathbf{r}}^1(0); \ldots) = (\mathbf{r}^1(t'), \mathbf{r}^2(t'), \ldots)$. Dies ist ein sehr anschauliches Beispiel für die in III, § 9.5 betrachteten Abbildungen f einer Menge E' auf eine Menge $E^{(f)}$. Der dynamische Determinismus ist also nur ein Sonderfall der allgemein in III, § 9.5 betrachteten determinierten Hypothesen III (9.5.3).

Wiederum stellt sich die Frage, warum wir mit solcher Genauigkeit und Mühe vorgegangen sind, um ein so »übliches« Resultat zu erhalten. Abgesehen von den späteren Überlegungen zur Quantenmechanik werden uns auch die Diskussionen der folgenden §§ eine Antwort darauf geben.

§ 4.5 Übliche Redewendungen

Da es nicht so üblich ist, genau nach den in III beschriebenen Methoden vorzugehen, benutzt man häufig legere und vereinfachte Redewendungen der Alltagssprache, um dieselben Sachverhalte kurz anzudeuten. Solche Redewendungen haben oft zu Fehlinterpretationen und Mißdeutungen geführt. Benutzt man sie aber nur in dem gleich näher zu erläuternden Sinn, so entgeht man leichter irgendwelchen durch die Alltagssprache nahegelegten Fehldeutungen.

Die beiden Hypothesen $\mathcal{H}_{1d}$ und $\mathcal{H}_{2d}$ pflegt man in üblicher Redeweise so zu beschreiben:

$\mathscr{H}_{1d}$: Man weiß nichts über die Lage und Geschwindigkeiten der Massenpunkte zur Zeit »Null«, und daher ist es auch nicht möglich, etwas über die Lage der Massenpunkte zur Zeit t' auszusagen; alle Lagen sind möglich wegen unserer Unkenntnis; aber in Wirklichkeit haben die Massenpunkte natürlich zur Zeit t' eine ganz bestimmte Lage.

Die hier benutzten Worte wie »man weiß« oder »man weiß nicht« und »nicht möglich... auszusagen«, »Unkenntnis« sind solche übliche Redewendungen. Wir geben diesen Redewendungen nun folgenden Sinn:

»man weiß« (oder weiß nicht) steht kurz für einen Realtext, der in einer Hypothese oder einem Test (siehe III, § 9 und 4) benutzt wird. Es geht hier also bei dem Wort »wissen« nicht um die Kenntnisse eines Subjektes, sondern um den Umfang eines genormten Realtextes, der in einer Theorie benutzt wird. »Man weiß...« steht also kurz dafür, daß der benutzte Realtext bestimmte Angaben enthält; »man weiß ... nicht« steht also kurz dafür, daß der benutzte Realtext keine Angaben über ... enthält.

Es ist also festzuhalten, daß das »Wissen« in echtem Sinne weder in das mathematische Bild $\mathfrak{M}\mathfrak{T}$ von $\mathfrak{P}\mathfrak{T}$ noch in die Abbildungs*prinzipien* (siehe III, § 4) eingeht, sondern *nur* eine Kurzform für die Benutzung realer Gegebenheiten im Rahmen einer Theorie, d.h. eine Kurzform für die für einen Realtext tatsächlich aufgeschriebenen Axiome $(-)_r(1)$ und $(-)_r(2)$ darstellt.

Geht man jetzt zur Hypothese $\mathscr{H}_{2d}$ über, so kann man die Erweiterung des Realtextes also auch so ausdrücken: Da man jetzt (bis auf Ungenauigkeitsmengen) die Orte und Geschwindigkeiten zur Zeit Null kennt (»kennt« als nur anderes Wort für »weiß«), kann man ausrechnen, ob die Orte zur Zeit t' in den Gebieten $\mathscr{V}_i$ liegen.

Ist die Hypothese $\mathscr{H}_{2d}$ falsch, so sagt man auch (wobei das Wort weiß in einem noch etwas abgewandelten Sinn benutzt wird), daß man weiß, daß nicht alle Orte $\mathbf{r}^i$ zur Zeit t' in $\mathscr{V}_i$ liegen. Ist die Hypothese $\mathscr{H}_{2d}$ nur erlaubt, so sagt man, daß man nicht weiß (nicht aussagen kann, daß es nicht möglich ist auszusagen), ob alle Orte zur Zeit t' in den entsprechenden Gebieten $\mathscr{V}_i$ liegen. Ist die Hypothese $\mathscr{H}_{2d}$ theoretisch existent, so sagt man, daß man weiß, daß alle Orte $\mathbf{r}^i$ zur Zeit t' in den $\mathscr{V}_i$ liegen.

Wenn man in dieser Weise vorsichtig vorgeht, bevor man weitere Schlußfolgerungen aus Redewendungen wie »man weiß...« usw. zieht, kann man kaum in den Fehler von Fehldeutungen verfallen; insbesondere nicht in den, daß das wirklich subjektive Wissen irgendwie im mathematischen Bild $\mathfrak{M}\mathfrak{T}$ einer Theorie erscheinen könnte, wie es manchmal behauptet wird.

Eine aber besonders durch das Wort »wissen« nahegelegte Vorstellung ist es, daß in *Wirklichkeit* die Massenpunkte ganz exakt bestimmte Bahnen haben, die man nur *nicht genau kennt*. Wir werden der Frage nach der Berechtigung einer solchen Vorstellung den nächsten § widmen.

§ 4.6 Die an sich exakt determinierten Bahnen?

Mit dem letzten Absatz des vorigen § 4.5 sind wir ganz nahe an die Formulierung von *Laplace* herangekommen, die wir in der Einleitung zu diesem Kapitel erwähnten; und doch haben unsere hier benutzten Formulierungen einen etwas anderen Sinn: Das Wort »wissen« steht eigentlich nur als Kurzformulierung für die Benutzung und Ausnutzung realer Sachverhalte (d. h. eines Realtextes) im Rahmen einer physikalischen Theorie. Inwiefern dürfen wir dann noch auf der Basis der in III niedergelegten Methoden von »an sich« existierenden und durch die Anfangswerte determinierten Bahnen sprechen, die man nur nicht genau kennt?

Die Formulierung »die man nur nicht genau kennt« bedeutet nach unserer Interpretation, daß der vorliegende Realtext wegen der endlichen Ungenauigkeitsmengen nicht erlaubt, mit Hilfe der Theorie eine einzige mathematische Bahn als physikalisch wirkliche Bahn auszusondern, d. h.: um im Sinne der Überlegungen aus § 4.5 zu einer theoretisch existenten Hypothese $\mathscr{H}_{2\mathrm{d}}$ zu gelangen, muß man *endliche* Raumgebiete $\mathscr{V}_i$ (und keine Punkte statt der $\mathscr{V}_i$) wählen.

Ist nun die Vorstellung richtig, daß »an sich« doch nur ganz bestimmte Bahnen $\mathbf{r}^i(t)$ mit »genau« bestimmten Orten $\mathbf{r}^i(t')$ existieren?

In § 4.3 scheinen wir gezeigt zu haben, daß es richtig ist, von der physikalischen Wirklichkeit der Bahnen $\mathbf{r}^i(t)$ zu sprechen; zusammen mit dem dynamischen Determinismus sollte es also auch richtig sein, sich vorzustellen, daß diese Bahnen durch ihre Orte und Geschwindigkeiten zur Zeit Null »in Wirklichkeit« (d. h. nicht nur im mathematischen Bild) als ganze bestimmt sind.

Zu den eben angeschnittenen Problemen wurden ganz verschiedene Einstellungen eingenommen, von denen *zwei* etwas ausführlicher dargestellt seien.

1. Die eine Vorstellung geht von der nicht genauen Kenntnis der Anfangswerte aus und sagt, daß man wegen dieser ungenauen Kenntnis keine genauen Voraussagen, sondern nur Wahrscheinlichkeitsaussagen über spätere Werte der Orte machen könnte. Es sei deshalb ein Irrtum, daß die Mechanik die Zukunft determiniere; die Mechanik kann wie alle physikalischen Theorien nur Wahrscheinlichkeitsaussagen machen; die Vorstellung der exakt vorausbestimmten Bahnen sei unwirklich. Um diesen Standpunkt besonders zu bekräftigen, werden Beispiele erwähnt, bei denen aus sehr kleinen Ungenauigkeiten der Anfangswerte zur Zeit Null mit wachsender Zeit beträchtliche Ungenauigkeiten entstehen können. Ein simples Modellbeispiel dieser Art ist eine sich eindimensional bewegende Billardkugel, die zwischen zwei elastischen Wänden hin und her geworfen wird, wobei die Ungenauigkeitsmenge für den Ort bei genügend großer Zeit schließlich das ganze Gebiet zwischen den beiden Wänden ist, d. h. daß überhaupt keine Voraussage über den Ort mehr möglich ist.

2. Gegen diese Vorstellung steht eine zweite, die zwar die Unkenntnis zugibt, aber dagegen sagt: »an sich« existiert eben eine und nur eine durch die »wirklichen« Anfangswerte zur Zeit Null eindeutig bestimmte Bahn dieser Billardkugel. Unsere Kenntnis dieser Bahn kann sich der Bahn allerdings immer nur nähern, aber eben beliebig gut nähern. In Wirklichkeit ist die Zukunft durch die Gegenwart (die Zeit »Null«) eindeutig determiniert.

Wie haben wir uns zu diesen beiden Vorstellungen auf der Basis der in III grundgelegten Methode zu stellen? Wie wir schon oben erwähnten, läuft unsere Frage darauf hinaus, was wir von den im mathematischen Bild vorhandenen, exakt durch die Anfangswerte zur Zeit »Null« bestimmten Bahnen $\mathbf{r}^i(t)$ als Bild der Wirklichkeit zu halten haben; und in § 4.3 scheinen wir doch schon den einen Teil gezeigt zu haben, daß nämlich die Bahnen $\mathbf{r}^i(t)$ physikalisch wirkliche (im Sinne von III, § 9.4) Bahnen sind.

Um die Überlegungen in § 4.3 aber nicht zu komplizieren, haben wir dort nicht von den Ungenauigkeitsmengen gesprochen. Wir haben in § 4.3 nur gezeigt, daß die Bahnen $\mathbf{r}^i(t)$ zum »idealisierten« (!) Wirklichkeitsbereich $\mathfrak{W}\mathfrak{I}$ im Sinne von III, § 9.6 gehören, d.h. daß die Objekte aus $\mathfrak{W}\mathfrak{I}$ *nur* mit Berücksichtigung von endlichen Ungenauigkeitsmengen einen Sinn haben. *Welche* Ungenauigkeitsmengen spielen nun hierbei eine Rolle? Für endlich ausgedehnte Massenpunkte mögen die Orte $\mathbf{r}^i$ als die Orte der Massenmittelpunkte definiert sein, so daß wir also von der endlichen Ausdehnung der Massenpunkte selbst bei der Betrachtung der Ungenauigkeitsmengen absehen wollen.

Betrachten wir die Bahnen zunächst ohne den dynamischen Determinismus, d.h. so wie in § 4.3. Es bleiben dann nur die Ungenauigkeitsmengen der Raum-Zeit-Theorie aus II. Die mathematisch kontinuierliche Beschreibung von Raum und Zeit war nur eine Idealisierung und ohne jede Bedeutung über die Wirklichkeit. Ebenso hat daher eine exakte mathematische Bahn keine Bedeutung für die Wirklichkeit; wir würden genau in den in II, § 4 und III, § 5 angeprangerten Fehler verfallen, wollten wir aus dem mathematischen Bild auf exakt definierte Bahnen $\mathbf{r}^i(t)$ in der Wirklichkeit schließen; die Struktur des mathematischen Bildes im ganz Kleinen *braucht kein* Abbild der Wirklichkeit zu sein. Berücksichtigt man aber die *endlichen* und prinzipiell *nicht* zu beseitigenden Ungenauigkeiten (die obige Behauptung, daß sich unsere Kenntnis »beliebig gut nähern« kann, ist falsch), so gewinnen die *physikalisch wirklichen* Bahnen $\mathbf{r}^i(t)$ einen echten Sinn als Aussage über die Struktur der Wirklichkeit.

Welche Bedeutung kommt dabei nun zusätzlich dem dynamischen Determinismus zu? Ist die Zukunft in Wirklichkeit durch die Gegenwart bestimmt? Oder machen die endlichen Ungenauigkeiten im Sinne der ersten oben vorgetragenen Meinung alle dynamische Determinierung zunichte?

Das Entscheidende zur Beantwortung dieser Fragen sind wieder die Ungenauigkeitsmengen. Wir wollen zeigen, daß die oben unter 1. vorgetragene Meinung eine zu enge Vorstellung von Ungenauigkeitsmengen benutzt und so zu einer zu einseitigen und damit falschen Sicht der Sachlage kommt, während die oben unter 2. vorgetragene Meinung eben den in III, § 5 analysierten und schon in II, § 4 geschilderten Fehler begeht, aus Idealisierungen innerhalb des mathematischen Bildes auf Strukturen der Wirklichkeit zu schließen.

Zunächst sind natürlich, wie ja eben schon erwähnt, die endlichen Ungenauigkeiten der Raum-Zeit-Theorie zu berücksichtigen. Es kann sein, daß eine spezielle mechanische Theorie allein mit diesen aus der Raum-Zeit-Theorie herrührenden Ungenauigkeitsmengen auskommt, um eine brauchbare Theorie zu sein. Ein Beispiel hierfür wäre die Mechanik des Planetensystems (mit eventueller kleiner Korrektur des *Newton*schen Attraktionsgesetzes nach *Einstein;* siehe X). So gut wie überhaupt Orte und Zeiten definiert sind (eben nicht mathematisch exakt!), können die Bahnen als physikalisch wirkliche und dynamisch determinierte Bahnen angesehen werden. Dabei bedeutet dynamisch determiniert nichts anderes, als daß innerhalb der endlichen Ort-Zeit-Ungenauigkeiten die wirkliche Struktur der Bewegung durch eine mathematisch nach den Kraftgesetzen berechnete Bahn dargestellt werden kann. Es kommt also *nicht* auf die *zufällig* »für *eine* Zeit Null« herausgepickten Beobachtungen und ihre Ungenauigkeiten an, so wie es die oben unter 1. formulierte Meinung klar zu machen versucht. *Unabhängig* von diesen Anfangswertungenauigkeiten zur Zeit Null darf man von physikalisch wirklichen *und* determinierten Bahnen innerhalb der prinzipiellen *allgemeinen* Raum-Zeit-Ungenauigkeiten sprechen, die aber für alle Zeiten und Stellen der Bahnen etwa *gleich* groß sind; also kein Anwachsen der Ungenauigkeitsmengen mit der Zeit! Die Einseitigkeit der oben unter 1. aufgeführten Meinung kommt durch den zu engen Blickwinkel zustande, als ob die Physik dazu da wäre, Voraussagen aus der Gegenwart (Zeit Null) auf die Zukunft zu machen. Solche Fragestellungen sind für den Techniker wichtig, der z.B. für ein vom Mond zurückkehrendes Raumschiff Eintrittsort und Eintrittsrichtung des Raumschiffes in die Erdatmosphäre voraussagen muß.

Eine spezielle mechanische Theorie kann aber noch spezielle (über die Ungenauigkeitsmengen der Raum-Zeit-Theorie hinausgehende!) Ungenauigkeitsmengen erfordern, um zu einer brauchbaren Theorie zu werden; d.h. nichts anderes als daß das vorgelegte mathematische Bild der Kräfte und Nebenbedingungen nicht so gut ist, um Übereinstimmung mit der Erfahrung allein innerhalb der Ort-Zeit-Meßungenauigkeiten zu erhalten; wenn man gröbere Ungenauigkeitsmengen benutzt, wird die Theorie zu einer brauchbaren Beschreibung der Wirklichkeit. So kann es also vorkommen, daß die Behauptung von physikalisch wirklichen Bahnen $\mathbf{r}^i(t)$ im Rahmen der feineren Ungenauigkeitsmengen der Raum-Zeit-Theorie sinnvoll ist, daß aber die dynamische Determinierung dieser Bahnen, d.h. ihre *Form* als Lösung der dynamischen Gleichungen nur noch im Rahmen gröberer Ungenauigkeitsmengen sinnvoll ist. Solche Fälle können bei der von uns in diesem Buch nicht näher untersuchten Strömung von Gasen vorkommen; oder bei groben Näherungen für die Kraftgesetze.

Muß man für den Vergleich der dynamischen Gesetze mit der Erfahrung gröbere als die Raum-Zeit-Ungenauigkeitsmengen benutzen, um zu einer brauchbaren Theorie zu kommen, so wird man natürlich versuchen, eine bessere (d. h. umfangreichere; siehe III, § 7) Theorie zu finden. *Muß* dies wieder eine mechanische Theorie, d. h. eine Theorie mit dynamisch determinierten Gesetzen (eben *nur* »verbesserten« Kraftgesetzen) sein?

Es *kann* sein, daß eine verbesserte Theorie zwar die objektivierende Beschreibungsweise der Bahnen $\mathbf{r}^i(t)$ beibehält, aber die Differentialgleichungsform der Gesetze für die Bahnen $\mathbf{r}^i(t)$ durch eine andere Form der dynamischen Gesetze ersetzt, bei der die Bahnen $\mathbf{r}^i(t)$ nicht mehr durch einen kleinen Ausschnitt $\{\mathbf{r}^i(t) \text{ mit } 0 \leq t \leq \varepsilon\}$ dieser Bahnen bestimmt sind; diese so verbesserte Theorie brauchte also nicht mehr dynamisch determiniert zu sein! Das würde dann also bedeuten, daß die Beschreibung der Vorgänge in dynamisch determinierter Form nur in einer Näherung möglich ist, die man mit Hilfe der verbesserten Theorie genauer abschätzen könnte.

Es ist wichtig, sich alle diese Möglichkeiten vor Augen zu halten, um zu erkennen, daß es in keiner Weise möglich ist, aus physikalischen Theorien auf die Determinierung der Welt an sich durch die Situation zu einer Zeit zu schließen.

Die am Anfang dieses Kapitels angeführte Vorstellung von *Laplace* läßt sich also in *keiner Weise* durch irgendwelche physikalischen Theorien rechtfertigen. Sie ist entweder ein Fehlschluß aus physikalischen Theorien oder aber eine philosophische Vorstellung, die *vor* aller Physik steht. Als solche philosophische Vorstellung aber scheint sie auch *Laplace* gemeint zu haben, nämlich als Basisvorstellung, um darauf sowohl die Mechanik des Planetensystems wie die Wahrscheinlichkeitsrechnung *begründen* zu können; die obige Äußerung von *Laplace* stammt nämlich aus seinen Abhandlungen über die Wahrscheinlichkeitsrechnung!

§ 4.7 Die Kausalinterpretation der Mechanik

Die Struktur der Mechanik hat zu den verschiedensten Spekulationen Anlaß gegeben. Diese Spekulationen und *nicht die theoretische Physik* waren es, die durch die Weiterentwicklung gerade dieser theoretischen Physik einen schweren Schlag erlitten, weil diese Spekulationen meinten, erkannt zu haben, wie die Grundzüge einer physikalischen Theorie aussehen *müssen*.

Man meinte erkannt zu haben, welche Grundstruktur die im mathematischen Bild einzuführenden Axiome haben *müssen*, während die theoretische Physik undogmatisch nur zum intuitiven Erraten (siehe die Abbildung am Ende von II, § 4) dieser Axiome auffordert.

Einige der an die Mechanik geknüpften Spekulationen beruhen auf dem Versuch, die von der Mechanik entdeckten Strukturen auf der Basis des Kausalprinzips zu deuten. Wir haben es vermieden, bisher das Begriffspaar Ursache und Wirkung zu benutzen. Dies war auch in keiner Weise notwendig, wie aus den Grundlagenbeschreibungen in III hervorgeht. Dies bedeutet natürlich nicht, daß wir nicht in irgendeiner Weise stillschweigend das Kausalprinzip vorausgesetzt haben, indem wir von »vorhandenen Tatsachen« (III, § 2) ausgingen. Bei dem Versuch, die Struktur der Mechanik kausal zu deuten, geht es aber auch nicht darum, die Voraussetzungen für die Existenz von Massenpunkten und für die Vermessung ihrer Bewegungen zu klären, sondern um eine Deutung der Struktur der Mechanik selbst.

Die Kausaldeutung der Mechanik geht zurück bis auf die Aristotelische Vorstellung, daß jede Bewegung einer Ursache bedarf. Erst *Newton* sei es aber dann gelungen zu zeigen, daß nicht die Geschwindigkeit der Bewegung einer Ursache bedarf, sondern nur die Beschleunigung. Die Ursache der Beschleunigung sei die Kraft. Das Maß der Wirkung sei dabei mitbestimmt durch die Trägheit des Körpers, die träge Masse, die man dann oft noch mit einem Substanzbegriff verkoppelt, weil die Massen bei der Bewegung erhalten bleiben.

Wir wollen nun hier in keiner Weise eine solche Vorstellung begründen noch widerlegen. Wir fragen nur, welches ist das Verhältnis der theoretischen Physik zu solchen Vorstellungen?

Es ist ein Fehlverständnis der theoretischen Physik, wenn man meint, daß sie die Absicht habe, Ursache-Wirkungs-Zusammenhänge aufzuklären.

Die theoretische Physik ist keine Kausalanalyse der Vorgänge. Sie ist eine Strukturuntersuchung der Wirklichkeit mit Hilfe des Abbildens auf mathematische Strukturen, so wie wir es in III allgemein und in allen Kapiteln dieses Buches im einzelnen darstellen. Siehe dazu nochmals die Ausführungen aus I.

In unserem Spezialfall der *Newton*schen Mechanik kommt diese Haltung der theoretischen Physik gegenüber solchen kausalanalytischen Interpretationen am deutlichsten darin zum Ausdruck, daß das *Newton*sche Grundaxiom V (2.1.1) für sich allein genommen, vollkommen leer ist, wie wir dies in V, § 2.1 versuchten, klar zu machen. Diese für sich allein im Rahmen der Theorie noch leere Aussage V (2.1.1) wird aber bei der Kausaldeutung gerade zur Darstellung des Zusammenhangs zwischen Ursache und Wirkung.

Da die theoretische Physik sozusagen neutral gegenüber solchen philosophischen Deutungen ist, sagt sie auch nicht aus, daß diese Deutungen falsch (oder richtig) sind. Man könnte daher höchstens fragen, ob die von der theoretischen Physik aufgedeckte Struktur der Wirklichkeit eine philosophische Deutung mit Hilfe des *Kausalprinzips* nahelegt. Auch dies ist aber mehr als fragwürdig, wie wir gleich noch zeigen wollen.

Vorher aber wollen wir noch kurz eine bekannte philosophische Deutung des dynamischen Determinismus anfügen: Das Kausalgesetz legt die Wirkungen fest; die Wirkungen werden als die Veränderungen (hier als die Veränderungen der Geschwindigkeiten, d. h. als die Beschleunigungen) gedeutet; der Zustand der Welt zu einer Zeit legt die Ursachen und damit nach dem Kausalprinzip die Wirkungen und damit die Veränderung, d. h. den Übergang in den zeitlich folgenden Zustand fest. Das aber ist dann der dynamische Determinismus.

Aus allen diesen philosophischen Überlegungen wird dann die Konsequenz gezogen, daß jede physikalische Theorie eine grundsätzlich ähnliche Struktur wie die Mechanik haben müsse, was zunächst auch die Theorien der Elektrodynamik und Allgemeinen Relativitätstheorie zu bestätigen schienen.

Wir haben schon oben betont, daß die theoretische Physik *nichts* zu allen diesen Überlegungen sagt, sondern viel einfacher zum »Raten« der Strukturgesetze aufgrund einer intuitiven und heuristischen Betrachtungsweise der Vorgänge auffordert. Trotzdem aber wollen wir die oben angeschnittene Frage noch kurz beleuchten, ob denn die Mechanik wirklich die eben geschilderte Deutung »nahelegt«.

Zunächst sieht es so aus, als ob die *Newton*schen Grundgleichungen tatsächlich die Beeinflussung der Massenpunkte untereinander (und eventuell durch die Umgebung) so beschreiben, daß die Wirkung dieses Einflusses eine Abänderung der Geschwindigkeit von Zeitschritt zu Zeitschritt ist; aber in welcher Richtung? In die Richtung der Zukunft zu wachsenden Werten von t oder in die Richtung der Vergangenheit zu abnehmenden Werten von t? Beide Vorstellungen sind erlaubt *und* werden auch benutzt, wenn man z. B. die Stellung der Planeten zu früheren Zeiten untersucht. In welcher Zeitrichtung wirken dann die Ursachen? In die Zukunft oder aber in die Vergangenheit?

Ist es nicht ein Antropomorphismus, wenn wir die Kräfte als Ursache von Wirkungen deuten, weil wir als Menschen es so erleben, daß wir uns anstrengen, um in die Zukunft zu wirken?

Wieso aber bedarf die Beschleunigung einer Ursache und nicht die Geschwindigkeit? Wie wird dafür gesorgt, daß ein Massenpunkt ohne Kräfte seine konstante Geschwindigkeit beibehält? Welche Ursache verhindert eine Änderung seiner Geschwindigkeit? Ist es die übrige Welt, die den Körper zur Beibehaltung seiner Geschwindigkeit zwingt? Alles Fragen, die sich aufdrängen, wenn man nach dem »Warum« der physikalischen Gesetze fragt; alles aber Fragen, auf die die theoretische Physik keine Antwort gibt (siehe I).

Zu allem Überfluß ist aber die *Newton*sche Form der Grundaxiome der Mechanik nicht die einzig mögliche; ja wir haben schließlich die andere Form des *Lagrange*schen Variationsprinzips als Grundlage der Mechanik vorgezogen. In dieser Form tritt dann als Grundgröße die *Lagrange*-Funktion auf, in der Beschleunigungen und Kräfte nicht gegenüber stehen, sondern die Bahngrößen zu einer Einheit verschmolzen sind. Dieses Prinzip könnte man so deuten, daß sich die Massenpunkte zwischen »Anfangs«- *und* »Endwerten« der Orte eine Extremale als Bahn *aussuchen*. Anfangs- und Endwerte könnte man als die eine Ursache deuten, die unter den durch die *Lagrange*funktion beschriebenen Umständen (den anderen »Ursachen«) die Massenpunkte in ihre Bahnen zwingt.

Möglichkeiten über Möglichkeiten tun sich auf, wenn man sich erst einmal darauf einläßt, die durch die theoretische Physik entdeckten Strukturen philosophisch zu deuten. Mag dieser oder jener dieses oder jenes *philosophische* Gegenargument gegen einige dieser Deutungen bringen, so erkennt man doch eines: Die theoretische Physik selbst gibt einem keine Anhaltspunkte in die Hand, von den durch sie beschriebenen Vorgängen eine Kausalanalyse durchzuführen.

Umso weniger sieht sich daher die theoretische Physik veranlaßt, sich nach den Vorschriften zu richten, die einige aus philosophischen Gründen der theoretischen Physik auferlegen wollen. Sie gibt sich selbst die Form ihrer Methode vor, eine Form, die wir versucht haben in III zu schildern. Nachträglich mag man sich sowohl über die Voraussetzungen wie die Konsequenzen dieser Methode Gedanken machen.

Da wir alle kausalanalytischen Deutungen in Frage gestellt haben, bleibt allerdings eine Frage im Raum stehen. Wieso vertrauen wir auf die Gültigkeit der von uns »erratenen« Naturgesetze? Wieso wissen wir, daß die »erratenen« Axiome richtig sind? Wieso wissen wir, daß sich die Vorgänge nach diesen Axiomen richten? Worauf vertrauen wir eigentlich, wenn wir in unser Tun die Gültigkeit der Naturgesetze mit einbeziehen?

Allen diesen Fragen werden wir uns erst im letzten Band dieses Buches zuwenden.

§ 5 Die *Hamilton-Jacobi*-Theorie

Die nächsten Überlegungen zielen *nicht* darauf ab, eine dritte neue Grundlegung der Mechanik zu bieten, sondern sollen Methoden bereitstellen, um komplizierte mechanische Probleme für Systeme mit endlich vielen Freiheitsgraden allgemein und übersichtlich in Angriff nehmen zu können. Wir werden dabei zwar noch verschiedene »äquivalente« Formulierungen der Mechanik geben, aber mehr in der Absicht, in einer neuen mathematischen Form Strukturen der Mechanik sichtbar werden zu lassen, die zunächst nicht ohne weiteres bemerkt werden.

Die hier zu bringende Darstellung der Mechanik ist die Grundlage für zwei heuristische Wege geworden, auf denen getrennt die Quantenmechanik entdeckt wurde (siehe XI, § 1). Nachträglich erscheinen diese Ratewege nicht mehr als so merkwürdig, da wohl die große Ähnlichkeit der klassischen Punktmechanik mit der Quantenmechanik auf der Grundstruktur eines mehrfachen

Produktes von *Galilei*-Gruppen beruht. Solche gruppentheoretischen Überlegungen werden wir für die Punktmechanik in § 6.2 besprechen.

Durch die Ausarbeitung von mathematischen Methoden zur »Handhabung« der Mechanik begegnen wir (wie schon in § 3) einem anderen wesentlichen Zug der theoretischen Physik: Ausarbeitung und Bereitstellung eines geeigneten *Handwerkszeuges* zur *Handhabung* einer Theorie.

Wir können natürlich auch in dieser Beziehung in diesem Buch immer nur an ein paar ganz wenigen Stellen zeigen, wie solch ein Handwerkszeug bereitgestellt wird. Tatsächlich besteht ein übergroßer Teil der Forschungsarbeit auf dem Gebiet der theoretischen Physik gerade darin, geeignete Methoden zur Handhabung einer Theorie und geeignete, für bestimmte Anwendungen gerade noch ausreichende Näherungen zu finden. Gerade in der Quantenmechanik werden wir wieder auf diese typische Seite der theoretischen Physik stoßen, wobei die Bereitstellung geeigneter Näherungstheorien, sogenannter »Modelle«, eine sehr entscheidende Rolle spielen wird, sobald die »exakte« Theorie überhaupt nicht mehr gehandhabt werden kann.

Die hier darzustellende Ausarbeitung eines Handwerkszeuges zusammen mit dem Versuch, noch weitere Strukturen der Mechanik sichtbar zu machen, beginnt mit einer Umformulierung der *Lagrange*-Gleichungen in eine »symmetrische« Gestalt, die *Hamilton*schen Gleichungen (§ 5.1 und 5.2). Diese Form macht es erst möglich, in eleganter und übersichtlicher Weise eine »Theorie von Koordinatentransformationen« zu entwickeln (kanonische Transformationen, siehe § 5.3) und dann nach geeigneten Koordinaten zu suchen (*Hamilton-Jacobi*-Gleichung, siehe § 5.4), in denen sich die Bewegungsgleichungen »trivial« lösen lassen. Aber gerade für die Behandlung von nicht exakt lösbaren Problemen (d. h. für die Störungsrechnung, § 7) hat sich die Theorie der kanonischen Transformationen als unentbehrliches Hilfsmittel (Handwerkszeug) herausgestellt, was wir natürlich nur beispielhaft demonstrieren können. So ist es gerade für den Anfänger weniger wichtig, jeden Einzelschritt der Methoden der Störungsrechnung reproduzieren zu können, als vielmehr zu sehen, wozu eine solche Umarbeitung der Mechanik in die »kanonische« Form gut sein kann.

Wir setzen im folgenden (etwas spezieller als in V, § 3) voraus, daß sich die Bewegungsgleichungen (nach Elimination aller holonomen und nicht-holonomen Nebenbedingungen) aus einem *Lagrange*schen Variationsprinzip

$$\delta \int_{t_1}^{t_2} L \, \mathrm{d}t = 0$$

herleiten lassen, wobei L eine Funktion (nicht Funktional!) der »Variablen« $q_1 \ldots q_f, \dot{q}_1 \ldots \dot{q}_f, t$ ist.

§ 5.1. *Elementare Herleitung der* Hamilton*schen Gleichungen*

Die sich aus dem *Lagrange*schen Variationsprinzip ergebenden *Lagrange*schen Gleichungen

$$\frac{d}{dt}\frac{\partial L}{\partial \dot{q}_i} - \frac{\partial L}{\partial q_i} = 0 \tag{5.1.1}$$

sind Differentialgleichungen zweiter Ordnung, da die von den $\dot{q}_i$ abhängige Funktion $\partial L/\partial \dot{q}_i$ noch einmal nach der Zeit differenziert wird. Man kann aber mit Hilfe der Einführung neuer Funktionen $y_i(t)$ das Differentialgleichungssystem der *Lagrange*schen Gleichungen sehr leicht in ein Differentialgleichungssystem *erster* Ordnung überführen (mit $L(q_i, y_i)$ statt $L(q_i, \dot{q}_i)$!)

$$\begin{aligned} &\frac{d}{dt}\frac{\partial L}{\partial y_i} - \frac{\partial L}{\partial q_i} = 0, \\ &y_i - \dot{q}_i = 0. \end{aligned} \tag{5.1.2}$$

Das Differentialgleichungssystem (5.1.2) hat natürlich dieselben Lösungen für die $q_i(t)$ wie das System (5.1.1).

Statt der y_i führen wir neue Variable p_i ein durch

$$p_i = \frac{\partial L(q_i, y_i, t)}{\partial y_i}. \tag{5.1.3}$$

Damit dies sinnvoll ist, setzen wir voraus, daß die Funktionaldeterminante der Transformationsgleichungen (5.1.3) von Null verschieden ist:

$$\left| \frac{\partial^2 L}{\partial y_i\, \partial y_k} \right| \neq 0. \tag{5.1.4}$$

Die p_i, q_i nennt man die »kanonischen Variablen« die p_i (generalisierte) Impulskoordinaten. Nach der ersten Zeile aus (5.1.2) gilt

$$\dot{p}_i - \frac{\partial L}{\partial q_i} = 0. \tag{5.1.5}$$

Aus (5.1.3) denke man sich die y_i als Funktionen der p_i berechnet:

$$y_i = y_i(p_1 \ldots p_f; q_1 \ldots q_f, t). \tag{5.1.6}$$

Durch

$$H(p_i, q_i, t) = \sum p_i y_i - L(q_1 .. q_f; y_1 ... y_f, t) \tag{5.1.7}$$

kann man eine Funktion H der p_i, q_i, t definieren, indem man auf der rechten Seite von (5.1.7) die y_i nach (5.1.6) einsetzt.

Bildet man nach den p_i, q_i (bei festem t) das totale Differential von (5.1.7), was nur eine abkürzende, zusammenfassende Darstellung aller partiellen Ableitungen von H nach den p_i, q_i darstellt, so folgt mit $\mathrm{d}y_i$ aus (5.1.6):

$$\mathrm{d}H = \sum_i p_i \,\mathrm{d}y_i + \sum_i y_i \,\mathrm{d}p_i - \sum_i \frac{\partial L}{\partial q_i} \mathrm{d}q_i - \sum_i \frac{\partial L}{\partial y_i} \mathrm{d}y_i .$$

Mit (5.1.3) folgt also

$$\mathrm{d}H = \sum_i y_i \,\mathrm{d}p_i - \sum_i \frac{\partial L}{\partial q_i} \mathrm{d}q_i ,$$

d. h.

$$\frac{\partial H}{\partial p_i} = y_i, \quad \frac{\partial H}{\partial q_i} = -\frac{\partial L}{\partial q_i}. \tag{5.1.8}$$

(5.1.8) stellt eine *Identität aufgrund der Definition (5.1.7) dar*. Aufgrund von (5.1.8) lassen sich die Bewegungsgleichungen (5.1.2) mit (5.1.5) dann in der *Hamilton*schen Form schreiben:

$$\dot{p}_i = -\frac{\partial H}{\partial q_i}, \quad \dot{q}_i = \frac{\partial H}{\partial p_i}. \tag{5.1.9}$$

Ist L von der Form V (3.7.11), so folgt

$$H = \sum_i \left(\frac{\partial T}{\partial y_i} - B_i \right) y_i - L$$

und mit V (3.11.1) und V (3.11.5)

$$H = T + \tilde{U} + D$$

und speziell, falls D in V (3.7.11) gleich Null ist:

$$H = T + \tilde{U}.$$

Sind außerdem T und U nicht explizit von t abhängig, so ist also nach V (3.11.6) H gleich der Energie.

§ 5.2 *Herleitung der* Hamilton*schen Gleichungen aus dem* Lagrange*schen Variationsprinzip*

Die kanonischen Gleichungen lassen sich auch direkt aus dem *Lagrange*schen Variationsprinzip herleiten. Dazu führen wir wie in § 5.1 neue unabhängig zu variierende Veränderliche y_k ein durch die Gleichungen $\dot{q}_k - y_k = 0$. Damit haben wir ein Variationsproblem mit den $2f$ Funktionen der Zeit (q_k, y_k) und den f Nebenbedingungen $\dot{q}_k - y_k = 0$. Diese letzteren werden mit *Lagrange*schen Funktionen $\lambda_k(t)$ multipliziert und zu dem Integranden addiert. Variiert man die $q_k(t)$, $y_k(t)$, $\lambda_k(t)$, so ergibt sich aus

$$\delta \int \tilde{L}(q_k, \dot{q}_k, y_k, \lambda_k, t)\,\mathrm{d}t = \delta \int \{L(q_k, y_k, t) + \\ + \sum_k \lambda_k(\dot{q}_k - y_k)\}\,\mathrm{d}t = 0:$$

$$\frac{\partial \tilde{L}}{\partial y_k} - \frac{\mathrm{d}}{\mathrm{d}t}\frac{\partial \tilde{L}}{\partial \dot{y}_k} = \frac{\partial L}{\partial y_k} - \lambda_k = 0,\ \text{d.h.}\ \lambda_k = \frac{\partial L}{\partial y_k}$$

und: $$\frac{\partial \tilde{L}}{\partial \lambda_k} - \frac{\mathrm{d}}{\mathrm{d}t}\frac{\partial \tilde{L}}{\partial \dot{\lambda}_k} = \dot{q}_k - y_k = 0,\ \text{d.h. die Nebenbedingungen}$$

und: $$\frac{\partial \tilde{L}}{\partial q_k} - \frac{\mathrm{d}}{\mathrm{d}t}\frac{\partial \tilde{L}}{\partial \dot{q}_k} = \frac{\partial L}{\partial q_k} - \frac{\mathrm{d}}{\mathrm{d}t}\lambda_k = \frac{\partial L}{\partial q_k} - \frac{\mathrm{d}}{\mathrm{d}t}\left(\frac{\partial L}{\partial y_k}\right) = 0.$$

Führt man wie in § 5.1 die generalisierten Impulse ein durch:

$$p_k = \frac{\partial L(q_k, y_k, t)}{\partial y_k},$$

so können die y_k und damit auch L aufgrund dieser Gleichungen als Funktionen von q_k, p_k, t angesehen werden. Das Variationsproblem nimmt daher die Gestalt an, wenn man die λ_k noch durch die oben gefundenen »richtigen« Werte $\partial L/\partial y_k$ ersetzt und die Definition (5.1.7) benutzt:

(5.2.1) $$\delta \int \tilde{L}\,\mathrm{d}t = \delta \int [\sum_k p_k \dot{q}_k - H(p_k, q_k, t)]\,\mathrm{d}t = 0.$$

Mit $F(p_k, q_k, t) = \sum_k p_k \dot{q}_k - H(p_k, q_k, t)$ folgt aus (5.2.1):

$$\frac{\partial F}{\partial q_k} - \frac{\mathrm{d}}{\mathrm{d}t}\frac{\partial F}{\partial \dot{q}_k} = 0 \quad \text{und} \quad \frac{\partial F}{\partial p_k} - \frac{\mathrm{d}}{\mathrm{d}t}\frac{\partial F}{\partial \dot{p}_k} = 0.$$

Mit dem Wert von $F(p_k, q_k, t)$ erhält man wieder die kanonische Form der Bewegungsgleichungen

$$\text{(5.2.2)} \qquad \dot{p}_k = -\frac{\partial H}{\partial q_k}, \qquad \dot{q}_k = \frac{\partial H}{\partial p_k}.$$

Beispiele:

Harmonischer Oszillator:
Die *Lagrange*-Funktion des harmonischen Oszillators ist

$$L = \frac{m}{2}\dot{q}^2 - \frac{m\omega_0^2}{2} q^2.$$

Daraus berechnen sich die kanonischen Gleichungen wie folgt:
Man setzt $\dot{q} = y$ und erhält somit

$$L(q, y) = \frac{m}{2} y^2 - \frac{m\omega_0^2}{2} q^2.$$

Man führt jetzt statt y die neue Variable $p = \dfrac{\partial L}{\partial y}$ ein: $p = my$.

Nach y aufgelöst: $y = \dfrac{p}{m}$.

Es folgt als Hamilton-Funktion

$$H = py - L = T + U = \frac{p^2}{2m} + \frac{m\omega_0^2}{2} q^2.$$

Hieraus ergeben sich die *Hamilton*schen kanonischen Bewegungsgleichungen

$$\dot{p} = -\frac{\partial H}{\partial q} = -m\omega_0^2 q,$$

$$\dot{q} = \frac{\partial H}{\partial p} = \frac{p}{m}.$$

Als zweites Beispiel wollen wir die *Hamilton*-Funktion für einen einzelnen Massenpunkt in rechtwinkligen und in Polarkoordinaten berechnen. Der Massenpunkt bewege sich in einem konservativen Kraftfeld mit dem Potential $U(\boldsymbol{r})$. Dann lautet die *Lagrange*sche Funktion

$$L = T - U = \frac{1}{2} m (\dot{x}_1^2 + \dot{x}_2^2 + \dot{x}_3^2) - U(x_1, x_2, x_3).$$

Die Impulse sind gegeben durch

$$p_1 = \frac{\partial L}{\partial \dot{x}_1} = m\dot{x}_1, p_2 = m\dot{x}_2, p_3 = m\dot{x}_3.$$

Also $H = \frac{1}{2m}(p_1^2 + p_2^2 + p_3^2) + U(x_1, x_2, x_3)$.

In sphärischen Polarkoordinaten lautet die *Lagrange*-Funktion wegen (3.9.3):

$$L = \frac{m}{2}(\dot{r}^2 + r^2\dot{\vartheta}^2 + r^2 \sin^2\vartheta\,\dot{\varphi}^2) - U(r, \vartheta, \varphi)$$

und damit

$$p_r = m\dot{r}, p_\vartheta = mr^2\dot{\vartheta}, p_\varphi = mr^2 \sin^2\vartheta\,\dot{\varphi}.$$

Damit ergibt sich für die *Hamilton*sche Funktion in sphärischen Polarkoordinaten

$$H = T + U = \frac{1}{2m}\left(p_r^2 + \frac{p_\vartheta^2}{r^2} + \frac{p_\varphi^2}{r^2 \sin^2\vartheta}\right) + U(r, \vartheta, \varphi). \tag{5.2.3}$$

Daraus ergeben sich leicht die Bewegungsgleichungen

$$\dot{p}_r = -\frac{\partial H}{\partial r} = \frac{p_\vartheta^2}{mr^3} + \frac{p_\varphi^2}{mr^3 \sin^2\vartheta} - \frac{\partial U}{\partial r}; \; \dot{r} = \frac{\partial H}{\partial p_r} = \frac{p_r}{m};$$

$$\dot{p}_\vartheta = -\frac{\partial H}{\partial \vartheta} = \frac{\cos\vartheta\, p_\varphi^2}{mr^2 \sin^3\vartheta} - \frac{\partial U}{\partial \vartheta}; \; \dot{\vartheta} = \frac{\partial H}{\partial p_\vartheta} = \frac{p_\vartheta}{mr^2}; \tag{5.2.5}$$

$$\dot{p}_\varphi = -\frac{\partial H}{\partial \varphi} = -\frac{\partial U}{\partial \varphi}; \; \dot{\varphi} = \frac{\partial H}{\partial p_\varphi} = \frac{p_\varphi}{mr^2 \sin^2\vartheta}.$$

Allgemein wollen wir nun noch die *Hamilton*-Funktion für die *Lagrange*-funktion(3.6.15)

$$L(x_\nu^i, \dot{x}_\nu^i, t) = \frac{1}{2} \sum_{i,\nu} m_i (\dot{x}_\nu^i)^2 - \sum_{i,\nu} A_\nu^i \dot{x}_\nu^i - U(\dot{x}_\nu^i, t)$$

berechnen. Es wird

$$p_\nu^i = \frac{\partial L}{\partial \dot{x}_\nu^i} = m_i \dot{x}_\nu^i - A_\nu^i$$

und damit

$$\dot{x}_\nu^i = \frac{1}{m_i}(p_\nu^i + A_\nu^i).$$

Damit wird

$$H = \sum_{i,\nu} \dot{x}_\nu^i p_\nu^i - L = \frac{1}{2} \sum_{i,\nu} m_i (\dot{x}_\nu^i)^2 + U,$$

(5.2.3) $$H = \sum_{i,\nu} \frac{1}{2m_i}(p_\nu^i + A_\nu^i)^2 + U.$$

§ 5.3 Skleronome kanonische Transformationen

Als »kanonische Transformationen« bezeichnet man solche Transformationen, die p_i, q_i in neue Variable P_i, Q_i überführen:

(5.3.1) $$P_i = P_i(p_k, q_k), \quad Q_i = Q_i(p_k, q_k),$$

so daß die kanonischen Bewegungsgleichungen der p_i, q_i wieder in Bewegungsgleichungen der kanonischen Form für die P_i, Q_i

(5.3.2) $$\dot{P}_i = -\frac{\partial \tilde{H}}{\partial Q_i}, \quad \dot{Q}_i = \frac{\partial \tilde{H}}{\partial P_i}$$

mit einer geeigneten *Hamilton*funktion $\tilde{H}(P_i, Q_i, t)$ übergehen. Wir betrachten zunächst nur solche Transformationen (5.3.1), die nicht von der Zeit abhängen (skleronome Transformationen). Wir wollen weiter annehmen, daß $H(p_i, q_i)$ nicht explizit von der Zeit abhängt (skleronome *Hamilton*funktion).

Dafür, daß die Transformation (5.3.1) kanonisch ist, ist notwendig und hinreichend, daß

$$\delta \int_{t_1}^{t_2} [\sum_i p_i \dot{q}_i - H(p_i, q_i)] \, \mathrm{d}t = 0 \tag{5.3.3}$$

mit

$$\delta \int_{t_1}^{t_2} [\sum_i P_i \dot{Q}_i - \tilde{H}(P_i, Q_i)] \, \mathrm{d}t = 0 \tag{5.3.4}$$

äquivalent ist. Dazu ist es nicht notwendig, daß die Integranden übereinstimmen, sondern es genügt, wenn sie sich nur um den vollständigen zeitlichen Differentialquotienten einer Funktion W unterscheiden. Eine hinreichende Bedingung für kanonische Transformationen lautet also:

$$\sum_i p_i \dot{q}_i - H - (\sum_i P_i \dot{Q}_i - \tilde{H}) = \frac{\mathrm{d}W}{\mathrm{d}t}. \tag{5.3.5}$$

(An der Variationsaufgabe wird nämlich nichts durch die Funktion $\mathrm{d}W/\mathrm{d}t$ geändert, da die Variation von $\int \frac{\mathrm{d}W}{\mathrm{d}t} \mathrm{d}t$ für beliebige Funktionen W verschwindet:

$$\delta \int_{t_1}^{t_2} \frac{\mathrm{d}W}{\mathrm{d}t} \mathrm{d}t = (\delta W)_{t_2} - (\delta W)_{t_1} = 0.$$

Dies gilt, da die Variation aller Variablen an den Grenzen Null ist.) In Differentialform lautet (5.3.5):

$$\mathrm{d}W = \sum_i p_i \mathrm{d}q_i + (\tilde{H} - H) \, \mathrm{d}t - \sum_i P_i \mathrm{d}Q_i. \tag{5.3.6}$$

Wenn W nicht explizit von der Zeit abhängt, wird $\tilde{H} - H = 0$, d.h. $\tilde{H}(P_i, Q_i) = H(p_i, q_i)$.

Betrachten wir in (5.3.6) W als Funktion der q_i, Q_i: $W = W(q_i, Q_i)$, so folgen unmittelbar die Transformationsgleichungen

$$p_i = \frac{\partial W}{\partial q_i}, \quad P_i = -\frac{\partial W}{\partial Q_i}. \tag{5.3.7}$$

$p_i = \partial W / \partial q_i$ ist nach den Q_i aufzulösen, um die Transformationen in der

Gestalt (5.3.1) zu erhalten. W muß also so gewählt werden, daß die Funktionaldeterminante $\frac{\partial^2 W}{\partial q_i \partial Q_k}$ ungleich Null ist.

Addiert man auf der rechten und linken Seite in (5.3.6) den Ausdruck $\mathrm{d}\,(\sum_i P_i Q_i)$ und setzt

$$S = W + \sum_i P_i Q_i \tag{5.3.8}$$

als Funktion von p_i, P_i an, so folgen aus

$$\mathrm{d}S = \sum_i p_i \mathrm{d}q_i + \sum_i Q_i \mathrm{d}P_i \tag{5.3.9}$$

die Transformationsformeln:

$$p_i = \frac{\partial S}{\partial q_i}, \quad Q_i = \frac{\partial S}{\partial P_i}, \tag{5.3.10}$$

wobei $p_i = \frac{\partial S}{\partial q_i}$ nach den P_i aufgelöst zu denken ist. Es muß deshalb $\left|\frac{\partial^2 S}{\partial q_i \partial P_k}\right| \neq 0$ vorausgesetzt werden.

W bzw. S heißt die »Erzeugende der kanonischen Transformation«. Für die P_i und Q_i bestehen nach einer kanonischen Transformation (5.3.7) oder (5.3.10) die kanonischen Gleichungen

$$\dot{Q}_i = \frac{\partial \tilde{H}}{\partial P_i}, \quad \dot{P}_i = -\frac{\partial \tilde{H}}{\partial Q_i}$$

mit der *Hamilton*schen Funktion $\tilde{H}(P_i, Q_i) = H(p_i, q_i)$.

§ 5.4 Die zeitunabhängige Hamilton-Jacobi*sche Differentialgleichung*

Wir suchen eine Funktion S der alten Lage- und neuen Impulskoordinaten $S = S(q_i, P_i)$ derart, daß

$$\tilde{H}(P_i) = H(p_i, q_i) \tag{5.4.1}$$

wird, d.h. daß die neue *Hamilton*funktion $\tilde{H}$ *nicht* von den Q_i abhängt. Mit (5.4.1) lauten dann die *Hamilton*schen Gleichungen für die neuen Variablen

$$\dot{P}_i = -\frac{\partial \tilde{H}}{\partial Q_i} = 0, \quad \dot{Q}_i = \frac{\partial \tilde{H}}{\partial P_i}. \tag{5.4.2}$$

Daraus folgt, daß die P_i zeitlich konstant sind und damit, daß auch $\frac{\partial \tilde{H}}{\partial P_i}$ zeitlich konstant ist; so erhält man als Lösungen von (5.4.2) sehr *einfach:*

$$P_i = \text{konstant}, \quad Q_i = \frac{\partial \tilde{H}}{\partial P_i} t + a_i \tag{5.4.3}$$

mit Konstanten a_i (für die konstanten P_i haben wir keine neu bezeichneten Konstanten eingeführt). Die kanonischen Bewegungsgleichungen (5.4.2) sind also trivial zu integrieren; die Schwierigkeit ist in das Problem verschoben, eine geeignete Erzeugende S für die gewünschte kanonische Transformation zu finden, so daß $\tilde{H}$ nur von den P_i und nicht mehr von den Q_i abhängt. Damit erhalten wir mit (5.3.10) die Gleichung:

$$\tilde{H}(P_i) = H(p_i, q_i) = H\left(\frac{\partial S}{\partial q_i}, q_i\right). \tag{5.4.4}$$

$\partial S/\partial q_i$ hängt von q_i und P_i ab. Die Forderung der Unabhängigkeit der Funktion $\tilde{H}$ von den Q_i ist gleichbedeutend mit der Forderung der Unabhängigkeit von $H(\partial S/\partial q_i, q_i)$ von den q_i. Wir suchen also eine Funktion S der q_i, so daß die Gleichung

$$H\left(\frac{\partial S}{\partial q_i}, q_i\right) = E \tag{5.4.5}$$

mit einer von den q_i unabhängigen Konstanten E erfüllt ist. Dies ist die *Hamilton-Jacobi*sche *partielle* Differentialgleichung.

Dabei ist E physikalisch der Wert der Energie des Systems, da L und H als nicht explizit von der Zeit t abhängig angenommen wurden. Hat man eine Lösung der partiellen Differentialgleichung (5.4.5) gefunden, die von so vielen unabhängigen Parametern $P_1 \ldots P_f$ abhängt, wie q_i vorkommen (d.h. es soll $\left|\frac{\partial^2 S}{\partial q_i \, \partial P_k}\right| \neq 0$ sein), so hat man durch (5.3.10) und (5.4.3) eine Lösung der ursprünglichen *Hamilton*schen Gleichungen (5.2.2) gefunden:

$$(5.4.6) \qquad \frac{\partial S(q_i, P_i)}{\partial P_i} = \frac{\partial \tilde{H}}{\partial P_i} t + a_i,$$

woraus die q_i als Funktionen von t und der Konstanten P_i zu berechnen sind. Als Beispiel für die Anwendung dieser Integrationsmethode behandeln wir die *Kepler*-Bewegung. Die *Hamilton*sche Funktion eines Massenpunktes m, der sich in einem Kraftfeld mit dem Potential $U(r, \vartheta, \varphi)$ befindet, lautet nach (5.2.3):

$$H = \frac{1}{2m}\left(p_r^2 + \frac{1}{r^2} p_\vartheta^2 + \frac{1}{r^2 \sin^2 \vartheta} p_\varphi^2\right) + U(r, \vartheta, \varphi).$$

Wir bilden mit H die *Hamilton-Jacobi*sche Differentialgleichung, indem wir $p_r = \frac{\partial S}{\partial r}$, $p_\varphi = \frac{\partial S}{\partial \varphi}$ und $p_\vartheta = \frac{\partial S}{\partial \vartheta}$ setzen. Einsetzen in H liefert für S die Differentialgleichung:

$$E = \frac{1}{2m}\left[\left(\frac{\partial S}{\partial r}\right)^2 + \frac{1}{r^2}\left(\frac{\partial S}{\partial \vartheta}\right)^2 + \frac{1}{r^2 \sin^2 \vartheta}\left(\frac{\partial S}{\partial \varphi}\right)^2\right] + U(r, \vartheta, \varphi),$$

woraus mit $S = S(r, \vartheta, \varphi, P_1, P_1, P_3)$: $E = \tilde{H}(P_1, P_2, P_3)$ folgt.

Die potentielle Energie wird bei Gravitationskräften, die von der im Zentrum befindlichen Masse M ausgehen $U = -\frac{1}{r}\gamma m M = -\frac{A}{r}$. Wir führen »Separation der Variablen« (siehe auch § 7.1) durch den Ansatz $S = S_1(r) + S_2(\vartheta) + S_3(\varphi)$ durch. Daraus folgt:

$$E = \tilde{H} = \frac{1}{2m}\left[\left(\frac{\mathrm{d}S_1}{\mathrm{d}r}\right)^2 + \frac{1}{r^2}\left(\frac{\mathrm{d}S_2}{\mathrm{d}\vartheta}\right)^2 + \frac{1}{r^2 \sin^2 \vartheta}\left(\frac{\mathrm{d}S_3}{\mathrm{d}\varphi}\right)^2\right] - \frac{A}{r}.$$

Denkt man sich diese Gleichung so geordnet, daß auf der linken Seite $\left(\frac{\mathrm{d}S_3}{\mathrm{d}\varphi}\right)^2$ allein steht, so hängt die linke Seite nur von φ, die rechte Seite nur von r, ϑ ab. Damit diese Gleichung für alle Werte von r, ϑ, φ besteht, müssen beide Seiten gleich einer Konstanten sein. Wir setzen $\frac{\mathrm{d}S_3}{\mathrm{d}\varphi} = P_3$. Die Variable φ ist damit separiert. Um die Trennung der Variablen r und ϑ durchzuführen, schreiben wir

$$r^2\left(\frac{dS_1}{dr}\right)^2 - 2mAr - 2mEr^2 = -\left[\left(\frac{dS_2}{d\vartheta}\right)^2 + \frac{P_3^2}{\sin^2\vartheta}\right].$$

Hier steht links eine Funktion von r allein, rechts eine solche von ϑ allein. Folglich müssen beide Seiten gleich einer Konstanten sein. Wir setzen

$$\left(\frac{dS_2}{d\vartheta}\right)^2 + \frac{P_3^2}{\sin^2\vartheta} = P_2^2, \text{ und damit folgt } \left(\frac{dS_1}{dr}\right)^2 = \frac{2mA}{r} + 2mE - \frac{P_2^2}{r^2}.$$

Daraus ergibt sich mit $\tilde{H} = P_1 = E$:

$$\frac{dS_3}{d\varphi} = p_\varphi = P_3, \qquad \frac{\partial S}{\partial P_1} = \frac{\partial S_1}{\partial P_1} = Q_1 = t + a_1$$

$$\frac{dS_2}{d\vartheta} = p_\vartheta = \sqrt{P_2^2 - \frac{P_3^2}{\sin^2\vartheta}}, \frac{\partial S}{\partial P_2} = \frac{\partial S_1}{\partial P_2} + \frac{\partial S_2}{\partial P_2} = Q_2 = a_2.$$

$$\frac{dS_1}{dr} = p_r = \sqrt{2mP_1 + \frac{2mA}{r} - \frac{P_2^2}{r^2}}, \frac{\partial S}{\partial P_3} = \frac{\partial S_2}{\partial P_3} + \varphi = Q_3 = a_3.$$

Das Problem wurde also in 3 gewöhnliche Differentialgleichungen separiert, die 3 willkürliche Konstanten (P_1, P_2, P_3) enthalten. Jede der 3 Differentialgleichungen läßt sich im Prinzip durch eine Integration lösen und man kann mit Hilfe der so bestimmten Funktion S die Lösung des Problems angeben. Wir führen diesen Weg hier nicht weiter aus, weil wir in anderem Zusammenhang (§ 7.3) noch einmal auf dieses Problem zurückkommen.

§ 5.5 *Rheonome kanonische Transformationen*

Für Systeme mit zeitabhängiger *Hamilton*funktion $H(p_i, q_i, t)$ läßt sich das Verfahren aus § 5.4 nicht durchführen, da wir dort $S(q_i, P_i)$ als nicht von t abhängig vorausgesetzt haben. Wir können aber in (5.3.6) bzw. (5.3.9) W bzw.

S auch als von t abhängig ansetzen. Dann ergibt sich aus der (5.3.9) entspechenden aus (5.3.6) folgenden Gleichung (mit $\tilde{S}$, $\tilde{P}_i$, $\tilde{Q}_i$ statt S, P_i, Q_i)

$$\mathrm{d}\tilde{S} = \sum_i p_i \mathrm{d}q_i + (\tilde{H} - H)\,\mathrm{d}t + \sum_i \tilde{Q}_i \mathrm{d}\tilde{P}_i$$

die kanonische Transformation:

$$\tilde{H}(\tilde{P}_i, \tilde{Q}_i, t) = H(p_i, q_i, t) + \frac{\partial \tilde{S}(q_i, \tilde{P}_i, t)}{\partial t},$$

$$p_i = \frac{\partial \tilde{S}(q_i, \tilde{P}_i, t)}{\partial q_i},$$

(5.5.1)

$$\tilde{Q}_i = \frac{\partial \tilde{S}(q_i, \tilde{P}_i, t)}{\partial \tilde{P}_i}.$$

Die *Hamilton*sche Funktion $\tilde{H}$ ist dann am einfachsten, wenn sie verschwindet. Ist es möglich $\tilde{H} \equiv 0$ zu erreichen, so folgt

(5.5.2) $$\dot{\tilde{Q}}_i = \frac{\partial \tilde{H}}{\partial \tilde{P}_i} = 0, \quad \dot{\tilde{P}}_i = -\frac{\partial \tilde{H}}{\partial \tilde{Q}_i} = 0,$$

woraus

$$\tilde{Q}_i = \text{const.}, \quad \tilde{P}_i = \text{const.}$$

folgt.

Damit $\tilde{H} \equiv 0$ ist, muß für $\tilde{S} = \tilde{S}(q_i, \tilde{P}_i, t)$ die Gleichung:

(5.5.3) $$\frac{\partial \tilde{S}}{\partial t} + H\left(\frac{\partial \tilde{S}}{\partial q_i}, q_i, t\right) = 0$$

gelten. Dies ist die zeitabhängige *Hamilton-Jacobische partielle Differentialgleichung* für die gesuchte erzeugende Funktion $\tilde{S}$.

Ist H *nicht* explizit von t abhängig, so kann man für $\tilde{S}$ ansetzen:

(5.5.4) $$\tilde{S} = s(t) + S(q_i, \tilde{P}_i).$$

Dann folgt aus (5.5.3) die Gleichung

$$H\left(\frac{\partial S}{\partial q_i}, q_i\right) + \frac{\mathrm{d}s}{\mathrm{d}t} = 0.$$

Als Lösung erhalten wir $s(t) = -Et$ und

$$H\left(\frac{\partial S}{\partial q_i}, q_i\right) = E(\tilde{P}),$$

was mit (5.4.5) identisch wird, wenn man in (5.4.5) die P_i durch $\tilde{P}_i$ ersetzt. Damit folgt:

$$\tilde{S} = -E(\tilde{P}_i)\,t + S(q_i, \tilde{P}_i). \tag{5.5.5}$$

Aus (5.5.5) und (5.5.1) folgt:

$$p_i = \frac{\partial S}{\partial q_i}, \quad \tilde{Q}_i = -\frac{\partial E}{\partial \tilde{P}_i}\,t + \frac{\partial S}{\partial \tilde{P}_i}. \tag{5.5.6}$$

Da $\tilde{P}_i$ und $\tilde{Q}_i$ nach (5.5.2) konstant sind, können wir $\tilde{Q}_i = a_i$ setzen. Führen wir durch

$$Q_i = \frac{\partial S}{\partial \tilde{P}_i}$$

noch die Variable Q_i ein, so wird (5.5.6) mit (5.4.3) identisch, wenn man in (5.4.3) P_i durch $\tilde{P}_i$ ersetzt.

Die Gleichung (5.5.3) führt also für skleronome Systeme wieder auf das Verfahren aus § 5.4 zurück.

§ 5.6 *Die Lösung der* Hamilton-Jacobi*schen partiellen Differentialgleichung mit Hilfe der Lösungen der* Hamilton*schen Gleichungen*

In § 5.4 und 5.5 haben wir gesehen, daß man die Lösungen der *Hamilton*schen, kanonischen Bewegungsgleichungen leicht gewinnen kann, wenn man eine genügend allgemeine Lösung (d.h. eine von f unabhängigen Parametern $P_1 \ldots P_f$ abhängige Lösung) der *Hamilton-Jacobi*schen partiellen Differentialgleichung gefunden hat. Wir wollen jetzt das umgekehrte beweisen:

Wenn die Lösungen der *Hamilton*schen, kanonischen Bewegungsgleichungen bekannt sind, so läßt sich die *allgemeinste* Lösung der *Hamilton-Jacobi*schen partiellen Differentialgleichung konstruieren.

Dazu betrachten wir das Integral

$$(5.6.1)\qquad W = \int_{t_1}^{t_2} L(q_i, \dot{q}_i, t)\, dt = \int_{t_1}^{t_2} \left[\sum_i p_i \dot{q}_i - H(p_i, q_i, t)\right] dt.$$

Durch Lösen der *Hamilton*schen Bewegungsgleichungen erhält man die »Extremalen« zu W. Wir denken uns die Lösungen $q_i(t)$, $p_i(t)$ nicht als Funktionen der »Anfangswerte« der $q_i(t_1)$, $p_i(t_1)$ gegeben, sondern als Funktionen der »Anfangswerte« $q_i(t_1)$ und »Endwerte« $q_i(t_2)$, was dem Begriff der Extremalen bei festen Werten von $q_i(t_1)$ und $q_i(t_2)$ näher steht:

$$(5.6.2)\qquad \begin{aligned} q_i &= q_i(t, t_1, \overset{1}{q}_k, t_2, \overset{2}{q}_k), \\ p_i &= p_i(t, t_1, \overset{1}{q}_k, t_2, \overset{2}{q}_k), \end{aligned}$$

wobei wir $\overset{1}{q}_k$ für $q_k(t_1)$ und $\overset{2}{q}_k$ für $q_k(t_2)$ geschrieben haben; per definitionem gilt also

$$(5.6.3a)\qquad \overset{1}{q}_i = q_i(t_1, t_1, \overset{1}{q}_k, t_2, \overset{2}{q}_k),$$

$$(5.6.3b)\qquad \overset{2}{q}_i = q_i(t_2, t_1, \overset{1}{q}_k, t_2, \overset{2}{q}_k).$$

Setzt man in das zweite Integral von (5.6.1) nicht »irgendwelche« Kurven, sondern die Extremalen (5.6.2) ein, so wird W eine Funktion von $t_1, \overset{1}{q}_k, t_2, \overset{2}{q}_k$:

$$(5.6.4)\qquad W = W(t_1, \overset{1}{q}_k, t_2, \overset{2}{q}_k).$$

Aus (5.6.1) folgt für das totale Differential von W:

$$(5.6.5)\qquad \begin{aligned} dW = &- \left[-H + \sum_i p_i \dot{q}_i\right]_1 dt_1 + \left[-H + \sum_i p_i \dot{q}_i\right]_2 dt_2 \\ &+ \int_{t_1}^{t_2} \left[\sum_i \dot{q}_i\, dp_i + \sum_i p_i\, d\dot{q}_i - \sum_i \frac{\partial H}{\partial p_i} dp_i - \sum_i \frac{\partial H}{\partial q_i} dq_i\right] dt. \end{aligned}$$

Hierbei bedeuten $[\ldots]_1$ bzw. $[\ldots]_2$ die Werte der Ausdrücke in den Klammern für $t = t_1$ bzw. $t = t_2$. Die in (5.6.5) unter dem Integral auftretenden Differentiale dp_i, dq_i und $d\dot{q}_i$ sind nach (5.6.2) (bei festem t) nach den Variablen $t_1, \overset{1}{q}_k, t_2, \overset{2}{q}_k$ zu bilden. Daraus folgt:

$$d\dot{q}_i = \frac{d}{dt}\, dq_i.$$

Benutzt man die *Hamilton*schen Gleichungen, so lautet der Integrand von (5.6.5):

$$\sum_i p_i\,\mathrm{d}\dot{q}_i + \sum_i \dot{p}_i\,\mathrm{d}q_i = \frac{\mathrm{d}}{\mathrm{d}t}\Big(\sum_i p_i\,\mathrm{d}q_i\Big).$$

Damit geht (5.6.5) über in

$$\begin{aligned}\mathrm{d}W = &-\Big[-H+\sum_i p_i\dot{q}_i\Big]_1\mathrm{d}t_1 + \Big[-H+\sum_i p_i\dot{q}_i\Big]_2\mathrm{d}t_2\\ &-\Big[\sum_i p_i\,\mathrm{d}q_i\Big]_1 + \Big[\sum_i p_i\,\mathrm{d}q_i\Big]_2.\end{aligned} \tag{5.6.6}$$

Aus (5.6.2) folgt

$$\mathrm{d}q_i = \frac{\partial q_i}{\partial t_1}\mathrm{d}t_1 + \sum_k \frac{\partial q_i}{\partial \overset{1}{q}_k}\mathrm{d}\overset{1}{q}_k + \frac{\partial q_i}{\partial t_2}\mathrm{d}t_2 + \sum_k \frac{\partial q_i}{\partial \overset{2}{q}_k}\mathrm{d}\overset{2}{q}_k.$$

Aus (5.6.3a) folgt

$$\begin{aligned}\mathrm{d}\overset{1}{q}_i = [\dot{q}_i]_1\,\mathrm{d}t_1 &+ \left[\frac{\partial q_i}{\partial t_1}\right]_1\mathrm{d}t_1 + \sum_k\left[\frac{\partial q_i}{\partial \overset{1}{q}_k}\right]_1\mathrm{d}\overset{1}{q}_k\\ &+\left[\frac{\partial q_i}{\partial t_2}\right]_1\mathrm{d}t_2 + \sum_k\left[\frac{\partial q_i}{\partial \overset{2}{q}_k}\right]_1\mathrm{d}\overset{2}{q}_k\end{aligned}$$

und damit

$$[\mathrm{d}q_i]_1 = \mathrm{d}\overset{1}{q}_i - [\dot{q}_i]_1\,\mathrm{d}t_1. \tag{5.6.7}$$

Eine entsprechende Gleichung gilt für $[\mathrm{d}q_i]_2$. Damit folgt aus (5.6.6):

$$\mathrm{d}W = [H]_1\,\mathrm{d}t_1 - [H]_2\,\mathrm{d}t_2 - \sum_i [p_i]_1\,\mathrm{d}\overset{1}{q}_i + \sum_i [p_i]_2\,\mathrm{d}\overset{2}{q}_i. \tag{5.6.8}$$

Damit sind alle partiellen Ableitungen von W bekannt; die Werte von $[p_i]_1$ bzw. $[p_i]_2$ ergeben sich aus (5.6.2) für $t = t_1$ bzw. $t = t_2$.

Wir betrachten jetzt den $(f+1)$-dimensionalen Raum der $q_1 \ldots q_f, t$. Eine Bahnkurve $q_i(t)$ ist in dieser »graphischen Darstellung« durch eine Kurve in diesem $(f+1)$-dimensionalen Raum gegeben, an der man zu jedem Wert der

Koordinate t die zugehörigen Werte der $q_1 \ldots q_f$ ablesen kann. In diesem Raum denken wir uns eine »beliebige« Fläche

$$F(\overset{1}{q}_1, \overset{1}{q}_2, \ldots, \overset{1}{q}_f, t) = 0 \tag{5.6.9}$$

vorgegeben. Von den Punkten dieser Fläche ausgehend konstruieren wir Bahnkurven mit den Anfangswerten: $q_i(t_1) = \overset{1}{q}_i$ und (statt $\dot{q}_i(t_1)$ vorzugeben)

$$p_i(t_1) = \lambda(\overset{1}{q}_i, t_1)\frac{\partial F}{\partial \overset{1}{q}_i} \qquad \text{und} \qquad [H]_1 = -\lambda(\overset{1}{q}_i, t_1)\frac{\partial F}{\partial t_1}.$$

Die letzte Gleichung

$$H(p_i(t_1), \overset{1}{q}_i) = H\left(\lambda\frac{\partial F}{\partial \overset{1}{q}_i}, \overset{1}{q}_i\right) = -\lambda\frac{\partial F}{\partial t_1}$$

legt den Wert des Faktors λ fest. Bilden wir dann mit den so gewählten Bahnen W, so wird W (bei festgehaltener Fläche F) nur noch eine Funktion der $\overset{2}{q}_i, t_2$, da zu jedem »Endwert« $\overset{2}{q}_i, t_2$ bestimmte »Anfangswerte« auf der Fläche F gehören: $\overset{1}{q}_i = f_i(\overset{2}{q}_k, t_2)$, $[p_i]_1 = g_i(\overset{2}{q}_k, t_2)$, $t_1 = h(\overset{2}{q}_k, t_2)$ und damit $W(t_1, \overset{1}{q}_i, t_2, \overset{2}{q}_i) = \tilde{W}(t_2, \overset{2}{q}_i)$. Aus (5.6.8) folgt mit den Werten zur Zeit t_1:

$$\begin{aligned} \mathrm{d}\tilde{W} = &- [H]_2\,\mathrm{d}t_2 + \sum_i [p_i]_2\,\mathrm{d}\overset{2}{q}_i \\ &- \lambda\frac{\partial F}{\partial t_1}\mathrm{d}t_1 - \lambda\sum_i \frac{\partial F}{\partial \overset{1}{q}_i}\mathrm{d}\overset{1}{q}_i. \end{aligned}$$

Aus (5.6.9) folgt

$$0 = \mathrm{d}F = \frac{\partial F}{\partial t_1}\mathrm{d}t_1 + \sum_i \frac{\partial F}{\partial \overset{1}{q}_i}\mathrm{d}\overset{1}{q}_i,$$

so daß also gilt:

$$\mathrm{d}\tilde{W}(t_2, \overset{2}{q}_i) = -[H]_2\,\mathrm{d}t_2 + \sum_i [p_i]_2\,\overset{2}{q}_i.$$

Lassen wir den Index 2 jetzt fort, so folgt

$$\frac{\partial \tilde{W}(t, q_i)}{\partial t} = -H(p_i, q_i), \qquad \frac{\partial \tilde{W}}{\partial q_i} = p_i$$

und damit

$$\frac{\partial \tilde{W}}{\partial t} + H\left(\frac{\partial \tilde{W}}{\partial q_i}, q_i\right) = 0. \tag{5.6.10}$$

Damit hat man eine Lösung W der *Hamilton-Jacobi*-Gleichung (5.5.3) gewonnen, die von einer »willkürlichen Fläche« F (5.6.9) abhängt. Die allgemeine Theorie der partiellen Differentialgleichungen erster Ordnung zeigt, daß dies damit die allgemeinste Lösung der Gleichung (5.5.3) ist. Durch die Gleichungen

$$(5.6.11) \qquad \tilde{W}(t, q_i) = c$$

ist für die verschiedenen Werte von c eine Flächenschar in dem $(f+1)$-dimensionalen Raum der q_i, t gegeben, wobei sich für $c = 0$ die Fläche (5.6.9)

$$(5.6.12) \qquad \tilde{W}(t_1, \overset{1}{q}_i) = 0 \Leftrightarrow F(t_1, \overset{1}{q}_i) = 0$$

ergibt. Die Flächenschar (5.6.11) legt den Vergleich mit den »Flächen gleicher Phase« einer »Wellenbewegung«

$$(5.6.13) \qquad e^{i\tilde{W}(t, q_i)}$$

nahe. Welche Bedeutung diese Ähnlichkeit für die Entdeckung der Quantenmechanik gewonnen hat, wird in XI, § 1.2 näher geschildert.

Besonders durchsichtig wird diese Betrachtungsweise für den Fall einer skleronomen *Hamilton*funktion, d. h. H hängt nicht explizit von t ab. Statt der allgemeinsten Lösung suchen wir eine spezielle Lösung der Form

$$\tilde{W}(t, q_i) = -Et + S(q_i).$$

Dazu gehen wir in den f-dimensionalen Raum der q_i über, den wir Konfigurationsraum $\mathscr{L}$ des Systems nennen, und geben dort eine Fläche

$$(5.6.14) \qquad G(\overset{1}{q}_1, \ldots, \overset{1}{q}_f) = 0$$

vor. Wir geben dann weiter $t_1 = \tau$ (mit konstantem τ) fest vor. Im Konfigurationsraum $\mathscr{L}$ der q_i ist eine Bahnkurve $q_i(t)$ eine »mit t durchlaufene« Kurve. Wir wählen als »Anfangswerte« für die Lösungen der kanonischen Gleichungen

$$(5.6.15) \qquad q_i(t_1) = \overset{1}{q}_i, \quad p_i(t_1) = \lambda(\overset{1}{q}_1, \ldots, \overset{1}{q}_f)\frac{\partial G}{\partial \overset{1}{q}_i}$$

und

$$[H]_1 = E,$$

wobei E als Konstante beliebig vorgegeben ist und die $\overset{1}{q}_i$ auf der Fläche (5.6.14) liegen. Durch $[H]_1 = E$ und die Werte $p_i(t_1)$ nach (5.6.15) ist $\lambda(\ldots)$ bestimmt.

Da $t_1 = \tau$ konstant ist, folgt $\mathrm{d}t_1 = 0$. Wegen $\sum_i \frac{\partial G}{\partial \overset{1}{q}_i} = 0$ nach (5.6.14) folgt wie oben für $\tilde{W}(t, q_i)$:

$$\mathrm{d}\tilde{W} = -H\,\mathrm{d}t + \sum_i p_i\,\mathrm{d}q_i. \tag{5.6.16}$$

Aus den kanonischen Gleichungen folgt (da H nicht explizit von t abhängt):

$$\frac{\mathrm{d}H}{\mathrm{d}t} = \sum_i \frac{\partial H}{\partial p_i}\dot{p}_i + \sum_i \frac{\partial H}{\partial q_i}\dot{q}_i = 0.$$

Daher ist $H = [H]_1 = E$, wobei E als von q_i unabhängige Konstante gewählt worden war. Also gilt

$$\mathrm{d}\tilde{W} = -E\,\mathrm{d}t + \sum_i p_i\,\mathrm{d}q_i$$

und damit

$$\tilde{W} = -E(t - t_1) + S(q_i) \tag{5.6.17}$$

mit $\quad \mathrm{d}S = \sum_i p_i\,\mathrm{d}q_i$, d. h. $\frac{\partial S}{\partial q_i} = p_i$

und $\quad H(p_i, q_i) = E,$

woraus für S die *Hamilton-Jacobi*-Gleichung (5.4.5)

$$H\left(\frac{\partial S}{\partial q_i}, q_i\right) = E$$

folgt. S hängt noch von der willkürlich vorgegebenen Fläche G (5.6.14) ab. Die »Phasenflächen« $\tilde{W} = c$ nehmen jetzt die Gestalt

$$S(q_i) - E(t - t_1) = c \tag{5.6.18}$$

an. Deutet man dies wieder als Phasenflächen einer Wellenbewegung

$$\mathrm{e}^{i[S - E(t - t_1)]}, \tag{5.6.19}$$

so können wir bei festem c, z. B. $c = 0$ dies als »Wandern« der Fläche der Phase 0 durch den Konfigurationsraum $\mathscr{X}$ mit der Zeit t nach der Gleichung

$$S(q_1, \ldots, q_f) - E(t - t_1) = 0$$

deuten. Die Phase 0 wandert mit der Zeit durch die Flächenschar

$$S(q_1, \ldots, q_f) = c$$

hindurch. Für $t = t_1$; $q_i = \overset{1}{q}_i$ ist $\tilde{W} = 0$ und damit

$$S(\overset{1}{q}_i) = 0 \Leftrightarrow G(\overset{1}{q}_i) = 0.$$

Die Fläche $G = 0$ ist also gerade die Fläche der 0-Phase zur Zeit $t = t_1$.

Die »Frequenz« der Wellenbewegung (5.6.19) ist konstant und zwar gleich der Energie E. Da man in (5.6.19) statt $S - E(t - t_1)$ im Exponenten auch irgendein Vielfaches davon hätte wählen können, kann man nur sagen, daß die Frequenz der »Analogiewelle« *proportional* zur Energie ist (siehe wieder XI, § 1.2, 1.5 und 1.6).

§ 5.7 Die Strömung im Phasenraum

Der *Phasenraum* Γ ist als 2f-dimensionaler Raum der $p_1 \ldots p_f \, q_1 \ldots q_f$ definiert. Die *Hamilton*schen Gleichungen beschreiben die Bewegung eines Punktes im Phasenraum

$$\dot{q}_i = \frac{\partial H}{\partial p_i}, \quad \dot{p}_i = -\frac{\partial H}{\partial q_i}.$$

Durch einen Punkt geht eine und nur eine Lösung, d.h. eine mit t durchlaufene Kurve (siehe Fig. 23). Durch die Bewegungsgleichungen sind also Trajektorien eindeutig im Phasenraum festgelegt. Falls H nicht singulär ist, ist eine Trajektorie für beliebige t fortsetzbar. Hängt H nicht explizit von t ab, liegt jede Tra-

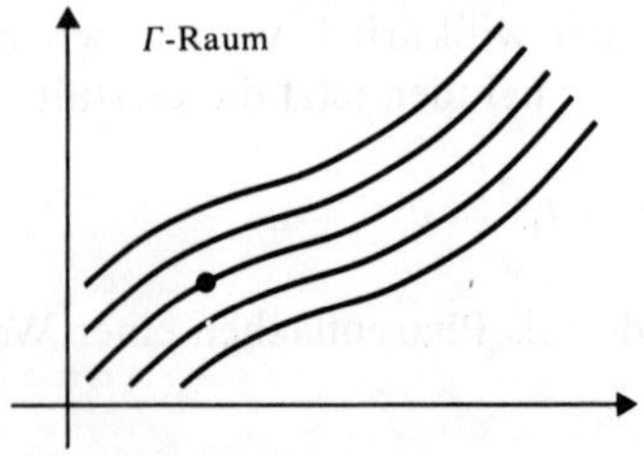

Fig. 23

jektorie im Phasenraum auf einer $(2f\text{-}1)$-dimensionalen Fläche mit der Gleichung $H(p_i, q_i) = E = \text{const}$. Wie ändert sich irgendeine Funktion $F =$

$F(p_i(t), q_i(t))$ während der Bewegung? Dazu bilden wir die vollständige Ableitung von F nach der Zeit t:

$$\frac{\mathrm{d}F}{\mathrm{d}t} = \sum_i \left(\frac{\partial F}{\partial p_i} \dot{p}_i + \frac{\partial F}{\partial q_i} \dot{q}_i \right).$$

Ersetzen wir auf der rechten Seite die Ableitungen der Koordinaten und Impulse nach der Zeit durch die Ableitungen von H aus den kanonischen Gleichungen, dann erhalten wir

$$\frac{\mathrm{d}F}{\mathrm{d}t} = \sum_{i=1}^{f} \left(\frac{\partial H}{\partial p_i} \frac{\partial F}{\partial q_i} - \frac{\partial H}{\partial q_i} \frac{\partial F}{\partial p_i} \right).$$

Die rechte Seite wird als *Poissonsche Klammer* definiert und mit (H, F) bezeichnet:

(5.7.1) $$(H, F) = \sum_{i=1}^{f} \left(\frac{\partial H}{\partial p_i} \frac{\partial F}{\partial q_i} - \frac{\partial H}{\partial q_i} \frac{\partial F}{\partial p_i} \right).$$

Allgemein gilt für die *Poisson*schen Klammersymbole

$$(G, F) = \sum_i \left(\frac{\partial G}{\partial p_i} \frac{\partial F}{\partial q_i} - \frac{\partial G}{\partial q_i} \frac{\partial F}{\partial p_i} \right);$$

$$(G_1 + G_2, F) = (G_1, F) + (G_2, F),$$

$$(aG, F) = a\,(G, F) \quad (a \text{ eine Konstante}),$$

$$(G, F) = -\,(F, G).$$

Somit erhalten wir aufgrund der *Hamilton*schen kanonischen Gleichungen für jede Funktion $F(p_i, q_i)$ die vollständige Ableitung nach der Zeit in der Form

(5.7.2) $$\frac{\mathrm{d}F}{\mathrm{d}t} = (H, F).$$

Es gilt aber auch die Umkehrung:

Wenn für jedes F (5.7.2) gilt, dann gelten auch die kanonischen Gleichungen: Für $F = q_i$ bzw. p_i folgt aus (5.7.2):

$$\dot{q}_i = (H, q_i) = \frac{\partial H}{\partial p_i}, \quad \dot{p}_i = (H, p_i) = -\frac{\partial H}{\partial q_i}.$$

Die Gleichung (5.7.2) ist also äquivalent zu den kanonischen Gleichungen. Die allgemeine Lösung von (5.7.2) würde also auch die Lösungen der kanonischen Gleichungen liefern. Es ist aber nicht notwendig (5.7.2) allgemein zu lösen. Schon das Suchen nach »Integralen« der Bewegung, das heißt nach solchen $F(p_i, q_i)$, für die $\frac{\mathrm{d}F}{\mathrm{d}t} = 0$, d.h.

$$(5.7.3) \qquad (H, F) = 0$$

ist, kann zur Konstruktion der Bahnen im Γ-Raum führen.
Wegen $(G, F) = -(F, G)$, gilt allgemein $(F, F) = 0$. Damit folgt noch einmal der Energiesatz, wenn $H(p_i, q_i)$ nicht explizit von der Zeit t abhängt:

$$(5.7.4) \qquad \frac{\mathrm{d}H}{\mathrm{d}t} = (H, H) = 0.$$

Hat man mehrere Lösungen K_ν der Gleichungen (5.7.3)

$$(H, K_\nu) = 0$$

gefunden, so folgt für jede Funktion F der K_ν

$$\text{aus} \qquad \frac{\mathrm{d}F}{\mathrm{d}t} = \sum_\nu \frac{\partial F}{\partial K_\nu} \frac{\mathrm{d}K_\nu}{\mathrm{d}t} = 0 \text{ auch } (\mathrm{H}, \mathrm{F}) = 0.$$

Also stellt jede Funktion F von Integralen (der Bewegung) wieder ein Integral dar. Die Frage nach der Anzahl der Lösungen von (5.7.3) ist nur sinnvoll, wenn man nach unabhängigen Integralen sucht.

Die allgemeine Form der homogenen linearen partiellen Differentialgleichung (5.7.3) lautet

$$A(z) = \sum_{k=1}^{n} A_k(x_1, \ldots, x_n) \frac{\partial z}{\partial x_k} = 0.$$

Es kann folgender Satz bewiesen werden (s. z.B. [6]): Unter Voraussetzung, daß es im Raume der Variablen $x_1, \ldots, x_n$ kein n-dimensionales Teilgebiet gibt, in dem sämtliche A_k verschwinden (bei analytischen A_k ist das stets erfüllt), gibt es in einer passenden Umgebung jedes Punktes $x_1, \ldots, x_n$ genau $n-1$ voneinander unabhängige Lösungen. Dabei heißen $(n-1)$ Funktionen $z_1, \ldots, z_{n-1}$ voneinander unabhängig, wenn ihre Funktionalmatrix $\frac{\partial z_\nu}{\partial x_\mu}$ den Rang $(n-1)$ hat.

Es gibt also in der Umgebung jedes Punktes im Γ-Raum $2f-1$ unabhängige Integrale $F(p_i, q_i)$. Durch die $2f$-1 Gleichungen

(5.7.5) $F_\nu(p_i, q_i) = c_\nu \ (\nu = 1, \ldots, 2f\text{-}1)$

bei vorgegebenen Konstanten c_ν ist dann eine Kurve in Γ festgelegt, die die Bahnkurve $p_i(t)$, $q_i(t)$ darstellen muß, nur daß durch (5.7.5) nicht festgelegt ist, wie die durch (5.7.5) bestimmte Kurve mit dem Zeitparameter t durchlaufen wird.

Wenn man auch hierüber durch Lösen partieller Differentialgleichungen eine Aussage erhalten will, so betrachte man Funktionen $F(p_i, q_i, t)$ für die $\frac{\mathrm{d}F}{\mathrm{d}t} = 0$ ist, d.h. für die

(5.7.6) $$\frac{\partial F}{\partial t} + (H, F) = 0$$

gilt. (5.7.6) ist wieder eine partielle Differentialgleichung erster Ordnung in den $(2f + 1)$ Variablen p_i, q_i, t. Es gibt also $2f$ unabhängige Integrale $F(p_i, q_i, t)$ von (5.7.6). Durch die Gleichungen

(5.7.7) $F_\nu(p_i, q_i, t) = c_\nu \ (\nu = 1, \ldots, 2f)$

ist im $(2f + 1)$-dimensionalen Raum der p_i, q_i, t eine Kurve festgelegt und damit im Γ-Raum eine mit t durchlaufene Kurve, eine Bahnkurve, die den *Hamilton*schen Gleichungen genügt.

Wir wollen noch einen Beweis des obigen Satzes skizzieren, daß (5.7.3) $2f - 1$ unabhängige Lösungen $F_\nu(p_i, q_i)$ hat. Dazu denke man sich die Lösungen der kanonischen Gleichungen als Bahnkurven in Γ gegeben, außerdem in der Umgebung eines Punktes eine »beliebige« Fläche $G(p_i, q_i) = 0$, die an keiner Stelle tangential zu einer Bahnkurve liegt, d.h. $(H, G) \neq 0$. Die Fläche $G(p_i, q_i) = 0$ kann man sich auch durch $2f - 1$ Parameter α_ν $(\nu = 1, \ldots, 2f - 1)$ in der Form

(5.7.8) $$p_i = f_i(\alpha_1, \alpha_2, \ldots), \quad q_i = g_i(\alpha_1, \alpha_2, \ldots)$$

gegeben denken. *Auf der Fläche* $G(p_i, q_i) = 0$ gehört zu jedem Punkt (p_i, q_i) ein bestimmter Wert, z.B. von α_1, so daß α_1 auf der Fläche $G(p_i, q_i) = 0$ als Funktion der p_i, q_i gegeben ist:

(5.7.9) $\alpha_1 = \tilde{F}_1(p_i, q_i)$ für $G(p_i, q_i) = 0$.

Durch jeden Punkt der Fläche $G(p_i, q_i) = 0$ geht eine und nur eine Bahnkurve. Wir definieren nun eine Funktion F_1, indem wir $F_1(p_i, q_i)$ gleich dem

Wert $\alpha_1 = \tilde{F}_1 (\mathring{p}_i, \mathring{q}_i)$ setzen, wobei $\mathring{p}_i, \mathring{q}_i$ die Anfangswerte der durch p_i, q_i gehenden Bahnkurve sind. Dies ist nur in einer Umgebung der Fläche $G = 0$ möglich, für die die Zuordnung $p_i, q_i \to \mathring{p}_i, \mathring{q}_i$ *eindeutig* möglich ist! Man sieht sofort, daß nach Konstruktion $F_1 (p_i, q_i)$ ein Integral der Bewegung ist. Ebenso kann man mit $\alpha_2, \ldots, \alpha_{2f-1}$ verfahren, so daß man $2f - 1$ Integrale $F_\nu (p_i, q_i)$ erhält. Die Funktionalmatrix $\left(\frac{\partial F_\nu}{\partial p_i} \frac{\partial F_\nu}{\partial q_i}\right)$ muß den Rang $(2f - 1)$ haben, da sonst auf der Fläche $G = 0$ die α_ν nicht $(2f - 1)$ unabhängige Parameter wären.

Die Beweiskonstruktion zeigt, daß sich der Satz von der Existenz von $(2f - 1)$ Integralen der Bewegung nur für eine »Umgebung« jedes Punktes im Γ-Raum beweisen läßt. Eine Fortsetzung der Integrale $F_\nu (p_i, q_i)$ über den *ganzen* Γ-Raum kann schief gehen, wenn eine Bahnkurve, die auf der Fläche $G = 0$ von einem Parameterpunkt (α_ν) startet, nach »einiger Zeit« wieder die Fläche $G = 0$ durchsetzt, aber an einer anderen Stelle, d.h. einer Stelle mit anderen Parameterwerten (α'_ν). Die Frage nach »globalen« Integralen der Gleichung $(H, F) = 0$ ist also viel schwieriger. Ja, es kann vorkommen, daß es außer $F = H$ (bzw. F irgendeine Funktion von H) *keine* weiteren globalen Integrale von $(H, F) = 0$ gibt. Ein solches mechanisches System nennt man »ergodisch«.

Zur Untersuchung der »Strömung« der Punkte im Phasenraum Γ mit der Zeit t wird sehr häufig die sehr wichtige, sogenannte »statistische« Methode benutzt. Diese Methode kann man einmal als eine rein mathematische Methode betrachten; in manchen Fällen, die später eine große Rolle spielen werden (siehe z.B. XI, § 1.1 und die »statistische Mechanik« in XV), kann man sie aber auch physikalisch deuten, d.h. direkt mit dem Experiment vergleichen.

Beginnen wir mit einem physikalischen Beispiel zur Deutung der statistischen Methode: Wir denken uns eine Wurfmaschine aufgestellt, die einen Massenpunkt der Masse m wirft. Wir wiederholen diesen Versuch sehr häufig. Die Zeit, zu der ein Massenpunkt die Wurfmaschine verläßt, bezeichnen wir als Zeit $t = 0$. Die Wurfmaschine erzeugt also für jeden der geworfenen Massenpunkte zur Zeit $t = 0$ einen Ort $\mathring{\mathbf{r}}$ und einen Impuls $\mathring{\mathbf{p}}$. Durch jeden dieser Anfangswerte ist im 6-dimensionalen Γ-Raum genau eine Bahn bestimmt. Da die Wurfmaschine nicht »ideal« arbeitet, werden nicht alle Punkte $\mathring{\mathbf{r}}, \mathring{\mathbf{p}}$ für die verschiedenen Versuche dieselben sein. Wiederholen wir den Versuch N-mal, so erhalten wir N Anfangswerte $\mathring{\mathbf{r}}, \mathring{\mathbf{p}}$, d.h. N Anfangspunkte im Γ-Raum. Die Erfahrung zeigt nun, daß man für »sehr große« N den »Punktschwarm« der N Punkte $\mathring{\mathbf{r}}, \mathring{\mathbf{p}}$ »praktisch« durch eine »Dichte« $\varrho (\mathbf{r}, \mathbf{p}, 0)$ im Γ-Raum darstellen kann mit

$$\int \varrho (\mathbf{r}, \mathbf{p}, 0) \, \mathrm{d}x_1 \ldots \mathrm{d}p_3 = 1$$

und

$$\int_{\mathscr{V}} \varrho (\mathbf{r}, \mathbf{p}, 0) \, \mathrm{d}x_1 \ldots \mathrm{d}p_3 \approx \frac{N(\mathscr{V})}{N}$$

mit $N(\mathscr{V})$ als der Zahl der Anfangspunkte $\mathring{\mathbf{r}}, \mathring{\mathbf{p}}$ im Gebiet $\mathscr{V}$ des Γ-Raumes. $\varrho(\mathbf{r}, \mathbf{p}, 0)$ nennt man die »Wahrscheinlichkeitsdichte« im Γ-Raum zur Zeit $t = 0$. $\varrho(\mathbf{r}, \mathbf{p}, 0)$ kann *nicht* aus der Dynamik eines Massenpunktes hergeleitet werden, sondern ist ein *Charakteristikum der Wurfmaschine*.

Wir verallgemeinern diese Vorstellung auf den Γ-Raum irgendeines Systems von Massenpunkten. Wir führen »Wahrscheinlichkeitsdichten« $\varrho(p_i, q_i, 0)$ im Γ-Raum ein mit

$$\int \varrho(p_i, q_i, 0)\, \mathrm{d}p_1 \ldots \mathrm{d}p_f\, \mathrm{d}q_1 \ldots \mathrm{d}q_f = 1. \tag{5.7.10}$$

Wir deuten $\varrho(p_i, q_i, 0)$ als Charakteristikum einer »Präpariermethode« (ein Beispiel war die obige Wurfmaschine), nach der eine große Versuchsreihe von N Einzelversuchen durchgeführt werden kann. Für große N soll dann in physikalischer Näherung

$$\int_{\mathscr{V}} \varrho(p_i, q_i, 0)\, \mathrm{d}p_1 \ldots \mathrm{d}q_f \approx \frac{N(\mathscr{V})}{N}$$

sein mit $N(\mathscr{V})$ als Zahl der in das Gebiet $\mathscr{V}$ von Γ fallenden Anfangswerte.

Wie ändert sich die Dichte $\varrho(p_i, q_i, t)$ mit der Zeit t, wenn wir die obige Deutung von $\varrho(\ldots)$ zugrundelegen und sich jeder der N Massenpunkte nach den *Hamilton*schen kanonischen Gleichungen bewegt? Man bezeichnet die Funktion $\varrho(p_i, q_i, t)$ oft auch kurz als »Gesamtheit« und

$$\int_{\mathscr{V}} \varrho(p_i, q_i, t)\, \mathrm{d}p_1 \ldots \mathrm{d}q_f = \lambda(\mathscr{V}, t) \tag{5.7.11}$$

als den Bruchteil der Systeme der Gesamtheit, die sich zur Zeit t im Gebiet $\mathscr{V}$ befinden.

Es sein $\mathscr{V}_0$ ein Teilgebiet von Γ. Mit $\mathscr{V}_t$ sei dasjenige Teilgebiet von Γ bezeichnet, das aus $\mathscr{V}_0$ durch die »Strömung« aufgrund der kanonischen Gleichungen von der Zeit t_0 (z. B. $t_0 = 0$) bis zur Zeit t hervorgeht, d. h. $\mathscr{V}_t$ umfaßt genau alle diejenigen Punkte (p_i', q_i') für die es einen Punkt $(\mathring{p}_i, \mathring{q}_i)$ aus $\mathscr{V}_0$ so gibt, daß für eine Bahn $p_i(t)$, $q_i(t)$ (siehe Fig. 24)

$$\left\{\begin{matrix} \mathring{p}_i = p_i(t_0) \\ \mathring{q}_i = q_i(t_0) \end{matrix}\right\} \quad \text{und} \quad \left\{\begin{matrix} p_i' = p_i(t) \\ q_i' = q_i(t) \end{matrix}\right\} \quad \text{gilt.} \tag{5.7.12}$$

Aufgrund der Bedeutung von (5.7.11) ist also

$$\lambda(\mathscr{V}_t, t) = \lambda(\mathscr{V}_0, 0)$$

zu *fordern*, d. h.:

(5.7.13) $$\int_{\mathscr{V}_0} \varrho(\mathring{p}_i, \mathring{q}_i, t_0)\, \mathrm{d}\mathring{p}_1 \ldots \mathrm{d}\mathring{q}_f = \int_{\mathscr{V}_t} \varrho(p'_i, q'_i, t)\, \mathrm{d}p'_1 \ldots \mathrm{d}q'_f .$$

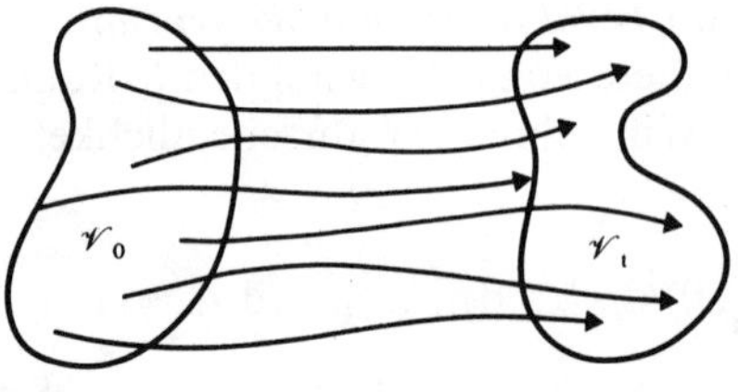

Fig. 24

Aufgrund des Zusammenhanges (5.7.12) kann man auf der rechten Seite von (5.7.13) die $\mathring{p}_i, \mathring{q}_i$ als neue Integrationsvariable einführen, wobei die p'_i, q'_i Funktionen der $\mathring{p}_i, \mathring{q}_i$ werden:

$$\int_{\mathscr{V}_t} \varrho(p'_i, q'_i, t)\, \mathrm{d}p'_1 \ldots \mathrm{d}q'_f$$
$$= \int_{\mathscr{V}_0} \varrho(p_i(\mathring{p}_k, \mathring{q}_k, t), q_i(\mathring{p}_k, \mathring{q}_k, t), t) \frac{\partial(p'_1 \ldots q'_f)}{\partial(\mathring{p}_1 \ldots \mathring{q}_f)}\, \mathrm{d}\mathring{p}_1 \ldots \mathrm{d}\mathring{q}_f .$$

Wir werden gleich zeigen, daß die Funktionaldeterminante

$$\frac{\partial(p'_1 \ldots q'_f)}{\partial(\mathring{p}_1 \ldots \mathring{q}_f)} = 1$$

ist. Damit folgt aus (5.7.13)

(5.7.14) $$\int_{\mathscr{V}_0} [\varrho(\mathring{p}_i, \mathring{q}_i, t_0) - \varrho(p'_i, q'_i, t]\, \mathrm{d}\mathring{p}_1 \ldots \mathrm{d}\mathring{q}_f = 0 .$$

Da $\mathscr{V}_0$ beliebig ist, folgt mit (5.7.12):

(5.7.15) $$\varrho(p_i(t_0), q_i(t_0), t_0) = \varrho(p_i(t), q_i(t), t) .$$

(5.7.15) bedeutet aber, daß die totale zeitliche Ableitung $\frac{\mathrm{d}\varrho}{\mathrm{d}t} = 0$ ist, d. h.

(5.7.16) $$\frac{\partial \varrho}{\partial t} + (H, \varrho) = 0 \quad \text{ist.}$$

ϱ genügt also der Gleichung (5.7.6). (5.7.16) heißt die *Liouvillegleichung* für die »Dichteströmung« in Γ.

Die Lösung der *Liouville*gleichung ist also (wie wir oben sahen) ebenfalls äquivalent zur Lösung der kanonischen Gleichungen. Die *Liouville*gleichung spielt in der »Statistischen Mechanik« eine wichtige Rolle.

Um zu beweisen, daß

$$\frac{\partial\,(p_1' \ldots q_f')}{\partial\,(\mathring{p}_1 \ldots \mathring{q}_f)} = 1$$

ist, gehen wir ganz ähnlich vor wie in § 3.3 bei der Strömung einer inkompressiblen Flüssigkeit. Wenn man die dortigen Überlegungen verstanden hat, kann man sofort aufgrund von $\dot{p}_i = -\frac{\partial H}{\partial q_i}$ und $\dot{q}_i = \frac{\partial H}{\partial p_i}$ den Vektor mit den $2f$ Komponenten $\left(-\frac{\partial H}{\partial q_1} \ldots -\frac{\partial H}{\partial q_f}\,\frac{\partial H}{\partial p_1} \ldots \frac{\partial H}{\partial p_f}\right)$ als Geschwindigkeitsfeld $\mathbf{u}$ der Strömung in Γ deuten, so daß man sofort entsprechend der Gleichung $\frac{\mathrm{d}D}{\mathrm{d}t} = D \operatorname{div} \mathbf{u}$ aus (3.3.27):

$$\frac{\mathrm{d}}{\mathrm{d}t}\,\frac{\partial\,(p_1' \ldots q_f')}{\partial\,(\mathring{p}_1 \ldots \mathring{q}_f)} = [\operatorname{div} \mathbf{u}]\frac{\partial\,(p_1' \ldots q_f')}{\partial\,(\mathring{p}_1 \ldots \mathring{q}_f)}$$

erhält, wobei $\operatorname{div} \mathbf{u}$ die $2f$-dimensionale Divergenz von $\mathbf{u}$ ist, d. h.

$$\text{(5.7.17)} \qquad \operatorname{div} \mathbf{u} = \sum_i \frac{\partial}{\partial p_i}\left(-\frac{\partial H}{\partial q_i}\right) + \sum_i \frac{\partial}{\partial q_i}\left(\frac{\partial H}{\partial p_i}\right) = 0.$$

Ist aber $\operatorname{div} \mathbf{u} = 0$, so ist $\frac{\partial\,(p_1' \ldots q_f')}{\partial\,(\mathring{p}_1 \ldots \mathring{q}_f)}$ zeitlich konstant und daher gleich dem Wert für $t = t_0$, d. h. gleich 1. Diese Tatsache, d. h. die Volumentreue der Abbildung $\mathring{p}_i \mathring{q}_i \to p_i' q_i'$, wird als »*Liouville*scher Satz« bezeichnet.

Diese kurze Einführung in die statistische Methode in der Mechanik zeigt ganz deutlich, welchen großen Vorteil die Koordinaten p_i, q_i des Γ-Raumes haben. Man versuche sich nur einmal kurz vorzustellen, daß man einen Raum der y_i, q_i mit y_i nach (5.1.2) eingeführt hätte: Der *Liouville*sche Satz würde dann nicht gelten; und die Bewegungsgleichung für eine Wahrscheinlichkeitsdichte in einem solchen (y_i, p_i)-Raum würde in ihrer Zeitentwicklung einer vollkommen unübersichtlichen Gleichung genügen. Vorteil und Bedeutung der durchsichtigen *Liouville*-Gleichung (5.7.16) wird aber erst richtig bei der Behandlung makroskopischer Systeme in XV ersichtlich werden. Ohne die *Hamilton*sche Mechanik wäre eine statistische Mechanik von Makrosystemen fast undenkbar.

§ 6 Kanonische Transformationen und Erhaltungssätze

Dieser ganze § 6 kann beim ersten Lesen überschlagen werden. Wir wollen in diesem § einige Sätze über kanonische Transformationen zusammenstellen, die in großer Analogie zur Quantenmechanik (XI, §§ 5.3 und 10) stehen. Die entscheidende Idee ist dabei die Untersuchung sogenannter infinitesimaler Transformationen.

§ 6.1 Infinitesimale kanonische Transformationen

Ist $y_i = f_i(x_1, \ldots x_n)$ $(i = 1 \ldots n)$ eine Transformation, so führt man auf folgende Weise »infinitesimale« Transformationen ein: Man betrachtet eine von einem Parameter ε abhängige Schar von Transformationen

(6.1.1) $$y_i = f_i(\varepsilon; x_1, \ldots x_n).$$

Das Differential:

(6.1.2) $$\mathrm{d}y_i = \frac{\partial f_i}{\partial \varepsilon}\,\mathrm{d}\varepsilon$$

heißt eine infinitesimale Transformation.

Wir können das auch so ausdrücken: Bei Änderung des Parameters ε von ε nach $\varepsilon + \mathrm{d}\varepsilon$, werden die y_i nach $(y_i + \mathrm{d}y_i)$ transformiert:

$$y_i + \mathrm{d}y_i = y_i + \mathrm{d}\varepsilon\, g_i(y_1, \ldots y_n),$$

wobei dann

$$g_i(y_1 \ldots y_n) = \frac{\partial f_i}{\partial \varepsilon}$$

wird, wenn man in $\frac{\partial f_i}{\partial \varepsilon}$, die $x_1 \ldots x_n$ durch die $y_1 \ldots y_n$ für den Wert ε ersetzt.

Oft setzt man einfachheitshalber den betrachteten Wert ε in $\varepsilon + \mathrm{d}\varepsilon$ gleich Null und setzt $f_i(0, x_1, \ldots x_n) = x_i$, so daß dann unmittelbar ohne weiteres Einsetzen die $g_i = [\partial f_i/\partial \varepsilon]_{\varepsilon=0}$ werden.

Eine skleronome kanonische Transformation ist gegeben durch

$$\mathrm{d}S = \sum_i p_i \mathrm{d}q_i + \sum_i Q_i \mathrm{d}P_i$$

und

$$p_i = \frac{\partial S}{\partial q_i}, \quad Q_i = \frac{\partial S}{\partial P_i}.$$

Mit $S = \sum q_i P_i + \varepsilon W(q_i, P_i)$ erhält man für $\varepsilon = 0$ die identische Transformation. Wir betrachten die infinitesimale kanonische Transformation

$$p_i = P_i + \mathrm{d}\varepsilon \frac{\partial W}{\partial q_i}, \quad Q_i = q_i + \mathrm{d}\varepsilon \frac{\partial W}{\partial p_i},$$

so daß

$$Q_i - q_i = \mathrm{d}q_i = \mathrm{d}\varepsilon \frac{\partial W}{\partial p_i} \text{ und } P_i - p_i = \mathrm{d}p_i = -\,\mathrm{d}\varepsilon \frac{\partial W}{\partial q_i} \tag{6.1.3}$$

wird.

Vergleichen wir die infinitesimale kanonische Transformation mit den kanonischen Gleichungen

$$\mathrm{d}q_i = \frac{\partial H}{\partial p_i}\mathrm{d}t, \quad \mathrm{d}p_i = -\frac{\partial H}{\partial q_i}\mathrm{d}t,$$

so folgt: man kann die kanonischen Gleichungen als spezielle (skleronome!!) kanonische Transformationen (die von einem »Parameter« t abhängen!!) mit der *Hamilton*schen Funktion H als Erzeugenden der infinitesimalen Transformation auffassen, da die zum Zeitpunkt $t + \mathrm{d}t$ gehörenden Werte der kanonischen Variablen q_i, p_i aus ihren Werten zur Zeit t durch eine infinitesimale kanonische Transformation

$$\mathrm{d}q_i = \frac{\partial H}{\partial p_i}\mathrm{d}t = q_i(t + \mathrm{d}t) - q_i(t)$$

$$\mathrm{d}p_i = -\frac{\partial H}{\partial q_i}\mathrm{d}t = p_i(t + \mathrm{d}t) - p_i(t)$$

hervorgehen.

Die Bewegung des Systems in einem endlichen Zeitintervall (von t_0 bis t) wird durch eine Folge infinitesimaler kanonischer Transformationen dargestellt. Zwei nacheinander ausgeführte kanonische Transformationen sind einer einzigen kanonischen Transformation äquivalent. Es kann also der gesamte Verlauf der Bewegung eines mechanischen Systems als eine von einem Parameter t abhängige (skleronome!!) kanonische Transformation aufgefaßt werden.

Gegeben sei eine Funktion $F(q_i, p_i)$. Wie ändert sich F bei einer infinitesimalen kanonischen Transformation?

Es folgt aus (6.1.3) sofort:

(6.1.4) $$\mathrm{d}F = \mathrm{d}\varepsilon \sum \left(\frac{\partial W}{\partial p_i} \frac{\partial F}{\partial q_i} - \frac{\partial W}{\partial q_i} \frac{\partial F}{\partial p_i} \right) = \mathrm{d}\varepsilon\, (W, F).$$

Speziell für H ergibt sich

(6.1.5) $$\mathrm{d}H = \mathrm{d}\varepsilon\, (W, H).$$

Man kann solche Erzeugenden W (d.h. solche infinitesimalen kanonischen Transformationen) suchen, für die sich H nicht ändert; aus (6.1.5) folgt als Bedingung dafür: $(W, H) = 0$. Aus (5.7.2) folgt dann $\frac{\mathrm{d}W}{\mathrm{d}t} = (H, W) = 0$ *und damit, daß W ein Integral der Bewegung ist*!

Als Beispiele betrachten wir wieder den Impuls- und Drehimpulssatz.

Impulssatz: In einem rechtwinkligen Koordinatensystem seien die Koordinaten $q_i = x_\nu^k$

und die Impulse $p_i = m_i \dot{q}_i = m_k \dot{x}_\nu^k = p_\nu^k$,

wobei i die Indizes k und ν durchläuft mit k als Index des Massenpunktes und $\nu = 1, 2, 3$ als Indizes der Koordinatenachsen. Setzen wir speziell (mit festem ν):

$$W = P_\nu = \sum_{k=1}^{n} p_\nu^k = \nu\text{-te Komponente des Gesamtimpulses,}$$

so folgt aus (6.1.3):

$$\mathrm{d}p_i = \mathrm{d}p_\mu^k = 0 \quad \text{und} \quad \mathrm{d}q_i = \mathrm{d}x_\mu^k = \mathrm{d}\varepsilon\, \delta_{\nu\mu}$$

(mit $\delta_{\nu\mu} = 0$ für $\nu \neq \mu$ und $\delta_{\nu\nu} = 1$).

Dies stellt also eine infinitesimale Translation aller Massenpunkte in der ν-Richtung um $\mathrm{d}\varepsilon$ dar.

Ist H translationsinvariant, so muß $\mathrm{d}H = \mathrm{d}\varepsilon\, (P_\nu, H) = 0$ sein, und damit folgt der Impulssatz $\frac{\mathrm{d}P_\nu}{\mathrm{d}t} = (H, P_\nu) = 0$.

Die Invarianz von H gegenüber Translationen ist also äquivalent zur Gültigkeit des Impulssatzes.

Drehimpulssatz: Gegeben seien wieder rechtwinklige Koordinaten. Für den Drehimpuls gilt:

$$\mathbf{M} = \sum_k m_k \mathbf{r}^k \times \dot{\mathbf{r}}^k$$

und für die Komponenten von **M**

$$M_{\nu\mu} = \sum_k (p_\mu^k x_\nu^k - p_\nu^k x_\mu^k).$$

Dabei stellt z. B. M_{12} die 3-te Komponente des Drehimpulses dar. Setzen wir jetzt $W = M_{\nu\mu}$ (ν, μ fest), so folgt:

$$\mathrm{d}q_i = \mathrm{d}\varepsilon\,(\delta_{\varrho\mu} x_\nu^k - \delta_{\varrho\nu} x_\mu^k) = \mathrm{d}x_\varrho^k,$$

$$\mathrm{d}p_i = \mathrm{d}\varepsilon\,(\delta_{\varrho\mu} p_\nu^k - \delta_{\varrho\nu} p_\mu^k) = \mathrm{d}p_\varrho^k.$$

Dies stellt eine infinitesimale Drehung in der (ν, μ)-Ebene um den kleinen Winkel $\mathrm{d}\varepsilon$ dar. Ist H invariant gegenüber Drehungen, so folgt

$$\mathrm{d}H = \mathrm{d}\varepsilon\,(M_{\nu\mu}, H) = 0$$

und daraus

$$\frac{\mathrm{d}}{\mathrm{d}t} M_{\nu\mu} = (H, M_{\nu\mu}) = 0\,;$$

d.h. der Drehimpulssatz ist äquivalent zur Drehinvarianz von H.

Da alle physikalischen Größen Funktionen von p_i, q_i sind, kann man sagen, daß jeder solchen »Observablen« $T(p_i, q_i)$ eindeutig eine infinitesimale kanonische Transformation zugeordnet ist. Das Umgekehrte ist nicht der Fall: Alle und nur die T, die sich um eine Konstante unterscheiden, erzeugen dieselbe infinitesimale Transformation. Die Konstante ist in diesem Sinn äquivalent der Null.

Sind nun durch T_1 und T_2 zwei infinitesimale Transformationen gegeben:

$$\frac{\mathrm{d}^1 F}{\mathrm{d}\varepsilon_1} = (T_1, F), \quad \frac{\mathrm{d}^2 F}{\mathrm{d}\varepsilon_2} = (T_2, F),$$

so folgt

$$\frac{\mathrm{d}^2}{\mathrm{d}\varepsilon_2}\left(\frac{\mathrm{d}^1 F}{\mathrm{d}\varepsilon_1}\right) = (T_2, (T_1, F))\,; \quad \frac{\mathrm{d}^1}{\mathrm{d}\varepsilon_1}\left(\frac{\mathrm{d}^2 F}{\mathrm{d}\varepsilon_2}\right) = (T_1, (T_2, F))$$

und damit

$$\frac{d^1}{d\varepsilon_1}\left(\frac{d^2 F}{d\varepsilon_2}\right) - \frac{d^2}{d\varepsilon_2}\left(\frac{d^1 F}{d\varepsilon_1}\right) = (T_1, (T_2, F)) - (T_2, (T_1, F)) \tag{6.1.6}$$
$$= ((T_1, T_2), F),$$

wobei die letzte Beziehung aus der *Jacobi*schen Identität

$$(T_1, (T_2, F)) + (F, (T_1, T_2)) + (T_2, (F, T_1)) = 0 \tag{6.1.7}$$

folgt, die man durch Ausrechnen leicht bestätigt. Aus (6.1.6) ergibt sich als »Vertauschungsrelation« der beiden durch T_1 und T_2 erzeugten infinitesimalen Transformationen wieder eine kanonische infinitesimale Transformation mit der Erzeugenden (T_1, T_2). Ist (T_1, T_2) eine Konstante, so sind die beiden infinitesimalen Transformationen vertauschbar. Z. B. ist

$$(p_i, q_j) = \delta_{ij}\,; (p_i, p_j) = 0\,; (q_i, q_j) = 0$$

und damit die durch die p_i, q_j erzeugten infinitesimalen Transformationen vertauschbar. Welches sind die von den einzelnen p_i und q_i erzeugten kanonischen Transformationen?

§ 6.2 Das n-fache Produkt von Galilei*gruppen*

Benutzen wir wieder speziell rechtwinklige Koordinaten, d. h. die q_i sind die x_ν^k, die p_i die zugehörigen $p_\nu^k = m_k \dot{x}_\nu^k$.

Benutzen wir als Erzeugende einer kanonischen infinitesimalen Transformation

$$W = p_\nu^k \qquad (k \text{ und } \nu \text{ fest!}),$$

so folgt – wie wir schon oben bei den Rechnungen zum Impulssatz sahen –

$$d x_\mu^i = d\varepsilon\, \delta_{ki}\, \delta_{\nu\mu}, \quad d p_\mu^i = 0. \tag{6.2.1}$$

(6.2.1) stellt eine Translation *nur* des k-ten Massenpunktes in Richtung der ν-Achse dar.

Setzen wir

$$W = p_\mu^k x_\nu^k - p_\nu^k x_\mu^k \qquad (k, \nu, \mu \text{ fest!}),$$

so folgt – wie oben bei den Rechnungen zum Drehimpulssatz –

$$(6.2.2)\qquad \begin{aligned} \mathrm{d}x_\varrho^i &= \mathrm{d}\varepsilon\,\delta_{ik}\,(\delta_{\varrho\mu}x_\nu^k - \delta_{\varrho\nu}x_\mu^k),\\ \mathrm{d}p_\varrho^i &= \mathrm{d}\varepsilon\,\delta_{ik}\,(\delta_{\varrho\mu}p_\nu^k - \delta_{\varrho\nu}p_\mu^k). \end{aligned}$$

(6.2.2) stellt eine Drehung nur des k-ten Massenpunktes in der $(\nu\mu)$-Ebene um den Winkel $\mathrm{d}\varepsilon$ dar.

Wählen wir nun noch

$$W = -x_\nu^k \ (k \text{ und } \nu \text{ fest!}),$$

so folgt

$$(6.2.3)\qquad \mathrm{d}x_\mu^i = 0,\ \mathrm{d}p_\mu^i = \delta_{ik}\,\delta_{\mu\nu}\,\mathrm{d}\varepsilon.$$

(6.2.3) stellt eine Erhöhung der Geschwindigkeit nur des k-ten Massenpunktes um $m_k^{-1}\,\mathrm{d}\varepsilon$ in der ν-Richtung dar.

Wir hatten in § 1.2 *Galilei*-Transformationen untersucht. Wir wollen jetzt nur diejenigen *Galilei*transformationen betrachten, für die in (1.2.1) $\gamma = 0$ ist

$$(6.2.4)\qquad x'_\nu = \sum_\mu \alpha_{\nu\mu}x_\mu + \delta_\nu t + \eta_\nu$$

und für die die $\alpha_{\nu\mu}$ eine Drehung darstellen, die stetig aus der Identität (d. h. aus $\alpha_{\nu\mu} = \delta_{\nu\mu}$) hergestellt werden kann (also keine Spiegelungen).

Eine *Galilei*transformation (6.2.4) kann man sich dann durch das Nacheinanderausführen vieler infinitesimaler Transformationen durchgeführt denken. In der Theorie der »*Lie*-Gruppen« wird diese Vorstellung mathematisch gerechtfertigt. Wir wollen dies hier nur kurz andeuten:

Ist W die Erzeugende einer infinitesimalen kanonischen Transformation, so kann man die Wirkungsweise dieser infinitesimalen Transformation durch (6.1.4) darstellen

$$\mathrm{d}F = \mathrm{d}\varepsilon\,(W, F).$$

Wir können einen Operator $\tilde{W}$ als eine Abbildung einführen, die ein $F(p, q)$ auf $F'(p, q) = (W, F)$ abbildet. Die durch W charakterisierte kanonische Transformation können wir also auch so darstellen, daß jedes F in ein $(1 + \mathrm{d}\varepsilon\,\tilde{W})\,F$ übergeführt wird, wobei 1 die Identität ist. Die kanonische Transformation $1 + \mathrm{d}\varepsilon\,\tilde{W}$ weicht von der Identität nur um das infinitesimale Stück $\mathrm{d}\varepsilon\,\tilde{W}$ ab.

Sei nun ε ein endlicher Wert eines Parameters und setzen wir $\Delta\varepsilon = \frac{1}{n}\varepsilon$, so können wir das n-fache Hintereinanderausführen der Transformationen $1 + \Delta\varepsilon\tilde{W}$ so schreiben:

$$\left(1 + \frac{\varepsilon}{n}\tilde{W}\right)^n. \tag{6.2.5}$$

Mit der Formel

$$\lim_{n\to\infty}\left(1 + \frac{x}{n}\right)^n = \mathrm{e}^x$$

für die e-Funktion liegt es nahe, in (6.2.5) den Limes $n \to \infty$ zu vollziehen und durch

$$\begin{aligned} \mathrm{e}^{\varepsilon\tilde{W}} F &= \left(1 + \varepsilon\tilde{W} + \frac{\varepsilon^2}{2!}\tilde{W}^2 + \frac{\varepsilon^3}{3!}\tilde{W}^3 + \dots\right) F \\ &= F + \varepsilon(W, F) + \frac{\varepsilon^2}{2!}(W, (W, F)) + \\ &\qquad + \frac{\varepsilon^3}{3!}(W, (W, (W, F))) + \dots \end{aligned} \tag{6.2.6}$$

eine endliche von W erzeugte kanonische Transformation zu definieren.

Mit $W = p_\nu^k$ stellt (6.2.6) nichts anderes als die »*Taylor*entwicklung«

$$\mathrm{e}^{\varepsilon\tilde{p}_\nu^k} F = \sum_{n=0}^{\infty} \frac{\varepsilon^n}{n!}\frac{\partial^n F}{\partial x_\nu^k} = F(x_1^1, \dots, x_\nu^k + \varepsilon, \dots, p_1^1 \dots)$$

derjenigen Funktion F dar, in der nur die eine Koordinate x_ν^k um ein endliches Stück ε translatiert ist.

Ebenso stellt $\mathrm{e}^{\varepsilon\tilde{W}}$ mit

$$W = p_\mu^k x_\nu^k - p_\nu^k x_\mu^k$$

eine *endliche* Drehung um den Winkel ε in der $(\mu\nu)$-Ebene der Koordinaten nur des k-ten Massenpunktes dar.

Wenn wir durch

$$\tilde{H} F = (H, F)$$

einen auf die Funktionen $F(p, q)$ wirkenden Operator $\tilde{H}$ aufgrund der *Hamilton*funktion H definieren, so können wir also die Lösung der *Hamilton*schen Gleichungen

$$\frac{\mathrm{d}F}{\mathrm{d}t} = (H, F)$$

für skleronomes H »formal« in der Form

$$F(p_i(t), q_i(t)) = \mathrm{e}^{t\tilde{H}} F(p_i(0), q_i(0))$$

aufintegrieren. $\mathrm{e}^{t\tilde{H}}$ ist dann die kanonische Transformation von

$$p_i(0), q_i(0) \qquad \text{nach} \qquad p_i(t), q_i(t).$$

Wir schreiben nun (6.2.4) für jeden der n-Massenpunkte mit *verschiedenen* (!) $\alpha^k_{\nu\mu}$, δ^k_ν, η^k_ν auf:

(6.2.7) $$x'^k_\nu(t) = \sum_\mu \alpha^k_{\nu\mu} x^k_\mu(t) + \delta^k_\nu t + \eta^k_\nu,$$

Die Transformationen (6.2.7) nennt man das »direkte Produkt« von n *Galilei*gruppen bei fester Zeit t.

Wir ergänzen (6.2.7) dadurch, daß wir auch die Transformation der $p^k_\nu(t)$ dazu schreiben:

(6.2.8) $$p'^k_\nu(t) = \sum \alpha^k_{\nu\mu} p^k_\mu(t) + m_k \delta^k_\nu.$$

Wegen

$$\sum_{k,\nu} p'^k_\nu \, \mathrm{d}x'^k_\nu = \sum_{k,\mu} p^k_\mu \, \mathrm{d}x^k_\mu + \sum_\mu m_k \alpha^k_{\nu\mu} \, \mathrm{d}x^k_\mu$$

ist

$$\sum_{k,\nu} p'^k_\nu \, \mathrm{d}x'^k_\nu - \sum_{k,\mu} p^k_\mu \, \mathrm{d}x^k_\mu = \mathrm{d}\left[\sum_{k,\mu} m_k \alpha^k_{\nu\mu} x^k_\mu\right],$$

so daß also (6.2.7), (6.2.8) bei festem t (!) eine skleronome kanonische Transformation darstellen. Bei *festem* t (!) können wir aber in (6.2.7) $\delta^k_\nu t + \eta^k_\nu$ zu einer Translation um $\varrho_\nu^k \; (= \delta_\nu^k \, t + \eta_\nu^k)$ zusammenfassen, so daß wir statt (6.2.7), (6.2.8) auch schreiben können:

$$x_\nu'^k = \sum_\mu \alpha_{\nu\mu}^k \, x_\mu^k + \varrho_\nu^k,$$

(6.2.9)

$$p_\nu'^k = \sum_\mu \alpha_{\nu\mu}^k \, p_\mu^k + m_k \, \delta_\nu^k,$$

wobei wir t als Variable in den $x_\mu^k, p_\mu^k, x_\nu'^k, p_\nu'^k$ ganz weggelassen haben, da wir t festhalten und (6.2.9) nur als skleronome kanonische Transformation betrachten. Wir nennen dann (6.2.9) die Gruppe der kanonischen Transformationen des n-fachen Produkts von *Galilei*gruppen.

Die Gruppe (6.2.9) ist dann vollkommen durch ihre infinitesimalen Transformationen bestimmt, nämlich durch: Infinitesimale Translationen $\mathrm{d}\varrho_\nu^k$ mit den Erzeugenden p_ν^k; infinitesimale Drehungen mit den Erzeugenden $M_{\nu\mu}^k$ und infinitesimale Impulsänderungen $m_k \, \mathrm{d}\delta_\nu^k$ mit den Erzeugenden $(-q_i =) \; -x_\nu^k$.

Die kanonischen Variablen x_ν^k, p_ν^k und die infinitesimalen *Galilei*transformationen der Translation und Geschwindigkeitsänderung hängen also sehr eng miteinander zusammen. (Siehe die ähnlichen Überlegungen in der Quantenmechanik in XI, § 10.)

§ 6.3. Notwendige und hinreichende Bedingungen für kanonische Transformationen

Die Bedingung für skleronome kanonische Transformationen, daß

$$\sum_i p_i \, \mathrm{d}q_i - \sum_i P_i \, \mathrm{d}Q_i = \mathrm{d}W \tag{6.3.1}$$

ein totales Differential ist, führt explizit ausgeschrieben zu:

$$\sum_i \left(p_i - \sum_j P_j \frac{\partial Q_j}{\partial q_i} \right) \mathrm{d}q_i - \sum_k \left(\sum_j P_j \frac{\partial Q_j}{\partial p_k} \right) \mathrm{d}p_k = \mathrm{d}W. \tag{6.3.2}$$

Daraus erhält man wegen der Integrabilitätsbedingungen

$$\frac{\partial^2 W}{\partial p_k \, \partial q_i} = \frac{\partial^2 W}{\partial q_i \, \partial p_k}:$$

$$\delta_{ik} - \sum_j \frac{\partial P_j}{\partial p_k} \frac{\partial Q_j}{\partial q_i} - \sum_j P_j \frac{\partial^2 Q_j}{\partial q_i \, \partial p_k} = -\sum_j \frac{\partial P_j}{\partial q_i} \frac{\partial Q_j}{\partial p_k} - \sum_j P_j \frac{\partial^2 Q_j}{\partial p_k \, \partial q_i}$$

was sich auf

$$\sum_j \frac{\partial P_j}{\partial p_k}\frac{\partial Q_j}{\partial q_i} - \frac{\partial P_j}{\partial q_i}\frac{\partial Q_j}{\partial p_k} = \delta_{ik}$$

reduziert. Mit Hilfe dieser Beziehung und den beiden aus

$$\frac{\partial^2 W}{\partial p_i\,\partial p_k} = \frac{\partial^2 W}{\partial p_k\,\partial p_i}, \quad \frac{\partial^2 W}{\partial q_i\,\partial q_k} = \frac{\partial^2 W}{\partial q_k\,\partial q_i}$$

folgenden Gleichungen

$$\sum_j \left(\frac{\partial P_j}{\partial p_k}\frac{\partial Q_j}{\partial p_i} - \frac{\partial P_j}{\partial p_i}\frac{\partial Q_j}{\partial p_k}\right) = 0,$$

$$\sum_j \left(\frac{\partial P_j}{\partial q_k}\frac{\partial Q_j}{\partial q_i} - \frac{\partial P_j}{\partial q_i}\frac{\partial Q_j}{\partial q_k}\right) = 0$$

ergibt sich für die beiden Matrizen (f = Zahl der Freiheitsgrade)

$$\mathbf{A} = (A_{ij}) = \begin{pmatrix} \dfrac{\partial P_j}{\partial q_i} & \dfrac{\partial Q_{j-f}}{\partial q_i} \\[2ex] \dfrac{\partial P_j}{\partial p_{i-f}} & \dfrac{\partial Q_{j-f}}{\partial p_{i-f}} \end{pmatrix},$$

$$\mathbf{B} = (B_{ij}) = \begin{pmatrix} -\dfrac{\partial Q_i}{\partial p_j} & \dfrac{\partial Q_i}{\partial q_{j-f}} \\[2ex] \dfrac{\partial P_{i-f}}{\partial p_j} & -\dfrac{\partial P_{i-f}}{\partial q_{j-f}} \end{pmatrix}:$$

$$\mathbf{AB} = \mathbf{1},$$

so daß auch

$$\mathbf{BA} = \mathbf{1}$$

und damit die *Poisson*klammern

$$(6.3.3) \qquad (P_i, Q_j) = \delta_{ij}\,;\, (P_i, P_j) = 0\,;\, (Q_i, Q_j) = 0$$

sein müssen. Diese Bedingungen (6.3.3) sind also äquivalent zu (6.3.1). Mit

$$F'(P_i, Q_i) = F(p_i, q_i)$$

folgt nach leichter Rechnung aus (6.3.3):

$$(6.3.4) \qquad (F', G')' = (F, G),$$

wobei $(\ldots, \ldots)'$ die *Poisson*klammer in bezug auf die groß geschriebenen Variablen bedeutet. Da aus (6.3.4) auch (6.3.3) unmittelbar folgt, ist (6.3.4) äquivalent zu (6.3.3) und damit auch zu (6.3.1). (6.3.4) ist aber wegen (5.7.2) wiederum äquivalent dazu, daß sowohl für die p_i, q_i mit H wie für die P_i, Q_i mit $\tilde{H}(P_i, Q_i) = H(p_i, q_i)$ die *Hamilton*schen Gleichungen für *beliebige Wahl* der *Hamilton*-Funktionen gelten. Damit haben wir in den Gleichungen

$$p_i = \frac{\partial S}{\partial q_i}, \qquad Q_i = \frac{\partial S}{\partial P_i}$$

alle kanonischen Transformationen gefunden.

Da die Determinante von **B** gleich der von **A** ist, muß die Determinante von **A** gleich ± 1 sein[1].

Die kanonischen Transformationen stellen also eine maßtreue[2] Abbildung zwischen dem Raum der $Q_i P_i$ und der $q_i p_i$ dar. Insbesondere ist die Abbildung der $p_i(0)$, $q_i(0)$ auf $p_i(t)$, $q_i(t)$ eine maßtreue Abbildung des Phasenraumes auf sich (*Liouville*scher Satz) (Ende von § 5.7).

§ 7 Mehrfach periodische Systeme und ihre Störungen

In diesem § soll demonstriert werden, wie man die bisher entwickelten Methoden benutzen kann, um sich eine Vorstellung von Lösungen für die Bahnkurven auch dann zu verschaffen, wenn eine exakte Lösung nicht möglich ist, was in der Physik meistens der Fall ist. Häufig kommt es dann vor, daß man wenigstens ein »Näherungsproblem« exakt lösen kann. Dann wird man versuchen, den Einfluß der vernachlässigten Größen nachträglich zu berücksichtigen. Solche

[1] Es ist sogar immer det A $= +1$, was hier nicht näher gezeigt werden soll.
[2] Als Maß ist hier das normale *Lebesgue*sche Maß im Phasenraum gemeint.

Methoden sind von großer Wichtigkeit geworden und ziehen sich in immer wieder abgewandelter Form durch die ganze theoretische Physik.

§ 7.1 Lösung der Hamilton-Jacobi*schen Gleichung durch Separation der Variablen*

Wie wir es an Beispielen schon gesehen haben, gelingt es manchmal solche Koordinaten q_i $(i = 1,2, \ldots n)$ zu finden, daß sich die *Hamilton-Jacobi*-Gleichung (wir betrachten in § 7 nur skleronome Systeme)

$$(7.1.1) \qquad H\left(\frac{\partial S}{\partial q_i}, q_i\right) = E$$

durch Separation der Variablen lösen läßt. Darunter versteht man die Möglichkeit, Lösungen von (7.1.1) mit unabhängigen Parametern $P_1 \ldots P_f$ in der Form

$$(7.1.2) \qquad S(q_1, \ldots, q_f, P_1, \ldots P_f) = \sum_{i=1}^{f} S_i(q_i, P_1, \ldots P_f)$$

finden zu können, wobei S_i nur von *einem* (!) q_i abhängt.
Es wird dann speziell

$$(7.1.3) \qquad E(P_1, \ldots, P_f) = H\left(\frac{\mathrm{d}S_i}{\mathrm{d}q_i}, q_i\right).$$

Die kanonische Transformation nimmt die Form an:

$$(7.1.4) \qquad p_i = \frac{\mathrm{d}S_i}{\mathrm{d}q_i}, \; Q_i = \sum_k \frac{\partial S_k}{\partial P_i}.$$

Die Lösungen der *Hamilton*schen Gleichungen lauten dann

$$(7.1.5) \qquad P_i = \text{const.}, \quad Q_i = \sum_n \frac{\partial S_n}{\partial P_i}(q_k, P_1 \ldots P_f) = \frac{\partial E}{\partial P_i}(t - \tau).$$

Ein Ansatz (7.1.2) führt z.B. immer dann zum Ziel, wenn sich $H(p_i, q_i)$ in folgender Form

$$(7.1.6) \qquad H(p_i, q_i) = F(g_1(p_1, q_1), \ldots, g_f(p_f, q_f))$$

mit Funktionen g_i schreiben läßt. Man betrachte dann die »einzelnen« *Hamilton-Jacobi*-Gleichungen:

$$g_i\left(\frac{\mathrm{d}S_i}{\mathrm{d}q_i}, q_i\right) = P_i \quad (i = 1,2, \ldots f) \tag{7.1.7}$$

mit Lösungen $S_i(q_i, P_i)$. Dann ist (7.1.2) eine Lösung von (7.1.1) mit

$$E(P_1, \ldots, P_f) = F(P_1, \ldots, P_f). \tag{7.1.8}$$

Daß S_i nur von dem einen P_i entsprechend (7.1.7) abhängt, ist ein nicht immer auftretender Sonderfall, der auf der speziellen Form (7.1.6) beruht.

Eine etwas allgemeinere Form als (7.1.6), die sich ebenfalls durch Separation lösen läßt, ist der Fall, wo (bei bestimmter Numerierung der q_i) sich $H(p_i, q_i)$ schreiben läßt:

$$H(p_i, q_i) = f_f(p_f, q_f, f_{f-1})$$

mit

$$\begin{aligned} f_{f-1} &= f_{f-1}(p_{f-1}, q_{f-1}, f_{f-2}) \\ &\vdots \\ f_{i-1} &= f_{i-1}(p_{i-1}, q_{i-1}, f_{i-2}) \\ &\vdots \\ f_1 &= f_1(p_1, q_1). \end{aligned}$$

Man erhält dann rekursiv folgende »einzelne« *Hamilton-Jacobi*-Gleichungen:

$$\begin{aligned} f_1\left(\frac{\partial S_1}{\partial q_1}, q_1\right) &= P_1 \\ f_2\left(\frac{\partial S_2}{\partial q_2}, q_2, P_1\right) &= P_2 \\ &\vdots \\ f_f\left(\frac{\partial S_f}{\partial q_f}, q_f, P_{f-1}\right) &= P_f = E \end{aligned}$$

mit Lösungen:

$$S_i = S_i(q_i, P_i, P_{i-1}).$$

§ 7.2 Periodische Bewegungen bei Systemen mit einem Freiheitsgrad

Als periodische Bewegungen für ein System mit nur einem Freiheitsgrad werden folgende zwei Klassen von Bewegungen bezeichnet:

a) Die Koordinate q und der Impuls p sind periodische Funktionen der Zeit mit der gleichen Periode τ; d.h. es gibt ein (kleinstes) $\tau > 0$ mit $q(t+\tau) = q(t)$ und $p(t+\tau) = p(t)$.
Beispiele hierfür sind der lineare Oszillator oder das reibungslos hin- und herschwingende Pendel. Die q, p-Ebene ist hier der zweidimensionale Phasenraum Γ. Da q und p ihre Werte nach der Zeit τ wieder annehmen, ist die Kurve, die der Bewegung in der q, p-Ebene entspricht, eine geschlossene Kurve (Phasenbahn) (Fig. 25).

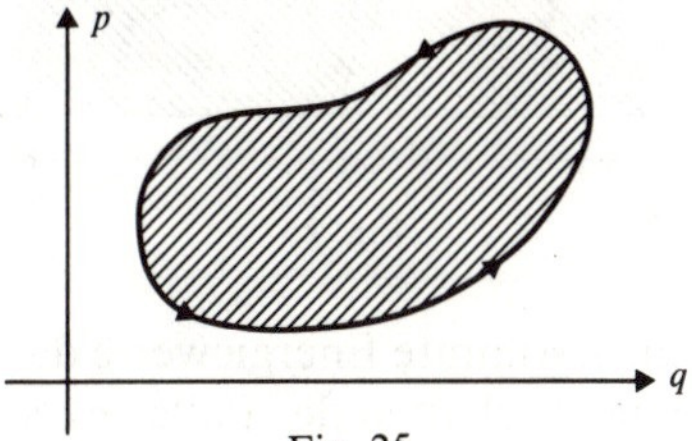

Fig. 25

b) Beim anderen Typ ist q gewöhnlich eine winkelartige Koordinate, q ist in der Zeit nicht periodisch, doch ändert sich die Lage, d. h. die rechtwinkligen Koordinaten des Systems[1] mit der Zunahme von q um einen (kleinsten) Wert $q_0 > 0$ (oft ist $q_0 = 2\pi$) nicht. Die rechtwinkligen Koordinaten x_ν^k sind periodische Funktionen von q: $x_\nu^k = g_\nu^k(q) = g_\nu^k(q + q_0)$.

Wir haben vorausgesetzt, daß das System skleronom ist. Seine *Hamilton*-funktion ist dann also die Energie und in rechtwinkligen Koordinaten eine Funktion des »Ortes« $\{x_\nu^k\}$ und der Impulse $m_k \dot{x}_\nu^k$. Gehen wir zu der Koordinate q über, so wird $\dot{x}_\nu^k = \dfrac{\mathrm{d}g_\nu^k}{\mathrm{d}q}\dot{q}$ und die kinetische Energie $\dfrac{1}{2} G(q)\dot{q}^2$ und damit $p = G(q)\dot{q}$ mit einer periodischen Funktion $G(q) = G(q + q_0)$. $H(p, q)$ wird damit ebenfalls eine (bei festem p) periodische Funktion in q:

$$H(p, q + q_0) = H(p, q).$$

Liegt dann eine Bewegung vor, bei der q selbst mit der Zeit t nicht periodisch ist, es aber eine Zeit τ gibt, so daß $q(t+\tau) = q(t) + q_0$ ist, so ist wegen des Energiesatzes

[1] Es können mehrere rechtwinklige Koordinaten vorkommen, wenn genügend viele Nebenbedingungen den Freiheitsgrad auf $f = 1$ reduzieren.

$$H(p(t+\tau), q(t+\tau)) = H(p(t+\tau), q(t) + q_0)$$

$$= H(p(t+\tau), q(t)) = H(p(t), q(t)) = E$$

$p(t+\tau)^2 = p(t)^2$. Wenn für $t < t' < t + \tau$ $p(t)$ keine Nullstelle besitzt und damit nicht das Vorzeichen wechseln kann (keine Bewegungsumkehr), so ist $p(t+\tau) = p(t)$. Wir haben also dann ein Verhalten der Phasenbahn nach Fig. 26. Auch in diesem Falle nennen wir das System periodisch.

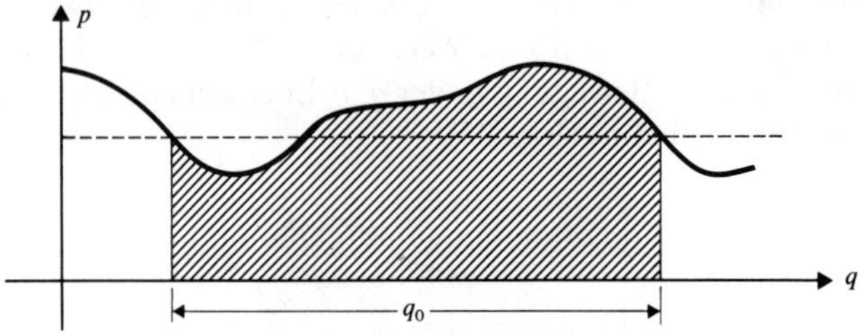

Fig. 26

Es gibt Systeme, die für bestimmte Energiewerte das Verhalten des Falles a), für andere Energiewerte das Verhalten des Falles b) zeigen: Man denke an ein ebenes Pendel mit $q = \varphi$ und φ als Auslenkwinkel; für kleine Energien pendelt φ zwischen zwei Werten φ_0 und $-\varphi_0$ hin und her mit einer (von der Energie abhängigen) Periode $\tau : \varphi(t+\tau) = \varphi(t)$; für große Energien überschlägt sich das Pendel und φ wächst mit der Zeit laufend an, aber die rechtwinkligen Koordinaten sind periodische Funktionen von $q = \varphi$ mit der Periode $q_0 = \varphi_0 = 2\pi$. Vier solche Bahnen sind in Fig. 27 dargestellt. Der Impuls p_φ ist $p_\varphi = \theta\dot{\varphi}$ mit dem Trägheitsmoment θ des Pendels um die Drehachse.

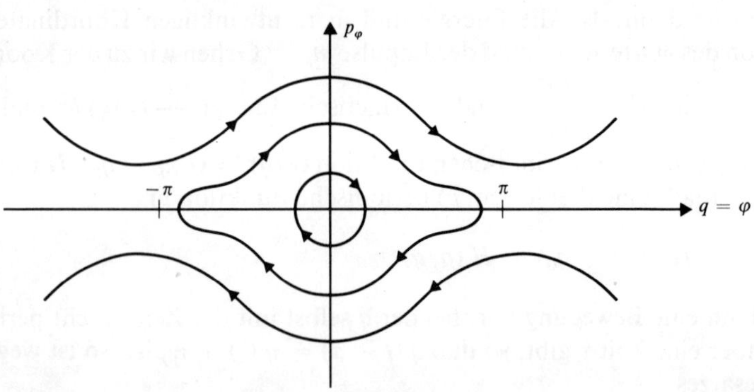

Fig. 27

Die Pfeile geben die Durchlaufungsrichtung mit wachsendem t an.

Für solche periodischen Systeme mit einem Freiheitsgrad lautet die *Hamilton-Jacobi*-Gleichung

$$H\left(\frac{\partial S}{\partial q}, q\right) = E$$

mit der einen Konstanten $P = E$, d. h. es ist eine Lösung $S(E, q)$ dieser Gleichung gesucht. Mit $Q = \frac{\partial S}{\partial P} = \frac{\partial S}{\partial E}$ gilt dann wegen $\frac{\mathrm{d}E}{\mathrm{d}P} = \frac{\mathrm{d}E}{\mathrm{d}E} = 1$:

$$Q = (t - t_0).$$

Wir bilden nun längs einer Phasenbahn über eine Periode der Bewegung das »Phasenintegral«

(7.2.1) $$J = \frac{1}{2\pi} \oint p\,\mathrm{d}q.$$

Das Integral ist über die geschlossene Phasenbahn bzw. über eine Periode von q zu erstrecken. J ist also gleich dem Inhalt der in obigen Fig. 25 und 26 schraffierten Flächen. Es folgt (mit T als Zeit einer Periode)

$$J = \frac{1}{2\pi} \oint p\,\mathrm{d}q = \frac{1}{2\pi} \oint p\dot{q}\,\mathrm{d}t = \frac{1}{2\pi} \int_{t_0}^{t_0+T} p\dot{q}\,\mathrm{d}t.$$

J hängt wegen $S = S(q, P)$ vom Parameter $P = E$ ab, so daß $J = J(P)$ gilt. Wegen $p = \frac{\partial S}{\partial q}$ können wir schreiben:

(7.2.2) $$J(P) = \frac{1}{2\pi} \int \frac{\partial S(q, P)}{\partial q}\,\mathrm{d}q.$$

$\frac{\partial S}{\partial q}$ gewinnt man durch Auflösen der Gleichung $H\left(\frac{\partial S}{\partial q}, q\right) = E$. Aus dieser folgt $\frac{\partial S}{\partial q} = G(q, P)$ mit $P = E$.

Da H quadratisch in $\frac{\partial S}{\partial q}$ ist, ist das Vorzeichen von $G(q, P)$ nicht eindeutig festgelegt. Man muß das Vorzeichen so wählen, daß $p = \frac{\partial S}{\partial q}$ zu dem Vorzeichen von $\dot{q}$ entsprechend $\dot{q} = \frac{\partial H}{\partial p}$ paßt. Daraus ergibt sich in (7.2.2) für den Fall der geschlossenen Physenbahn nach Fig. 25 bei Hin- und Rückintegration über q (während sich q periodisch ändert) ein verschiedenes Vorzeichen von $\frac{\partial S}{\partial q} = G(q, P)$. Das Integral (7.2.2) hat also einen ganz wohldefinierten Sinn, da es nur eine Abkürzung für

$$J(P) = \frac{1}{2\pi} \int_{t_0}^{t_0+T} \frac{\partial S}{\partial q} \dot{q} \, \mathrm{d}t$$

ist, wobei eben das Vorzeichen von $\frac{\partial S}{\partial q}$ so anzupassen ist, daß

$$\dot{q} = \frac{\partial H}{\partial p}\left(\frac{\partial S}{\partial q}, q\right)$$

erfüllt ist. Im Fall der Phasenbahn nach Fig. 25 ändert sich das Vorzeichen von $p = \frac{\partial S}{\partial q}$ nicht!

Statt des Parameters $P = E$ wählen wir nun J. Man kann dann S als Funktion von q und J berechnen, die dann ebenfalls Lösung der *Hamilton-Jacobi*-Gleichung ist. Wir schreiben jetzt somit: $S(q, P) = \tilde{S}(q, J)$. $\tilde{S}(q, J)$ ist jetzt als Erzeugende einer kanonischen Transformation aufzufassen, so daß J nach den Transformationsgleichungen zur neuen Impulskoordinate wird.

J wird Wirkungsvariable *genannt* (da J die Dimension einer Wirkung hat, wenn p Impuls und q rechtwinklige Koordinate ist).

Die zu J kanonisch konjugierte Variable

$$w = \frac{\partial \tilde{S}(q, J)}{\partial J}$$

wird Winkelvariable genannt.

Die neue *Hamilton*-Funktion lautet also: $\tilde{H}(J, w) = E(J)$. Daher gilt nach den kanonischen Gleichungen

$$\dot{w} = \frac{\partial E(J)}{\partial J} = \text{const}, \text{ d. h. } w = \frac{\partial E}{\partial J}(t - t_0) = \frac{\partial E}{\partial J} t + \delta,$$

wobei δ als Phasenkonstante bezeichnet wird. Die Winkelvariable w wächst

also linear mit der Zeit, während einer Periode T um den Betrag $\Delta w = T\frac{\partial E}{\partial J}$.
Die Änderung von w kann man aber noch anders ausdrücken, indem man die Beziehung

$$J = \frac{1}{2\pi}\oint \frac{\partial \tilde{S}(q, J)}{\partial q}\,\mathrm{d}q$$

nach J ableitet; so ergibt sich zunächst im Falle einer geschlossenen Phasenraumbahn (Fig. 25)

$$\frac{\mathrm{d}J}{\mathrm{d}J} = 1 = \frac{1}{2\pi}\,\frac{\mathrm{d}}{\mathrm{d}J}\oint \frac{\partial \tilde{S}(q, J)}{\partial q}\,\mathrm{d}q = \frac{1}{\pi}\,\frac{\mathrm{d}}{\mathrm{d}J}\int_{q_1(J)}^{q_2(J)} \frac{\partial \tilde{S}(q, J)}{\partial q}\,\mathrm{d}q,$$

wobei $q_1(J)$ und $q_2(J)$ die beiden Umkehrpunkte sind, bei denen $p = \frac{\partial \tilde{S}}{\partial q}$ das Vorzeichen wechselt; da auch $\mathrm{d}q = \dot{q}\,\mathrm{d}t$ dort bei der Integration das Vorzeichen wechselt, haben wir oben

$$\oint \frac{\partial \tilde{S}(q, J)}{\partial q}\,\mathrm{d}q = 2\int_{q_1(J)}^{q_2(J)} \frac{\partial \tilde{S}(q, J)}{\partial q}\,\mathrm{d}q$$

benutzt. Da aber $\frac{\partial \tilde{S}(q, J)}{\partial q}$ an den Umkehrpunkten $q_1(J)$, $q_2(J)$ gleich Null ist, verschwindet die Ableitung $\frac{d}{\mathrm{d}J}$ des Integrals in bezug auf die obere und untere Grenze, so daß wir erhalten:

$$1 = \frac{1}{\pi}\int_{q_1(J)}^{q_2(J)} \frac{\partial^2 \tilde{S}(q, J)}{\partial J\,\partial q}\,\mathrm{d}q = \frac{1}{2\pi}\oint \frac{\partial^2 \tilde{S}(q, J)}{\partial J\,\partial q}\,\mathrm{d}q$$

$$= \frac{1}{2\pi}\oint \frac{\partial w(q, J)}{\partial q}\,\mathrm{d}q = \frac{1}{2\pi}\,\Delta w.$$

Dasselbe Endergebnis erhalten wir auch für den Fall einer periodischen Bewegung mit nicht geschlossener Phasenbahn nach Fig. 26; dann gilt

$$\oint \frac{\partial \tilde{S}(q, J)}{\partial q} \mathrm{d}q = \int\limits_{q_1(J)}^{q_2(J)} \frac{\partial \tilde{S}(q, J)}{\partial q} \mathrm{d}q,$$

wobei $q_2(J) = q_1(J) + q_0$ ist (mit q_0 als der oben eingeführten Periode). Die Differentiation $\frac{\mathrm{d}}{\mathrm{d}J}$ für die untere Grenze des Integrals liefert genau den negativen Betrag wie für die obere Grenze, da aus $q_2(J) = q_1(J) + q_0$

$$\frac{\mathrm{d}q_2(J)}{\mathrm{d}J} = \frac{\mathrm{d}q_1(J)}{\mathrm{d}J}$$

folgt und $p = \frac{\partial \tilde{S}(q, J)}{\partial q}$ an der Stelle $q_2 = q_1 + q_0$ denselben Wert wie für q_1 annimmt (siehe oben).

Aus den beiden gewonnenen Beziehungen $\Delta w = T \frac{\partial E}{\partial J}$ und $\Delta w = 2\pi$ folgt

$$T \frac{\partial E}{\partial J} = 2\pi$$

$\frac{\partial E}{\partial J}$ bezeichnet man als »*Kreisfrequenz*« ω *der Bewegung*. Somit gilt

$$\frac{1}{T} = \frac{\omega}{2\pi}.$$

$1/T$ bezeichnet man oft als Frequenz der periodischen Bewegung. Um ω zu berechnen, ist es also nicht nötig, die vollständige Lösung des Bewegungsproblems zu kennen. Weiß man von vornherein, daß die Bewegung periodisch ist, so braucht man nur E als Funktion von J zu berechnen. Darin liegt der Hauptvorteil der Einführung der Wirkungs- und Winkelvariablen.

Wir betonen zum Schluß noch einmal, daß die Berechnung der Koordinatentransformation von den p, q zu den neuen Koordinaten J, w nicht vom zeitlichen Ablauf der Bewegung abhängt, sondern nur von der Funktion $\frac{\partial S(q, P)}{\partial q}$ als Funktion von q. Diese Bemerkung ist wichtig, wenn wir jetzt zu nur noch »mehrfach periodischen« Systemen übergehen.

§ 7.3 Mehrfach periodische Systeme

Von den Systemen mit mehreren Freiheitsgraden betrachten wir nur solche konservativen Systeme, die in den gewählten Koordinaten $q_k (k = 1, \ldots, f)$ separierbar sind (siehe § 7.1). Es kann daher ein von genügend vielen $P_1 \ldots P_f$ abhängiges Integral der *Hamilton-Jacobi*schen Gleichung in der Form

$$S = \sum_{i=1}^{f} S_i\,(q_i, P_1, \ldots, P_f)$$

gefunden werden.

Ein System heißt dann mehrfach periodisch, wenn jede Koordinate q_i für sich (!) im Sinne von a) oder b) aus § 7.2 periodisch ist. Dies ist so gemeint: Wenn wir nicht den expliziten Zeitablauf betrachten, so können wir wegen der Gleichung

$$p_i = \frac{\partial S}{\partial q_i} = \frac{\partial S_i\,(q_i, P_1, \ldots P_f)}{\partial q_i} \tag{7.3.1}$$

für jedes i in einer (p_i, q_i)-Ebene (!) die Kurven (7.3.1) bei festen $P_1 \ldots P_f$ betrachten. Sind diese Kurven dann für jedes i im Sinne von a) geschlossen oder im Sinne von b) periodisch, so heißt das System mehrfach periodisch.

Wir können daher die Überlegungen des vorigen § 7.2 auf diesen Fall mehrerer Freiheitsgrade übertragen: Durch

$$\begin{aligned} J_k\,(P_1, \ldots, P_f) &= \frac{1}{2\pi} \oint p_k \,\mathrm{d} q_k = \frac{1}{2\pi} \oint \frac{\partial S}{\partial q_k}\,\mathrm{d} q_k \\ &= \frac{1}{2\pi} \oint \frac{\partial S_k\,(q_k, P_1 \ldots P_f)}{\partial q_k}\,\mathrm{d} q_k \end{aligned} \tag{7.3.2}$$

kann man neue *Wirkungsvariable* J_k statt der $P_1 \ldots P_f$ einführen; dabei ist das Integral $\oint$ in (7.3.2) nur über *eine* Koordinate q_k und die Periode dieser einen Koordinate q_k zu nehmen, da $\dfrac{\partial S_k}{\partial q_k}$ eben nur von dieser einen Koordinate q_k abhängt. Die einzelnen J_k sind also durch (7.3.2) durch voneinander unabhängige Perioden der einzelnen q_k definiert.

Ersetzen wir die $P_1 \ldots P_f$ durch die $J_1 \ldots J_f$, so geht $S\,(q_i, P_i)$ in eine Funktion $\tilde{S}(q_i, J_i)$ über:

$$\tilde{S}\,(q_i, J_i) = \sum_{i=1}^{f} \tilde{S}_i\,(q_i, J_1, \ldots, J_f).$$

Damit sind also die zu den J_k kanonisch konjugierten *Winkelvariablen* w_k durch

$$(7.3.3)\qquad w_k = \frac{\partial \tilde{S}}{\partial J_k} = \sum_{i=1}^{f} \frac{\partial \tilde{S}_i(q_i, J_1, \ldots, J_f)}{\partial J_k} \quad (k = 1, \ldots, f)$$

definiert. Ein w_k kann also Funktion aller $q_1 \ldots q_f$ sein!

Mit $\tilde{S}$ als der Erzeugenden einer kanonischen Transformation ergibt sich die neue *Hamilton*-Funktion zu

$$E(J_1, \ldots, J_f),$$

woraus nach den kanonischen Gleichungen

$$(7.3.4)\qquad \dot{w}_k = \frac{\partial E}{\partial J_k} = \text{const. und damit } w_k = \frac{\partial E}{\partial J_k}(t - t_0)$$

folgt. Die Größen $\omega_k = \dfrac{\partial E}{\partial J_k}$ bezeichnet man als die Kreisfrequenzen der w_k.

Wir wollen die Funktionen (7.3.3) und die dazu gehörigen Umkehrformeln

$$(7.3.5)\qquad q_k = q_k(w_1, \ldots, w_f, J_1, \ldots, J_f)$$

untersuchen (unabhängig davon, wie sich die w_i nach (7.3.4) zeitlich ändern!). Aus (7.3.3) folgt (bei festen $J_1 \ldots J_f$):

$$(7.3.6)\qquad \mathrm{d}w_k = \sum_{i=1}^{f} \frac{\partial^2 \tilde{S}_i}{\partial q_i \partial J_k} \mathrm{d}q_i .$$

Aus (7.3.2) folgt

$$J_i = \frac{1}{2\pi} \oint \frac{\partial \tilde{S}_i}{\partial q_i} \mathrm{d}q_i$$

und damit nach Differentiation nach J_k:

$$(7.3.7)\qquad \frac{1}{2\pi} \oint \frac{\partial^2 \tilde{S}_i}{\partial q_i \partial J_k} \mathrm{d}q_i = \delta_{ik} .$$

Wir betrachten jetzt im Raum $\mathscr{L}$ der $q_1 \ldots q_f$ irgendeine Kurve, die so verläuft, daß jedes q_i einzeln irgendeine Anzahl n_i ($n_i = 0, \pm 1, \pm 2, \ldots$) seiner eigenen Perioden durchläuft. Die Änderung Δw_k von w_k bei dem Durchlaufen einer solchen Kurve ergibt sich aus (7.3.6) zu

$$\Delta w_k = \oint \sum_{i=1}^{f} \frac{\partial^2 \tilde{S}_i}{\partial q_i \partial J_k} \, \mathrm{d} q_i ,$$

wobei $\oint$ die Integration über die eben geschilderte Kurve bedeutet. Aufgrund von (7.3.7) folgt

$$\Delta w_k = 2\pi \sum_{i=1}^{f} \delta_{ik} n_i = 2\pi n_k . \tag{7.3.8}$$

Daraus folgt: Ist q_k periodisch im Sinne von a) aus § 7.2, so ist q_k eine periodische Funktion in allen Variablen w_i, d. h. es ist

$$q_k (w_1 + 2\pi n_1, w_2 + 2\pi n_2, \ldots, w_f + 2\pi n_f, J_1, \ldots, J_f)$$
$$= q_k (w_1, w_2, \ldots, w_f, J_1, \ldots, J_f)$$

für irgendwelche ganzen Zahlen $n_1, n_2, \ldots n_f$.

Ist q_k periodisch im Sinne von b) aus § 7.2 mit einer Periode q_{0k}, so folgt entsprechend

$$q_k (w_1 + 2\pi n_1, w_2 + 2\pi n_2, \ldots, w_f + 2\pi n_f, J_1, \ldots, J_f)$$
$$= q_k (w_1, w_2, \ldots, w_f, J_1, \ldots, J_f) + m q_{0k}$$

mit einer ganzen (von den $n_1 \ldots n_f$ abhängigen) Zahl m.

Als erstes Beispiel, zunächst für ein System mit *einem* Freiheitsgrad, betrachten wir den eindimensionalen harmonischen Oszillator.

Wir gehen aus von der *Hamilton*-Funktion

$$H(p, q) = \frac{1}{2m} p^2 + \frac{m\omega_0^2}{2} q^2 .$$

Dann ist die zeitunabhängige *Hamilton-Jacobi*-Gleichung mit $S = S(q, E)$

$$\frac{1}{2m} \left(\frac{\partial S}{\partial q} \right)^2 + \frac{m\omega_0^2}{2} q^2 = E .$$

Daraus folgt

$$S(q, E) = \sqrt{2m} \int \sqrt{E - \frac{m\omega_0^2}{2} q^2}\, dq.$$

Für die Wirkungsvariable erhält man damit:

$$J = \frac{1}{2\pi} \oint \frac{\partial S}{\partial q} dq = \frac{\sqrt{2\,m}}{2\pi} \oint \sqrt{E - \frac{m\omega_0^2}{2} q^2}\, dq$$

$$= \frac{m\omega_0}{2\pi} \oint \sqrt{\frac{2\,E}{m\omega_0^2} - q^2}\, dq.$$

Die Umkehrpunkte sind $q_{1,2} = \pm \sqrt{\frac{2\,E}{m\omega_0^2}}$.

Elementar läßt sich das Integral berechnen:

$$\oint \sqrt{a^2 - x^2}\, dx = 2 \int_{-a}^{+a} \sqrt{a^2 - x^2}\, dx$$

$$= x \sqrt{a^2 - x^2} \Big|_{-a}^{+a} + a^2 \int_{-a}^{+a} \frac{dx}{\sqrt{a^2 - x^2}}$$

$$= a^2 \arcsin \frac{x}{a} \Big|_{-a}^{+a} = a^2 \pi.$$

Somit gilt für J $\left(\text{mit } a^2 = \frac{2\,E}{m\omega_0^2}\right)$

$$J = \frac{E}{\omega_0}.$$

Es ist somit $\tilde{H}(J) = H(p, q) = E = \omega_0 J$. Daraus folgt $\dot{w} = \frac{\partial \tilde{H}}{\partial J} = \omega_0$ und somit $w = \omega_0 t + \alpha$ sowie $\dot{J} = 0$.

Man kann jetzt $\tilde{S}(q, J)$ bilden:

$$\tilde{S}(q, J) = \sqrt{2\,m} \int \sqrt{\omega_0 J - \frac{m\omega_0^2}{2} q^2}\, dq.$$

Man erhält hieraus für $w = \partial \tilde{S} / \partial J$:

$w = \arcsin \sqrt{\frac{m\omega_0}{2J}}\, q$, und setzt man $q_0 = \sqrt{\frac{2J}{m\omega_0}}$, so gilt $q = q_0 \sin w$.
Andererseits ist $w = \omega_0 t + \alpha$. Für q ergibt sich somit

$$q = q_0 \sin(\omega_0 t + \alpha) = \sqrt{\frac{2J}{m\omega_0}} \sin(\omega_0 t + \alpha).$$

Und daraus folgt für

$$p = \frac{\partial \tilde{S}}{\partial q} = \sqrt{2 m\omega_0 J} \cos(\omega_0 t + \alpha).$$

Als zweites Beispiel behandeln wir die *Kepler*bewegung. Wir setzen die Überlegungen aus § 5.4 mit den dort angegebenen Formeln fort:

Statt der Konstanten P_1, P_2, P_3 schreiben wir $E, \alpha_\vartheta, \alpha_\varphi$. Mit den Formeln aus § 5.4 erhalten wir somit die Beziehungen

$$S_3(\varphi) = \int \alpha_\varphi \, d\varphi, \tag{7.3.9a}$$

$$S_2(\vartheta) = \int \sqrt{\alpha_\vartheta^2 - \frac{\alpha_\varphi^2}{\sin^2 \vartheta}}\, d\vartheta, \tag{7.3.9b}$$

und

$$S_1(r) = \int \sqrt{2mE + \frac{1}{r} 2mA - \frac{\alpha_\vartheta^2}{r^2}}\, dr. \tag{7.3.9c}$$

Setzt man nach vollzogener Integration S aus $S = S_1 + S_2 + S_3$ zusammen, so besitzt man ein vollständiges Integral der *Hamilton-Jacobi*schen Differentialgleichung; denn es treten dann in S die drei unabhängigen Konstanten $E, \alpha_\vartheta, \alpha_\varphi$ auf. Wir wollen aber nicht diese Konstanten als neue Impulse einführen, sondern als Impulse sollen gleich die Wirkungsvariablen

$$J_\varphi = \frac{1}{2\pi} \oint p_\varphi \, d\varphi = \frac{1}{2\pi} \int_0^{2\pi} \alpha_\varphi \, d\varphi = \alpha_\varphi, \tag{7.3.10a}$$

$$J_\vartheta = \frac{1}{2\pi} \oint p_\vartheta \, d\vartheta = \frac{1}{2\pi} \oint \sqrt{\alpha_\vartheta^2 - \frac{\alpha_\varphi^2}{\sin^2 \vartheta}}\, d\vartheta, \tag{7.3.10b}$$

(7.3.10c) $$J_r = \frac{1}{2\pi} \oint p_r \mathrm{d}r = \frac{1}{2\pi} \oint \frac{1}{r} \sqrt{2mEr^2 + 2mAr - \alpha_\vartheta^2}\,\mathrm{d}r,$$

die Funktionen von E, α_ϑ, α_φ sind, eingeführt werden.

Wir behandeln hier nur die periodischen Lösungen des *Kepler*-Problems für $E < 0$! Ist $E > 0$, so gibt es wegen $A > 0$ in (7.3.10c) keine zwei Umkehrpunkte, d.h. für $E > 0$ ist die Bewegung *nicht* »mehrfach periodisch«. Daß die *Kepler*bewegung für $E < 0$ exakt periodisch ist, ist ein Sonderfall, der an der speziellen Form $-A/r$ der potentiellen Energie hängt; ersetzt man $-A/r$ durch einen allgemeineren Ausdruck $-V(r)$ mit $V(r) \geqq 0$, so bleibt die Bewegung nach (7.3.10c) »mehrfach periodisch«, aber ist dann im allgemeinen nicht mehr periodisch!

Die Größen J_ϑ, J_r können entweder elementar (was hier nicht gezeigt sei) berechnet werden oder eleganter mit Hilfe komplexer Integration, wie dies in A III gezeigt wird. Man erhält:

(7.3.11 $$J_\vartheta = \alpha_\vartheta - \alpha_\varphi$$

und

(7.3.12) $$J_r = \frac{mA}{\sqrt{-2mE}} - \alpha_\vartheta,$$

Da in der letzten Gleichung E auftritt, können wir dieses durch die Größen J_r, J_ϑ, J_φ ausdrücken und haben dann, da $H = E$ ist, gleichzeitig $\tilde{H}$ als Funktion der neuen Impulse gewonnen. Man erhält

(7.3.13) $$\tilde{H}(J_r, J_\vartheta, J_\varphi) = E(J_r, J_\vartheta, J_\varphi) = -\frac{mA^2}{2(J_r + J_\vartheta + J_\varphi)^2}.$$

Wir könnten nun die Winkelvariablen ausrechnen, aber wir wollen nicht die Bahnen im einzelnen bestimmen. An dem Ausdruck für $\tilde{H}$ sehen wir, daß er nur von der Summe $(J_r + J_\vartheta + J_\varphi)$, d.h. von allen J in gleicher Weise abhängt. Die drei klassischen Frequenzen, die in unserem System dreier Freiheitsgrade vorhanden sein müssen, sind einander gleich, denn es ist:

(7.3.14) $$\dot{w}_k = \frac{\partial \tilde{H}}{\partial J_k} = \frac{\partial \tilde{H}}{\partial J_r} = \frac{\partial \tilde{H}}{\partial J_\vartheta} = \frac{\partial \tilde{H}}{\partial J_\varphi} = \omega$$
$$= \frac{mA^2}{(J_r + J_\vartheta + J_\varphi)^3}.$$

Wie schon erwähnt, hängt $\tilde{H}$ bzw. E nur von der Summe der J_k ab. Das entspricht der Tatsache, daß die Ellipsenbahn geschlossen ist, daß also nur eine einzige wirkliche zeitliche Periode $T = 2\pi/\omega$ vorliegt.

Zunächst sollte man, da ebenso viele Phasenintegrale wie Koordinaten zu bilden sind, und die Energie im allgemeinen Fall komplizierter von den J_k abhängt, ebenso viele unabhängige Frequenzen als Freiheitsgrade erwarten, in unserem Fall also drei. Ist die Zahl der unabhängigen Frequenzen kleiner, so spricht man von einem »entarteten« System und nennt die Differenz zwischen Freiheitsgraden und Frequenzen den *Entartungsgrad.* Unser System ist also 2-fach entartet. Auf die genaue Definition des Begriffes der Entartung kommen wir in § 7.7 ausführlich zurück.

§ 7.4 Einfachster Versuch einer Störungsrechnung und Kritik dieses Versuches

Der Ausgangspunkt für die Störungsrechnung ist eine Zerlegung von $H(p_i, q_i, t)$ in eine Summe:

$$H(p_i, q_i, t) = H_0(p_i, q_i) + H_1(p_i, q_i, t), \tag{7.4.1}$$

so daß der erste Summand H_0 nicht explizit von der Zeit abhängt und eine Lösung der skleronomen *Hamilton-Jacobi*schen Gleichung für H_0 gelingt.

Wir denken uns also nach *Hamilton-Jacobi* kanonische Veränderliche Q_1, $\ldots Q_f\, P_1, \ldots, P_f$ so eingeführt, daß H_0 nur noch von den P_i abhängt. Hingegen kann H_1 natürlich auch in den neuen Koordinaten sowohl von den P_i wie den Q_i abhängen:

$$H(p_i, q_i, t) = \tilde{H}_0(P_1, \ldots, P_f) + \tilde{H}_1(P_i, Q_i, t). \tag{7.4.2}$$

Die kanonischen Gleichungen sehen dann so aus

$$\dot{Q}_i = \frac{\partial \tilde{H}_0}{\partial P_i} + \frac{\partial \tilde{H}_1}{\partial P_i}; \qquad \dot{P}_i = -\frac{\partial \tilde{H}_1}{\partial Q_i}. \qquad (i = 1, \ldots, f). \tag{7.4.3}$$

Man könnte nun versuchen, als Lösung von (7.4.3) eine »Reihenentwicklung nach der Störung« anzusetzen. Dazu schreiben wir formal mit einem Hilfsparameter λ (7.4.3) in der Form

$$\dot{Q}_i = \frac{\partial \tilde{H}_0}{\partial P_i} + \lambda \frac{\partial \tilde{H}_1}{\partial P_i}, \qquad \dot{P}_i = -\lambda \frac{\partial \tilde{H}_1}{\partial Q_i} \tag{7.4.4}$$

und setzen für die P_i, Q_i eine Reihenentwicklung an:

$$(7.4.5)\qquad \begin{aligned} P_i &= \overset{0}{P}_i + \lambda \overset{1}{P}_i + \lambda^2 \overset{2}{P}_i + \ldots, \\ Q_i &= \overset{0}{Q}_i + \lambda \overset{1}{Q}_i + \lambda^2 \overset{2}{Q}_i + \ldots, \end{aligned}$$

wobei wir »hoffen«, daß schon das Glied mit λ oder höchstens λ^2 eine gute Näherung darstellt (natürlich ist nach Durchführung der Rechnung wieder $\lambda = 1$ zu setzen). Setzt man (7.4.5) in (7.4.4) ein und vergleicht gleiche Potenzen von λ, so folgt

$$(7.4.6)\qquad \dot{\overset{0}{Q}}_i = \frac{\partial \tilde{H}_0}{\partial P_i}(\overset{0}{P}_j)\,;\ \dot{\overset{0}{P}}_i = 0,$$

$$(7.4.7)\qquad \begin{aligned} \dot{\overset{1}{Q}}_i &= \frac{\partial \tilde{H}_1}{\partial P_i}(\overset{0}{P}_j, \overset{0}{Q}_j, t) + \sum_k \frac{\partial^2 \tilde{H}_0}{\partial P_i \partial P_k}(\overset{0}{P}_j)\, \overset{1}{P}_k \\ \dot{\overset{1}{P}}_i &= -\frac{\partial \tilde{H}_1}{\partial Q_i}(\overset{0}{P}_j, \overset{0}{Q}_j, t), \\ &\vdots \end{aligned}$$

(7.4.6) läßt sich sofort lösen:

$$(7.4.8)\qquad \overset{0}{Q}_i = \frac{\partial \tilde{H}_0}{\partial P_i}(\overset{0}{P}_j)\,(t - \tau_i);\ \overset{0}{P}_i = \text{const.}$$

Setzt man dies in die zweite Gleichung von (7.4.7) auf der rechten Seite ein, so ist die rechte Seite als Funktion der Zeit bekannt, so daß man $\overset{1}{P}_i$ nach

$$(7.4.9)\qquad \overset{1}{P}_i(t) = -\int_0^t \frac{\partial \tilde{H}_1}{\partial Q_i}(\overset{0}{P}_i, \overset{0}{Q}_i(t'), t')\, \mathrm{d}t'$$

berechnen kann. Damit ist dann die rechte Seite der ersten Gleichung von (7.4.7) ebenfalls bekannt, so daß auch $Q_i(t)$ durch Integration berechnet werden kann.

Dies Verfahren ist sicherlich solange brauchbar, solange t klein genug bleibt, so daß die Zusatzglieder $\overset{1}{Q}_i$ und $\overset{1}{P}_i$ klein bleiben. Es kann aber passieren, daß bei noch so kleiner Störung H_1, die Zusatzglieder $\overset{1}{Q}_i$, $\overset{1}{P}_i$ *mit der Zeit anwachsen* und damit das ganze Verfahren, nur mit wenigen Gliedern aus der Entwicklung (7.4.5) auszukommen, zunichte machen. Wir müssen deshalb versuchen, das Verfahren so umzugestalten, daß man übersehen kann, ob mit der Zeit anwachsende Glieder auftreten. Dies gelingt in dem Fall, wo H_0 zu einer mehrfach periodischen Bewegung führt, wie wir es in den vorigen Paragraphen diskutiert haben.

§ 7.5. Ansatz der Störungsrechnung für mehrfach periodische Systeme mit skleronomer Störung

Wir nehmen also an, daß das ungestörte Problem mit H_0 als *Hamilton*-Funktion durch Separation der Variablen in der Form

$$S = \sum_i S_i(q_i, J_1, \ldots, J_f)$$

lösbar ist, wobei die J_i schon nach (7.3.2) statt der P_i gewählt sind. Dann gilt $H_0 = \tilde{H}_0(J_1 \ldots J_f)$. Wir führen die (Kreis-) Frequenzen ein durch $\omega_i = \frac{\partial \tilde{H}_0}{\partial J_i}$ und die Winkelvariablen durch $w_i = \frac{\partial S}{\partial J_i}$.

Als Lösungen des »ungestörten« Problems erhalten wir also

$$w_k = \omega_k (t - \tau_k),$$

$$J_k = \text{const},$$

denn es gilt $\dot{w}_k = \omega_k$ und $\dot{J}_k = 0$.

Man muß als nächstes H_1 umrechnen als Funktion der w_i und J_i. Man erhält $\tilde{H}_1(w_k, J_k)$ durch Einsetzen der Funktionen (7.3.5) für die q_i, p_i, in $H_1(q_i, p_i)$. Daher ist $\tilde{H}_1$ eine periodische[1] Funktion der w_k mit den Perioden 2π für jedes w_k, die man in eine *Fourier*-Reihe entwickeln kann.

(7.5.1) $$\tilde{H}_1 = \sum_{\nu_1, \ldots \nu_f = -\infty}^{+\infty} h_{\nu_1 \ldots \nu_f}(J_1, \ldots, J_f)\, e^{i(\nu_1 w_1 + \ldots + \nu_f w_f)}.$$

H_1 ist hier nicht explizit von t abhängig (skleronome Störung) angenommen. Die *Hamilton*schen Gleichungen nehmen in den J_k, w_k die folgende Gestalt an:

[1] Auch dann, wenn einige q_i im Sinne von b) aus § 7.2 periodisch sind, da dann H schon in diesen q_i-periodisch mit den Perioden q_{0i} ist!

(7.5.2)
$$\begin{aligned}\dot{J}_k &= -\frac{\partial \tilde{H}_1}{\partial w_k}\\ &= -\sum_{\nu_1\ldots\nu_f} i\nu_k h_{\nu_1\ldots\nu_f}(J_1,\ldots,J_f)\,\mathrm{e}^{i\sum_{l=1}^{f}\nu_l w_l},\end{aligned}$$

(7.5.3)
$$\begin{aligned}\dot{w}_k &= \frac{\partial \tilde{H}_0}{\partial J_k} + \frac{\partial \tilde{H}_1}{\partial J_k}\\ &= \omega_k(J_1,\ldots,J_f) + \sum_{\nu_1\ldots\nu_f} \frac{\partial h_{\nu_1\ldots\nu_f}(J_1\ldots J_f)}{\partial J_k}\,\mathrm{e}^{i\sum_{l=1}^{f}\nu_l w_l}.\end{aligned}$$

Setzen wir jetzt rechts die »Nullte Näherung« $w_k = \omega_k(t - \tau_k)$ und $J_k = \text{const}$ ein, so erhalten wir für diese e-Funktionen

$$\mathrm{e}^{i\left(\sum_{l=1}^{f}\nu_l\omega_l\right)t - i\sum_{l=1}^{f}\nu_l\omega_l\tau_l}.$$

Auf den rechten Seiten der Gleichungen (7.5.2) und (7.5.3) treten dann Glieder auf, die mit den Frequenzen

$$\nu_1\omega_1 + \nu_2\omega_2 + \ldots + \nu_f\omega_f$$

schwingen. Integriert man die rechten Seiten dann nach der Zeit, um J_k und w_k in nächster (d. h. in erster) Näherung (siehe § 7.4) zu erhalten, so erhält man für

$$\sum_{l=1}^{f}\nu_l\omega_l \neq 0$$

Summanden, die den Faktor

$$\frac{\mathrm{e}^{i\left(\sum_{l=1}^{f}\nu_l\omega_l\right)t}}{\sum_{l=1}^{f}\nu_l\omega_l}$$

enthalten und damit entsprechend der Kleinheit von $\tilde{H}_1$ ebenfalls über alle Zeiten klein bleiben, wenn nicht $\nu_1\omega_1 + \ldots + \nu_f\omega_f$ Null oder fast Null ist; ist dagegen z. B.

$$\sum_{l=1}^{f}\nu_l\omega_l = 0,$$

so erhält man Summanden, die proportional zur Zeit t anwachsen! Wir wollen nun nicht nur annehmen, daß die $h_{\nu_1 \dots \nu_f}$ in (7.5.1) klein sind, sondern auch, daß die Koeffizienten der Reihe in (7.5.1) mit wachsenden $\nu_1 \dots \nu_f$ so schnell Null werden, daß auch alle Glieder

$$\frac{h_{\nu_1 \dots \nu_f}}{\sum\limits_{l=1}^{f} \nu_l \omega_l}$$

für $\sum\limits_{l=1}^{f} \nu_l \omega_l \neq 0$ noch klein sind. Genauer ausgedrückt: Wir zerlegen die Summe in (7.5.1) in zwei Teile:

$$\tilde{H}_1 = \tilde{H}_{10} + \tilde{H}_{11} \tag{7.5.4}$$

mit

$$\tilde{H}_{10} = \sum_{\substack{\nu_1 \dots \nu_f \\ (\sum_{l=1}^{f} \nu_l \omega_l = 0)}} h_{\nu_1 \dots \nu_f} \, e^{i \sum_{l=1}^{f} \nu_l w_l} \tag{7.5.5}$$

und

$$\tilde{H}_{11} = \sum_{\substack{\nu_1 \dots \nu_f \\ (\sum_{l=1}^{f} \nu_l \omega_l \neq 0)}} h_{\nu_1 \dots \nu_f} \, e^{i \sum_{l=1}^{f} \nu_l w_l} \, . \tag{7.5.6}$$

Wir wollen annehmen, daß nicht nur $\tilde{H}_{11}$, sondern auch

$$\sum_{\substack{\nu_1 \dots \nu_f \\ (\sum_{l=1}^{f} \nu_l \omega_l \neq 0)}} \frac{h_{\nu_1 \dots \nu_f}}{\sum\limits_{l=1}^{f} \nu_l \omega_l} \, e^{i(\sum_{l=1}^{f} \nu_l \omega_l) t \, - \, i \sum_{l=1}^{f} \nu_l \omega_l \tau_l}$$

für beliebige Wahl der $\tau_1 \dots \tau_f$ klein bleibt.

Wir zerlegen jetzt H neu in der Form:

$$\tilde{H} = (\tilde{H}_0 + \tilde{H}_{10}) + \tilde{H}_{11} = \tilde{\tilde{H}}_0 + \tilde{H}_{11} \, . \tag{7.5.7}$$

Wenn wir jetzt mit $\tilde{\tilde{H}}_0$ als ungestörter *Hamilton*funktion und $\tilde{H}_{11}$ als Störung das Verfahren aus § 7.4 anwenden, so erhalten wir:

$$(7.5.8) \qquad \dot{w}_i^{01} = \frac{\partial \tilde{\tilde{H}}_0}{\partial J_i}, \qquad \dot{J}_i^{01} = -\frac{\partial \tilde{\tilde{H}}_0}{\partial w_i}$$

für die neue »Nullte Näherung«. Die Gleichungen (7.5.8) lauten:

$$(7.5.9) \qquad \dot{w}_i^{01} = \omega_i + \frac{\partial \tilde{H}_{10}}{\partial J_i}, \qquad \dot{J}_i^{01} = -\frac{\partial \tilde{H}_{10}}{\partial w_i}.$$

Sowohl die Berechnung von H_{10} wie das Gleichungssystem (7.5.9) lassen sich wesentlich vereinfachen, wenn man geeignete Kombinationen der J_i als neue Wirkungsvariable und entsprechend geeignete Kombinationen der w_i als neue Winkelvariable einführt.

§ 7.6 *Nicht entartete Systeme*

Als nicht entartetes System bezeichnet man ein solches, für das

$$\sum_{l=1}^{f} \nu_l \omega_l = 0 \quad (\nu_l \text{ ganz})$$

nur für $\nu_i = 0$ für alle $i = 1, \ldots f$ erfüllbar ist. In diesem Falle ist

$$(7.6.1) \qquad \tilde{H}_{10} = h_{0\cdots 0}(J_1, \ldots, J_f).$$

Mit

$$\overline{f(t)}^{\,t} = \lim_{T\to\infty} \frac{1}{2T} \int_{-T}^{+T} f(t)\,\mathrm{d}t$$

als zeitlichem Mittelwert einer Funktion ist dann

$$\tilde{H}_{10} = \overline{\tilde{H}_1(w_i(t), J_i)}^{\,t}$$

mit $w_i(t) = \omega_i(t - \tau_i)$ und $J_i = \text{const}$, d. h. $\tilde{H}_{10}$ ist der zeitliche Mittelwert von $\tilde{H}_1$ über die ungestörte Bewegung.

Mit (7.6.1) geht (7.5.9) über in

$$
\begin{aligned}
&\dot{w}_i^{01} = \omega_i\,(J_1^{01}, \ldots J_f^{01}) + \frac{\partial h_{0\ldots 0}\,(J_1^{01}, \ldots J_f^{01})}{\partial J_i}, \\
(7.6.2) \qquad & \\
&\dot{J}_i^{01} = 0\,.
\end{aligned}
$$

Die J_i bleiben auch weiterhin konstant, während die Frequenzen der w_i sich ändern:

$$(7.6.3) \qquad \overline{\omega}_i = \omega_i + \frac{\partial h_{0\ldots 0}}{\partial J_i}.$$

Die Änderung der Frequenzen bezeichnet man als »säkulare« Störung, da bei noch so kleinen Änderungen $w_i^{01}(t) = \overline{\omega}_i\,(t - \tau_i)$ bei genügend großem t sich beliebig viel von $w_i^0 = \omega_i\,(t - \tau_i)$ unterscheiden kann.

Mit dieser durch die säkularen Störungen verbesserten nullten Näherung kann man dann mit $\tilde{H}_{11}$ als Störung die nächste Näherung ausrechnen, was gut geht, solange auch mit den veränderten Frequenzen $\overline{\omega}_i$ keine Relationen

$$\sum_{l=1}^{f} \nu_l \overline{\omega}_l = 0$$

erfüllbar sind, d. h. solange das System auch weiterhin nicht entartet bleibt.

Die Relationen

$$\sum_{l=1}^{f} \nu_l \omega_l = 0$$

sind mathematisch exakt formulierbar. *Physikalisch* gleichwertig damit, daß *keine Relation*

$$\sum_{l=1}^{f} \nu_l \omega_l = 0$$

möglich ist, ist auch der Fall, wo

$$\sum_{l=1}^{f} \nu_l \omega_l = 0$$

nur für solche $\nu_1, \nu_2 \ldots \nu_f$ mit $h_{\nu_1 \ldots \nu_f} = 0$ (oder $h_{\nu_1 \ldots \nu_f}$ in physikalischer Approximation so gut wie Null) gilt.

Als Beispiel zur Anwendung der Störungstheorie auf ein nicht entartetes System betrachten wir den anharmonischen linearen Oszillator.

Es sei $H(p, q) = H_0(p, q) + H_1(q)$ mit

$$H_0(p, q) = \frac{1}{2m} p^2 + \frac{m\omega_0^2}{2} q^2, \quad H_1(q) = \lambda q^4.$$

Aus $H_0\left(\frac{\partial S}{\partial q}, q\right) = E$ hatten wir in § 7.3 die Lösung q und E als Funktionen von w und J bestimmt:

$$E = \omega_0 J$$

und

$$q = \sqrt{\frac{2J}{m\omega_0}} \sin w.$$

Daher wird $H_1(q) = \lambda q^4 = \lambda \frac{4J^2}{m^2\omega_0^2} \sin^4 w = \tilde{H}_1(w, J)$.

In den neuen Variablen sieht die *Hamilton*-Funktion also folgendermaßen aus:

$$\tilde{H}(w, J) = \omega_0 J + \frac{4\lambda}{m^2\omega_0^2} J^2 \sin^4 w.$$

Für die Störung folgt:

$$\tilde{H}_1(w, J) = \frac{4\lambda}{m^2\omega_0^2} J^2 \left(\frac{e^{iw} - e^{-iw}}{2i}\right)^4$$

$$= \frac{3}{2} \frac{\lambda J^2}{m^2\omega_0^2} - \frac{\lambda J^2}{4m^2\omega_0^2}(e^{2iw} + e^{-2iw}) + \frac{\lambda J^2}{4m^2\omega_0^2}(e^{4iw} + e^{-4iw});$$

also ist

$$\bar{\tilde{H}}_1^t = \frac{3\lambda J^2}{2m^2\omega_0^2}.$$

Die Bewegung unter Berücksichtigung allein der säkularen Störung erhalten wir, indem wir das Problem

$$\dot{w} = \frac{\partial \tilde{\tilde{H}}_0}{\partial J}, \qquad \dot{J} = -\frac{\partial \tilde{\tilde{H}}_0}{\partial w} = 0$$

lösen, wobei

$$\tilde{\tilde{H}}_0\,(w, J) = \omega_0 J + \overline{\tilde{H}}_1^{\,t}\,(J) \qquad \text{ist.}$$

Demnach ist

$$\dot{w} = \omega_0 + \frac{\partial \overline{\tilde{H}}_1^{\,t}}{\partial J} = \omega_0 + \frac{3\lambda J}{m^2 \omega_0^2}.$$

Daraus folgt

$$w = \omega_0 \left(1 + 3\lambda \frac{J}{m^2 \omega_0^3}\right)(t - \tau),$$

$$J = J_0 = \frac{E}{\omega_0}$$

und

$$q = \sqrt{\frac{2J}{m\omega_0}} \sin \omega_0 \left(1 + 3\lambda \frac{J}{m^2 \omega_0^3}\right)(t - \tau).$$

Die Bewegung verläuft also bei der Amplitude $q_0 = \sqrt{\frac{2J}{m\omega_0}}$ mit der neuen, etwas abgeänderten Frequenz $\omega = \omega_0 + \Delta\omega$ mit $\Delta\omega = \frac{3\lambda J}{m^2 \omega_0^2}$. Die ungestörte Bewegung mit $\omega = \omega_0$ und die gestörte Bewegung mit $\omega = \overline{\omega}$ stimmen also bei denselben Anfangswerten (für $t = 0$) für große Zeiten auch nicht mehr annähernd überein. Die nächste Näherung kann nur *für alle* Zeiten kleinbleibende Abweichungen bringen!

Die folgenden § 7.7 bis einschließlich § 7.10 können beim ersten Lesen überschlagen werden.

§ 7.7 *Entartete Systeme*

Für entartete Systeme gibt es also ganze Zahlen ν_i, für die $\sum_{l=1}^{f} \nu_l \omega_l = 0$ ist, wie wir dies z. B. bei der *Kepler*-Bewegung gesehen haben.

Wenn man neue Frequenzen ω_i' durch

$$\omega_i' = \sum_{j=1}^{f} k_{ij} \omega_j$$

so einführt, daß die Determinante $|k_{ij}| = 1$ und die k_{ij} ganze Zahlen sind, so ist das Gleichungssystem mit ganzen Zahlen l_{ji} auflösbar:

$$\omega_j = \sum_i l_{ji} \omega_i' .$$

Jede Frequenz in den Exponenten einer *Fourier*entwicklung nach den w_i kann man durch die ω_j oder die ω_i' ausdrücken:

$$\sum_{l=1}^{f} \nu_l \omega_l = \sum_{k=1}^{f} \mu_k \omega_k' .$$

Die ω_i wie die ω_i' bilden dann also ein gleichwertiges Basissystem von Frequenzen. Wir können dann auch neue Variable w_k', J_k' so einführen, daß man eine kanonische Transformation erhält: Wenn man die w_k' in folgender Weise einführt

$$w_k' = \sum_j a_{kj} w_j , \tag{7.7.1}$$

so liegt sicher eine kanonische Transformation vor, wenn

$$\sum_k J_k \, \mathrm{d} w_k = \sum_k J_k' \, \mathrm{d} w_k'$$

ist (denn es war eine Bedingung für kanonische Transformationen, daß

$$\sum_k p_k \, \mathrm{d} q_k - \sum_k P_k \, \mathrm{d} Q_k = \mathrm{d} W$$

gilt).

Setzt man w'_k nach (7.7.1) ein, so folgt

$$\sum_i J_i \mathrm{d} w_i = \sum_{k,j} J'_k a_{kj} \mathrm{d} w_j,$$

woraus sich

(7.7.2) $$J_j = \sum J'_k a_{kj}$$

ergibt.

Kanonische Transformationen erhält man also, wenn man die w_i mit der Matrix $\mathbf{A} = (a_{ij})$, die J_i mit der kontragredienten Matrix $(\mathbf{A}')^{-1}$ von $\mathbf{A}$ transformiert.

Rechnet man $\tilde{H}_0$ in der Form

$$\tilde{H}_0 (J_1, \ldots, J_f) = H'_0 (J'_1, \ldots, J'_f)$$

auf die neuen Variablen J'_k um, so folgt für die Ableitungen:

(7.7.3) $$\frac{\partial H'_0}{\partial J'_k} = \sum_j \frac{\partial \tilde{H}_0}{\partial J_i} \frac{\partial J_i}{\partial J'_k} = \sum_j \omega_j a_{kj}.$$

Setzen wir als Abkürzung $\omega'_k = \dfrac{\partial H'_0}{\partial J'_k}$, so folgt, daß sich die ω_k so wie die w_k transformieren. Für eine beliebige Transformationsmatrix $\mathbf{A}$ sind die neuen w'_k, J'_k zwar immer kanonische Variable, aber haben im allgemeinen nicht die Bedeutung von Winkel- und Wirkungsvariablen. Besteht dagegen die Matrix $\mathbf{A}$ nur aus ganzen Zahlen a_{ij} und ist die Determinante $|\mathbf{A}| = 1$, so bestehen auch $\mathbf{A}'^{-1}$ und $\mathbf{A}^{-1}$ nur aus ganzen Zahlen. Die w_k lassen sich daher auch wieder mit ganzzahligen Koeffizienten aus den w'_k berechnen. Damit werden aus Funktionen, die in den w_k periodisch sind, solche, die auch in den w'_k periodisch sind, und umgekehrt. Die w'_k, J'_k sind also zu den w_k, J_k gleichwertige Winkel- und Wirkungsvariable. Diese geschilderte Möglichkeit der Transformation mit einer unimodularen[1], ganzzahligen Matrix $\mathbf{A}$ nutzen wir nun aus, um für die Frequenzen ω'_k besonders einfache Werte zu erhalten.

Die Frequenzen $\omega = \sum_{l=1}^{f} \nu_l \omega_l$ bilden einen sogenannten »*Modul*« mit den ganzen Zahlen als Koeffizientenbereich; d.h. die Addition zweier solcher Frequenzen ebenso wie die Multiplikation einer Frequenz mit einer ganzen Zahl liefert wieder ein Element des Moduls.

[1] Eine Matrix heißt unimodular, wenn die Determinante gleich 1 ist.

Eine Gleichung

$$\sum_{l=1}^{f} \nu_l \omega_l = 0$$

bedeutet, daß die $\omega_1, \omega_2, \ldots \omega_f$ linear abhängig sind. In der linearen Algebra (siehe z.B. [7]) wird der Satz bewiesen, daß es eine unimodulare, ganzzahlige Matrix **A** gibt, die die ω_i in Frequenzen ω'_i so transformiert, daß die von Null verschiedenen ω'_i linear unabhängig sind, und daß einige ω'_i gleich Null werden. Sei m die Zahl der von Null verschiedenen ω'_i. Wir können also setzen:

$$\omega'_k \neq 0 \text{ für } k = 1, \ldots, m \text{ und } \omega'_k = 0 \text{ für } k = m+1, \ldots, f. \tag{7.7.4}$$

Man nennt das System dann *(f-m)-fach entartet*. Für die ω'_i ist

$$\sum_{k=1}^{m} \nu_k \omega'_k = 0$$

nur für $\nu_1 = \nu_2 = \ldots = \nu_m = 0$ möglich.

Wir führen mit dem so definierten **A** die oben angegebene kanonische Transformation von den w_k, J_k zu den w'_k, J'_k durch und erhalten aus (7.7.4) und (7.7.3), daß H'_0 nur von den $J'_1, J'_2, \ldots J'_m$ abhängt:

$$H'_0 = H'_0\,(J'_1, \ldots, J'_m). \tag{7.7.5a}$$

Der Übersichtlichkeit halber lassen wir jetzt kurz alle Striche an den ω'_k, w'_k, J'_k, H'_0 usw. wieder fort.

In der Gleichung für $\dot{w}_k$ hängt jetzt ω_k nur noch von $(J_1 \ldots J_m)$ ab.

Aus der Definition (7.5.5) von $\tilde{H}_{10}$ folgt dann

$$\begin{aligned} \tilde{H}_{10} &= \sum_{\nu_{m+1}\ldots\nu_f} h_{0\ldots0\,\nu_{m+1}\ldots\nu_f}\,(J_1 \ldots J_f)\, \mathrm{e}^{\,i \sum\limits_{k=m+1}^{f} \nu_k w_k} \\ &= \tilde{H}_{10}\,(J_1, \ldots, J_f, w_{m+1}, \ldots, w_f) \qquad (7.7.5\text{b}) \\ &= \overline{\tilde{H}_1\,(J_1, \ldots, J_f, w_1\,(t), \ldots, w_f\,(t))}^{\,t} \;. \end{aligned}$$

Im Gleichungssystem (7.5.9) müssen wir dann zwei Fälle unterscheiden:

1. $k \leq m$:

$$\dot{w}_k^{01} = w_k + \frac{\partial \tilde{H}_{10}}{\partial J_k}, \qquad \dot{J}_k^{01} = 0. \tag{7.7.6}$$

2. $k > m$:

$$(7.7.7) \qquad \dot{w}_k^{01} = \frac{\partial \tilde{H}_{10}}{\partial J_k}, \qquad \dot{J}_k^{01} = -\frac{\partial \tilde{H}_{10}}{\partial w_k}.$$

Aus der zweiten Gleichung von (7.7.6) folgt $J_k^{01} = \text{const}$ für $k \leq m$. Setzt man dies in (7.7.7) ein, so treten in (7.7.7) die $J_1^{01}, \ldots J_m^{01}$ nur als Konstanten und nicht mehr als Variable auf, so daß (7.7.7) genau die Form eines kanonischen Gleichungssystems für (*f*-*m*) Variable w_k^{01} und (*f*-*m*) Variable J_k^{01} hat. Es ist also notwendig, ein vereinfachtes, reduziertes *Hamilton*sches Gleichungssystem (7.7.7) zu lösen, und zwar für so viele Variablen wie es Resonanzbedingungen gibt. Die Resonanzbedingungen entscheiden darüber, welche Koordinaten w_k, J_k zu wählen sind.

Die Wirkungsvariablen J_k ($k = 1, \ldots m$), die zu den »eigentlichen« Winkelvariablen w_k ($k = 1, \ldots m$) mit von Null verschiedenen Frequenzen gehören, erleiden auch bei entarteten Systemen keine säkularen Störungen. Hingegen erfahren die uneigentlichen Winkelvariablen w_k ($k = m + 1, \ldots, f$) und die zu ihnen gehörenden Wirkungsvariablen J_k ($k = m + 1, \ldots, f$) säkulare Störungen, die nach den kanonischen Differentialgleichungen (7.7.7) zu berechnen sind. Ist dann das Gleichungssystem (7.7.7) gelöst, so sind also für $k > m$ $w_k^{01}(t)$ und $J_k^{01}(t)$ bekannt. Setzt man neben den Konstanten $J_1^{01}, \ldots, J_m^{01}$ diese Werte in $\omega_k(J_1^{01}, \ldots, J_m^{01})$ und $\dfrac{\partial \tilde{H}_{10}}{\partial J_k}(J_1^{01}, \ldots, J_f^{01}, w_{m+1}^{01}, \ldots, w_f^{01})$ ein, so ist die rechte Seite der ersten Gleichung von (7.7.6) bekannt, so daß man durch einfache Zeitintegration auch $w_k^{01}(t)$ für $k \leq m$ findet. $w_k^{01}(t)$ ändert sich also auch für $k \leq m$ säkular.

Zur *Illustration* der allgemeinen Überlegungen betrachten wir als Beispiel den symmetrischen schweren Kreisel aus § 3.1. Die *Lagrange*funktion ist in (3.1.23) gegeben. Mit (siehe (3.1.24))

$$p_\Psi = \frac{\partial L}{\partial \dot{\Psi}} = \theta_{33}(\dot{\Psi} + \dot{\phi}\cos\theta),$$

$$p_\phi = \frac{\partial L}{\partial \dot{\phi}} = (\theta_{11}\sin^2\theta + \theta_{33}\cos^2\theta)\,\dot{\phi} + \theta_{33}\dot{\Psi}\cos\theta,$$

$$p_\theta = \frac{\partial L}{\partial \dot{\theta}} = \theta_{11}\dot{\theta}$$

erhält man die *Hamilton*funktion

$$H = \frac{1}{2\theta_{11}} p_\theta^2 + \frac{1}{2\theta_{11} \sin^2\theta} (p_\phi - p_\Psi \cos\theta)^2 + \frac{1}{2\theta_{33}} p_\Psi^2 + mgl\cos\theta. \tag{7.7.8}$$

Wir zerlegen diese in der Form

$$H = H_0 + H_1 \quad \text{mit } H_1 = mgl\cos\theta. \tag{7.7.9}$$

H_0 beschreibt also die »freie« Bewegung des Kreisels. Die *Hamilton-Jacobi*-Gleichung für H_0 führt mit

$$S = S_1(\theta) + S_2(\phi) + S_3(\Psi) \text{ auf:}$$

$$\frac{1}{2\theta_{11}}\left(\frac{dS_1}{d\theta}\right)^2 + \frac{1}{2\theta_{11}\sin^2\theta}\left[\left(\frac{dS_2}{d\phi}\right)^2 - \left(\frac{dS_3}{d\Psi}\right)\cos\theta\right]^2 + \frac{1}{2\theta_{33}}\left(\frac{dS_3}{d\Psi}\right)^2 = E. \tag{7.7.10}$$

Man erhält als Lösungen:

$$S_3(\Psi) = J_3\Psi, \qquad S_2(\phi) = J_2\phi \tag{7.7.11}$$

(wobei wir gleich die Parameter mit J_3 und J_2 bezeichnet haben, da diese sofort als Wirkungsvariable erkennbar sind) und für $S_1(\theta)$ die Gleichung

$$\frac{dS_1}{d\theta} = \sqrt{2\theta_{11}}\sqrt{E - \frac{1}{2\theta_{11}\sin^2\theta}(J_2 - J_3\cos\theta)^2 - \frac{1}{2\theta_{33}} J_3^2}, \tag{7.7.12}$$

aus der $S_1(\theta, E, J_2, J_3)$ zu berechnen ist. Die Berechnung der Wirkungsvariablen

$$J_1 = \frac{1}{2\pi}\oint \frac{dS_1}{d\theta}\, d\theta$$

mit $\mathrm{d}S_1/\mathrm{d}\theta$ nach (7.7.12) ist im allgemeinen recht kompliziert. Wir wollen daher nur den Fall betrachten, daß E nur sehr wenig größer als $\frac{1}{2\theta_{33}} J_3^2$ ist, d.h. daß $J_2 - J_3 \cos\theta$ nur wenig von Null verschieden sein kann, damit der Ausdruck unter der Wurzel positiv bleibt. Dann können wir $\theta = \theta_0 + \vartheta$ mit $\cos\theta_0 = J_2/J_3$ und einem nur kleinen ϑ schreiben, so daß wir näherungsweise entwickeln können:

$$\frac{1}{2\theta_{11}\sin^2\theta}(J_2 - J_3\cos\theta)^2 = \frac{1}{2}\frac{J_3^2}{\theta_{11}}\vartheta^2,$$

womit dann in dieser Näherung (7.7.12) übergeht in (wenn man noch $S_1(\vartheta)$ statt $S_1(\theta)$ schreibt):

$$\text{(7.7.13)} \qquad \frac{\mathrm{d}S_1}{\mathrm{d}\vartheta} = \sqrt{2\theta_{11}}\sqrt{E - \frac{1}{2\theta_{33}}J_3^2 - \frac{1}{2}\frac{J_3^2}{\theta_{11}}\vartheta^2}.$$

Dies ist aber formal identisch mit dem Ausdruck für den harmonischen Oszillator in § 7.3, so daß sofort:

$$\text{(7.7.14)} \qquad J_1 = \frac{E - \frac{1}{2\theta_{33}}J_3^2}{J_3}\theta_{11}$$

folgt. Weiterhin wird

$$S_1(\vartheta, J_1, J_2, J_3) = \sqrt{2\theta_{11}}\int\sqrt{\frac{J_3 J_1}{\theta_{11}} - \frac{1}{2}\frac{J_3^2}{\theta_{11}}\vartheta^2}\,\mathrm{d}\vartheta$$

und damit die Winkelvariable $w_1 = \partial S/\partial J_1$ gleich:

$$\text{(7.7.15)} \qquad \begin{aligned} w_1 &= \arcsin\left(\sqrt{\frac{J_3}{2J_1}}\,\vartheta\right), \\ \text{d.h. } \vartheta &= \sqrt{\frac{2J_1}{J_3}}\sin w_1 . \end{aligned}$$

Für $\tilde{H}_0(J_1, J_2, J_3) = E$ folgt aus (7.7.14)

$$\tilde{H}_0(J_1, J_2, J_3) = \frac{1}{2\theta_{33}} J_3^2 + \frac{1}{\theta_{11}} J_1 J_2 . \tag{7.7.16}$$

Die Winkelvariablen w_2, w_3 werden:

$$w_2 = \frac{\partial S}{\partial J_2} = \frac{\partial S_2}{\partial J_2} = \phi,$$

$$w_3 = \frac{\partial S}{\partial J_3} = \frac{\partial S_1}{\partial J_3} + \frac{\partial S_3}{\partial J_3}$$

$$= \Psi + \sqrt{\frac{\theta_{11}}{2}} \int \frac{\dfrac{J_1}{\theta_{11}} - \dfrac{J_3}{\theta_{11}} \vartheta^2}{\sqrt{\dfrac{J_3 J_1}{\theta_{11}} - \dfrac{1}{2} \dfrac{J_1^2}{\theta_{11}} \vartheta^2}} \, d\vartheta$$

$$= \Psi + \frac{\vartheta}{2} \sqrt{\frac{2 J_1}{J_3} - \vartheta^2} \approx \Psi + \sqrt{\frac{J_1}{2 J_3}} \, \vartheta .$$

Es gilt dann

$$\omega_1 = \frac{\partial \tilde{H}_0}{\partial J_1} = \frac{J_3}{\theta_{11}}, \quad \omega_2 = 0, \quad \omega_3 = \frac{\partial \tilde{H}_0}{\partial J_3} = \frac{1}{\theta_{33}} J_3 + \frac{1}{\theta_{11}} J_1$$

und damit für die Bewegung des »freien« Kreisels:

$$\vartheta = \sqrt{\frac{2 J_1}{J_3}} \sin(\omega_1 t - \delta_1),$$

$$\phi = \text{const},$$

$$\Psi = \omega_3 t + \alpha - \frac{J_1}{J_3} \sin(\omega_1 t - \delta_1).$$

Für die Störung wird

$$\tilde{H}_1 = mgl\cos(\theta_0 + \vartheta) = mgl\cos\theta_0 - mgl\vartheta\sin\theta_0$$

$$= mgl\frac{J_2}{J_3} - mgl(\sin\theta_0)\sqrt{\frac{2J_1}{J_3}}\sin w_1$$

und damit

$$\tilde{H}_{10} = \bar{\tilde{H}}_1 = mgl\frac{J_2}{J_3}.$$

Die säkulare Näherung lautet also:

$$\dot{w}_1 = \omega_1, \quad \dot{w}_2 = \frac{\partial \tilde{H}_{10}}{\partial J_2} = \frac{mgl}{J_3},$$

$$\dot{w}_3 = \omega_3 + \frac{\partial \tilde{H}_{10}}{\partial J_3} = \omega_3 - \frac{mglJ_2}{J_3^2} = \omega_3'$$

mit weiterhin konstanten J_1, J_2, J_3. Der Effekt der Schwere des Kreisels verändert die Frequenz ω_1 nicht, ändert ω_3 in ω_3' ab, und läßt den Kreisel mit der Frequenz $\omega_2' = mgl/J_3$ präzedieren:

$$\phi = w_2 = \omega_2' t + \beta.$$

Mit $J_3 = p_\Psi$ und $p_\Psi = \theta_{33}\omega_3$ erhält man die Präzessionsfrequenz $\omega_2' = \dfrac{mgl}{\theta_{33}\omega_3}$, was mit der nach (3.1.37) in § 3.1 berechneten Präzessionsfrequenz übereinstimmt.

Die Präzession ist also auch als säkulare Störung des Kreisels durch die Schwere deutbar.

Die säkulare Störungstheorie ist ein schönes Beispiel dafür, wie die theoretische Physik häufig vorgeht, falls eine an sich gute Theorie wegen zu großer mathematischer Schwierigkeiten praktisch nicht anwendbar ist: Man ersetzt die Theorie durch eine schlechtere (weniger umfangreichere im Sinne von III, § 7), aber leichter zu handhabende. In diesem Fall der Störungsrechnung ist es echt »physikalisch«, nicht eine exakte Reihenentwicklung und deren Konvergenz zu untersuchen, sondern die »exakte« *Hamilton*funktion durch eine »Näherungs«-*Hamilton*funktion $H_0' + \tilde{H}_{10}$ mit H_0' nach (7.7.5a) und $\tilde{H}_{10}$ nach (7.7.5b) zu ersetzen. Man weiß, daß auch die »exakte« *Hamilton*funktion nicht im physikalischen Sinn exakt ist, sondern daß auch die mit der »exakten« *Hamilton*funktion berechneten Bahnen beim Vergleich mit der Erfahrung Ungenauigkeitsmengen benötigen (siehe III, § 5). Die »schlechtere« Theorie mit der Näherungs-*Hamilton*funktion bedarf natürlich noch gröberer Ungenauigkeitsmengen. Um etwas über diese gröberen Ungenauigkeitsmengen aussagen zu können, müßte man die allgemein in III, § 7 geschilderte Aufgabe des Vergleichs der beiden Theorien mit der »exakten« und »Näherungs«-*Hamilton*funktion durchführen, d. h. mathematisch: Man müßte eine Fehlerabschätzung zwischen den »exakten« und den »Näherungs«-Lösungen für die Bahnen angeben (siehe nochmals die in III, am Ende von § 7 geschilderte Aufgabenstellung). Solche Fehlerabschätzungen sind meist sehr mühevoll und werden deshalb nur in den wenigsten Fällen mathematisch durchgeführt. Dies wird der Physik oft als »Schlampigkeit« angehängt; das aber ist ein falsches Urteil, denn die Physik hat neben der mathematischen Theorie noch die Experimente (»Test« im Sinne von III, § 4) und kann so vom Experiment her einen Eindruck über die notwendigen Ungenauigkeitsmengen, d. h. über die Güte der Näherungstheorie gewinnen. Für die »exakte« Theorie bleibt dem Physiker sowieso kein anderer Weg zur Bestimmung von Ungenauigkeitsmengen als der Vergleich mit dem Experiment (III, § 5).

An vielen Stellen der Physik werden wir mehr oder weniger groben Näherungstheorien begegnen, die man oft »Modelle« nennt. So könnte man die hier durch $H_0' + \tilde{H}_{10}$ charakterisierte Theorie als das »Säkulare-Störungs-Modell« bezeichnen. Ohne solche und ähnliche Modelle ist theoretische Physik nicht denkbar. Wir können in diesem Buch nur auf wenige Beispiele aus der großen Fülle solcher Modelle eingehen, mehr zur Illustration dieses »Verfahrens« als etwa damit auch nur einen Überblick über alle Gebiete der theoretischen Physik geben zu können. Besonders in der Quantenmechanik werden solche Modelle eine wichtige Rolle spielen.

§ 7.8 Störung des Kepler*problems*

Wie wir am Ende von § 7.3 gesehen haben, ist das *Kepler*problem entartet, da alle Frequenzen gleich sind. Wir suchen daher eine unimodulare Transformation, so daß zwei Frequenzen Null werden. Eine solche passende Transformation der $J_\varphi, J_\vartheta, J_r$ ist gegeben durch:

$$\begin{aligned} J_1 &= J_\varphi = \alpha_\varphi, \\ J_2 &= J_\vartheta + J_\varphi = \alpha_\vartheta, \qquad (7.8.1) \\ J_3 &= J_r + J_\vartheta + J_\varphi. \end{aligned}$$

Damit wird also nach § 7.3:

$$\tilde{H}_0 = E = -\frac{m A^2}{2 J_3^2}.$$

Man sieht leicht, daß (7.8.1) unimodular ist, da die Determinante

$$\begin{vmatrix} 1 & 0 & 0 \\ 1 & 1 & 0 \\ 1 & 1 & 1 \end{vmatrix} = 1 \quad \text{ist.}$$

Die zugehörigen neuen Winkelvariablen seien mit w_1, w_2, w_3 bezeichnet. Die Bedeutung der Größen J_k, w_k ($k = 1, 2, 3$), die in der Astronomie unter dem Namen »*Delauney*sche Bahnelemente« bekannt sind, ist die folgende (siehe Fig. 28):

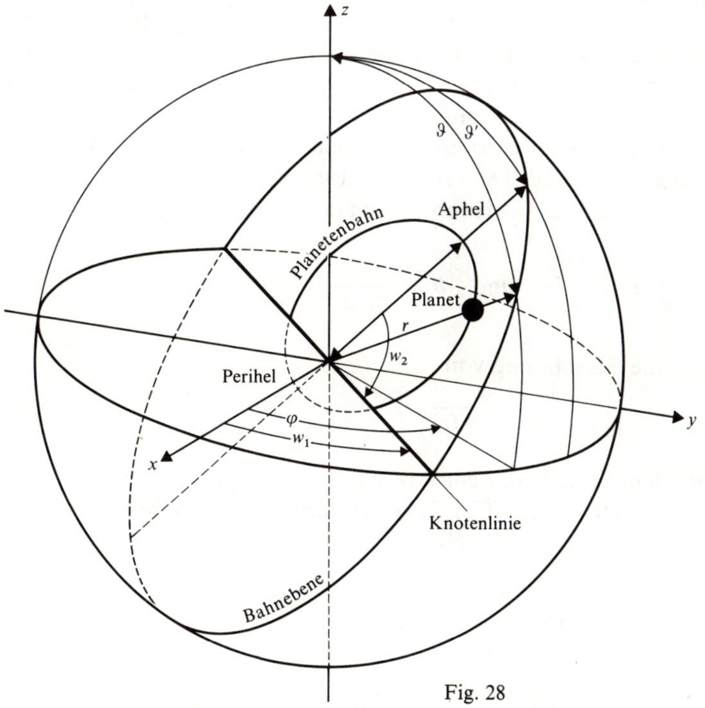

Fig. 28

w_3 und der *zugehörige, gedachte Punkt* wurden der besseren Übersichtlichkeit wegen *nicht eingezeichnet*.

w_1 ist der Winkel zwischen der Knotenlinie (Schnittgerade der Bahnebene mit der xy-Ebene des Inertialsystems) und der x-Achse.

w_2 ist der Winkelabstand des Perihels von der Knotenlinie.

w_3 ist die »mittlere Anomalie«, die die Lage des Planeten in der Bahnebene bestimmt. Sie bedeutet den Winkelabstand eines gedachten Punktes vom Perihel, der *gleichförmig* umläuft und jedesmal gleichzeitig mit dem Planeten das Perihel passiert.

Die sechs Variablen J_k und w_k erweisen sich besonders dann als vorteilhaft, wenn man die durch den Einfluß von anderen Planeten hervorgerufenen Abweichungen von der einfachen elliptischen Bewegung – die »Störungen« – berechnen will. Während bei der ungestörten *Kepler*-Bewegung die *Delaunay*schen Elemente mit Ausnahme von w_3 konstant sind, läßt sich die gestörte Bewegung oft durch eine langsame Änderung dieser Elemente mit der Zeit darstellen. So entspricht z. B. einer Änderung von w_2 die Perihelbewegung des betreffenden Planeten.

Wir wollen die Berechnung der oben als Resultat angegebenen Werte von w_1, w_2, w_3 nicht vorführen, da diese mit elementaren Methoden durchführbaren längeren Rechnungen keine tiefere Einsicht vermitteln. Wir wollen uns vielmehr ein einfaches Beispiel für eine Störung der *Kepler*bewegung ansehen, um die allgemeinen Überlegungen aus § 7.7 zu illustrieren:

$H_1 = v(r)$, d. h. es existiert eine kleine Abweichung $v(r)$ des Potentials vom *Coulomb*potential. Da $v(r)$ zentralsymmetrisch ist, kann $\overline{H_1} = \overline{v(r)}^t$ nur eine Funktion der beiden Hauptachsen a und b der Ellipse sein. Es ist

$$a = \frac{J_3^2}{mA} \quad \text{und} \quad b = \frac{J_2 J_3}{mA}. \tag{7.8.2}$$

Die genaue Berechnung von

$$\tilde{H}_{10}(J_2, J_3) = \overline{v(r)}^t$$

ist natürlich nur möglich, wenn $v(r)$ explizit vorgegeben wird. Das Differentialgleichungssystem (7.7.6), (7.7.7) lautet dann (man beachte dabei, daß gerade $\omega_3 \neq 0$ und $\omega_1 = \omega_2 = 0$ ist!):

$$\begin{aligned} \dot{w}_3 &= \omega + \frac{\partial \tilde{H}_{10}}{\partial J_3}, \quad \dot{J}_3 = 0, \\ \dot{w}_2 &= \frac{\partial \tilde{H}_{10}}{\partial J_2}, \quad \dot{J}_2 = \frac{\partial \tilde{H}_{10}}{\partial w_2} = 0, \\ \dot{w}_1 &= 0, \quad \dot{J}_1 = 0. \end{aligned} \tag{7.8.3}$$

Daraus folgt, daß alle J_1, J_2, J_3 konstant bleiben, die Umlauffrequenz den Wert

$$\omega + \frac{\partial \tilde{H}_{10}}{\partial J_3} = \frac{m A^2}{J_3^3} + \frac{\partial \tilde{H}_{10}}{\partial J_3}$$

annimmt und das Perihel sich mit der konstanten Geschwindigkeit $\frac{\partial \tilde{H}_{10}}{\partial J_2}$ dreht. Natürlich bleibt die Bahnebene unbewegt ($\dot{w}_1 = 0$).

§ 7.9 Die Entdeckung der Planeten Neptun und Pluto

Einer der interessantesten Erfolge der in den vorigen §§ wenigstens in den Grundzügen skizzierten Störungsrechnungen angewandt auf das Planetensystem, war die Entdeckung der Planeten Neptun und Pluto. Diese Ereignisse sind auch für unsere allgemeinen Begriffsbildungen von besonderer Bedeutung. Wir haben in § 4 schon einmal eingehender Aussagen über die Wirklichkeit auch nicht beobachteter Sachverhalte diskutiert; dort aber hatten wir der Einfachheit halber vorausgesetzt, daß im Realtext *alle* Massenpunkte durch Indizes bezeichnet sind. Für das Planetensystem war man aber nicht sicher, ob man wirklich *alle* Planeten beobachtet hatte.

So stellte sich die Frage, ob nicht umgekehrt aus den vermessenen Bahnen der festgestellten Planeten auf die Existenz anderer Planeten geschlossen werden könnte. Mit unseren Begriffsbildungen aus III, § 9.4 wäre dies so zu formulieren: Man formuliere eine Hypothese über die Existenz eines weiteren Planeten mit geeigneter Masse und geeigneten räumlichen Relationen zu den übrigen Planeten, so daß man eine »physikalisch wirkliche« Hypothese erhält (die Relationen für diesen hypothetischen Planeten müssen natürlich mit geeigneten Ungenauigkeitsmengen versehen werden, damit die Hypothese tatsächlich physikalisch wirklich sein kann!). Genau dies gelang so gut, daß man mit einem Fernrohr in der »richtigen« Richtung suchen konnte.

Der erste Anlaß zur Aufstellung einer Hypothese über einen weiteren Planeten war die Tatsache, daß der 1781 von F. W. *Herschel* entdeckte Planet Uranus nicht die berechnete Bahn einhielt. Die Hypothese, daß ein weiterer Planet vorhanden sein könnte und so die Abweichungen der Bahn des Uranus durch die *Newton*sche Theorie erklärbar seien, wurde 1840 durch den Astronomen *Bessel* aufgestellt. *Adams* in England und *Le Verrier* in Frankreich führten die mathematischen Rechnungen zu dieser Hypothese durch; d. h. sie zeigten, daß die Hypothese »physikalisch wirklich« (siehe III, § 9)* zu einer Stellung des hypothetischen Planeten in einer bestimmten Richtung von der Erde aus

* Natürlich ohne diese Terminologie zu kennen.

führte. *Le Verriers* Rechnungen erhielt 1846 der Astronom J. *Galle,* der dann auch nach etwa einer Stunde des Suchens den neuen Planeten sehr nahe der berechneten Position entdeckte. Dieser Planet wurde Neptun genannt.

Durch die Entdeckung des Planeten Neptun war also die Hypothese realisiert (»realisiert« im Sinne von III, § 9.4).

Aber die Bewegung der beiden Planeten Uranus und Neptun zeigte noch immer geringe Abweichungen von der Theorie, die zu einer erneuten Hypothese eines weiteren Planeten führte. Die Rechnungen und das Suchen des Planeten verliefen wesentlich mühevoller und führten erst 1930 zur Entdeckung des Planeten Pluto. Es erweist sich als durchaus nicht trivial, ob bei den vorhandenen Beobachtungsdaten (Realtext nach III, § 4) und Ungenauigkeiten (siehe III, § 5) eine Hypothese physikalisch wirklich ist. Daher ist es auch heute noch nicht sicher, ob der gefundene Planet Pluto wirklich alle Abweichungen in den Bahnen der Planeten Uranus und Neptun erklärt.

Für alle diese Überlegungen und Urteile ist es entscheidend wichtig, daß die benutzte Theorie »richtig«, d. h. g. G.-abgeschlossen, bzw. wenigstens zu einer solchen im Prinzip erweiterbar ist (siehe III, § 7 und 9). Damit stellt sich immer wieder die Frage: Woher wissen wir, ob eine Theorie in diesem Sinne »richtig« ist? Wie aber schon mehrfach erwähnt, können wir dieser Frage erst im letzten Band nachgehen, wenn wir selbst mehrere Theorien kennengelernt haben.

§ 7.10 Störungen durch nicht konservative Kräfte

Es mag demjenigen, der an technischen Anwendungen der Mechanik interessiert ist, merkwürdig erschienen sein, daß bei allen unseren Deduktionen scheinbar nie und bei allen Beispielen tatsächlich nie von Reibungskräften die Rede war. Tatsächlich haben wir aber in V, § 3.4 die Grundlagen der Mechanik so allgemein formuliert, daß auch Reibungskräfte mit behandelt werden können. Nur eines läßt sich für Reibungskräfte nicht erreichen, nämlich daß $\delta T + \delta A$ äquivalent zu der Variation δL einer *Lagrange*funktion L ist; siehe V § 3.6. Die Aufgabe dieses Buches ist nicht, den Leser zu einem Experten der technischen Mechanik zu machen, sondern ihm die grundlegende Struktur der theoretischen Physik näher zu bringen. Wenn wir jetzt noch in diesem § 7.10 etwas über die Störung durch nicht konservative Kräfte, die sich nicht aus einer *Lagrange*funktion herleiten lassen, nachtragen, so nicht so sehr, um noch etwas über mögliche Anwendungen im Falle von »schwachen« Reibungskräften vorzuführen (obwohl man die gleich zu entwickelnde Theorie darauf anwenden kann!), sondern um das Verständnis für einen physikalischen Vorgang *vorzubereiten*, den man in der Elektrodynamik als »Strahlungsrückwirkung« einer bewegten Ladung bezeichnet (siehe VIII § 4.8).

In § 7.4 gingen wir davon aus, daß sich die *Hamilton*funktion $H = H_0 + H_1$ nach (7.4.1) schreiben läßt, wobei H_1 eine »kleine« Störung ist. Jetzt wollen wir unsere Überlegungen auf den Fall verallgemeinern, daß die »Störung« durch einen nicht konservativen Arbeitsanteil δA_1 von δA in V (3.4.3) verursacht wird: Wir nehmen also an, daß sich in V (3.4.3)

$$\delta A = \delta A_0 + \delta A_1 \tag{7.10.1}$$

schreiben läßt, wobei $\delta T + \delta A_0$ äquivalent (siehe V § 3.6) zur Variation δL_0 einer *Lagrange*funktion L_0 ist. Das *Lagrange*sche Variationsprinzip möge also lauten:

$$\int_{t_1}^{t_2} (\delta L_0 (q_i, \dot{q}_i) + \delta A_1)\, \mathrm{d}t = 0 \tag{7.10.2}$$

mit

$$\delta A_1 = \sum_i K_i^{(1)} \delta q_i . \tag{7.10.3}$$

Die *Lagrange*schen Bewegungsgleichungen lauten also:

$$\frac{\mathrm{d}}{\mathrm{d}t} \frac{\partial L_0}{\partial \dot{q}_i} = \frac{\partial L_0}{\partial q_i} + K_i^{(1)}. \tag{7.10.4}$$

Indem man wie in § 5.2 statt der $\dot{q}_i$ in L_0 die Variablen y_i und die Nebenbedingungen $\dot{q}_i = y_i$ einführt, dann zu den Impulskoordinaten

$$p_i = \frac{\partial L_0 (q_i, y_i)}{\partial y_i} \tag{7.10.5}$$

übergeht, erhält man aus (7.10.2) das kanonische Variationsprinzip:

$$\int_{t_1}^{t_2} \left[\delta \left(\sum p_i \dot{q}_i - H_0 (p_i, q_i)\right) + \sum K_i^{(1)} \delta q_i\right] \mathrm{d}t = 0. \tag{7.10.6}$$

Wir wollen voraussetzen, daß die $K_k^{(1)}$ in (7.10.3) und (7.10.6) als Funktionen der $q_i, \dot{q}_i, \ddot{q}_i, \dddot{q}_i$ gegeben sind. (Für alle Anwendungen genügt es, als höchste in den $K_k^{(1)}$ noch vorkommende Ableitung $\ddot{q}_i$ zuzulassen.)

Aus (7.10.6) folgen die »kanonischen Gleichungen«:

$$\text{(7.10.7)} \qquad \dot{p}_i = -\frac{\partial H_0}{\partial q_i} + K_i^{(1)}, \qquad \dot{q}_i = \frac{\partial H_0}{\partial p_i}.$$

Dieses Gleichungssystem ist sehr ähnlich dem kanonischen Gleichungssystem, das man aus (7.4.1) erhalten würde. Daher liegt es nahe, dasselbe Verfahren wie in § 7.5 anzuwenden. Wir setzen also wieder voraus, daß H_0 ein mehrfach periodisches System beschreibt.

Wie in § 7.5 führen wir zunächst eine kanonische Transformation mit der Erzeugenden

$$S = \sum_i S_i(q_i, J_1, \ldots, J_f)$$

aus:

$$\text{(7.10.8)} \qquad p_k = \frac{\partial S_k(q_k, J_1, \ldots, J_f)}{\partial q_k}, \; w_k = \frac{\partial S}{\partial J_k}.$$

Dann unterscheiden sich $\sum_i p_i \dot{q}_i$ und $\sum_k J_k \dot{w}_k$ nur um ein totales Differential, so daß (7.10.6) äquivalent wird zu

$$\text{(7.10.9)} \qquad \int [\delta (\sum_i J_i \dot{w}_i - \tilde{H}_0(J_1, \ldots, J_f)) + \sum_i Q_i \delta w_i + \sum_i R_i \delta J_i] \, \mathrm{d}t = 0.$$

Die Q_i, R_i erhält man aus den $K_i^{(1)}$, indem man das zweite Gleichungssystem aus (7.10.8):

$$w_k = \frac{\partial S(q_1, \ldots, q_f, J_1, \ldots, J_f)}{\partial J_k}$$

nach den q_k auflöst. Wie in § 7.3 gezeigt, wird dabei q_k eine periodische Funktion in den Winkelvariablen w_i, d.h. läßt sich nach den w_i in eine *Fourier*reihe entwickeln:

$$\text{(7.10.10)} \qquad q_k = \sum_{\nu_1 \ldots \nu_f} q_{k\nu_1 \ldots \nu_f}(J_1 \ldots J_f) \, \mathrm{e}^{i \sum_{l=1}^{f} \nu_l w_l}$$

Daraus kann man

$$\text{(7.10.11)} \qquad \delta q_k = \sum_i \frac{\partial q_k}{\partial J_i} \delta J_i + \sum_i \frac{\partial q_k}{\partial w_i} \delta w_i$$

berechnen und erhält so aus $\sum_k K_k^{(1)} \delta q_k$ schließlich

(7.10.12) $$Q_i = \sum_k K_k^{(1)} \frac{\partial q_k}{\partial w_i}, \; R_i = \sum_k K_k^{(1)} \frac{\partial q_k}{\partial J_i}.$$

Aus (7.10.9) folgen jetzt als »gestörte kanonische Gleichungen«:

(7.10.13) $$\dot{w}_i = \omega_i (J_1 \ldots J_f) - R_i, \qquad \dot{J}_i = Q_i.$$

Dabei haben wir gleich $\omega_i = \partial \tilde{H}_0 / \partial J_i$ gesetzt. Entsprechend § 7.7 können wir für ein mehrfach periodisches System gleich voraussetzen, daß $\tilde{H}_0$ nur von $J_1, \ldots, J_m$ abhängt (und somit $\omega_{m+1} = \omega_{m+2} = \ldots = \omega_f = 0$ ist) und daß

$$\sum_{i=1}^{m} \nu_i \omega_i = 0$$

mit ganzzahligen ν_i nur für $\nu_i = 0$ (für alle i) erfüllbar ist. In (7.10.13) hängen also die ω_i für $i = 1, \ldots, m$ nur von den $J_1, \ldots, J_m$ ab, während die ω_i für $i > m$ gleich Null zu setzen sind.

Da wir die R_i, Q_i in (7.10.13) nur als Störungen betrachten, wollen wir zu ihrer näherungsweisen Berechnung so vorgehen: In den $K_k^{(1)}$ treten die q_i, $\dot{q}_i$, $\ddot{q}_i$, $\dddot{q}_i$ auf; statt (7.10.10) exakt nach t zu differenzieren, denken wir uns für die J_i, w_i die ungestörten Lösungen eingesetzt, d. h. betrachten die J_i als zeitlich konstant und setzten $\dot{w}_i = \omega_i$. Somit kann man näherungsweise z. B.

(7.10.14) $$\dddot{q}_k = \sum_{\nu_1 \ldots \nu_f} [i \nu_k \omega_k (J_1 \ldots J_m)]^3 \, q_{k\nu_1 \ldots \nu_f} (J_1 \ldots J_f) \, \mathrm{e}^{i \sum_{l=1}^{f} \nu_l w_l}$$

setzen. Auf diese Weise seien Näherungsausdrücke für die $K_k^{(1)}$ als *Fourier*reihen gewonnen worden:

(7.10.15) $$K_k^{(1)} = \sum_{\nu_1 \ldots \nu_f} \kappa_{k\nu_1 \ldots \nu_f} (J_1 \ldots J_f) \, \mathrm{e}^{i \sum_{l=1}^{f} \nu_l w_l}$$

Mit (7.10.10) und (7.10.12) erhält man dann ebenfalls für die Q_i und R_i *Fourier*reihen:

(7.10.16) $$Q_i = \sum_{\nu_1 \ldots \nu_f} Q_{i\nu_1 \ldots \nu_f} (J_1 \ldots J_f) \, \mathrm{e}^{i \sum_{l=1}^{f} \nu_l w_l}$$
$$R_i = \sum_{\nu_1 \ldots \nu_f} R_{i\nu_1 \ldots \nu_f} (J_1 \ldots J_f) \, \mathrm{e}^{i \sum_{l=1}^{f} \nu_l w_l}$$

Wie in § 7.5 sieht man, daß nur diejenigen Glieder aus den Reihen (7.10.16) zu einer säkularen Störung beitragen können, für die $v_1 = v_2 = \ldots = v_m = 0$ ist:

$$\begin{aligned}\bar{Q}_i &= \sum_{v_{m+1}\ldots v_f} Q_{i0\ldots0\,v_{m+1}\ldots v_f}(J_1\ldots J_f)\,\mathrm{e}^{i\sum\limits_{l=m+1}^{f} v_l w_l}\\ \bar{R}_i &= \sum_{v_{m+1}\ldots v_f} R_{i0\ldots0\,v_{m+1}\ldots v_f}(J_1\ldots J_2)\,\mathrm{e}^{i\sum\limits_{l=m+1}^{f} v_l w_l}\end{aligned} \tag{7.10.17}$$

Die $\bar{Q}_i$, $\bar{R}_i$ sind dann also Funktionen von $J_1, \ldots, J_f$ und $w_{m+1}, \ldots w_f$. Als Gleichungssystem für die säkularen Störungen folgt damit aus (7.10.13):

$$\begin{aligned}\dot{w}_i &= \omega_i(J_1\ldots J_m) - \bar{R}_i(J_1\ldots J_f, w_{m+1}\ldots w_f) \text{ für } 1 \leq i \leq m\\ \dot{w}_i &= -\bar{R}_i(J_1\ldots J_f, w_{m+1}\ldots w_f) \text{ für } i > m\\ \dot{J}_i &= \bar{Q}_i(J_1\ldots J_f, w_{m+1}\ldots w_f) \text{ für alle } i.\end{aligned} \tag{7.10.18}$$

Für ein nicht entartetes System (d.h. alle $\omega_i \neq 0$), erhält man aus (7.10.18) speziell

$$\begin{aligned}\dot{w}_i &= \omega_i(J_1\ldots J_f) - \bar{R}_i(J_1\ldots J_f),\\ \dot{J}_i &= \bar{Q}_i(J_1\ldots J_f).\end{aligned} \tag{7.10.19}$$

Hier ist zunächst das Gleichungssystem $\dot{J}_i = \bar{Q}_i$ für die $J_k(t)$ zu lösen; dann folgt durch Integration

$$\begin{aligned}w_i(t) = w_{i0} &+ \int_0^t \omega_i(J_1(\tau)\ldots J_f(\tau))\,\mathrm{d}\tau\\ &- \int_0^t \bar{R}_i(J_1(\tau)\ldots J_f(\tau))\,\mathrm{d}\tau.\end{aligned}$$

Als einfaches Beispiel sei eine eindimensionale Schwingung eines (anharmonischen) Oszillators mit einer kleinen Reibungskraft $-\varrho\dot{q}$ betrachtet (ϱ als Reibungskonstante):

$$m\ddot{q} + \varrho\dot{q} + \frac{\mathrm{d}V(q)}{\mathrm{d}q} = 0. \tag{7.10.20}$$

In diesem Falle ist also

$$H_0 = \frac{1}{2m} p^2 + V(q), \; K^{(1)} = -\varrho \dot{q}. \tag{7.10.21}$$

Mit

$$q = \sum_{\nu} q_{\nu}(J) \, e^{i\nu w} \tag{7.10.22}$$

ist

$$K^{(1)} = -\varrho \sum_{\nu} i\nu\omega(J) \, q_{\nu}(J) \, e^{i\nu w} \tag{7.10.23}$$

und

$$\begin{aligned} \frac{\partial q}{\partial w} &= \sum_{\nu} i\nu q_{\nu}(J) \, e^{i\nu w} \\ \frac{\partial q}{\partial J} &= \sum_{\nu} \frac{\partial q_{\nu}(J)}{\partial J} \, e^{i\nu w} \end{aligned} \tag{7.10.24}$$

zu setzen. Daraus folgt:

$$Q = -\varrho \, [\sum_{\nu} i\nu\omega(J) \, q_{\nu}(J) \, e^{i\nu w}] \, [\sum_{\mu} i\mu q_{\mu}(J) \, e^{i\mu w}],$$

$$R = -\varrho \, [\sum_{\nu} i\nu\omega(J) \, q_{\nu}(J) \, e^{i\nu w}] \, [\sum_{\mu} \frac{\partial q_{\mu}}{\partial J} \, e^{i\mu w}],$$

und damit (da q reell ist, gilt $q_{-\nu} = \overline{q}_{\nu}$!)

$$\begin{aligned} \bar{Q}(J) &= -\varrho \sum_{\nu} \nu^2 \omega(J) \, | \, q_{\nu}(J) \, |^2 \\ \bar{R}(J) &= -\varrho \sum_{\nu} i\nu\omega(J) \, q_{\nu}(J) \overline{\frac{\partial q_{\nu}(J)}{\partial J}}. \end{aligned} \tag{7.10.25}$$

(7.10.19) nimmt dann die Gestalt an:

$$\dot{w} = \omega(J) - \bar{R}(J), \qquad \dot{J} = \bar{Q}(J). \tag{7.10.26}$$

Die Gleichung $\dot{J} = \bar{Q}(J)$ gibt an, wie sich J und damit die Energie $E(J)$ langsam mit der Zeit ändert, d.h. wie $E(J)$ langsam mit der Zeit abnimmt, da die Reibungskraft Energie verbraucht; denn aus (7.10.20) erhält man unmittelbar

$$\frac{\mathrm{d}}{\mathrm{d}t}\left(\frac{m}{2}\dot{q}^2 + V(q)\right) = -\varrho\dot{q}^2 \leq 0,$$

d.h. daß die Energie *abnimmt*!

Für den harmonischen Oszillator ist speziell nach § 7.6:

$$q = \sqrt{\frac{2J}{m\omega_0}}\sin w = \frac{1}{2i}\sqrt{\frac{2J}{m\omega_0}}\,\mathrm{e}^{iw} - \frac{1}{2i}\sqrt{\frac{2J}{m\omega_0}}\,\mathrm{e}^{-iw},$$

d.h. $$q_1(J) = \frac{1}{2i}\sqrt{\frac{2J}{m\omega_0}}$$

und alle $q_\nu = 0$ für $\nu \neq 1$ und $\nu \neq -1$. Damit wird

$$\bar{Q}(J) = -2\varrho\omega_0\,|q_1(J)|^2 = -\varrho\frac{J}{m},$$

$$\bar{R}(J) = 0,$$

so daß (7.10.26) übergeht in:

$$\dot{w} = \omega_0, \qquad \dot{J} = -\frac{\varrho}{m}J$$

mit der Lösung:

$$w = \omega_0(t - \tau),$$

$$J = J_0\,\mathrm{e}^{-\frac{\varrho}{m}(t-\tau)}.$$

Hieraus folgt

$$q = \sqrt{\frac{2J}{m\omega_0}}\sin w = \sqrt{\frac{2J_0}{m\omega_0}}\,\mathrm{e}^{-\frac{\varrho}{2m}(t-\tau)}\sin\omega_0(t-\tau). \tag{7.10.27}$$

Für den harmonischen Oszillator kann man (7.10.20), d.h.

(7.10.28) $m\ddot{q} + \varrho\dot{q} + m\omega_0^2 q = 0$

auch direkt lösen durch den Ansatz:

$$q = q_0 \, e^{\lambda t}.$$

Es folgt durch Einsetzen:

$$m\lambda^2 + \varrho\lambda + m\omega_0^2 = 0,$$

woraus sich für λ die beiden Werte:

$$\lambda_{1,2} = -\frac{\varrho}{2\,m} \pm i\sqrt{\omega_0^2 - \left(\frac{\varrho}{2\,m}\right)^2}$$

ergeben. Für »kleines« ϱ folgt als Näherung

$$\lambda_{1,2} = -\frac{\varrho}{2\,m} \pm i\omega_0$$

und damit

$$q = a\,e^{-\frac{\varrho}{2\,m}(t-\tau)} \sin \omega_0\,(t-\tau)$$

in Übereinstimmung mit der obigen Näherungslösung (7.10.27).

Exakt ist

(7.10.29) $q\,(t) = a\,e^{-\frac{\varrho}{2\,m}(t-\tau)} \sin \omega\,(t-\tau)$

mit $\omega = \sqrt{\omega_0^2 - \left(\frac{\varrho}{2\,m}\right)^2}$, solange $\frac{\varrho}{2\,m} < \omega_0$ ist. Für $\frac{\varrho}{2\,m} > \omega_0$, d. h. »große« Reibungskraft, ist

(7.10.30) $q\,(t) = a\,e^{\lambda_1 t} + b\,e^{\lambda_2 t}$

mit den *reellen* Werten

$$\lambda_{1,2} = -\frac{\varrho}{2\,m} \pm \sqrt{\left(\frac{\varrho}{2\,m}\right)^2 - \omega_0^2} < 0.$$

(7.10.29) heißt der periodische Fall gedämpfter Schwingungen; (7.10.30) der aperiodische Fall: $q(t)$ klingt in der Form einer e-Potenz ab. Für $\frac{\varrho}{2m} = \omega_0$ (dem sogenannten aperiodischen Grenzfall) gibt es nur *eine* Wurzel $\lambda = -\frac{\varrho}{2m}$. Um in diesem Fall zwei linear unabhängige Lösungen von (7.10.28) zu gewinnen, braucht man nur nachzurechnen, daß dann auch $t\mathrm{e}^{\lambda t}$ eine Lösung ist: Mit

$$\frac{\mathrm{d}}{\mathrm{d}t}(t\mathrm{e}^{\lambda t}) = \mathrm{e}^{\lambda t} + \lambda t \mathrm{e}^{\lambda t},$$

$$\frac{\mathrm{d}^2}{\mathrm{d}t^2}(t\mathrm{e}^{\lambda t}) = 2\lambda \mathrm{e}^{\lambda t} + \lambda^2 t \mathrm{e}^{\lambda t}$$

wird

$$\frac{\mathrm{d}^2}{\mathrm{d}t^2}(t\mathrm{e}^{\lambda t}) + \frac{\varrho}{m}\frac{\mathrm{d}}{\mathrm{d}t}(t\mathrm{e}^{\lambda t}) + \omega_0^2 t \mathrm{e}^{\lambda t} =$$

$$= \left(\lambda^2 + \frac{\varrho}{m}\lambda + \omega_0^2\right) t\mathrm{e}^{\lambda t} + \left(2\lambda + \frac{\varrho}{m}\right)\mathrm{e}^{\lambda t} = 0.$$

Als Lösung erhält man also im aperiodischen Grenzfall

(7.10.31) $\quad q(t) = (a + bt)\,\mathrm{e}^{\lambda t}.$

Es würde natürlich bedeuten, mit Kanonen nach Spatzen zu schießen, wenn die hier in § 7.10 entwickelte Methode nur dazu dienen würde, um (7.10.27) abzuleiten; aber diese Methode kann eben sehr viel mehr, z. B. kann man mit ihr auch das in der Elektrodynamik auftretende Problem der Ausstrahlungsrückwirkung für die Bewegung von Punktladungen (siehe VIII, § 4.8 und XI, § 1.5) behandeln.

VII. Kritik an den Grundlagen für die Einführung der Raum-Zeit-Struktur

Wir haben schon in IV Kritik an der Form der in II aufgestellten Raum-Zeit-Theorie geübt; aber nur, insofern in II in einem noch nicht theoretisch formulierten Bereich eine Fülle von physikalischen Strukturen benutzt wurde, bis man zu einer Darstellung dessen gelangte (z. B. des physikalischen Abstandes), was mit dem mathematischen Bild der Theorie verglichen werden soll. Wir haben versucht, in IV einen Weg aufzuzeigen, auf dem man diesen Mangel des Weges aus II vermeiden könnte. Die Ausgangspositionen in II und IV waren dieselben, nur daß in IV skizziert wurde, wie man etwa einige in II nur mit Worten beschriebene physikalische Situationen schon mathematisch abbilden könnte, um so z. B. den »Abstand« als eine im mathematischen Bild *deduzierbare* Struktur nachzuweisen, die sich dann im Sinne von III, § 9 als »physikalisch wirklich« erweisen könnte, obwohl der »Abstand« nicht zum Grundbereich $\mathfrak{G}$ der in IV entwickelten Theorie gehört.

Jetzt aber werden wir eine viel prinzipiellere *Kritik an den Grundlagen* aus II (und IV) zur Einführung sowohl der Raumstruktur wie der Zeitstruktur üben.

Als Grundlage für die Raumstruktur wurde sowohl in II wie in IV der »Transport« von Raumgebieten benutzt. Dieser »Transport« ist aber de facto eigentlich schon ein mechanischer Prozeß. Als Grundlage für die Zeitstruktur wurden Uhren, d. h. physikalische Prozesse, z. B. mechanische Schwingungen benutzt. Nun gibt es allerdings auch nichtmechanische Uhren. Diese Tatsache aber schwächt unsere Kritik nicht ab, sondern verstärkt sie noch: Wenn man nämlich zur Einführung des Zeitbegriffs physikalische Veränderungen (z. B. mechanische Schwingungen) benutzt, so sollte man erst die Struktur des Gebietes (z. B. der Mechanik) klären, aus dem die Veränderungen stammen, *bevor* man Begriffe wie den des zeitlichen Abstandes einführt.

Diese Kritik hebt allerdings *nicht* die in II (und IV) gegebene Einführung des räumlichen wie des zeitlichen Abstandes auf, sondern zeigt nur, daß wir in II (und IV) eigentlich gewisse »allgemeinste« Teile der Mechanik (und anderer physikalischer Gebiete!) vorweggenommen haben; genau das war ja auch die Behauptung aus II (und IV), daß sich gewisse allgemeine Strukturen, Raum-Zeit-Strukturen genannt, vorweg gemeinsam für alle Bereiche der Physik theoretisch beschreiben lassen.

Systematisch eleganter wäre es allerdings, wenn man eine Theorie, z. B. die Mechanik, so aufbaut, daß keine Längen*messung* bzw. Zeit*messung* vorausgesetzt wird, sondern diese sich rückwärts mit aus der Mechanik ergeben. Dieses Programm wollen wir hier nicht durchführen, sondern nur einige Möglichkeiten zu einem solchen Programm andeuten. Die Grundhaltung eines solchen Weges kann uns aber Denkmöglichkeiten zeigen, die auf anderen Gebieten als der Mechanik wertvoll werden können.

§ 1 Die affine Struktur der Ereignismenge Y

Wir hatten in II, § 7 die Menge Y als Bildmenge für Ereignisse, kurz – aber ungenau – als »Menge der Ereignisse« eingeführt. Wir gingen dann dort den Weg, über die Inertialsysteme einen räumlichen und zeitlichen Abstand einzuführen. Über diese vom Inertialsystem abhängigen räumlichen und zeitlichen Abstände machten wir in VI, § 1.1 zusätzliche Aussagen. Aufgrund der in VI, § 1.1 besprochenen »dynamischen« Gesetzmäßigkeiten im Zusammenhang mit der *Auszeichnung* der Inertialsysteme ist es aber möglich, in der Menge Y *vor* allen Abstandsdefinitionen eine mathematische Struktur als Bild der »gleichförmigen« Bewegung der Inertialsysteme relativ zueinander einzuführen.

Zunächst heben wir noch einmal hervor, was wir schon in VI, § 1.1 und II, § 2 betont haben: Ohne jede Zeit*messung* und räumliche Abstands*messung* ist es mit Hilfe *weicher* Materialien und ihrer Verformung relativ zu härteren Materialien möglich, zu erkennen, ob ein starres Gerüst ein Inertialsystem ist oder nicht. Ja, man kann noch feinere Methoden mit Hilfe »schwebender« Körper entwickeln, um zu kontrollieren, wie gut ein starres Gerüst als Inertialsystem brauchbar ist. Wir alle kennen von Fernsehübertragungen aus Raumfahrzeugen diese uns ungewohnten *qualitativen* Phänomene des »Schwebens« der Gegenstände im Inertialsystem des Raumschiffes. Meßmethoden für räumliche und zeitliche Abstände werden also nicht benötigt, um ein starres Gerüst als Inertialsystem zu testen.

Diese qualitative physikalische *Auszeichnung* der Inertialsysteme ist eine Struktur der Ereignisse, für die wir ein mathematisches Bild finden wollen. Wiederum sei betont, daß wir aus den eben geschilderten Erfahrungen kein mathematisches Bild deduzieren wollen noch können; aber die Überlegungen aus VI, § 1.1 über den in VI (1.2.1) zusammengefaßten Zusammenhang zwischen verschiedenen Inertialsystemen legen es nahe, die Auszeichnung der Inertialsysteme, d. h. ihre gleichförmige Bewegung zueinander, durch eine *affine Struktur* von Y abzubilden. Diese affine Struktur wird sich als so grundlegend erweisen, daß wir sie auch in IX nicht aufzugeben brauchen und sogar in X unter Berücksichtung ihrer »endlichen Ausdehnung« beibehalten können. Deshalb wollen wir hier etwas ausführlicher auf die affine Struktur von Y eingehen.

Was ist eine affine Struktur und wie kann sie als Bild von Inertialsystemen dienen?

Mathematisch ist eine affine Struktur durch Punkte, Geraden, Ebenen und entsprechende Axiome definiert, die hier nicht im Einzelnen aufgezeichnet werden sollen, da es einfacher ist, die affine Struktur in ihrer »analytischen« Form einzuführen: Ein n-dimensionaler affiner Raum ist dadurch gekennzeichnet, daß seine Punkte durch n Koordinaten $x^1, \ldots x^n$ (wir schreiben die Indizes oben!) so dargestellt werden können, daß die Geraden, Ebenen usw. durch *lineare* Gleichungen bestimmt werden können. *Alle linearen* Koordinatentransformationen

$$(1.1) \qquad x'^{\nu} = \sum_{\mu=1}^{n} \alpha_{\mu}^{\nu} x^{\mu} + \beta^{\nu},$$

für die die Determinante $|\alpha_{\mu}^{\nu}| \neq 0$ ist, führen zu gleichwertigen Darstellungen des affinen Raumes. Jede Gerade kann in einer Form

$$(1.2) \qquad x^{\mu} = a^{\mu}\tau + b^{\mu},\ \mu = 1,\ldots,n;\ -\infty < \tau < +\infty$$

mit Hilfe eines Parameters τ dargestellt werden; zwei Geraden (1.2) mit a^{μ}, b^{μ} bzw. a'^{μ}, b'^{μ} sind genau dann parallel, wenn $a'^{\mu} = \lambda a^{\mu}$ gilt, d. h. wenn der Vektor a'^{μ} Vielfaches des Vektors a^{μ} ist.

Das geeignete mathematische Hilfsmittel zur Beschreibung und Handhabung einer affinen Struktur in ihrer analytischen Form ist die affine Vektorrechnung. Diese erlaubt es, in übersichtlicher Weise Formeln so aufzuschreiben, daß man die Unabhängigkeit der aufgestellten Beziehungen vom gerade gewählten Koordinatensystem sofort erkennen kann, ähnlich wie die »normale« Vektorrechnung im dreidimensionalen Raum koordinatensystemunabhängige Relationen einfach aufzuschreiben gestattet. Um die späteren Ausführungen in IX und X besser zu verstehen, ist es vorteilhaft, sich schon an dieser Stelle mit der affinen Vektorrechnung vertraut zu machen (siehe A IV).

Wir denken uns jetzt also (im mathematischen Bild) Y als vierdimensionalen *affinen* Raum (dagegen wird zunächst keine Struktur eingeführt, die etwas mit räumlichen und zeitlichen Abstandsmessungen zu tun hat!). Die vierdimensionale affine Struktur soll nämlich *nur* als Bild von Scharen »paralleler« Ereignisketten dienen: In einem Inertialsystem können alle Ereignisse, die sich an *derselben* (in diesem Inertialsystem) fixierten Stelle ereignen, zu einer Ereigniskette zusammengefaßt werden. Jede fixierte Stelle des Inertialsystems definiert so eine Ereigniskette, deren Bild eine Gerade in Y und für die verschiedenen fixierten Stellen desselben Inertialsystems verschiedene *parallele* Geraden sein sollen. Wir können in dieser Weise als *Bild eines Inertialsystems in Y eine »Faserung« von Y in eine Schar paralleler Geraden* auffassen.

Um bei dieser »Abbildung« der Inertialsysteme keine Irrtümer aufkommen zu lassen, sei nochmals betont, daß nicht etwa wie in VI, § 1.1 »festgestellt« wird, daß sich ein Inertialsystem relativ zu einem anderen »geradlinig-gleichförmig« bewegt, denn dazu bedurfte es ja erst einer räumlichen *und* zeitlichen Abstandsmessung. Jetzt wird vielmehr dieser Sachverhalt umgekehrt: Durch die qualitativ physikalisch auszeichenbaren Inertialsysteme sind die Geraden und das Parallelsein, d. h. die affine Struktur von Y bestimmt; die Inertialsysteme legen fest, was geradlinig-gleichförmig »heißen« soll. Um sich diese dem Leser vielleicht etwas ungewohnte Sachlage klar zu machen, sei empfohlen, sich Y in Form eines »graphischen Fahrplans« zu veranschaulichen, indem man z. B. zunächst nur *eine* Raum- und eine Zeitkoordinate, d. h. ein zweidimensionales Y und dann *zwei* Raum- und eine Zeitkoordinate, d. h. ein dreidimensionales Y betrachtet.

Daß die physikalisch ausgezeichneten Inertialsysteme in der angegebenen Weise durch eine affine Struktur von Y abgebildet werden können, drückt etwas über die physikalisch möglichen (III, § 9) Inertialsysteme aus; d. h. die affine Struktur von Y wird zum Bild einer physikalischen Struktur der Ereignisse in ihrem realen Zueinander in der Welt.

Ist ein Inertialsystem gegeben, so kann man die eine Achse eines affinen Koordinatensystems in Y in Richtung der durch dieses Inertialsystem bestimmten Faserung von Y in parallele Geraden wählen; wir wollen diese Achse als 4-Achse wählen. Mit drei weiteren Achsen kann man dann jedes Ereignis aus Y durch vier Koordinaten (x^1, x^2, x^3, x^4) charakterisieren. Eine Gerade aus der durch das Inertialsystem bestimmten Parallelenschar ist in diesem Koordinatensystem bestimmt durch *feste* x^1, x^2, x^3 und beliebiges x^4, d. h. die drei ersten Koordinaten x^1, x^2, x^3 bestimmen genau eine im Inertialsystem fixierte Stelle. Man nennt deshalb oft die x^1, x^2, x^3 drei räumliche Koordinaten und x^4 eine zeitliche Koordinate in dem vorgegebenen Inertialsystem. Diese Koordinaten sind aber nicht etwa eindeutig durch das Inertialsystem bestimmt! Wie man leicht sieht, hängen alle so an ein vorgegebenes Inertialsystem angepaßten Koordinatensysteme noch durch beliebige Transformationen der Form

$$x'^k = \sum_{j=1}^{3} \alpha_j^k x^j + \beta^k \qquad (k = 1, 2, 3),$$

(1.3)

$$x'^4 = \sum_{j=1}^{3} \alpha_j^4 x^j + \alpha_4^4 x^4 + \beta^4$$

mit $\alpha_4^4 \neq 0$ und einer von Null verschiedenen Determinante $|\alpha_j^k|$ ($k, j = 1, 2, 3$!) zusammen. (1.3) sind spezielle Transformationen der Form (1.1), nämlich solche der Form (1.1), die die Richtung der 4-Achse invariant lassen!

Es sei nochmals betont, daß die Einführung der so an ein Inertialsystem angepaßten affinen Koordinaten schon die affine Struktur von Y und damit die Existenz weiterer Inertialsysteme *voraussetzt*!

Ist neben dem ersten ein zweites (gestrichenes) Inertialsystem gegeben, so hängen die an das »gestrichene« System angepaßten Koordinaten x'^{μ} von den an das ungestrichene System angepaßten Koordinaten x^{μ} in der Form (1.1) ab:

$$(1.4)\qquad \begin{aligned} x'^k &= \sum_{j=1}^{3} \alpha_j^k x^j + \alpha_4^k x^4 + \beta^k \; (k = 1, 2, 3) \\ x'^4 &= \sum_{j=1}^{3} \alpha_j^4 x^j + \alpha_4^4 x^4 + \beta^4. \end{aligned}$$

Die durch eine im ungestrichenen System fixierte Stelle (d. h. x^1, x^2, x^3 fest!) bestimmte Ereigniskette wird im gestrichenen System nach (1.4) durch eine Gerade

$$(1.5)\qquad \begin{aligned} x'^k &= \alpha_4^k x^4 + b^k, \\ x'^4 &= \alpha_4^4 x^4 + b^4 \end{aligned}$$

mit

$$(1.6)\qquad \begin{aligned} b^k &= \sum_{j=1}^{3} \alpha_j^k x^j + \beta^k, \\ b^4 &= \sum_{j=1}^{3} \alpha_j^4 x^j + \beta^4 \end{aligned}$$

in der Form (1.2) mit $a^{\mu} = \alpha_4^{\mu}$ und $\tau = x^4$ dargestellt; für verschiedene x^1, x^2, x^3 erhält man so, wie es sein muß, parallele Geraden. Eliminiert man in der ersten Gleichung von (1.5) x^4 durch x'^4 aus der zweiten Gleichung von (1.5), so erhält man die »anschauliche« Aussage, daß sich die fixierten Stellen des ungestrichenen Systems im gestrichenen System geradlinig im Raum der x'^1, x'^2, x'^3 und gleichförmig mit x'^4 bewegen. Dies ist keine Konsequenz irgendeiner »Dynamik« wie in VI, § 1.1, sondern nur noch einmal die »Veranschaulichung« dessen, daß die Inertialsysteme eine affine Struktur von Y bestimmen: Die Struktur der qualitativ auszeichenbaren Inertialsysteme ist eben der Art, daß man affine Koordinaten so einführen *kann,* daß sich in bezug auf diese Koordinaten *alle* Inertialsysteme geradlinig-gleichförmig relativ zueinander bewegen.

Damit diese affine Struktur von Y eindeutig durch die Inertialsysteme bestimmt ist, muß es »genügend viele« Inertialsysteme geben, d. h. müssen genügend viele Inertialsysteme im Sinne von III, § 9 physikalisch möglich sein. Wir wollen zeigen, daß fünf geeignete Inertialsysteme ausreichen, um die affine Struktur von Y festzulegen.

Dazu beweisen wir, daß in einem n-dimensionalen affinen Raum $(n+1)$ Parallelenscharen ausreichen, die affine Struktur festzulegen:

Seien zunächst n linearunabhängige Richtungen von n Parallelenscharen gegeben. Wir können diese zu den Achsen eines Koordinatensystems machen, so daß die n Parallelenscharen in diesem Koordinatensystem durch je $(n-1)$ feste und eine variable Koordinate (z. B. x^1 variabel und $x^2, \ldots x^n$ fest als eine Gerade aus der einen Schar paralleler Geraden) bestimmt sind. Dann sei noch eine $(n+1)$-te Parallelenschar durch die Richtung eines Vektors a^μ mit $a^\mu \neq 0$ für alle μ gegeben. Wenn wir dann zeigen, daß jede Variablentransformation $x'^\mu = f^\mu(x^1, \ldots x^n)$, die alle diese $(n+1)$ Parallelenscharen wieder als Parallelenscharen der Form (1.2) darstellt, die Gestalt (1.1) haben muß, so ist die affine Struktur durch diese $(n+1)$ Parallelenscharen festgelegt.

Betrachten wir zunächst die Schar paralleler Geraden, die durch variables x^1 bei festen $x^2, \ldots x^n$ gegeben ist. Im Raum der x'^μ ist dann nach Voraussetzung durch $x'^\mu = f^\mu(x^1, x^2, \ldots x^n)$ bei festen $x^2, \ldots x^n$ und variablem x^1 eine »Geradenrichtung« bestimmt; ebenso durch die weiteren Parallelenscharen x^2 variabel bis x^n variabel. Diese n Richtungen kann man als Koordinatenachsen wählen, d. h. man kann durch eine lineare Transformation der Form (1.1) neue x''^μ so einführen, daß die dadurch bestimmten Funktionen

$$x''^\mu = g^\mu(x^1, \ldots, x^n)$$

folgende Eigenschaften haben:

Für x^1 variabel, $x^2 \ldots x^n$ fest ist nur x''^1 variabel und $x''^2, \ldots x''^n$ fest (und entsprechend für x^2 variabel, usw.); $g^2(\ldots)$ bis $g^n(\ldots)$ hängen also nicht von x^1 ab (und entsprechend $g^1(\ldots), g^3(\ldots)$ bis $g^n(\ldots)$ nicht von x^2, usw.); d. h. $g^\mu(\ldots)$ hängt nur von x^μ ab:

$$x''^\mu = g^\mu(x^\mu).$$

Für die weitere $(n+1)$-te Parallelenschar

$$x^\mu = a^\mu \tau + b^\mu$$

(bei festem a^μ und variablen b^μ!) wird dann

$$x''^\mu = g^\mu(a^\mu \tau + b^\mu).$$

Damit dies von der Form $x''^{\mu} = \tilde{a}^{\mu}\tilde{\tau} + \tilde{b}^{\mu}$ (wobei $\tilde{a}^{\mu}$ fest ist und die $\tilde{b}^{\mu}$ von den b^{ν} abhängen!) ist, muß $g^{\mu}(x^{\mu})$ linear in x^{μ} sein:

Da $\tilde{\tau}$ von τ und den b^{ν} abhängen kann, folgt zunächst (bei festen b^{ν}, d.h. bei festgehaltener Gerade aus der Parallelenschar) durch Differentiation nach τ

$$\tilde{a}^{\mu}\frac{\partial\tilde{\tau}}{\partial\tau} = \frac{\partial x''^{\mu}}{\partial\tau} = \frac{\mathrm{d}g^{\mu}}{\mathrm{d}x^{\mu}}\,a^{\mu},$$

d.h.

$$\frac{\mathrm{d}g^{\mu}}{\mathrm{d}x^{\mu}} = \bar{a}^{\mu}\frac{\partial\tilde{\tau}}{\partial\tau} \qquad \text{mit} \qquad \bar{a}^{\mu} = \frac{\tilde{a}^{\mu}}{a^{\mu}}.$$

Die Funktion $\lambda = \dfrac{\partial\tilde{\tau}}{\partial\tau}$ hängt von τ und den b^{ν} ab. Mit τ und variablen b^{ν} erhält man aber durch $x^{\mu} = a^{\mu}\tau + b^{\mu}$ gerade alle x^{μ}, so daß λ eine Funktion der x^{μ} ist. In

$$\text{(1.7)} \qquad \frac{\mathrm{d}g^{\mu}}{\mathrm{d}x^{\mu}} = \lambda\bar{a}^{\mu}$$

ist die linke Seite nur von x^{μ} und nicht von den x^{ν} für $\nu \neq \mu$ abhängig; also hängt λ auch nicht von den x^{ν} für $\nu \neq \mu$ ab. Da dies für alle μ gilt, hängt λ von keinem x^{μ} ab. Aus (1.7) folgt damit

$$g^{\mu} = \lambda\tilde{a}^{\mu}x^{\mu} + c^{\mu}$$

d. h. die Linearität von g^{μ} und damit auch die der f^{μ}, was zu zeigen war.

Im Sinne von III, § 9 können wir also sagen, daß bei einem Realtext mit mindestens fünf (geeigneten) Inertialsystemen die affine Struktur von Y als physikalisch wirkliche (weil eindeutig festgelegte!) Struktur bestimmt ist. Dabei darf natürlich physikalisch die mathematisch idealisierte »unendliche« Ausdehnung eines Inertialsystems nicht ernst genommen werden, wie wir dies mehrfach betont haben.

Genau dieser »Mangel« wird in X ernst genommen und durch eine *physikalisch deutbare* Struktur ergänzt.

§ 2 Die Bestimmung der Zeitstruktur aus räumlichen Abstandsmessungen

Wir wollen jetzt die in § 1 besprochene Struktur der Ereignismenge ergänzen, indem wir zusätzlich die Messung *räumlicher* Abstände in einem Inertialsystem einführen, und zwar *auf dieselbe Art,* wie dies in II (bzw. andeutungsweise in IV) geschehen ist.

Dieser Weg setzt voraus, was wir in II und IV »Transport« von Gegenständen nannten, er setzt aber in *keiner Weise irgendein Zeitmeßverfahren voraus*. Der Transport von Gegenständen beinhaltet noch keine Aussagen über irgendein *dynamisches* Verhalten während des Transportes, sondern verbindet nur das *statische* Verhältnis von Ausgangs- und Endlage des transportierten Körpers. Dagegen war es zur Einführung eines Zeitmeßverfahrens nach II, § 6 notwendig, allgemeine Aussagen über das dynamische Verhalten von Vorgängen zu machen. Genau dies letzte wollen wir jetzt vermeiden, indem wir keine Zeitmeßmethode wie in II, § 6 einführen.
Wenn wir die in II (bzw. IV) begründete Methode des »Messens räumlicher Abstände in einem Inertialsystem« übernehmen, so können wir dies in der Sprache der Ereignismenge Y auch so formulieren: Für eine durch ein Inertialsystem gegebene Faserung von Y in eine Schar paralleler Geraden ist ein »räumlicher Abstand« dieser Parallelen untereinander definiert. In mathematisch-analytischer Form ergänzen wir die in § 1 eingeführte affine Struktur durch folgende Forderung:

Das einem Inertialsystem im Sinne von § 1 angepaßte Koordinatensystem der x^1, x^2, x^3 und x^4 läßt sich so wählen, daß sich der räumliche Abstand zweier im Inertialsystem fixierter Stellen $x^1_{(1)}$, $x^2_{(1)}$, $x^3_{(1)}$ und $x^1_{(2)}$, $x^2_{(2)}$, $x^3_{(2)}$ in der Form

$$\sqrt{(x^1_{(1)} - x^1_{(2)})^2 + (x^2_{(1)} - x^2_{(2)})^2 + (x^3_{(1)} - x^3_{(2)})^2} \tag{2.1}$$

schreiben läßt.

In diesem Sinne wollen wir kurz sagen, daß die affine Struktur von Y mit der *Euklid*ischen Struktur des dreidimensionalen Raumes jedes Inertialsystems kompatibel ist. Stellt man die Forderung an die an ein Inertialsystem angepaßten Koordinaten x^1, x^2, x^3 und x^4, daß sich der Abstand in der Form (2.1) darstellen läßt, so sind nicht mehr alle Transformationen (1.3) für ein vorgegebenes Inertialsystem erlaubt (!), sondern nur solche, für die in (1.3) die Matrix α^k_j eine räumliche Drehmatrix $\mathbf{A}$ mit $\mathbf{A}' = \mathbf{A}^{-1}$ ist. Die Wahl des »Zeitparameters« x^4 bleibt aber in der in (1.3) angegebenen Weise unbestimmt, da auch x'^4 ein ebenso brauchbarer Zeitparameter ist!

Aber durch ein *zusätzliches* Axiom über das Verhältnis *verschiedener* Inertialsysteme zueinander kann der Zeitparameter bis auf »triviale« Änderungen eindeutig gemacht werden. Da über diesen Punkt sehr viel und auch viel Falsches gedacht wurde, müssen wir uns *ganz klar* werden, daß tatsächlich etwas Neues als Axiom hinzukommt, das *nicht* aus den vorhergehenden Axiomen deduzierbar ist. Während *alle* bisher in diesem Kapitel VII eingeführten Axiome (einschließlich (2.1)!) über die Struktur von Y auch in der Speziellen Relativitätstheorie in IX beibehalten werden, wird das folgende Axiom gerade von der Speziellen Relativitätstheorie *verneint*. Wir haben damit ein nicht »an den Haaren herbeigezogenes« Beispiel dafür, daß (wie wir dies in III, § 3 betonten!) in einer mathematischen Theorie als Axiom eine Aussage, ebenso gut aber auch die Verneinung dieser Aussage hinzugenommen werden kann, wodurch man dann natürlich zwei *verschiedene* mathematische Theorien erhält. Daß aber zwei in dieser Weise verschiedene mathematische Theorien $\mathfrak{MT}_1$ und $\mathfrak{MT}_2$ als Bilder (siehe III) in zwei physikalischen Theorien $\mathfrak{PT}_1$ und $\mathfrak{PT}_2$ dienen können, wobei $\mathfrak{PT}_2$ eine im Sinne von III, § 7 zu $\mathfrak{PT}_1$ umfangreichere Theorie ist, ist zumindest nicht sofort einsichtig; wir werden darauf in IX näher eingehen müssen!

Das neu hinzuzunehmende Axiom können wir etwa so formulieren:

> *Es gibt* (!) eine solche Wahl eines Zeitparameters x^4, daß der in (1.4) dargestellte Übergang von den im Sinne von (2.1) angepaßten Koordinaten eines Inertialsystems zu den ebenso angepaßten Koordinaten *jedes* anderen Inertialsystems durch dreidimensionale Drehmatrizen α_j^k erzeugt wird.

Wir haben diese analytische Form des Axioms gewählt, um so weiter unten möglichst einfach die (bis auf triviale Änderungen dadurch festgelegte) Eindeutigkeit des Zeitparameters $x^4 = t$ beweisen zu können. Wir wollen uns aber zunächst die Aussage des Axioms etwas näher »physikalisch veranschaulichen«:

Dazu betrachten wir in Y die dreidimensionale Ebene $x^4 = 0$. Nach dem eben formulierten Axiom ist in dieser Ebene ein räumlicher Abstand zweier Ereignisse *unabhängig* (!) davon definiert, welcher Parallelenschar eines Inertialsystems diese Ereignisse zugeordnet werden; d. h. der räumliche Abstand zweier Stellen in *irgend*einem Inertialsystem ist gegeben durch den räumlichen Abstand derjenigen Ereignisse aus der Ebene $x^4 = 0$, die sich an den betreffenden fixierten Stellen des Inertialsystems ereignen. Aber auch umgekehrt: Gibt es in Y eine dreidimensionale Ebene und einen in ihr definierten räumlichen euklidischen Abstand, so kann man für jede diese Ebene durchsetzende Parallelenschar einen Abstand definieren durch den Abstand der Schnittpunkte der Parallelen mit dieser Ebene. Wir können also auch sagen: das obige Axiom legt fest, daß der räumliche Abstand in den Inertialsystemen als eine einzige Abstandsstruktur in *einer dreidimensionalen* Ebene von Y aufgefaßt werden darf. Eine solche Ebene heiße im Folgenden kurz eine *Gleichzeitigkeitsebene*. Ganz kurz können wir also das obige *Axiom* auch so aussprechen: *Es gibt in Y eine Gleichzeitigkeitsebene*. Um es nochmals zu betonen, dies ist kein deduzierbarer Satz, sondern ein zusätzliches Axiom!

Mehr experimentell physikalisch, d. h. einem experimentellen Test näher (siehe III, § 4), kann man die Aussage des Axioms auch so formulieren: Es ist möglich, einen Zeitparameter x^4 und eine »Gleichzeitigkeit« $x^4 = 0$ in einem (ungestrichenen) Inertialsystem so einzuführen, daß der räumliche Abstand zweier im ungestrichenen System gleichzeitiger Ereignisse derselbe ist wie der räumliche Abstand derjenigen fixierten Stellen in einem anderen gestrichenen Inertialsystem, *an denen* diese beiden Ereignisse im gestrichenen System stattfinden. *Kurz,* aber oft mißverstanden (!), pflegt man dies dann so auszudrücken: Ein im ungestrichenen System ruhender Maßstab hat vom gestrichenen System aus »beobachtet« dieselbe Länge wie im ungestrichenen System.

Es wird dem Leser *dringend empfohlen,* alle diese mit dem obigen Axiom zusammenhängenden Verhältnisse sich wiederholt (!) vor Augen zu führen; insbesondere sich klar zu machen, daß eine sogenannte »Gleichzeitigkeitsebene« keine mystische Vorstellung ist, sondern eine dreidimensionale Ebene in Y, die es gestattet, den räumlichen Abstand zweier fixierter Stellen in einem Inertialsystem mit dem räumlichen Abstand zweier fixierter Stellen eines *anderen* Inertialsystems zu vergleichen: Haben die fixierten Stellen des einen Inertialsystems dieselben »Durchstoßpunkte« durch die »Gleichzeitigkeitsebene« wie die des anderen, so haben sie denselben räumlichen Abstand; daß es eine »solche« Gleichzeitigkeitsebene *gibt,* ist nicht selbstverständlich, sondern Axiom. Wegen der Fülle der Mißverständnisse kann dies leider nicht oft genug wiederholt werden; der Verfasser bittet daher um Entschuldigung, falls er den Leser damit gelangweilt hat.

Wir wollen zum Schluß nun noch zeigen, daß dieser Zeitparameter, den es nach dem eingeführten Axiom gibt, bis auf Nullpunkt und Einheit eindeutig bestimmt ist; oder noch einfacher ausgedrückt: Wenn es eine Gleichzeitigkeitsebene in Y gibt, so ist die Menge der Gleichzeitigkeitsebenen als Menge paralleler Ebenen im affinen Y *eindeutig* bestimmt (denn durch eine solche Schar paralleler Ebenen ist dann wegen der affinen Struktur von Y ein bis auf Nullpunkt und Einheit eindeutiger Parameter x^4 bestimmt, so daß $x^4 = \text{const}$ die Gleichung dieser Gleichzeitigkeitsebenen ist).

Um diese Behauptung zu beweisen, brauchen wir nur zu zeigen, daß mit einem anderen Parameter $\tilde{x}^4 = \sum_{i=1}^{3} \eta_i x^i + \eta_4 x^4 + \varrho$ eine Transformation vom ungestrichenen ins gestrichene System

$$x'^k = \sum_{j=1}^{3} \gamma_j^k x^j + \gamma_4^k \tilde{x}^4 + \delta^k \tag{2.2}$$

nicht mit einer Drehmatrix γ_j^k gelten kann, wenn sie für x^4 in der Form (1.4) mit einer Drehmatrix α_j^k gilt und ein $\eta_i \neq 0$ ist. Setzt man den Ausdruck für $\tilde{x}^4$ in (2.2) ein, so folgt

$$x'^k = \sum_{j=1}^{3} (\gamma_j^k + \gamma_4^k \eta_j)\, x^j + \gamma_4^k \eta_4 x^4 + (\gamma_4^k \varrho + \delta^k).$$

Durch Vergleich mit (1.4) folgt dann

$$\alpha_j^k = \gamma_j^k + \gamma_4^k \eta_j. \tag{2.3}$$

α_j^k und γ_j^k können aber dann nicht gleichzeitig Drehmatrizen sein, denn es müßte sonst für irgendwelche räumlichen Vektoren a^k, b^k und die transformierten Vektoren

$$a'^k = \sum_{j=1}^{3} \alpha_j^k a^j,$$

$$a''^k = \sum_{j=1}^{3} \gamma_j^k a^j$$

und entsprechend für b'^k, b''^k gelten, daß die inneren Produkte erhalten bleiben:

$$\sum_{k=1}^{3} a^k b^k = \sum_{k=1}^{3} a'^k b'^k = \sum_{k=1}^{3} a''^k b''^k.$$

Nun ist aber

$$a'^k = a''^k + \gamma_4^k \sum_{j=1}^{3} \eta_j a^j.$$

Wählen wir $a^j = \eta_j$, und b^j als einen Vektor senkrecht zu a^j, so folgt:

$$a'^k = a''^k + \gamma_4^k \left(\sum_{j=1}^{3} \eta_j^2 \right),$$

$$b'^k = b''^k$$

und

$$0 = \sum_{k=1}^{3} a^k b^k = \sum_{k=1}^{3} a'^k b'^k = \sum_{k=1}^{3} a''^k b''^k,$$

was nur gelten kann, wenn

$$\left(\sum_{k=1}^{3} b''^k \gamma_4^k \right) \left(\sum_{k=1}^{3} \eta_j^2 \right) = 0$$

ist. Da es wenigstens so viele verschiedene Inertialsysteme gibt, daß für die γ_4^k (als dreidimensionale Vektoren) mindestens drei linearabhängige Vektoren vorkommen, kann man das gestrichene Inertialsystem so wählen, daß $\sum_{k=1}^{3} b''^k \gamma_4^k$

$\neq 0$ ist, so daß $\sum_{j=1}^{3} \eta_j^2 = 0$ sein muß. Damit folgt $\tilde{x}^4 = \eta_4 x^4 + \varrho$, d. h. der Parameter x^4 ist bis auf eine Einheit (d. h. den Faktor η_4) und bis auf den Nullpunkt (d. h. den Summanden ϱ) eindeutig bestimmt.

Damit haben wir eine sehr wichtige Erkenntnis gewonnen: Die affine Struktur von Y, und die Struktur des *räumlichen* Abstandes in Inertialsystemen legen *zusammen mit dem Axiom der Existenz einer Gleichzeitigkeitsebene* auch die Zeitmessung (bis auf die Wahl einer Einheit und des Nullpunktes) fest! Die Entwicklung einer getrennten Zeitmeßmethode nach Art der in II, § 6 dargestellten Weise ist unnötig! Damit ist die unschöne Art der Einführung zeitlicher Abstände durch dynamische Prozesse, die als solche erst in der Mechanik behandelt werden, eliminiert. Wegen der Wichtigkeit dieser Erkenntnis, wollen wir neben dem obigen mathematisch abstrakten »Beweis« noch eine physikalisch mögliche Konstruktion des Zeitparameters $x^4 = t$ angeben:

Dazu gehen wir von zwei gegeneinander bewegten Inertialsystemen aus. Die Raumkoordinaten des einen Inertialsystems mögen ohne Striche, die des »Hilfs«-Inertialsystems mit Strichen bezeichnet werden. Man bezeichne einen Punkt aus dem »gestrichenen« System als Nullpunkt. Dieser Punkt durchläuft im »ungestrichenen« System eine räumliche (!) Gerade. Auf dieser Geraden wähle man willkürlich einen Punkt als Nullpunkt des ungestrichenen Systems aus und mache die Gerade selbst zur 1-Achse des ungestrichenen Systems; die 2- und 3-Achse des ungestrichenen Systems wähle man senkrecht, aber sonst willkürlich dazu. Alle Punkte des gestrichenen Systems beschreiben dann im ungestrichenen System räumliche Geraden parallel zur 1-Achse.

Im gestrichenen System führen wir jetzt ebenfalls ein Koordinatensystem ein: Alle Punkte des gestrichenen Systems, die dieselbe Gerade (nämlich die 1-Achse des ungestrichenen Systems) wie der Nullpunkt des gestrichenen Systems im ungestrichenen System beschreiben, liegen auf einer Geraden im gestrichenen System, die wir zur 1-Achse im gestrichenen System machen. Alle Punkte des gestrichenen Systems, deren im ungestrichenen System beschriebene Geraden durch einen Punkt der 2-Achse gehen, bilden im gestrichenen System eine Ebene durch die 1'-Achse; als 2'-Achse wähle man die Gerade durch den Nullpunkt in dieser Ebene und senkrecht zur 1'-Achse. Entsprechend wird die 3'-Achse gewählt.

Mit Hilfe der Koordinaten x'^k einer fixierten Stelle P' des gestrichenen Systems und ihren veränderlichen Koordinaten x^k im ungestrichenen System ist dann durch

$$(2.4)\qquad \begin{aligned} x^1 &= x'^1 + t \\ x^2 &= x'^2 \\ x^3 &= x'^3 \end{aligned}$$

ein »Zeitparameter« t bestimmt. Die »Gleichzeitigkeit« im ungestrichenen System ist z. B. dadurch an den verschiedenen Stellen (x^1, x^2, x^3) festgelegt, daß zum Zeitpunkt »Null« (d. h. $t = 0$) an der Stelle (x^1, x^2, x^3) des ungestrichenen Systems gerade die im gestrichenen System fixierte Stelle P' mit denselben Koordinaten $x'^1 = x^1, x'^2 = x^2, x'^3 = x^3$ vorbeigleitet.

Es ist natürlich rückwärts aufgrund der Darlegungen aus VI, § 1.1 klar, daß der durch die affine Struktur von Y, die räumliche Abstandsstruktur in Inertialsystemen und das Axiom über die Existenz einer Gleichzeitigkeitsebene bis auf Einheit und Nullpunkt eindeutig bestimmte Zeitparameter $x^4 = t$ als derjenige benutzt werden kann, der in der Aufstellung der Grundaxiome der Mechanik in der *Newton*schen oder *Lagrange*schen Form auftritt; d.h. mit diesem im vorliegenden § 2 abgeleiteten Zeitparameter t könnte man wieder von vorne die ganze Mechanik aufbauen ohne irgendetwas von der Zeitmeßtheorie aus II, § 6 und folgende zu benutzen.

§ 3 Raum- und Zeitstruktur als Ergebnis der Mechanik?

Wie ist es möglich, rückwärts aus der Mechanik auch die Raumstruktur des räumlichen Abstandes zurückzugewinnen, d. h. wie ist es möglich, aufgrund der Mechanik die räumlichen Abstände (ähnlich wie die Massen m_i) als indirekt meßbare Größen aufzufassen?

Es würde hier viel zu weit führen und einige mathematische Anforderungen voraussetzen, wollten wir ausführlich darlegen, daß dies tatsächlich möglich ist. Wir werden nur die prinzipiell wichtigen Voraussetzungen angeben, die notwendig sind, um auf diese Weise den Abstand als sekundär meßbare Größe erscheinen zu lassen.

Wir haben in V, § 3.8 explizit die Bewegungsgleichungen für Massenpunkte in beliebigen holonomen Koordinaten aufgeschrieben. Die Frage stellt sich, ob diese Gleichungen rückwärts die Massen m_i der Massenpunkte *und* die räumlich rechtwinkligen Koordinatensysteme und die Zeit festlegen. Aus den Gleichungen, z. B. V (3.8.7) allein, kann man keine solchen Rückschlüsse ziehen, solange die Zerlegung der »Kräfte« $(Q^k + \tilde{Q}^k)$ in die beiden Summanden Q^k und $\tilde{Q}^k$ nicht durch irgendwelche Kraftgesetze bestimmt wird. Welches könnten aber diese *allgemeinen* Grundstrukturen für die Kräfte sein, die dann den Rückschluß auf die Raum-Zeit-Struktur erlauben?

In V, § 3.12 und VI, § 1.2 haben wir gesehen, daß die Erhaltungssätze mit der Invarianz der Bewegungsgleichungen gegenüber Drehungen, Translationen (d. h. allgemein gegenüber *Galilei*-Transformationen) äquivalent sind. Die Erhaltungssätze drücken aber eine *allgemeinste* Grundstruktur aller Kraftgesetze aus. D. h., wenn die Erhaltungssätze aufgrund von Axiomen über die Kräfte gelten, so kann man umgekehrt durch Axiome über die *Lagrange*funktion (was wir natürlich hier nicht im Einzelnen beweisen) die *Galilei*-Gruppe zurückgewinnen. Die *Galilei*-Gruppe wiederum bestimmt dann sowohl die räumliche Abstandsfunktion bis auf einen Faktor (durch die Untergruppe der Drehungen) wie auch die Zeit (was wir in § 2 gezeigt haben).

Man könnte fragen, warum wir diese in der Richtung umgewendete Darstellung von der Mechanik zur Raum-Zeit-Struktur kurz skizziert haben, da es doch »üblich« ist, zunächst von Raum- und Zeit und dann erst von einzelnen speziellen Theorien für die verschiedenen Gebiete der Physik zu sprechen. Es sind zwei Gründe, auf die wir durch die »umgewendete« Betrachtungsweise aufmerksam machen wollen:

1. daß in einer Theorie (hier der Mechanik mit allgemeinsten Kraftgesetzen) schon implizit die Raum-Zeit-Struktur enthalten ist und mit Hilfe der Erfahrungen indirekt meßbar wird. Die Raum-Zeit-Struktur wird im Sinne von III, § 9 schon als *implizit* in der Theorie enthaltene Struktur zu einer physikalisch wirklichen Struktur.
2. daß wir bei einer Verbesserung der Theorie von Raum und Zeit (d. h. beim Übergang zu einer umfangreicheren Theorie im Sinne von III, § 7) nicht daran gebunden sind, die in der Raum-Zeittheorie vorkommenden Strukturen unmittelbar, operativ nachmessen zu können; wichtig ist allein, daß die Raum-Zeit-Struktur nicht allein, aber *mit die Form* jeder speziellen Theorie für spezielle Grundbereiche *bestimmt*.

§ 4 Die Frage nach dem absoluten Raum und der absoluten Zeit

Bevor es üblich war, an physikalische Grundlagenbegriffe so kritisch heranzugehen, wie wir es hier wenigstens versucht haben (weniger durchzuführen als) zu schildern, glaubte man, daß die Existenz eines absoluten Raumes und einer absoluten Zeit eine Voraussetzung jeglicher Physik sei. Man stellte sich vor, daß es einen von der Zeit unabhängigen Raum gibt, in dem alle Vorgänge stattfinden und in dem die Dinge ihre Ausdehnung und ihre Abstände haben; neben dem Raum gäbe es die absolute Zeit, in der jede Veränderung und jeder Vorgang »seine Zeit« hat unabhängig davon, wo er im Raum stattfindet; die Gleichzeitigkeit sei durch das gleichzeitig Seiende gegeben, während für zwei nicht gleichzeitige Vorgänge der eine schon vergangen ist, d. h. nicht mehr ist, während sich der andere gerade vollzieht, d. h. ist. Was bleibt von diesen halb philosophischen, halb scheinphysikalischen Vorstellungen im Vergleich zu der von uns durchgeführten Analyse übrig?

Zunächst scheint tatsächlich die absolute Zeit »gerettet«, denn die in § 2 bewiesene Eindeutigkeit des Zeitparameters scheint ja genau das wiederzugeben, was man sich unter der absoluten Zeit »vorstellt«. Aber gerade die Tatsache, daß wir diese Eindeutigkeit eines Zeitparameters erst erhielten nach Einführung des Axioms der Existenz einer »Gleichzeitigkeitsebene« zeigt deutlich, daß dieser eindeutige Zeitparameter aus § 2 *keine* anschauliche *Selbstverständlichkeit* ist. Diese Auffassung wird noch dadurch erhärtet, daß wir in IX gerade das Axiom von der Existenz einer Gleichzeitigkeitsebene aufgeben müssen.

Natürlich kann man sich immer irgendeinen nur in Gedanken ausgezeichneten Zeitparameter denken, der sich aber im Prinzip nie als solcher in der Erfahrung bemerkbar macht. Über reine Gedankendinge, deren Existenz oder Nichtexistenz keine Auswirkungen auf die Erfahrungen hat, kann keine Physik etwas aussagen, so daß es müßig ist, in diesem Zusammenhang darüber zu reden. Wenn also die Vorstellung von einem absoluten Raum und einer absoluten Zeit irgendeinen physikalischen Sinn haben soll, so müßte sich die Existenz einer solchen Struktur in irgendwelchen Erfahrungen widerspiegeln, d. h. zum *Wirklichkeitsbereich* irgendeiner physikalischen Theorie gehören (siehe III, § 9).

In diesem Sinne gehört die »Zeit«, die durch den in § 2 bis auf Einheit und Nullpunkt eindeutig bestimmten Zeitparameter definiert ist, zum Wirklichkeitsbereich der in VII dargestellten Raum-Zeit-Theorie und könnte so als die »absolute Zeit« in Y bezeichnet werden, ohne damit wenigstens zunächst irgendwelche weiteren ontologischen oder auch nur »anschaulichen« Gesichtspunkte zu verknüpfen.

Diese Tatsache, eine in diesem physikalischen Sinne absolute Zeit einführen zu können, verleitete nun zu der Vorstellung, daß es auch möglich sein sollte, einen absoluten Raum physikalisch aufzuweisen.

Nun zeigen aber alle die vorhergehenden Darlegungen, daß es in der ganzen Mechanik keine Gesetzmäßigkeit gibt, die es gestattet, irgendein Inertialsystem vor irgendeinem anderen auszuzeichnen. Während also in der Ereignismenge Y schon durch das Axiom der *Existenz* von Gleichzeitigkeitsebenen die Menge dieser Gleichzeitigkeitsebenen eindeutig bestimmt ist, ist in Y keine der durch ein Inertialsystem bestimmten Faserungen von Y in parallele Geraden ausgezeichnet. Ein physikalisch sinnvoller »absoluter Raum« könnte also nur eingeführt werden, wenn in einer physikalischen Theorie Gesetze auftreten, die es erlauben würden, eine dieser Faserungen vor allen anderen auszuzeichnen. Die Mechanik zumindest reicht hierfür nicht aus. In der historischen Entwicklung der Physik glaubte man, in der Elektrodynamik eine Theorie gefunden zu haben, die das Gewünschte leistet, d. h. *eine* der Faserungen von Y und damit ein Inertialsystem als den absoluten Raum (oft auch ruhenden Raum genannt) auszuzeichnen. Gerade aber diese Hoffnung bestätigte sich nicht, wie wir noch näher in IX sehen werden.

§ 5 Einige kritische Bemerkungen zu den Grundlagen der *Newton-Lagrange*schen Mechanik

Es war ein wichtiges Ereignis in der Entwicklung der theoretischen Physik, daß zur Formulierung der Grundgesetze der *Newton*schen Mechanik die Infinitesimalrechnung erfunden wurde. Ohne die Begriffe von Geschwindigkeit und Beschleunigung wäre eine Formulierung der Grundgesetze der Mechanik unmöglich gewesen. So scheint die Infinitesimalrechnung von einer wichtigen physikalischen Bedeutung zu sein.

Wie stark die Zeitgenossen *Newtons* von der Infinitesimalrechnung und ihrer Anwendbarkeit in der Physik beeindruckt waren, zeigt die Philosophie von *Leibniz,* der von der Infinitesimalrechnung zu philosophischen Vorstellungen angeregt wurde. Es ist nicht die Aufgabe dieses Buches, die *Philosophie* von *Leibniz* zu diskutieren, sondern nur die Frage zu behandeln, welche *physikalische* Bedeutung der Infinitesimalrechnung zukommt.

Gewitzt durch die weitere Entwicklung der theoretischen Physik stehen wir allen Schlußfolgerungen aus mathematischen Strukturen auf physikalische Strukturen kritischer gegenüber als frühere Zeiten. So können wir heute nicht mehr den überschwenglichen Optimismus der damaligen Zeit teilen, im Differentialquotienten als Limes-Begriff etwas Physikalisches zu sehen. Im Gegenteil werden wir aufgrund unserer Kritik und unserer Überlegungen zu dem Verhältnis von mathematischem Bild zur physikalischen Wirklichkeit aus II, § 4 und III, § 5 und 8 jeden Schluß von der *mathematischen* Existenz eines Limes auf irgendeine *reale* Existenz eines Limes in der physikalischen Wirklichkeit als Mißdeutung einer mathematischen Idealisierung (siehe III, § 5) ablehnen.

Ist aber der Differentialquotient nur eine mathematische Idealisierung, so bleibt die um so sinnvollere Frage zurück: Von welcher physikalischen Struktur stellt der Differentialquotient eine idealisierte Beschreibung dar? Unsere erste Antwort würde lauten: von einem Differenzenquotienten. Daß diese Antwort unzureichend ist, folgt aus folgender Überlegung: Wird eine Bahnkurve in rechtwinkligen Koordinaten durch differenzierbare Funktionen $x_\nu(t)$ dargestellt, und geht man zu drei anderen Parametern q_1, q_2, q_3 mit Hilfe von stetigen Funktionen f_i

$$q_i = f_i(x_\nu)$$

über, so sind im Allgemeinen die q_i nicht mehr nach t differenzierbar. Wie aber soll man »physikalisch« merken, daß man »nur« stetige f_i gewählt hat?

In ähnliche Schwierigkeiten gelangt man, wenn man statt des Parameters t mit einer »nur« stetigen Funktion $\tau(t)$ einen anderen Parameter τ einführt.

Irgendwie also hängt die in der idealisierten Form der Differenzierbarkeit beschriebene physikalische Struktur mit der Raum-Zeit-Struktur zusammen; aber wie? Unser Problem ist also nicht so elementar, wie es zunächst schien. Ist dieses Problem aber nicht so elementar, so bringt die *Newton-Lagrange*sche Grundlegung der Mechanik eine wichtige Struktur der Wirklichkeit nicht klar genug heraus, da sie schon von Anfang an gleich mit der Differenzierbarkeit als Grundvoraussetzung beginnt, die dann nicht weiter analysiert wird. So kommen wir heutzutage zu der merkwürdigen Einstellung, daß wir das »große« Ereignis der Einführung der Infinitesimalrechnung in die Physik (zwar als *praktischen* Vorteil würdigen, aber) als ein ungelöstes Problem empfinden.

Zur Lösung dieses Problems müßte man einen neuen Aufbau der Mechanik entwickeln, der keine Differenzierbarkeits*voraus*setzungen macht. In einem solchen neuen Aufbau würde erst an späterer Stelle die Infinitesimalrechnung nur noch als ein *geschicktes mathematisches Hilfsmittel* erscheinen, um praktische Probleme zu lösen. Dieser neue Weg ist bisher noch nicht ausgearbeitet worden, obwohl man weiß, daß topologische Strukturen und Gruppenstrukturen (siehe z. B. die Skizze zu einer Theorie der Raumstruktur nach IV) eine ausreichende Basis für einen solchen neuen Weg sein sollten.

Wir sehen, daß eine so »alte« Theorie wie die Mechanik auch heute immer wieder neue Probleme stellen kann, nicht etwa weil sie »falsch« wäre, sondern weil man diese Theorie neu *im Zusammenhang* mit der ganzen theoretischen Physik sieht – und sehen muß, wie wir das noch im weiteren Verlauf unserer Reise durch die theoretische Physik erleben werden.

AI. Einige Formeln der elementaren Vektorrechnung und der analytischen Geometrie

Ein Vektor ist definiert als eine dreikomponentige Größe $\mathbf{a} = (a_1, a_2, a_3)$, deren Komponenten vom rechtwinkligen Koordinatensystem (im dreidimensionalen Raum) in einer ganz bestimmten, gleich näher zu formulierenden Weise abhängen:

Hat in einem rechtwinkligen Koordinatensystem ein Punkt P die Koordinaten x_1, x_2, x_3 und in einem zweiten Koordinatensystem (dem »gestrichenen« Koordinatensystem) die Koordinaten x'_1, x'_2, x'_3, so gilt:

$$x'_i = \sum_{k=1}^{3} \alpha_{ik} x_k + \beta_i \tag{1}$$

mit einer Drehmatrix $\mathbf{A} = (\alpha_{ik})$, für die $\mathbf{A}' = \mathbf{A}^{-1}$ ist. Eine dreikomponentige Größe ist ein Vektor, wenn die Komponenten a'_i im gestrichenen Koordinatensystem mit den Komponenten a_i im ungestrichenen System nach

$$a'_i = \sum_{k=1}^{3} \alpha_{ik} a_k . \tag{2}$$

zusammenhängen. Für zwei Punkte P_1 mit den Koordinaten $x_1^{(1)}, x_2^{(1)}, x_3^{(1)}$ und P_2 mit den Koordinaten $x_1^{(2)}, x_2^{(2)}, x_3^{(2)}$ ist also

$$\mathbf{r}_{21} = (x_1^{(1)} - x_1^{(2)}, x_2^{(1)} - x_2^{(2)}, x_3^{(1)} - x_3^{(2)})$$

ein Vektor, der sogenannte »Ortsvektor« von P_2 nach P_1. Wenn P_2 speziell der Nullpunkt des Koordinatensystems ist, so nennt man (mit P statt P_1) oft $\mathbf{r} = (x_1, x_2, x_3)$ den Ortsvektor zum Punkt P mit den Koordinaten x_1, x_2, x_3; Achtung: Der Ortsvektor hängt vom gewählten »Nullpunkt« ab!

Als »Skalar« bezeichnet man eine nicht vom Koordinatensystem abhängige einkomponentige Größe; so ist z. B. der absolute Betrag eines Vektors **a**

$$(3) \qquad |\mathbf{a}| = \sqrt{\sum_{k=1}^{3} a_k^2}$$

ein Skalar, ebenso wie das »innere Produkt« zweier Vektoren

$$(4) \qquad \mathbf{a} \cdot \mathbf{b} = \sum_{k=1}^{3} a_k b_k = |\mathbf{a}|\,|\mathbf{b}| \cos\varphi$$

mit φ als Winkel zwischen **a** und **b**. $\mathbf{a} \cdot \mathbf{b} = 0$ heißt also, daß **a** senkrecht zu **b** ist.

Ist t ein Skalar und eine Kurve in der Form $x_1\,(t)$, $x_2\,(t)$, $x_3\,(t)$ gegeben, so ist

$$\mathbf{v} = (\dot{x}_1, \dot{x}_2, \dot{x}_3) = \dot{\mathbf{r}}$$

ein Vektor und ebenso

$$\mathbf{b} = (\ddot{x}_1, \ddot{x}_2, \ddot{x}_3) = \ddot{\mathbf{r}}.$$

$\dot{\mathbf{r}}$ und $\ddot{\mathbf{r}}$ hängen *nicht* mehr vom Nullpunkt des Koordinatensystems ab!

Die Summe zweier Vektoren ist durch

$$\mathbf{a} + \mathbf{b} = (a_1 + b_1, a_2 + b_2, a_3 + b_3)$$

definiert und wieder ein Vektor. λa ist durch $(\lambda a_1, \lambda a_2, \lambda a_3)$ definiert.

Das »äußere Produkt« $\mathbf{a} \times \mathbf{b}$ zweier Vektoren **a**, **b** ist ein zu **a** und **b** senkrechterVektor der Länge $|\mathbf{a}|\,|\mathbf{b}| \sin\varphi$ mit φ als Winkel zwischen **a** und **b**; explizit gilt

$$(5) \qquad \mathbf{a} \times \mathbf{b} = \left(\begin{vmatrix} a_2 a_3 \\ b_2 b_3 \end{vmatrix}, -\begin{vmatrix} a_1 a_3 \\ b_1 b_3 \end{vmatrix}, \begin{vmatrix} a_1 a_2 \\ b_1 b_2 \end{vmatrix} \right).$$

Es gilt somit $\mathbf{a} \times \mathbf{b} = -\,\mathbf{b} \times \mathbf{a}$. Ist **b** proportional **a** (d.h. $\mathbf{b} = \lambda\mathbf{a}$), folgt $\mathbf{a} \times \mathbf{b} = 0$.

Wir schrieben eben, daß $\mathbf{a} \times \mathbf{b}$ *ein* zu **a** und **b** senkrechter Vektor ist und gaben in Komponenten die Formel (5) an. Um aber die Definition von $\mathbf{a} \times \mathbf{b}$ eindeutig zu machen (denn es gibt zwei verschiedene Vektoren senkrecht zu **a** und **b** mit der Länge $|\mathbf{a}||\mathbf{b}| \sin\varphi$), muß man im Raum mathematisch noch eine »Orientierung« als Struktur einführen. Dies kann durch Auszeichnung eines speziellen Koordinatensystems geschehen. Gleich orientierte Koordinatensysteme sind dann alle, die aus dem speziell ausgezeichneten durch Drehungen A mit *positiver* Determinante $|A| = +1$ hervorgehen. Formel (5) ist in diesem mit dem ausgezeichneten System gleich orientierten Koordinatensystemen anzuwenden; in diesen ist das Resultat ein Vektor. Bei der Benutzung des Raumes als Bild physikalischer Lagebeziehungen benutzen wir die mathematisch durch die Orientierung ausgezeichneten Koordinatensysteme als Bilder von »physikalischen« Rechtssystemen, d.h. von *in der Wirklichkeit* durch bestimmte Verweise ausgezeichnete Systeme. Im mathematischen euklidischen dreidimensionalen Raum kann man nicht »an sich« rechts von links unterscheiden, sondern nur irgendein spezielles Koordinatensystem als »rechts« definieren!

Für das innere Produkt von **a** mit dem äußeren Produkt $\mathbf{b} \times \mathbf{c}$ gilt

$$\mathbf{a} \cdot (\mathbf{b} \times \mathbf{c}) = \begin{vmatrix} a_1\, a_2\, a_3 \\ b_1\, b_2\, b_3 \\ c_1\, c_2\, c_3 \end{vmatrix} = \mathbf{b} \cdot (\mathbf{a} \times \mathbf{c}) = \mathbf{c} \cdot (\mathbf{a} \times \mathbf{b}). \tag{6}$$

Weiterhin gilt:

$$\mathbf{a} \times (\mathbf{b} \times \mathbf{c}) = \mathbf{b}\,\mathbf{a} \cdot \mathbf{c} - \mathbf{c}\,\mathbf{a} \cdot \mathbf{b}. \tag{7}$$

Ist **a** ein beliebiger Vektor und eine vom Koordinatensystem abhängige dreikomponentige Größe (u_1, u_2, u_3) so gegeben, daß $\sum_{k=1}^{3} a_k u_k$ ein Skalar ist, so ist $\mathbf{u} = (u_1, u_2, u_3)$ ein Vektor.

Ein »skalares Feld« ist eine skalare Funktion des Ortes (x_1, x_2, x_3). Ist $\varphi\,(x_1, x_2, x_3)$ kurz $\varphi\,(\mathbf{r})$ ein skalares Feld, so ist $\left(\frac{\partial \varphi}{\partial x_1}, \frac{\partial \varphi}{\partial x_2}, \frac{\partial \varphi}{\partial x_3}\right)$ ein Vektor, da $d\varphi = \sum_{k=1}^{3} \frac{\partial \varphi}{\partial x_k}\, dx_k$ ein Skalar und $(dx_1, dx_2, dx_3) = d\mathbf{r}$ ein Vektor ist. Der Vektor $\left(\frac{\partial \varphi}{\partial x_1}, \frac{\partial \varphi}{\partial x_2}, \frac{\partial \varphi}{\partial x_3}\right)$ heißt der »Gradient« von φ, kurz grad φ geschrieben. grad φ steht senkrecht auf der Fläche $\varphi = \text{const}$, da $d\varphi = d\mathbf{r} \cdot \text{grad}\,\varphi = \sum_{k=1}^{3} \frac{\partial \varphi}{\partial x_k}\, dx_k$ gleich Null ist, wenn $d\mathbf{r}$ tangential zur Fläche $\varphi = \text{const}$ ist.

Ein »Vektorfeld« ist eine vektorielle Funktion des Ortes, z.B. $\mathbf{k}\,(x_1, x_2, x_3) = (k_1\,(x_1, x_2, x_3), k_2\,(x_1, x_2, x_3), k_3\,(x_1, x_2, x_3))$, kurz $\mathbf{k}\,(\mathbf{r})$ geschrieben. Aus dem skalaren Feld $\varphi\,(\mathbf{r})$ erhält man also durch Gradientenbildung das Vektorfeld grad $\varphi\,(\mathbf{r})$.

Ist speziell $\varphi\,(\mathbf{r}) = f(r)$ mit $r = |\mathbf{r}|$, so folgt $\text{grad}\,\varphi\,(\mathbf{r}) = \text{grad}\,f(r) = f'(r)\,\frac{\mathbf{r}}{r}$.

A II. Einige Grundformeln der Vektoranalysis

Im Anhang A I. haben wir den Begriff des Gradienten eingeführt. Wir sahen, daß sich in rechtwinkligen Koordinaten die drei partiellen Differentiationsoperatoren $\frac{\partial}{\partial x_1}, \frac{\partial}{\partial x_2}, \frac{\partial}{\partial x_3}$ genauso wie die Komponenten eines Vektors verhalten. Formal schreibt man deshalb auch oft für diesen »Operator-Vektor« ∇ (Nabla), so daß man ∇ als den Vektor mit den drei »Komponenten« $\left(\frac{\partial}{\partial x_1}, \frac{\partial}{\partial x_2}, \frac{\partial}{\partial x_3}\right)$ ansehen kann. Statt grad φ kann man also auch $\nabla \varphi$ schreiben.

Ist $\mathbf{v}(\mathbf{r})$ ein Vektorfeld, so erhält man also durch das innere Produkt $\nabla \cdot \mathbf{v}(\mathbf{r}) = \sum_{k=1}^{3} \frac{\partial v_k}{\partial x_k}$ ein skalares Feld. Man schreibt auch $\nabla \cdot \mathbf{v} = \operatorname{div} \mathbf{v}$*). Den Vektor $\nabla \times \mathbf{v}(\mathbf{r})$ nennt man auch rot $\mathbf{v}$*. Der Vektor rot $\mathbf{v}$ hat also die Komponenten:

$$(\operatorname{rot} \mathbf{v})_1 = \frac{\partial v_3}{\partial x_2} - \frac{\partial v_2}{\partial x_3}; \; (\operatorname{rot} \mathbf{v})_2 = \frac{\partial v_1}{\partial x_3} - \frac{\partial v_3}{\partial x_1};$$

$$(\operatorname{rot} \mathbf{v})_3 = \frac{\partial v_2}{\partial x_1} - \frac{\partial v_1}{\partial x_2}.$$

Der wichtigste Satz der Vektoranalysis ist der *Gaußsche Satz:* Ist $\mathscr{V}$ ein Raumgebiet mit der Oberfläche F und $\mathbf{n}$ der Einheitsvektor der »äußeren« Normalen der Fläche F (d.h. $\mathbf{n}$ weist aus dem Gebiet $\mathscr{V}$ hinaus), so gilt für ein Vektorfeld $\mathbf{v}(\mathbf{r})$ (mit $\mathrm{d}V = \mathrm{d}x_1 \mathrm{d}x_2 \mathrm{d}x_3$):

$$(1) \qquad \int_{\mathscr{V}} \operatorname{div} \mathbf{v}(\mathbf{r}) \, \mathrm{d}V = \int_F \mathbf{v}(\mathbf{r}) \cdot \mathbf{n} \, \mathrm{d}f.$$

Wird die Fläche F in der Umgebung einer Stelle durch zwei Parameter α_1, α_2 in der Form $\mathbf{r}(\alpha_1, \alpha_2)$ dargestellt, so ist $\mathrm{d}f$ definiert durch ($|\mathbf{n}| = 1$!):

$$(2) \qquad \mathbf{n} \, \mathrm{d}f = \left(\frac{\partial \mathbf{r}}{\partial \alpha_1} \times \frac{\partial \mathbf{r}}{\partial \alpha_2}\right) \mathrm{d}\alpha_1 \, \mathrm{d}\alpha_2 \, ;$$

dabei ist vorausgesetzt, daß die Numerierung der Parameter α_1, α_2 so gewählt ist, daß der Vektor $\frac{\partial \mathbf{r}}{\partial \alpha_1} \times \frac{\partial \mathbf{r}}{\partial \alpha_2}$ aus dem Gebiet $\mathscr{V}$ hinaus weist.

* Zu lesen als »Divergenz« bzw. »Rotation«.

Wir können hier den *Gaußschen* Satz nicht beweisen, aber doch etwas »veranschaulichen«: Dazu betrachten wir neben dem Gebiet $\mathscr{V}$ ein Gebiet $\mathscr{V}_t$, das aus $\mathscr{V}$ dadurch entsteht (siehe Fig. 29), daß jeder Punkt $\mathbf{r}$ aus $\mathscr{V}$ an die Stelle $\mathbf{r}' = \mathbf{r} + \mathbf{v}(\mathbf{r})\,t$ verschoben wird. Wir wollen den Volumenunterschied von $\mathscr{V}$ und $\mathscr{V}_t$ berechnen:

$$\Delta\mathscr{V} = \int_{\mathscr{V}_t} dx_1\,dx_2\,dx_3 - \int_{\mathscr{V}} dx_1\,dx_2\,dx_3 .$$

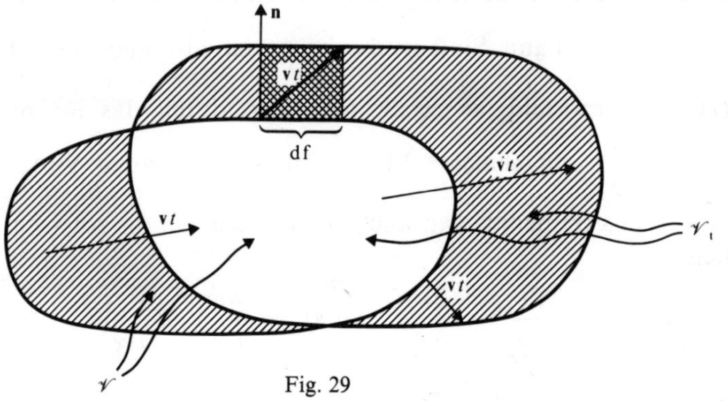

Fig. 29

Im ersten Integral über $\mathscr{V}_t$ benennen wir die Integrationsvariablen in x'_1, x'_2, x'_3 um, da man Integrationsvariable beliebig »benennen« darf. Danach führen wir dann folgende Variablentransformation durch:

$$x'_i = x_i + v_i(x_1, x_2, x_3)\,t ;$$

dann laufen die x'_i gerade über $\mathscr{V}_t$ wenn die x_i über $\mathscr{V}$ laufen. Daher wird

$$\int dx'_1\,dx'_2\,dx'_3 = \int \frac{\partial(x'_1, x'_2, x'_3)}{\partial(x_1, x_2, x_3)}\,dx_1\,dx_2\,dx_3 ,$$

wobei $\frac{\partial(x'_1, x'_2, x'_3)}{\partial(x_1, x_2, x_3)}$ die Funktionaldeterminante ist.

Also wird

$$\Delta\mathscr{V} = \int_{\mathscr{V}} \left[\frac{\partial(x'_1, x'_2, x'_3)}{\partial(x_1, x_2, x_3)} - 1\right] dx_1\,dx_2\,dx_3 .$$

Wir wollen nun $\Delta\mathscr{V}$ nur für kleine t, d.h. nur in bezug auf die in t linearen Glieder berechnen (d.h. exakter ausgedrückt: wir berechnen $d(\Delta\mathscr{V})/dt$ für

$t = 0$). Aus der Fig. 29 erkennt man, daß sich dann der Unterschied $\Delta \mathscr{V}$ (in Fig. 29 schraffiert) als Summe von Volumenelementen (in Fig. 29 zweimal schraffiert)

$$\mathrm{d}f\mathbf{n} \cdot \mathbf{v}t$$

ergibt, d.h. daß

$$\Delta \mathscr{V} = t \int_F \mathbf{n} \cdot \mathbf{v} \,\mathrm{d}f$$

ist. Andererseits folgt:

$$\frac{\partial(x_1', x_2', x_3')}{\partial(x_1, x_2', x_3)} = \begin{vmatrix} 1 + t\dfrac{\partial v_1}{\partial x_1} & \dfrac{\partial v_1}{\partial x_2} & \dfrac{\partial v_1}{\partial x_3} \\ \dfrac{\partial v_2}{\partial x_1} & 1 + t\dfrac{\partial v_2}{\partial x_2} & \dfrac{\partial v_2}{\partial x_3} \\ \dfrac{\partial v_3}{\partial x_1} & \dfrac{\partial v_3}{\partial x_2} & 1 + t\dfrac{\partial v_3}{\partial x_3} \end{vmatrix}$$

$$= 1 + t\left(\frac{\partial v_1}{\partial x_1} + \frac{\partial v_2}{\partial x_2} + \frac{\partial v_3}{\partial x_3}\right) + \text{höhere Potenzen in } t.$$

$$= 1 + t \operatorname{div} \mathbf{v} + \ldots$$

Also folgt (für die in t linearen Glieder):

$$\Delta \mathscr{V} = t \int_F \mathbf{n} \cdot \mathbf{v} \,\mathrm{d}f = t \int_{\mathscr{V}} \operatorname{div} \mathbf{v} \,\mathrm{d}x_1 \mathrm{d}x_2 \mathrm{d}x_3,$$

d.h. der *Gauß*sche Satz.

Mit einem skalaren Feld $\varphi(\mathbf{r})$ und einem konstanten Vektor $\mathbf{a}$ folgt aus dem *Gauß*schen Satz für $\mathbf{v}(\mathbf{r}) = \mathbf{a}\,\varphi(\mathbf{r})$ (da $\mathbf{a}$ beliebig gewählt werden kann!):

$$\int_{\mathscr{V}} \operatorname{grad} \varphi(\mathbf{r}) \,\mathrm{d}V = \int_F \varphi(\mathbf{r})\,\mathbf{n}\,\mathrm{d}f. \tag{3}$$

Mit $\mathbf{v}(\mathbf{r}) = \mathbf{a} \times \mathbf{u}(\mathbf{r})$ mit konstantem $\mathbf{a}$ folgt

$$\operatorname{div}(\mathbf{a} \times \mathbf{u}(\mathbf{r})) = \nabla \cdot (\mathbf{a} \times \mathbf{u}) = -\,\mathbf{a} \cdot (\nabla \times \mathbf{u})$$

$$= -\,\mathbf{a} \cdot \operatorname{rot} \mathbf{u}$$

und damit nach dem *Gaußschen* Satz

(4) $$\int_{\mathscr{V}} \operatorname{rot} \mathbf{u} \, \mathrm{d}V = \int_F \mathbf{n} \times \mathbf{u} \, \mathrm{d}f .$$

Mit $\mathbf{v} = \varphi \operatorname{grad} \psi$ ist $\operatorname{div} \mathbf{v} = \operatorname{grad} \varphi \cdot \operatorname{grad} \psi + \varphi \Delta \psi$ mit dem »*Laplace*schen Operator« $\Delta = \nabla \cdot \nabla = \operatorname{div} \operatorname{grad}$. Aus dem *Gaußschen* Satz folgt so speziell

$$\int_{\mathscr{V}} (\operatorname{grad} \varphi \cdot \operatorname{grad} \psi + \varphi \Delta \psi) \, \mathrm{d}V = \int_F \varphi \mathbf{n} \cdot \operatorname{grad} \psi \, \mathrm{d}f .$$

Subtrahiert man hiervon die daraus durch Vertauschen von φ und ψ folgende Formel, so folgt der *Greensche Satz:*

(5) $$\int_{\mathscr{V}} (\varphi \Delta \psi - \psi \Delta \varphi) \, \mathrm{d}V = \int_F (\varphi \mathbf{n} \cdot \operatorname{grad} \psi - \psi \mathbf{n} \cdot \operatorname{grad} \varphi) \, \mathrm{d}f .$$

Aus dem *Gaußschen* Satz (in zweidimensionaler Form) läßt sich durch eine einfache Rechnung des *Stokes'sche Satz* gewinnen: Dazu betrachten wir eine zweidimensionale Ebene der Parameter α_1, α_2 und in dieser ein Gebiet $\mathscr{V}$ (Fig. 30). Die Oberfläche von $\mathscr{V}$ ist eine Randkurve C. Der *Gaußsche* Satz lautet dann (für zwei Funktionen $u(\alpha_1, \alpha_2)$, $w(\alpha_1, \alpha_2)$):

$$\int_{\mathscr{V}} \left(\frac{\partial u}{\partial \alpha_1} + \frac{\partial w}{\partial \alpha_2} \right) \mathrm{d}\alpha_1 \, \mathrm{d}\alpha_2 = \int_C (u n_1 + w n_2) \, \mathrm{d}s$$

mit $\mathrm{d}s$ als Bogenlänge und (n_1, n_2) als Normalenvektor (Fig. 30). Dieser zweidimensionale *Gaußsche* Satz ergibt sich genauso wie oben im dreidimensionalen Fall.

Wird die Kurve C mit Hilfe eines Parameters τ in der Form $\alpha_1(\tau)$, $\alpha_2(\tau)$ dargestellt, so ist also (wenn C mit wachsendem τ im Rechtsschraubensinn

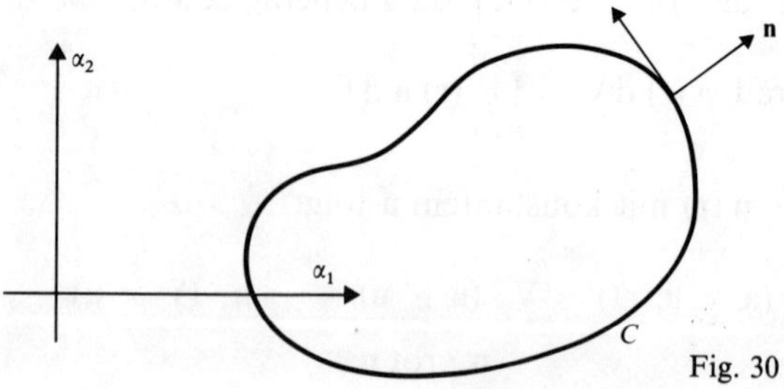

Fig. 30

in der (α_1, α_2)-Ebene durchlaufen wird)

$$n_1 \, \mathrm{d}s = \frac{\mathrm{d}\alpha_2}{\mathrm{d}\tau} \, \mathrm{d}\tau, \quad n_2 \, \mathrm{d}s = -\frac{\mathrm{d}\alpha_1}{\mathrm{d}\tau} \, \mathrm{d}\tau.$$

Benennen wir noch w in $(-v)$ um, so erhalten wir also für die (α_1, α_2)-Ebene den Satz:

$$(6) \qquad \int_{\mathscr{V}} \left(\frac{\partial u}{\partial \alpha_1} - \frac{\partial v}{\partial \alpha_2} \right) \mathrm{d}\alpha_1 \, \mathrm{d}\alpha_2 = \int_C \left(v \frac{\mathrm{d}\alpha_1}{\mathrm{d}\tau} + u \frac{\mathrm{d}\alpha_2}{\mathrm{d}\tau} \right) \mathrm{d}\tau .$$

Dieser Satz ist die Basis für den Beweis des *Stokes*'schen Satzes. Dazu betrachten wir im dreidimensionalen Raum eine (nicht geschlossene) Fläche F mit der Randkurve $\mathscr{C}$. Die Fläche F lasse sich durch zwei Parameter α_1, α_2 in der Form $\mathbf{r}(\alpha_1, \alpha_2)$ darstellen, so daß man umkehrbar eindeutig alle Punkte von F erhält, wenn α_1, α_2 alle Punkte eines Gebietes $\mathscr{V}$ in der (α_1, α_2)-Ebene durchlaufen. Für ein Vektorfeld $\mathbf{k}(\mathbf{r})$ wollen wir jetzt

$$\mathfrak{J} = \int_F (\mathrm{rot}\, \mathbf{k}) \cdot \mathbf{n} \, \mathrm{d}f$$

berechnen. Mit $\mathbf{n} \, \mathrm{d}f$ nach (2) folgt dann

$$\mathfrak{J} = \int_{\mathscr{V}} (\nabla \times \mathbf{k}) \cdot \left(\frac{\partial \mathbf{r}}{\partial \alpha_1} \times \frac{\partial \mathbf{r}}{\partial \alpha_2} \right) \mathrm{d}\alpha_1 \, \mathrm{d}\alpha_2,$$

wobei über das erwähnte Gebiet $\mathscr{V}$ in der α_1, α_2-Ebene zu integrieren ist. Man rechnet nun elementar nach:

$$\left(\frac{\partial \mathbf{r}}{\partial \alpha_1} \times \frac{\partial \mathbf{r}}{\partial \alpha_2} \right) \cdot (\nabla \times \mathbf{k})$$

$$= -\frac{\partial \mathbf{r}}{\partial \alpha_2} \cdot \left[\frac{\partial \mathbf{r}}{\partial \alpha_1} \times (\nabla \times \mathbf{k}) \right]$$

$$= \frac{\partial \mathbf{r}}{\partial \alpha_2} \cdot \left[\frac{\partial \mathbf{r}}{\partial \alpha_1} \cdot \nabla \mathbf{k} - (\nabla \mathbf{k}) \cdot \frac{\partial \mathbf{r}}{\partial \alpha_1} \right]$$

$$= \sum_{i,l} \frac{\partial k_i}{\partial x_l} \left(\frac{\partial x_l}{\partial \alpha_1} \frac{\partial x_i}{\partial \alpha_2} - \frac{\partial x_i}{\partial \alpha_1} \frac{\partial x_l}{\partial \alpha_2} \right).$$

Faßt man jetzt auf der Fläche F $\mathbf{k}(\mathbf{r}(\alpha_1, \alpha_2))$ als eine Funktion von α_1 und α_2 auf, so ist z. B. $\frac{\partial k_1}{\partial \alpha_1} = \sum_l \frac{\partial k_1}{\partial x_l} \frac{\partial x_l}{\partial \alpha_1}$. Mit *dieser* Bezeichnung folgt dann

$$\left(\frac{\partial \mathbf{r}}{\partial \alpha_1} \times \frac{\partial \mathbf{r}}{\partial \alpha_2}\right) \cdot \operatorname{rot} \mathbf{k}$$

$$= \sum_i \left(\frac{\partial x_i}{\partial \alpha_2} \frac{\partial k_i}{\partial \alpha_1} - \frac{\partial x_i}{\partial \alpha_1} \frac{\partial k_i}{\partial \alpha_2}\right)$$

$$= \frac{\partial}{\partial \alpha_1}\left(\sum_i k_i \frac{\partial x_i}{\partial \alpha_2}\right) - \frac{\partial}{\partial \alpha_2}\left(\sum_i k_i \frac{\partial x_i}{\partial \alpha_1}\right),$$

das Letzte, weil $\frac{\partial}{\partial \alpha_1} \frac{\partial x_i}{\partial \alpha_2} = \frac{\partial}{\partial \alpha_2} \frac{\partial x_i}{\partial \alpha_1}$ ist.

Mit

$$u = \sum_i k_i \frac{\partial x_i}{\partial \alpha_2} \quad \text{und} \quad v = \sum_i k_i \frac{\partial x_i}{\partial \alpha_1}$$

folgt dann aus (6):

$$\mathfrak{J} = \int_C \sum_i k_i \left(\frac{\partial x_i}{\partial \alpha_1} \frac{\mathrm{d}\alpha_1}{\mathrm{d}\tau} + \frac{\partial x_i}{\partial \alpha_2} \frac{\mathrm{d}\alpha_2}{\mathrm{d}\tau}\right) \mathrm{d}\tau.$$

$\mathbf{r}(\alpha_1(\tau), \alpha_2(\tau))$ ist aber nichts anderes als eine Parameterdarstellung der Randkurve $\mathscr{C}$ von F, so daß wegen

$$\frac{\mathrm{d}\mathbf{r}}{\mathrm{d}\tau} = \frac{\partial \mathbf{r}}{\partial \alpha_1} \frac{\mathrm{d}\alpha_1}{\mathrm{d}\tau} + \frac{\partial \mathbf{r}}{\partial \alpha_2} \frac{\mathrm{d}\alpha_2}{\mathrm{d}\tau}$$

dann sofort

$$\mathfrak{J} = \int_{\mathscr{C}} \mathbf{k} \cdot \frac{\mathrm{d}\mathbf{r}}{\mathrm{d}\tau} \mathrm{d}\tau = \int_{\mathscr{C}} \mathbf{k} \cdot \mathrm{d}\mathbf{r}$$

folgt. Damit erhalten wir den *Stokes*'schen Satz

$$\text{(7)} \qquad \int_F (\operatorname{rot} \mathbf{k}) \cdot \mathbf{n}\, \mathrm{d}f = \int_{\mathscr{C}} \mathbf{k} \cdot \mathrm{d}\mathbf{r},$$

wobei die Durchlaufungsrichtung d**r** der Kurve $\mathscr{C}$ mit der Normalen **n** von F eine Rechtsschraube bildet.

AIII. Funktionentheoretische Berechnung der Wirkungsintegrale

Als erstes berechnen wir das Integral

(1) $$I_\vartheta = \frac{1}{2\pi} \int \sqrt{\alpha_\vartheta^2 - \frac{\alpha_\varphi^2}{\sin^2 \vartheta}}\, \mathrm{d}\vartheta .$$

Wir führen als neue Integrationsvariable

(2) $$\zeta = \cos \vartheta$$

ein. Dann wird

(3) $$I_\vartheta = \frac{1}{2\pi} \int \frac{\sqrt{\alpha_\vartheta^2 - \alpha_\varphi^2 - \alpha_\vartheta^2 \zeta^2}}{1 - \zeta^2}\, \mathrm{d}\zeta ,$$

wobei zwischen den beiden Nullstellen der Wurzel hin und her zu integrieren ist. Wir schreiben

(4) $$f(\zeta) = \frac{1}{1 - \zeta^2} [(\zeta_0 + \zeta)(\zeta_0 - \zeta)]^{1/2}$$
$$\text{mit } \zeta_0^2 = 1 - \left(\frac{\alpha_\varphi}{\alpha_\vartheta}\right)^2 .$$

Damit wird

(5) $$I_\vartheta = \frac{\alpha_\vartheta}{2\pi} \oint f(\zeta)\, \mathrm{d}\zeta .$$

Die ζ-Ebene schneidet man von $-\zeta_0$ bis $+\zeta_0$ auf und setzt $f(\zeta) > 0$ am unteren und $f(\zeta) < 0$ am oberen Ufer des Schnittes fest. Nach (4) ist $|\zeta_0| < 1$, so daß noch die beiden Pole bei $\zeta = 1$ und $\zeta = -1$ vorhanden sind. Man kann dann (5) durch ein Kurvenintegral in der komplexen Ebene ersetzen

$$I_\vartheta = \frac{\alpha_\vartheta}{2\pi} \int_{C_1} f(\zeta)\, \mathrm{d}\zeta ,$$

wobei C_1 die in Fig. 31 eingezeichnete geschlossene Kurve um den Schnitt ist, die nicht die beiden Pole 1 und -1 enthält.

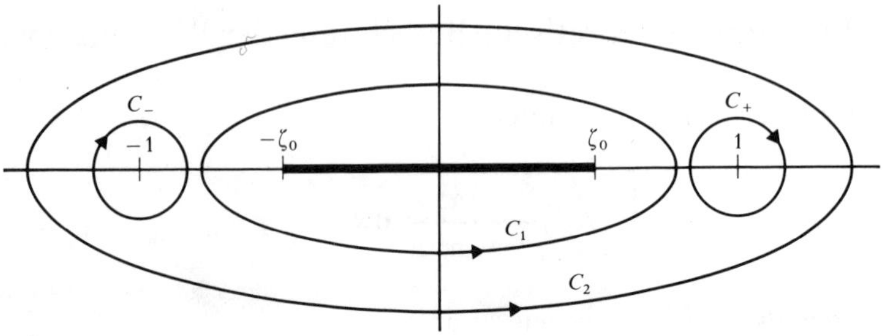

Fig. 31

Man kann nicht ohne weiteres C_1 in einen beliebig großen Kreis C_2 überführen, da die Pole bei $+1$ und -1 berücksichtigt werden müssen. Man erhält also nach Fig. 31:

$$I_\vartheta = \frac{\alpha_\vartheta}{2\pi}\left[\int_{C_2} f(\zeta)\,d\zeta + \int_{C_+} f(\zeta)\,d\zeta + \int_{C_-} f(\zeta)\,d\zeta\right]. \tag{6}$$

Das Integral über C_+ ist gleich $(-2\pi i)\cdot$(Residuum von $f(\zeta)$ an der Stelle $\zeta = 1$). $f(\zeta)$ für reelles $\zeta > \zeta_0$ erhalten wir in der Form

$$f(\zeta) = \frac{i}{1-\zeta^2}(\zeta^2 - \zeta_0^2)^{1/2}, \tag{7}$$

so daß also

$$\int_{C_+} f(\zeta)\,d\zeta = (-2\pi i)\frac{-i}{2}(1-\zeta_0^2)^{1/2}$$

ist. Ähnlich folgt

$$\int_{C_-} f(\zeta)\,d\zeta = (-2\pi i)\frac{-i}{2}(1-\zeta_0^2)^{1/2}.$$

Mit C_2 als großem Kreis vom Radius R folgt

$$\int_{C_2} f(\zeta)\,d\zeta = \int_0^{2\pi} f(Re^{i\varphi})\,Rie^{i\varphi}\,d\varphi$$

mit (siehe (7)!)

$$f(Re^{i\varphi}) = \frac{i}{1 - R^2 e^{i2\varphi}} (R^2 e^{i2\varphi} - \zeta_0^2)^{1/2}$$

$$= \frac{iRe^{i\varphi}}{1 - R^2 e^{i2\varphi}} \left(1 - \frac{\zeta_0^2 e^{-i2\varphi}}{R^2}\right)^{1/2}$$

$$= -i \frac{1}{Re^{i\varphi}} (1 + \ldots).$$

Also folgt für $R \to \infty$:

$$\int_{C_2} f(\zeta)\, d\zeta = \int_0^{2\pi} d\varphi = 2\pi.$$

Damit folgt schließlich

$$I_\vartheta = \alpha_\vartheta [1 - (1 - \zeta_0^2)^{1/2}]$$

(8)

$$= \alpha_\vartheta \left(1 - \frac{\alpha_\varphi}{\alpha_\vartheta}\right) = \alpha_\vartheta - \alpha_\varphi.$$

Ganz ähnlich läßt sich auch das weitere Integral

(9) $$I_r = \frac{1}{2\pi} \int \sqrt{2mE + \frac{1}{r} 2mA - \frac{1}{r^2} \alpha_\vartheta^2}\, dr$$

berechnen. Zunächst ist ($E < 0$!)

(10) $$I_r = \frac{1}{2\pi} (2m\,|E|)^{1/2} \oint \frac{dr}{r} \sqrt{\frac{-\alpha_\vartheta^2}{2m\,|E|} + \frac{Ar}{|E|} - r^2}.$$

Wir setzen diesmal

(11) $$f(r) = \frac{1}{r} \sqrt{(r_2 - r)(r - r_1)}$$

mit

(12) $$r_{1,2} = \frac{A}{2\,|E|} + \sqrt{\left(\frac{A}{2\,|E|}\right)^2 - \frac{\alpha_\vartheta^2}{2m\,|E|}}.$$

Man schneidet die komplexe r-Ebene von r_1 bis r_2 auf, wobei $0 < r_1 < r_2$ zu beachten ist, so daß $f(r)$ noch einen Pol bei $r = 0$ hat. Wir erhalten daher analog wie oben:

$$\oint f(r)\,\mathrm{d}r = (-2\pi i)\cdot(\text{Residuum von } f(r) \text{ für } r = 0)$$

$$+ \int_0^{2\pi} f(R\mathrm{e}^{i\varphi})\, Ri\mathrm{e}^{i\varphi}\,\mathrm{d}\varphi .$$

Wie oben folgt als Residuum

(13) $$(-i)\sqrt{r_1 r_2}\,.$$

Für große R folgt

$$f(R\mathrm{e}^{i\varphi}) = \frac{i}{R\mathrm{e}^{i\varphi}}(R\mathrm{e}^{i\varphi} - r_2)^{1/2}(R\mathrm{e}^{i\varphi} - r_1)^{1/2}$$

$$= i\left(1 - \frac{r_2}{R\mathrm{e}^{i\varphi}}\right)^{1/2}\left(1 - \frac{r_1}{R\mathrm{e}^{i\varphi}}\right)^{1/2}$$

$$= i\left(1 - \frac{1}{2}\frac{r_1 + r_2}{R\mathrm{e}^{i\varphi}} + \ldots\right),$$

so daß also für $R \to \infty$

(14) $$\int_0^{2\pi} f(R\mathrm{e}^{i\varphi})\, Ri\mathrm{e}^{i\varphi}\,\mathrm{d}\varphi = \pi(r_1 + r_2)$$

wird. Also ist

$$\oint f(r)\,\mathrm{d}r = \pi(r_1 + r_2) - 2\pi\sqrt{r_1 r_2}\,.$$

Aus (10), (11) folgt sofort direkt

$$r_1 r_2 = \frac{\alpha_\vartheta^2}{2m\,|E|},\ r_1 + r_2 = \frac{A}{|E|}$$

und damit

(16) $$I_r = \frac{mA}{\sqrt{2m\,|E|}} - \alpha_\vartheta\,.$$

AIV. Affine Vektorrechnung und lineare Algebra

§ 1 Affiner Vektorraum

Die Punkte eines n-dimensionalen affinen Raumes können durch n Koordinaten $(x^1, x^2, \ldots x^n)$ kurz x^μ charakterisiert werden. Geht man zu einem anderen Koordinatensystem über, so transformieren sich die Koordinaten linear:

$$(1.1) \qquad x'^\mu = \sum_{\nu=1}^{n} \alpha^\mu_\nu x^\nu + \beta^\mu.$$

Der Nullpunkt des ungestrichenen Koordinatensystems hat also im gestrichenen Koordinatensystem die Koordinaten $x'^\mu = \beta^\mu$. Alle linearen Transformationen der Form (1.1) mit einer Matrix $\mathbf{A} = (\alpha^\mu_\nu)$ deren Determinante $|\mathbf{A}| \neq 0$ ist, führen zu gleichwertigen Darstellungen der affinen Geometrie.

Die affine Geometrie ist sozusagen eine »verarmte« metrische Geometrie (eine metrische Geometrie kennen wir z. B. von der *Euklid*ischen Geometrie des dreidimensionalen Raumes her), denn die affine Geometrie kennt nur die Struktur der Geraden aber nicht die des Abstandes. In einer affinen Geometrie gibt es kein »inneres Produkt« zweier Vektoren.

Als Vektor **a** in einer affinen Geometrie wird eine n-komponentige Größe $(a^1, a^2, \ldots a^n)$ kurz a^μ definiert, deren Komponenten sich bei einer Änderung des Koordinatensystems der Form (1.1) nach

$$(1.2) \qquad a'^\mu = \sum_{\nu=1}^{n} \alpha^\mu_\nu a^\nu$$

transformieren. Für zwei Punkte mit den Koordinaten x^μ und y^μ ist also $(x^\mu - y^\mu)$ ein Vektor, der »Verbindungsvektor« der beiden Punkte.

Es erübrigt sich, die Addition von Vektoren und die Multiplikation von Vektoren mit reellen Zahlen nochmals zu betrachten.

Die eben eingeführten Vektoren a^μ bezeichnet man als *kontravariante* Vektoren zum Unterschied zu den gleich zu definierenden *kovarianten* Vektoren. Ein Vektor b_μ heißt kovarianter Vektor, wenn die Linearform

$$(1.3) \qquad l(\mathbf{u}) = \sum_{\mu=1}^{n} b_\mu u^\mu$$

als Funktion über der Menge der kontravarianten Vektoren u^μ ein Skalar,

d. h. eine vom Koordinatensystem unabhängige Größe ist. Daraus folgt für ein »gestrichenes« Koordinatensystem:

$$l(\mathbf{u}) = \sum_{\nu=1}^{n} b'_\nu u'^\nu = \sum_{\mu=1}^{n} b_\mu u^\mu$$

und mit (1.2) also

$$\sum_{\nu=1}^{n} \sum_{\mu=1}^{n} b'_\nu \alpha^\nu_\mu u^\mu = \sum_{\mu=1}^{n} b_\mu u^\mu.$$

Da dies für alle Vektoren u^μ gilt, folgt

(1.4) $$b_\mu = \sum_{\nu=1}^{n} b'_\nu \alpha^\nu_\mu$$

und daraus

(1.5) $$b'_\nu = \sum_{\mu=1}^{n} \beta^\mu_\nu b_\mu,$$

wobei die Matrix $\mathbf{B} = (\beta^\mu_\nu)$ die zu $\mathbf{A} = (\alpha^\nu_\mu)$ kontragrediente Matrix ist, d.h. $\mathbf{B} = (\mathbf{A}')^{-1}$.

Der obere Index bei a^μ soll angeben, daß a^μ ein kontravarianter Vektor ist, der untere Index bei b_μ, daß b_μ ein kovarianter Vektor ist. Ist $\varphi(x^1, \ldots x^n)$ ein Skalarfeld, so ist $d\varphi = \sum_{\mu=1}^{n} \frac{\partial \varphi}{\partial x^\mu} dx^\mu$ ein Skalar, so daß also $\frac{\partial \varphi}{\partial x^\mu}$ ein kovarianter Vektor ist, der allgemein auch Gradient genannt wird. Um dies deutlicher zum Ausdruck zu bringen, schreiben wir als Abkürzung

(1.6) $$\varphi_{|\mu} = \frac{\partial \varphi}{\partial x^\mu}.$$

$\varphi_{|\mu}$ (mit »unterem« Index μ) ist also ein kovarianter Vektor.

Es ist nun nicht schwer, auch den allgemeinen Tensorbegriff einzuführen: Ein Tensor r-ter Stufe (r_1-fach kovariant und r_2-fach kontravariant; $r_1 + r_2 = r$) ist durch eine Größe $t^{\mu_1}{}_{\nu_1 \nu_2}{}^{\mu_2 \cdots}_{\cdots}$ mit r_1 unteren und r_2 oberen Indizes charakterisiert, für die die Form n-ter Ordnung

(1.7) $$\sum_{\substack{\mu_1 \mu_2 \ldots \\ \nu_1 \nu_2 \ldots}} t^{\mu_1}{}_{\nu_1 \nu_2}{}^{\mu_2 \cdots}_{\cdots} u_{\mu_1} v^{\nu_1} w^{\nu_2} t_{\mu_2} \ldots$$

für beliebige kovariante Vektoren $u_\mu, z_\mu, \ldots$ und beliebige kontravariante Vektoren $v^\nu, w^\nu, \ldots$ ein Skalar ist. Daraus folgt leicht die Transformationsformel für die Tensorkomponenten mit den α_μ^ν, β_ν^μ nach (1.2) und (1.5):

$$t'^{\mu_1}{}_{\nu_1\nu_2}{}^{\mu_2\ldots}{}_{\ldots} = \sum_{\substack{\varrho_1\varrho_2\ldots\\ \sigma_1\sigma_2\ldots}} \alpha^{\mu_1}_{\varrho_1}{}^{\mu_2}_{\varrho_2}\ldots\beta^{\sigma_1}_{\nu_1}\beta^{\sigma_2}_{\nu_2}\ldots t^{\varrho_1}{}_{\sigma_1\sigma_2}{}^{\varrho_2\ldots}{}_{\ldots}.$$

Wenn man die Reihenfolge irgendwelcher Indizes vertauscht, erhält man im allgemeinen einen anderen Tensor! Ein kontravarianter (oder kovarianter) Tensor zweiter Stufe heißt symmetrisch, wenn $t^{\mu\nu} = t^{\nu\mu}$ ist; antisymmetrisch, wenn $t^{\mu\nu} = -t^{\nu\mu}$ ist. Diese Charakterisierung ist koordinatensystemunabhängig!

§ 2 *Inneres Produkt*

Von der affinen Geometrie kann man (im Sinne von III, § 3) zu einer »stärkeren« Theorie, der metrischen Geometrie übergehen. In einer metrischen Geometrie ist ein Abstand zwischen je zwei Punkten definiert, so wie wir dies im dreidimensionalen Raum in der *Euklid*ischen Geometrie in II und A I getan haben. Dies läßt sich natürlich sofort auf n Dimensionen erweitern:

In einem n-dimensionalen *Euklid*ischen Raum sind die »rechtwinkligen« Koordinatensysteme dadurch ausgezeichnet, daß sich der Abstand der beiden Punkte P mit den Koordinaten x^μ und Q mit den Koordinaten y^μ in der Form

$$\text{(2.1)} \qquad \mathrm{d}\,(P, Q) = \sqrt{\sum_{\mu=1}^{n} (x^\mu - y^\mu)^2}$$

schreiben läßt. Als Koordinatentransformationen von einem rechtwinkligen zu einem anderen rechtwinkligen Koordinatensystem sind dann aber nur alle solche Transformationen (1.1) zugelassen, für die $\mathbf{A} = (\alpha_\mu^\nu)$ eine »Drehmatrix« ist, d.h. $\mathbf{A}' = \mathbf{A}^{-1}$, d.h., daß die zu $\mathbf{A}$ kontragrediente Matrix $\mathbf{B} = (\mathbf{A}')^{-1} = \mathbf{A}$ ist. Daher braucht man nach (1.5) in einer *Euklid*ischen Geometrie nicht zwischen kontra- und kovarianten Vektoren zu unterscheiden, *wenn man nur rechtwinklige Koordinatensysteme benutzt*. Man kann dann alle Indizes oben oder unten schreiben und der Ausdruck

$$\text{(2.2)} \qquad \mathbf{a} \cdot \mathbf{b} = \sum_{\mu=1}^{n} a^\mu b^\mu,$$

das sogenannte innere Produkt, ist deshalb nach (1.3) für je zwei Vektoren **a**, **b** ein Skalar.

Man *kann* aber auch in der *Euklid*ischen Geometrie beliebige »schiefwinklige« Koordinatensysteme benutzen. Führt man nach (1.1) eine Koordinatentransformation durch, wobei das gestrichene System ein rechtwinkliges und das ungestrichene System irgendein »schiefwinkliges« Koordinatensystem ist, so erhält ein Vektor im schiefwinkligen Koordinatensystem die kontravarianten Komponenten a^ν, die mit denjenigen $a'^\mu = a'_\mu$ des rechtwinkligen Systems nach (1.2) zusammenhängen. Für das innere Produkt folgt daraus

$$\begin{aligned}\mathbf{a}\cdot\mathbf{b} &= \sum_\mu a'^\mu b'^\mu = \sum_{\mu,\nu,\varrho} \alpha^\mu_\nu \alpha^\mu_\varrho a^\nu b^\varrho \\ &= \sum_{\nu,\varrho} g_{\nu\varrho} a^\nu b^\varrho\end{aligned} \tag{2.3}$$

mit

$$g_{\nu\varrho} = \sum_\mu \alpha^\mu_\nu \alpha^\mu_\varrho. \tag{2.4}$$

Da das innere Produkt nach (2.3) koordinatensystemunabhängig definiert wurde, ist also nach (1.7) $g_{\nu\varrho}$ ein kovarianter Tensor zweiter Stufe.

Man kann also »dieselbe« metrische Struktur der n-dimensionalen *Euklid*ischen Geometrie *entweder* dadurch ausdrücken, daß man *die rechtwinkligen Koordinatensysteme auszeichnet* und die von der dreidimensionalen Vektorrechnung her so bekannte »übliche« Vektorrechnung benutzt, die nicht zwischen ko- und kontravarianten Vektoren unterscheidet, *oder* aber man führt in einem affinen Raum als zusätzliche Struktur *einen symmetrischen Tensor* $g_{\mu\nu}$ *als »metrischen Tensor« ein.*

Daß ein metrischer Tensor $g_{\mu\nu}$ tatsächlich auch umgekehrt wieder zur »alten« Beschreibung durch rechtwinklige Koordinaten zurückführt, wenn der Tensor *positiv definit* ist, d. h. wenn für alle **a**

$$\mathbf{a}\cdot\mathbf{a} = \sum_{\mu,\nu} g_{\mu\nu} a^\mu a^\nu \geqq 0$$

und nur gleich Null für $\mathbf{a} = 0$ ist, läßt sich leicht zeigen: Man gehe aus von n beliebigen linear unabhängigen Vektoren $\mathbf{b}_{(1)}, \mathbf{b}_{(2)}, \ldots \mathbf{b}_{(n)}$ und »orthogonalisiere« und »normiere« rekursiv mit $|\mathbf{b}| = \sqrt{\mathbf{b}\cdot\mathbf{b}}$:

$$\mathbf{a}_{(1)} = \frac{\mathbf{b}_{(1)}}{|\mathbf{b}_{(1)}|};$$

$$\mathbf{c}_{(2)} = \mathbf{b}_{(2)} - \mathbf{a}_{(1)}\mathbf{a}_{(1)} \cdot \mathbf{b}_{(2)}, \ \mathbf{a}_{(2)} = \frac{\mathbf{c}_{(2)}}{|\mathbf{c}_{(2)}|};$$

$$\mathbf{c}_{(3)} = \mathbf{b}_{(3)} - \mathbf{a}_{(1)}\mathbf{a}_{(1)} \cdot \mathbf{b}_{(3)} - \mathbf{a}_{(2)}\mathbf{a}_{(2)} \cdot \mathbf{b}_{(3)},$$

$$\mathbf{a}_3 = \frac{\mathbf{c}_{(3)}}{|\mathbf{c}_3|};$$

usw.

Die $\mathbf{a}_{(1)}, \mathbf{a}_{(2)}, \ldots \mathbf{a}_{(n)}$ bilden dann die Basisvektoren für ein rechtwinkliges Koordinatensystem, auf das bezogen das innere Produkt die Form (2.2) annimmt, d.h. auf das bezogen der Tensor $g_{\mu\nu} = \delta_{\mu\nu}$ ist (mit $\delta_{\mu\mu} = 1$ und $\delta_{\mu\nu} = 0$ für $\nu \neq \mu$).

In einem beliebigen Koordinatensystem kann man mit Hilfe des Tensors $g_{\mu\nu}$ jedem kontravarianten Vektor a^μ einen kovarianten Vektor

$$(2.5) \qquad a_\mu = \sum_\nu g_{\mu\nu} a^\nu$$

zuordnen. In einem rechtwinkligen Koordinatensystem nimmt (2.5) die triviale Form $a_\mu = a^\mu$ an. Wir sprechen daher im Falle (2.5) von a^μ als den kontravarianten und von a_μ als den kovarianten Komponenten *desselben* Vektors $\mathbf{a}$; aber diese Redeweise ist *nur möglich* (!), wenn eine metrische Struktur mit Hilfe des Tensors $g_{\mu\nu}$ eingeführt ist; in einer *nur* affinen Geometrie hat es keinen Sinn, von den kontravarianten und kovarianten Komponenten *desselben* Vektors zu reden.

Die Auflösungsformel von (2.5) kann man mit der zu $(g_{\mu\nu})$ reziproken Matrix $(g^{\mu\nu})$ so schreiben:

$$(2.6) \qquad a^\nu = \sum_\mu g^{\nu\mu} a_\mu .$$

Da $(g^{\mu\nu})$ die zu $(g_{\mu\nu})$ reziproke Matrix ist, gilt also mit dem δ-Symbol ($\delta^\mu_\mu = 1$, $\delta^\mu_\nu = 0$ für $\mu \neq \nu$):

$$(2.7) \qquad \sum g^{\mu\nu} g_{\nu\varrho} = \delta^\mu_\varrho, \qquad \sum_\nu g_{\mu\nu} g^{\nu\varrho} = \delta^\varrho_\mu .$$

Mit irgendeinem kovarianten Vektor u_ν folgt aus (2.6), daß

$$(2.8) \qquad \sum_\nu a^\nu u_\nu = \sum_{\mu\nu} g^{\nu\mu} a_\mu u_\nu$$

ein Skalar ist (linke Seite von (2.8)), so daß also $g^{\mu\nu}$ ein kontravarianter Tensor ist, wie wir es schon durch die Stellung der Indizes vorweggenommen haben.

Für jeden Tensor $t^{\mu_1}{}_{\nu_1\nu_2}{}^{\mu_2\cdots}_{\cdots}$ kann man mit Hilfe der Tensoren $g_{\mu\nu}$ und $g^{\mu\nu}$ Indizes »herauf«- und »herunterziehen«:

$$t_{\mu_1\nu_1\nu_2}{}^{\mu_2\cdots}_{\cdots} = \sum_{\varrho_1} g_{\mu_1\varrho_1} t^{\varrho_1}{}_{\nu_1\nu_2}{}^{\mu_2\cdots}_{\cdots}$$

(2.9) oder

$$t^{\mu_1\nu_1\nu_2\mu_2\cdots}_{\cdots} = \sum_{\varrho_1,\varrho_2} g^{\nu_1\varrho_1} g^{\nu_2\varrho_2} t^{\mu_1}{}_{\varrho_1\varrho_2}{}^{\mu_2\cdots}_{\cdots}$$

usw. In rechtwinkligen Koordinatensystemen besteht wieder kein Unterschied dazwischen, ob die Indizes oben oder unten stehen!

Für irgendeinen symmetrischen Tensor 2-ter Stufe kann man immer ein solches *recht*winkliges Koordinatensystem einführen, daß der Tensor nur Diagonalkomponenten θ_μ hat:

$$t_{\mu\nu} = t^{\mu\nu} = \theta_\mu \delta_{\mu\nu}. \tag{2.10}$$

Der Beweis hierfür wird in § 3 gebracht.

Man erkennt rückwärts leicht, daß man die obige affine Beschreibungsweise mit einem metrischen Tensor $g_{\mu\nu}$ auch dann durchführen kann, wenn $g_{\mu\nu}$ symmetrisch, die Determinante $|g_{\mu\nu}| \neq 0$ aber $g_{\mu\nu}$ *nicht* notwendig positiv definit ist. Natürlich gibt es dann kein »rechtwinkliges« Koordinatensystem im alten Sinne mehr, in bezug auf welches $g_{\mu\nu} = \delta_{\mu\nu}$ ist. Wir werden auf diesen Fall in der Physik in IX stoßen.

§ 3 Lineare Operatoren

Wir wollen weiterhin einen linearen, d.h. affinen Vektorraum mit einem inneren Produkt betrachten. Als linearen Operator A bezeichnen wir eine Abbildung dieses Vektorraumes in sich, für die gilt (α reelle Zahl):

$$\begin{aligned} A(\mathbf{a}+\mathbf{b}) &= A\mathbf{a} + A\mathbf{b}, \\ A(\alpha\mathbf{a}) &= \alpha A\mathbf{a}. \end{aligned} \tag{3.1}$$

Als symmetrischen Operator bezeichnen wir A, wenn außerdem für beliebige Vektoren **a**, **b** die Relation

$$\mathbf{a}\cdot(A\mathbf{b}) = (A\mathbf{a})\cdot\mathbf{b} \tag{3.2}$$

erfüllt ist.

Jeden Operator A kann man in bezug auf ein Koordinatensystem, durch eine Matrix $\alpha_{\mu\nu}$ kennzeichnen: Sind $\mathbf{e}_\nu$ die Achsen des Koordinatensystems, so kann man den Vektor $A\mathbf{e}_\nu$ nach den $\mathbf{e}_\nu$ entwickeln:

$$A\mathbf{e}_\mu = \sum_\nu \mathbf{e}_\nu \alpha_{\nu\mu}. \tag{3.3}$$

Für jeden anderen Vektor

$$\mathbf{a} = \sum_\nu \mathbf{e}_\nu a_\nu \tag{3.4}$$

folgt mit $\mathbf{b} = A\mathbf{a}$ und

$$\mathbf{b} = \sum_\nu \mathbf{e}_\nu b_\nu$$

sofort aus (3.3):

$$\mathbf{b} = \sum_\mu \mathbf{e}_\mu b_\mu = \sum_\nu A\mathbf{e}_\nu a_\nu = \sum_{\nu\mu} \mathbf{e}_\mu \alpha_{\mu\nu} a_\nu,$$

d.h.

$$b^\mu = \sum_\nu \alpha_{\mu\nu} a_\nu. \tag{3.5}$$

Die Matrix $(\alpha_{\nu\mu})$ charakterisiert A eindeutig; und durch jede Matrix ist (in bezug auf ein Koordinatensystem) ein linearer Operator definiert.

Wählt man ein rechtwinkliges Koordinatensystem $\mathbf{e}_\nu$ (d.h. $\mathbf{e}_\nu \cdot \mathbf{e}_\mu = \delta_{\nu\mu}$), so folgt aus (3.2) für einen symmetrischen Operator

$$\sum_\nu a_\nu \Big(\sum_\mu \alpha_{\nu\mu} b_\mu\Big) = \sum_\mu \Big(\sum_\nu \alpha_{\mu\nu} a_\nu\Big) b_\mu.$$

Da dies für alle möglichen Vektoren a_ν, b_μ gelten soll, folgt

$$\alpha_{\nu\mu} = \alpha_{\mu\nu}; \tag{3.6}$$

man nennt eine solche Matrix $(\alpha_{\nu\mu})$ ebenfalls symmetrisch. Gilt (3.6) in *einem* rechtwinkligen Koordinatensystem, so ist der Operator A symmetrisch.

Wir suchen für einen symmetrischen Operator A nach allen Lösungen $\mathbf{x}$ der linearen Gleichungen

$$A\mathbf{x} = \lambda\mathbf{x}. \tag{3.7}$$

Diejenigen λ, für die es Lösungen von (3.7) gibt, heißen Eigenwerte von A und die entsprechenden Vektoren $\mathbf{x} \neq 0$, die (3.7) erfüllen, Eigenvektoren von A.

(3.7) besitzt Lösungen $\mathbf{x} \neq 0$, wenn die Determinante des Gleichungssystems (3.7) gleich Null ist:

$$|\alpha_{\nu\mu} - \lambda \delta_{\nu\mu}| = 0. \tag{3.8}$$

Also gibt es Eigenwerte λ, nämlich die Wurzeln der Gleichung n-ten Grades (3.8).

Wir wollen zunächst zeigen, daß für symmetrisches A die Eigenwerte reell sein müssen.

Wäre λ komplex, so kann auch $\mathbf{x}$ komplexe Komponenten haben. $\mathbf{y}$ sei der Vektor mit den konjugiert komplexen Komponenten von $\mathbf{x}$. Multipliziert man (3.7) mit $\mathbf{y}$ (im Sinne des inneren Produktes), so folgt:

$$\mathbf{y} \cdot (A\mathbf{x}) = \lambda \mathbf{y} \cdot \mathbf{x} = \lambda \sum_{\nu=1}^{n} |\mathbf{x}_\nu|^2. \tag{3.9}$$

Nun sieht man leicht (da die Matrix von A reell ist!) für symmetrisches A:

$$\overline{\mathbf{y} \cdot A\mathbf{x}} = \mathbf{x} \cdot A\mathbf{y} = (A\mathbf{x}) \cdot \mathbf{y} = \mathbf{y} \cdot A\mathbf{x}.$$

Die linke Seite von (3.9) ist also reell; also ist λ reell. Alle Wurzeln von (3.8) sind also für symmetrische $\alpha_{\nu\mu}$ reell.

Hat man zwei Lösungen:

$$A\mathbf{x}_1 = \lambda_1 \mathbf{x}_1$$

$$\text{und} \qquad A\mathbf{x}_2 = \lambda_2 \mathbf{x}_2 \qquad \text{mit} \qquad \lambda_1 \neq \lambda_2, \tag{3.10}$$

so ist $\mathbf{x}_1 \cdot \mathbf{x}_2 = 0$:

Aus (3.10) folgt:

$$\mathbf{x}_2 \cdot A\mathbf{x}_1 = \lambda_1 \mathbf{x}_1 \cdot \mathbf{x}_2,$$

$$\mathbf{x}_1 \cdot A\mathbf{x}_2 = \lambda_2 \mathbf{x}_1 \cdot \mathbf{x}_2.$$

Da für symmetrisches A die Relation $\mathbf{x}_2 \cdot A\mathbf{x}_1 = \mathbf{x}_1 \cdot A\mathbf{x}_2$ gilt, folgt durch Subtraktion:

$$0 = (\lambda_1 - \lambda_2)\mathbf{x}_1 \cdot \mathbf{x}_2$$

und damit für

$$\lambda_1 \neq \lambda_2 : \mathbf{x}_1 \cdot \mathbf{x}_2 = 0.$$

Ist $\mathbf{x}_1$ eine Lösung von $A\mathbf{x}_1=\lambda_1\mathbf{x}_1$ und $\mathbf{y}$ irgendein Vektor senkrecht zu $\mathbf{x}_1$, so folgt aus $\mathbf{x}_1 \cdot A\mathbf{y}=\mathbf{y}\cdot A\mathbf{x}_1=\lambda_1\mathbf{y}\cdot\mathbf{x}_1=\lambda_1 0=0$, daß auch $A\mathbf{y}$ senkrecht zu $\mathbf{x}_1$ ist. Der $(n-1)$-dimensionale Raum aller Vektoren senkrecht zu $\mathbf{x}_1$ wird also von A in sich transformiert.

Da ein Faktor in $\mathbf{x}_1$ willkürlich ist, kann man $|\mathbf{x}_1|=1$ wählen. Wählt man jetzt ein rechtwinkliges Koordinatensystem so, daß $\mathbf{e}_1=\mathbf{x}_1$ wird, so folgt, daß $A\mathbf{e}_\nu$ für $\nu\neq1$ senkrecht zu $\mathbf{e}_1$ ist, d.h.:

$$A\mathbf{e}_\nu=\sum_{\mu=2}^{n}\mathbf{e}_\mu\alpha_{\mu\nu}\qquad\text{für}\qquad \nu\neq1.$$

Also ist $\alpha_{\mu\nu}=0$ für $\mu=1$ und $\nu\neq1$. Wegen $\alpha_{\mu\nu}=\alpha_{\nu\mu}$ ist auch $\alpha_{\mu\nu}=0$ für $\nu=1$ und $\mu\neq1$. Wegen $A\mathbf{e}_1=\lambda_1\mathbf{e}_1$ ist $\alpha_{11}=\lambda_1$. Also hat die Matrix von A in diesem Koordinatensystem die Form:

$$\begin{pmatrix} \lambda_1 & 0 & 0 & \dots & 0\\ 0 & \alpha_{22} & \alpha_{23} & \dots & \alpha_{2n}\\ 0 & \alpha_{32} & \alpha_{33} & \dots & \alpha_{3n}\\ \vdots & \vdots & \vdots & & \vdots\\ 0 & \alpha_{n2} & \alpha_{n3} & \dots & \alpha_{nn}\end{pmatrix}$$

In dem $(n-1)$-dimensionalen, von $\mathbf{e}_2$ bis $\mathbf{e}_n$ aufgespannten Teilraum kann man alle Überlegungen wiederholen und so rekursiv ein rechtwinkliges Koordinatensystem $\mathbf{e}_1, \mathbf{e}_2, \dots \mathbf{e}_n$ von Eigenvektoren konstruieren, so daß also dem Operator A in diesem Koordinatensystem eine Diagonalmatrix

$$\begin{pmatrix} \lambda_1 & 0 & 0 & \dots & 0\\ 0 & \lambda_2 & 0 & \dots & 0\\ 0 & 0 & \lambda_3 & \dots & 0\\ \vdots & \vdots & \vdots & & \vdots\\ 0 & 0 & 0 & \dots & \lambda_n\end{pmatrix}$$

zugeordnet ist.

Damit ist speziell auch (2.10) bewiesen.

Es ist nicht schwer, die Überlegungen zu einem symmetrischen Operator auf einen komplexen Vektorraum zu übertragen. Ein n-dimensionaler komplexer Vektorraum ist eine Menge von Vektoren $\mathbf{a}=(a_\nu)$ mit komplexen Koeffizienten a_ν. Es sei ein »inneres Produkt« $(\mathbf{a}, \mathbf{b})$ definiert durch $(\mathbf{a}, \mathbf{b}) = \sum_{\nu=1}^{n} \bar{a}_\nu b_\nu$. Man sieht dann $(\mathbf{a}, \mathbf{b}) = \overline{(\mathbf{b}, \mathbf{a})}$. Ein solcher Vektorraum heißt ein endlich dimensionaler *Hilbert*raum (siehe A VIII, § 4).

Ein linearer Operator A heißt *Hermite*sch oder selbstadjungiert, wenn $(\mathbf{a}, A\mathbf{b}) = (A\mathbf{a}, \mathbf{b})$ ist. Für eine Matrix in einem rechtwinkligen Koordinatensystem $\mathbf{e}_\nu$ (also $(\mathbf{e}_\nu, \mathbf{e}_\mu) = \delta_{\nu\mu}$) gilt dann statt (3.6) $\alpha_{\nu\mu} = \bar{\alpha}_{\mu\nu}$. Aus (3.7) folgt dann ähnlich wie bei (3.9), daß λ reell sein muß. Auch die Konstruktion des Koordinatensystems der $\mathbf{e}_\nu$ aus Eigenvektoren überträgt sich sofort.

Damit haben wir den *Spektralsatz* für selbstadjungierte Operatoren in einem endlichdimensionalen *Hilbert*raum bewiesen; in A VIII, § 10 wird gezeigt, in welcher Form sich dieser Satz auf einen unendlichdimensionalen Vektorraum übertragen läßt.

Literaturhinweise

[1] *S. Kleene:* Introduction to Metamathematics, New York 1952.

[2] *G. Ludwig:* Deutung des Begriffs »physikalische Theorie« und axiomatische Grundlegung der Hilbertraumstruktur der Quantenmechanik durch Hauptsätze des Messens. Lecture Notes in Physics, **4**, 1970 (Springer-Verlag, Berlin-Heidelberg-New York); verbesserte Auflage in Vorbereitung.

G. Ludwig: Die Grundlagen der Quantenmechanik (Springer-Verlag, Berlin-Heidelberg-New York); 2. Auflage in Vorbereitung.

[3] *N. Bourbaki:* Elements of Mathematics, Theory of Sets. (Hermann, Paris; Addison-Wesley, London).

[4] *J. M. Jauch:* Foundations of Quantum Mechanics (Addison-Wesley, London 1968).

[5] *Courant-Hilbert:* Methoden der mathematischen Physik (Springer-Verlag, Berlin-Heidelberg-New York); Band 1.

[6] *Courant-Hilbert:* Methoden der mathematischen Physik (Springer-Verlag, Berlin-Heidelberg-New York); Band 2.

[7] *B. L. van der Waerden:* Moderne Algebra (Springer-Verlag, Berlin-Heidelberg-New York); Band 2.

[8] Siehe die erste Position unter [2] und *G. Ludwig:* Measuring and Preparing Processes, in: Lecture Notes in Physics, **29**, 1974 (Springer-Verlag, Berlin-Heidelberg-New York).

[9] *G. Ludwig:* Die Grundstrukturen einer physikalischen Theorie (wird etwa 1978 erscheinen).

Register

Harald Stumpf und Wolfgang Schuler

Elektrodynamik

1973. 539 S. mit 58 Abbildungen. DIN C 5. Gebunden
ISBN 3 528 **03804** 7

Harald Stumpf und Alfred Rieckers

Thermodynamik, Band 1

1976. VIII, 458 S. mit 69 Abbildungen. DIN C 5. Gebunden
ISBN 3 528 **03807** 1

Der Band „Gleichgewichtsthermodynamik" ist zusammen mit dem zweiten Band „Nichtgleichgewichtsthermodynamik" als Leitfaden für die Kursvorlesung „Thermodynamik" an den Universitäten bestimmt. Er setzt das mit dem Band Elektrodynamik begonnene Lehrwerk zur Theoretischen Physik fort. Die vorliegende Darstellung der Thermodynamik mit der Tendenz, die makroskopischen Eigenschaften der Materie aus den Eigenschaften der Mikroteilchen abzuleiten, hat zwei Vorzüge: 1. erreicht sie bei den grundlegenden Begriffsbildungen und bei der Gliederung des Stoffes ein größeres Maß an systematischer Folgerichtigkeit, als dies sonst üblich ist; 2. erlaubt sie in allen Teilgebieten ein Vordringen bis hin zu den wichtigsten Anwendungsbeispielen, ob sie modern oder klassisch sind. Der Band Gleichgewichtsthermodynamik umfaßt die wichtigsten Gebiete der traditionellen Thermodynamik. An vielen Stellen werden Bezüge zu modernen, weiterführenden Überlegungen hergestellt. Für die erfolgreiche Arbeit mit dem Buch sind Grundkenntnisse aus der klassischen Mechanik, Elektrodynamik und Quantenmechanik erforderlich.

Alfred Rieckers und Harald Stumpf

Thermodynamik, Band 2

1977. XVI, 385 S. mit 20 Abbildungen. DIN C 5. Gebunden
ISBN 3 528 **03811** X

In diesem zweiten Band geht es dem Autor vor allem um die Ableitung irreversibler Bewegungsgesetze makroskopischer Systeme aus den reversiblen dynamischen Gleichungen für die das System konstruierenden Mikroteilchen. Damit soll gleichzeitig auch das statistische Prinzip tiefer begründet werden, mit dessen Hilfe die Gleichgewichtsverteilungen in Band I gewonnen wurden. Zur Erreichung dieses Zieles werden Annahmen über das Spektrum der statistischen Dynamik und über die Grobstruktur makroskopisch relevanter Observablen formuliert. Es ergeben sich dabei Berührungspunkte mit modernen Grundlagenuntersuchungen, die bisher kaum Eingang in die Lehrbuchliteratur gefunden haben.

» vieweg